高等职业教育精品工程规划教材
中国电子教育学会推荐教材

电路基础

罗锋华　肖盛文　周　延　主　编
陈慕君　李房云　副主编
李　勇　主　审

電子工業出版社
Publishing House of Electronics Industry
北京 • BEIJING

内 容 简 介

本书是编者根据多年从事相关课程教学工作的经验，按电子信息类专业教学大纲编写的。全书共分 11 章，前 6 章是网络的稳态分析，包括电阻网络（只有稳态），正弦稳态分析和非正弦周期电流电路的稳态分析，7、8 两章是网络的暂态分析，由时域分析和复频域分析两部分组成，接下来是近代网络理论介绍，分网络图论与网络方程以及二端口网络与多端元件，最后是工厂配电与安全用电相关知识。

本书可供普通高等工科院校和高职院校电子信息类专业作为教材，也可供从事这方面工作的工程技术人员参考，还可作为参加高等自学考试电子信息类专业本科学生的参考书。

图书在版编目（CIP）数据

电路基础 / 罗锋华，肖盛文，周延主编. —北京：电子工业出版社，2015.1
高等职业教育精品工程规划教材

ISBN 978-7-121-23764-5

Ⅰ. ①电… Ⅱ. ①罗… ②肖… ③周… Ⅲ. ①电路理论—高等职业教育—教材 Ⅳ. ①TM13

中国版本图书馆 CIP 数据核字（2014）第 149249 号

策划编辑：郭乃明
责任编辑：郝黎明
印　　刷：三河市双峰印刷装订有限公司
装　　订：三河市双峰印刷装订有限公司
出版发行：电子工业出版社
　　　　　北京市海淀区万寿路 173 信箱　邮编　100036
开　　本：787×1 092　1/16　印张：19.25　字数：493 千字
版　　次：2015 年 1 月第 1 版
印　　次：2015 年 1 月第 1 次印刷
印　　数：3 000 册　　定价：41.00 元

前　言

本书是编者在多年从事电路课教学工作的基础上，按照电类专业课程大纲编写的。全书共分 11 章，前 6 章是网络的稳态分析，包括电阻网络（只有稳态）、正弦稳态分析和非正弦周期电流电路的稳态分析；第 7、8 两章是网络的暂态分析，由时域分析和复频域分析两部分组成；第 9、10 两章是近代网络理论介绍，分网络图论与网络方程以及二端口网络与多端元件；第 11 章是工厂配电与安全用电。

本书每章均结合大量例题，而且每道例题不仅仅是单纯的数学运算过程，还有较为详细的分析。这样就可使读者不仅知道每道题的解法，而且也懂得这么解的理由。每章末均精选有各种类型的习题，供读者选做。

编者在多年的电路教学过程中，曾先后采用过李瀚荪先生编著的《电路分析基础》、邱关源先生主编的《电路》和江泽佳先生主编的《电路原理》等教材，受益颇丰。

本书由江西现代学院罗锋华、华东交通大学理工学院肖盛文、江西航空职业技术学院周延任主编并负责全书的统稿工作，江西现代学院陈慕君、华东交通大学理工学院李房云任副主编，参加本书编写的还有江西现代学院刘建春、邹剑娟、吴丰华等老师，其中罗锋华编写了第 7、8 章，肖盛文编写了第 5、9 章，周延编写了第 2、3 章，陈慕君编写了第 4 章，李房云编写了第 10 章，刘建春编写了第 6 章，邹剑娟编写了第 1 章，吴丰华编写了第 11 章。本书由江西现代学院李勇教授担任主审。

本书可供普通高等工科院校和高职院校电类专业作为教材，也可供从事这方面工作的工程技术人员参考，还可作为参加高等自学考试电类专业本、专科学生的参考书。

在本书编写过程中，尽管全体编者各自发挥所长，团结努力，但由于编者水平有限，书中难免有错误和不足之处，欢迎广大读者不吝赐教。

编　者

目　　录

绪　论

1. 电路的研究对象及其基本研究方法

电路是研究电路的基本组成及其所包含的三种基本元件（电阻、电容、电感与耦合电感）在激励源激励下产生电流、电压、电功率及其基本规律的学科。已知激励及其电路参数，求解响应的问题，是电路分析的基本任务；已知激励和响应，分析电路的基本结构及其参数的问题是电路综合的基本任务。电路课程主要讨论电路分析的问题，但讨论中也涉及电路综合的问题。

所谓激励，是指电源对电路的作用。给电路提供电能的装置叫电源，电源对电路的作用叫激励，由于电源的激励在电路中产生的电压或电流叫响应。

在电路中遇到的电源有电压源和电流源之分。能给电路提供独立的与负载无关的电压的电源叫电压源；能给电路提供独立的与负载无关的电流激励的电源叫电流源。

能独立给电路提供激励的电源叫独立源，如各类电池、发电机等；不能独立，但在独立源作用下也能给电路提供激励的电源叫受控源。各种电源及其分类见下表。

各种电源及其分类

电源	分类	表示符号	英文表示	缩写
独立源	电压源	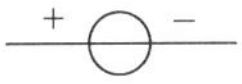 + −	Voltage Source	VS
	电流源	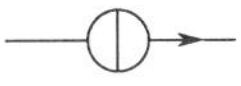	Current Source	CS
受控源	电压控制电压源	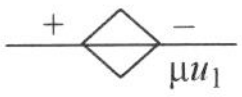 + − μu_1	Voltage Controlled Voltage Source	VCVS
	电流控制电压源	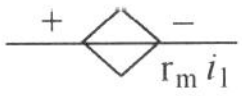 + − $r_m i_1$	Current Controlled Voltage Source	CCVS
	电压控制电流源	 $g_m u_1$	Voltage Controlled Current Source	VCCS
	电流控制电流源	 βi_1	Current Controlled Current Source	CCCS

电路的基本研究方法可归纳为如下四种。

①以时间 t 为自变量的时域分析方法；②相量分析方法；③以角频率 ω 为自变量的频域分析方法；④以复数 S 为自变量的复频域分析方法。

此外，还有近代网络分析方法的网络图论、双口网络等。前四种方法也常称经典方法。本课程着重采用经典方法分析电路，对于近代网络分析方法只作一些基本的介绍。

2. 各种电路及其命名方法

（1）以电源类型命名的电路。

以直流电源激励的电路称为直流电路；若电路的电源是按正弦（或余弦）函数的规律变化，则此电路叫做正弦交流电路；若电路的电源是按非正弦周期函数规律变化，则此电路叫做非正弦周期电流电路。

（2）以元件特性命名的电路。

所有用电器件统称为负载。因此电阻、电容、电感及耦合电感元件都是负载。电阻 R、电容 C、电感 L 称为电路参数，也是元件参数。当电路元件的参数 R、L、C 是时间的函数（即随时间变化），用函数式表示就是：$R=R(t)$、$L=L(t)$、$C=C(t)$，则此电路称为时变电路。若电路元件参数不随时间改变，则此电路称为时不变电路；当电路元件参数是电压或电流的函数时，则此电路称为非线性电路。当元件参数与电压、电流无关时，则此电路称为线性电路。

线性或非线性电路均有时不变和时变之分。

（3）与电路尺寸有关的命名方法。

当电路的尺寸与电压（或电流）的波长比较可忽略不计时，则此电路称为集总参数电路；若它们可以相比，则称为分布参数电路。

本课程集中讨论线性集总时不变电路，对于非线性集总时不变电路只作简单介绍。因此，我们只提线性与非线性电路。

（4）按作用过程区分的电路。

按作用过程，电路可分为暂态过程电路和稳态电路。仅包含电源和电阻元件的电路称为电阻电路，电阻电路不存在暂态过程。

第 1 章　电路模型与电路定律

1.1　电路及电路模型

1.1.1　电路模型

实际电路各式各样，种类繁多。例如：一台收音机就包含有整流（用交流电时）、调谐、混频、中放、低放、功放等电路，整流电路的作用是把交流变换成直流；调谐电路是为了选择所需收听的电台广播信号；混频（变频）电路是把所收听到的信号频率固定变为 465kHz（千赫兹）中频信号；对 465kHz 中频信号进行放大的电路就是中放电路；检波电路的任务就是将中频（或高频）信号变成音频（低频）信号，这时用耳机就可以听到声音；若需推动喇叭，则需通过将低频信号放大的低放电路和功放电路。一台电视机电路则复杂得多，它接收视频和音频两种信号，因此它们有共同通道电路。仅就音频电路部分而言，它采用的不是广播电台那样的调幅信号，而是调频信号，因而也较一般的（调幅）收音机的电路要复杂得多。又如，应用极为广泛的动力和照明电路，实际上整个系统构成一个电力网，也是相当复杂的。

电路所研究的不是这些具体电路，而是这些具体电路的理想等效，即所谓电路模型。电路模型是理想电源、理想元件和理想导线组成的电路。理想电压源是内阻为零的电源；理想电流源是内阻为无限大的电源；只具有 R、L、C 中的一个参数（单一参数）的元件是理想元件；既无电阻 R、又无电感 L、也无电容 C 的导线称为理想导线，电流通过理想导线时不产生电压降（即无电压）。

实际电源可以看成（在电路中通称为等效成）理想电压源与理想电阻（或阻抗，在正弦交流电路中）的串联或理想电流源与理想电导（或导纳，在正弦交流电路中）的并联；实际元件全都可以等效成若干理想元件的简单组合。例如：一个实际电感线圈在低频电路中用一个理想电阻和一个理想电感元件的串联来等效取代，而在高频电路中则在电阻和电感串联后再并一个电容来等效取代；实际导线可以等效成理想导线和理想电阻的串联。因此，通过对电路模型的讨论同样可以解决实际电路的分析问题。

通常用直线或曲线表示理想导线，而理想元件通常用如图 1-1-1～图 1-1-6 所示的符号来表示。阻值 R 不变的电阻称为固定电阻；阻值 R 可变的电阻称为可变电阻；电容与电感的命名方法与电阻相同。电源的表示符号在绪论中已作过介绍。由此得出实际直流电源和实际电感线圈的电路模型图，分别见图 1-1-7 和图 1-1-8。

（a）固定电阻　（b）可变电阻

图 1-1-1　线性电阻

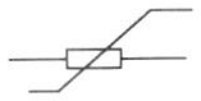

图 1-1-2　非线性电阻

（a）固定电容　（b）可变电容

图 1-1-3　线性电容

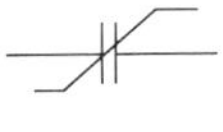

图 1-1-4　非线性电容

（a）固定电感　（b）可变电感

图 1-1-5　线性电感

图 1-1-6　非线性电感

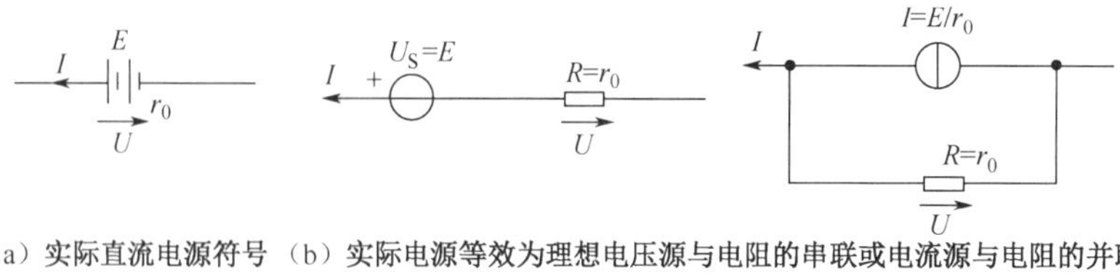

（a）实际直流电源符号（b）实际电源等效为理想电压源与电阻的串联或电流源与电阻的并联

图 1-1-7　实际电源的两种电路模型

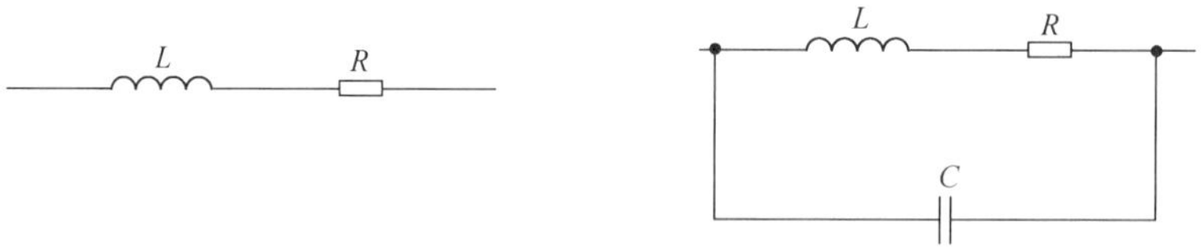

（a）低频时　（b）高频时

图 1-1-8　实际电感的两种电路模型

本书中提到的各种元件（包括电源元件等）均与本节中所介绍的一样，都是实际元件的一种理想化模型。

1.1.2　集总参数电路

电路模型的引入基于这样一个原因，就是所研究的电路是集总参数电路；虽然分布参数电路也有电路模型，但含义有很大区别。为此首先介绍集总参数电路条件。

日常照明用的交流电，是按正弦规律变化的，用数学语言说，就是它的电压（或电流）是随时间按正弦规律变化的，是时间的正弦函数，所以又叫正弦交流电。它的频率 $f = 50\text{Hz}$（赫兹，频率的单位），因此周期 T（频率的倒数，即 $T = 1/f$）等于 0.02s，于是它的波长 $\lambda = CT$（C 是光速，在空气中 $C \approx 3\times10^5\text{km/s}$），故 $\lambda = 6\times10^3\text{km}$（即 6000km）。通常，一个用电单位，其输电线路也就是几十千米的范围，和交流电的波长相比是很小的，是物理中的“无穷小”。即：输电线路的长度和波长相比可以忽略不计，这样的输电线路称为集总参数电路。可见，如果线路的尺寸和其上所载电流的波长相比可以忽略不计，这样的电路称为集总参数电路。

1.2　无源理想二端元件　电流和电压的参考方向　电功率

二端元件指具有两个引出端的元件，无源理想二端元件指除独立源（通常简称电源）外只含单一参数性质的元件。

1.2.1　电阻元件

电阻元件也叫电阻器，其参数为电阻，用 R 表示，单位为欧姆，用符号 Ω 表示，它的一千

倍为 1kΩ，一百万倍为 1MΩ。电阻 R 的倒数为电导 G，即

$$G = 1/R \tag{1-2-1}$$

电导 G 的单位为西门子，用 S 表示，其前面若分别冠以 k、M，就扩大了一千倍或一百万倍。这一规律可以推广到其他物理量。

电路的基本变量是电压 u 和电流 i，有时也用磁通链 Ψ 和电量 q 表示，元件的特性就是元件的基本变量之间的关系，如伏安关系等。下面首先讨论电阻的伏安关系。

1. 伏安关系

伏安关系是指电压与电流之间的关系。由于电压单位为伏（或伏特），电流单位为安（或安培），所以电压与电流之间的关系常称为伏安关系。

电阻的伏安关系就是欧姆定律（Ohm's Law），它的数学表达式为

$$u = Ri \tag{1-2-2}$$

若以（1-2-1）式代入上式，又可以得到欧姆定律的另一种表达式为

$$i = Gu \tag{1-2-3}$$

由（1-2-2）和（1-2-3）式可知：在相同电压条件下，电阻大的导体中通过的电流小，表示这种导体的导电性能差，反之则好；而电导大的导体中通过的电流大，表示这种导体的导电性能好，反之则差。可见，电阻和电导这两个物理量都是表征导体导电性能的物理量。

常用电阻的阻值，除与材料性质有关外，还与电阻几何形状有关。对于同一种材料的均匀直长导体来说，其阻值与导体的横截面积及长度的关系为：

$$R = \rho(L/S) \tag{1-2-4}$$

或

$$G = g(S/L) \tag{1-2-5}$$

式中，ρ 和 g 分别表示该导体的电阻率和电导率，S 表示导体的横截面积，L 表示导体的长度。当面积和长度的单位分别为米 ^{2}（m^2）和米（m）时，电阻率的单位为欧姆·米（Ω·m），可见电阻率表示长度为 1m、横截面积为 $1m^2$ 的导体的电阻。因此，电阻率的大小可以判断不同性质导体导电性能的优劣。电导率的单位为 S·m，借助电导率同样可以判断导体导电性能的优劣。选择传输电能的导线，就选择电导率大（或电阻率小）的材料制成的导线。如铜导线的导电性能优于铝导线。但铝导线造价低，故也常常选用铝导线。常用导体的电阻率见表 1-2-1。

表 1-2-1　常用导体的电阻率　　（单位：Ω·m）

导体	0℃时电阻率	导体	0℃时电阻率
钠	4.3×10^{-8}	铅	19.8×10^{-8}
铝	2.52×10^{-8}	铂	10.06×10^{-8}
铁	8.85×10^{-8}	铜	1.58×10^{-8}
碳（石墨）	8.0×10^{-8}	银	1.47×10^{-8}
碳（非晶体）	3.5×10^{-8}	康铜	49×10^{-8}

2. 参考方向

在应用式（1-2-2）、式（1-2-3）时，是假设电流和电压是同一个方向，并且电压的方向往往是已知的。而在一般电路分析中，电压和电流的方向一般都是未知的，如同在力的分析中，

当已知物体所受的力求其加速度时，必须首先假定一个加速度的方向；为了应用欧姆定律，首先需要假定一个电压和一个电流方向，这个假定的电压或电流的方向称为参考方向。如果电压和电流取相同的参考方向，则称电压和电流取的是关联参考方向。"关联"之意用物理的方法可以解释如下：电压的方向是电压降的方向，也可以"看作"电场的方向，而电场方向又是导线中正电荷受力方向，因而也是正电荷"移动"方向（实际上是电子朝反方向"移动"），而正电荷移动方向即电流方向，既然假定了电压方向，就可以认为假定了电场方向，也就假定了电流方向，此即"关联参考方向"的物理含义。一般情况下，若只假定了电压和电流中的一个参考方向，则另一个一定是取同一参考方向。

电压和电流也可以取不同的参考方向，称为非关联参考方向，则式（1-2-2）和式（1-2-3）改为

$$u = -Ri \tag{1-2-6}$$

$$i = -Gu \tag{1-2-7}$$

上面两式中的负号表明：电压和电流是取非关联（相反方向）参考方向。

在假定了电压和电流的参考方向以后，实际计算的电压和电流的值如果是正值，表示它们的实际方向和参考方向相同；如果是负值，则表示它们的实际方向和参考方向相反。

3. 电功率

单位时间所消耗的电功称为电功率，它和力学中功和功率的关系是相同的。如果功的单位是焦耳（J），则功率的单位是焦耳/秒（J/s），定义为瓦（W）。

电功率（以后均简称功率）用 p 表示，它和电压、电流的关系为

$$p = ui \tag{1-2-8}$$

若以式（1-2-2）和式（1-2-3）代入上式，可得

$$p = i^2 R \tag{1-2-9}$$

$$= u^2 / R = Gu^2 \tag{1-2-10}$$

1.2.2 电感元件

电感元件是物理中电感线圈的理想模型，电感线圈自感系数 L 是电感元件的电感量，也叫电感参数，简称电感。电感的单位是亨利，用 H 表示，常用的电感单位还有毫亨（mH）（m——毫是小写形式，切不可与大写的 M——兆混淆，$1\text{mH} = 10^{-3}\text{H}$，而 $1\text{MH} = 10^{6}\text{H}$）。

当线圈中通以电流时，要激发磁场，电流方向和磁场方向之间的关系，遵从右手螺旋定理。对于螺旋管来说，若右手四指的回转方向表示电流方向，则大拇指所指方向就是磁场方向。对于直线电流来说，假设用右手握住载流导线，让大拇指所指方向为电流方向，那么四指绕行方向即为磁场方向。在磁场中用磁力线来表示磁场的方向和强弱。具体表示方法是：用磁力线的疏密程度来表示磁场的强弱，见图 1-2-1。磁力线上某一点的切向是该点的磁场方向，见图 1-2-2。

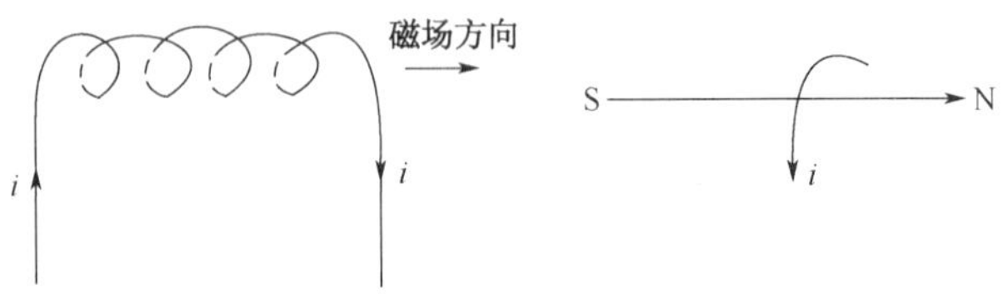

图 1-2-1　电流与磁场方向关系

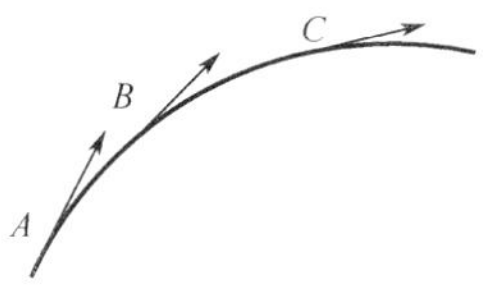

（a）磁力线上某一点的切向是该点的磁场方向

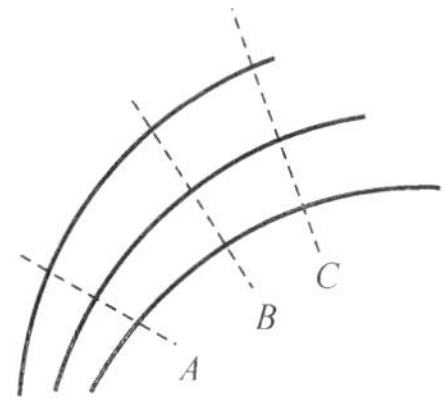

（b）用磁力线的疏密程度表示磁场强弱

图 1-2-2　用磁力线来表示磁场方向和磁场强弱的方法

通过 1 匝线圈的磁力线数叫磁通，一个具有 N 匝线圈的电感元件，当通过各匝线圈的磁通相同时，则通过 N 匝线圈的总磁通将是 1 匝线圈的 N 倍，通过 N 匝的总磁通叫磁通链，若用 Φ 表示磁通，Ψ 表示磁通链，则

$$\Psi = N\Phi \tag{1-2-11}$$

磁通链、电流和电感之间的关系是

$$\Psi = Li \tag{1-2-12}$$

磁通和磁通链的单位是韦伯，用 Wb 表示。可见，当线圈通以 1A 电流时，若所激发的磁场的磁通为 1Wb，则此线圈具有 1H 的电感。

当线圈通过的磁通链随时间变化时，线圈两端将产生感应电压，感应电压的大小等于磁通链的变化率，即

$$u = \Delta\Psi / \Delta t$$

其极限形式为

$$u = \lim_{\Delta t \to 0} \frac{\Delta\Psi}{\Delta t} = \frac{\mathrm{d}\Psi}{\mathrm{d}t} \tag{1-2-13}$$

将式（1-2-12）代入式（1-2-13）可得

$$u = \frac{\mathrm{d}(Li)}{\mathrm{d}t} = L\frac{\mathrm{d}i}{\mathrm{d}t} \tag{1-2-14}$$

式（1-2-13）的数学意义是：感应电压等于磁通链对时间的一阶导数，d（Li）称为磁通链的微分，dt 称为时间的微分，“d”是微分号。当微分号后面的物理量不随时间 t 变化时，则可以从微分号中提出来，当线圈的几何形状及周围介质不变时，它的电感 L 是一个常数，所以可以提到微分号的前面。式（1-2-14）表明：感应电压与通过电感的电流的变化率成正比。感应电压 u 与通过电感电流 i 取关联参考方向，则 u、i 之间为式（1-2-14）的关系；若 u、i 取非关联参考方向，则它们之间的关系如下

$$u = -L\frac{\mathrm{d}i}{\mathrm{d}t} \tag{1-2-15}$$

式中，u 为电压，单位为伏（V），i 为电流，单位为安（A），t 为时间，单位为秒（s），L 为电感，单位为亨利（H）。它们的关系见图 1-2-3。

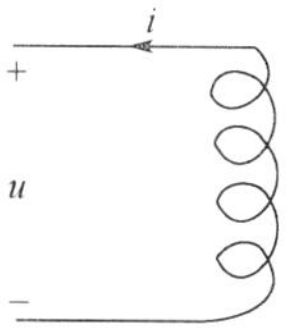

（a）u、i取关联参考方向时，$u=L\frac{\mathrm{d}i}{\mathrm{d}t}$

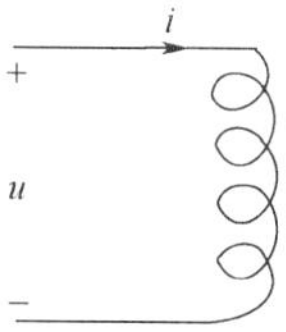

（b）u、i取非关联参考方向时，$u=-L\frac{\mathrm{d}i}{\mathrm{d}t}$

图 1-2-3　电感电压 u 与电流 i 和参考方向

由式（1-2-14）和式（1-2-15）可知，如果通过电感是一个恒稳直流电流 I，它对时间的导数等于零，此时电感两端电压等于零。因此在直流电路中，电感元件可以用一段理想导线来替代。它有电流通过，但没有电压。因此，式中的 u、i 均随时间变化，对于某一确定时刻 t_0，u、i 有确定数值 $u(t_0)$、$i(t_0)$，所以 u、i 表示的是瞬时电压和瞬时电流。

本书规定：用小写英文字母 u、i 表示瞬时电压和瞬时电流，大写字母 U、I 表示直流电压和直流电流。当然，直流电压和直流电流也可用小写 u、i 表示，但切不可以用大写 U、I 表示瞬时电压和瞬时电流，以免造成不必要的混乱。

电感的瞬时电压和瞬时电流不遵从欧姆定律的约束关系，但电感的磁通链 Ψ 是与电感电流成正比的。

由电感通以直流电流不产生电压可知：电感是不消耗电能的，但有磁场。电感是一个将电流能量转变成磁场能量的元件，是一个储能元件。而电阻则是一个耗能元件，它消耗电能，即把电能转变成热能和光能。

电感所储存的磁能可通过如下方法来计算。

因为功与功率的关系是

$$p = \mathrm{d}W/\mathrm{d}t$$

则

$$\mathrm{d}W = p\mathrm{d}t$$

电感 L 的电流所做的功 W 全部转变成磁能 W_{L}，即 $\mathrm{d}W_{\mathrm{L}} = \mathrm{d}W$，于是

$$\mathrm{d}W_{\mathrm{L}} = p\mathrm{d}t$$

假设 $t = t_0$ 时，$i = i(t_0)$，$t = t$ 时，$i = i(t)$ 电感磁能的增量可以用如下的积分来表示

$$W_{\mathrm{L}} = \int \mathrm{d}W_{\mathrm{L}} = \int_{t_0}^{t} p\mathrm{d}t = \int_{t_0}^{t} ui\mathrm{d}t$$

若 u、i 取关联参考方向，以式（1-2-14）代入上式，可得

$$W_{\mathrm{L}} = \int_{i(t_0)}^{i(t)} Li\mathrm{d}t = \frac{1}{2}Li^2(t) - \frac{1}{2}Li^2(t_0) \tag{1-2-16}$$

如果 $t = t_0$ 时，$i(t_0) = 0$，则上式为

$$W_{\mathrm{L}} = \frac{1}{2}Li^2 \tag{1-2-17}$$

可见，电感的储能正比于电流的平方。可以用式（1-2-17）来计算电感的能量。

1.2.3　电容元件

电容元件就是通常所称的电容器。用物理量电容 C 来表示电容元件的参数，电容的单位为法拉，用 F 表示，这是一个很大的单位；常用 10^{-6}F、10^{-9}F、10^{-12}F 来作为电容的单位，分别称为微法（μF）、纳法（nF）及皮法（pF）。

$$1\mu\mathrm{F} = 10^{-6}\mathrm{F},\ 1\mathrm{nF} = 10^{-9}\mathrm{F},\ 1\mathrm{pF} = 10^{-12}\mathrm{F}$$

电容的定义式为

$$C = \frac{q}{u} \tag{1-2-18}$$

式中，q 表示电容一个极板所带电荷的绝对值，u 表示电容两极板间的电压，其方向是由正极指向负极，如图 1-2-4 所示为电压参考方向与实际方向是一致的（若两极板所带电荷如图中所示那样），式（1-2-18）也可以写成

$$q = Cu \tag{1-2-19}$$

由式（1-2-19）可知：当电容两极板电压为 1 伏（V），一个极板上所带电荷的绝对值为 1 库仑（C）时，电容元件的电容就是 1 法拉（F）。

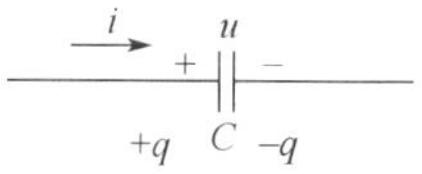

图 1-2-4　电容的表示符号及基本关系

电容的伏安关系可由电流的定义式推出，电流 i 是物理量电流强度的简称。对于一截面均匀的长直导线而言，若通过它的电流是恒稳直流，则电流强度定义为单位时间通过某一截面 S 的电荷，若在 t 时间间隔，通过某一截面 S 的电荷为 q，则

$$i = \frac{q}{t} \tag{1-2-20}$$

若电路中的电流是变化的，则可以取一段很短的时间间隔 Δt，通过某一截面的电荷也很小，为 Δq，于是 $I = \Delta q/\Delta t$，从而得出瞬时电流的定义式为

$$i = \lim_{\Delta t \to 0} \frac{\Delta q}{\Delta t} = \frac{\mathrm{d}q}{\mathrm{d}t} \tag{1-2-21}$$

即电路中的瞬时电流等于电荷的变化率（或称电荷对时间的一阶导数），将式（1-2-19）代入式（1-2-21），即可得出电容的伏安关系

$$i = C \cdot \frac{\mathrm{d}u}{\mathrm{d}t} \tag{1-2-22}$$

即电容的电流正比于电压的变化率。上式成立的条件是：电容的电压和电流取关联参考方向（如图 1-2-5 所示 u、i 参考方向）；若电容电压和电流取非关联参考方向，则电容的伏安关系如下

$$i = -C\frac{\mathrm{d}u}{\mathrm{d}t} \tag{1-2-23}$$

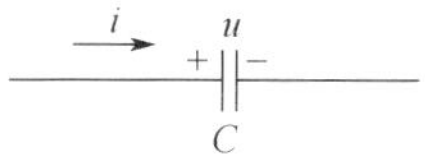

图 1-2-5　u、i 取关联参考方向时，i=$C\mathrm{d}u/\mathrm{d}t$

由式（1-2-22）可知，当 $\mathrm{d}u>0$ 时，表示电容电压在增加，$i>0$，电容在继续充电；当 $\mathrm{d}u<0$ 时，表示电容电压在减小，$i<0$，电容电流的实际方向与图 1-2-4 所示方向相反，电容在放电。

由式（1-2-22）还可以看出：当电容电压不变时，u 为常数，用 U 表示。通常 U 的导数为零，电容相当于开路；于是在直流电路中，若将电容从电路中去掉，不影响电路中电压、电流的计算，电容电压等于和它并联的电阻的电压。同时，由电容电压等于常量时，电容电流为零这一事实可知：电容不消耗电能，当充电时，电容将电流的能量转变成电容两极板间电场的能量；放电时，则是将电场能量转变成电流的能量。因此，电容如同电感一样，也是一个储能元件，它所储存的电能

$$W_\mathrm{C} = \int_{t_0}^{t} p\mathrm{d}t = \int_{t_0}^{t} ui\mathrm{d}t = \int_{u_0}^{u} Cu\mathrm{d}u$$

$$W_\mathrm{C} = \frac{1}{2}Cu^2 - \frac{1}{2}C{u_0}^2 \tag{1-2-24}$$

式中，u_0 表示 $t = t_0$ 时电容电压 u（t_0）$= u_0$，u 则表示 t 时刻的电容电压 u（t）$= u$。

若 $t = t_0$ 时，u（t_0）$= 0$，则式（1-2-24）变成

$$W_\mathrm{C} = \frac{1}{2}Cu^2 \tag{1-2-25}$$

可见，电容的储能正比于电容电压的平方。当电容单位取法拉（F）、电压单位取伏特（V）时，电能的单位为焦耳（J）。

1.3 独立源与受控源

能提供电能的元器件称为电源。电路中的电源分为两大类，一类是可以独立提供电能的，称为独立源，另一类则是在独立源激励下才能提供电能的，称为受控源。以后不加说明提到的电源指的都是独立源；受控源均会加以说明。

1.3.1 独立源

通常使用的干电池、蓄电池、交直流发电机都是独立源。在电路中独立源分为两种，一种叫电压源，还有一种叫电流源。为了能将这两种类型电源说清楚，举例如下。

例 1-3-1 有一个电源，已知其电动势 $E = 24\text{V}$，内阻 $r_0 = 0.1\Omega$，当负载电阻由 10Ω 连续变为 100Ω 时，求负载电阻两端的电压和通过负载电阻的电流。若负载电阻由 $10^{-5}\Omega$ 连续变为 $10^{-3}\Omega$，再求负载电阻两端电压和通过负载电阻的电流。

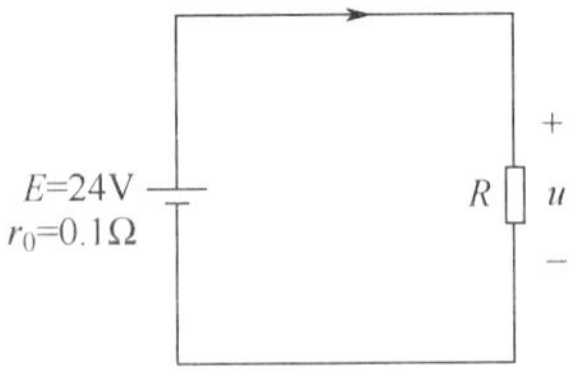

图 1-3-1 例 1-3-1 图

解：（1）当 $10\Omega \leqslant R \leqslant 100\Omega$ 时，由全电路欧姆定律可知：$E = IR + Ir_0$。

要算出 R 从 10Ω 连续变化为 100Ω 时，R 两端的电压及通过 R 的电流，只需计算在 $R = 10\Omega$ 和 $R = 100\Omega$ 两种极限情况下的值，即可得出全部结果。当 $R = 10\Omega$ 时，负载电阻最小，故电路中电流将最大，用 $I_{\max}$ 表示

$$I_{\max} = E:(R + r_0) = 24:(10 + 0.1) \approx 2.376\text{A}$$

当 $R = 100\Omega$ 时，是负载电阻最大的情况，电路中电流最小，用 $I_{\min}$ 表示

$$I_{\min} = E:(R + r_0) = 24:(100 + 0.1) \approx 0.24\text{A}$$

可知，当电阻 R 由 10Ω 变成 100Ω 时，阻值变化了 10 倍，电流却由 2.376A 变到 0.24A，也接近 10 倍，$0.24\text{A} \leqslant i \leqslant 2.376\text{A}$。而电阻 R 两端电压依欧姆定律有 $U = RI$。两种极限情况时，电压分别为

$$U_1 = 2.376 \times 10 = 23.76\text{V}$$

$$U_2 = 0.24 \times 100 = 24\text{V}$$

可见，尽管阻值变化了 10 倍，而负载电阻 R 两端电压基本不变。

（2）当 $10^{-5}\Omega \leqslant R \leqslant 10^{-3}\Omega$ 时，

$$I_1 = 24:(10^{-5} + 0.1) \approx 239.624 \approx 240\text{A}，\quad I_2 = 24:(10^{-3} + 0.1) \approx 237.624 \approx 240\text{A}$$

而负载电阻两端电压

$$U_1 = 240 \times 10^{-5} = 2.4 \times 10^{-3}\text{V}，\quad U_2 = 240 \times 10^{-3} = 0.24\text{V}$$

可见，此时尽管负载电阻变化了 100 倍，然而通过负载电阻的电流却基本不变，但电压变化了 100 倍。

上述两种情况，尽管电源未变，可是结果却完全不同：第一种情况，电源给负载提供了一个几乎不变的电压。而第二种情况，则电源给负载提供的是一个几乎不变的电流。仔细分析一下题目所给条件就不难发现：第一种情况是由于负载电阻 R 远远大于电源内阻 r_0，而第二种情况则 R 远远小于 r_0。

由例 1-3-1 得出下述结论：①当负载电阻 R 远远大于电源内阻 r_0 时，在这个前提条件下，不管负载电阻 R 如何变化，电源给它提供的电压都几乎不受影响。如果一个电源给负载提供的电压与负载无关，则此电源称为电压源。理想电压源是内阻为零的电源；②当负载电阻 R 远远

小于电源内阻 r_0 时，在这个前提条件下，不管负载电阻 R 如何变化，电源给它提供的电流都几乎不受影响。如果一个电源给负载提供的电流与负载无关，则此电源称为电流源。理想电流源是内阻趋于无穷大的电源（内阻为零的电源易于为人们所接受，内阻为无穷大就不大容易接受，其实这里的无穷大不是数学中所说的无穷大，而是物理中的无穷大，只要负载电阻 R 相对于电源内阻 r_0 可以忽略不计，此时 r_0 相对于 R 就可以看作无穷大，尽管 r_0 只有 0.1Ω）。

理想电压源的电压值等于电源电动势。直流理想电压源（以后均简称电压源）的伏安特性曲线是一条平行于水平轴（直流轴）的直线（图 1-3-2）。

实际电源给负载提供的电压会随负载电阻变化，是由于电源内阻的分压作用导致的。因此任何实际电源均可以等效为一个理想电压源 U_S 和一个电阻的串联，这个理想电压源的电压值等于实际电源的开路电压，而这个串联的电阻就是电源内阻 r_0。实际电源的伏安特性见图 1-3-3。

实际电源给负载提供的电流之所以会随负载变化，也可以理解为是由于电源内阻的分流作用，因而实际电源也可以等效为一个理想电流源和一个电阻的并联，这个理想电流源的电激流等于实际电源的短路电流值，这个并联的电阻就是电源的内阻 r_0。理想电流源（以后均简称电流源）的伏安曲线是一条平行于竖直轴的直线（图 1-3-4）。

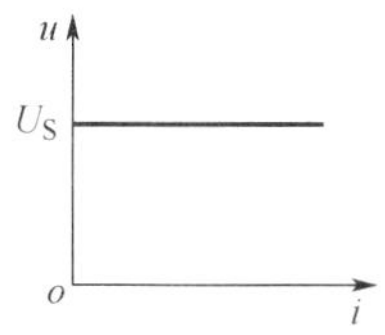

图 1-3-2　理想电压源伏安曲线

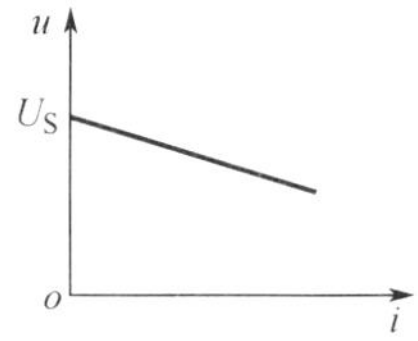

图 1-3-3　实际电压源伏安曲线

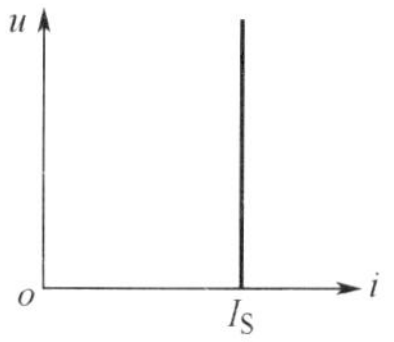

图 1-3-4　理想电流源伏安曲线

换句话说：一个实际电源有两种等效模型：这就是一个理想电压源和一个电阻的串联或一个理想电流源和一个电阻的并联，其两种等效模型见图 1-3-5，这里的等效是对端口 ab 而言。电压源的电压的参考方向始终是由正极指向负极（与实际电源电动势相反方向）。需要注意的是：通过电压源的电流或电流源两端电压都是未知的，包括方向和大小均未知，故在求电压源电流时应首先假定电流参考方向，然后才有可能列出方程来求；在求电流源电压时，同样应首先假定电流源电压的参考极性，才能求取。

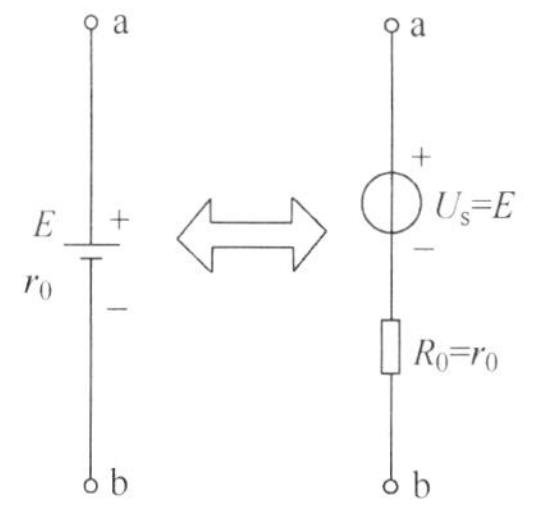

（a）实际电源等效为理想电压源与电阻串联

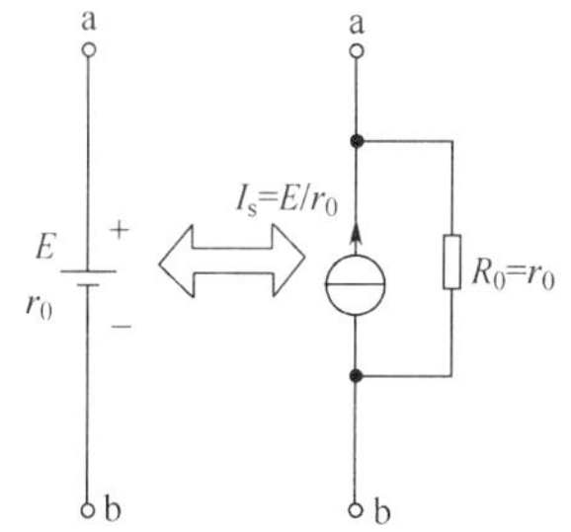

（b）实际电源等效为理想电流源与电阻并联

图 1-3-5　实际电源两种等效模型

1.3.2　受控源

受控源也是电源，也有电压源和电流源之分，对电路也能产生电压激励（受控电压源）或电流激励（受控电流源）。例如：一个三极管在输入信号激励下（独立源激励下），它也将有一个放大了的信号输出。因此，从三极管的输出端口看，三极管也是一个“电源”，它可以提供电流激励，使喇叭发出声响。三极管的输出端口就是一个受控源的输出端口，三极管就是一个受控源的实体。一个三极管的输出受输入控制。

可见，受控源和独立源的根本区别就在于它依赖于控制电流或电压（即控制量），受控源的电流或电压是在独立源（或信号源）激励下的响应。没有独立源的激励，受控源就不可能成为电源。受控源输出的电压（或电流）受控于控制量。若控制量按给定参考方向取正值，受控源也按给定参考方向取正值；若控制量按给定参考方向取负值，受控源也按给定参考方向取负值，或者说受控源的实际（电压或电流）方向与给定参考方向相反；若控制量取零值，受控源也取零值，因为受控源有电压源和电流源之分，取零值的处理方法也不同。电压源取零值即电压源两端电压为零，表示这两端具有相同电位，故两端相当于一个端点，即电压源取零值就是用一条理想导线取代电压源；而电流源取零值是表示电流源电路的电流为零，表示电路断开了，因此电流源取零值就是将电流源支路从电路中去掉。这种取零值的方法也适用于独立源，在后面将要用到。

因为控制量可以是电压，也可以是电流，因此受控源就分为电压控制电压源（VCVS）、电流控制电压源（CCVS）、电压控制电流源（VCCS）和电流控制电流源（CCCS）四种。

这四种理想受控源的电路模型如下。

（1）电压控制电压源 VCVS（图 1-3-6）。

如图 1-3-6 所示电路是一个 VCVS，其控制量是电压 u_1，是一个受控电压源，理想的 VCVS 其输入电阻是无穷大，故电路输入部分变成开路，电压源没有串联电阻，因此是内阻为零的电压源，实际的 VCVS 电路模型见图 1-3-7。由图 1-3-6 可见，$u_2 = \mu u_1$。式中，u_2 是电压源的电压，$\mu = u_2/u_1$ 表示输出电压与输入电压之比。由于这两个不属于同一对端钮，通常定名为转移电压比。

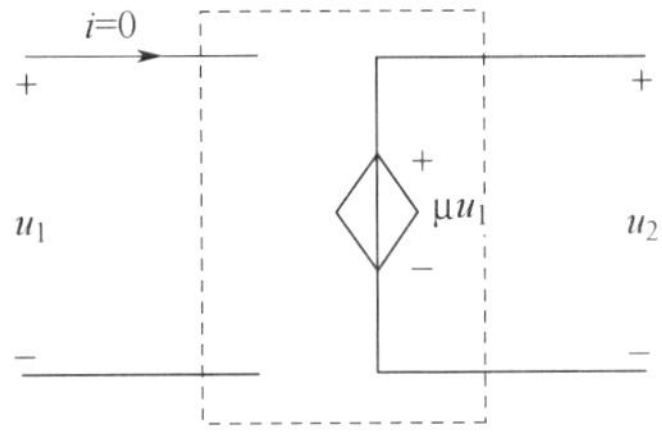

图 1-3-6　VCVS 电路模型

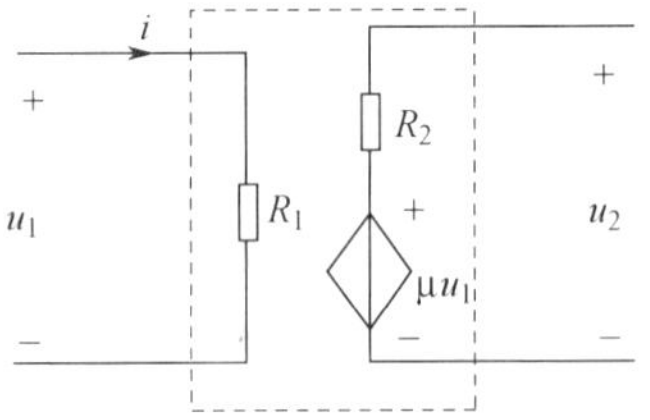

图 1-3-7　实际 VCVS 电路模型

（2）电流控制电压源 CCVS（图 1-3-8）。

如图 1-3-8 所示是一个 CCVS，其控制量是电流 i_1，是一个受控电压源；理想的 CCVS 输入电阻为零，故电路输入部分变成短路，电压源没有串联电阻，因此也是内阻为零的电压源；实际的 CCVS 其输入电阻不为零，电阻模型和图 1-3-7 相似，不同之处是控制量不同。由图 1-3-8 可见，u_2、r_m、i 和前面不同之处，是控制量现在变成 i_1，$r_m=u_2/i_1$，r_m 称为转移电阻。

（3）电压控制电流源 VCCS（图 1-3-9）。

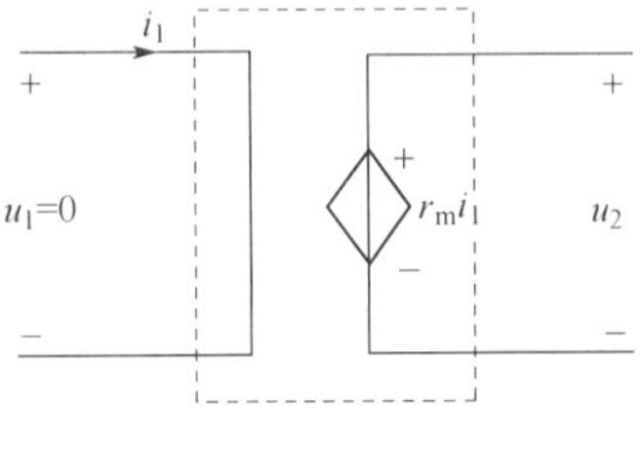

图 1-3-8　CCVS 电路模型

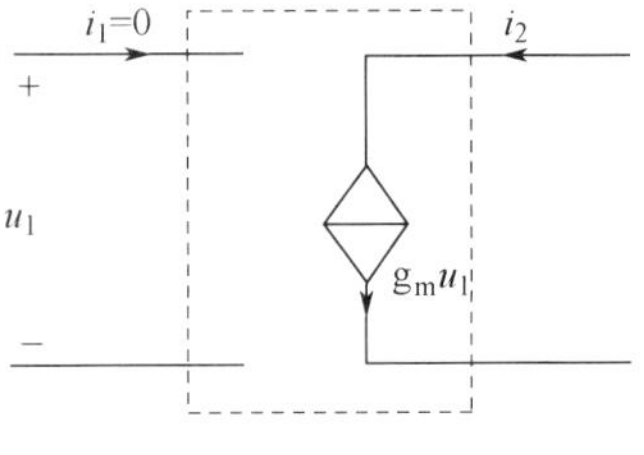

图 1-3-9　VCCS 电路模型

如图 1-3-9 所示是一个 VCCS，其控制量是电压 u_1，是一个受控电流源；理想的 VCCS 其电流源没有并联电阻。由图 1-3-9 可见，受控电流源的电激流 $i_2 = g_m u_1$，$g_m = i_2/u_1$，g_m 称为转移电导。

（4）电流控制电流源 CCCS（图 1-3-10）。

如图 1-3-10 所示是一个 CCCS，其控制量是电流 i_1，是一个受控电流源，由图 1-3-10 可见，β 称为转移电流比。

下面举两道例题来说明含受控源电路的计算方法。

例 1-3-2　已知电路参数如图 1-3-11 所示，求 u_1、i_1。

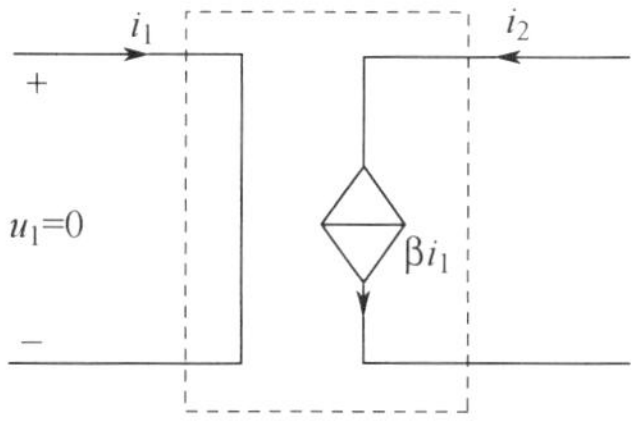

图 1-3-10　CCCS 电路模型

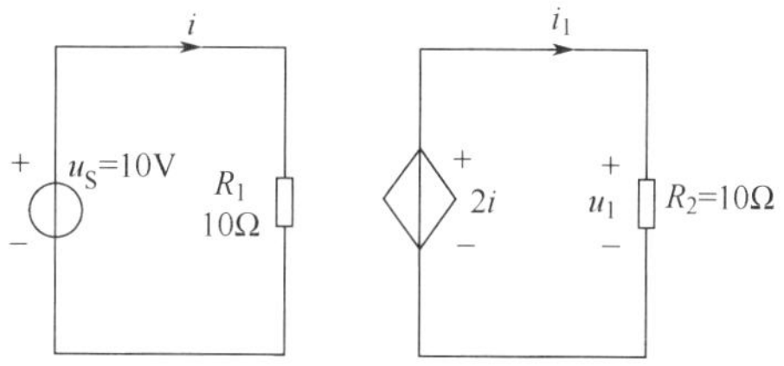

图 1-3-11　例 1-3-2 图

解：由图可见，左边电路含有独立源，且电路闭合，与右边电路无关；而右边电路含有受控源，其控制量取决于图左电路的闭合电流 i，当控制量恒定，就可像处理独立源一样对待。解图左电路可得

$$I = u_S/R_1 = 10/10 = 1\text{A}$$

图右电路是一个电流控制电压源（CCVS），显然 CCVS 的电压值 $2i$=2V。于是

$$u_1 = 2\text{V}$$

$$i_1 = u_1/R_2 = 2/10 = 0.2\text{A}$$

例 1-3-3　如图 1-3-12 所示电路，已知 $R_1 = 5\Omega$，$R_0 = 3\Omega$，$R_2 = 6\Omega$，$g = 0.5\text{S}$；试分别求出当（1）$i_S = 2\text{A}$；（2）$i_S = 0$；（3）$i_S = -2\text{A}$ 时的 u_2。

解：如图 1-3-12 所示电路中的受控源是一个电流源，控制量是电压 u_1，因此是一个 VCCS。此图左边是一个独立回路，右边虽说也是独立回路，但 VCCS 的控制量在图左独立回路中，因此解本题的关键是由图左解出 u_1，则由图右就不难求出 u_2。

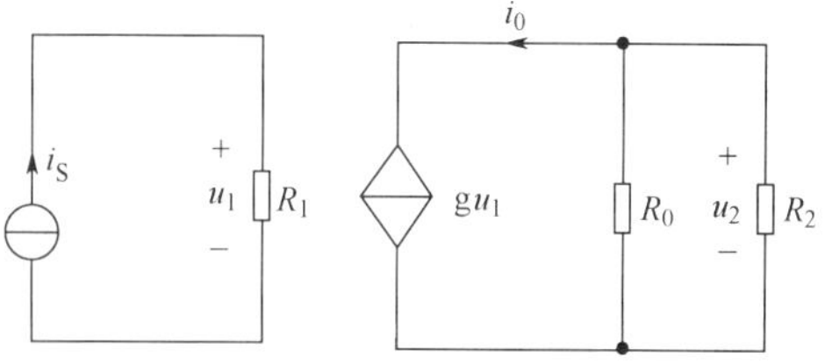

图 1-3-12　例 1-3-3 图

（1）当 $i_S = 2\text{A}$ 时，$u_1 = R_1 i_S = 5\times2 = 10\text{V}$（这同时也是电流源 i_S 的端电压）

于是
$$i_0 = gu_1 = 0.5\times10 = 5\text{A}，\quad u_2 = -i_0\times\frac{R_0R_2}{R_0+R_2} = -10\text{V}$$

上式结果为负值，表示 u_2 实际方向与参考方向相反。

（2）当 $i_S = 0$ 时，$u_1 = i_S R_1 = 0\text{V}$，$i_0 = gu_1 = 0\text{A}$

∴
$$u_2 = -i_0\frac{R_0R_2}{R_0+R_2} = 0\text{V}$$

（3）当 $i_S = -2\text{A}$ 时，（负号表示电流的实际方向与参考方向相反），则

$$u_1 = R_1 i_S = 5\times(-2) = -10\text{V}$$

于是
$$i_0 = gu_1 = -0.5\times10 = -5\text{V}$$

$$u_2 = -i_0\frac{R_0R_2}{R_0+R_2} = 10\text{V}$$

此时，u_2 的实际方向与参考方向相同。

由例可见，VCCS 的值是随控制量而变的，一旦控制量确定了，其值也就确定了。受控源的值依赖于控制量，这就是受控源与独立源的根本区别。

1.3.3 电源功率

无论什么元件，功率的一般定义式均可以表示成

$$p = ui \tag{1-3-1}$$

对于电压源，式（1-3-1）中的 u 即为电压源的电压；对于电流源，式（1-3-1）中的 i 即为电流源的电流。因此，对电压源只需计算出通过它的电流 i，对于电流源则只需求出它的电压 u，即可算出电源的功率 p。和电阻元件不同之处在于，电源可以给电路提供功率（放电），也可以从电路吸取功率（充电）；正确区分这两种情况，是讨论电源功率的关键所在。

为了能准确判断电源是处在放电（提供功率）还是充电状态（吸取功率），规定如下：电源的电压和电流（包括受控源）若均取非关联参考方向，功率若为正号，则表示电源为电路提供功率。

图 1-3-13 给出几种情况下的电压和电流值。

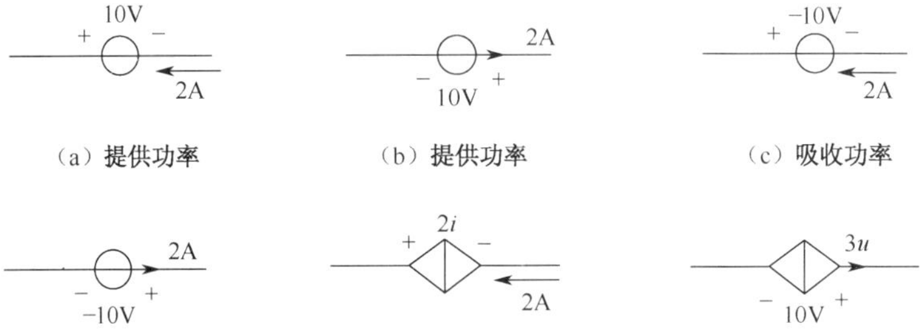

（a）提供功率　（b）提供功率　（c）吸收功率

（d）吸收功率　（e）$i>0$提供功率，$i<0$吸收功率　（f）$u>0$提供功率，$u<0$吸收功率

图 1-3-13　电源功率正负的意义

由图可见：(a)$p=10\times2=20\text{W}>0$ 为提供功率；(b)$p=20\text{W}>0$ 为提供功率；(c)$p=-10\times2=-20\text{W}<0$ 为吸收功率；（d）$p=-20\text{W}<0$ 为吸收功率；（e）当 $i>0$ 时 $p=4i>0$ 为提供功率，当 $i<0$ 时 $p=4i<0$ 为吸收功率；（f）当 $u>0$ 时 $p=30u>0$ 为提供功率，当 $u<0$ 时 $p=30u<0$ 为吸收功率。

由此可知，若一律假定了电源的电压和电流均取非关联参考方向，求出的功率 $p>0$，则为提供功率，$p<0$ 则为吸收功率。当然也可以对电源的电压和电流参考方向取关联参考方向，则求出的功率 $p>0$ 为吸收功率，$p<0$ 为提供功率，可见，到底电源是提供功率还是吸取功率，关键是看电源的电压和电流的实际方向是关联还是非关联。

1.4 基尔霍夫定律支路电流法

1.4.1 常用名词术语及其物理含义

1. 电路与网络

电网络也是电路，但通常把简单电路叫电路，把复杂电路叫电网络（简称网络），以表明其复杂程度。

2．支路与节点

一个二端元件构成一条支路，但通常把若干做串联连接的二端元件所构成的电路看成一条支路，两条及两条以上支路的连接点，称为节点，如图 1-4-1 所示。但通常只把三条及三条以上支路的连接点作为节点，如图 1-4-1 中的点 1、3 作为节点，而点 2 不作为节点。

3．回路与网孔

任何一个闭合电路构成一个回路；可见回路的必要条件是：电路必须闭合，闭合电路中包括若干节点与支路，每个节点与且只与回路上的两条支路连接，如图 1-4-2 所示网络中，支路 1、2、3、4、12、15、9 就构成了一个回路；尽管回路上的节点 5、7 分别与 1、8、9 和 4、5、12 三条支路连接而这三条支路中只有两条在回路上；同理，节点 6、9、10 与四条支路连接，但在回路上的支路也仅有两条，完全符合上述条件，而支路 3、4、12、13、14、15、11 构成闭合电路就不是一个回路，因为节点 10 与这个闭合电路的四条支路 11、12、13、15 连接。网孔与网袋的网眼是相似的，由网眼我们可以想象得出：网孔是一个闭合回路，这个闭合回路的内部不再包含别的支路。图 1-4-2 有 10 个节点、15 条支路和六个网孔，回路数则远较网孔数为多。

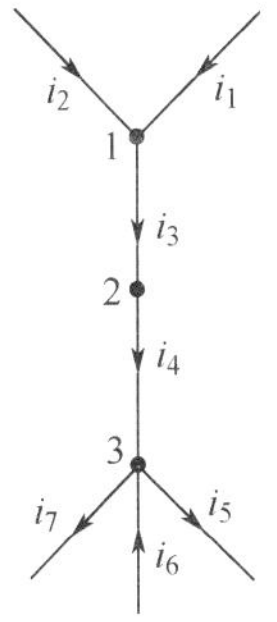

图 1-4-1　点 1、2、3 都是节点，但通常只把 1、3 作为节点

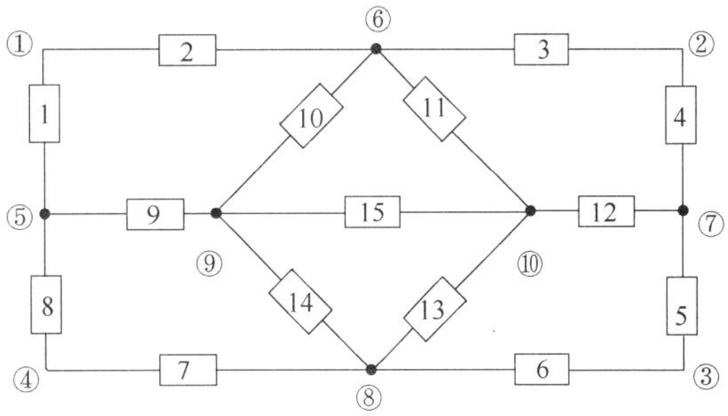

图 1-4-2　网络中共包含 15 条支路、10 个节点

1.4.2　基尔霍夫定律

基尔霍夫定律是集总参数电路的基本定律，是电路所必须遵循的拓扑（几何）约束。前面已经介绍电阻、电感、电容所必须遵循的“元件约束”，元件约束和拓扑约束构成电路两种基本约束关系，也是集总参数电路完整的约束关系。电路中的各种分析方法和定理都是在此基础上引伸过来的。

基尔霍夫定律（简称 KL）分为基尔霍夫电流定律（简称 KCL）和基尔霍夫电压定律（简称 KVL）。KCL 是指节点电流之间所必须遵循的约束关系，又称为节点电流方程（或简称节点方程）；而把回路所必须遵循的约束关系 KVL 称为回路电压方程（或简称电压方程）。

KCL 也叫基尔霍夫第一定律，KVL 也叫基尔霍夫第二定律。

（1）KCL：在任意瞬间，流进任何一个节点的总电流恒等于零。如果用 $i_1, i_2, \cdots, i_n$ 表示连接在某一个节点的各支路的电流，而且假定各支路电流的参考方向均指向该节点，则 KCL 的数学式为

$$i_1 + i_2 + \cdots + i_n = \sum_{j=1}^{n} i_j = 0 \tag{1-4-1}$$

支路电流的参考方向本来就是假定的电流方向，要假定连接在某一点的各支路电流的参考方向指向该节点是不难的，如图 1-4-3 所示，连接在节点 2 上的四条支路的电流 i_3、i_6、i_7、i_8 均指向节

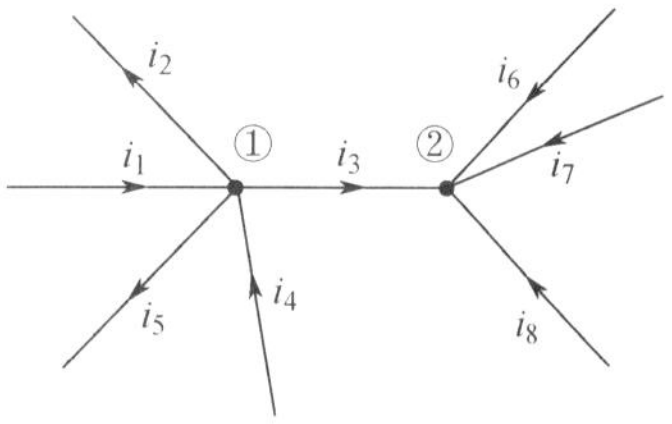

图 1-4-3　KCL

点 2，可一条支路只能有一个参考方向，如假定了 i_3 指向节点 2，它必然背向节点 1：即一条支路的电流参考方向若指向（流进）某一个节点，对支路连接的另一节点则必然是背向（流出）。

因此，在学习 KCL 时，应该特别注意“进”和“总”两个字，KCL 表述中的进字应该从数学意义上来理解，它相当于坐标中的正方向，如果支路电流的参考方向是指向节点，相当于取了与正方向一致的方向；而背向节点，则相当于取了与正方向相反的方向。在数学上要处理这种情况是很容易的，只需在物理量前面冠以负号即可。KCL 表述中的总字同样应从数学意义上来理解，这里是指带有正负号的电流相加之意，即取代数和，因此，对于如图 1-4-3 所示电路的节点 1 和 2 而言，有

$$i_1 + i_4 - i_2 - i_5 = 0 \tag{1-4-2}$$

和

$$i_3 + i_6 + i_7 + i_8 = 0$$

式（1-4-2）也可以表示成

$$i_1 + i_4 = i_2 + i_5 \tag{1-4-3}$$

式（1-4-3）的物理意义是：流进任意节点的电流等于从该节点流出的电流。这是 KCL 的另一种表述方法。对任意一个网络，由 KCL 能列出的独立方程数等于节点数 $n-1$。

（2）KVL 是针对回路和网孔的：在任意瞬间，任一回路沿指定（假定）的绕行方向，各元件上的电压降的代数和恒等于零。这里要注意的是，所谓沿指定的绕行方向，实质上是假定了该回路电压降的参考方向。不管指定的绕行方向如何，从任意节点出发，再回到该节点，不管绕行时经过多少元件（支路），由于电路中任意节点相对于自身的电压始终为零，故有 KVL 的结果。

显然在指定的绕行方向的条件下，必然会出现这样的情况，有的支路（或元件，包括电压源）上电压（降）的参考方向（对电压源就是由正极指向负极）和回路假定的绕行方向（电压降方向）一致，有的则相反；在数学上处理方法和 KCL 相似，即与回路绕行方向相同的支路的电压取正，相反则取负，代数相加是指带符号相加。设某一回路含有 n 条支路，并假定各支路电压分别为 $u_1, u_2, \cdots, u_n$，并且它们的参考方向均与回路绕行方向相同，则按 KVL，其数学表达式为

$$u_1 + u_2 + \cdots + u_n = \sum_{j=1}^{n} u_j = 0 \tag{1-4-4}$$

例 1-4-1　电路如图 1-4-4 所示，试列出回路的电压方程。

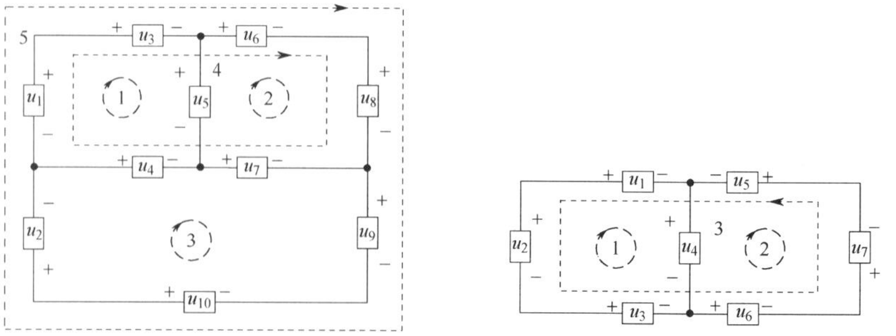

图 1-4-4　例 1-4-1 图

解：已知各支路电压参考方向如图 1-4-4 所示，为了能列出各回路电压方程，首先必须假定

各回路绕行方向（电压降方向）。对于图 1-4-4（a）所示电路，只取了五个回路，并假定这五个回路均按顺时针方向绕行，于是根据 KVL 可得如下电压方程。

对回路 1 有　$$-u_1+u_3+u_5-u_4=0 \tag{1-4-5}$$

对回路 2 有　$$-u_5+u_6+u_8-u_7=0 \tag{1-4-6}$$

对回路 3 有　$$u_2+u_4+u_7+u_9-u_{10}=0 \tag{1-4-7}$$

对于回路 4 有　$$-u_1+u_3+u_6+u_8-u_7-u_4=0 \tag{1-4-8}$$

对于回路 5 有　$$-u_1+u_3+u_6+u_8+u_9-u_{10}+u_2=0 \tag{1-4-9}$$

仔细分析一下上面五个电压方程发现，式（1-4-5）+ 式（1-4-6）= 式（1-4-8）以及式（1-4-5）+ 式（1-4-6）+ 式（1-4-7）= 式（1-4-9），也就是说，这五个方程并不都是独立方程，其中任意两个方程均可以由另外三个方程得出，即只有三个方程是独立的，而这正与图（1-4-4）（a）中的网孔数相等。这并不是偶然的巧合。对于如图 1-4-4 所示的平面电路而言，由 KVL 能列出的独立方程数是始终等于网孔数的。平面电路是指电路的支路交叉必连接，不连接的支路总可以画成不交叉（图 1-4-5）。

如果有这样的电路，无论采用什么方法画图，都会出现既交叉又不连接的支路，这类电路称为空间电路。网孔的概念对空间电路不适用（图 1-4-6）。因此用网孔数来判断根据 KVL 能列出的独立电压方程数的结论自然也就不成立。判断这类电路根据 KVL 能列出的独立方程数的方法是：在新选的回路中，至少有一条支路是前面所选的回路中未出现过的。所列出独立方程的回路称为独立回路。

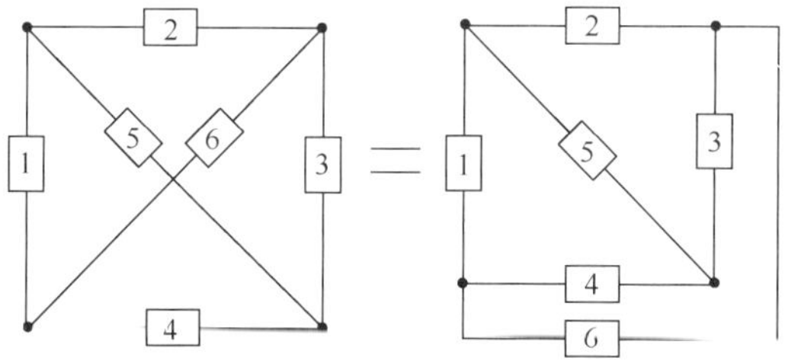

（a）交叉未相交　　（b）可以画成不交叉

图 1-4-5　平面电路总可以做到不连接的

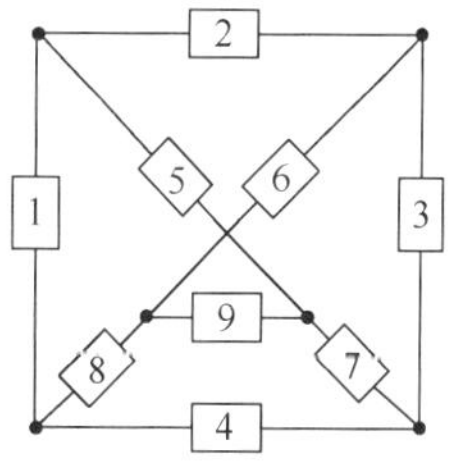

图 1-4-6　空间电路，这类电路无论怎么画都做不到支路交叉必连接

用这种方法再来分析图 1-4-4（a）不难发现，当选了回路 1 和 2 后，再选回路 4，回路 4 就不是独立的，因为回路 4 中所包含的所有支路在回路 1、2 中均出现过，同样选了回路 1、4 之后再选回路 2，回路 2 也不是独立回路，这就是为什么从式（1-4-5）、式（1-4-6）、式（1-4-8）中任意两个方程可以推出第三个方程的原因。用这种方法同样可以判断图 1-4-4（b），因为它有两个网孔，所取两个回路（如回路 1、3）之后，这两个回路包含了全部支路，再选肯定不会出现新的支路，因而就不是独立的；即它只有两个独立回路。对平面电路而言，选取网孔作为独立回路是较为可靠而且也不易出错的。对如图 1-4-4（b）所示电路有

对回路 1　$$u_1+u_4-u_3-u_2=0$$

对回路 2　$$-(u_4+u_5+u_6+u_7)=0$$

对回路 3　$$-u_1+u_2+u_3+u_6+u_7+u_5=0$$

这三个方程无论从哪两个都可以得出第三个，故只有两个方程是独立的，即只有两个独立回路。

1.4.3 支路电流法

支路电流法是以支路电流作为求解对象的分析方法。因此一个电路包含有多少条支路就有多少个未知量，要把这样一些未知量求解出来就得有多个独立方程。而这些独立方程全部是根据 KL 得出的，故支路电流法也是直接用 KL 分析电路的方法。

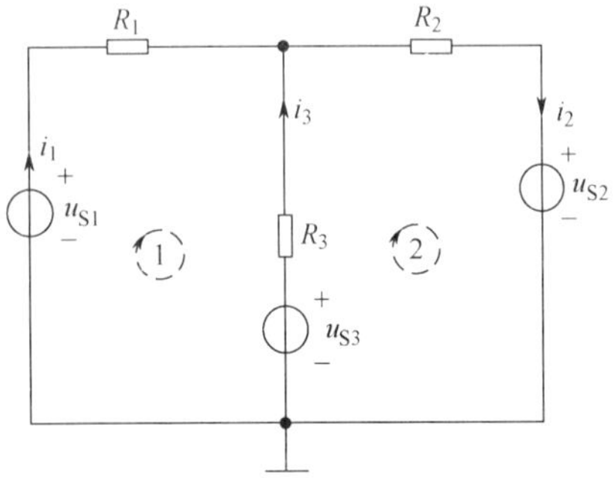

图 1-4-7 求各支路电流

如图 1-4-7 所示电路，设已知 u_{S1}、u_{S2}、u_{S3} 和 R_1、R_2、R_3，求各支路电流。为了求出这些支路电流，首先需要假定这些支路电流的参考方向，并分别用 i_1、i_2、i_3 来表示，由于这个电路只有两个节点，根据 KCL 只能列两个方程；但这两个方程是一样的，即

$$i_1 + i_3 = i_2 \tag{1-4-10}$$

可见，根据 KCL 能列出的独立方程数等于节点数 $n-1$，而图 1-4-7 根据 KVL 能列出的独立方程数等于网孔数，是两个，因此根据 KL 能列出的独立方程数和支路数是相同的。设某一网络共有 L 条支路，n 个节点，则由 KCL 可列出的独立方程数为 $n-1$ 个，而由 KVL 可列出的独立方程数为 $L-(n-1)$ 个。由 KVL 列出独立电压方程，先要选定独立回路，对图 1-4-7 所示电路，选定 1、2 两个网孔作为独立回路，并假定均按顺时针方向绕行，根据 KVL 和欧姆定律（OL）可得

回路 1 $$R_1 i_1 - R_3 i_3 - u_{S1} + u_{S3} = 0$$

或者写成

$$R_1 i_1 - R_3 i_3 = u_{S1} - u_{S3} \tag{1-4-11}$$

u_{S1} 和 u_{S3} 正好是回路 1 中总的电源电压升（沿规定绕行方向），因此 KVL 还可表述成：任意回路，沿规定的绕行方向，电阻上总的电压降等于总的电源电压升。于是

回路 2

$$R_2 i_2 + R_3 i_3 = u_{S3} - u_{S2} \tag{1-4-12}$$

将方程（1-4-10）、式（1-4-11）、式（1-4-12）联立求解，可得 i_1、i_2 和 i_3。

（1）采用支路电流法解题的步骤如下。

假定各支路电流的参考方向，并分别用 $i_1, i_2, \cdots$ 等来表示这些支路电流（若电路中含有电流源，则该支路电流即为电流源电流，但电流源电压是未知的，因此须假定电流源电压的参考方向，并分别用 $u_1, u_2, \cdots$ 来表示）。

（2）选定 $n-1$ 个独立节点（剩下的一个节点常称为参考节点）；根据 KCL 列出 $n-1$ 个独立方程。

（3）选定 $L-(n-1)$ 个独立回路（通常选定网孔作为独立回路），并假定这些回路的绕行方向；根据 KVL 列出 $L-(n-1)$ 个独立方程，将这 L 个独立方程联立求解，即可求出所需求的各未知量。如果所求结果是正值，表明该电流（或电压）实际方向和参考方向一致；若为负值，则实际方向与参考方向相反。

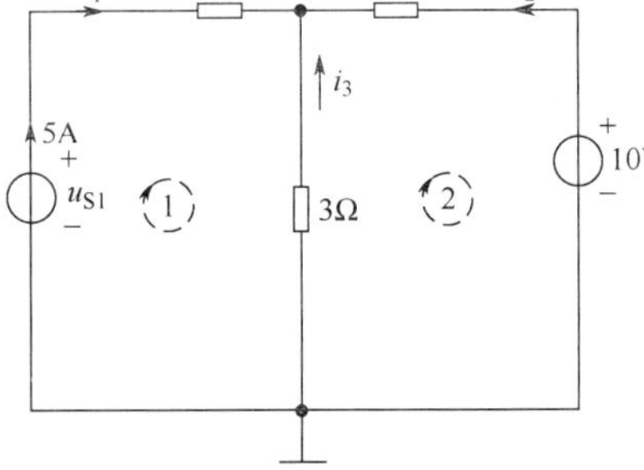

图 1-4-8 例 1-4-2 图

例 1-4-2 如图 1-4-8 所示电路，已知电源及各电阻，求各支路电流和电流源电压。

解： 假定各支路电流及独立回路的绕行方向，由图可见

$$i_1 = 5\text{A}$$
$$i_2 + i_3 = -5\text{A}$$
$$4i_1 - 3i_3 = u_{S1}$$
$$3i_3 - 2i_2 = -10\text{V}$$

解之得
$$i_2 = -1\text{A}，\ i_3 = -4\text{A}，\ i_1 = 5\text{A}，\ u_{S1} = 32\text{V}$$

这道题如果还要验证功率关系，则由于电阻都是消耗功率的（耗能元件），电源是吸收还是放出功率，则可根据电压、电流的实际方向是取关联还是非关联方向来定，由图及结果可见，电压源的实际电流、电压方向是关联的，故也是吸取电功率的，于是，

$$P_{吸} = 2i_2^2 + 3i_3^2 + 4i_1^2 + 10|i_2| = 160\text{W}$$
$$P_{放} = 5u_{S1} = 5\times 32 = 160\text{W}$$
$$P_{吸} = P_{放}\ （验证完毕）$$

习　题　1

1-1　在指定的电压 u 和电流 i 的参考方向下，写出题图中元件 u 和 i 的约束方程（即伏安关系式）。

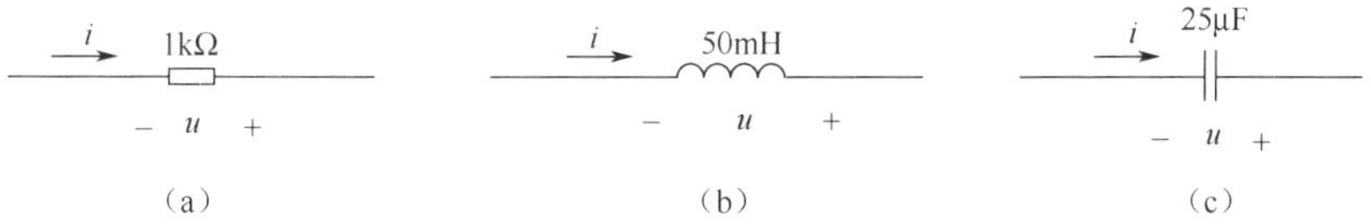

题 1-1 图

1-2　请按题图中规定的参考方向以及给定的值，画出各元件中电压和电流的实际方向，并且计算各元件中的功率，同时说明元件是吸收功率还是发出功率。

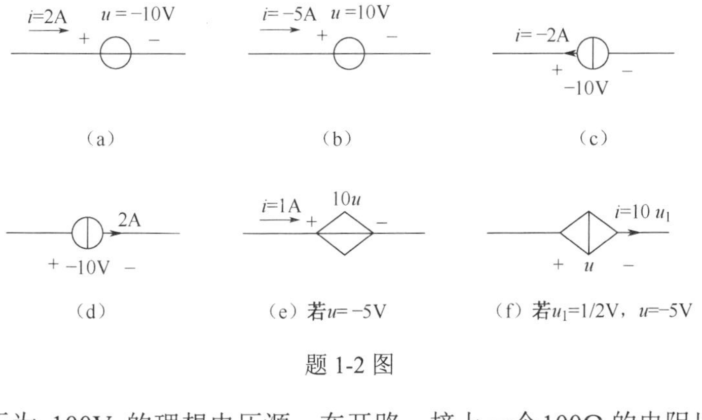

题 1-2 图

1-3　一个电压为 100V 的理想电压源，在开路、接上一个100Ω 的电阻以及并联一个 10A 的电流源（假定电流由电压源的正极性端流进）三种情况下，电压源将各发出多大功率？

1-4　一个电流为 10A 的理想电流源，在短接、接上一个 5Ω 的电阻以及并联一个 10V 的理想电压源（假定电流由理想电压源正极性端流入）三种情况下，电流源各吸收多少功率？

1-5　试求题图所示电路在开关 K 闭合及断开两种情况下的电压 U_{ab} 和 U_{cd}。

1-6　写出题图所示各电路的 $u = f(i)$ 和 $i = g(u)$ 两种形式的特性方程（即端口的 $u - i$ 关系）。

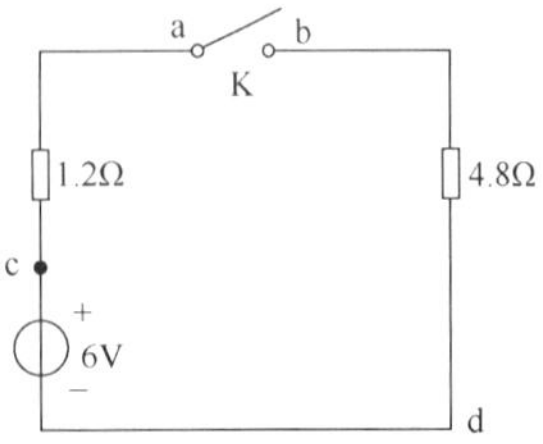

题 1-5 图

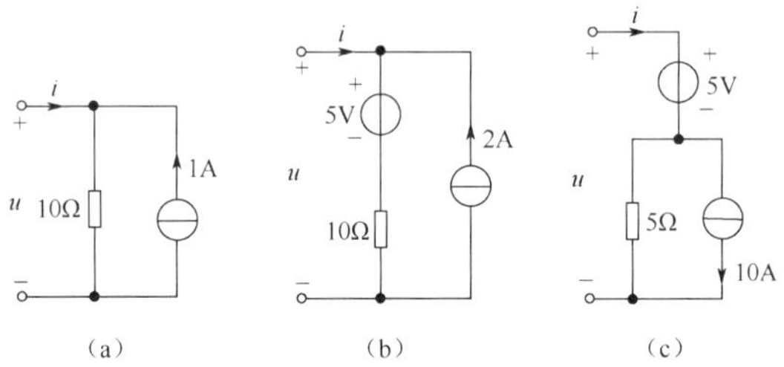

题 1-6 图

1-7　试求题图所示电路中的电压 U_{ac} 和 U_{ad}（a、d 两点间开路）。

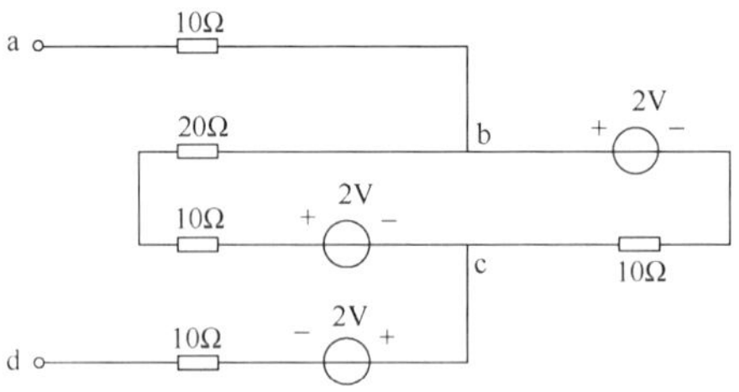

题 1-7 图

1-8　试求题图所示部分电路中的电压 U_{gf}、U_{ag}、U_{db} 和电流 i_{gd}，并确定各电阻的阻值。

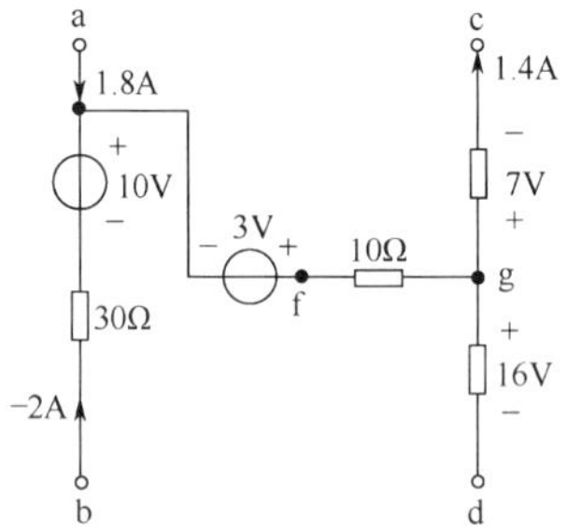

题 1-8 图

1-9　请按题图中所给条件解答图中 u 和 i 的值。

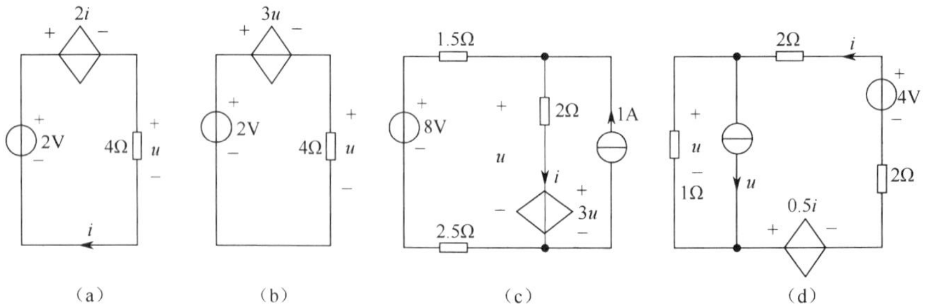

题 1-9 图

第 2 章　简单电路的分析

本章主要介绍电阻的串、并联连接及其等效电路，在此基础上介绍平衡桥式电路和对称平衡网络的研究方法；电路某点电压的计算（直流电路中则为电位的计算）；电源的串、并联连接及其等效变换；电阻网络的Y-△等效变换；等效变换的物理意义及应用注意事项。

2.1　电阻的串联、并联与混联电路

2.1.1　电阻的串联

如果一个节点只与两条电阻支路连接，则这两条电阻支路构成串联连接，或者说构成电阻的串联。

1. 串联电阻的 *u-i* 特性及其等效电路

由图 2-1-1 可见，当电阻作串联连接时，在任一瞬间的电流 i 是处处相同的，而各串联电阻上的总电压 u 和各串联电阻上的电压 $u_1,u_2,u_3,\cdots,u_n$ 关系为

$$u=u_1+u_2+u_3+\cdots+u_n \tag{2-1-1}$$

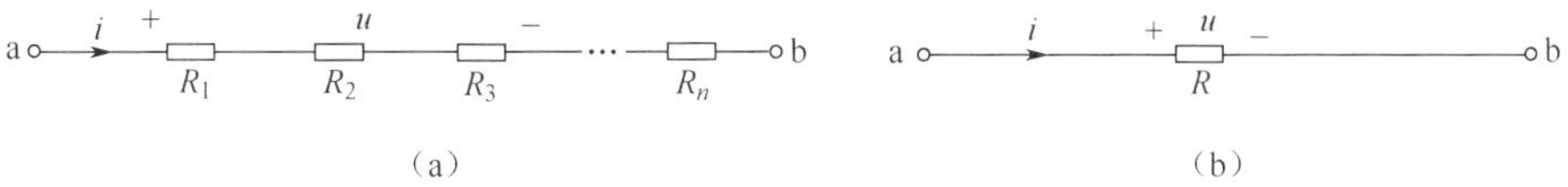

图 2-1-1　串联电阻及其等效电阻

由欧姆定律知，$u_1=R_1i,u_2=R_2i,u_3=R_3i,\cdots,u_n=R_ni$

则

$$u=\left(R_1+R_2+R_3+\cdots+R_n\right)i=R'i \tag{2-1-2}$$

对于图 2-1-1（b）所示电路而言，若电阻 R 上所加电压与串联电阻所加总电压相同，产生的电流 i 亦相同的话，则

$$u=Ri \tag{2-1-3}$$

对比式（2-1-2）和式（2-1-3），可知

$$R'=R=R_1+R_2+\cdots+R_n=\sum_{i=1}^{n}R_i \tag{2-1-4}$$

电阻 R' 是串联电阻的总电阻，R 则称串联电阻的等效电阻。在这里 R' 和 R 具有相同的意义，即串联电阻的等效电阻就是总电阻。图 2-1-1（b）称为图 2-1-1（a）的等效电路。将图 2-1-1（a）变为图 2-1-1（b），在电路中称为等效变换。这里的等效是指：上述两电路对于端口 ab 而言，它们具有相同的 u 和 i。

总之，若两个二端网络在端口加以相同电压时，若它们具有相同的端口电流 i，则这两个电路是等效的，将其中一个电路变换为另一个电路称为等效变换。等效变换包括两个部分的含义：

一是端口以外未参与变换的电路部分（如图 2-1-1（a）与（b）端口 ab 以外的部分，图中未画出）的电压和电流是不变的；二是端口以内参与变换的电路部分，由于图 2-1-1（a）中有三个电阻 R_1、R_2、R_3，而图 2-1-1（b）中只有一个电阻 R，显然这两个电路是不同的；变换以后的电阻 R 上的电压既不同于电阻 R_1 上的电压，也不同于 R_2 与 R_3 上的电压；即参与变换的这部分电路其各支路电压、电流通常是不相同的，也不要求相同。可见两个电路进行等效变换的条件只要求参与变换（即变换前后相同）的那部分电路在变换前后各支路（包括端口）电压、电流保持不变。所以对参与变换的电路是不能由变换以后的电路来求原电路中（即变换以前的电路中）这部分电路的电压和电流的。例如，不可能由图 2-1-1（b）来求图 2-1-1（a）中 R_1 上的电压。当然，也不排斥参与变换的这部分电路的电压和电流中可能有一个量在变换前后是相同的。例如，串联电阻作等效变换时，变换前后参与变换的这部分电路的电流是相同的。

串联电阻电路的等效电路图是很容易求出的，只要保留其中任意一个电阻，原电路中其余的电阻均用短路线（即理想导线）取代，且所保留电阻的阻值等于所有串联电阻阻值的和即可，如图 2-1-2 所示。

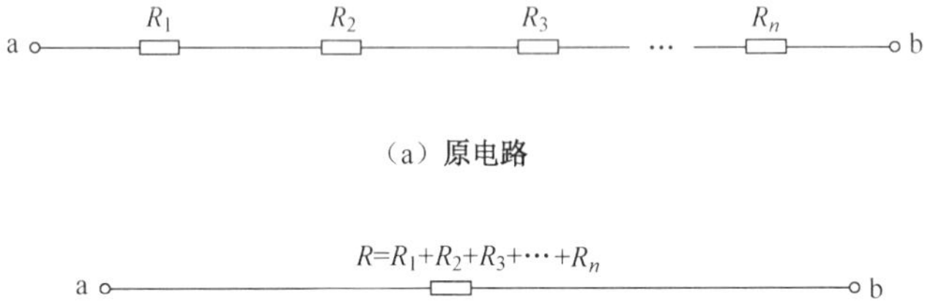

（a）原电路

（b）等效电路

图 2-1-2　串联电路等效电路图的画法

2. 电阻作串联连接时可以分压

$\because u_1 = R_1 i, u_2 = R_2 i, u_3 = R_3 i, \cdots, u_n = R_n i$（图 2-1-2）

又 $u = u_1 + u_2 + u_3 + \cdots + u_n$

则

$$u = Ri \tag{2-1-5}$$

式（2-1-5）中

$$R = R_1 + R_2 + \cdots R_n = \sum_{i=1}^{n} R_i$$

上式中 n 为串联电阻的个数

$\therefore$

$$u_1 = R_1 \frac{u}{R} = \frac{R_1}{R} u$$

以及

$$u_2 = \frac{R_2}{R} u$$

$$u_3 = \frac{R_3}{R} u$$

$$\cdots$$

$$u_n = \frac{R_n}{R} u \tag{2-1-6}$$

在端口电压 u 一定的条件下，由式（2-1-6）可见，串联电路中第 i 个电阻的电压是与第 n 个电阻的阻值成正比的。式（2-1-6）就是串联电阻的分压公式。

据此，可以设计一个电路，从中可以得到一个由 $0 \to u$（u 是总电压）中任意一个电阻值，为达此目的，只需使式（2-1-6）中分母 R（总电阻）不变，而 R_n 满足 $0 \leqslant R_n \leqslant R$ 关系即可，图 2-1-3 给出了实现的方法。图中 R 是一个三端变阻器，1、2 端是固定端，$R_{12}=R$；3 端是滑动端，它可以从 1 连续滑动到 2 端，因而 R_{13} 或 R_{23} 的阻值为 $0 \leqslant R_{13} \leqslant R$ 或 $0 \leqslant R_{23} \leqslant R$。图中用了 R_{23}。

应用电阻分压原理可以扩大电压表的量程，其方法就是小量程的电压表再外串电阻。

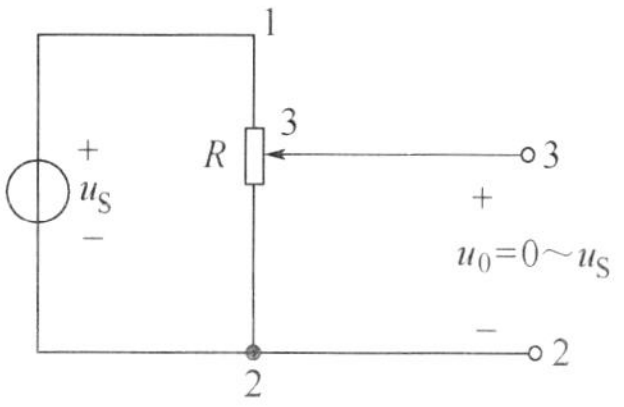

图 2-1-3　应用三端变阻器实现连续变换电压

2.1.2　电阻的并联

如果两条电阻支路连接在两个相同的节点上，则这两条电阻支路构成并联连接，或者说构成电阻的并联。

1. 并联电阻的 u-i 特性及其等效电路

图 2-1-4（a）给出了电导为 $G_1, G_2, \cdots, G_n$ 的 n 个并联连接的电阻，由图中可见，所有并联连接的电阻两端的电压 u 是相同的；而由 KCL 可知，端口电流 i 等于通过各并联电阻电流之和，即

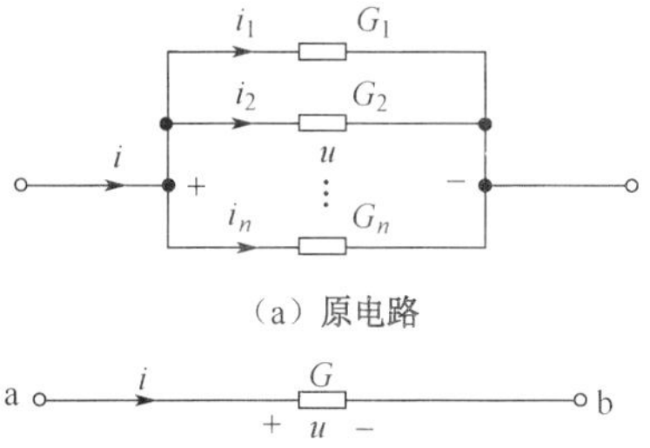

（a）原电路

（b）等效电路

图 2-1-4　计算扩大电流表量程需并多大电阻的原理电路

$$i = i_1 + i_2 + \cdots + i_n = \sum_{j=1}^{n} i_j \tag{2-1-7}$$

由于 $i_1 = G_1 u, i_2 = G_2 u, \cdots, i_n = G_n u$

故
$$i = G_1 u + G_2 u + \cdots + G_n u = (G_1 + G_2 + \cdots + G_n) u \tag{2-1-8}$$

若令图 2-1-4（b）中的 $G = G_1 + G_2 + \cdots + G_n$（2-1-9）

则

$$i = Gu \tag{2-1-10}$$

当图 2-1-4（b）中的电导 G 和图 2-1-4（a）中各并联电阻电导 $G_1, G_2, \cdots G_n$ 之间满足式（2-1-9）时，电导 G 称为并联电导 $G_1, G_2, \cdots G_n$ 的等效电导，图 2-1-4（b）称为图 2-1-4（a）的等效电路。

综上所述，并联电阻的等效电阻的变换方法是：保留并联电阻中任一电阻而将其他电阻全部去掉，且最后保留下来的那一个电阻的电导为各并联电阻的电导之和。

由图 2-1-5 还可以看出：当电阻作并联等效变换时，参与变换的电路变换前后的电流是不相同的，通过 G 的电流 i 不同于通过 $G_1, G_2, \cdots, G_n$ 任何一个电导的电流，这种变换和串联等效变换不同的另一点是：参与变换的电路变换前后的电压是相同的，电导 G 上的电压和电导 $G_1, G_2, \cdots, G_n$ 上的任一电导的电压是相同的。

2. 电阻并联可以分流

分流公式由图 2-1-4（a）可见

$$i_1 = G_1 u$$

而由式（2-1-10）可知

$$u = i / G$$

式中 G 由式（2-1-9）确定，而 i 为通过并联电阻的总电流，也是通过等效电导 G 的电流，

将式 $u=i/G$ 代入式 $i_1=G_1u$ 得

$$i_1 = G_1 u = \frac{G_1}{G} i = \frac{G}{\sum_{j=1}^{n} G_j} i \tag{2-1-11}$$

同理，可以求得通过并联电阻中任一电导 G_j 的电流。

$$i_j = \frac{G_j}{G} i \tag{2-1-12}$$

式（2-1-12）即为并联电阻的分流公式。若并联连接的只有两个电阻，且这两个电阻值分别为 R_1 和 R_2 的话，则其并联后的等效电阻 R 和 R_1 与 R_2 的关系为 $G_1 = 1/R_1$，$G_2 = 1/R_2$，$G = 1/R$。而 $G = G_1 + G_2$，故 $1/R = 1/R_1 + 1/R_2$，而有

$$R = R_1 R_2 /(R_1 + R_2) \tag{2-1-13}$$

相应的分流公式为

$$i_1 = \frac{R_2}{R_1 + R_2} i \text{，} \quad i_2 = \frac{R_1}{R_1 + R_2} i \tag{2-1-14}$$

这就是两电阻并联分流公式。

应用电阻并联可以分流的原理，可以扩大电流表的量程，方法就是在小量程电流表两端按需要并上一个电阻即可。电压表和电流表它们既是用来测量电压或电流的仪表，又是一个电阻，通常把电表的电阻称电表的内阻。例如，有一个电流表，它的内阻 $R_0 = 1\Omega$，量程为 1A（所谓电流表的量程是指它能测量的最大电流），则满量程时电流表两端电压 $u = R_0 i_m = 1V$，若欲将此电流表用来测量 10A 电流，就必须并联一电阻 R，于是构成 R_0 和 R 并联的电路，用这个电路来测 10A 电流时，电流表所在支路电流还是 1A，而且它们两端的电压均为 1V（见图 2-1-5），通过 R 的电流则应为 10−1=9（A），这样很容易得出需并联的分流电阻

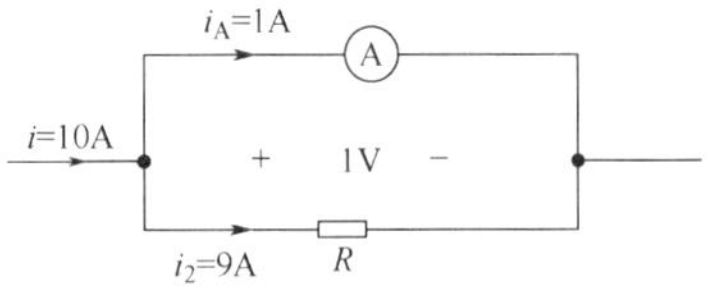

图 2-1-5　并联电阻及其等效电路

$$R = u / i_2 = 1/9\,\Omega$$

2.1.3　电阻的混合连接

电阻的混合连接电路简称混联电路。所谓混联电路是指既有电阻的串联又有电阻的并联的电路，除了一般真正作串并联混合连接的电阻电路属于这种类型以外，还有两类电路也可以归纳在混联电路中，这就是平衡桥电路和对称平衡网络（包括某些无穷网络），下面分别进行讨论。

1. 一般混联电路

一般混联电路是指电路中的所有电阻，或作串联连接，或作并联连接；因此只要运用串联电阻或并联电阻的等效变换方法是很容易对这类电路进行分析的。下面通过几道例题进行说明。

例 2-1-1　已知如图 2-1-6 所示电路，求其输入端电阻 R_{ab}。

无源二端网络端口的入端电阻通常也称为输入电阻，而含源二端网络的端口电阻通常称为输出电阻。可见输入或输出电阻电路是指具有两个引出端的电路，判断是输入还是输出电阻就看电路中是否包含电源。这个输入电阻显然是无源二端网络的等效电阻。

由图 2-1-6 可见，4Ω 电阻连接在 cd 两端，cd 右边六个电阻可以等效为一个电阻，这个等效电阻也连接在 cd 两端，而 bd 两端是用一根电阻为零的理想导线连接起来的，而任何电阻和零电

阻并联其等效电阻仍为零。并联电阻等效电阻的画法是保留一个电阻，其余均可由图中去掉，保留的这个电阻的阻值等于并联电阻的等效电阻值。现在并联等效电阻阻值为零，因此 cd 两点间只需保留一根理想导线。按照上述分析，可得到图 2-1-6 简化以后的等效电路如图 2-1-7 所示，这是两个电阻并联的简单电路，于是很容易得出结果。

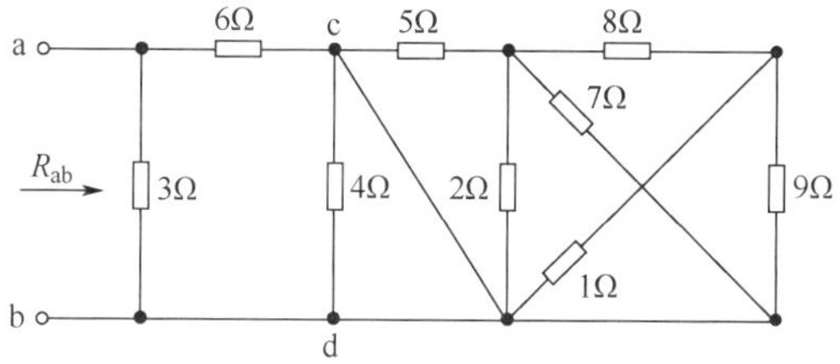

图 2-1-6　例 2-1-1 图

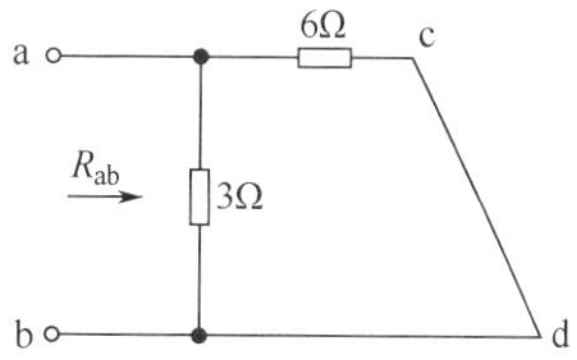

图 2-1-7　运用并联等效变换的方法化简图 2-1-6

解：

$$R_{ab} = 3 \times 6/(3+6) = 2\,\Omega$$

即图 2-1-6 所示电路的输入电阻（等效电阻）为 2Ω。

例 2-1-2　已知电路如图 2-1-8（a）所示，试求各支路电流。

解：这道题还是简单的混联电路；因为 i_5 支路连接在 ab 节点之间，而两个节点之间有一条理想导线连接，实际上是一个节点，即 $u_{ab}=0$，故 $i_5 = u_{ab}/15 = 0$。

从总体电路来看，i 分支为 i_1、i_2 两条支路，因此只要能将总电流求出，则其余支路的电流也不难一一求出。根据串并联等效电路图的画法，作出电阻网络的等效电路图。i_5、i_6 支路电阻为零，它们并联之后的等效电阻亦为零，故可将 i_5 支路由图中去掉，而得到图 2-1-8（b），i_4 支路是两个电阻串联，故可用短路线取代其中一个电阻，保留一个电阻，且保留电阻的阻值为 6Ω，而得到图 2-1-8（c）。i_3 和 i_4 支路是并联的，将 i_3 支路由图中去掉，保留支路的电阻由两电阻并联公式容易得出其阻值为 2Ω，从而得出图 2-1-8(d)，注意在这个图中，i_3、i_4、i_6 支路已经不存在了；再由串联电阻的等效方法得到图 2-1-8（e）。由图 2-1-8（e）很容易求出 $i_1 = i_2 = 6/6 = 1\text{A}$，现由图 2-1-8（c）求出 i_3、i_4、i_6。i_3 和 i_4 是两条并联支路，其总电流为 i_1，于是按分流公式 $i_3 = 6/(3+6)i_1 = 2/3\text{A}$，$i_4 = 1/3\text{A}$，$i_6 = i_2 + i_3 = 5/3\text{A}$。最后再把求得之结果综合如下：

$$i_1 = i_2 = 1\text{A},\ i = 2\text{A},\ i_3 = 2/3\text{A},\ i_4 = 1/3\text{A},\ i_5 = 0,\ i_6 = 5/3\text{A}$$

例 2-1-3　已知电路如图 2-1-9 所示，求其输入电阻。

解：这道题较易出的错误是误认为两条交叉理想导线将两个 24Ω 和 4Ω 电阻短接；如果这两条交叉导线是在交叉点连接的话，则不仅上述三个电阻被短接，6Ω 电阻同样被短接，故没有不被短接的电阻。仔细观察一下，就会发现：②、③两个节点，实际上是一个节点；①、④两个节点也是一个节点，而上述四条电阻支路均连接在这两个节点之间，故整个电路仍是混联电路，是 4 条电阻支路并联以后再与 3Ω 电阻支路串联。因为 2 个 24Ω 电阻并联，等效电阻为 12Ω，12Ω 电阻与 6Ω 电阻并联，等效电阻为 4Ω，两个 4Ω 电阻并联，等效电阻为 2Ω，再与 3Ω 电阻串联，等效电阻为 5Ω，所以，$R_{ab} = 5\Omega$

如果这道题再要求各支路电流，例如，在端口加 10V 电压，则由上述分析可知，$i = 10/5 = 2\text{A}$，$u_{13} = 4\text{V}$ 故 $i_1 = i/2 = 1\text{A}$，$i_2 = 2/3\text{A}$，$i_3 = i_4 = 1/6\text{A}$。在分析电流参考方向时易出错，由于节点④是节点①，而节点①电位高于节点②，故其电流正向应自下而上。

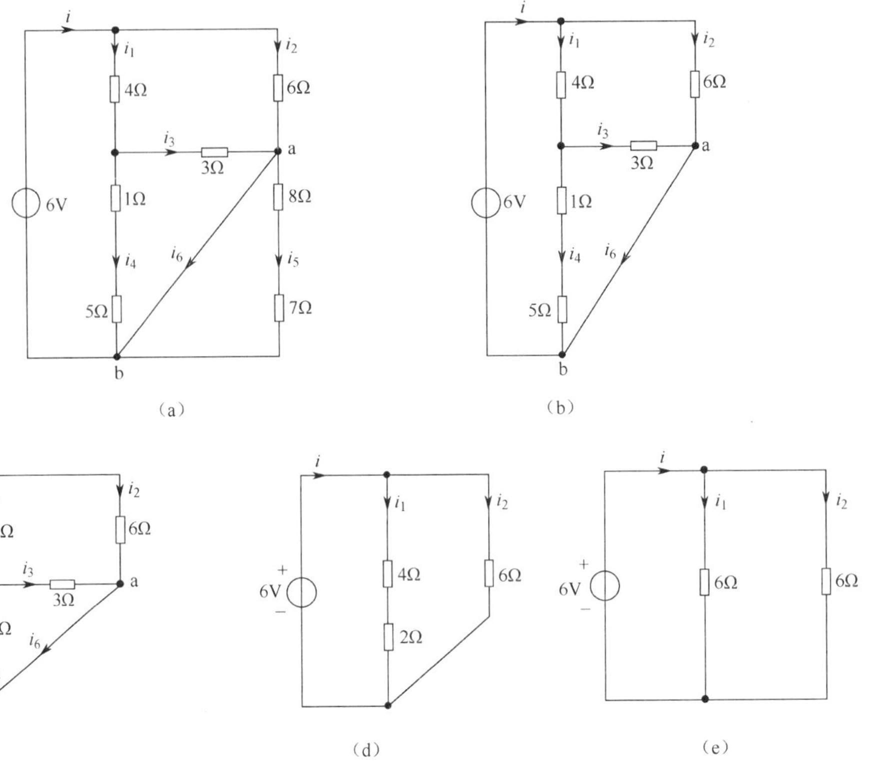

图 2-1-8　例 2-1-2 图

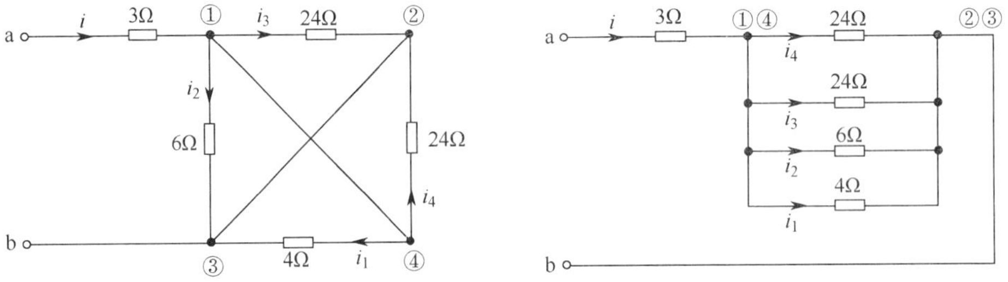

图 2-1-9　例 2-1-3 图

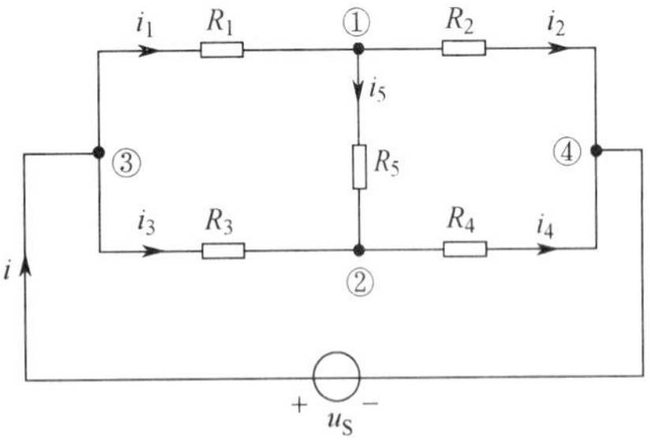

图 2-1-10　电桥电路

2．平衡电桥电路

图 2-1-10 是一个电桥电路，电桥电路不是混联电路，而是复杂电路。当电桥电路的桥路电阻 R_5 支路（相应的 R_1、R_2、R_3、R_4 四条电阻支路称为电桥的桥臂）电流 $i_5=0$ 时，电桥达到平衡，相应的电桥叫平衡电桥。由于 $i_5=0$，故这条支路可认为是“开路”，即可将其由图中去掉而不影响其余各支路的计算；当 R_5 支路由图中去掉以后，电路变成混联的了。也可由 $R_5=0$，推出 $u_{12}=R_5\ i_5=0$，即 $u_1=u_2$，说明①、②两个节点电位相等，或者说这两个节点可以看成一个节点，即 R_5 可用一条短路线取代，取代结果也是混联电路，因此平衡电桥电路可以归类到混联电路。电桥电路如何判断它是否是平衡电桥呢？（通常给出电路时只知五个电阻值，而不知 i_5 是否为零）下面讨论平衡电桥条件。当电路是平衡电桥时，$u_{12}=0$，故 $u_{31}=u_{32}$，且 $i_1=i_2$、$i_3=i_4$；于是有

$$R_1/R_2 = R_3/R_4 \text{ 或 } R_1R_4 = R_3R_2 \tag{2-1-15}$$

R_1 和 R_4、R_2 和 R_3 是对臂电阻（R_1 和 R_2、R_3 和 R_4 是邻臂电阻），可见由给出电路电阻，可以判断是否平衡电桥。只要电桥对臂电阻相乘相等即为平衡电桥电路。式（2-1-15）是电桥平衡条件。

综上所述，电路中两节点之间，若无其他节点，且它们之间电压为零（即电位相等），则这两节点之间可以将原支路断开（即将接在这两点之间的支路去掉），也可以用一根短路导线将其短接。

上述电桥电路也可以画成图 2-1-11 所示各种形式。图 2-1-11 各图中桥臂与桥路电阻编号完全相同，因此判断它们是否是平衡电桥仍然根据 $R_1R_4 = R_3R_2$ 这个条件。

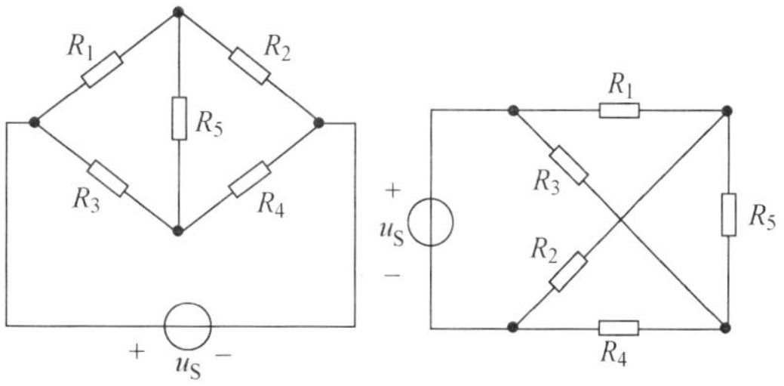

图 2-1-11　电桥电路的另外常用画法

例 2-1-4　已知如图 2-1-12（a）所示电路，求输入电阻 R_{ab}。

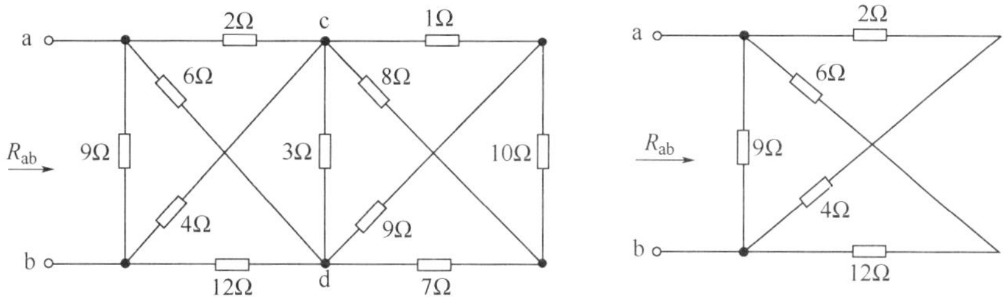

（a）例2-1-4图　　（b）（a）图的等效电路图

图 2-1-12　例 2-1-4 图及其等效电路图

解： 图 2-1-12（a）中，cd 两节点以左 2Ω、6Ω、12Ω、4Ω 是电桥电路的四条桥臂，2Ω、12Ω 两条电阻支路及 6Ω、4Ω 两条电阻支路是对臂电阻支路，显然它们的乘积是相等的，所以是平衡桥电路，而 cd 两节点是平衡电桥桥路的两端点，因此 $u_{cd} = 0$，于是接在 cd 两节点之间的电阻支路全部都可以去掉，$R_{ab} = (2+4)//(6+12)//9$（符号“//”表示并联阻值之意）；故

$$R_{ab} = (2+4)//(6+12)//9 = 4.5//9 = 3\Omega$$

例 2-1-5　已知电路如图 2-1-13（a）所示；求二端网络的输入电阻 R_{ab}。

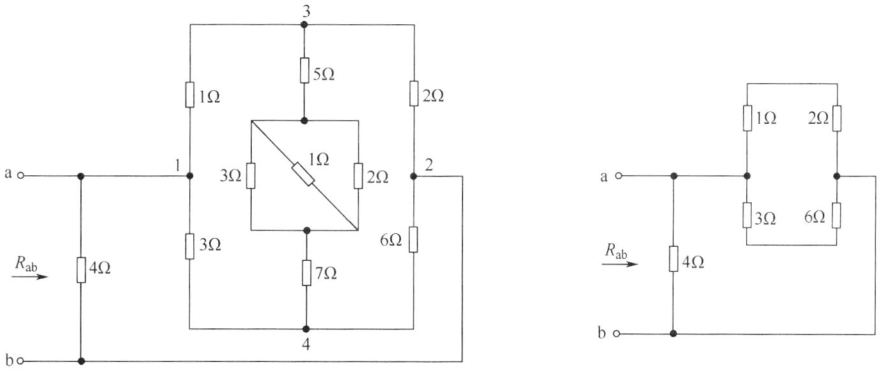

（a）例2-1-5图　　（b）因为连接在图2-1-13（a）3、4两节点间的电阻是桥路电阻，而这又是一个平衡电桥，故桥路电阻可以去掉

图 2-1-13　例 2-1-5 图及其等效图

解：如图 2-1-13（a）所示电路，连接在 1、2 两节点之间电路是一个电桥电路，1、3 与 2、4 两对节点之间电阻以及 1、4 与 2、3 两对节点之间电阻是桥臂电阻，显然对臂电阻是相乘相等的，因此是平衡电桥电路；连接在 3、4 两节点之间电阻是桥路电阻，可以去掉而得到图 2-1-13（b）所示电路；图 2-1-13（b）是一个混联电路，在这个电路中，阻值为1Ω 与 2Ω 以及 3Ω 与 6Ω 的两对电阻先串联，再与阻值为 4Ω 的电阻并联，因此

$$R_{ab} = (1+2)//(3+6)//4 = 1.44\Omega$$

3. 输入与输出电阻

输入电阻是：若一个无源（这里指的“无源”是不包含独立源，包含受控源的不在此列）二端网络 N_0，在端口加电压 u_S，若端口输入电流为 i（图 2-1-14），则定义此二端网络的输入电阻为

$$R_i = u_S / i \tag{2-1-16}$$

对含源二端网络而言，例如一个电压源与一个电阻串联的电路或一个电流源与一个电阻并联的电路［图 2-1-15（a）、（b）］，若知道它的开路电压（即将端口连接的支路断开）u_{OC} 与短路电源（即将端口用导线连接，如图 2-1-15 中虚线所示）i_{SC}，则

$$u_{OC}/i_{SC}=\text{含源二端网络输出电阻}$$

对于图 2-1-15（a）而言，其开路电压 $u_{OC}=i_S$，短路电流 $i_{SC}=u_S/R_0$，所以 $u_{OC}/i_{SC}=R_0$。对于图 2-1-15（b）而言，其开路电压 $u_{OC}=R_0 i_S$，短路电流 $i_{SC}=i_S$，所以 $u_{OC}/i_{SC}=R_0$。独立源取零值的方法，对电压源是短路（即将电压源两端用导线短接），即以短路导线取代电压源；对电流源取零值的方法是开路，即将电流源从图中去掉（这一方法对受控源不适用，受控源只有当其控制量为零时方取零值，当然一旦受控源的控制量为零，则上述对独立源的取零值方法也可以用来处理受控源）。

可见，含源二端网络的输出电阻定义为此含源二端网络的开路电压与短路电流之比。显然它也等于该含源二端网络中独立源取零值的输入电阻。输入电阻是对无源二端网络来说的，而输出电阻则是对含源二端网络来说的。

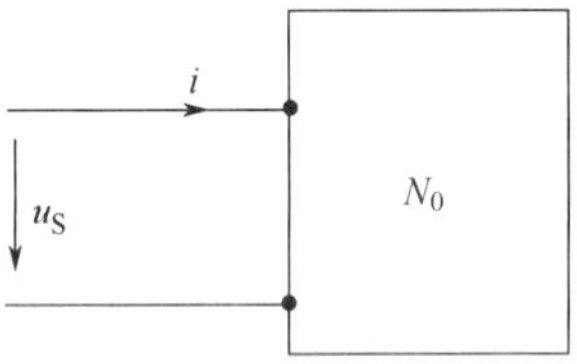

图 2-1-14　输入电阻的一般定义

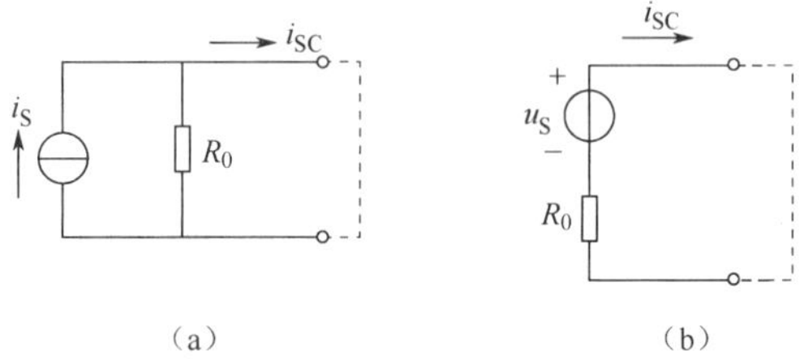

图 2-1-15　输出电阻定义

2.2　电源的串联与并联连接

2.2.1　实际电源的串并联连接

这里指的实际电源是内阻 r_0 不为零的电源。电源的串并联连接是生产和生活实际的需要，各种化学电池所能产生的电动势是取决于制造化学电池的材料，如常用的 1 号至 5 号干电池都是 1.5 V，若用这种电池给一个额定电压 3V、额定电流 0.15A 的手电筒灯泡供电，必须两节干电池顺极性（即按正、负、正、负的极性顺序）连接；若负载的额定电压为 150V，则用这种干电池

供电时，就要用 100 节顺极性串联；如果仍把这 100 节电池看作一个电池（源），则这个电池（源）的内阻将等于 100r_0，即内阻也增加 100 倍。由此可见，若电源电动势均为ε_0、内阻均为r_0的几个电源顺极性作串联连接时［图 2-2-1（a)]，则其串联以后的总电动势ε及内阻R_0计算方法如下。因为

$$\varepsilon_{01}=\varepsilon_{02}=\cdots=\varepsilon_{0n}=\varepsilon_0, r_0=r_{01}=\cdots=r_{0n}$$

而有

$$\varepsilon=\varepsilon_{01}+\varepsilon_{02}+\cdots+\varepsilon_{0n}=\sum_{i=1}^{n}\varepsilon_{0i}=n\varepsilon_0 \tag{2-2-1}$$

$$R_0=r_{01}+r_{02}+\cdots+r_{0n}=\sum_{i=1}^{n}r_{0i}=nr_0 \tag{2-2-2}$$

如果这 n 个电源电动势和内阻均不相等，则其总电动势和总内阻分别为

$$\varepsilon=\varepsilon_{01}+\varepsilon_{02}+\cdots+\varepsilon_{0n}=\sum_{i=1}^{n}\varepsilon_{0i} \tag{2-2-3}$$

$$R_0=r_{01}+r_{02}+\cdots+r_{0n}=\sum_{i=1}^{n}r_{0i} \tag{2-2-4}$$

用“电路”中的表示方法作出图 2-2-1（a）的等效电路图则如图 2-2-1（b）所示。

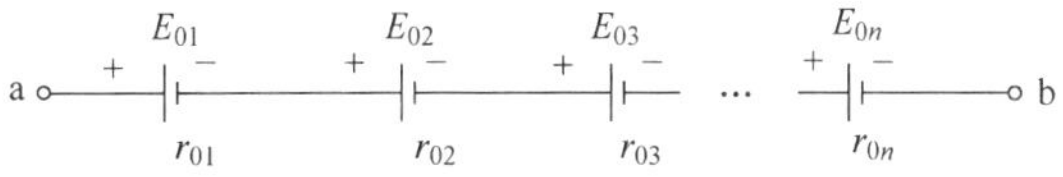

（a）电流串联

（b）电流源为电阻供电源可以并联

图 2-2-1　等效电路

如图 2-2-2 所示，电动势为 3V、内阻为 0.1Ω 的实际电路给负载 R=0.09Ω 供电的等效电路。在电力网络中，各大中城市发电厂及大的电厂的发电机均是并网运行，或者说这些发电机都是并联连接的，这是因为电流不够而影响输出功率的原因，电源作并联连接时可以增加输出电流，从而增加输出功率。实际电源输出电流之所以会随负载变化，原因是因为有内阻r_0，所以实际电源的端电压（也是加至负载两端电压）将随负载而变。为了把这问题说得更透彻一些，用下面的例子来说明。

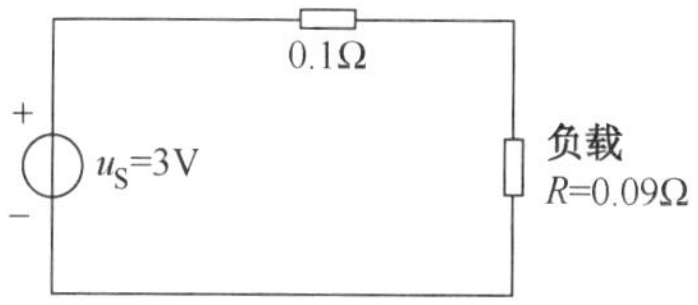

图 2-2-2　实际电路给负载供电

例如，有一个负载，其额定电压为 3V，额定功率为 100W，如果用电动势为 3V、内阻为 0.1Ω 的干电池供电，问结果会如何？负载的额定电压和额定功率（或额定电流）给出的是这个负载的热态电阻，这负载是否能按需要正常运行，则视电源给它提供的功率，如本例中额定电流 i=100/3A，热态电阻

$$R=3^2/100=0.09\ \Omega$$

因而，若用电动势为 3V、内阻为 0.1Ω 的电源给它供电，如图 2-2-2 所示，按分压公式，这时负载两端电压（电源端电压）不足 1.5V，即

$$u_R=3/0.19\times0.09\approx1.42\ \text{V}$$

相应的电流只有

$$i=1.42/0.09=15.78\ \text{A}$$

不足额定电流的一半，不到额定功率的四分之一

$$P=u_R i=1.42\times15.78=22.4\ \text{W}$$

碰到这种情况，则常爱用电动势相同、内阻也基本相等的若于节干电池并联供电，一般若并联电池的电动势均为ε，内阻均为r_0，则并联后的电动势等于一节电池的电动势ε，而这若干并联电池的内阻等于这些电池内阻并联后的等效电阻。若参与并联的有n节电池，则并联后的等效电动势

$$E=\varepsilon \tag{2-2-5}$$

等效内阻

$$R_0=r_0/n \tag{2-2-6}$$

例如，若用100节电动势为3V、内阻为0.1Ω的干电池给前述负载供电，则由于等效内阻

$$R_0=0.1/100=0.001\,\Omega$$

$$u_R=3/0.091\times0.09=2.97\text{ V}$$

相应电流（流经负载）为

$$i=2.97/0.09=33\text{A}$$

于是，负载吸收的电功率为

$$P=u_Ri=2.97\times33=98\text{W}$$

和负载额定功率基本相等。

可见，实际电源之所以要串联供电，是因为电压不够；电源顺极性串联，可以提高供电电压。实际电源之所以要并联供电，是因为实际电源的内阻限制了电源的输出电流；并联供电，可以提高供电电流。

对于理想电压源来说，因为内阻为零，只要其电压值和负载需要的电压相吻合，就不存在电流不够的问题。如上述额定电压3V、额定功率100W的负载，若采用电压为3V的理想电压源给它供电，则由于此时负载电阻两端电压不管负载电流多大均为3V，即

$$u_R=3\text{V}，i=3/0.09=100/3\text{A}$$

$$P=u_Ri=100\text{W}$$

完全符合负载需要；因此理想电压源不作并联连接。

对于理想电流源来说，则不存在输出电压不够的问题。例如，额定电压为100V、额定功率为10W的电阻负载，若采用理想电流源供电，则只要这个电流源的电激流$i_S=10/100=0.1\text{A}$就能满足上述电阻负载的要求。因为电阻负载的电阻

$$R=100^2/10=1000\,\Omega$$

故负载电阻的电压

$$u_R=Ri_S=1000\times0.1=100\text{V}$$

$$P=u_Ri_S=100\times0.1=10\text{W}$$

完全满足负载电阻的电压要求。因此，理想电流源不存在输出电压不够的问题，故不存在理想电流源作串联连接的问题。

从理论上来加以阐明，如果两个电压不等的理想电压源可以并联连接，如图2-2-3所示，则因为

$$u_{S1}\neq u_{S2}$$

于是对两个并联的电压源所形成的回路而言，则必然有

$$u_{S1}-u_{S2}\neq0$$

假如电压不等的两个理想电压源可以并联的话，则由它们所形成的回路不遵守KVL，而任何闭合电路，其电压关系都必须遵守KVL；这就说明，电压不等的理想电压源是不能作并联连接的。同样，假如电流源可以作串联连接的话，则如图2-2-4所示，因为

$$i_{S1}\neq i_{S2}$$

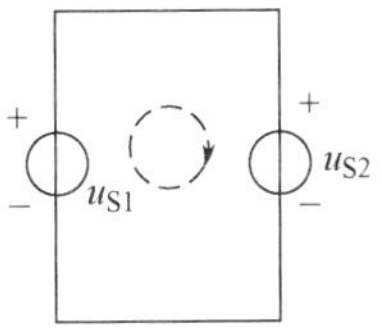

图 2-2-3　假如电压不等的两个理想电压源可以并联连接

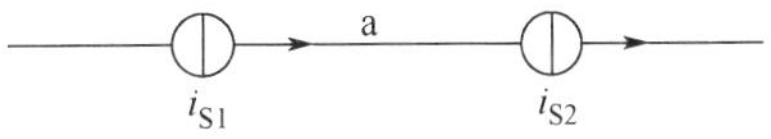

图 2-2-4　假如电激流不等的理想电流源可以串联连接

于是对节点 a 而言

$$i_{S1} - i_{S2} \neq 0$$

即流进节点 a 的总电流不为零，换句话说它不遵从 KCL，这就说明电流不等的理想电流源是不能作串联连接的。至于电压相等的理想电压源如果作并联连接虽然不违反 KVL，但从理论上来说是毫无意义的。因此本书只讨论理想电压源的串联和理想电流源的并联。

2.2.2　理想电压源的串联连接

当 n 个理想电压源作串联连接时，其等效电压源的电压等于各串联电压源电压的代数和，即

$$u_S = \sum_{i=1}^{n} u_{Si} \qquad (2\text{-}2\text{-}7)$$

式中，u_{Si} 为第 i 个电压源的电压；u_S 则为等效电压源的电压，之所以取代数和，是因为这 n 个电压源不一定都是顺极性相串联的，如图 2-2-5（a）所示，则其正、负的取法，应以端口电压参考方向为准，例如端口电压参考方向是由 1 指向 2，则和参考方向一致的取正值，否则取负值。注意：端口由 1 指向 2 的电压参考方向，对于图 2-2-5（a）而言，也是该图的顺时针方向和图 2-2-5（b）的等效电压源的参考方向是一致的，按照这个参考方向取值的话，$u_{S1}, \cdots, u_{S(n-1)}$ 应取正值，而 $u_{S2}, \cdots u_{S(n-2)}, u_{Sn}$ 则应取负值。

当 n 个理想电流源作并联连接时，其等效电流源的电激流 i_S 等于并联的 n 个电流源的电激流的代数和。即

$$i_S = \sum_{k=1}^{n} i_{Sk} \qquad (2\text{-}2\text{-}8)$$

各并联电流源电激流正负的取法是以等效电流源电激流的参考方向为依据来考虑的，如图 2-2-6（a）、（b）所示；图 2-2-6（a）是作并联连接的 n 个电流源，图 2-2-6（b）是它们的等效电流源，按等效电流源的参考方向可知：$i_{S1}, \cdots, i_{Sn}$ 应取正值，而 i_{S2} 则应取负值。即

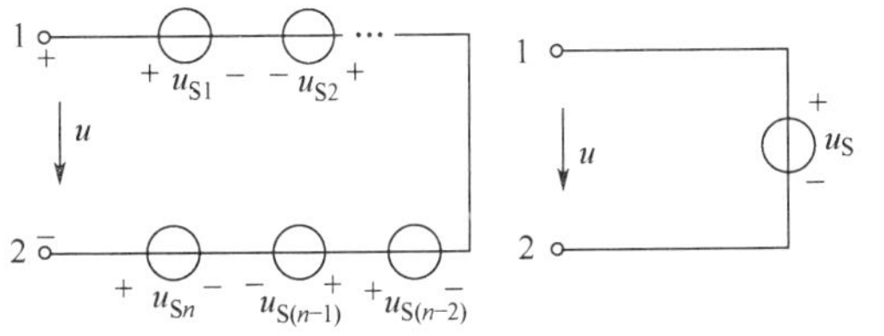

（a）　（b）

图 2-2-5　图（a）是 n 个电压源的串联，当端口参数方向为 1 指向 2 时，则由于 u_{S1}、$u_{S(n-1)}$ 的参数方向与端口参数方向，即等效电压源 u_S（见图 b）的参数方向一致，而取正

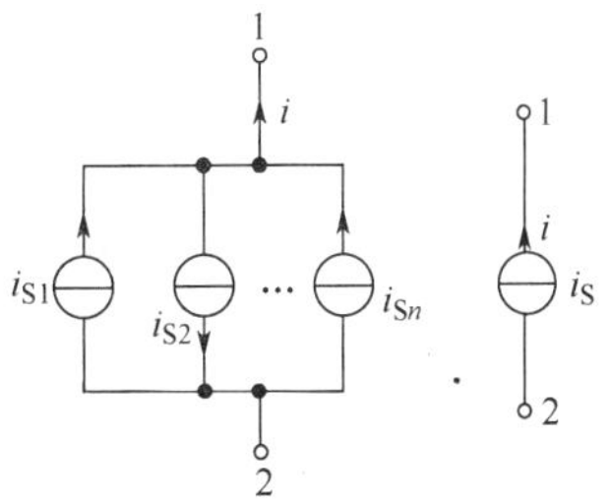

（a）　（b）

图 2-2-6　图（a）是 n 个电流源作并联连接，图（b）是它们的等效电流源；由图可见 $i_{S1}+\cdots+i_{Sn}=i_S$

$$i = i_{S1} - i_{S2} + \cdots + i_{Sn}$$

例 2-2-1 如图 2-2-7 所示电路，求 u 的值。

解：图 2-2-7 所给出的实际上是五个电流源并联再和两个电阻并联；为此，可以先求五个并联连接的电流源的等效电流源。假设等效电流源的参考方向是由下而上的，如图 2-2-8，则 $i_S = 3-2+6-4+1 = 4\ \text{A}$，而 6Ω 和 3Ω 两个电阻并联的等效电阻阻值 $R = 6//3 = 2\ \Omega$，于是得出图 2-2-7 的等效电路图如图 2-2-8 所示，由图 2-2-8 很容易求出 u，因为 $i = i_S/2 = 2\text{A}$，∴ $u = 2i = 4\text{V}$ 即为所求。

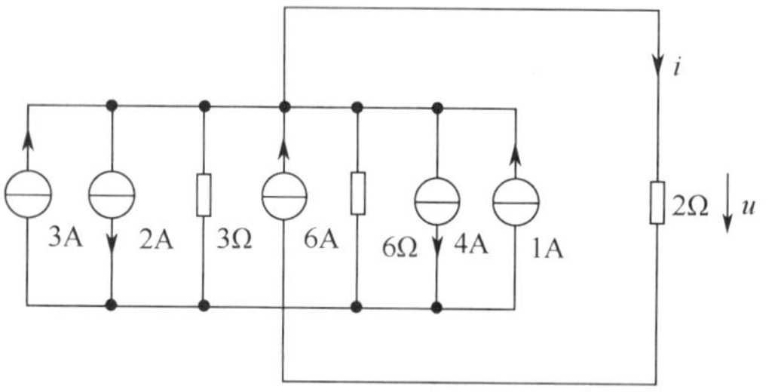

图 2-2-7 例 2-2-1 图（1）

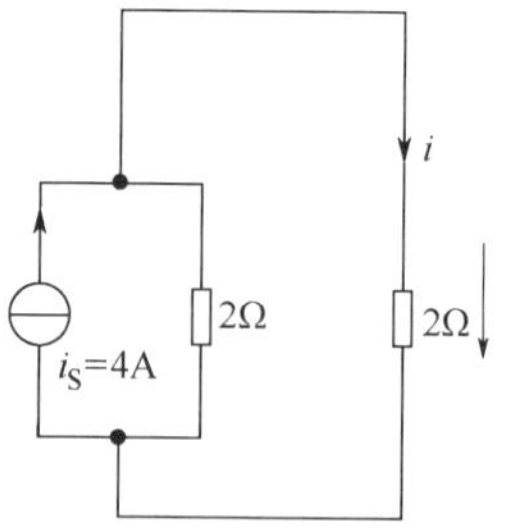

图 2-2-8 例 2-2-1 图（2）

例 2-2-2 如图 2-2-9 所示电路，求 u_{ab}。

解：首先将并联连接的三个电流源合并，即求出这三个电流源的等效电路，如图 2-2-10（a）所示，由于这是一个单一回路，按照电流源的性质，所有和它串联连接的元件（包括电压源）的电流均等于电流源的电激流，因此通过 4Ω 电阻的电流也是 6A，即 i=6A，因此 $u_{ab} = 4\times 6 = 24\text{V}$，这一结果和图 2-2-10（b）所示电路一样，可见它们相对端口 ab 而言是完全等效的；这也是一种等效变换，在图中虚线框内的是参与了等效变换的（包括电流源），这从图 2-2-10（a）、（b）中就可以看出，在图 2-2-10（a）中 $u_{S1} = 4+6\times 6+6 = 46$（V），而在图 2-2-10（b）中 $u'_{S1} = 4\times 6 = 24\text{V}$，即两个图中电流源的电压是不相等的，这与等效变换的定义是吻合的。

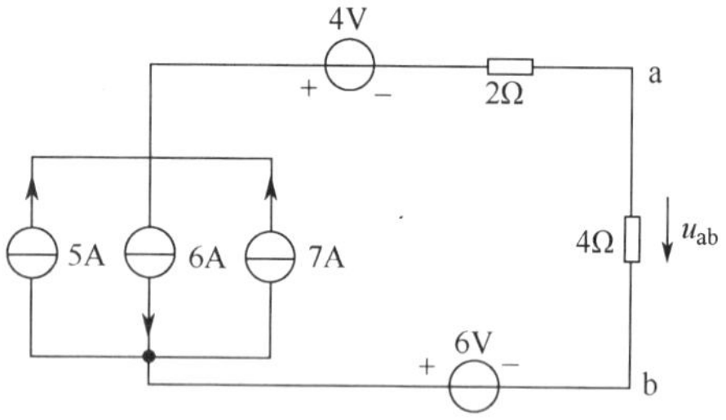

图 2-2-9 例 2-2-2 图

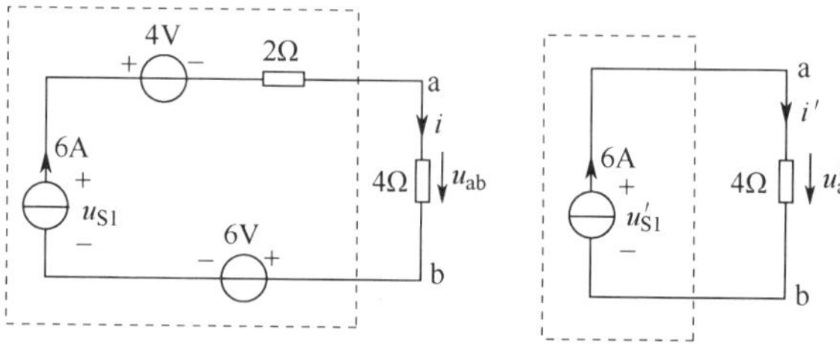

（a） （b）

图 2-2-10 相对端口 ab 而言，图 2-2-9 的等效电路图

综上所述，和电流源串联的支路去掉（即用短路导线取代这些元件）对保留的与电流源串联的支路来说是等效的。进而还可得出：一切和电流源串联的含源二端网络去掉将不影响保留的与电流源串联的支路的电压、电流值。如图 2-2-11 所示，两个图对端口 ab 来说是等效的。因为 $i = i' = i_S$，因此 $u_{ab} = u'_{ab} = Ri_S$，这证明两个电路对端口 ab（电阻 R）是等效的。换言之，这也是一种等效变换。需要注意的是：在这个等效变换中，电流源是参与变换的；因此，如果要求电流源的电压，只有在变换以前的电路中求得的才是所需求的正确数值，这是在电路进行等效变换时必须注意的问题，一切参与等效变换的电路，有的可能电流相同，有的可能电压相同，通常是两者均不相同。

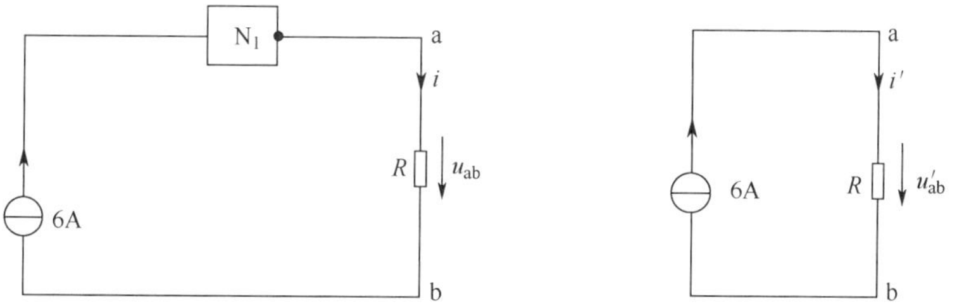

(a) N_1是一含源二端网络　　(b) 以短路线取代N_1对ab端口是等效的

图 2-2-11　电流源的一个重要性质

例 2-2-3　如图 2-2-12 所示的电路，求各支路电流。

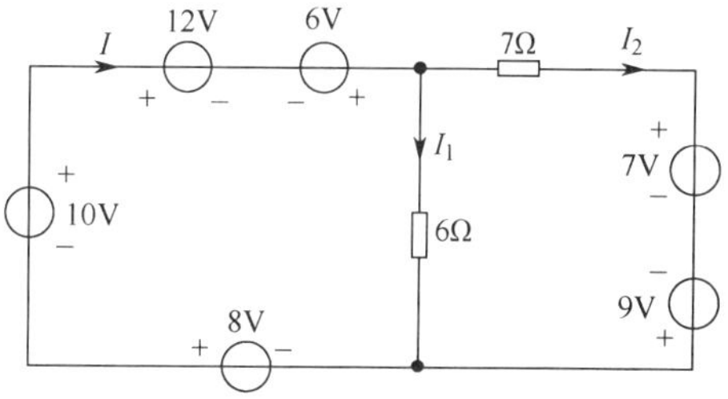

图 2-2-12　例 2-2-3 图

解：因为图 2-2-12 中有电压源的串联，因此首先求出串联电压源的等效电压源；在等效变换时，不影响各支路电流，故而对求支路电流来说是一样的（即等效的）。简化以后的电路如图 2-2-13（a）所示。由图 2-2-13（a）所示电路，很易求出各支路电流；根据 KVL，对回路 1 有 $6I_1$=12V，故 I_1=2A；对回路 2 有 $7I_2$=14V，故 I_2=2A；根据 KCL，对节点 1 有 I=I_1+I_2=4A，也可以由图 2-2-13（b）和（c）先求出 I_1 和 I_2，再在图 2-2-13（a）中求出 I 。

这又给出对电压源性质的一种启示：和理想电压源并联的支路如果有若干条，在求某一条除理想电压源之外的支路的电流时，只需保留该支路和理想电压源支路即可，其余支路同样参与了变换。因此，在求电压源支路电流时，必须在变换以前的电路中去求，否则就不是题意所要求的。例如，在图 2-2-13（b）、（c）中所求得电压源支路电流均等于 2A，而在原图电路中则是 I_1+I_2，其实这一结果也不难理解，因为对于任意一条支路（含源或不含源支路）来说，只要它两端电压恒定，其支路电流也就唯一地确定了。

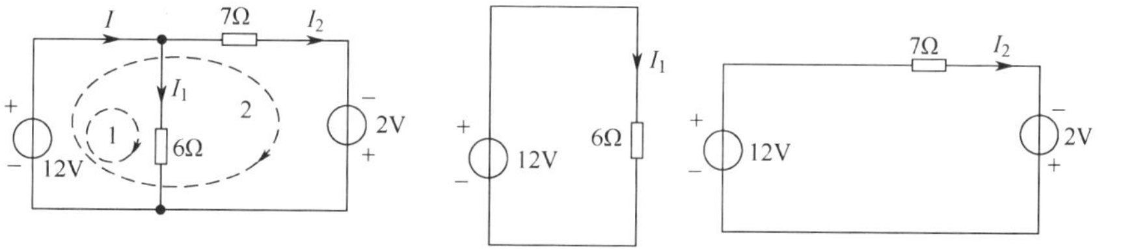

(a) 图2-2-12电压源简化（合并）以后的电路　　(b) 图（a）的等效变换图　　(c) 图（a）的等效电路

图 2-2-13　图 2-2-12 的等效电路

注意：在作此类等效变换时，待求支路不能参与变换；而求电流源的电压或求电压源的电流时，只能在变换以前的电路中求出的才是正确的。

2.3　电源的等效变换

前面已经讨论过，一个电动势为 E、内电阻为 r_0 的实际电源，可以等效为一个理想电压源和一个电阻的串联，这个理想电压源的电压 $u_S = E$ ，这个串联电阻的阻值为实际电源的内阻 r_0 ；也可以等效为一个理想电流源和一个电阻的并联，这个理想电流源的电激流 $i_S = E/r_0$ ，即等于实际电源的短路电流，而并联的阻值等于实际电源的内阻r_0，其等效变换的关系如图 2-3-1 所示。

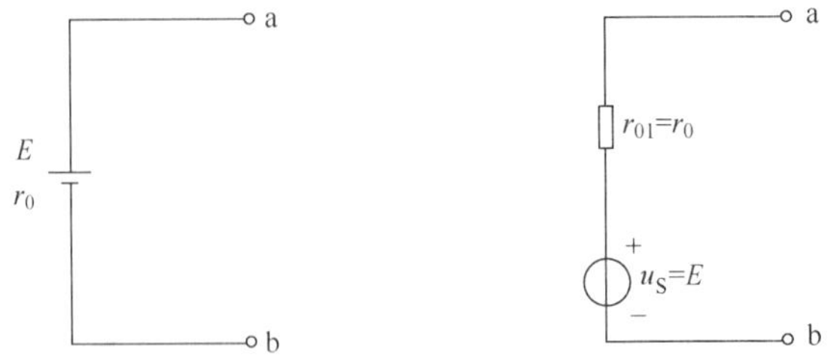

（a）电动势为E、内阻为r_0的实际电源 （b）实际电源可以等效为理想电压源和电阻串联

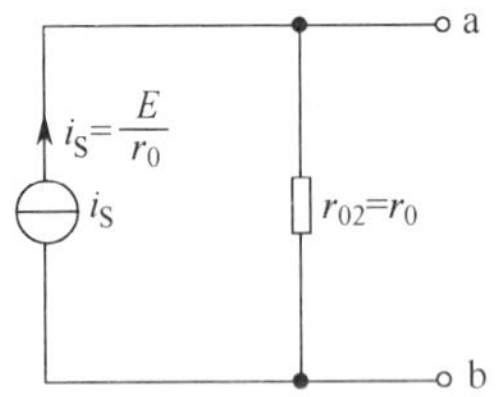

（c）实际电源也可以等效为理想电流源和电阻并联

图 2-3-1 电源的等效变换

图 2-3-1（b）、（c）是图 2-3-1（a）的两种等效变换图，只要$u_S=E$，$r_{01}=r_0$或$i_S=E/r_0$，$r_{02}=r_0$，则无论端口 ab 是否接负载，端口的电压和端口电流在上述三个电路中都是完全相同的。

设端口 ab 接负载电阻 R，则对于图 2-3-2 而言，有

$$i=E/（r_0+R），u=Ri=RE/（r_0+R）$$

对于图 2-3-3，很明显也有

$$i'=u_S/(r_0+R)=E/(r_0+R)=i$$

$$u'=Ri'=Ru_S/(r_0+R)=RE/(r_0+R)=u$$

对于图 2-3-4，根据分流公式有

$$i''=r_{02}i_S/(r_{02}+R)=r_0/(r_0+R)\cdot E/r_0=E/(r_0+R)=i$$

$$u''=Ri''=RE/(r_0+R)=u$$

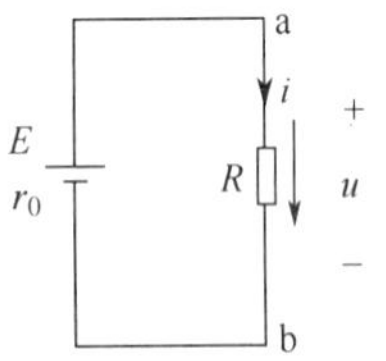

图 2-3-2 图 2-3-1（a）所示电路接负载电阻 R

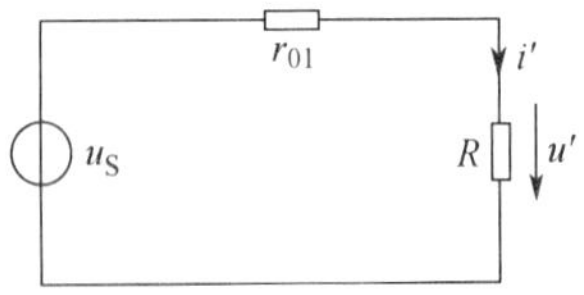

图 2-3-3 当图 2-3-1（b）所示电路接负载电阻 R 时

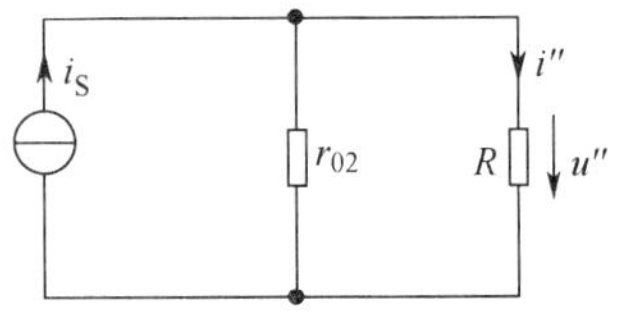

图 2-3-4 当图 2-3-1（c）所示电路接负载电阻 R 时

可见，只要$u_S=E$，以及$i_S=E/r_0$，则由这三个图得到端口的电压与电流是完全相同的，即完全是等效的，因此这也是一种等效变换。在这个等效变换中，电源是参与变换的，只有端口未参与变换，因此等效是指端口而言的，端口的电压、电流在变换前后是保持不变的。

实际电源有两种等效电源模型，这两种电源模型之间也可以进行等效变换；电路中的电源等效变换就是指理想电压源和电阻的串联可以等效变换为理想电流源和电阻的并联。

按照前面的讨论，很容易得到这种等效变换的关系如图 2-3-5 所示。

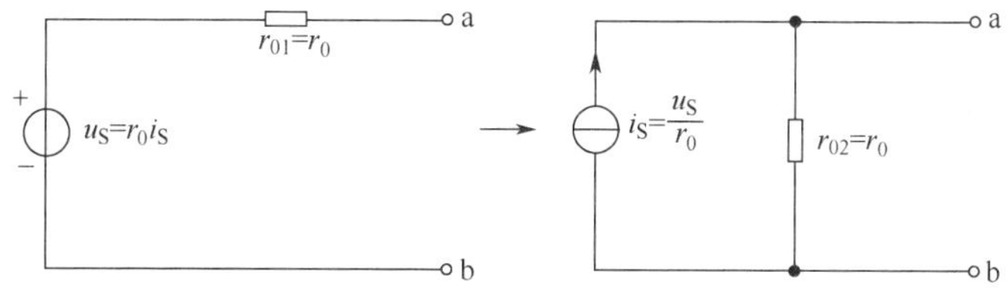

图 2-3-5　理想电压源和电阻的串联与理想电流源和电阻的并联等效变换的条件与关系

即在端口 ab 任接一个同样的含源二端网络 N，如果能够证明当端口电压和电流相等时，电压源和电阻串联与电流源和电阻并联就可以相互变换。

由图 2-3-6（a）可得：

$$u'_{ab}=u_S-r_{01}i_1$$

而由图 2-3-6（b）得

$$u''_{ab}=r_{02}\left(i_S-i_2\right)=r_{02}i_S-r_{02}i_2$$

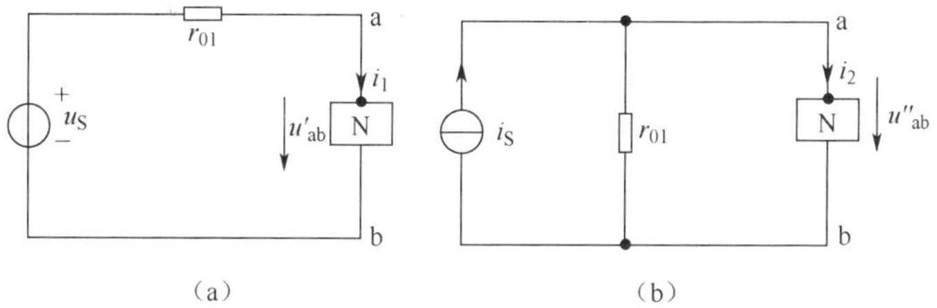

图 2-3-6　两种电源等效变换条件的证明

设端口 ab 对同一个含源二端网络是等效的，即 $u'_{ab}=u''_{ab},i_1=i_2$，则对比上列二式可见，只要 $r_{01}i_1=r_{02}i_2$ 和 $u_S=r_{02}i_S$ 即可，由此可推出结论：

将电压源与电阻的串联等效变换成电流源与电阻并联的条件是

$$r_{01}=r_{02}=r_0,\quad i_S=u_S/r_0 \tag{2-3-1}$$

将电流源与电阻的并联等效变换成电压源与电阻的串联的条件是

$$r_{01}=r_{02}=r_0,\quad u_S=i_Sr_0 \tag{2-3-2}$$

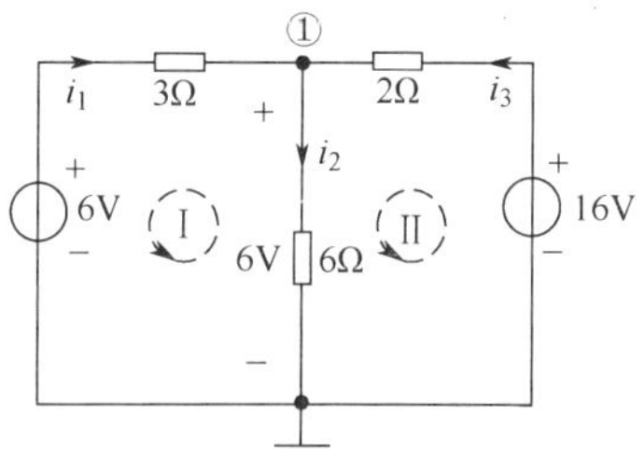

图 2-3-7　例 2-3-1 的图

例 2-3-1　如图 2-3-7 所示电路，求各支路电流，并验证功率关系。

解：已知 KL 和电源之间等效变换条件，故本例题有两种求解支路电流的方法。

方法一：应用 KL 来解。假定各支路电流及其参考方向如图所示，根据 KCL，对节点①有

$$i_1-i_2+i_3=0 \tag{2-3-3}$$

再选定独立回路Ⅰ和Ⅱ，并假设回路绕行方向为逆时针方向，于是根据 KVL 有

$$-3i_1-6i_2=6 \tag{2-3-4}$$

$$6i_2+2i_3=16 \tag{2-3-5}$$

解之可得：$i_1=-4\text{A}$，$i_2=1\text{A}$，$i_3=5\text{A}$。

下面再用电源等效变换的方法来求各支路电流。

方法二：将 i_1 支路变换为电流源和电阻的并联，由式（2-3-1）可知，这个等效电流源的电激流 $i_S=6/3=2$（A），并且电流源电激流的参考方向应当是电压源由负极指向正极的方向，这

点是在进行电源等效变换时必须特别注意的问题；3Ω 与 6Ω 两并联电阻的等效电阻为 2Ω 。然后再将电流源与电阻的并联等效变换成电压源与电阻的串联，在这步变换中，同样应遵循参考方向一致的原则来确定电压源的参考极性如图 2-3-8（c）所示，在整个变换中，只有 i_3 支路未参与变换，因此由图 2-3-8（c）所求得的 i_3 即为图 2-3-7 中的 i_3 ，显然 $i_3=(4+16)/4=5\text{A}$ 。

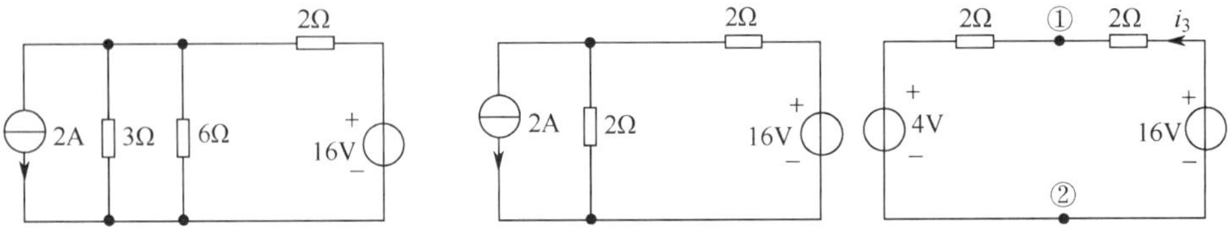

（a）应用电压源与电流之间变换　（b）3Ω与6Ω电阻并联化简　（c）再次应用电源变换

图 2-3-8　将图 2-3-7 进行变换

由此可求得 i_3 支路两端电压［图 2-3-8（c）］$u_{12}=16-2\times5=6\text{V}$ ，这同时又是 i_1 和 i_2 支路两端电压，据此，容易求得 $i_1=-4\text{A}$，$i_2=1\text{A}$ 。

用方法二和用方法一得出的结果是一样的。在应用方法一时，要首先假定支路电流及回路绕行的参考方向，而在应用方法二时必须首先弄清电源等效变换的方法及概念，后一种方法在本例中显然计算上要简单得多。

最后验证功率关系。由于两条电压源支路的电压与电流的实际方向是非关联方向，因此两个电压源都是提供功率（发出功率）

$$P_{\text{f}}=6\times4+16\times5=104\text{W}$$

电阻吸收功率

$$P_{\text{x}}=4^2\times3+1^2\times6+5^2\times2=104\text{W}$$

可见

$$P_{\text{f}}=P_{\text{x}}$$

例 2-3-2　如图 2-3-9（a）所示电路，求各支路电流并验证功率关系。

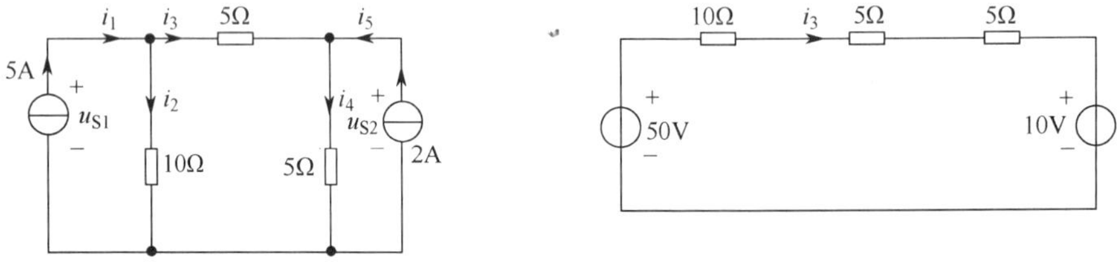

（a）例2-3-2的图　（b）应用电源的等效变换对（a）图变换的结果

图 2-3-9　例 2-3-2 图

解：本例中，由于有五条支路，尽管电流源所在支路电流是已知的，然而用 KL 解，还得列五个一次方程，如果将电流源与电阻的并联等效变换为电压源与电阻的串联，就得到图 2-3-9（b），这显然是一个简单电路，由于 i_3 支路未参与变换，故由图可求得：

$$i_3=(50-10)/(10+5+5)=2\text{A}$$

所求得的就是图 2-3-9（a）中的 i_3 ，再假定各支路电流参考方向，可得

$$i_1=5\text{A},\quad i_2=i_1-i_3=3\text{A}$$

$$i_5=2\text{A},\quad i_4=i_3+i_5=4\text{A}$$

为了验证功率关系，还要求出电流源的电压；假定两电流源电压分别为u_{S1}和u_{S2}［图 2-3-9（a）]，由于它们分别与5Ω和10Ω两电阻并联，故

$$u_{S1}=10i_2=30V，u_{S2}=5i_4=20V$$

显然两电流源均发出功率

$$P_f=5\times30+2\times20=190W$$

三个电阻均吸收功率

$$P_x=3^2\times10+2^2\times5+4^2\times5=190W$$

即

$$P_f=P_x$$

这两道例题中均需注意，验证的是原电路中的功率关系，而不是进行等效变换以后的电路中的功率关系。如图 2-3-9（b）中，只有 50V 电压源发出功率，10V 电压源是吸收功率，故

$$P_f=50\times2-10\times2=80W$$

$$P_x=(10+5+5)\times2^2=80W$$

显然和原电路中是不一样的！只有未参与变换的支路在变换前后的功率是一样的。

注意：切不可把与理想电压源并联的电阻或与理想电流源串联的电阻误当成电源内阻也进行变换，因为这样的变换不是等效变换。

如图 2-3-10 所示，尽管这两个电路中均有电阻，但由于不能当成内阻来处理，因而图中的变换不是等效变换，例如，在端口连接一个10Ω 电阻，设图中$u_S=10V$，$R=2\Omega$；如果认为$i_S=u_S/R=5A$，$R'=R=2\Omega$（图 2-3-11），则显然这两种情况下，对于图 2-3-11（a）有

$$i_1=10/10=1A$$

$$u'_{ab}=10V$$

（a）与理想电压源并联电阻不能变成电源内阻处理　（b）与理想电流源串联电阻不能变成电源内阻处理

图 2-3-10　这不是等效变换

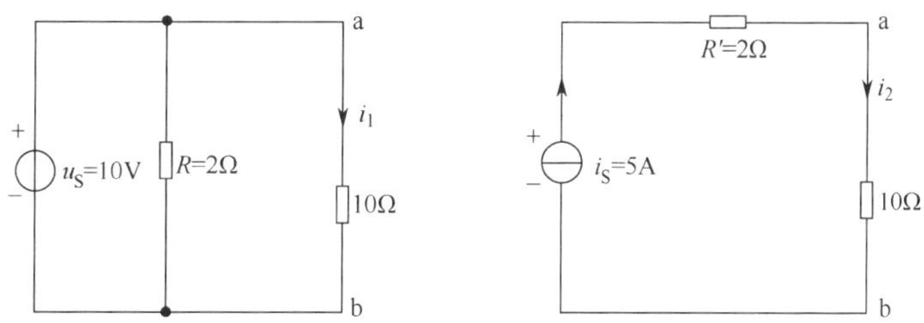

图 2-3-11　在图 2-3-10 的端口接入一个电阻

而对于图 2-3-11（b）有

$$i_2=5A\neq i_1$$

$$u'_{ab}=5\times10=50V\neq u_{ab}$$

显然未参与变换的 10Ω 电阻支路上的电压、电流均不相同。可见图 2-3-10（a）与图 2-3-10（b）之间不是等效变换，其实在上一节中已经提过，和电压源并联的电阻或与电流源串联的电

阻去掉之后不影响端口电压和电流，那才是一种等效变换。可是去掉并、串电阻以后，理想电压源相当于串联了一个“零”电阻，如果要将它变换成电流源，则此电流源电激流$i_S = u_S / 0 \to \infty$；同样，理想电流源相当于并联了一个阻值为“∞”的电阻，则所转换的电压源，其电压应等于$u_S = i_S \times \infty \to \infty$，即这样的电流源与这样的电压源是不存在的。

2.4 电位的计算

在收音机、电视机或电子仪器的图纸上，总可以看到电路中有接地的符号，并且在某些节点上标有电压数值，这是指该节点与“地”之间的电压。无论在直流或是交流电路中，接地符号只画在某一个特定的节点上（例如电源的正极或者负极上），这个与“地”相连接的节点称为“参考节点”。在直流电路中，某一节点相对于参考节点的电压称为电位，参考节点的电位为零，因为参考节点的电位按电位的定义是相对于本节点的电压，当然是零。正如同一个人要和自己比高低得出来的结论只能是一般高一样，本身的高度差只能是零。在交流电路中，某一节点相对于参考节点的电压称为“节点电压”， 而不用电位的概念。“电位的计算”这一标题是为了能把交直流两种情况都包含进去，只用“节点电压”这一概念，而不再用“节点电位”的概念。

在电路中，某一节点相对于参考节点的电压称为节点电压，因此在计算节点电压时，首先必须选择参考节点，随着参考节点选择的不同，电路中各节点的电压也不同，即电路中任一节点的电压大小均与节点的选择有关，不选择参考节点讨论某一节点的电压是毫无意义的。电路中的参考节点就是画有接地符号的节点。

例如图 2-4-1 所示电路，当激励源为一直流电压源，且电压源负极接地时，则节点①或节点②或节点④、⑤的电位（压）均为正值，而节点③的电位为零，这是因为节点③即参考节点。节点⑤的电压最高，就等于电压源 u_S。还是同一电路，若参考节点为电压源正极，这时由于节点⑤的电压为零，而节点①、②、③、④的电位均较节点⑤低，因此这些节点的电位均将等于负值；这里“负值”的物理意义是说这些节点的电位均低于参考节点的电位。

电路中，任意两个节点之间的电压等于这两个节点的电位之差，例如图 2-4-1 中的节点①、②之间电压$u_{(1)(2)}$等于节点①的电位$u_{(1)}$与节点②的电位$u_{(2)}$之差，即

$$u_{(1)(2)} = u_{(1)} - u_{(2)} \tag{2-4-1}$$

尽管电路中任一节点的电压是随参考节点变化的，但任意两节点之间的电压却与参考节点的选择无关。这点可以通过图 2-4-1 和图 2-4-2 中的电路来加以说明。假定这两个图中各元件参数完全相同，显然这两个电路各支路中电流也应完全相同，因为参考节点的选择不可能改变各支路中的电流；电阻又相同，则任意两个节点之间的电压在这两个电路中自然是相同的。基于这些概念的重要性，下面再举二道例题来加以说明。

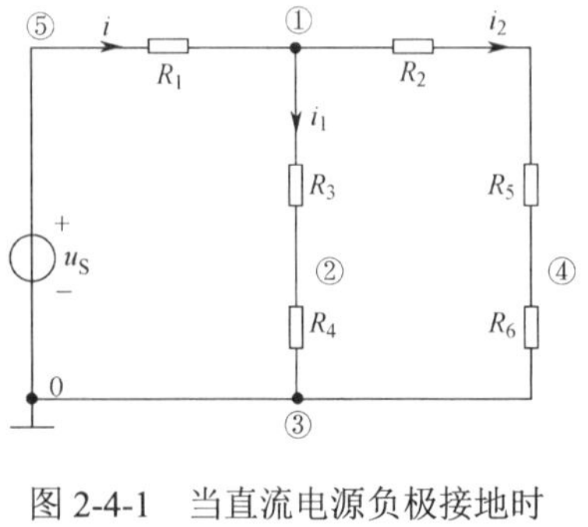

图 2-4-1　当直流电源负极接地时

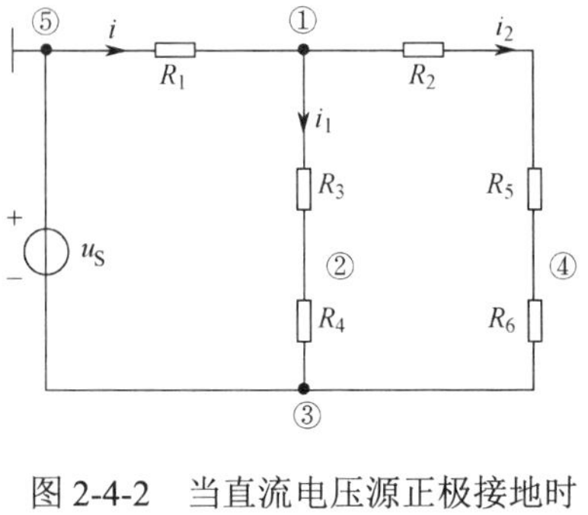

图 2-4-2　当直流电压源正极接地时

例 2-4-1　如图 2-4-1 所示电路，已知：$u_S = 24V$，$R_1 = 2\Omega$，$R_3 = 3\Omega$，$R_4 = 5\Omega$，$R_5 = 3\Omega$，$R_6 = 4\Omega$，R_2=1Ω，当电源负极接地时，计算各节点电压 $u_{(1)}$、$u_{(2)}$、$u_{(3)}$、$u_{(4)}$、$u_{(5)}$；并且计算 u_{12}、u_{13}、u_{14}、u_{15}，若将电源正极接地，如图 2-4-2 所示，再重新计算上述各电压值。

解：（1）如图 2-4-1 所示，假定各支路电流参考方向，则依据题给数据可得

$$i = 4A，i_1 = i_2 = 2A$$

于是

$$u_{(1)} = u_{13} = (R_3 + R_4)\ i_1 = 16V$$

$$u_{(2)} = u_{23} = R_4 i_1 = 10V$$

$$u_{(3)} = 0$$

$$u_{(4)} = u_{43} = R_6 i_2 = 8V$$

$$u_{(5)} = u_{53} = u_S = 24V$$

$$u_{12} = u_{(1)} - u_{(2)} = 6V$$

$$u_{13} = u_{(1)} - u_{(3)} = 16V$$

$$u_{14} = u_{(1)} - u_{(4)} = 8V$$

$$u_{15} = u_{(1)} - u_{(5)} = -8V$$

这是参考节点为电源负极时的情况。

（2）当把电源正极选作参考节点时，如图 2-4-2 所示，这时电流应当相同，即

$$i = 4A，i_1 = i_2 = 2A$$

但各节点电压却不相同，这是因为

$$u_{(1)} = u_{15} = -R_1 i = -8V$$

$$u_{(2)} = u_{25} = -(R_1 i + R_3 i_1) = -14V$$

$$u_{(3)} = u_{35} = -u_S = -24V$$

$$u_{(4)} = u_{45} = \left[R_1 i + (R_2 + R_5)\ i_2\right] = 16V$$

$$u_{(5)} = 0$$

$$u_{12} = u_{(1)} - u_{(2)} = 6V$$

$$u_{13} = u_{(1)} - u_{(3)} = 16V$$

$$u_{14} = u_{(1)} - u_{(4)} = 8V$$

$$u_{15} = u_{(1)} - u_{(5)} = -8V$$

可见，由于参考节点选择不相同，得出的各节点的电压值不相同，可是各支路电流与任意两节点之间电压却与参考节点的选择无关。

例 2-4-2　如图 2-4-3 所示电路，已知：$R_1 = 1\Omega$，$R_2 = 2\Omega$，$R_3 = 3\Omega$，$R_4 = 4\Omega$，$R_5 = 5\Omega$，$R_6 = 6\Omega$；$u_{S1} = 15V$，$u_{S2} = 20V$，$u_{S3} = 25V$，u_{S4}=5V，u_{S5}=15V，u_{S6}=10V 。若以节点 1 为参考节点，求各点电压；若以节点 12 为参考节点，再求各点电压。

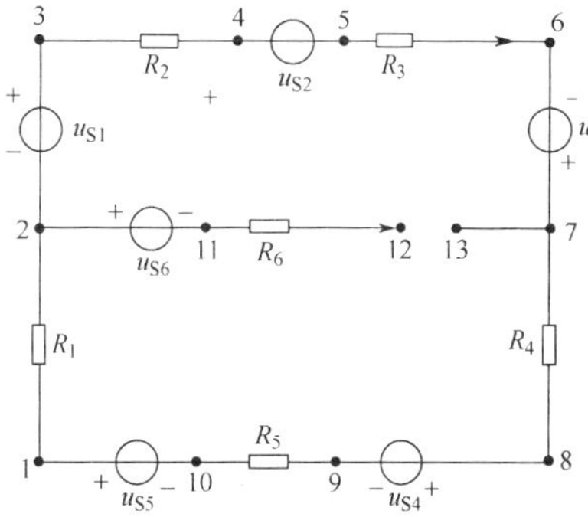

图 2-4-3　例 2-4-2 图

解：不管以哪个节点作为参考节点，都不可能改变各支

路电流，为此可以先求出电流，才有可能逐点求出所有节点电压。

因为节点 12、13 未连接，即 2-11-12 支路是开路的，故 $i_1 = 0$，只有大回路是闭合的，设此闭合电路电流为 i，则依据 KVL 可得

$$i = \frac{\sum u_{Si}}{\sum R_i} = \frac{u_{S1} - u_{S2} - u_{S3} - u_{S4} + u_{S5}}{R_1 + R_2 + R_3 + R_4 + R_5} = \frac{15 - 20 + 25 - 5 + 15}{1 + 2 + 3 + 4 + 5} = 2\text{A}$$

若以 1 为参考节点，则

$$\begin{aligned}
& u_1 = u_{11} = 0 \\
& u_2 = u_{21} = -R_1 i = -2\text{V} \\
& u_3 = u_{31} = u_{_1} - R_1 i = 15 - 2 = 13\text{V} \\
& u_4 = u_{41} = u_{43} + u_3 = -R_2 i + 13 = 9\text{V} \\
& u_5 = u_{51} = u_{54} + u_4 = -R_{S2} + u_4 = -20 + 9 = -11\text{V} \\
& u_6 = u_{61} = u_{65} + u_5 = -R_3 i - 11 = -17\text{V} \\
& u_7 = u_{71} = u_{76} + u_6 = u_{S3} - 17 = 8\text{V} \\
& u_8 = u_{81} = u_{87} + u_7 = -R_4 i + 8 = 0 \\
& u_9 = u_{91} = u_{98} + u_8 = -u_{S4} = -15\text{V} \\
& u_{10} = u_{10.1} = u_{10.9} + u_9 = -R_5 i - 5 = -5\text{V}
\end{aligned}$$

求 u_{10} 时，也可从节点 1 往右看 1-10 这条支路，可以直接看出 $u_{10}=-u_{S5}=-15\text{V}$，和前面求出结果相同；在求 u_9、u_8 时，按逆时针方向看，有

$$\begin{aligned}
& u_9 = u_{9.10} + u_{10.1} = R_5 i - u_{S5} = -5\text{V} \\
& u_8 = u_{89} + u_{9.10} + u_{10.1} = u_{S4} + R_5 i - u_{S5} = 0 \\
& u_{11} = u_{11.2} + u_{21} = -u_{S6} + u_2 = -10 - 2 = -12\text{V} \\
& u_{12} = -R_6 i_1 + u_{11} = u_{11} = -12\text{V} \\
& u_{13} = u_7 = 8\text{V}
\end{aligned}$$

若以节点 12 为参考节点，则

$$\begin{aligned}
& u_1 = u_{1.12} = R_1 i + u_{S6} = 12\text{V} \\
& u_2 = u_{2.12} = u_{S6} = 10\text{V} \\
& u_3 = u_{S1} + u_{S6} = 25\text{V} \\
& u_4 = u_{43} + u_3 = 21\text{V} \\
& u_5 = u_{54} + u_4 = -u_{S2} + 21 = 1\text{V} \\
& u_6 = u_{65} + u_5 = -R_3 i + u_5 = -5\text{V} \\
& u_7 = u_{S3} + u_6 = 20\text{V} \\
& u_8 = u_{87} + u_7 = 12\text{V} \\
& u_9 = u_{98} + u_8 = -u_{S4} + u_8 = 7\text{V} \\
& u_{10} = u_{10.9} + u_9 = -3\text{V} \\
& u_{11} = u_{12} = 0
\end{aligned}$$

通过本例题的讨论可见，我们必须明确求电路中某节点电压的含义，以及在使用欧姆定律时必须注意电压与电流参考方向是否关联。

2.5　电阻网络的Y-△等效变换

2.5.1　电阻网络的Y形与△形连接的判断方法

电阻网络究竟是作Y形还是△形连接，由电阻元件所在支路的连接方式确定。

电阻Y形连接时，随着电路画法的不同，可以呈“T”形或“星”形，所以又常把Y连接称为 T 形或星形连接。

图 2-5-1 中的电阻所在支路画出了两种形状，实际上这两个电路图是完全相同的，只不过是画法不同。在图 2-5-1（a）中，33′支路实质上是一点，电阻所在支路呈“T”形，故该电路称 T 形连接电路；在图 2-5-1（b）中，电阻所在支路呈“Y”形，故称Y形连接（混形连接）；又因三条电阻支路均连接在 O 点上，好像位于 O 点有“一颗星”，在 O 点发出“光芒四射”的“光”，故又称星形连接，O 点称为星形点（混形点）。

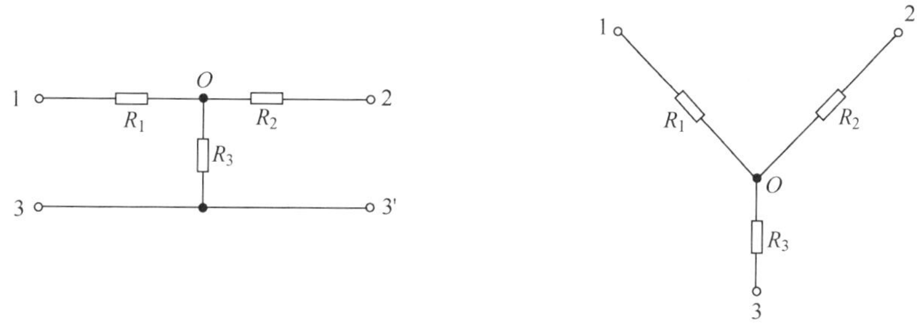

（a） T形连接　　（b）Y形连接

图 2-5-1　随着电阻所在支路画法的不同，同一连接有不同名称

作△形连接的电路又称三角形连接电路，由于电阻的连接电路可以构成”π”形，所以又可以称为 π 形连接电路。图 2-5-2 给出了△形连接电路的两种不同画法，图 2-5-2（b）中，电阻所在支路构成“△”形，故称为△形或三角形连接；图 2-5-2（a）中，电阻所在支路构成“π”形，故又称为 π 形连接。注意：在以后的讨论中，前者只称Y形连接，后者只称△形连接，而不管电路实际是画成何种形状。

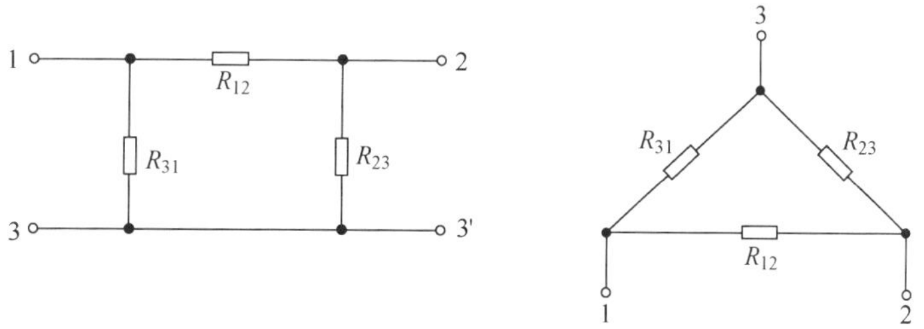

（a）电阻所在支路构成“π”形　　（b）电阻所在支路构成“△”形

图 2-5-2　电阻网络的△形连接电路的两种不同画法

2.5.2　电阻网络的Y-△等效变换

所谓电阻网络的Y-△等效变换，就是将前一种连接方式变换成后一种连接，或者将后一种

变换成前一种连接方式，只要变换前后三个对应的引出端之间的电压、电流保持不变，变换就算是等效的；由于Y形连接法有星形点，而△形连接无星形点，即前者较后者多一个节点，因此参与变换的三条电阻支路在变换前后是不等效的，总体是符合等效变换定义的。显然，要是三个引出端之间的电压、电流保持不变，三条电阻支路的电阻参数肯定是不同的，见图 2-5-3，下面具体讨论Y-△等效变换关系。

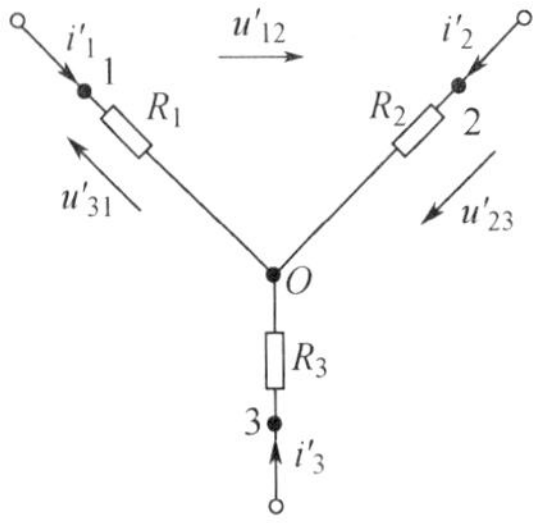

（a）电阻网络的Y接法

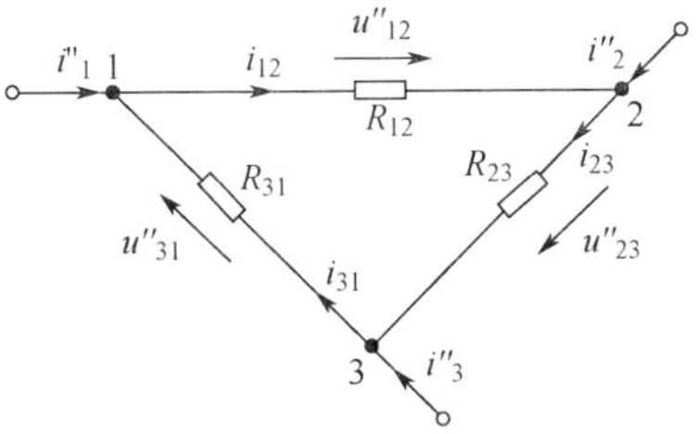

（b）电阻网络的△接法

图 2-5-3　电阻网络的Y-△连接的等效变换

$$\begin{cases} i_1' = i_1'' = i_1 \\ i_2' = i_2'' = i_2 \\ i_3' = i_3'' = i_3 \end{cases} \tag{2-5-1}$$

$$\begin{cases} u_{12}' = u_{12}'' = u_{12} \\ u_{23}' = u_{23}'' = u_{23} \\ u_{31}' = u_{31}'' = u_{31} \end{cases} \tag{2-5-2}$$

在图 2-5-3 中给出了两种连接的电路，它们之间等效的条件如下。

$$u_{12}' = R_1 i_1' - R_2 i_2' \tag{2-5-3}$$

$$u_{23}' = R_2 i_2' - R_3 i_3' \tag{2-5-4}$$

$$u_{31}' = R_3 i_3' - R_1 i_1' \tag{2-5-5}$$

只要满足上述条件，将电阻 R_1、R_2、R_3 变换成电阻 R_{12}、R_{23}、R_{31} 对节点 1、2、3 来说就是等效的。

由图 2-5-3（a）得

$R_3\times$式（2-5-3）$-R_2\times$式（2-5-5）为

$$R_3 u_{12}' - R_2 u_{13}' = (R_1 R_3 + R_1 R_2)\ i_1' - R_2 R_3 (i_2' + i_3') \tag{2-5-6}$$

注意到

$$i_1' + i_2' + i_3' = 0 \text{ 即 } -(i_2' + i_3') = i_1'$$

于是式（2-5-6）又可表示为

$$R_3 u_{12}' - R_2 u_{13}' = (R_1 R_2 + R_2 R_3 + R_3 R_1)\ i_1' \tag{2-5-7}$$

$$\because\ i_1' = R_3 u_{12}' / (R_1 R_2 + R_3 R_1)\ - R_2 u_{31}' / (R_1 R_2 + R_2 R_3 + R_3 R_1) \tag{2-5-8}$$

又由图 2-5-3（b）可得

$$i_1'' = u_{12}'' / R_{12} - u_{31}'' / R_3 R_1 \tag{2-5-9}$$

$$i_2'' = u_{23}'' / R_{23} - u_{12}'' / R_1 R_2 \tag{2-5-10}$$

$$i_3'' = u_{31}'' / R_{31} - u_{23}'' / R_2 R_3 \tag{2-5-11}$$

对比式（2-5-8）和式（2-5-9），若要满足等效条件，即

$$i_1' = i_1'',\quad u_{12}' = u_{12}'',\quad u_{31}' = u_{31}''$$

则只要它们的系数相等即可，于是

$$R_{12} = (R_1R_2+R_2R_3+R_3R_1)/R_3 \tag{2-5-12}$$

$$R_{31} = (R_1R_2+R_2R_3+R_3R_1)/R_2 \tag{2-5-13}$$

同理，$R_3\times$式（2-5-3）$-R_1\times$式（2-5-4）之后再与式（2-5-10）对比即得

$$R_{23} = (R_1R_2+R_2R_3+R_3R_1)/R_1 \tag{2-5-14}$$

式（2-5-12）、式（2-5-13）、式（2-5-14）是已知Y接法、变换为△接法的电阻参数变换公式。

若已知△连接（即已知 R_{12}、R_{23}、R_{31}），要将它等效变换成Y连接，则只要应用式（2-5-12）、（2-5-13）、（2-5-14）加以适当组合即可。

∵
$$R_{12}R_{31} = (R_1R_2+R_2R_3+R_3R_1)^2/R_2R_3 \tag{2-5-15}$$

∴
$$\begin{aligned} R_{12}+R_{23}+R_{31} &= (R_1R_2+R_2R_3+R_3R_1)/R_1 \\ &\quad + (R_1R_2+R_2R_3+R_3R_1)/R_2 \\ &\quad + (R_1R_2+R_2R_3+R_3R_1)/R_3 \\ &= (R_1R_2+R_2R_3+R_3R_1)^2/R_1R_2R_3 \end{aligned} \tag{2-5-16}$$

式（2-5-15）÷式（2-5-16）即得

$$R_1 = R_{12}R_{31}/R_{12}+R_{23}+R_{31} \tag{2-5-17}$$

用 $R_{12}R_{23}\div$式（2-5-16）得

$$R_2 = R_{12}R_{23}/(R_{12}+R_{23}+R_{31}) \tag{2-5-18}$$

用 $R_{23}R_{31}\div$式（2-5-16）得

$$R_3 = R_{23}R_{31}/(R_{12}+R_{23}+R_{31}) \tag{2-5-19}$$

式（2-5-17）、式（2-5-18）、式（2-5-19）就是将△连接等效变换成Y连接的一组公式。

也可以用一种更为简单而直接的方法得出上述变换关系。

既然三端网络的每个端口的电压和电流均相等，而每个端口的电压与电流之比在第三端开路的条件下是该端口的入口的入端电阻，那么它们在等效的条件下，每个端口的电阻也应相等。对图 2-5-3（a），在第 3 端开路条件下，由端口 1、2 看进去，其电阻为 R_1+R_2；对图 2-5-3（b），在同样条件下，由端口 1、2 看进去，其电阻为 R_{23} 与 R_{31} 先串，再与 R_{12} 并联的结果，根据等效条件，这两个电阻应相等，即

$$R_1+R_2 = (R_{12}R_{31})/(R_{12}+R_{23}+R_{31})+(R_{12}R_{23})/(R_{12}+R_{23}+R_{31}) \tag{2-5-20}$$

同理，由端口 2、3 可得

$$R_2+R_3 = (R_{23}R_{31})/(R_{12}+R_{23}+R_{31}) + (R_{12}R_{23})/(R_{12}+R_{23}+R_{31}) \tag{2-5-21}$$

由端口 3、1 可得

$$R_3+R_1 = (R_{23}R_{31})/(R_{12}+R_{23}+R_{31}) + (R_{12}R_{31})/(R_{12}+R_{23}+R_{31}) \tag{2-5-22}$$

式（2-5-22）−式（2-5-21）+式（2-5-20）即得

$$R_1 = R_{12}R_{31}/(R_{12}+R_{23}+R_{31}) \tag{2-5-23}$$

式（2-5-21）−式（2-5-22）+式（2-5-20）即得

$$R_2 = R_{12}R_{23}/(R_{12}+R_{23}+R_{31}) \tag{2-5-24}$$

式（2-5-22）−式（2-5-20）+式（2-5-21）即得

$$R_3 = R_{23}R_{31}/(R_{12}+R_{23}+R_{31}) \tag{2-5-25}$$

得出和式（2-5-17）、式（2-5-18）、式（2-5-19）完全相同的结果。至于由Y连接转换成△连接的公式，这里就不再重复推导了。若 $R_{12}=R_{23}=R_{31}=R_{\triangle}$，则

$$R_Y = R_1 = R_2 = R_3 = R_\triangle/3 \tag{2-5-26}$$

若 $R_1 = R_2 = R_3 = R_Y$；则

$$R_\triangle = R_{12} = R_{23} = R_{31} = R_Y \tag{2-5-27}$$

习 题 2

2-1 如题图所示电路，若已知电流表读数为2A，电压表读数为5V，试求：电阻 R 及电压 u_{ab}。

2-2 如题图所示电路，若已知 $I = 2A$，试求 U_S。

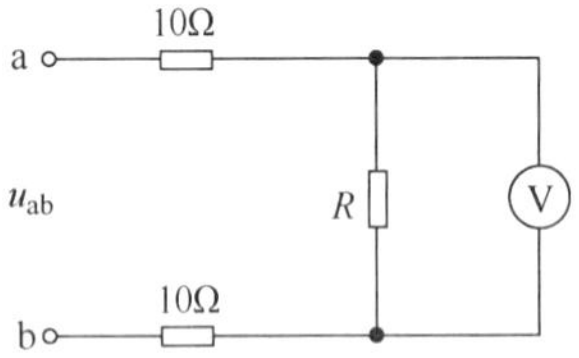

题 2-1 图

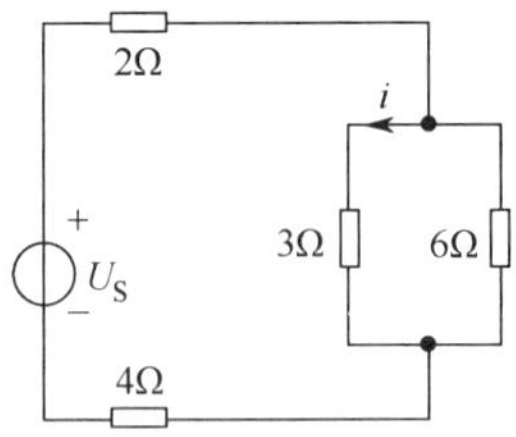

题 2-2 图

2-3 如题图所示电路中 A 是额定功率为 100W、额定电压为 220V 的白炽灯泡。若已知 I=0.1A；试求电阻 R，并求灯泡实际功率。

2-4 如题图所示电路，已知电压表电阻为200Ω，当活动端上滑与 a 点相连时，电压表读数为 50V，试求：当活动端下滑与 b 点相连时，电压表的读数。

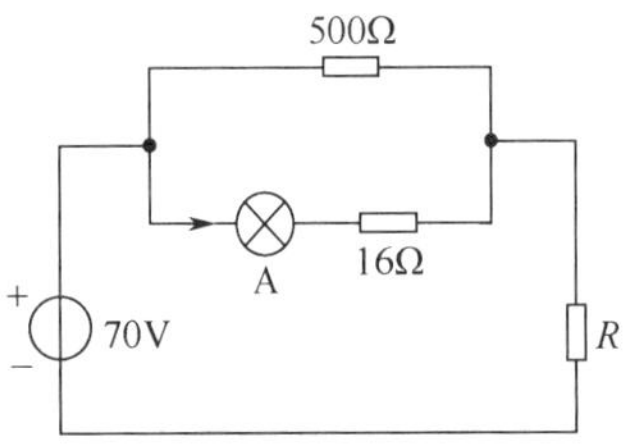

题 2-3 图

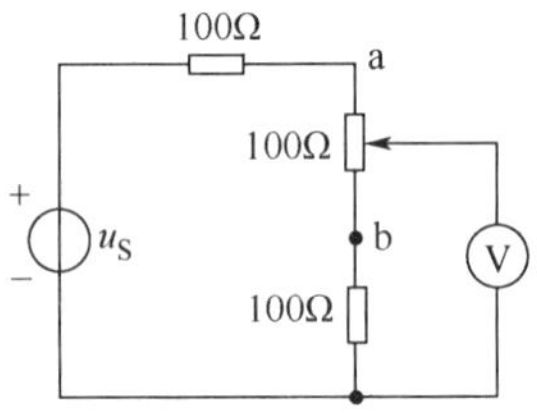

题 2-4 图

2-5 如题图所示电路，若已知除 R_x 以外的其他电阻阻值，且已知外加电压 U=100V，电路消耗的总功率为 100W，求 R_x 及各支路电流。

2-6 求题图所示电路的输入电阻 R_i。

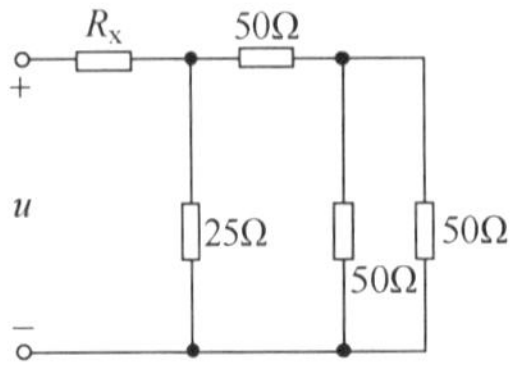

题 2-5 图

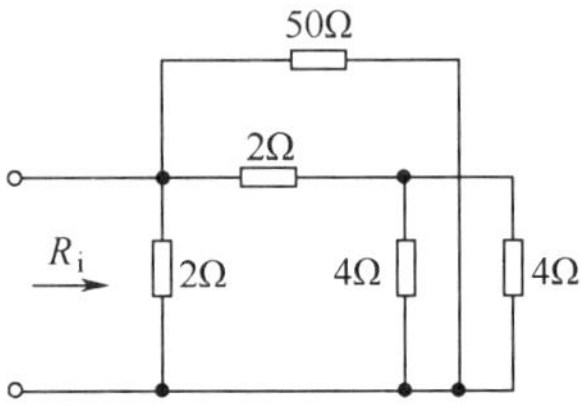

题 2-6 图

2-7 求题图所示各电路的输入电阻 R_i。

2-8 求题图所示含受控源电路的输入电阻。

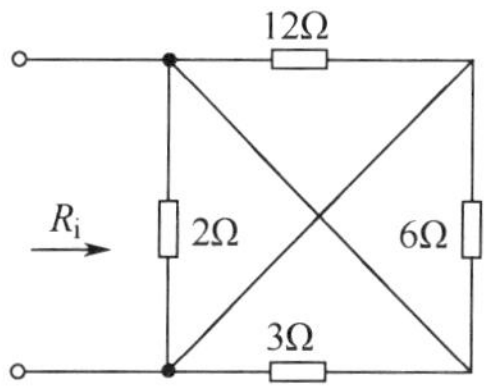

题 2-7 图

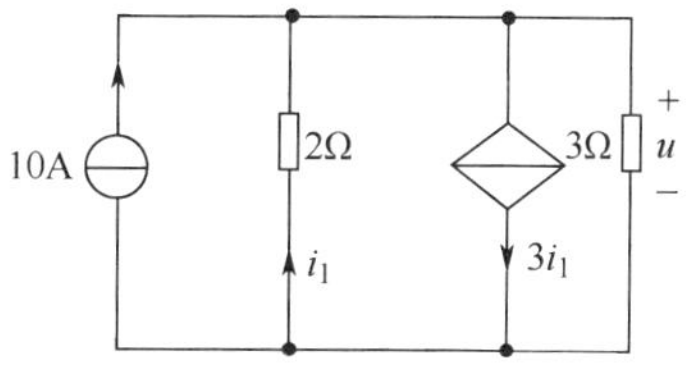

题 2-8 图

2-9　求题图所示电路的电压 u。

2-10　求题图所示电路中各电源的输出功率。

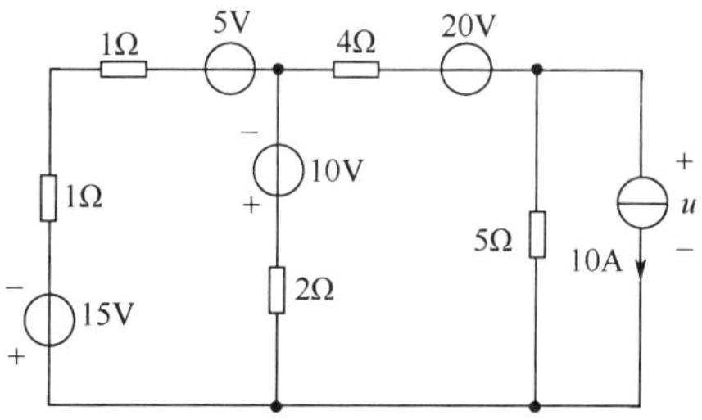

题 2-9 图

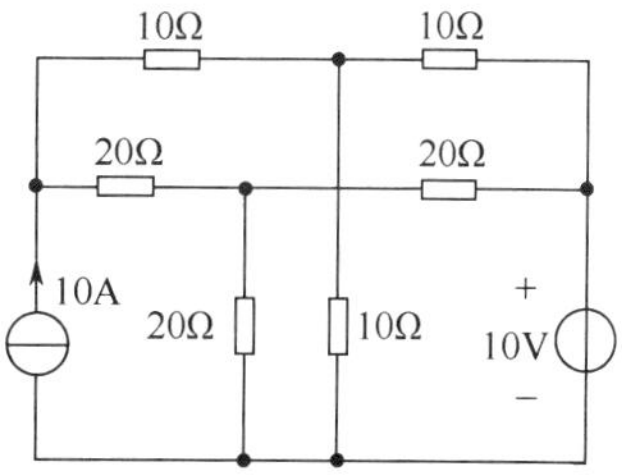

题 2-10 图

第 3 章　网络分析的一般方法

本章是电路课程的核心内容之一。掌握好前两章，是学好电路课程的基础，而掌握好网络的一般分析方法，则是学好电路课的关键。因为无论是研究网络的稳态响应或是全响应，网络的一般分析方法都是基础，因此必须熟练掌握节点分析法、回路分析法、叠加定理和戴维南定理。

3.1　KVL 与回路分析法

在第 1 章中已经介绍了 KL 与支路分析法，下面来讨论应用支路分析法解题的方法。

3.1.1　由支路分析法解题所想到的

支路分析法就是以支路电流为求解对象，直接应用 KL 求响应的方法。按照 KL，要求出图 3-1-1 所示网络的各支路电流，首先必须给出各支路电流的参考方向；由于网络中节点数 n=4，故按 KCL 可以列出三个独立方程，如果以节点④作为参考节点，则对节点①、②、③可列出如下电流方程。

$$\begin{cases} i_4 = -i_1 + i_3 \\ i_5 = i_1 + i_2 \\ i_6 = i_2 + i_3 \end{cases} \qquad (3\text{-}1\text{-}1)$$

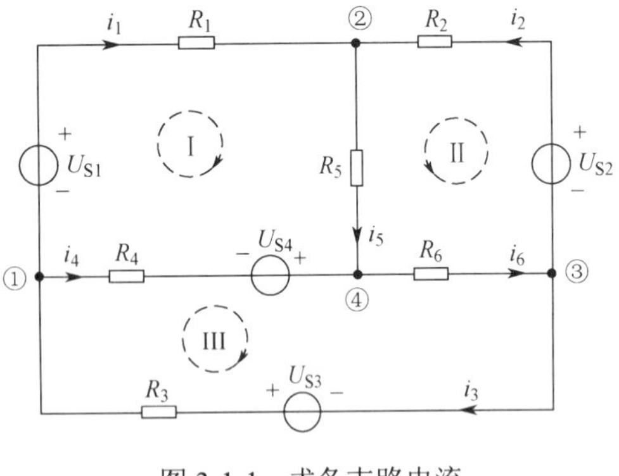

图 3-1-1　求各支路电流

然后选取独立回路，由于在平面网络中，网孔就是独立回路，故选网孔作为独立回路。先假定各网孔的绕行方向（电压降方向）如图 3-1-1 所示，按 KVL 对网孔Ⅰ、Ⅱ、Ⅲ可列出如下方程

$$\begin{cases} R_1 i_1 - R_4 i_4 + R_5 i_5 = U_{S1} - U_{S4} \\ R_2 i_2 - R_5 i_5 + R_6 i_6 = U_{S4} \\ R_3 i_3 - R_4 i_4 + R_6 i_6 = U_{S3} - U_{S4} \end{cases} \qquad (3\text{-}1\text{-}2)$$

要将各支路电流求出，必须对式(3-1-1)、(3-1-2)联立求解，即需要解一个六元一次联立方程。

网络支路越多，需要求解的联立方程的阶数越高。在网络支路数一定的条件下，求解的联立方程的阶数低于支路数，方法如下。

由式（3-1-1）可以看出，只要能求出 i_1、i_2、i_3，则也就求出 i_4、i_5、i_6 来了；将式（3-1-1）代入式（3-1-2），就可以将式（3-1-2）中的 i_4、i_5、i_6 消去，得出

$$R_1 i_1 - R_4（i_3 - i_1）+ R_5（i_1 + i_2）= U_{S1} - U_{S4}$$

$$R_2 i_2 + R_5（i_1 + i_2）+ R_6（i_2 + i_3）= U_{S2}$$

$$R_3 i_{3+} R_4（i_3 - i_1）+ R_6（i_2 + i_3）= U_{S3} + U_{S4}$$

将上列各式的变量合并整理，可得

$$\begin{cases}(R_1+R_4+R_5)\ i_1+R_5i_2-R_4i_3=U_{S1}-U_{S4}\\ R_5i_1+(R_2+R_5+R_6)\ i_2+R_6i_3=U_{S2}\\ -R_4i_1+R_6i_2+(R_3+R_4+R_6)\ i_3=U_{S3}-U_{S4}\end{cases}\qquad(3\text{-}1\text{-}3)$$

对式（3-1-3）中各个方程逐一进行分析，得出的规律就是回路分析法。

3.1.2　回路分析法

式（3-1-3）中第一个方程是对回路 I 列出的，其中 i_1 系数正是这个回路所包含的全部电阻之和，而 i_2 和 i_3 的系数恰好是回路 I 与回路 II 或回路 I 与回路III的公共支路的电阻；式（3-1-3）中的方程（2）是对回路 II 列出的，其中 i_2 的系数正是这个回路所包含的全部电阻之和，而 i_1 和 i_3 的系数则正是回路 II 与回路 I 或回路 II 与回路III的公共支路的总电阻；式（3-1-3）中第三个方程（3）是对回路III列出的，其中的 i_3 系数正是这个回路所包含的全部电阻之和，而 i_1 和 i_2 的系数恰好是回路III与回路 I 或回路III与回路 II 的公共支路的总电阻；式（3-1-3）中各方程的右端则分别是回路 I 、II 、III中的总的电压源的电压降。

假设在三个独立回路中有按绕行方向为参考方向的“回路电流”i_1、i_2、i_3 分别在三个回路中流动。当回路电流通过电阻时同样产生电压降，而对于公共支路上的电阻，除了本回路的回路电流通过时产生电压降，相邻回路的回路电流通过它时也要产生电压降；根据 KVL，每个闭合回路上全部电阻上的电压降的代数和应当等于该回路上总的电源的电压降。这就是引进回路电流概念以后对式（3-1-3）物理意义的解释。

将式（3-1-3）中的电流 i_1、i_2、i_3 用相应的回路电流 I_1、I_2、I_3 来表示，并将方程重写，见式 3-1-4；将图 3-1-1 中各回路电流标出，并将图重绘，见图 3-1-2。

$$\begin{cases}(R_1+R_4+R_5)\ I_1+R_5I_2+(-R_4)\ I_3=U_{S1}-U_{S4} & (1)\\ R_5I_1+(R_2+R_5+R_6)\ I_2+R_6I_3=U_{S2} & (2)\\ (-R_4)\ I_1+R_6I_2+(R_3+R_4+R_6)\ I_3=U_{S3}-U_{S4} & (3)\end{cases}\qquad(3\text{-}1\text{-}4)$$

式（3-1-4）中，方程（1）、(2)、(3）三个方程。方程（1）中的 I_1、方程（2）中的 I_2、方程（3）中的 I_3 的系数，分别为对应回路的总电阻，定义为自电阻，并分别用符号 R_{11}、R_{22}、R_{33} 表示。即 $R_{11}=R_1+R_4+R_5$、$R_{22}=R_2R_5+R_6$、$R_{33}=R_3+R_4+R_6$；因为总是以本回路电流作为各自回路的参考方向，故自电阻总是正的。而各回路之间的公共支路上的电阻统称为互电阻；用 R_{ij} 来表示第 i 个回路与第 j 个回路的公共支路的电阻。例如，R_{13} 是表示出现在方程（1）中，回路 I 与回路III的公共支路电阻。

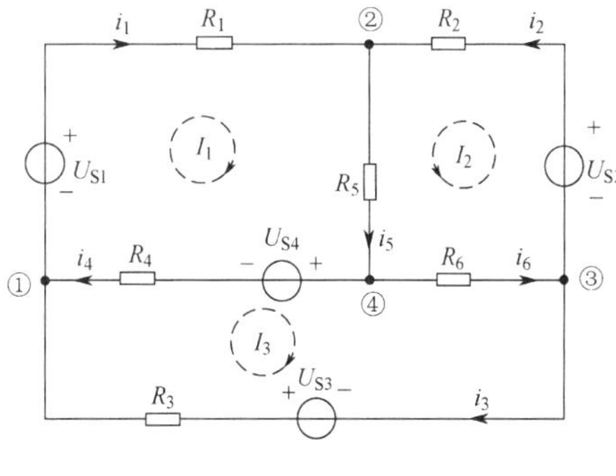

图 3-1-2　回路电流

在图 3-1-2 中，有三个回路电流（三个独立回路，每个独立回路一个回路电流），故有三个方程：各方程中有一个自电阻、两个互电阻，方程（1）的互电阻为：$R_{12}=R_5$，$R_{13}=-R_4$；$R_{21}=R_5$，$R_{23}=R_6$；$R_{31}=-R_4$，$R_{32}=-R_6$。互电阻可以是正，也可以是负；这是因为相邻回路电流流过公共支路的电阻的方向可能相同（此时互电阻为正)，也可能是相反（此时互电阻为负）。若所取的两个独立回路间虽然有公共支路，但公共支路上没有电阻（图 3-1-4)，则它们之间的互电阻为零。如图 3-1-3 中的 $R_{13}=R_{31}=0$，图 3-1-4 中的 $R_{23}=R_{32}=0$。用 U_{S11}、U_{S22}、U_{S33} 分别表示回路 I 、II 、III的电源总电压升。在图 3-1-2 所示电路中，各回路电源总电压升分别为：$U_{S1}=U_{S1}-U_{S4}$、$U_{S22}=U_{S2}$、$U_{S33}=U_{S3}+U_{S4}$，于是式（3-1-4）可以表示成回路方程的一般形式，见式（3-1-5）。

$$\begin{cases} R_{11}I_1=R_{12}I_2=R_{13}I_3=U_{S11} \\ R_{21}I_1=R_{22}I_2=R_{23}I_3=U_{S22} \\ R_{31}I_1=R_{32}I_2=R_{33}I_3=U_{S33} \end{cases} \tag{3-1-5}$$

可以看出：$R_{12}=R_{21}$、$R_{13}=R_{31}$、$R_{23}=R_{32}$；因为第一个回路与第二个回路的公共支路也是第二个回路与第一个回路的公共支路，自然公共支路上是同一个电阻，对于具有 n 个独立回路的网络，回路方程的一般形式为

$$\begin{cases} R_{11}I_1+R_{12}I_2+\cdots+R_{1n}I_n=U_{S11} \\ R_{21}I_1+R_{22}I_2+\cdots+R_{2n}I_n=U_{S22} \\ R_{n1}I_1+R_{n2}I_2+\cdots+R_{nn}I_n=U_{Snn} \end{cases} \tag{3-1-6}$$

应用式（3-1-4）求出回路电流 I_1、I_2、I_3 之后，就可以求出图 3-1-2 中各支路电流了。先假定各支路电流参考方向如图 3-1-2 所示，由于通过支路电阻 R_1、R_2、R_3 的回路电流分别只有 I_1、I_2、I_3，且支路电流参考方向与回路电流通过各该支路的方向相同，故 $i_1=I_1$、$i_2=I_2$、$i_3=I_3$；而通过 R_4 支路的回路电流有 I_1 和 I_3，回路电流 I_1 的参考方向与支路电流 i_4 参考方向相同，回路电流 I_3 的参考方向与支路电流 i_4 参考方向相反，故 $i_4=I_1-I_3$，照此类推 $i_5=I_1+I_2$、$i_6=I_2+I_3$。

因此，回路分析法是把求支路电流的问题变成求各独立回路电流的问题，然后再根据支路电流与回路电流的关系求出各支路电流的方法，由于求解的联立方程数等于给定网络的独立回路数，故称为支路分析法，所需求的联立方程数就大大减少了，回路分析法只适用于平面电路。

对于图 3-1-3，因为 $R_{11}=R_1+R_4$，$R_{22}=R_2+R_4+R_5$，$R_{33}=R_3+R_5$，$R_{12}=R_{21}=-R_4$，$R_{13}=R_{31}=0$，$R_{23}=R_{32}=-R_5$；$U_{S11}=(U_{S1}+U_{S4})$；$U_{S22}=U_{S4}+U_{S5}$；$U_{S33}=(U_{S5}+U_{S3})$；

故其回路方程为

$$(R_1+R_4)I_1-R_4I_2=-(U_{S1}+U_{S4})$$
$$-R_4I_1+(R_2+R_4+R_5)I_2-R_5I_3=U_{S4}+U_{S5}$$
$$-R_5I_2+(R_3+R_5)I_3=-(U_{S4}+U_{S3})$$

对于图 3-1-4，则有：$R_{11}=R_1+R_4+R_5$，$R_{22}=R_2+R_5$，$R_{33}=R_3+R_5$，$R_{12}=R_{21}=-R_5$，$R_{13}=R_{31}=-R_4$，$R_{23}=R_{32}=0$，$U_{S11}=U_{S1}$，$U_{S22}=U_{S2}+U_{S6}$，$U_{S33}=U_{S3}-U_{S6}$；

故回路方程为

$$(R_1+R_4+R_5)I_1-R_5I_2-R_4I_3=U_{S1}$$
$$-R_5I_1+(R_2+R_5)I_2=U_{S6}+U_{S2}$$
$$-R_4I_1+(R_3+R_4)I_3=U_{S3}-U_{S6}$$

综上所述，采用回路分析法求支路电流的步骤如下所述。

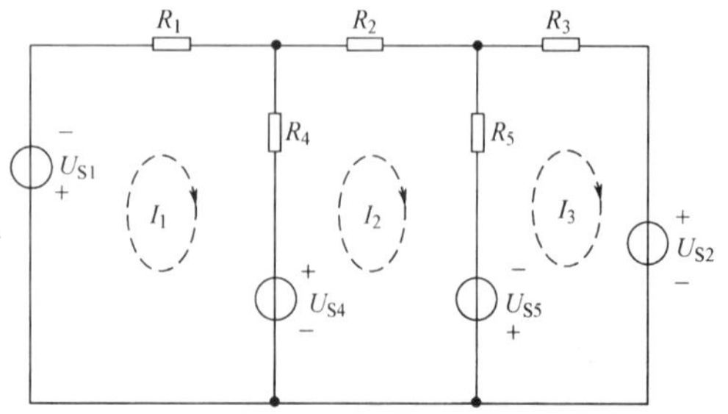

图 3-1-3　回路 I 与回路III之间无公共支路

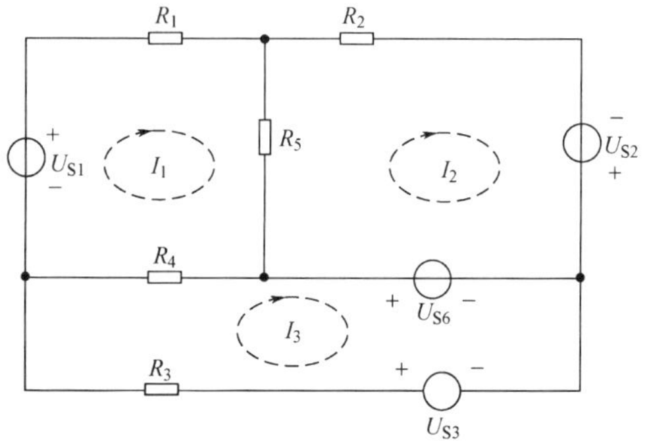

图 3-1-4　回路 II 与回路III之间虽有公共支路，但公共支路上仅有电压源，无电阻

3.1.3　采用回路分析法的解题步骤

回路分析法是以回路电流为求解对象，再根据支路电流与回路电流的关系来求响应，具体步骤如下。

（1）选定独立回路。对于平面电路，独立回路数等于给定网络的网孔数；再假定各独立回路的回路电流（参考方向及表示符号）。为易于区分回路与支路电流的表示符号，本书规定，用大写 I 表示回路电流，而用小写 i 表示支路电流。

（2）根据选定的独立回路，求出自电阻和互电阻以及各独立回路的电压源的总电压升，将求出的各项数值，代入式（3-1-6）就可得出给定网络的回路方程。

（3）解回路方程即可得出各独立回路的回路电流，再根据支路电流与回路电流关系，假定各支路电流的参考方向。

（4）最后根据支路电流与回路电流的关系，即可求出各支路电流。

如果给定网络的支路总数为 B，节点总数为 N，则采用回路分析法求响应所需解的联立方程数等于独立回路数，即 $L=B-(N-1)$，较之支路分析法所需解的联立方程数少 $N-1$ 个，简便得多。回路分析法实质上是直接采用 KVL 求响应的方法的推论，是 KVL 直接应用的结果。

下面再通过几道例题来进一步说明回路分析法的应用方法。

例 3-1-1　已知如图 3-1-5 所示电路，试用回路分析法求各支路电流。

解：由图 3-1-5 可见，这个电路共有六条支路，由广义节点知，其中电流 $i_2=i_4=I_2$，因此有五个独立变量。如果采用回路法解，由于只有三个独立回路，因而只需求出回路电流 I_1、I_2、I_3，支路电流就不难根据它们与回路电流的关系求出，现先取网孔为独立回路，其参考方向如图所示，则由于通过互电阻的回路电流方向相同，故全为正：$R_{11}=30+10=40\Omega$，$R_{12}=10\Omega=R_{21}$，$R_{13}=R_{31}=0$，$R_{22}=30\Omega$，$R_{23}=R_{32}=5\Omega$，$R_{33}=20\Omega$，$U_{S11}=30+20=50V$，$U_{S33}=30+10=40V$，代入回路方程式（3-1-5）式得

$$30I_1+10I_2+0=50 \tag{1}$$

$$10I_1+30I_2+5I_3=40 \tag{2}$$

$$0+5I_2+20I_3=40 \tag{3}$$

解得

$$I_1\approx1.492\text{A}，I_2\approx0.525\text{A}，I_3\approx1.869\text{A}$$

再假定各支路电流，由图可见

$$i_1=I_1=1.492\text{A}，i_2=I_4=I_2=0.525\text{A}，i_3=I_3=1.869\text{A}，i_5=I_1+I_2=2.017\text{A}，i_6=I_2+I_3=2.394\text{A}$$

例 3-1-2　如图 3-1-6 所示是含 VCVS 的电路，试求各支路电流。

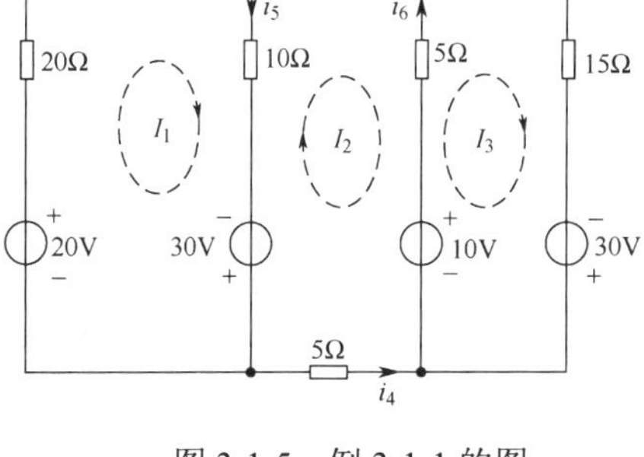

图 3-1-5　例 3-1-1 的图

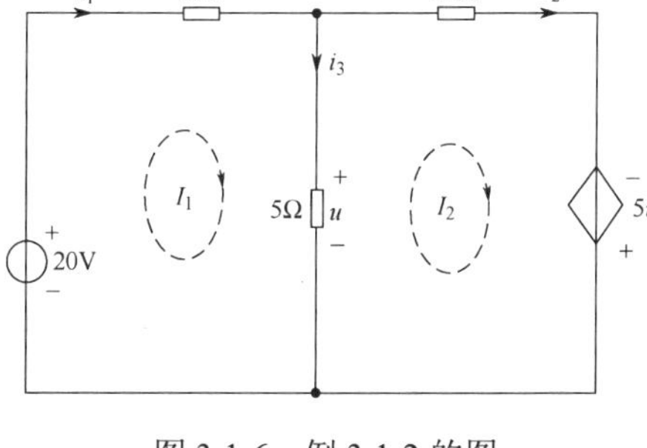

图 3-1-6　例 3-1-2 的图

解：与前两章对受控源的讨论相似，在列回路方程时，可先将 VCVS 当作电压源一样处理，然后再将控制量用回路电流置换，就可得出变量仅为回路电流的方程。和前例相似，仍选网孔为独立回路，因为 R_{11}=15Ω，R_{12}=R_{21}=−5Ω，R_{22}=15Ω，U_{S11}=20V，U_{S22}=5U，又∵U=5（I_1−I_2），故 U_{S22}=25（I_1−I_2），于是得回路方程为

$$15I_1-5I_2=20 \quad (1)$$

$$-5I_2+15I_1=25(I_1-I_2) \quad (2)$$

整理式（2）得

$$30I_1-40I_2=0$$

故

$$i_1=I_1=1.778\text{A}$$

$$i_2=I_2=1.333\text{A}$$

$$i_3=I_1-I_2=0.445\text{A}$$

3.1.4 含电流源网络采用回路法的解法

对于含电流源的网络，如果处理得当，可以比仅含电压源的网络更简单，如果把电流源也作为电压源来处理，尽管也可以得到正确答案，但解法要复杂得多。

如果通过某条支路的电流只有一个回路电流，则此支路电流就等于该回路电流；反之，若令某一电流已知的支路“流过”一个回路电流，则此回路电流等于该支路电流。因此不需要列出方程得出回路电流。根据这一基本原则，如果使电流源支路只“流过”一个（也仅“流过”一个）回路电流，则此回路电流即等于电流源的电激流，也就是对这个独立回路就不需要再列方程了。

例 3-1-3 图 3-1-7 是含电流源的网络，试求各支路电流，并验证功率关系。

解：为了保证通过电流源所在支路只有一个回路电流“流过”，在选择独立回路时就必须保证电流源所在支路只在一个独立回路中出现。根据这一原则，在图 3-1-7 所示电路中，选两个网孔作为独立回路，第三个独立回路则不能再选网孔，使得第三个回路中不再包含电流源支路。由于回路电流 I_1=i_1，而支路电流 i_1 即是电流源电流：i_1=6A，因此 I_1=6A，这就是回路 I 的方程，同理有：I_2=i_2=2A，因此回路Ⅱ的方程为 I_2=2A，对于回路Ⅲ

∵R_{33}=10Ω，R_{31}=5Ω，R_{32}=7Ω，U_{S33}=14V，故回路Ⅲ的方程为

$$10I_3-5I_1+7I_2=14$$

将 I_1 和 I_2 的数值代入上式可得 I_3=3A。

∴各支路电流为 i_1=I_1=6A，i_2=I_2=2A，i_3=I_3=3A，i_4=I_1−I_3=3A

$$i_5=I_1-I_2-I_3=1\text{A},\quad i_6=I_2+I_3=5\text{A}$$

∵

$$U_{S1}=2i_4+3i_5=9\text{V},\quad U_{S2}=4i_6-3i_5=17\text{V}$$

且三个独立源的电压、电流实际方向均为非关联参考方向，故均是发出功率。

∵

$$P_{发}=6U_{S1}+2U_{S2}+14I_3=130\text{W}$$

$$P_{吸}=I_3^2+2I_4^2+3I_5^2+4I_6^2=9+18+3+100=130\text{W}$$

∴

$$P_{发}=P_{吸}，即功率平衡$$

当然本题中也可以把电流源当作电压源来处理，为此先假定电流源的电压极性并分别用 U_{S1}、U_{S2} 表示，独立回路仍可选网孔；为了讨论方便，将图 3-1-7 重绘，见图 3-1-8，只不过独立回路选法不同，于是得出的回路电流 I_2 与由图 3-1-7 得出的结果也不同，但得出的支路电流应完全相同，之所以回路电流不同，是因为回路选法不同之故。由图 3-1-8 可知：R_{11}=5Ω、R_{22}=7Ω、R_{33}=3Ω、R_{12}= R_{21}=−3Ω、R_{13}=R_{31}=−2Ω、R_{23}=R_{32}=0；U_{S11}=U_{S1}，U_{S22}=U_{S2}、U_{S33}=14V−U_{S2}，故得

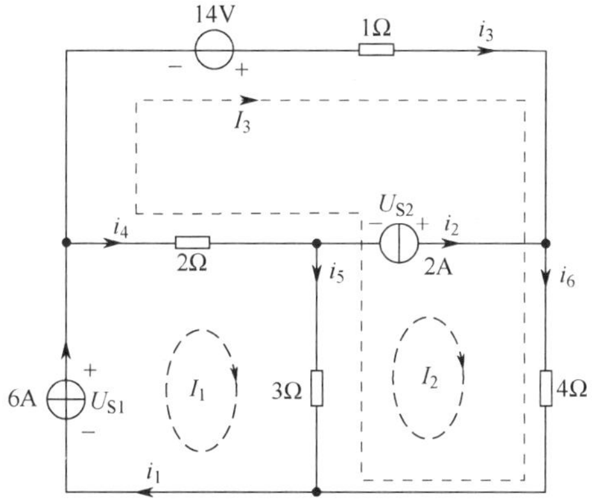

图 3-1-7　例 3-1-3 的图

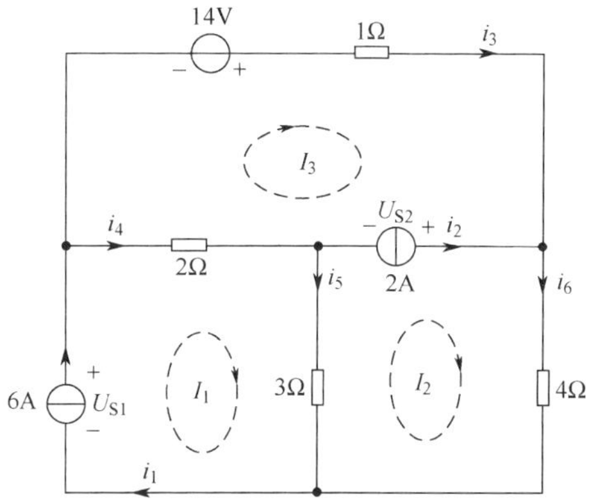

图 3-1-8　含电流网络的一般解法

$$5I_1-3I_2-2I_3=U_{S1} \qquad (1)$$

$$-3I_1+7I_2+0=U_{S2} \qquad (2)$$

$$-2I_1+0+3I_3=14-U_{S2} \qquad (3)$$

由图还知道 $I_2-I_3=2$，故 $I_2=2+I_3$，$I_1=6A$，将它们代入式（1）、（2）、（3）并整理得

$$U_{S1}+5I_3=24$$

$$U_{S2}+7I_3=-4$$

$$U_{S2}+3I_3=26$$

解之得　　$I_3=3A$，$U_{S1}=9V$，$U_{S2}=17V$

又　　$I_2=2+I_3=5A$

于是各支路电流 $I_1=I_1=3A$，$I_2=I_2-I_3=2A$，$I_3=I_3=3A$，$I_4=I_1-I_3=3A$，$I_5=I_1-I_3=1A$，$I_6=I_2=5A$ 和原来求出的各支路电流完全一样，而且求出的电流源的电压也和前面得到的相同。但却比前一解法复杂得多。

3.2　KCL 与节点分析法

3.2.1　将支路电流用节点电压来表示

1．支路电压、支路电流与节点电压的关系

如图 3-2-1 所示电路共有四个节点，故有三个独立节点，每条支路电压与节点电压之间关系为

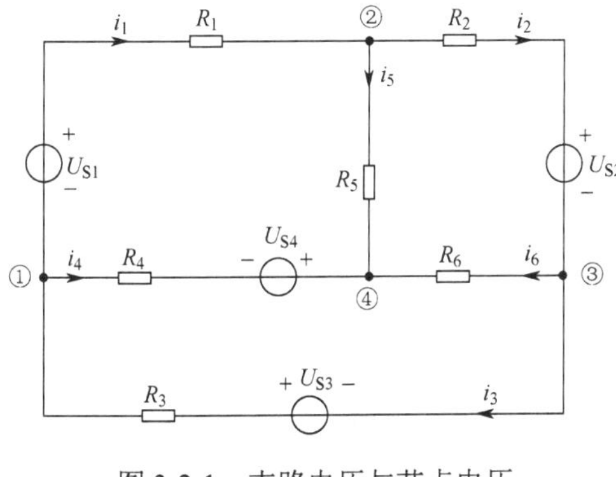

图 3-2-1　支路电压与节点电压

对于 U_{S1}、R_1 支路电压 U_{12} 有

$$U_{12}= U_{①}-U_{②} \quad (3\text{-}2\text{-}1)$$

对于 R_2、U_{S2} 支路电压 U_{23} 有

$$U_{23}= U_{②}-U_{③} \quad (3\text{-}2\text{-}2)$$

对于 U_{S3}、R_3 支路电压 U_{31} 有

$$U_{31}= U_{③}-U_{①} \quad (3\text{-}2\text{-}3)$$

对于 R_4、U_{S4} 支路电压 U_{14} 有

$$U_{14}= U_{①}-U_{④} \quad (3\text{-}2\text{-}4)$$

对于 R_5 支路电压 U_{24} 有

$$U_{24}=U_{②}-U_{④} \quad (3\text{-}2\text{-}5)$$

对于 R_5 支路电压 U_{34} 有

$$U_{34}=U_{③}-U_{④} \quad (3\text{-}2\text{-}6)$$

若选择节点④为参考节点，即 $U_{④}=0$，则式（3-2-4）、（3-2-5）、（3-2-6）可以简化为

$$U_1=U_{①} \quad (3\text{-}2\text{-}7)$$

$$U_2=U_{②} \quad (3\text{-}2\text{-}8)$$

$$U_3=U_{③} \quad (3\text{-}2\text{-}9)$$

而支路电压与支路电流关系为

$$U_{23}= U_{S2}+ R_2 i_2 \quad (3\text{-}2\text{-}10)$$

$$U_{12}=-U_{S1}+R_1 i_1 \quad (3\text{-}2\text{-}11)$$

$$U_{31}= U_{S3}+ R_3 i_3 \quad (3\text{-}2\text{-}12)$$

$$U_1= U_{S4}+ R_4 i_4 \quad (3\text{-}2\text{-}13)$$

$$U_2= R_5 i_5 \quad (3\text{-}2\text{-}14)$$

$$U_3= R_6 i_6 \quad (3\text{-}2\text{-}15)$$

2．将支路电流用节点电压表示

对照式（3-2-1）与式（3-2-10）、式（3-2-2）与式（3-2-11）、式（3-2-3）与式（3-2-12）、式（3-2-7）与式（3-2-13）、式（3-2-8）与式（3-2-14）、式（3-2-9）与式（3-2-15），就可得出各支路电流用节点电压表示的关系为

$$i_1=G_1U_{①}-G_1U_{②}+G_1U_{S1} \quad (3\text{-}2\text{-}16)$$

$$i_2=G_2U_{②}-G_2U_{③}-G_2U_{S2} \quad (3\text{-}2\text{-}17)$$

$$i_3=G_3U_{③}-G_3U_{②}+G_3U_{S3} \quad (3\text{-}2\text{-}18)$$

$$i_4=G_4U_{①}+G_4U_{S4} \quad (3\text{-}2\text{-}19)$$

$$i_5=G_5U_{②} \quad (3\text{-}2\text{-}20)$$

$$i_6=G_6U_{③} \quad (3\text{-}2\text{-}21)$$

式中 $G_1=\dfrac{1}{R_1}$、$G_2=\dfrac{1}{R_2}$、$G_3=\dfrac{1}{R_3}$、$G_4=\dfrac{1}{R_4}$、$G_5=\dfrac{1}{R_5}$、$G_6=\dfrac{1}{R_6}$ 为各支路电阻元件的电导。

由式（3-2-16）至式（3-2-21）可见，若将各支路电流用节点电压表示，只要能求出各节点电压，就同样可以求出各支路电流；对于图 3-2-1 所示的具有六条支路、三个独立节点的电路，要求的未知量个数就可由六个支路电流变为三个节点电压，即只要求出三个节点电压（解一个三元一次联立方程），就可根据式（3-2-16）至式（3-2-21）求出六个未知电流。

如何找出求解节点电压的一般关系——节点方程？这是本节讨论的中心。尽管以上讨论仅

局限于支路电流用节点电压表示的关系，而且是通过一个特例来表示的，但通过以下的讨论不难得出求节点电压的规律性方程——节点方程。

3.2.2　KCL 与节点分析法

各独立节点的电流关系可根据 KCL 得出，对于图 3-2-1 所示电路，连接在某一节点上的各支路电流关系分别为

节点①　　$i_1-i_3+i_4=0$

节点②　　$-i_1+i_2+i_5=0$

节点③　　$-i_2+i_3+i_6=0$

再将求出的各支路电流用节点电压表示的关系代入上面三个节点电流方程，可得

$$G_1U_{①}-G_1U_{②}+G_1U_{S1}-(G_1U_{③}-G_3U_{②}+G_3U_{S3})+G_4U_{①}+G_4U_{S4}=0 \tag{3-2-22}$$

$$-(G_1U_{①}-G_1U_{②}+G_1U_{S1})+G_2U_{②}-G_2U_{②}-G_2U_{S2}+G_5U_{②}=0 \tag{3-2-23}$$

$$-(G_2U_{②}-G_2U_{③}-G_2U_{S2})+G_3U_{③}-G_3U_{②}+G_3U_{S3}+G_6U_{③}=0 \tag{3-2-24}$$

将上述三式整理，并将含电源各项均移至等式右边，可归纳出下面三个方程

$$(G_1+G_2+G_3)U_{①}-G_1U_{②}-G_3U_{③}=-G_1U_{S1}+G_3U_{S3}-G_4U_{S4} \tag{3-2-25}$$

$$-G_1U_{①}+(G_1+G_2+G_5)U_{②}-G_2U_{③}=G_1U_{S1}+G_2U_{S2} \tag{3-2-26}$$

$$-G_1U_{①}-G_2U_{②}+(G_2+G_3+G_6)U_{③}=-G_2U_{S2}-G_3U_{S3} \tag{3-2-27}$$

式（3-2-25)、式（3-2-26)、式（3-2-27）就是图 3-2-1 所示网络的节点（电流）方程。通过上述过程才能得出节点方程，就太麻烦了。仔细对上面三个方程分析一下，就不难发现，式（3-2-25）是对节点①列的，节点①的电压 $U_{①}$ 的系数正好是连接（或经过电压源连接）在节点①的各电阻元件的总电导（所有电阻元件电导之和)。看看式（3-2-26)、式（3-2-27）发现，对节点②列出的电流方程中，节点电压 $U_{②}$的系数同样是连接在节点②上各支路总电导，分别称为节点①、②、③的自电导，并各自用 G_{11}、G_{22}、G_{33} 表示，即

$$G_{11}=G_1+G_3+G_4$$

$$G_{22}=G_1+G_2+G_5$$

$$G_{33}=G_2+G_3+G_6$$

再分析式（3-2-25）中 $U_{②}$、$U_{③}$的系数发现，它们正好是以节点①为“中心”、节点②与之连接以及节点③与之连接（或中间还有电压源）的电阻元件的电导，以这个规律分析式（3-2-26)、(3-2-27）得出的结论是相同的，只不过“主”、“次”易位而已，即式（3-2-26）是以节点②为“中心”，式（3-2-27）是以节点③为“中心”来分析的。这些系数均为互电导，并分别用 G_{12}、G_{13}、G_{21}、G_{23}、G_{31}、G_{32} 来表示，这里脚标的第一位数字是表示主节点的编号，$G_{12}=-G_1$、$G_{13}=-G_3$、$G_{21}=-G_1$、$G_{23}=-G_2$、$G_{31}=-G_3$、$G_{32}=-G_2$。可见，自电导总是正的，互电导总是负的。还可看出 $G_{12}=G_{21}$、$G_{13}=G_{31}$、$G_{23}=G_{32}$，即跨接在两个节点之间的电阻元件无论从两个节点中的哪一个节点来看都是相同的；正如回路方程中的互电阻是邻接两个回路，因而这两个回路的公共支路必是同一电阻一样，于是对应的互电阻相等；在这里，对应的互电导也应当相等。式（3-2-25）右边各项是表示流进节点的等效电流源的总电激流，这里“总”字是表示代数和之意，“进”字是表示等效电流源取正号条件，若是由该节点流出则应该取负。可以从式（3-2-26)、式（3-2-27）得出对节点②、③相同的结论。分别用 I_{S11}、I_{S22}、I_{S33} 表示。

$$I_{S11}=-G_1U_{S1}+G_3U_{S3}-G_4U_{S4},\quad I_{S22}=G_1U_{S1}+G_2U_{S2},\quad I_{S33}=-G_2U_{S2}-G_3U_{S3}。$$

于是可以得出对于具有三个独立节点的节点方程的一般表示形式如下。

$$\begin{cases} G_{11}U_{n1}+G_{12}U_{n2}+G_{13}U_{n3}=I_{S11} \\ G_{21}U_{n1}+G_{22}U_{n2}+G_{23}U_{n3}=I_{S22} \\ G_{31}U_{n1}+G_{32}U_{n2}+G_{33}U_{n3}=I_{S33} \end{cases} \tag{3-2-28}$$

由此也可推出，具有 n 个独立节点的节点方程如下。

$$\begin{cases} G_{11}U_{n1}+G_{12}U_{n2}+\cdots+G_{1n}U_{nn}=I_{S11} \\ G_{21}U_{n1}+G_{22}U_{n2}+\cdots+G_{1n}U_{nn}=I_{S22} \\ G_{31}U_{n1}+G_{32}U_{n2}+\cdots+G_{nn}U_{nn}=I_{Snn} \end{cases} \tag{3-2-29}$$

下面用节点分析法重解图 3-1-5 所示电路，为此将该图重绘，见图 3-2-2。如果将节点④选作参考节点，则有 $G_{11}=\frac{1}{20}+\frac{1}{10}+\frac{1}{10}=\frac{1}{4}$ S，$G_{22}=\frac{1}{10}+\frac{1}{5}+\frac{1}{15}=\frac{11}{30}$ S，$G_{33}=\frac{1}{20}+\frac{1}{10}+\frac{1}{5}=\frac{7}{20}$ S，$G_{12}=G_{21}=-\frac{1}{10}$ S，$G_{13}=G_{31}=-\frac{3}{20}$ S，$G_{23}=G_{32}=0$，$I_{S11}=\frac{20}{20}-\frac{30}{10}=-2$A、$I_{S22}=\frac{10}{5}-\frac{30}{15}=0$，$I_{S33}=-\frac{20}{20}+\frac{30}{10}=2$A；得其节点方程为

$$\frac{1}{4}U_{n1}-\frac{1}{10}U_{n2}-\frac{3}{20}U_{n3}=-2$$

$$-\frac{1}{10}U_{n1}+\frac{11}{30}U_{n2}=0$$

$$-\frac{3}{20}U_{n1}+\frac{7}{20}U_{n2}=2$$

解之得　　$U_{n1}=-7.213$V，$U_{n2}=-1.967$V，$U_{n3}=2.623$V

∵ $U_{n3}-U_{n1}=-20+20i_1$，得：$i_1=(20+U_{n3}-U_{n1})/20=1.492$ A

$U_{n2}-U_{n1}=10i_2$，得：$i_2=(U_{n2}-U_{n1})/10=0.525$ A

$U_{n2}=-30+15i_3$，得：$i_3=(U_{n3}+30)/15=1.869$ A

$U_{n3}=5i_4$，得：$i_4=U_{n3}/5=0.525$ A

$U_{n3}-U_{n1}=-30+10i_5$，得：$i_5=(30-U_{n3}+U_{n1})/10=2.016$ A

和用回路法得出的结果相同。

例 3-2-1　用节点分析法重解图 3-1-6。

解：首先将图 3-1-6 的电路重绘，见图 3-2-3。由于只有两个节点，故只有一个独立节点，即只有一个方程。选节点 2 作为参考节点，由图可见

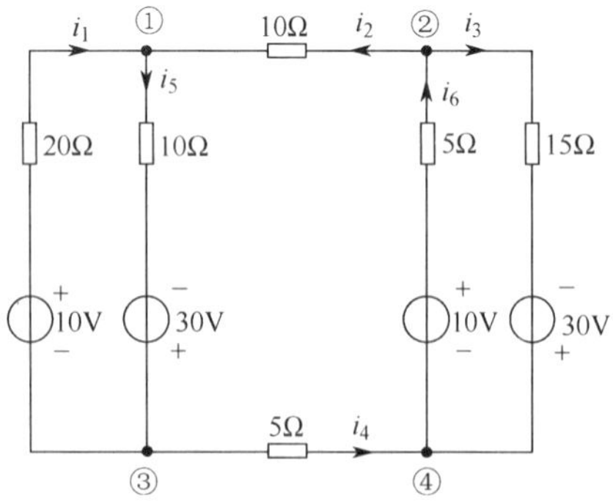

图 3-2-2　用节点分析法重解图 3-1-5

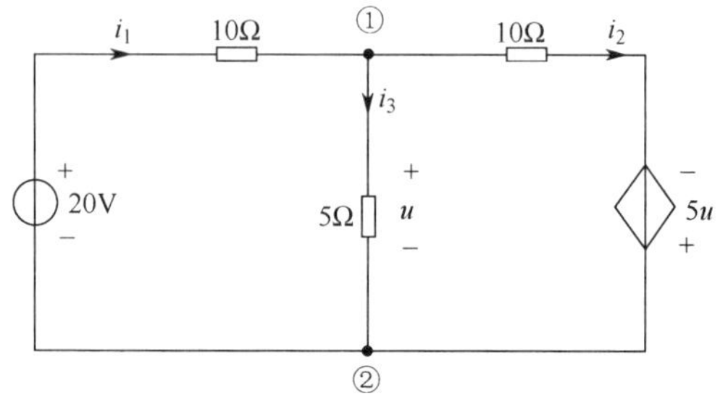

图 3-2-3　例 3-2-1 的图

$$G_{11}=\frac{1}{5}+\frac{1}{10}+\frac{1}{10}=0.4\text{S};\ \ I_{S11}=\frac{20}{10}-\frac{5U}{10}$$

于是 $G_{11} U_{n1}= I_{S11}$

即　　$0.4 U_{n1}=2-0.5U$

∵ $U= U_{n1}$

∴ $0.9 U_{n1}=2$

得 $U_{n1}=\dfrac{20}{9}$ V

∵ $U_{n1}=20-10I_1$

∴ $i_1=1.778$ A

∵ $U_{n1}=10I_2-5 U_{n1}$

∴ $i_2\approx1.333$ A

$i_3=\dfrac{U_{n1}}{5}\approx 0.444$ A

结果相同，但较用回路法简单，显然这是由于独立节点数少于独立回路数之故。

综上所述，如果需要求解的回路电流数多于需要求解的节点数，则用节点法简单；反之，则采用回路法简单。这里之所以不用独立回路数与独立节点数比较，是因为给定网络中有电流源，则需要解的联立方程数可以少于独立回路数；同样，在包含有理想电压源支路的网络中，采用节点法需要解的联立方程数也可以少于独立节点数。

3.2.3　采用节点分析法的解题步骤

节点分析法是以独立节点电压作为求解对象的，再根据支路电流与支路电压、支路电压与节点电压的关系求解支路电流的方法。因此，应用节点分析法求响应，步骤如下。

（1）选定参考节点。本书规定，参考节点不再标节点编号，只在参考节点上画接地符号；由于“地”为零电位，因此画有接地符号的节点的电位亦为零，即为参考节点，选定的独立节点在编号前面加“n”。

（2）根据选定的独立节点，求出自电导和互电导。自电导总是正的，互电导总是负的，再求出流进各独立节点的总电激流。对于含 VCVS 的电路，可以像对待电压源一样对待 VCVS，在求自电导、互电导时，可以先将所有电压源（包括 VCVS）均等效变换为电流源与电阻的并联（或者想象作这种变换），这样才不至于产生遗漏或者多于实际的情况；例如，和电流源串联的电阻就不可能成为自电导或互电导，因为当电流源与电阻串联时，对其等效电路就只剩下一个电流源。

（3）解节点方程即可求出各独立节点相对于参考节点的电压。

（4）假定各支路电流的参考方向，找出各支路电压与节点电压的关系，求出各支路电压，再求出各支路电流。

下面再通过几道例题进一步说明，在各种不同情况下，节点分析法的应用方法。

例 3-2-2　图 3-2-4 所示为含有电压源与电流源的网络，元件参数如图所示，试求各支路电流及功率关系。

解：虽然支路数较多，并且有七个独立回路，然而只有两个节点，因此只有一个独立节点；选定参考节点如图，对节点 1 有

$G_{11}=0.2+0.1+0.5+0.8+0.1+0.3=2.0$S

$I_{S11}=5+0.5\times20+0.8\times10-3=20$A

∵ $G_{11} U_{n1}= I_{S11}$

∴ $U_{n1}=10$ V

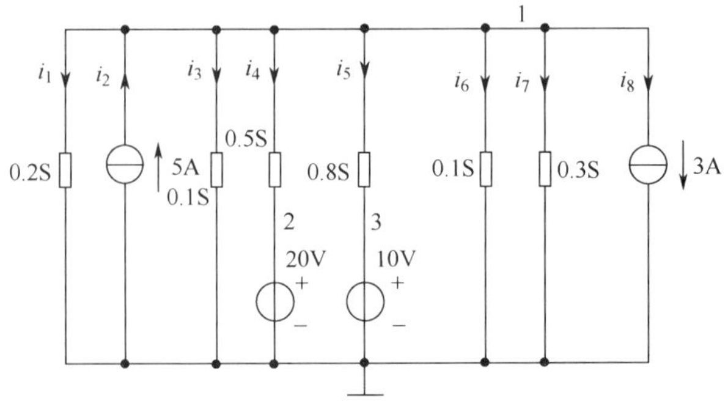

图 3-2-4　例 3-2-2 图

再假定各支路电流参考方向如图，于是

i_1=0.2×10=2A，i_2=5A，i_3=0.1×10=1A，i_4=（U_{n1}−30）×0.5=−5A

i_5=（U_{n1}−10）×0.8=0，i_6=0.1×10=1A，i_7=0.3×10=3A，i_8=3A

由于 5A 的电流源和 20V 的电压源的电压和电流实际方向取非关联方向，故均发出功率，10V 的电压源由于电流为零，故它既不发出、也不吸收功率，3A 的电流源的电压、电流实际方向取关联参考方向，故吸收功率。

于是电源发出总功率为 $P_{发}=5\times10+5\times20-3\times10=120\text{W}$

电阻吸收的总功率为 $P_{吸}=\dfrac{2^2}{0.2}+\dfrac{1^2}{0.1}+\dfrac{(-5)^2}{0.5}+\dfrac{1^2}{0.1}+\dfrac{3^2}{0.3}=120\text{W}$

$\therefore P_{发}=P_{吸}$

例 3-2-3　如图 3-2-5 所示电路是含有 VCVS 的电路，试求各支路电流及功率关系。

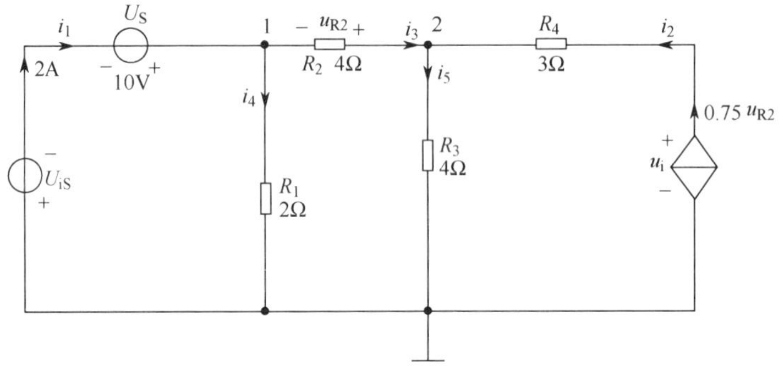

图 3-2-5　例 3-2-3 图

解：在采用节点法解题时，应注意当电路中电流源所在支路和别的元件串联时，不管与电流源串联的是什么元件均可以用短路线取代，这也是一种等效变换。换句话说，在采用节点法时，首先应根据电源性质简化电路，这对初学者来说是至关重要的，否则比较容易产生错误。当然若与电流源串联的是电阻元件，且电路中含有受控源，受控源的控制量恰巧是该电阻上的电压时，则不可从图中去掉。但该电阻既不是自电导，也不是互电导，仅仅由于控制量在其上，保留它。可以从中找出一个辅助关系消去控制量带来的新的变量。在本例中不存在此问题，故第一步先将图简化如图 3-2-6 所示，由图可见：

$$G_{11}=\frac{1}{R_1}+\frac{1}{R_2}=\frac{3}{4}\text{S},\quad G_{22}=\frac{1}{R_2}+\frac{1}{R_3}=\frac{1}{2}\text{S},\quad G_{12}=G_{21}=-\frac{1}{R_2}=-\frac{1}{4}\text{S}$$

而　　$U_{R2}=U_{n1}-U_{n2}$，I_{S11}=2A，I_{S11}=0.75 U_{R2}

所以其节点方程为

$$\frac{3}{4}U_{n1}-\frac{1}{4}U_{n2}=2 \quad (1)$$

$$-\frac{1}{4}U_{n1}+\frac{1}{2}U_{n2}=0.75（U_{n1}-U_{n2}） \quad (2)$$

对式（2）加以整理，得

$$\frac{1}{2}U_{n1}-\frac{1}{4}U_{n2}=0 \quad (3)$$

解之得

$$U_{n1}=8V，U_{n2}=16V$$

这一结果也是图 3-2-5 的节点电压，在求支路电流时，从图 3-2-6 求出结果应相同，这是因为电流源（包括 VCCS）虽然参与了变换，但这种变换不改变电流源所在支路电流，当然更不会影响别的支路的电流之故，由图可求得

$$i_1=i_1'=2A，\ i_2=i_2'=0.75A，\ U_{R2}=6A，\ i_3=i_3'=2A \quad i_4=i_4'=\frac{U_{n1}}{R_1}=4A，\ i_5=i_5'=\frac{U_{n2}}{R_3}=4A$$

为了验证功率关系，虽然图 3-2-6 电路中功率亦应保持平衡，然而对图 3-2-6 功率关系的证明不能替代对图 3-2-5 功率关系的证明，这是因为这两个图中的功率关系是不相同的。由图 3-2-5 可见，$U_{iS}=U_S-U_{n1}=2A$，即 2A 电流源是吸收功率的，而图 3-2-6 中的电流源（2A）明显是发出功率的，$U_i=R_4i_2+R_3i_5=18+16=34V$ 可见，10V 电压源和受控电流源是发出功率，因此电源发出总功率为

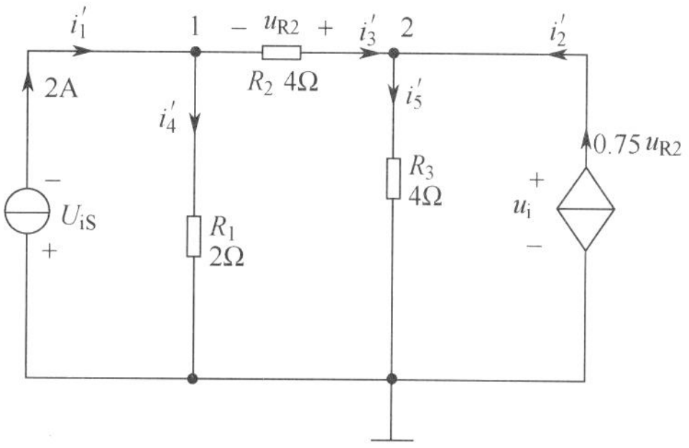

图 3-2-6　图 3-2-5 的等效电路图

$P_{发}=10\times2+6\times34-2\times2=220W$

电阻吸收总功率为

$P_{吸}=R_1i_4^{\ 2}+R_2i_3^{\ 2}+R_3i_5^2+R_4i_2^2=2\times4^2+4\times（-2）^2+4\times4^2+3\times6^2=220W$

$\therefore\quad P_{发}=P_{吸}$

而图 3-2-6 中由于 2A 的电流源的电压是 U_{n1}，VCCS 的电压是 U_{n2}，故电源发出的总功率为

$P_{发}'=2\times8+6\times16=112W，\quad P_{吸}'=2\times4^2+4\times(-2^2)+4\times4^2=112W$

$\therefore P_{发}'=P_{吸}'$

功率肯定是平衡的，但与图 3-2-5 的结果不同，这是由于去掉与电流源串联的元件之后，电流源的电压变了，同时被去掉的功率也不可能被考虑进去之故。因而只要涉及与电流源电压有关的问题，只能在原图中寻求解答，否则就不是题目所要求的答案了，这也是初学者较易产生错误的地方。

3.2.4　含理想电压源支路的节点分析法

当网络中含有理想电压源支路时，只要处理得当，需要求解的联立方程数将少于独立节点数；如果处理不当，不仅不能减少未知量个数，反而可能增加，而且容易出错。这里所指的“处理得当”就是参考节点的选择得当，下面通过两道例题来说明如何处理这种类型的电路。

例 3-2-4　试用节点分析法求图 3-2-7 所示电路各支路电流。

解：在本例中，支路 7 是理想的电压源支路，这条支路连接在 1、3 两个节点之间；若选择这两个节点中的任意一个节点为参考节点的话，另一个节点的电压就不需求解；例如，若选节点 3

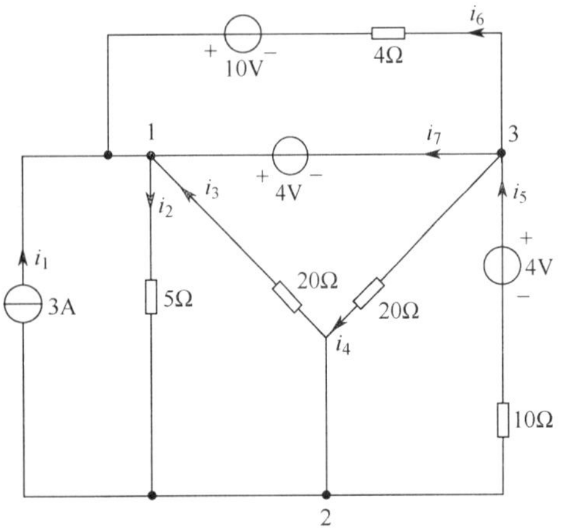

图 3-2-7　例 3-2-4 的图

为参考节点，则节点 1 的电压为 4V；若选节点 1 为参考节点，则节点 3 的电压为−4V，本例中，选取节点 3 为参考节点，因此 $U_{n3}=U_{33}=0$，故只需对节点 2 列出方程。

$\because G_{22}=\frac{1}{5}+\frac{1}{20}+\frac{1}{20}+\frac{1}{10}=0.4\text{S}$，

$G_{21}=-\left(\frac{1}{5}+\frac{1}{20}\right)=-0.25\text{S}$，$I_{S22}=-3-\frac{4}{10}=-3.4\text{A}$

$U_{n1}=4\text{V}$

即　$-0.25\,U_{n1}+0.4\,U_{n2}=-3.4\text{A}$

$\therefore U_{n2}=-\frac{2.4}{0.4}=-6\text{A}$

由此，可求出各支路电流为

$i_1=3\text{A}$，$i_2=2\text{A}$，$i_3=0.5\text{A}$，$i_4=0.3\text{A}$，$i_5=-0.2\text{A}$，$i_6=1.5\text{A}$，$I_7=-2\text{A}$

本题也可以采用另一种解法，若参考点选择不变，也可把 4V 电压源支路看成是一种电流激励，并设激励电流 I_7，则 $G_{11}=\frac{1}{4}+\frac{1}{5}+\frac{1}{20}=0.5\text{S}$，$G_{12}=G_{21}=-0.25\text{S}$，$I_{S11}=3+2.5+I_7$，$I_{S22}=-3.4\text{A}$

于是得节点方程

$$0.5\,U_{n1}-0.25U_{n2}=5.5+I_7$$
$$-0.25\,U_{n1}+0.4U_{n2}=-3.4$$

这是两个方程，但含有三个未知量，欲求解，还需找一个辅助方程，注意到 $U_{n1}=4\text{V}$，代入上列第二个方程，可得 $U_{n2}=-6\text{V}$，再代入第一个方程，可解出 $i_7=-2\text{A}$。同样可以解出其余各支路电流，显然这种方法较前者要麻烦，是不提倡的。然在一个网络中含多个理想电压源支路的条件下，掌握以上解法也是有用的。

3.3　线性电路的齐次性与可加性　叠加定理

3.3.1　线性电路的齐次性与可加性

连接在任一节点上的各支路（称为和该节点关联的支路）中的电流之间关系由 KCL 约束；而任意闭合回路所含的各支路（称为和该回路关联的支路）之间的电压关系由 KVL 约束，即连接于任一节点各支路的电流关系为

$$\sum i(t)=0$$

任一闭合回路所含各支路的电压关系为

$$\sum u(t)=0$$

各线性元件所遵从的约束关系，对于线性电阻元件有

$$u_r(t)=Ri_r(t)$$

对于各种受控源有

VCVS：　$u_j=\mu u_k$

VCCS：　$I_j=g_m u_k$

CCCS：　　　　　　　　$I_j=\alpha i_k$

CCVS：　　　　　　　　$u_j=r_m i_k$

对于独立电压源有：　　$u(t)=u_S(t)$

对于独立电流源有：　　$i(t)=i_S(t)$

由上列两类约束（拓扑约束和元件约束）关系可以看出：如果任意一个含有电压源和电流源的网络，在电路参数不变的条件下，若所有支路的电压、电流（包含电压源和电流源支路）均增加了 n 倍，上述方程同样应当成立。因此，任意一个含源网络，在元件参数不变的条件下，当网络中所有独立源对网络的激励均增大 n 倍时，各支路的电压、电流响应亦同时增大 n 倍。这就是线性电路的齐次性。若用严格的数学方法来加以说明，就是说，当一个线性网络的独立源分别为 $\{u_{S1}(t),u_{S2}(t),\ldots\}$ 和 $\{i_{S1}(t),i_{S2}(t),\ldots\}$ 时，若各支路产生的响应为 $\{u_1(t),u_2(t),\ldots\}$ 和 $\{i_1(t),i_2(t),\ldots\}$，其中 $u_l(t)$、$i_l(t)$是编号为 i 的支路的电压和电流；则当各激励源增大 n 倍时，各支路的响应则均应变为$\{nu_1(t),nu_2(t),\ldots\}$和$\{ni_1(t),ni_2(t),\ldots\}$。

所谓线性电路的可加性是指：当某一线性无源网络的电容、电压初始值为零，该网络由一组独立源 $\{u_{S1}'(t),u_{S2}'(t),\ldots\}$ 和 $\{i_{S1}'(t),i_{S2}'(t),\ldots\}$ 激励产生的响应设为 $\{u_1'(t),u_2'(t),\ldots\}$ 和 $\{i_1'(t),i_2'(t),\ldots\}$，由另一组激励源$\{u_{S1}''(t),u_{S2}''(t),\ldots\}$和$\{i_{S1}''(t),i_{S2}''(t),\ldots\}$激励产生的响应设为$\{u_1''(t), u_2''(t),\ldots\}$和$\{i_1''(t),i_2''(t),\ldots\}$；则当两组独立源同时对该网络激励，即激励变为$\{u_{S1}'(t)+u_{S1}''(t), u_{S2}'(t)+u_{S2}''(t),\ldots\}$和$\{i_{S1}'(t)+i_{S1}''(t),i_{S2}'(t)+I_{S2}''(t),\ldots\}$时，响应也将变为$\{u_1'(t)+u_1''(t)，u_2'(t)+u_2''(t),\ldots\}$和$\{i_1'(t)+i_1''(t),i_2'(t)+i_2''(t),\ldots\}$。这里值得指出的是：上面提到的两组电源在网络中具有对应的位置。

线性电路的齐次性与可加性统称为直线性。

3.3.2　叠加定理

如果一个线性网络同时有若干个独立源激励，则网络的响应将等于这些独立源单个分别激励时所产生响应的代数叠加。所谓单个分别激励是指：当考虑一个独立源激励时，其余独立源均应取零值之意（电压源取零值是以短路线取代之，电流源取零值则是将该电流源从网络抹去即可）。这就是线性网络的一个重要定理——叠加定理。

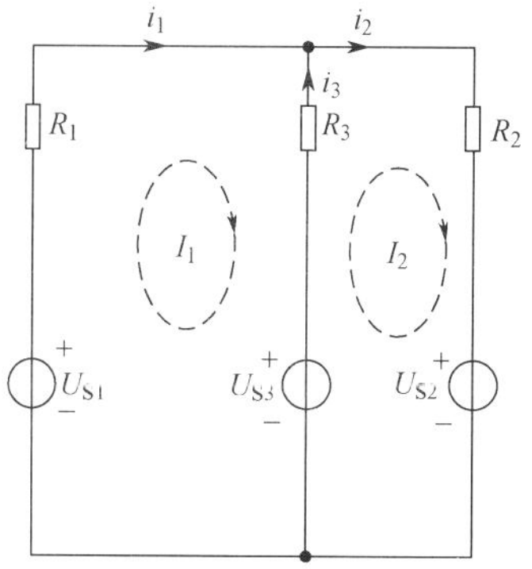

图 3-3-1　例 3-3-1 图

例 3-3-1　分别用回路分析法和叠加定理求图 3-3-1 所示网络各支路电流 i_1、i_2 和 i_3，并说明其正确性。

解：先用回路法求。选网孔为独立回路，并假定回路电流 I_1、I_2。由图 3-3-1 可见

$$R_{11}=R_1+R_3,\quad R_{12}=R_{21}=R_3,\quad R_{22}=R_2+R_3,\quad U_{S11}=U_{S1}-U_{S3},\quad U_{S22}=U_{S3}-U_{S2}$$

于是回路方程为

$$(R_1+R_3)I_1-R_3I_2=U_{S1}-U_{S3}$$

$$-R_3I_1+(R_2+R_3)I_2=-U_{S2}+U_{S3}$$

解之得：

$$I_1=\frac{(R\ +R_3)U_{S1}-R_3U_{S2}-R_2U_{S3}}{R_1R_2+R_2R_3+R_3R_1}$$

$$I_2=\frac{R_3U_{S1}-(R_2+R_3)U_{S2}+R_1U_{S3}}{R_1R_2+R_2R_3+R_3R_1}$$

$$i_1=I_1$$

$$i_2=I_2$$

$$i_3=I_2-I_1=\frac{-R_2U_{S1}-R_4U_{S2}+(R_1+R_2)U_{S3}}{R_1R_2+R_2R_3+R_3R_1}$$

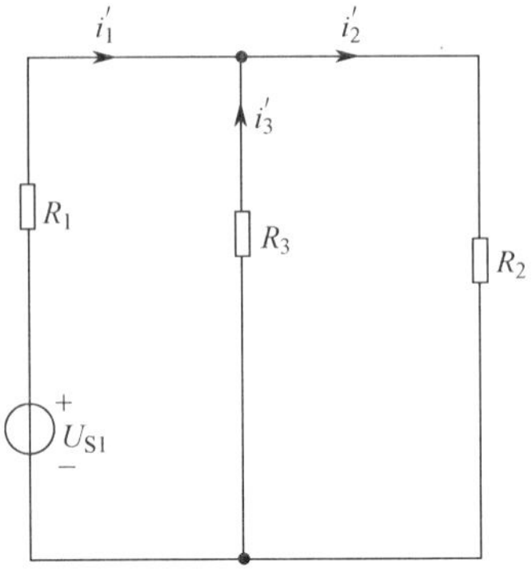

图 3-3-2　U_{S1} 单独激励

采用叠加定理解时，可先令电压源 U_{S1} 激励，电压源 U_{S2}、U_{S3} 取零值，得图 3-3-2，由图可见

$$i_1'=\frac{U_{S1}}{R_1+\dfrac{R_2R_3}{R_2+R_3}}=\frac{(R_2+R_3)U_{S1}}{R_1R_2+R_2R_3+R_3R_1}$$

$$i_2'=\frac{R_3}{R_2+R_3}i_1'=\frac{R_2U_{S1}}{R_1R_2+R_2R_3+R_3R_1}$$

$$i_3'=\frac{R_2}{R_2+R_3}i_1'=\frac{-R_2U_{S1}}{R_1R_2+R_2R_3+R_3R_1}$$

这正是用回路法得出的电流 i_1、i_2、i_3 中的第一项，即令电源 U_{S2}、U_{S3} 取零时，由电压源 U_{S1} 单独激励时所得结果。

再令电压源 U_{S3} 单独激励，此时电路见图 3-3-3，由图可见

$$i_3''=\frac{U_{S3}}{R_3+\dfrac{R_1R_2}{R_1+R_2}}=\frac{(R_1+R_2)U_{S3}}{R_1R_2+R_2R_3+R_3R_1}$$

$$i_1''=\frac{-R_2}{R_1+R_2}i_3''=-\frac{R_2U_{S3}}{R_1R_2+R_2R_3+R_3R_1}$$

$$i_2''=\frac{R_1}{R_1+R_2}i_3''=\frac{R_1U_{S3}}{R_1R_2+R_2R_3+R_3R_1}$$

这正是用回路法得出的电流 i_1、i_2、i_3 中的第三项，即令电压源 U_{S1}、U_{S2} 取零值时，由电压源 U_{S3} 单独激励时所得结果。

最后令电压源 U_{S2} 单独激励，此时电路见图 3-3-4，由图可见

$$i_2'''=-\frac{U_{S2}}{R_2+\dfrac{R_1R_3}{R_1+R_3}}=-\frac{(R_1+R_3)U_{S2}}{R_1R_2+R_2R_3+R_3R_1}$$

$$i_1'''=\frac{R_3}{R_1+R_3}i_2'''=\frac{-R_3U_{S2}}{R_1R_2+R_2R_3+R_3R_1}$$

$$i_3'''=\frac{R_3}{R_1+R_3}i_2'''=\frac{-R_1U_{S2}}{R_1R_2+R_2R_3+R_3R_1}$$

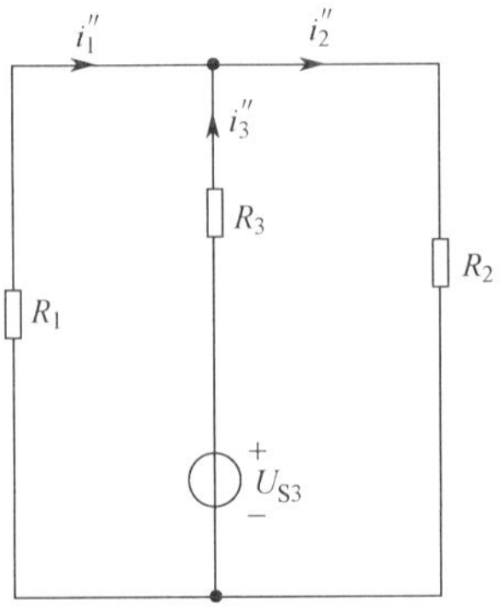

图 3-3-3　U_{S3} 单独激励

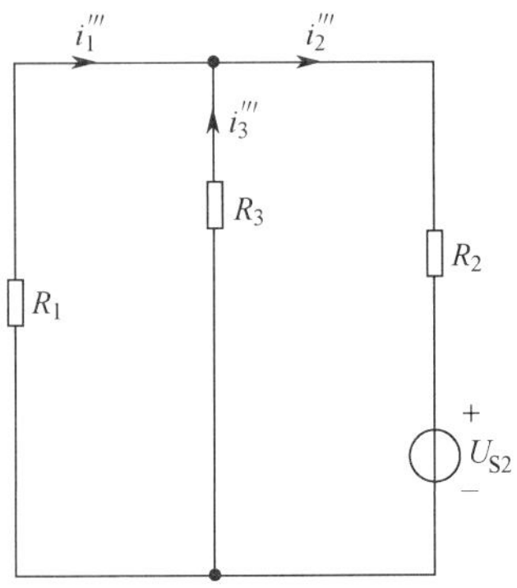

图 3-3-4　U_{S2} 单独激励

这正是用回路法得出的电流 i_1、i_2、i_3 中的第二项，即令电压源 U_{S1}、U_{S3} 取零时，由电压源 U_{S2} 单独激励时所得结果。

当三个电压源同时激励时的响应，根据叠加定理，应当等于它们分别激励时响应的代数叠加。若原图中各支路电流的参考方向仍如图 3-3-1 所示，则由于三个电压源单独激励时的支路电流响应和图 3-3-1 相同，因此有

$$i_1=i_1'+i_1''+i_1'''=\frac{(R_2+R_3)U_{S1}-R_2U_{S3}-R_3U_{S2}}{R_1R_2+R_2R_3+R_3R_1}$$

$$i_2=i_2'+i_2''+i_2'''=\frac{R_3U_{S1}+R_1U_{S3}-(R_1+R_3)U_{S2}}{R_1R_2+R_2R_3+R_3R_1}$$

$$i_3=i_3'+i_3''+i_3'''=\frac{-R_2U_{S1}+(R_1+R_2)U_{S3}-R_2U_{S2}}{R_1R_2+R_2R_3+R_3R_1}$$

这正是用回路法得出的结果。通过这道例题，可以看出，在不含受控源的网络中，采用叠加定理可以将复杂电路化为简单电路（当然，这不是全部情况，某些不含受控源的网络采用叠加定理时，仍是复杂电路），每次结果很快可以算出，然而需要画的图多，而且独立源数目越多越繁，因而通常只在非正弦周期电流电路的分析中应用它。对于含受控源的网络，通常几乎不用叠加定理求响应。

3.4　替代定理

替代定理又称置换定理。它是指电路中任意电阻支路，若已知其电阻为 R，电流为 I_R，则电压为 $U_R=RI_R$。该支路可以以电流为 $I_S=I_R$ 的电流源或电压为 $U_S=U_R$ 的电压源替代，替代后的电路与原电路完全等效。换句话说，替代以后的电路，其各支路（包括被替代的支路）的电压、电流和原电路的电压、电流是相同的。这就是替代定理。这一结论，可以推广到含源支路。若一个含源支路以一个电阻替代，则此含源支路的独立源必须是处在吸收功率状态。发出功率的含源支路不能以电阻支路替代。

替代定理主要用来证明戴维南（诺顿）定理，在非线性电路中也有应用。

下面举例说明替代定理的应用方法。

如图 3-4-1(a)所示电路，因为节点 1 电压 $U_1=\dfrac{\frac{24}{6}+\frac{48}{6}}{\frac{1}{6}+\frac{1}{6}+\frac{1}{3}}=18\text{V}$，于是不难算出 $i_1=1\text{A}$、$i_2=5\text{A}$、$i_3=6\text{A}$，它们的参考方向 3-4-1（a）如图所示。按照替代定理，这三条支路中的的任意一条支路均可以以一个电压源或一个电流源替代，如图 3-4-2 所示。从图 3-4-2 各电路中可以看出，任何一条支路以独立源替代，只要该独立源的参考方向以及大小与被替代支路的相同，则这种替代就是成立的。其实这种替代过程实际上也是一种等效变换过程。只不过这种等效变换的应用必须在已知支路电流或电压的条件下方能进行，因此在一般网络中，若已知激励，求响应；替代定理是没有什么应用意义的。

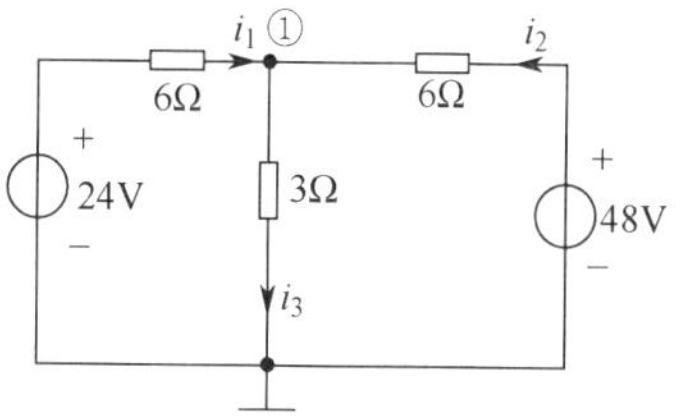

图 3-4-1

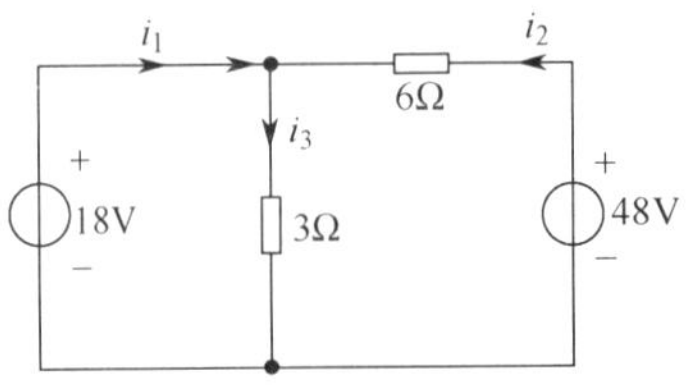

(a) 以 18V 电压源代替图 3-4-1 的 i_1 支路

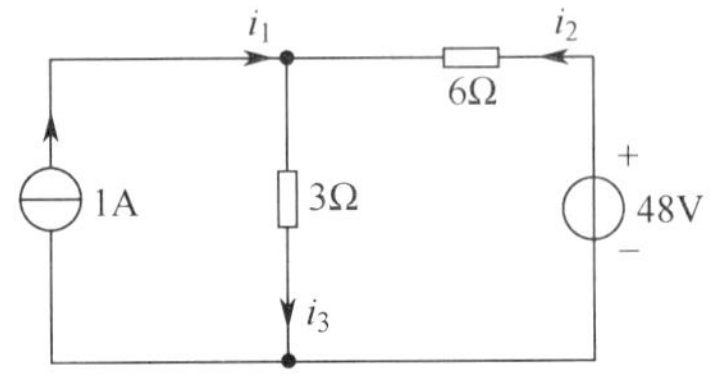

(b) 以 1A 电流源代替图 3-4-1 的 i_1 支路

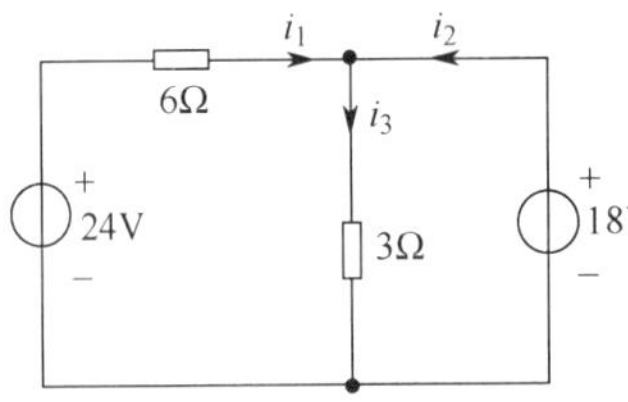

(c) 以 18V 电压源代替图 3-4-1 的 i_2 支路

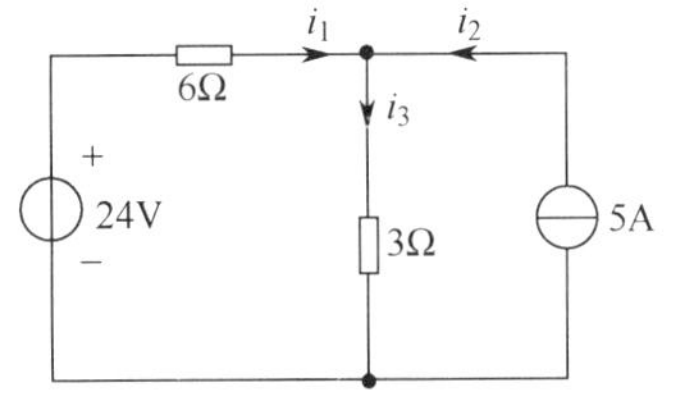

(d) 以 5A 电流源代替图 3-4-1 的 i_2 支路

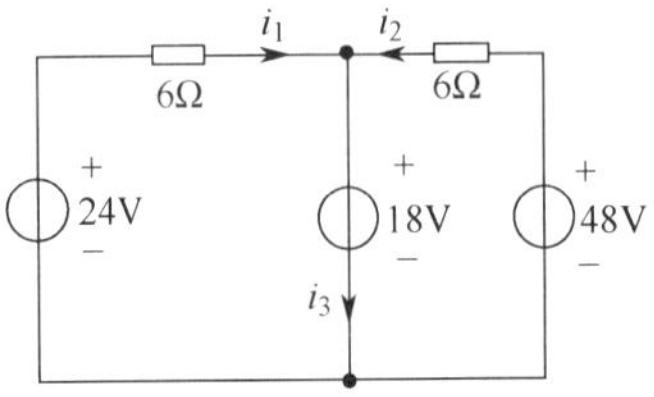

(e) 以 18V 电压源代替图 3-4-1 的 i_3 支路

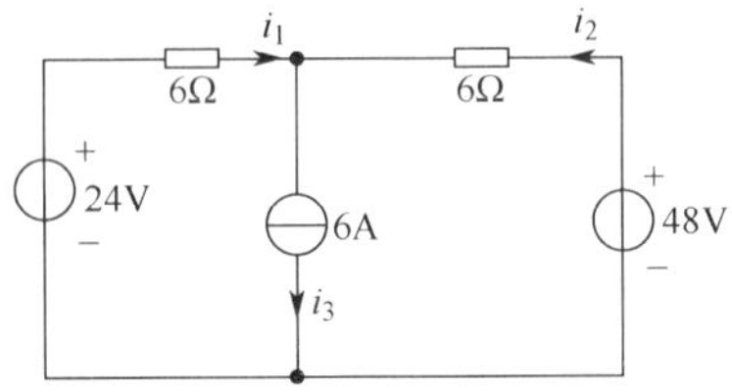

(f) 以 6A 电流源代替图 3-4-1 的 i_3 支路

图 3-4-2　替代定理应用方法举例

需要再一次提请注意的是：在使用替代定理时，用来替代的电流或电压源的参考方向必须和原支路的电流或电压参考方向一致，取值相同，一般不要以电阻支路来替代含源支路。

3.5　戴维南定理与诺顿定理

戴维南定理是一般网络分析中的一个重要定理，应用范围很广，一定要掌握好。

3.5.1　从一个例题谈起

例 3-5-1　如图 3-5-1 所示电路，求 ab 端口电流 i。

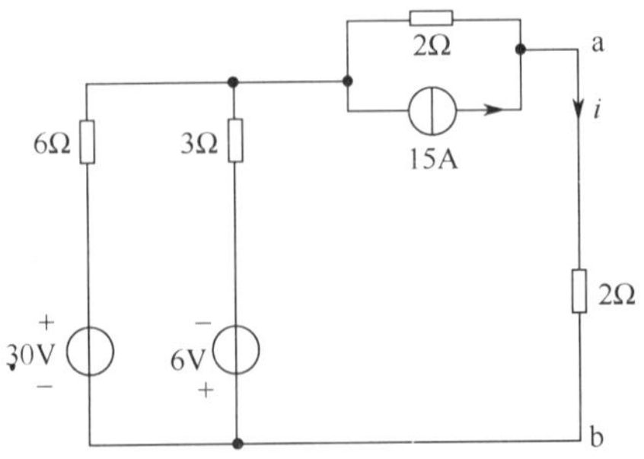

图 3-5-1　例 3-5-1 图

本题可以用前面学过的许多方法中的一种方法来求。但在这里，我们的目的不仅仅是求 i，更主要是为了引出戴维南定理。

解：将 ab 端口以左的电路用电源等效变换的方法化简，因为在整个化简过程中，端口 ab 的 2Ω 电阻应保持不变，即不参与变换（一旦参与了变换，则题中所要求的电流就难以求出）；因此，这里也不画出。

根据电源等效变换关系，将图 3-5-1 中电压源与电阻的串联，等效变换成电流源与电阻的并联；同时又将电流源与电阻并联等效变换成电压源与电阻串联，得等效电路

图 3-5-2（a）；然后将作并联连接的电流源与电阻合并，得等效电路图 3-5-2（b）；再将电流源与电阻的并联等效变换成电压源与电阻串联，得等效电路图 3-5-2（c）；最后将作串联连接的电压源与电阻合并，得等效电路图 3-5-2（d）。

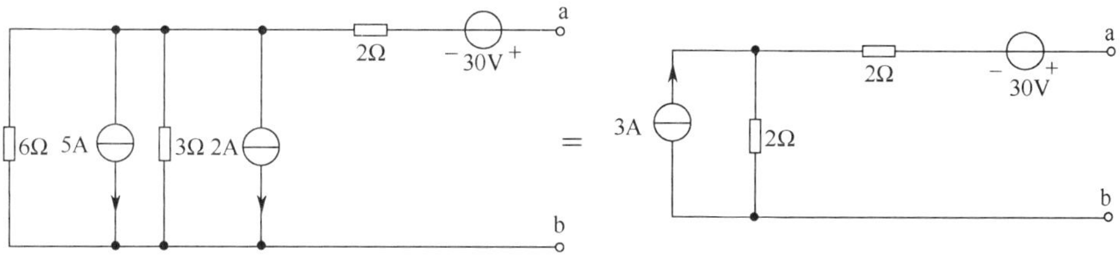

（a）将图3-5-1中的电压源与电阻串联等效变换为电流源与电阻并联；电流源也作相应变换

（b）电流源与电阻并联化简

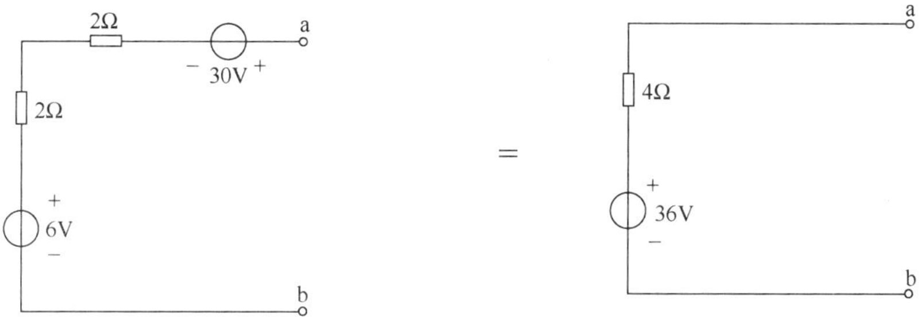

（c）将图b中的电流源与电阻并联等效变成电压源与电阻串联

（d）电压源与电阻串联化简

图 3-5-2　应用电源等效变换方法得图 3-5-1 中 ab 端口以左电路化简

可见，ab 端口以左的电路，是一个含源二端网络，这个含源二端网络可以等效成一个电压源和一个电阻的串联。显然图 3-5-2（d）这个电路对未参与变换的 ab 端 2Ω 电阻而言是完全等效的。其实在整个变换过程中，是将这个 2Ω 电阻从电路中断开了的，这个等效的电压源的电压又正是将 2Ω 电阻从端口 ab 断开时的开路电压 U_{ab}，为了说明这并不是一种简单的巧合，再直接从图 3-5-1 求 ab 端口开路时，即将端口 ab 上的电阻去掉，端口 ab 的电压（图 3-5-3）U_{ab}。由于端口 ab 断开，因此图中是两个只有一点连接的回路，即简单回路，故很容易得出

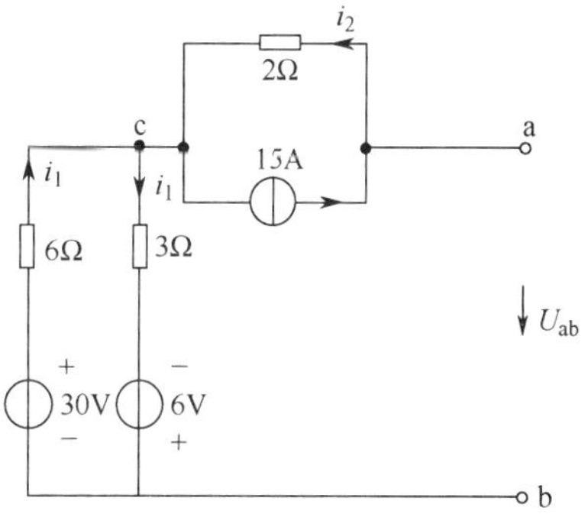

图 3-5-3　将图 3-5-1 中 ab 端口 2Ω 电阻开断后的电路

$$i_1=\frac{36}{9}=4\text{A}$$

$$i_2=15\text{A}$$

如果电压与电流取关联参考方向，则按图中电压极性有

$$U_{ac}=15\times2=30\text{V}$$

$$U_{cb}=3\times4-6=6\text{V}$$

$$U_{ab}=U_{ac}+U_{cb}=36\text{V}$$

可见，等效电压源的电压的确是端口 ab 断开时的电压。至于这个 4Ω 串联电阻，则由图中更易看出是令独立源取零值时的输入电阻（或含源二端网络的输出电阻）（图 3-5-4）。

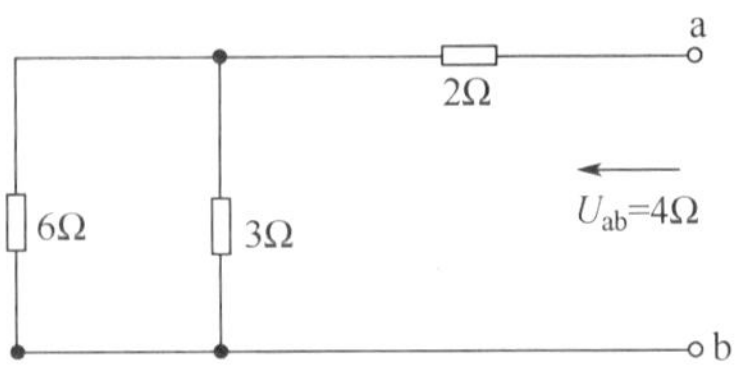

图 3-5-4　图 3-5-3 中独立源取零值时的电路

据此，可以得出结论：任意一个含源二端网络可以等效成一个电压源和一个电阻的串联；这个等效的电压源的电压值等于含源二端网络的开路电压值，而这个等效的串联电阻等于含源二端网络的输出电阻（或含源二端网络中独立源取零值时的输入电阻），这就是戴维南定理。

3.5.2　戴维南定理及其证明

戴维南定理可分为两个部分，其一是说一个含源二端网络可以等效成一个电压源和一个电阻的串联；其二是告诉这个等效电压源及等效电阻的求法；等效电压源的电压 U_{ab} 是端口的开路电压，等效电阻 R_0 是含源二端网络的输出电阻。

下面加以证明。

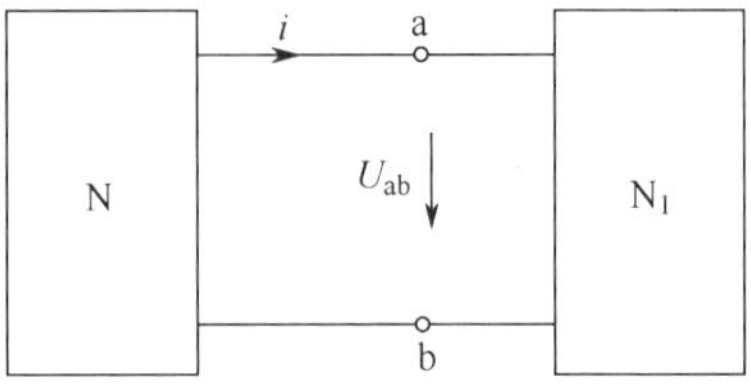

图 3-5-5　N 与 N_1 均为含源二端网络，但 N_1 是作为 N 的负载

如图 3-5-5 所示，设 N 与 N_1 均为含源二端网络，但 N_1 是作为 N 的“负载”，N 中除包含若干独立源而外，尚可包含若干受控源，设两个二端网络连接端口 ab 的电压为 U_{ab}，电流为 I，则按置换定理，将 N_1 用一电激流 $I_S=I$ 的电流源替代图 3-5-5 中的 N_1，再由叠加定理知：此时端口 ab 的电压与端口电流将由两部分组成，其一是当含源二端网络 N 中独立源激励时在端口对电压、电流所作的贡献，设分别为 U_{ab}'与 I'；其二是电流源单独激励时（此时 N 中独立源取零值，因此 N 将成为无源二端网络 N_0）在端口所作的贡献，设分别为 U_{ab}''和 I''（图 3-5-6（b）和（c））。

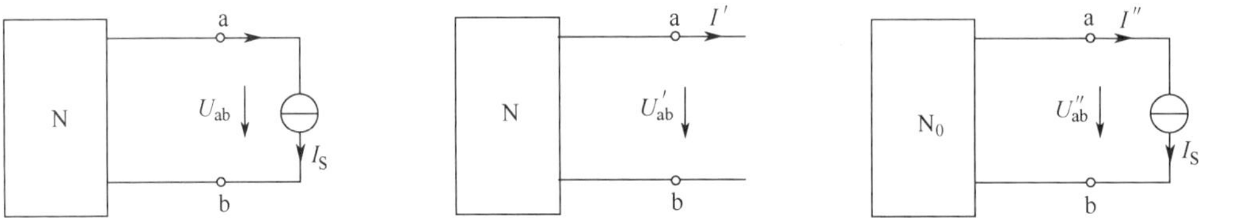

（a）用电激流 $i_S=i$ 的电流源替代二端网络 N_1　（b）N 中独立源激励，电流源 i_S 取零值时的电路　（c）电流源单独激励时 N 成为无源网络 N_0（即 N 中独立源取零值）时的电路

图 3-5-6　应用置换（替代）定理与叠加定理证明戴维南定理

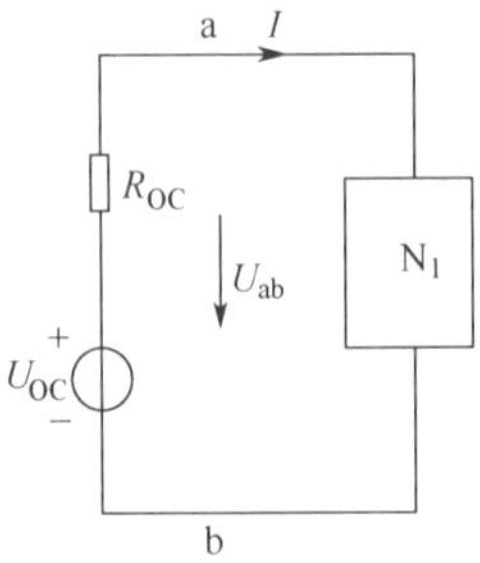

图 3-5-7

由于图 3-5-6（b）中是端口电流源取零值时，亦即端口 ab 开路时的结果，故 $I'=0$，且此时端口电压就是含源二端网络 N 开路时的电压，即 $U_{ab}'=U_{OC}$；图 3-5-6（c）则是 N 中独立源取零值时端口电流源单独激励时的结果，显然此时 N_0 是一个电阻网络（也可能包含受控源，正如已经讨论过的那样，它仍然可以等效为一个电阻），这个电阻网络的等效电阻就是 N 中独立源取零值时的输入电阻，为 R_0。于是 $U_{ab}''=-I''R_{OC}$，而 $I''=I_3=I$，于是 $U_{ab}''=-R_{OC}I$。

根据叠加定理知：$U_{ab}=U_{ab}'+U_{ab}''$。将上述结果代入，可得

$$U_{ab}=U_{OC}-R_0I \tag{3-5-1}$$

由式（3-5-1）知，含源二端网络 N 可以用一个电压为 U_{OC} 的电压源和电阻为 R_0 的电阻的串

联等效取代，端口的电压 U_{ab} 和电流 I 将不变。就是说：任何一个线性含源二端网络一般说来可以用一个电压源和一个电阻的串联来等效取代，只要这个等效电压源的电压值等于原含源二端网络的开路电压值，等效电阻等于原含源二端网络中独立源取零值时的输入电阻，这种取代对端口而言就是完全等效的；即端口的电压、电流将保持不变。至此，戴维南定理就加以证明了。

学习戴维南定理的目的是如何灵活地掌握戴维南定理的应用方法。而应用的关键在于求得开路电压 U_{OC} 和输入（或含源二端网络的输出）电阻 R_0。较难掌握的是等效电阻的求法。

3.5.3　等效电阻 R_0 的求法

等效电阻 R_0 的求法有如下三种。

（1）若含源二端网络中不包含受控源，令独立源取零值后是一个简单的串并联电路；则可以应用电阻串并联等效化简的方法直接求，显然这是属于最简单的情况。

（2）如果先求出了开路电压 U_{OC}，再令端口短路，求出短路电流 I_{SC}，于是 $\dfrac{U_{OC}}{I_{SC}}=R_0$（图 3-5-8）。这是因为 $U_{OC}=R_0I_{SC}$ 之故。通常把这种求 R_0 的方法叫短路电流法。

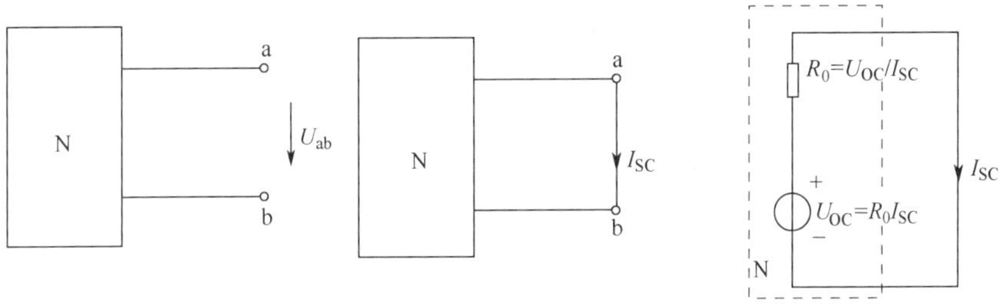

（a）求出N的开路电压$U_{ab}=U_{OC}$　（b）求出N的短路电流I_{SC}　（c）则$R_{OC}=U_{OC}/I_{SC}$

图 3-5-8　用“短路电流法”求 R_0 的原理电路

（3）外加电源法。采用外加电源法的关键是首先必须将含源二端网络中所含的全部独立源（受控源不在此列）取零值，并将端口外接电路去掉，换一个电压源（或电流源）（不需知道），并假定端口注入电流为 I，则 $\dfrac{U}{I}=R_0$（图 3-5-9）。

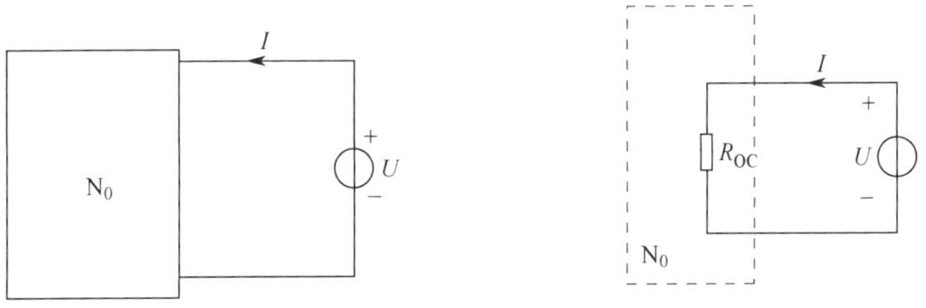

（a）N_0为N中独立源取零值后的无源网络，在端口用一电压源取代，设端口注入电流为I　（b）显然U/I就是无源二端网络即含源二端网络令独立源取零值后的输入电阻

图 3-5-9　外加电流法求等效电阻的原理图

如果含源二端网络 N 中包含有受控源，则在求等效电阻 R_0 时，第一种求 R_0 的方法显然不能用，在这种情况下，要求等效电阻 R_0 只能应用 “短路电流法”或“外加电源法”。值得再次提出的是：在采用外加电源法时，必须令含源二端网络中的独立源取零值，否则其开路电压

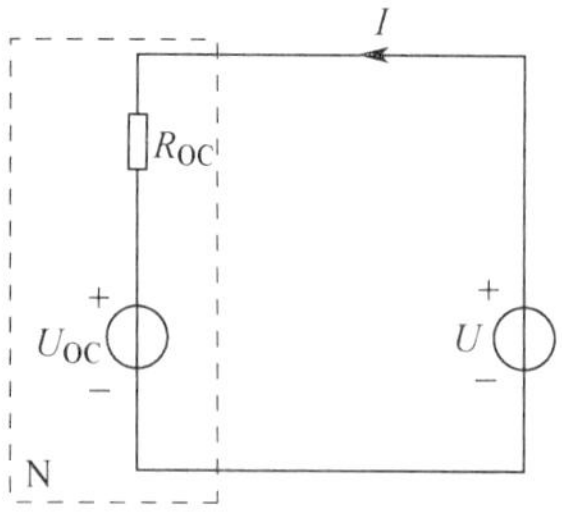

图 3-5-10　若含源二端网络中的独立源未取零，此时若再加外加电源 U，设端口电流为 I，则 $U/I \neq R_{OC}$

不为零，于是含源二端网络 N 应等效为一电压源与一电阻串联，此时若再在端口外加一个电压源 U，设端口电流为 I，则显然 $\dfrac{U}{I} \neq R_0$（图 3-5-10）。

3.5.4　诺顿定理

电压源和电阻串联的电路可以等效变换为电流源与电导并联的电路，且电流源的电激流就等于电压源与电阻串联电路的短路电流（图 3-5-11）。既然含源二端网络可以等效为电压源与电阻的串联，自然也可以等效为电流源与电导的并联，并且这个等效电流源的电激流应等于原含源二端网络的短路电流。

含源二端网络可以等效为一个电流源和一个电导的并联；这个等效电流源的电激流等于原含源二端网络的短路电流，这个并联的电导等于原含源二端网络中独立源取零值时的输入电导。这就是诺顿定理。证明只需在戴维南定理的证明中略加修改即可得出，即将电流源替代 N_1 更改为电压源替代 N_1。

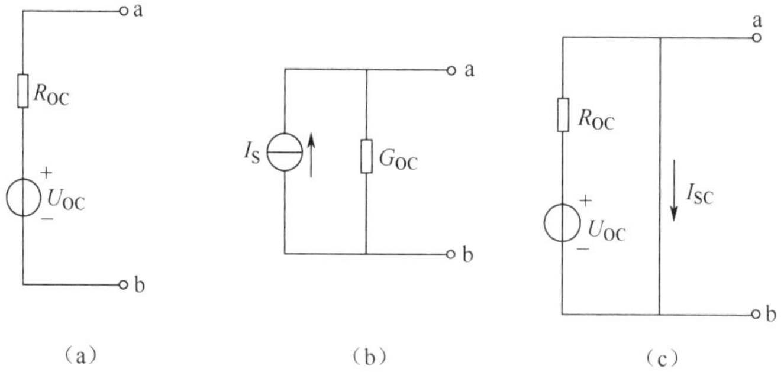

图 3-5-11　电压源与电阻的串联可以等效为电流源与电阻的并联

这个等效电流源的电激流等于电压源与电阻串联支路的短路电流 $I_{SC}=I_S=U_{OC}/R_{OC}$

3.5.5　戴维南（诺顿）定理的应用

戴维南定理在电路中应用较多，在模拟电子技术中也有重要应用。如果求网络中某条支路的电流响应，应用戴维南定理将会带来一定方便。但在某些特殊情况下，只有运用戴维南定理才能求得结果。在实际电路的分析中，应用戴维南（诺顿）定理可使问题大为简化。下面通过对几道例题的分析，说明戴维南定理的应用方法。

例 3-5-2　如图 3-5-12 所示电路中，已知 $U_{S1}=U_{S2}=40V$，$R_1=6\Omega$，$R_2=3\Omega$，$R_3=5\Omega$，$R_4=5\Omega$，$R_5=4\Omega$，$R_6=2\Omega$；求 i_3 的值。

解：本题若采用戴维南定理求解，可以将图 3-5-12 中虚线框中的电路分别作为含源和无源二端网络处理，对于无源二端网络中的电阻，很明显对端口而言是 R_5 与 R_6 串联再与 R_4 并联，故其等效电阻 $R=（R_5+R_6）//R_4=3\Omega$，即可以等效为 3Ω 的电阻；对于含源二端网络，则可以将端口开路，显然将端口开路以后，虚线框内为单回路电路，即也是一简单电路，由于 $U_{S1}=U_{S2}$，故此回路电流为零，因而端口开路电压（即等效电压源电压）$U_{OC}=U_{S1}=U_{S2}=40V$，等效电阻是当 U_{S1} 与 U_{S2} 取零值，即用短路线取代 U_{S1} 和 U_{S2} 之后从端口看进去的电阻，显然是 $R_1//R_2$ 为 2Ω。

可见含源二端网络可以等效为一个电压为 40V 的电压源和一个阻值为 2Ω 的电阻的串联；这样所求 i_3 的等效电路如图 3-5-13 所示，这是一个简单电路，很易求出 i_3 为

$$i_3=\frac{40}{2+5+3}=4\text{A}$$

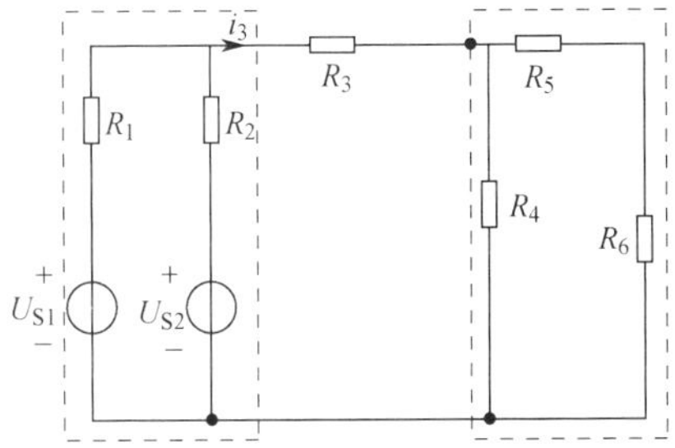

图 3-5-12 例 3-5-2 的图

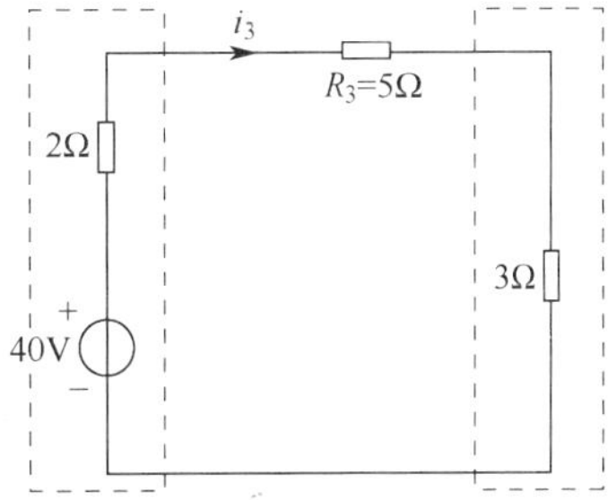

图 3-5-13 应用戴维南定理得到的图 3-5-12 的等效电路

可见这道题目应用戴维南定理求，比前面用过的任何一种方法都要来得简便些。

例 3-5-3 用戴维南定理求例 2-5-1 的非平衡桥电路的桥路电阻 R 支路的电流 I。

解：将图 2-5-4 重绘，见图 3-5-14。且已知 $R_1=R_2=R_5=9\,\Omega$，$R_3=R_4=6\,\Omega$，$R_6=1\,\Omega$，$R=2\,\Omega$，$U_S=150\text{V}$。为求电阻 $R=2\,\Omega$ 支路电流 i，根据戴维南定理，可以将该支路从电路中断开，显然从断开的端口看进去，是一个含源二端网络，可以将它等效为一个电压源和一个电阻的串联，因为等效电压源的电压等于端口开路电压，等效电阻等于端口开路后独立源取零值时的输入电阻；将求开路电压与输入电阻的电路见图 3-5-15（a）、（b）。由于图 3-5-15（a）是一个简单电路，首先求 i，电路是 R_2 与 R_3、R_4 与 R_5 先串联，然后它们再并联、再与 R_1、R_6 串联，因此

$$i=\frac{U_S}{[(R_2+R_3)//(R_4+R_5)]+R_1+R_6}=8.57\text{A}$$

$$i_1=\frac{R_4+R_5}{R_2+R_3+R_4+R_5}i=4.285\text{A}=i_2$$

于是

$$U_{OC}=-R_2i_1+R_4i_2=-12.86\text{V}$$

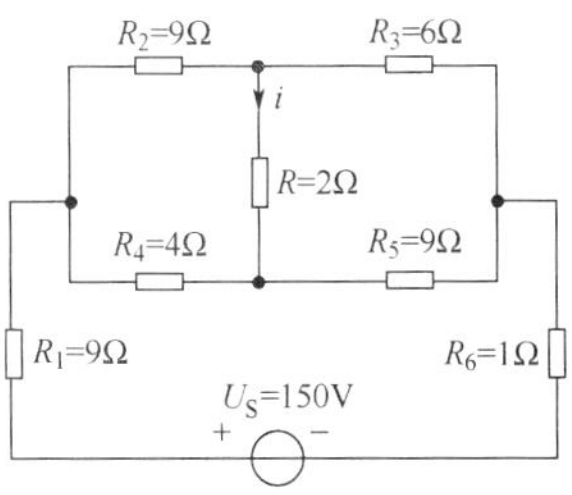

图 3-5-14 例 3-5-3 的图

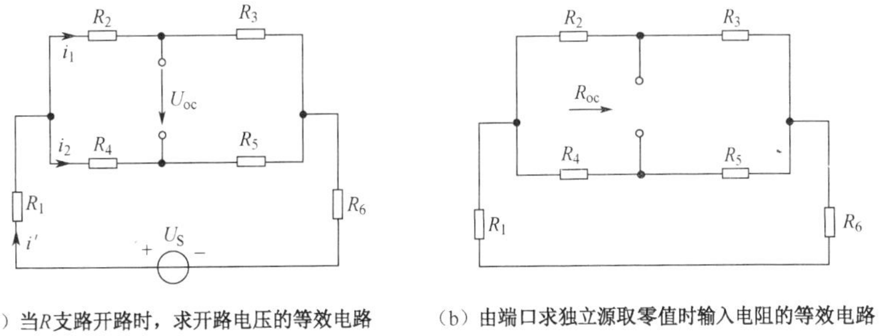

（a）当 R 支路开路时，求开路电压的等效电路
（b）由端口求独立源取零值时输入电阻的等效电路

图 3-5-15 求等效电压源电压与等效电阻的电路

由图 3-5-15（b）一次还求不出，因为它并非简单串并联电路，如果将作串联连接的电阻 R_1 和 R_6 合并，然后将星形连接的三个电阻 R_3、R_5、(R_1+R_6)等效变换为△连接，如图 3-5-16，图中

$$R_{12}=\frac{R_3R_5+R_5(R_1+R_6)+(R_1+R_6)R_3}{R_1+R_6}=20.4\,\Omega$$

$$R_{23}=34\,\Omega$$

$$R_{31}=22.67\,\Omega$$

于是 $R_0=[R_2//R_{31}+R_4//R_{23}]//R_{12}=7.37\,\Omega$

得含源二端网络的戴维南等效电路如图 3-5-17。于是

$$i=\frac{U_{OC}}{R+R_{OC}}=-1.37\text{A}$$

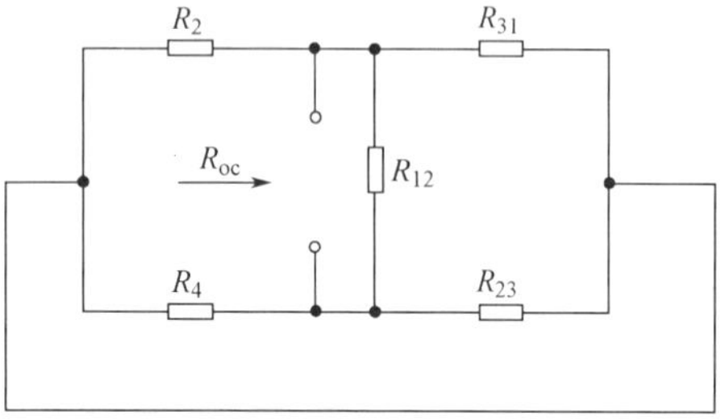

图 3-5-16 应用Y-△变换，将图 3-5-15（b）作等效变换

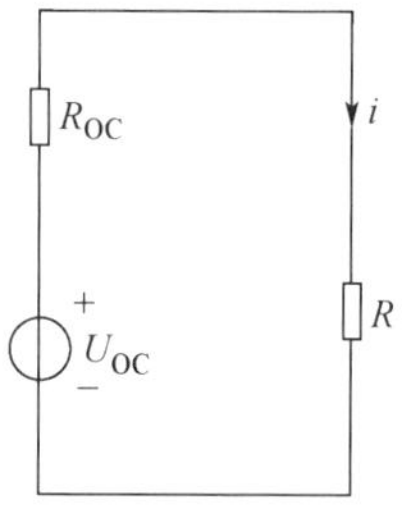

图 3-5-17 应用戴维南定理所得等效电路

所得结果和例 2-5-1 完全相同；值得提出的是本题所求 i_1、i_2、i_3 和原电路无任何直接关系，事实上它是 R 电阻支路开路得出的结果，这一过程本身就是一种变换，图 3-5-15（a）中那些支路均已参与了变换，因此，结果不同，并不奇怪。当然，本例中若 $R_1=R_6=0$。则采用此法解题，优越性就更突出了。

例 3-5-4 已知如图 3-5-18 所示电路，求通过 3Ω 电阻支路电流 i。

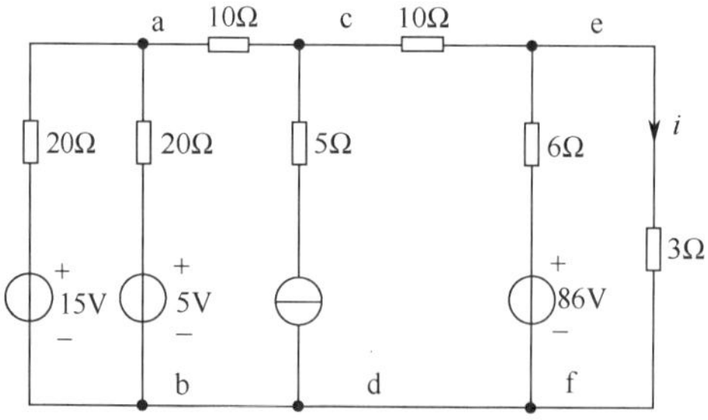

图 3-5-18 例 3-5-4 的图

解：由图 3-5-18 可见，3Ω 电阻支路左边电路确实可以看作一含源二端网络，但直接由此求开路电压，有难度。对于较复杂网络，可以通过逐段应用戴维南定理而较为简便地得出结果；本例中，可分成三段：①首先对 ab 端口应用戴维南定理，当将 ab 端口断开时，端口以左电路是单回路简单电路，若假定回路电流为顺时针方向，端口 ab 开路电压为 U_{ab}，当 15V 和 5V 电压源取零值，其等效电阻为两个 20Ω 电阻的并联故 $R_{ab}=10$，即 ab 端口以左回路可以等效为一个 10Ω 电阻和一个 10V 电压源的串联，此电压源参考极性仍由上而下，如图 3-5-19（a）所示。②再由 cd 端口断开，其以左电路仍为一单回路简单电路，且此回路电流为 2A，方向为逆时针方向，故得 cd 端口的开路电压为 50V。当令 10V 电压源与 2A 电流源取零值时，由于电流源取零值为开路，故与电流源串联之电阻亦被断开，对端口 cd 而言，相当于串了一个无限大电阻，不影响并联阻值，故等效电阻为二个 10Ω 电阻的串联而为 20Ω，即以左电路可以等效为 20Ω 电阻与 50V 电压源串联，得电路如图 3-5-19（b）所示。③再由 ef 端口断开，按照相似方法，可得 ef 端口以左回路电流为逆时针方向，大小为 1A，故 ef 端口开路电压为 80V。当电压源取零值时，其等效电阻为 30Ω 电阻与 6Ω 电阻的并联，故 $R_0=5\,\Omega$；即 ef 端口以左电路可以等效为 5Ω 电阻和 80V 电压源的串联，电压源参考极性由上而下，如图 3-5-19（c）所示。由图 3-5-19（c）所示电路，很易得出 $I=10$A。应用戴维南定理分析电路虽然运算要简单得多，但要多作图，逐步运用熟练了，就可以少作一些图。

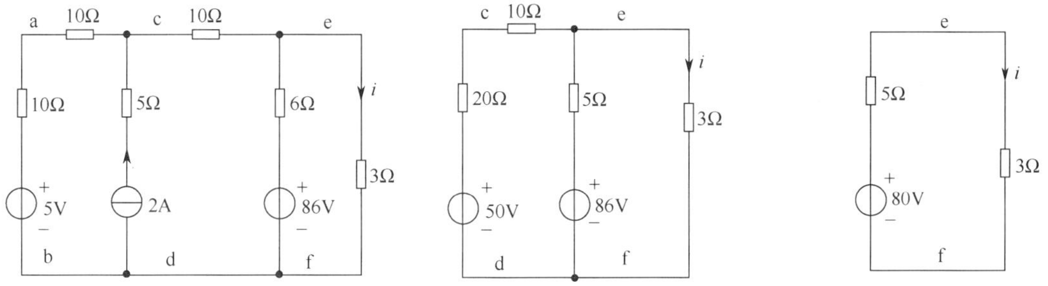

（a）ab端口以左电路等效为10Ω电阻和10V电压源的串联　（b）cd以左电路等效为20Ω电阻和50V电压源的串联　（c）ef以左电路等效为5Ω和80V电压源串联

图 3-5-19　分三段采用戴维南定理等效变换的电路

例 3-5-5　在例 3-5-4 中，若 3Ω 电阻支路电阻可任意变化时，问该电阻阻值取何值时，其上取得的功率最大？求出此最大功率值 $P_{\max}$。

解：本例电路有一条电阻支路阻值是待定的，因此直接由图 3-5-18 是求不出结果的，这是由于按照 KL，或者回路法，或者节点法，未知数个数总是多于方程数，而必须根据数学中最大值条件得出一辅助方程，定好阻值 R 后，方能求出结果。这个辅助方程要直接由图 3-5-18 得出，将很麻烦；如果借助戴维南定理将电路化简为图 3-5-19（c）所示，则问题就可大大简化了。也就是 ef 端口以左电路可以化简为 5Ω 电阻和一个 80V 电压源的串联，在整个等效变换中，与 ef 端口右测电阻取值是无关的。因此本例中可以将 3-5-18 首先简化为图 3-5-19（c）形式，只需将 3Ω 电阻阻值用 R 表示即可，见图 3-5-20，则 R 上取得功率

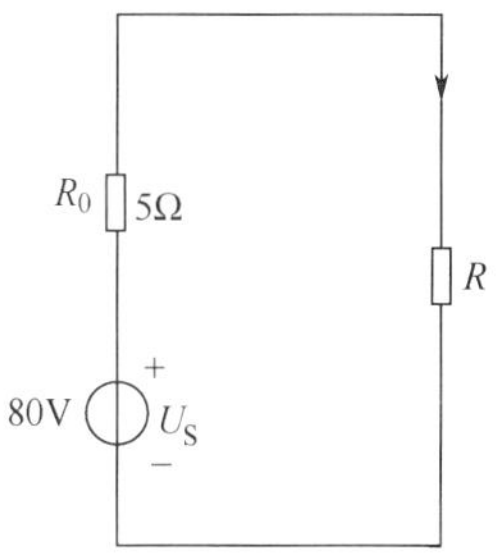

图 3-5-20　例 3-5-4 的图

$$P = i^2R = \left(\frac{U_S}{R_0 + R}\right)^2 R \qquad (3\text{-}5\text{-}1)$$

欲求出最人功率值，只需将 R 求一阶导数，并令该一阶导数为零，即可求出 R 上取得最大功率的阻值大小，再根据 3-5-1 式即可求出最大功率值，即令

$$\frac{\mathrm{d}P}{\mathrm{d}R} = \frac{U_S{}^2(R_0 + R)^2 - 2(R_0 + R)U_S{}^2 R}{(R_0 + R)^4} = 0$$

即　$$U_S{}^2（R_0+R）^2-2R（R_0+R）U_S{}^2=0$$

于是　$$2R = R_0+R$$

∴　$$R = R_0$$

这就是 R 上取得最大功率的条件：R 与含源二端网络的输出电阻相等。这一结论适用于任何情况下的含源二端线性电阻网络。注意，这一结论是在负载电阻 R 可变，而含源二端网络的输出电阻固定的先决条件下得出的。

综上所述，在这类问题中，欲求得负载电阻 R 的阻值，关键是要求出含源二端网络的输出电阻，而这个电阻也正是戴维南等效电路的电阻。因此应用戴维南定理可以最简便地得出结果，戴维南定理在分析这类问题时表现出其独特的优点。

在本例中

$$P_{\max} = \frac{U_S{}^2}{4R_0} = 320\text{W}$$

前面几例中所说的含源二端网络中均未包含受控源。一般含源网络中的“源”均指的是独立源，仅包含受控源（如未接电源的电子线路）的网络不叫含源网络，这是在学习中应该特别注意的。

对于具有受控源的含源二端网络，戴维南定理的应用中，容易出问题的地方是求等效电阻；在这种情况下，求等效电阻只能用短路电流或外加电源法，观察法是得不出结果的，而且还很容易造成错误的结论，下面再通过几道例题来讨论这种情况下戴维南定理的应用方法。

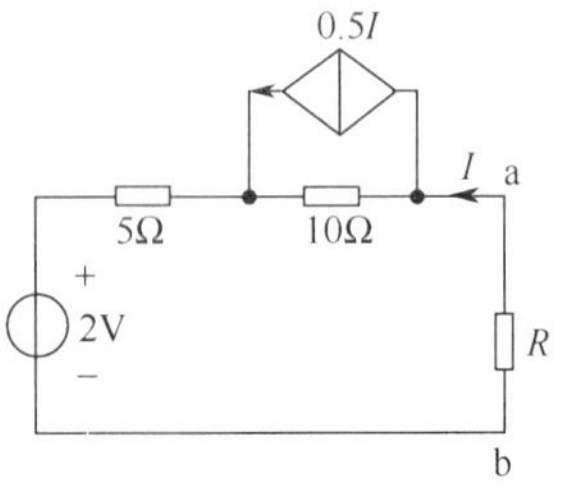

图 3-5-21　例 3-5-6 的图

例 3-5-6　如图 3-5-21 所示电路，问当 R 为何值时，R 上取得功率最大？求此最大功率值。

解：本题可利用上题结论来求解，为此求端口 ab 断开时，由于 CCCS 的控制量为零，故 CCCS 为零，于是左边电路中无电流，U_{OC}=2V。

求输出电阻 R 有两种方法，先采用短路电流法来求。

如图 3-5-22 所示，将端口 ab 短接，此时短路电流设为 I_{SC}，且参考方向亦如图所示，由于现在短路电流亦是 CCCS 的控制电流 I，与图 3-5-21 比较，不仅控制电流大小变为 I_{SC}，且参考方向亦相反，故现在的 CCCS 就为 $-0.5I_{SC}$。再作一次电源等效变换，将 CCCS 变换为 CCVS，于是

$$U=15I_{SC}+(-5I_{SC})=2\text{V}$$

得

$$I_{SC}=0.2\text{A}$$

$$R_0=\frac{U_{OC}}{I_{SC}}=10\,\Omega$$

下面再用外加电源法来求。如图 3-5-23 所示，注意，现在 I 的参考方向仍如图 3-5-21，CCVS 的值为 I，它前面不应有负号。

∵ $$U=15I-5I=10I$$

∴ $$R_{OC}=\frac{U}{I}=10\,\Omega$$

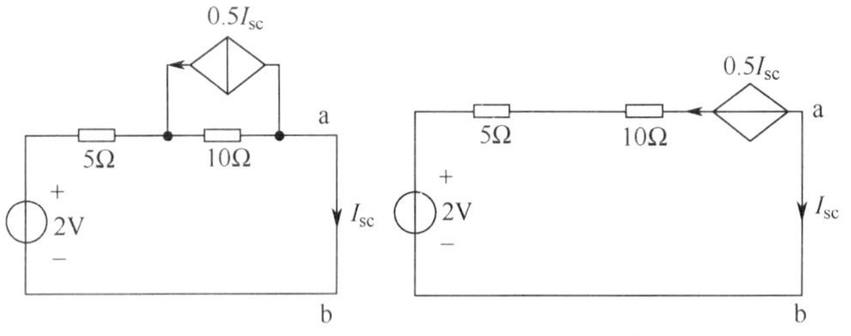

（a）采用短路电流法的电路图　（b）CCCS 等效变换为 CCVS

图 3-5-22　等效变换

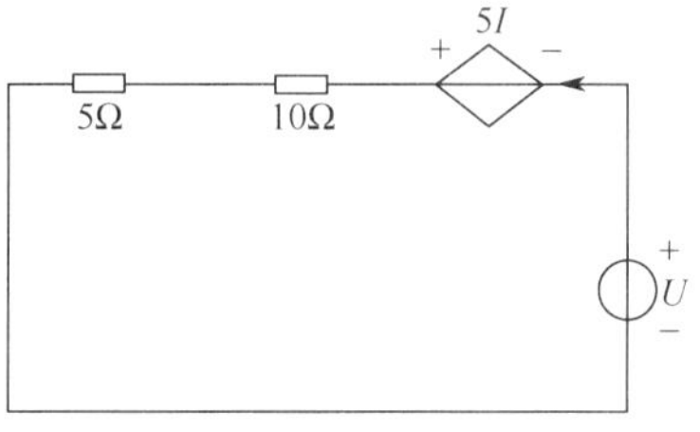

图 3-5-23　用外加电流法求 R_o

可见，和用短路电流法得出的结果一样。

由本例可以看出：含受控源的网络在令独立源取零值时，受控源不在取零电源之列；受控源是否取零值需看控制量。受控源的大小和参考方向均随控制量改变。

本例中，若在令独立源取零值时，又不外加电源，则由于 I 为零，CCVS 亦为零，则将得出 R_{OC}=15Ω 的错误结论。

可见本例中，当 $R=R_{OC}$=10Ω 时，负载电阻 R 上取得功率最大，其最大功率为

$$P_{max}=\frac{U_{OC}^{2}}{4R_{OC}}=0.1\text{W}$$

习　题　3

3-1　如题图所示电路：

（1）用回路法分析法求各支路电流，并验证功率关系。

（2）用节点法分析法求各支路电流，并验证功率关系。

（3）用叠加定理求各支路电流，并验证功率关系。

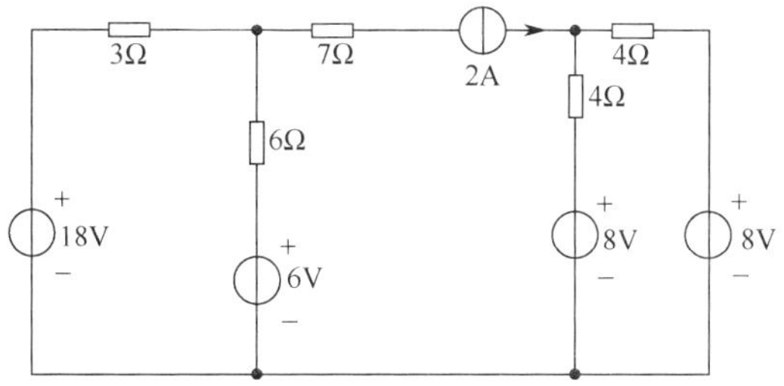

题 3-1 图

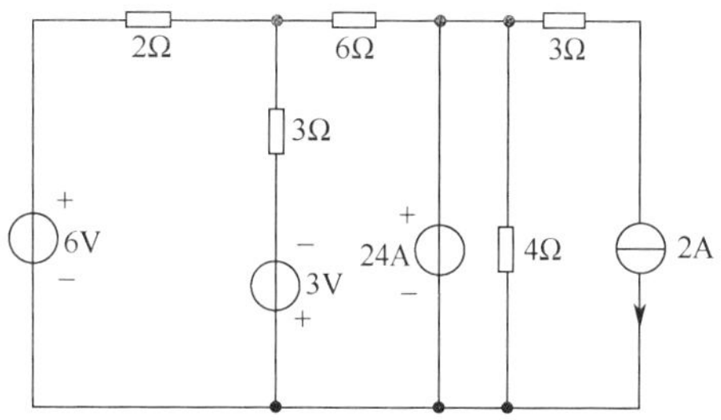

题 3-2 图

3-2　如题图所示电路：

（1）用回路法；（2）用节点法；（3）用叠加定理；求各支路电流，并验证功率关系。

3-3　在如题图所示电路中，试求 U_0，如果左边理想电流源的电激流的大小和方向都能随意变动，能否找到一个使 $U_0=0$ 的理想电流源？其电激流为多少？

3-4　在如题图所示电路中，已知 $U_S=6V$，$R_1=R_4=R_5=1\Omega$，$R_2=R_3=2\Omega$，$\mu=5$。试求各支路电流。

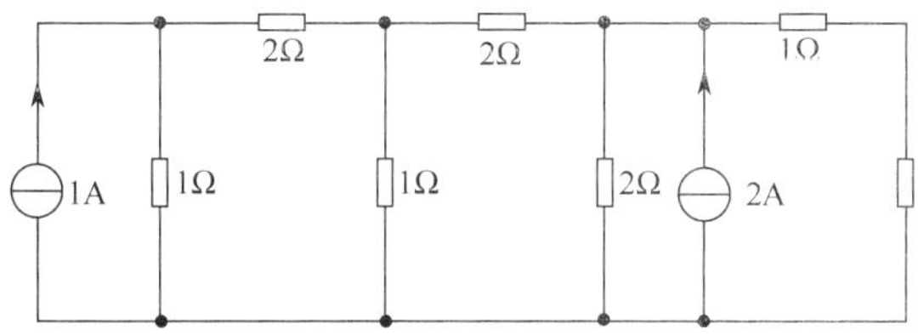

题 3-3 图

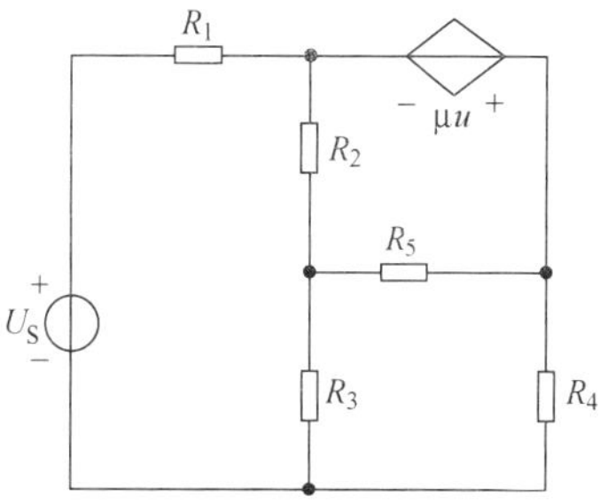

题 3-4 图

3-5　若节点方程为：$1.6U_{n1}-0.5U_{n2}-U_{n3}=1$，

$-0.5U_{n1}+1.6U_{n2}-0.1U_{n3}=0$，

$-U_{n1}-0.1U_{n2}+3.1U_{n3}=0$，

试绘出其最简单的电路。

3-6　求如题图所示电路中的 U_1。

3-7　已知如题图所示电路，试求 I_1。

3-8　试用叠加定理求如题图所示电路各支路电流，并验证功率关系。

3-9　如题图所示电路，若（a）N 仅为由线性电阻构成的网络，且当 $U_{S1}=2V$，$U_{S2}=3V$ 时，$I=20A$；而当 $U_{S1}=-2V$，$U_{S2}=1V$ 时，$I=0$。求 $U_{S1}=U_{S2}=5V$ 时的电流 I。（b）将 N 换为含有独立源的网络 N，且已知当 $U_{S1}=U_{S2}=0$ 时，$I=10A$，且（a）中所述已知条件仍然适用，再求：当 $U_{S1}=U_{S2}=5V$ 时的电流 I。

3-10　在如题图所示电路中，已知 R_X 支路的电流为 0.5A，试求 R_X。

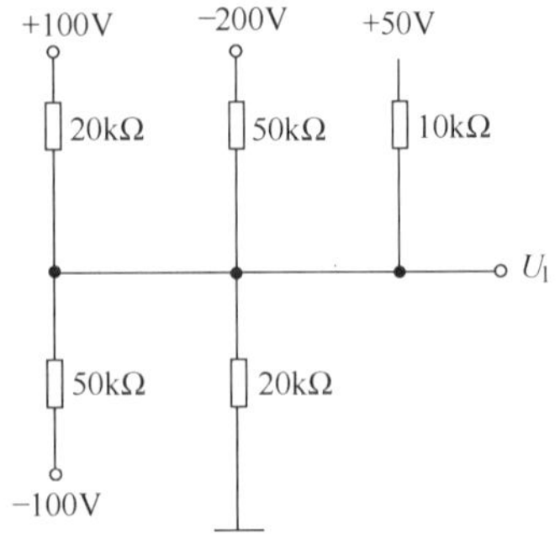

题 3-6 图

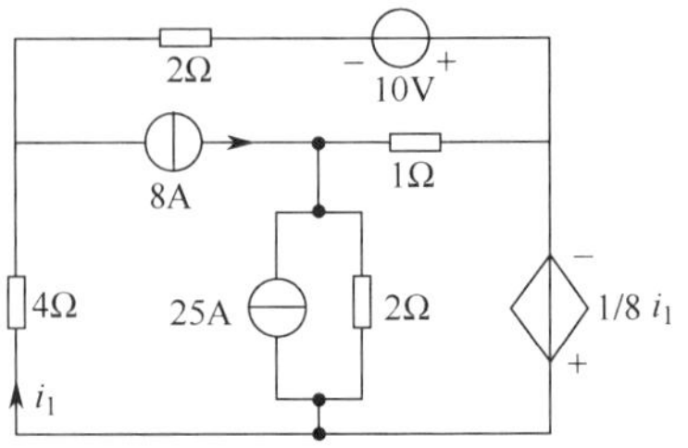

题 3-7 图

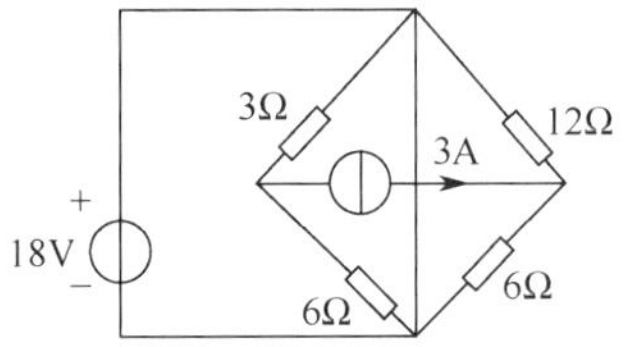

题 3-8 图

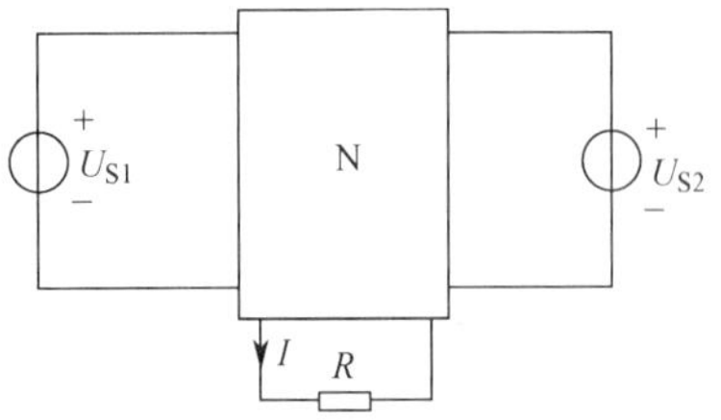

题 3-9 图

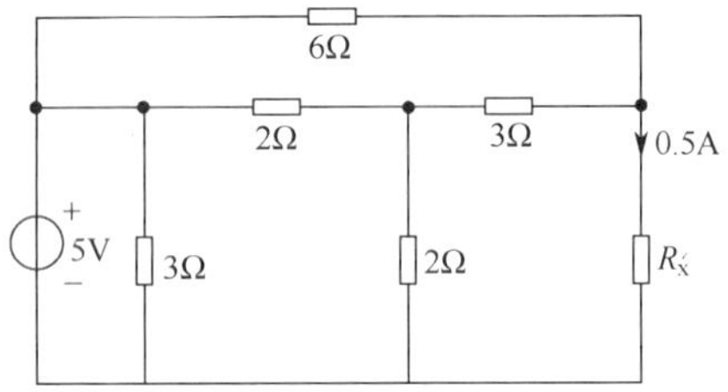

题 3-10 图

3-11　如题图所示电路中，求电压 U_{ab}。

3-12　在题图所示电路中，R_L 可任意改变，问 R_L 为何值时其上可获得最大功率，并求该最大功率 P_{Lm}。

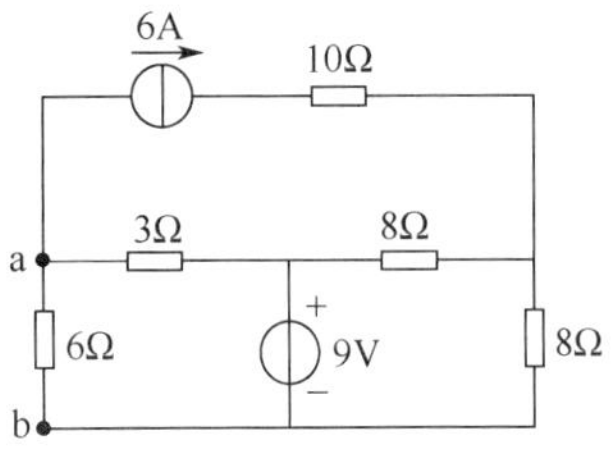

题 3-11 图

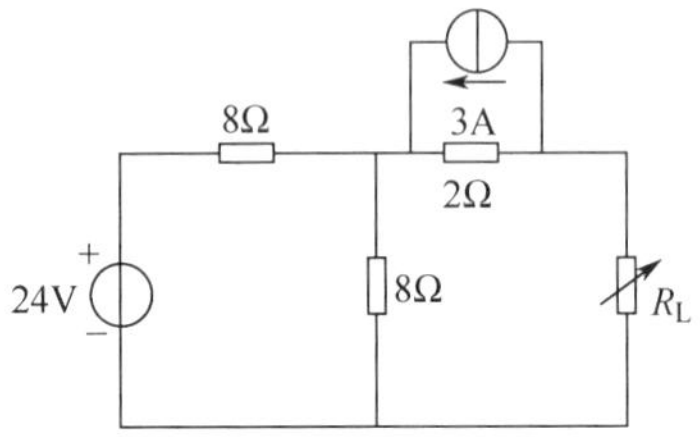

题 3-12 图

第 4 章 正弦稳态分析

本章是《电路》传统部分的重点内容之一。因为电力网络大都为正弦网络，而正弦网络中大量的问题又都是稳态问题，同时它也是非正弦周期电流网络分析的基础，因此通过本章的学习，要求牢固掌握用相量的方法分析和计算一般情况下正弦网络的稳态响应，掌握相量图的正确画法以及正确画出其对应波形图，掌握串联和并联电路和谐振条件及其特点；了解正弦网络中最大功率的传输特点；牢固掌握有功、无功以及视在功率和各种情况下功率的计算；掌握三相对称电路的计算方法。

4.1 正弦量的基本概念

激励源按正弦规律变化的电路，称为正弦交流电路，本章只讨论线性元件在正弦激励下的稳态响应，常称为正弦稳态分析。

4.1.1 正弦量的三要素

设线性电路的激励源（电压源或电流源）为正弦交流电源，即电压（或电流）的瞬时值是按正弦规律变化的，用解析式表示就是

$$u_S = U_{Sm}\sin(\omega t + \varphi_u) \tag{4-1-1}$$

或

$$i_S = I_{Sm}\sin(\omega t + \varphi_i) \tag{4-1-2}$$

式中 U_{Sm} 和 I_{Sm} 是正弦量的最大值或称幅值，ω 是正弦量的角频率，它和正弦量的频率 f 之间遵从下列关系

$$\omega = 2\pi f \tag{4-1-3}$$

因为正弦量的频率与周期之间满足

$$f = 1/T \tag{4-1-4}$$

式中 T 为周期，当其单位为秒时，频率 f 的单位为 1/秒，称为赫兹，分别用 s 和 Hz 表示；角频率的单位则为弧度/秒，用 rad/s 表示。$(\omega t + \varphi_u)$ 和 $(\omega t + \varphi_i)$ 是正弦量的相位，而 φ_U 和 φ_I 则是 t=0 时的相位，称为初相位，公式（4-1-1）和式（4-1-2）中的时间 t 为自变量，u_S 或 i_S 是函数，对于对应不同的时刻 t，有不同的电压和电流值，故 u_S 或 i_S 可以是任意瞬间的值。称为正弦量的瞬时值。本书统一规定，用大写的 U 和 I 表示正弦量的有效值（有效值的含义，本节中将进行介绍）；如果在大写的 U 和 I 右下角加脚标“m”，即 U_m 和 I_m，则表示幅值。而用小写的 u 和 i 表示瞬时值，这在电路中是通用的表示符号，希望一定要注意区分。

常用的照明电源（一般称为工频交流）就是按正弦规律变化的。其电压为 220V，指的就是电压有效值，其频率是 50Hz（只有少数国家，如美国是 60Hz），因而它的周期是

$$T = 1/f = 1/50 = 0.02\text{s}$$

其角频率是 $\omega = 2\pi f \approx 314\text{rad/s}$，初相位（相位）的单位为弧度或角度。

显然，当 U_{Sm}、ω、φ_u 或 I_{Sm}、ω、φ_i 确定时（即等于某一常量时），正弦量的瞬时值 u_S 和 i_S 就是确定的。如同一个力，只要它的大小、方向和作用点一确定，这个力就是确定的，因

而把力的大小、方向和作用点称为力的三要素相似，把正弦量的幅值（或有效值）、角频率（或频率）和初相位统称为正弦量的三要素，如照明用工频交流，其幅值为 $220\sqrt{2}$ V，角频率为 314rad/s，若设已知初相为零，则

$$u = 220\sqrt{2}\sin 314t \tag{4-1-5}$$

由式（4-1-5）也可以看出，正弦量的“三要素”确定后，正弦量的瞬间值随时间变化的函数关系就完全确定了，并非瞬时值确定为某一个值。这正是正弦量的三要素和力的三要素在含义上本质的区别：后者确定为力的矢量；而前者确定的正弦量的瞬时值为标量。

4.1.2 波形与相差

任何物理量随时间变化的函数图像均可以称为波形图，式（4-1-1）和式（4-1-2）所表示的波形图如图 4-1-1 所示。

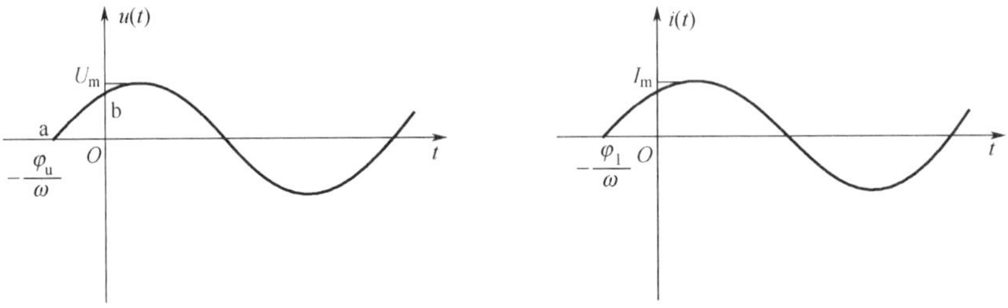

（a）电压波形图，当 $t=\frac{\varphi_u}{\omega}$ 时，u=0　　（b）电流波形图，当 $t=\frac{\varphi_u}{\omega}$

图 4-1-1　电压与电流波形图

由图 4-1-1 可以看出，当 t 取某一值时，$(\omega t+\varphi_u)$ 或 $(\omega t+\varphi_i)$ 将相应地对应一个确定的 u 或 i 值，而且这一点肯定在波形图某一点上，例如，在图 4-1-1（a）中，当 $t=T/2$ 时，对应了波形图上的 a 点，当 $t=T$ 时，对应了波形图上的 b 点，如果把波形图比喻为“相”，则 $(\omega t+\varphi_u)$ 或 $(\omega t+\varphi_i)$ 正是给出了“相”在图中的位置。故把它称为“相位”。

两个相同频率的正弦量的相位之差称为相差，例如上述正弦电压和电流之间的相差

$$\Delta\varphi=(\omega t+\varphi_u)-(\omega t+\varphi_i)=\varphi_u-\varphi_i \tag{4-1-6}$$

即同频率正弦量的相差等于它们之间的初相差，因此，在讨论同频率正弦量时，我们关心的既不是相位，更不是频率（因为频率都是一样的），而是它们的初相。确切一点说，我们关心的只有幅值（或有效值）和初相两个“要素”，两个同频率正弦量之间，当它们的相差为 $|\Delta\varphi|=2k\pi$，k=0,1,2,…时称为同相，即它们的相位相同，如果它们的幅值取相同大小，则它们的波形重合，如图 4-1-2 所示。

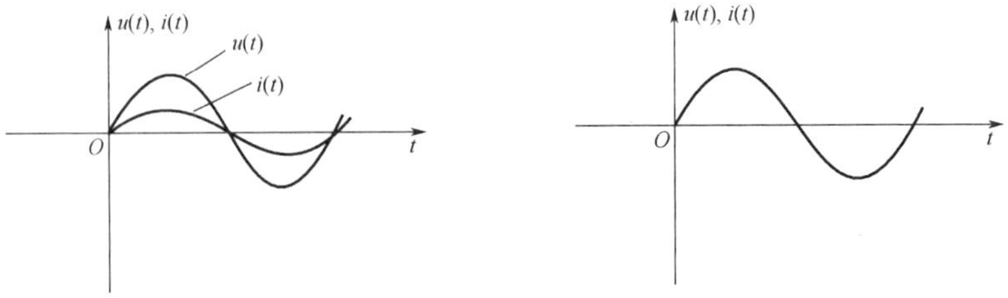

（a）u、i 振幅不同　　（b）u、i 振幅相同

图 4-1-2　相差 $\Delta\varphi=2k\pi$ 时两列同频率的正弦波的波形图

当它们的相差$|\Delta\varphi| = (2k+1)\pi$，$k = 0,1,2\ldots$时称为反相，即它们的瞬时值同时过零，当一个正弦量取正最大值时，另一个正弦量取负最大值，其波形图如图 4-1-3 所示，当它们幅值取相同大小时，则可由前一波形图绕时间轴旋转 180°，即可得出后一波形图。

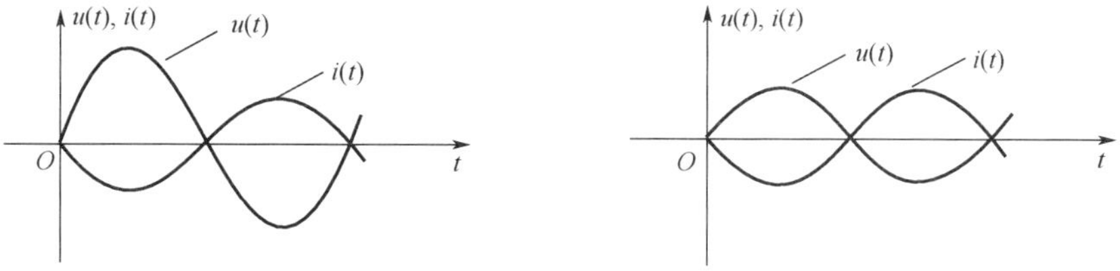

（a）u、i 幅值不同　（b）u、i幅值相同

图 4-1-3　相差$\Delta\varphi = (2k+1)\pi$时两个同频率的正弦波的波形图

当它们的相差$|\Delta\varphi| = (2k+1/2)\pi$，$k = 0,1,2\ldots$时称为正交，此时波形图如图 4-1-5 所示，

按正弦函数的性质，对于同频率正弦量而言，由于它们的相差等于初相差，而初相角是可以做到始终小于 2π 的，因此两个同频率正弦量同相时，它们的初相是相同的，因而它们的相差为零；反相时相差等于$\pm\pi$，正交时相差将等于$\pm\pi/2$，若将初相不为零的正弦量与频率相同的但初相等于零的正弦量比，若初相角$\varphi > 0$，就说它超前φ角；若初相角$\varphi < 0$，则说它滞后φ角。角度乘以$\pi/180$可以变成弧度数，而弧度数乘以$T/2\pi$（T为正弦量的周期）就变成对应的周期数了，如果以 x 轴表示时间轴，则需将初相变成对应的周期数，这样才易于将波形图画出，一般若将坐标 x 轴表示为“ωt”轴，即角所对应的弧度数，则 x 轴上的每一点都对应一个弧度数而不是一个时刻。了解了上述内容，要作出初相$0 \leqslant \varphi \leqslant 2\pi$的正弦波形图就容易了。例如，作出初相$\varphi = -15°$的波形图。也可以先作出初相为零的波形，固定坐标，将此波形后移$\pi/12$　即可得出初相为$-15°$的波形图（图 4-1-4）。

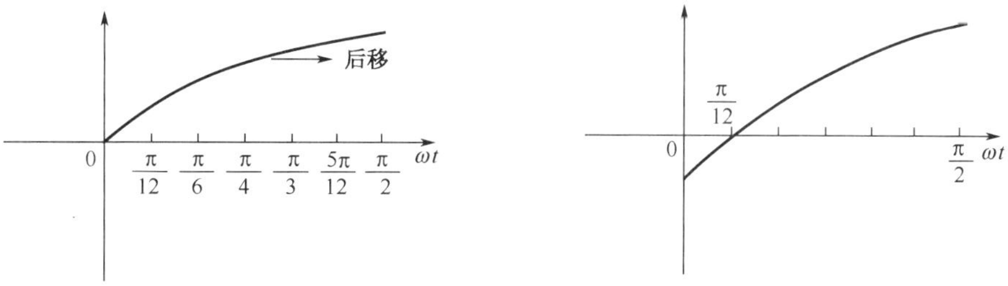

图 4-1-4　初相为任意值的正弦波形图的一种简便作法

对于相差为 90°的波形图的作法亦可仿照上述方法作出，见图 4-1-5。图中电压超前电流$\pi/2$。也可以说电流超前电压 $3\pi/2$；于是，若坐标保持静止，将电压波形后移$\pi/2$弧度，或将电流波形后移 $3\pi/2$，这两个波形将会重合。两个同频率正弦量在比较相位关系时，判断何者超前，何者滞后，一般以π为界限；因此，上述情况，通常只说电压超前电流$\pi/2$，或者说电流滞后电压$\pi/2$。

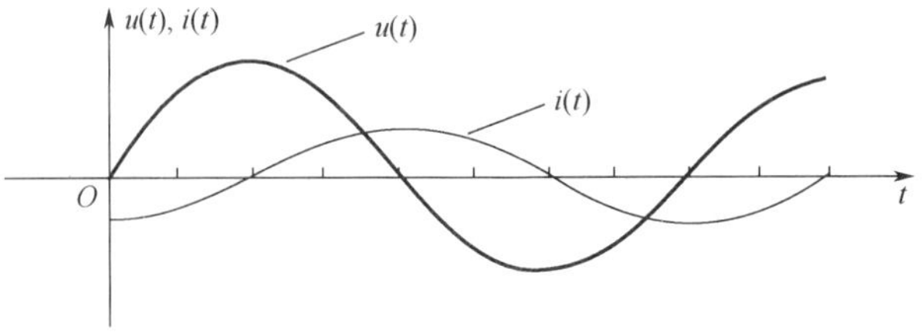

图 4-1-5　两列相差为 90° ($\frac{\pi}{2}$) 的正交波形图，图中电压较电流超前 $\frac{\pi}{2}$，也可说电流超前电压 $\frac{3\pi}{2}$

4.1.3　角频率

$(\omega t+\varphi)$ 是时间 t 的函数，同时它在三角函数中表示的又是一个随时间变化的角度，由力学知识可知，它对时间的变化率 $\mathrm{d}(\omega t+\varphi)/\mathrm{d}t$ 就是角速度（率）；本书规定，角速度 ω 正方向是逆时针方向。

一个正弦函数 $y=A\sin(\omega t+\varphi)$，可以用一个长度为 A 的旋转矢量来表示，只是这个矢量与 x 轴夹角在 t=0 时为 φ，且它以角速度 ω 沿逆时针旋转，则这个矢量在 y 轴上的投影就是上式所表示的正弦量，如果是一个余弦量 $x=A\cos(\omega t+\varphi)$，可以用这个旋转矢量在 x 轴上的投影来表示，这就是通常所说的正弦量的旋转矢量表示法，如图 4-1-6 所示。按这个几何图可以直观地看出：由于 ω 是旋转矢量 A 每秒钟转过的角度，对正弦交流电来说，经常采用的是频率 f 和周期 T 的概念，频率 f 表示交流电每秒钟变化的周数，周期 T 则是变化一周所需的时间，它们是互为倒数的，如式（4-1-7）所示。

$$f=1/T \tag{4-1-7}$$

或

$$\omega=2\pi/T \tag{4-1-8}$$

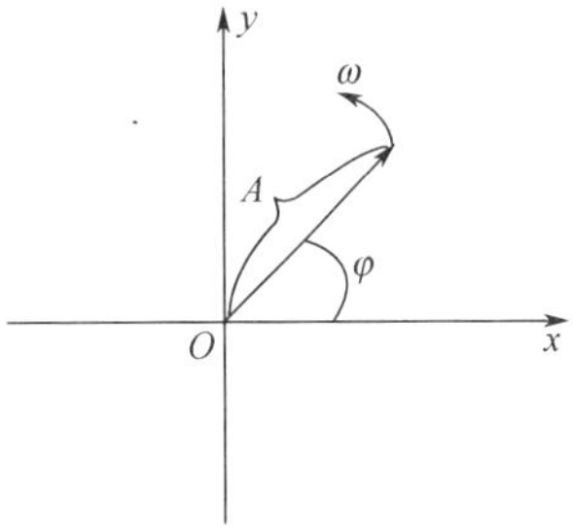

图 4-1-6　当旋转矢量在 t=0 时与 x 轴交角为 φ，其长度为 A，在以角速度 ω 绕原点沿逆时针方向旋转，则它在 y 轴上的投影为 $y=A\sin(\omega t+\varphi)$，在 x 轴上投影为 $x=A\cos(\omega t+\varphi)$

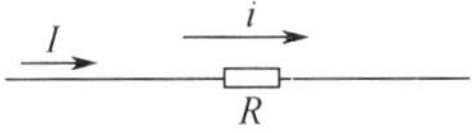

图 4-1-7　一电阻 R 通以正弦（或非正弦）交流电流或直流电流 I

4.1.4　正弦量的有效值

通常使用的照明用电为 220V，动力用电为 380V，这些电压都可以用交流电压表测量出来的，用交流电流表也可以测量出交流电路中的电流。这些测得的数值就是正弦交流电压或电流的有效值。

所谓有效值均是从电流的热效应来定义的，当同一电阻 R 通以正弦（或非正弦）交流电流

i 和通过电流 I，在一个周期长的时间 T 内，若在电阻上产生的热量相等，则称此直流电流 I 的量值为正弦（或非正弦）交流电流 i 的有效值。注意，不要误认为有效值是直流值，这只是一种等效的量值关系。

按有效值定义，可以得到以下等式

$$I^2 RT = R\int_0^T i^2 \mathrm{d}t \tag{4-1-9}$$

式（4-1-9）等式左边是表示直流电流 I 通过 R 一个周期时间 T 所产生热量，等式右边则是表示正弦（或非正弦）交流电流 i 通过同一电阻 R 一个周期 T 所产生的热量。之所以采用在一个周期中积分，是因为式中 i 是时间的函数，R 是常量之故。

于是

$$I^2 = \frac{1}{T}\int_0^T i^2 \mathrm{d}t$$

或

$$I = \sqrt{\frac{1}{T}\int_0^T i^2 \mathrm{d}t} \tag{4-1-10}$$

也可以按式（4-1-10）来定义有效值，即正弦（或非正弦）交流电流的有效值等于它的方均根值，同样，可以定义电压有效值

$$U = \sqrt{\frac{1}{T}\int_0^T u^2 \mathrm{d}t} \tag{4-1-11}$$

式（4-1-10）和式（4-1-11）适用于一切非直流的电流和电压有效值的定义。事实上，若 i 不随时间而变（即它不是时间的函数），则可以从积分号中提出来，于是易得出 $i=I$，对于正弦交流电路，则因为

$$i=I_{\mathrm{m}}\sin(\omega t + \varphi)$$

而有

$$I = \sqrt{\frac{1}{T}\int_0^T [I_{\mathrm{M}}\sin(\omega t + \varphi)]^2 \mathrm{d}t} = \sqrt{\frac{1}{T}\int_0^T I_{\mathrm{m}}^2 \sin^2(\omega t + \varphi)\mathrm{d}t}$$

$$= \sqrt{\frac{I_{\mathrm{m}}^2}{T}\int_0^T [1 - \cos 2(\omega t + \varphi)]/2\mathrm{d}t} = I_{\mathrm{m}}/\sqrt{2}$$

即正弦交流电流的有效值等于其幅值的 $1/\sqrt{2}$ 倍；注意，这个结论仅适用正弦交流电流，同理，可以得到正弦交流电压的有效值与幅值的关系。

$$U = U_{\mathrm{m}}/\sqrt{2}$$

4.2　相量法的基本概念

4.2.1　复数

一、复数的表示方法

一个既有实数、又包含虚数的数称为复数。如果以直角坐标的 x 轴表示实数轴，y 轴表示虚数轴，则实、虚数轴将决定一个平面，这样决定出来的平面称为复平面。

一个复数和复平面上一个点对应，因此复数和复平面具有一一对应关系。

若用 $\boldsymbol{S}$ 表示复数，则其直角坐标表示式为

$$\boldsymbol{S} = a+\mathrm{j}b \tag{4-2-1}$$

式中，a 为实数，故 a 为复数的实部，jb 为虚数，但 b 为实数，通常称 b 为复数的虚部，$\mathrm{j}=\sqrt{-1}$（在数学书中是用 i 表示的，在电路中为避免与电流表示符号混肴，故均用 j 表示）是虚数，例如，复数 $\boldsymbol{S}_1=2+\mathrm{j}3$，$\boldsymbol{S}_2=2+\mathrm{j}2$，$\boldsymbol{S}_3=-1-\mathrm{j}1$，$\boldsymbol{S}_4=2-\mathrm{j}2$。这些复数在直角坐标系中的表示方法如图 4-2-1 所示。

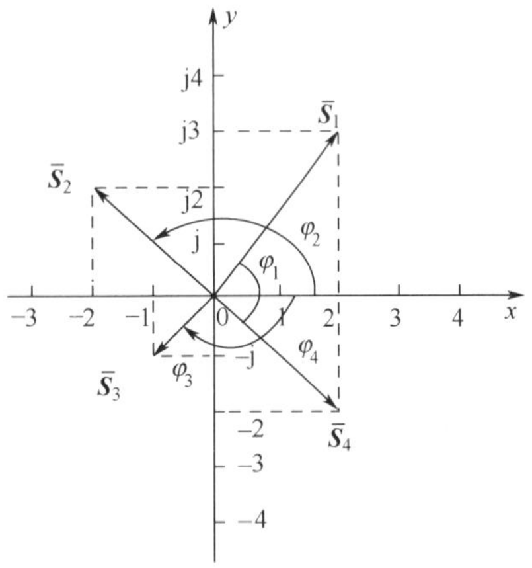

图 4-2-1 复数的直角坐标表示

如果将这些点分别与坐标原点连接，并用 S_1、S_2、S_3、S_4 分别表示这些连接线的长度，则 $S_1=\sqrt{2^2+3^2}=\sqrt{13}$，$S_2=\sqrt{2^2+2^2}=\sqrt{8}$，$S_3=\sqrt{1^2+1^2}=\sqrt{2}$，$S_4=\sqrt{2^2+2^2}=\sqrt{8}$

它们与实数轴正方向夹角分别用 φ_1、φ_2、φ_3、φ_4 表示为

$$\varphi_1=\arctan(3/2)=56.31^\circ$$
$$\varphi_2=\arctan(-2/2)=135^\circ$$
$$\varphi_3=\arctan(1/1+\pi)=225^\circ$$
$$\varphi_4=\arctan(-1/1+2\pi)=315^\circ$$

则上述复数的直角坐标表示形式又可用三角函数形式表示为

$$\bar{\boldsymbol{S}}_1=S_1(\cos\varphi_1+\mathrm{j}\sin\varphi_1)=\sqrt{13}(\cos56.31^\circ+\mathrm{j}\sin56.31^\circ)$$
$$\bar{\boldsymbol{S}}_2=S_2(\cos\varphi_2+\mathrm{j}\sin\varphi_2)=\sqrt{8}(\cos135^\circ+\mathrm{j}\sin135^\circ)=\sqrt{8}(-\cos45^\circ+\mathrm{j}\sin45^\circ)$$
$$\bar{\boldsymbol{S}}_3=S_3(\cos\varphi_3+\mathrm{j}\sin\varphi_3)=\sqrt{2}(\cos225^\circ+\mathrm{j}\sin225^\circ)=\sqrt{2}(-\cos45^\circ-\mathrm{j}\sin45^\circ)$$
$$\bar{\boldsymbol{S}}_4=S_4(\cos\varphi_4+\mathrm{j}\sin\varphi_4)=\sqrt{8}(\cos315^\circ+\mathrm{j}\sin315^\circ)=\sqrt{8}(\cos45^\circ-\mathrm{j}\sin45^\circ)$$

由欧拉公式可知

$$\mathrm{e}^{\mathrm{j}\varphi}=\cos\varphi+\mathrm{j}\sin\varphi=1\angle\varphi$$

故上述各式又可以更简单的形式表示如下

$$\bar{\boldsymbol{S}}_1=S_1\mathrm{e}^{\mathrm{j}\varphi_1}=\sqrt{13}\mathrm{e}^{\mathrm{j}56.31^\circ}=\sqrt{13}\angle56.31^\circ$$
$$\bar{\boldsymbol{S}}_2=S_2\mathrm{e}^{\mathrm{j}\varphi_2}=\sqrt{8}\mathrm{e}^{\mathrm{j}135^\circ}=\sqrt{8}\angle135^\circ$$
$$\bar{\boldsymbol{S}}_3=S_3\mathrm{e}^{\mathrm{j}\varphi_3}=\sqrt{2}\mathrm{e}^{\mathrm{j}225^\circ}=\sqrt{2}\angle225^\circ$$
$$\bar{\boldsymbol{S}}_4=S_4\mathrm{e}^{\mathrm{j}\varphi_4}=\sqrt{8}\mathrm{e}^{\mathrm{j}315^\circ}=\sqrt{8}\angle315^\circ$$

上述各式中，S_1 称为复数 $\bar{S}_1$ 的模，S_2、S_3、S_4 分别是 $\bar{\boldsymbol{S}}_2$、$\bar{\boldsymbol{S}}_3$、$\bar{\boldsymbol{S}}_4$ 的模，这就是复数的极坐标表示方法，其实由图 4-2-1 中可以直接看出，上述各复数可以用矢量 $\bar{\boldsymbol{S}}_1$、$\bar{\boldsymbol{S}}_2$、$\bar{\boldsymbol{S}}_3$、$\bar{\boldsymbol{S}}_4$ 表示，在平面坐标系中决定一个矢量（通过原点）仅需要知道其长度（模）和与 x 轴正方向的夹角就可以了。决定了这个矢量，则此矢量的端点所对应的复平面上的点就是所对应的复数。用来表示复数的矢量称为相量。而用粗体字“$\bar{\boldsymbol{S}}$”（即在 $\boldsymbol{S}$ 上打一横）来表示相量，相量的模表示其大小，它与实数轴正方向的夹角称为幅角。

二、复数的运算

1．加、减运算

若 $\bar{\boldsymbol{S}}_1=a_1\pm\mathrm{j}b_1$　$\bar{\boldsymbol{S}}_2=a_2\pm\mathrm{j}b_2$

则 $\bar{\boldsymbol{S}}=\bar{\boldsymbol{S}}_1\pm\bar{\boldsymbol{S}}_2=(a_1\pm a_2)+\mathrm{j}(b_1\pm b_2)$

即采用直角坐标的形式来进行复数的加减运算，若给出的是复数的极坐标形式，也将其变换成复数的直角坐标形式再进行加减运算。复数的加减等于这两个复数的实部和虚部的和、差。

2．乘法运算

若 $\overline{S}_1 = a_1 + jb_1 = S_1e^{j\varphi_1} = S_1 \angle \varphi_1$， $\varphi_1 = \arctan(b_1/a_1)$

$\overline{S}_2 = a_2 + jb_2 = S_2e^{j\varphi_2} = S_2 \angle \varphi_2$， $\varphi_2 = \arctan(b_2/a_2)$

式中， $S_1 = \sqrt{a_1^2 + b_1^2}$ ， $S_2 = \sqrt{a_2^2 + b_2^2}$

而采用直角坐标运算时

$$\overline{S} = \overline{S}_1 \times \overline{S}_2 = (a_1 + jb_1) \times (a_2 + jb_2) = (a_1a_2 - b_1b_2) + j(a_1b_2 + a_2b_1) = Se^{j\varphi}$$

$$S = \sqrt{(a_1a_2 - b_1b_2)^2 + (a_1b_2 + a_2b_1)^2}$$

$$\varphi = \arctan(a_1b_2 + a_2b_1)/(a_1a_2 - b_1b_2)$$

若采用极坐标形式运算时

$$\overline{S} = \overline{S}_1 \times \overline{S}_2 = S_1e^{j\varphi_1} \times S_2e^{j\varphi_2} = S_1S_2e^{j(\varphi_1+\varphi_2)} = Se^{j\varphi}$$

式中 $S = S_1 \times S_2 = \sqrt{a_1^2 + b_1^2} \cdot \sqrt{a_2^2 + b_2^2} = \sqrt{a_1^2a_2^2 + b_1^2b_2^2 + a_1^2b_2^2 + a_2^2b_1^2}$

$$= \sqrt{(a_1a_2 - b_1b_2)^2 + (a_1b_2 + a_2b_1)^2}$$

$$\varphi = \varphi_1 + \varphi_2$$

∵ $\tan\varphi = \arctan(\varphi_1 + \varphi_2) = \tan(\varphi_1 + \tan\varphi_2)/(1 - \tan\varphi_1 \tan\varphi_2)$

$$= (b_1/a_1 + b_2/a_2)/(1 - b_1b_2/a_1a_2) = (a_2b_1 + a_1b_2)/(a_1a_2 - b_1b_2)$$

∴ $\varphi = \arctan(a_1b_2 + a_2b_1)/(a_1a_2 - b_1b_2)$

和采用直角坐标得出结果完全相同，若最终需要的（在交流电路均是如此）是复数的极坐标形式，则显然复数在进行乘法运算时采用极坐标形式要比直角坐标形式简单的多，特别是在进行两个以上复数的乘法运算时更是如此。

3．除法运算

若 $\overline{S}_1 = a_1 + jb_1 = S_1e^{j\varphi_1} = S_1 \angle \varphi_1$， $\varphi_1 = \arctan(b_1/a_1)$

$\overline{S}_2 = a_2 + jb_2 = S_2e^{j\varphi_2} = S_2 \angle \varphi_2$， $\varphi_2 = \arctan(b_2/a_2)$

$S_1 = \sqrt{a_1^2 + b_1^2}$， $S_2 = \sqrt{a_2^2 + b_2^2}$

则采用直角坐标运算时

$$\overline{S} = \overline{S}_1 / \overline{S}_2 = (a_1 + jb_1)/(a_2 + jb_2) = (a_1 + jb_1)(a_2 - jb_2)/(a_2 + jb_2)(a_2 - jb_2)$$

$$= [(a_1a_2 + b_1b_2) + j(a_2b_1 - a_1b_2)]/(a_2^2 + b_2^2) = e^{j\varphi}$$

式中

$$S = \sqrt{\left(\frac{a_1a_2 + b_1b_2}{a_2^2 + b_2^2}\right)^2 + \left(\frac{a_2b_1 - a_1b_2}{a_2^2 + b_2^2}\right)^2} = \sqrt{\frac{a_1^2 + b_1^2}{a_2^2 + b_2^2}}$$

$$\varphi = \arctan(a_2b_1 - a_1b_2)/(a_2b_1 + a_1b_2)$$

若采用极坐标形式运算，则

$$\overline{S} = \overline{S}_1 / \overline{S}_2 = S_1e^{j\varphi_1} / S_2e^{j\varphi_2} = S_1 / S_2e^{j(\varphi_1 - \varphi_2)} = Se^{j\varphi}$$

式中

$$S = S_1 / S_2 = \frac{\sqrt{a_1^2 + b_1^2}}{\sqrt{a_2^2 + b_2^2}}$$

$$\tan\varphi = \tan(\varphi_1 - \varphi_2) = (\tan\varphi_1 - \tan\varphi_2)/(1 + \tan\varphi_1 \tan\varphi_2)$$

$$= (b_1/a_1 - b_2/a_2)/(1 + b_1b_2/a_1a_2) = (a_2b_1 - a_1b_2)/(a_1a_2 + b_1b_2)$$

$\therefore \varphi = \arctan(a_2b_1 - a_2b_2)/(a_1a_2 + b_1b_2)$

和用直角坐标形式得出结果也完全相同，由于和乘法相同的原因，故通常在复数作除法运算时均采用极坐标形式进行。

复数可以用相量表示，而相量的四则运算采用复数的形式进行将是非常方便的。这二者相辅相成，运用于正弦交流电路，使得正弦交流电路的定量研究变得很方便，而且基本规律变得和电阻电路非常相似，正弦交流电路中的基本规律也易于掌握。

4.2.2 正弦量用相量的表示方法

在复数的极坐标表示中，一个复数可以用复平面上的一个过原点的矢量来表示。这个矢量的端点就是复数对应在复平面上的点。但是，这个矢量并非一个真正的有方向的物理量，仅仅是一个复数在复平面上的一种表示方法，当幅角 φ 可变时。即 $\varphi=\omega t+\varphi_0$（$\varphi_0$ 是 t=0 时的幅角，为一常量）时，则此矢量是一个以原点为轴，且以角速度 ω 沿逆时针方向旋转的旋转矢量。用这样一个旋转矢量可以表示正弦函数。

$$\overline{S} = S\mathrm{e}^{\mathrm{j}\varphi} = \dot{S}\ (\cos\varphi + \mathrm{j}\sin\varphi)$$

当在复数的前面冠以符号“Re”时，就是表示取这个复数的实部，冠以符号“Im”时，则取这个复数的虚部，如

$$\mathrm{Re}[S\mathrm{e}^{\mathrm{j}\varphi}] = \mathrm{Re}[S\cos\varphi + S\mathrm{j}\sin\varphi] = S\cos\varphi$$

$$\mathrm{Im}[S\mathrm{e}^{\mathrm{j}\varphi}] = \mathrm{Im}[S\cos\varphi + S\mathrm{j}\sin\varphi] = S\sin\varphi$$

于是
$$U_{\mathrm{m}}\sin(t+\varphi_{\mathrm{u}})\mathrm{Im}[U_{\mathrm{m}}\mathrm{e}^{\mathrm{j}(\omega t+\varphi)}] = \mathrm{Im}[\sqrt{2}\ U\mathrm{e}^{\mathrm{j}\varphi}\cdot\mathrm{e}^{\mathrm{j}\omega t} \tag{4-2-2}$$

这里令
$$\dot{U} = U\mathrm{e}^{\mathrm{j}\varphi} = U\angle\varphi \tag{4-2-3}$$

$\dot{U}$ 称为电压有效值相量，引进电压有效值相量以后，式（4-2-2）可以写成

$$U_{\mathrm{m}}\sin(\omega t+\varphi_{\mathrm{u}}) = \sqrt{2}\ U\sin(\omega t+\varphi_{\mathrm{u}}) = \mathrm{Im}[\sqrt{2}\dot{U}\mathrm{e}^{\mathrm{j}\omega t}] \tag{4-2-4}$$

电压有效值相量包含了正弦量的二个要素，即有效值（幅值）和初相。频率相同的两个正弦量（或两个以上）相加、减，仍是同频率正弦量；在正弦电压（或电流）激励下，响应仍是同频率正弦量。即本章所讨论的内容：在同一电路中，所有激励和响应均具有相同频率。因此，对于同一电路的不同支路。其电压和电流频率均相同，不同之处仅在于有效值（幅值）和初相；故需要确定（求）的也仅仅是它们的有效值（幅值）和初相。这样，只要求出电压或电流有效值相量，则其瞬间值也就容易得出。

$$U = U_{\mathrm{m}}\sin(\omega t+\varphi_{\mathrm{u}}) = \mathrm{Im}[\dot{I}_{\mathrm{m}}\ \mathrm{e}^{\mathrm{j}\omega t}] = \mathrm{Im}[\sqrt{2}\ \dot{U}\ \mathrm{e}^{\mathrm{j}\omega t}] \tag{4-2-5}$$

$$I = I_{\mathrm{m}}\sin(\omega t+\varphi_{\mathrm{i}}) = \mathrm{Im}[\dot{I}_{\mathrm{m}}\ \mathrm{e}^{\mathrm{j}(\omega t+\varphi)}] = \mathrm{Im}[\sqrt{2}\ \dot{I}\ \mathrm{e}^{\mathrm{j}\omega t}] \tag{4-2-6}$$

式中
$$\dot{U} = U\angle\varphi_{\mathrm{u}}$$

$$\dot{I} = I\angle\varphi_{\mathrm{i}}$$

相量 $\dot{U}$ 和 $\dot{I}$ 在复平面上的表示方法见图 4-2-2 所示。

当相量 $\dot{U}$ 乘 $\mathrm{e}^{\mathrm{j}\omega t}$ 时，即 $U\cdot\mathrm{e}^{\mathrm{j}\omega t}$ 和 $I\cdot\mathrm{e}^{\mathrm{j}\omega t}$ 则表示以角速度 ω 绕逆时针方向旋转的相量 $\dot{U}$ 和 $\dot{I}$。如图 4-2-3 所示，故 $\mathrm{e}^{\mathrm{j}\omega t}$ 称为旋转因子，$\mathrm{e}^{\mathrm{j}\pi/2}$、$\mathrm{e}^{-\mathrm{j}\pi/2}$、$\mathrm{e}^{\mathrm{j}\pi}$、$\mathrm{e}^{-\mathrm{j}\pi}$、$\mathrm{e}^{\mathrm{j}2\pi}$ 等也是旋转因子，和 $\mathrm{e}^{\mathrm{j}\omega t}$ 不

同之处在于，前者仅旋转一个固定的角度，而后者则是使相量以固定角速度旋转。

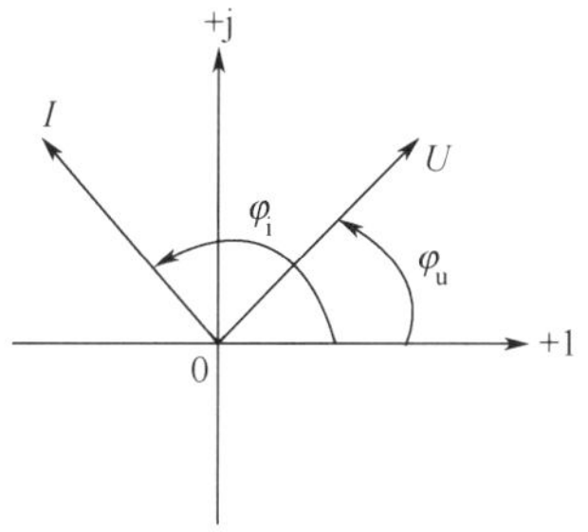

图 4-2-2　相量 $\dot{U}$ 和 $\dot{I}$ 在复平面上的表示方法

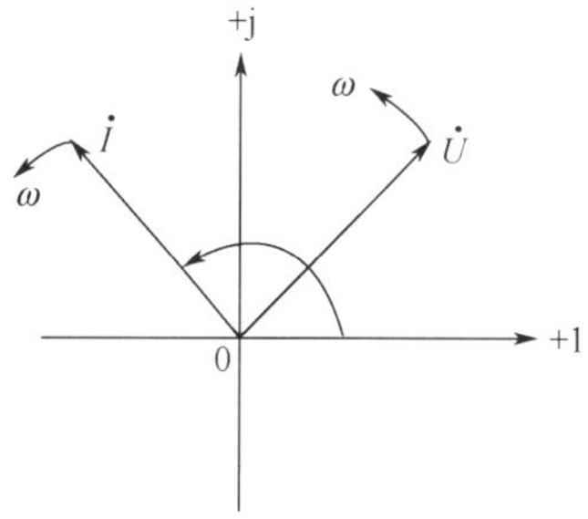

图 4-2-3　$\dot{U}e^{j\omega t}$ 和 $\dot{I}e^{j\omega t}$ 是表示旋转相量 $\dot{U}$ 和 $\dot{I}$

由于 $e^{j\pi/2}=\cos\pi/2+j\sin\pi/2=j$，　$e^{-j\pi/2}=\cos\pi/2-j\sin\pi/2=-j$

$e^{j\pi}=\cos\pi+j\sin\pi=-1$，　$e^{-j\pi}=\cos\pi$ -$j\sin\pi=-1$，　$e^{j2\pi}=\cos2\pi+j\sin2\pi=1$

因此，$\dot{U}e^{j\pi/2}=j\dot{U}$ 表示将 $\dot{U}$ 逆时针方向旋转 90°，$\dot{U}$ 和 $j\dot{U}$ 是表示模相等，但相互垂直（正交）的两个相量［图 4-2-4（a）］，且 $j\dot{U}$ 较 $\dot{U}$ 超前 90°。$\dot{U}e^{-j\pi/2}$ 是表示将 $\dot{U}$ 顺时针方向旋转 90°。$\dot{U}$ 和 $-j\dot{U}$ 也是相互垂直（正交）的两个相量［图 4-2-4（b）］，且 $-j\dot{U}$ 较 $\dot{U}$ 滞后 90°。$\dot{U}e^{j\pi}=\dot{U}e^{-j\pi}=-\dot{U}$，表示将 $\dot{U}$ 逆（或顺）时针方向旋转 180°，$\dot{U}$ 和 $-\dot{U}$ 表示模相等但方向相反的两个相量［见图 4-2-4（c）］，且 $\dot{U}$ 较 $-\dot{U}$ 滞后（或超前）180°，即它们反相，当 $\dot{U}e^{j2\pi}=\dot{U}$。这相当于相量 $\dot{U}$ 沿逆时针方向旋转 360°，由于旋转 360° 的结果仍和原位置重合，所以也可以说相量 $\dot{U}$ 仍保持“静止”。

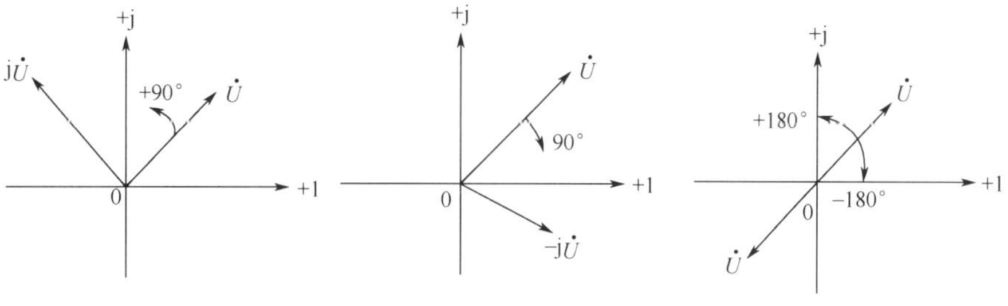

（a）　（b）　（c）

图 4-2-4　相量 $\dot{U}$ 乘以固定旋转因子的几种特殊情况

综上所述，要全面表示一个正弦量，必须用一个旋转相量来实现，但由于线性电路中，在只有一种频率的电源激励下，响应仍是同频率正弦量，即这些旋转的相量是以同一角速度旋转的，因此它们仍是相对静止的，只需讨论相量就完全可以得出结果了。这就是用相量表示正弦量的方法及意义。

当给出的正弦电压或电流，有的写成正弦而有的写成余弦形式时，为了便于对它们对应的相量进行比较和能够正确地进行运算，必须采用三角变换的方法将它们全部变换成正弦形式或全部变换成余弦形式。在本书中，全部采用正弦形式，为了说明这一必要性，看下面例子。

例 4-2-1　已知；$U_1=U_m\sin(\omega t+\varphi_0)$，$U_2=U_m\cos(\omega t+\varphi_0)$，试比较它们的有效值相量。

解：若不将 U_1 和 U_2 均变成正弦（或余弦）形式，则因为

$U_1 = U_m \sin(\omega t + \varphi_0) = \mathrm{Im}[U_m e^{j\varphi_0} \bullet e^{j\omega t}] = \mathrm{Im}[\dot{U}_m \bullet e^{j\omega t}] = \mathrm{Im}[\sqrt{2}\, \dot{U} e^{j\omega t}]$

式中 $\dot{U}_m = U_m e^{j\varphi_0} = U_m \angle\varphi_0$，$\dot{U} = U e^{j\varphi_0} = U\angle\varphi_0$

$U_2 = U_m \cos(\omega t + \varphi_0) = U_m \cos(\omega t + \varphi_0)$

式中 $U_m = U_m e^{j\varphi_0} = U_m \angle\varphi_0$，$U = U e^{j\varphi_0} = U\angle\varphi_0$

于是将得出 U_1 和 U_2 幅值（有效值），初相和频率均相同的结论，这样就将出现 $U_1 = U_2$ 或 $U_m \sin(\omega t + \varphi_0) = U_m \cos(\omega t + \varphi_0)$ 的错误等式，错就错在 U_1 和 U_2 没有采取相同正弦（或余弦）形式，正弦形式是取 $\dot{U}$ 的虚部，而余弦形式则取的是 $\dot{U}$ 的实部；实部是 $\dot{U}$ 在实数轴上的投影，而虚部则是 $\dot{U}$ 在虚数轴上的投影，这两个投影是相互正交的。即相差为 90°！

因此正确的做法是：

$U_1 = U_m \sin(\omega t + \varphi_0) = \mathrm{Im}[\sqrt{2}\, U_m e^{j\omega t}]$

$U_1 = U = U\angle\varphi_0$

$U_2 = U_m \cos(\omega t + \varphi_0) = U_m \sin(\omega t + \varphi_0 + \pi/2) = \mathrm{Im}[U_m e^{j\varphi_0} e^{j\pi/2} e^{j\omega t}]$

$\dot{U}_2 = U\angle(\varphi_0 + \pi/2) = jU\angle\varphi_0 = j\dot{U}_1$

即 U_1 和 U_2 是模相等，当相互正交的两个相量。

例 4-2-2 已知：$U_1 = 10\sqrt{2}\sin(314t+30°)$V，$U_2 = 20\sqrt{2}\sin(314t-60°)$V，$i_1 = 2\sqrt{2}\cos(314t+30°)$A，$i_2 = \sqrt{2}\cos(314t-60°)$A。试求它们的有效值相量，并比较相位关系。

解： $\dot{U}_1 = 10\angle 30°$ V，$U_2 = 20\angle -60°$ V

先将 i_1，i_2 变换成正弦形式，而有

$i_1 = 2\sqrt{2}\cos(314t+30°) = 2\sqrt{2}\sin(314t+120°)$A

$i_2 = \sqrt{2}\cos(314t-60°) = \sqrt{2}\sin(314t+30°)$A

故 $\dot{I}_1 = 2\angle 120°$ A，$\dot{I}_2 = 1\angle 30°$ A

可见 $\dot{U}_1$ 超前 U_2 90°，$\dot{I}_2$ 滞后 $\dot{I}_1$ 90°，$\dot{U}_1$ 和 $\dot{I}_2$ 同相。

例 4-2-3 已知：$\dot{U}_1 = 120\angle 10°$ V，$\dot{U}_2 = 220\angle 30°$ V，$\dot{I}_1 = 2\angle 36°$ A，$\dot{I}_2 = 10\angle -10°$ A，f=50Hz；求它们的瞬时值。

解： $\because \omega = 2\pi f = 314$rad/s，由已知条件，知道它们的有效值和初相。

$\therefore U_1 = \sqrt{2}\, 120\sin(314t+10°)$V，$U_2 = \sqrt{2}\, 220\sin(314t+30°)$V

$i_1 = 2\sqrt{2}\sin(314t+36°)$A，$i_2 = \sqrt{2}\, 10\sin(314t-10°)$A

通过上述三个例题可以看出：要能正确、迅速根据瞬时值得出有效值相量，或者根据有效值相量、频率得出瞬时值，必须统一规定瞬时值采用正弦还是余弦形式？再次重申：本书一律采用正弦形式，若给出的是余弦形式，一定先要变换成正弦形式；同时，本书只讨论有效值相量而不再提幅值相量。

注意：（1）一个正弦量可以用一个相量来表示，并非这个正弦量等于这个相量，即 $U \neq U\angle\varphi_0$，$U = \mathrm{Im}[\sqrt{2}\, e^{j\varphi_0} e^{j\omega t}]$

（2）本书规定，相量是和瞬时值的正弦函数形式对应，因此，在已知相量及频率时，写成瞬时值表达式，必须取正弦形式；而在将瞬时值表达式写成相量形式之前。同样必须将瞬时值

表达式也用正弦形式表示。

4.2.3　用相量表示正弦量可将正弦量的运算化为复数运算

定理 1　若干相量虚部的和或差，等于这些相量和或差的虚部，用数学形式表示就是

$$\mathrm{Im}[\dot{A}_1]\pm\mathrm{Im}[\dot{A}_2]\pm\mathrm{Im}[\dot{A}_3]\pm\ldots\pm\mathrm{Im}[\dot{A}_\mathrm{m}]=\mathrm{Im}[\dot{A}_1\pm\dot{A}_2\pm\dot{A}_3\pm\ldots\pm\dot{A}_\mathrm{m}]$$

这是明显的，∵

$$\dot{A}_1=A_1\cos\varphi_1+A_1\sin\varphi_1$$

$$\dot{A}_2=A_2\cos\varphi_2+A_2\sin\varphi_2$$

$$\cdots$$

$$\dot{A}_\mathrm{m}=A_\mathrm{m}\cos\varphi_\mathrm{m}+A_\mathrm{m}\sin\varphi_\mathrm{m}$$

故

$$\begin{aligned}&\mathrm{Im}[\dot{A}_1]\pm\mathrm{Im}[\dot{A}_2]\pm\mathrm{Im}[\dot{A}_3]\pm\ldots\pm\mathrm{Im}[\dot{A}_\mathrm{m}]\\&=A_1\sin\varphi_1\pm A_2\sin\varphi_2\pm\ldots\pm A_\mathrm{m}\sin\varphi_\mathrm{m}\end{aligned}$$

$$\begin{aligned}&\dot{A}_1\pm\dot{A}_2\pm\dot{A}_3\pm\ldots\pm\dot{A}_\mathrm{m}\\&=A_1\cos\varphi_1\pm A_2\cos\varphi_2\pm\ldots\pm A_\mathrm{m}\cos\varphi_\mathrm{m}+\mathrm{j}[A_1\sin\varphi_1\pm A_2\sin\varphi_2\pm\ldots\pm A_\mathrm{m}\sin\varphi_\mathrm{m}]\end{aligned}$$

因此 $\mathrm{Im}[\dot{A}_1]\pm\mathrm{Im}[\dot{A}_2]\pm\mathrm{Im}[\dot{A}_3]\pm\ldots\pm\mathrm{Im}[\dot{A}_\mathrm{m}]=\mathrm{Im}[\dot{A}_1\pm\dot{A}_2\pm\dot{A}_3\pm\ldots\pm\dot{A}_\mathrm{m}]$

于是定理得到证明。

例 4-2-4　已知：$u_1=U_{1\mathrm{m}}\sin(\omega t+\varphi_1)$，$u_2=U_{2\mathrm{m}}\sin(\omega t+\varphi_2)$，$u_3=U_{3\mathrm{m}}\sin(\omega t+\varphi_3)$

求 $u_1\pm u_2\pm u_3$。

解：$\because u_1=\mathrm{Im}[\sqrt{2}U_1\mathrm{e}^{\mathrm{j}\varphi_1}\mathrm{e}^{\mathrm{j}\omega t}]=\mathrm{Im}[\sqrt{2}\dot{U}_1\mathrm{e}^{\mathrm{j}\omega t}]$

$u_2=\mathrm{Im}[\sqrt{2}U_2\mathrm{e}^{\mathrm{j}\varphi_1}\mathrm{e}^{\mathrm{j}\omega t}]=\mathrm{Im}[\sqrt{2}\dot{U}_2\mathrm{e}^{\mathrm{j}\omega t}]$

$u_3=\mathrm{Im}[\sqrt{2}U_3\mathrm{e}^{\mathrm{j}\varphi_3}\mathrm{e}^{\mathrm{j}\omega t}]=\mathrm{Im}[\sqrt{2}\dot{U}_3\mathrm{e}^{\mathrm{j}\omega t}]$

又：$u_1\pm u_2\pm u_3=\mathrm{Im}[\sqrt{2}(\dot{U}_1\pm\dot{U}_2\pm\dot{U}_3)\mathrm{e}^{\mathrm{j}\omega t}]=\mathrm{Im}[\sqrt{2}\dot{U}\mathrm{e}^{\mathrm{j}\omega t}]$

$\dot{U}=\dot{U}_1\pm\dot{U}_2\pm\dot{U}_3=(U_1\cos\varphi_1\pm U_2\cos\varphi_2\pm U_3\cos\varphi_3)+\mathrm{j}(U_1\sin\varphi_1\pm U_2\sin\varphi_2\pm U_3\sin\varphi_3)$

故其模

$$U=\sqrt{(U_1\cos\varphi_1\pm U_2\cos\varphi_2\pm U_3\cos\varphi_3)^2+(U_1\sin\varphi_1\pm U_2\sin\varphi_2\pm U_3\sin\varphi_3)^2}\tag{4-2-7}$$

幅角

$$\varphi=\arctan\frac{U_1\sin\varphi_1\pm U_2\sin\varphi_2\pm U_3\sin\varphi_3}{U_1\cos\varphi_1\pm U_2\cos\varphi_2\pm U_3\cos\varphi_3}\tag{4-2-8}$$

$$\dot{U}=U\angle\varphi$$

$$u=u_1\pm u_2\pm u_3=\sqrt{2}U\sin(\omega t+\varphi)\tag{4-2-9}$$

式（4-2-9）中的 U 和 φ 可分别由式（4-2-7）和式（4-2-8）中求得。

可见，用相量表示正弦量之后，就可以把正弦量的运算化为复数（相量）的运算，从而使整个计算大为简化。

4.3 电阻、电感和电容中的正弦电流

4.3.1 电阻中的正弦电流

1. 元件的约束关系

在电阻电路中，只要组成电路的元件是线性电阻，无论什么样的激励源都遵从欧姆定律所规定的约束，即伏安关系，对于正弦电源激励下的约束关系，自然不例外，即它们的瞬间值关系为

$$u = Ri \tag{4-3-1}$$

或

$$i = Gu \tag{4-3-2}$$

若已知

$$i = I_m \sin(\omega t + \varphi_i) \tag{4-3-3}$$

将式（4-3-3）代入式（4-3-1）可得

$$u = Ri = RI_m \sin(\omega t + \varphi_i) \tag{4-3-4}$$

上式中，正弦函数的系数 RI_m 显然是瞬时电压 u 的幅值，即瞬时电压 u 又可以用以下式表示

$$u = U_m \sin(\omega t + \varphi_u) \tag{4-3-5}$$

对比式（4-3-4）和（4-3-5）可知

$$U_m = RI_m \tag{4-3-6}$$

若式（4-3-6）两边同时除以 $\sqrt{2}$，又可以得到电压和电流有效值关系

$$U = RI \tag{4-3-7}$$

由于电阻元件两端电压 u 和通过电阻元件的电流具有相同相位，即它们的初相相等，因此电压与电流有效值相量之间关系 $\dot{U} = U\angle\varphi_u$，$\dot{I} = I\angle\varphi_i$ 而 $\varphi_u = \varphi_i$，故

$$\dot{U} = R\dot{I} \tag{4-3-8}$$

综上所述可知，电阻元件两端电压和通过电阻元件的电流是同频率的相位相同的正弦量，元件所遵循的约束关系无论瞬时值、幅值、有效值及有效值相量均为欧姆定律决定。

由于正弦量的幅值与有效值之间固定为一个 $\sqrt{2}$ 的倍数关系，而在多数情况下使用有效值，因此只讨论有效值关系，而不再讨论幅值关系，以避免不必要的重复。

2. 电压和电流的参考方向

在正弦电流电路中，电压和电流不仅大小，而且方向均随时间改变，和直流的情况不同，那么这里是否需要假定一个参考方向呢？回答是肯定的。其实式（4-3-1）和式（4-3-2）只是在 u、i 取关联参考方向时才成立。那这里参考方向是否有确切含义呢?回答也是肯定的，在正弦电路中，u、i 的参考方向是假定的正半周的方向（在 t=0 时），和直流电路不同之处是在交流电路中，无论假定哪一个参考方向，在所求出的结果中，电压和电流均不会出现负值，这是因为所得出的是相量或瞬时值，参考方向不同，仅初相位不同；“-1”在正弦量中指的是反相，即相差为180°（π）。

3. 相量图与波形图

由于电阻电压与通过电阻电流是同频率且相位也相同的正弦量，故它们的相量图、波形图如图 4-3-1 所示。

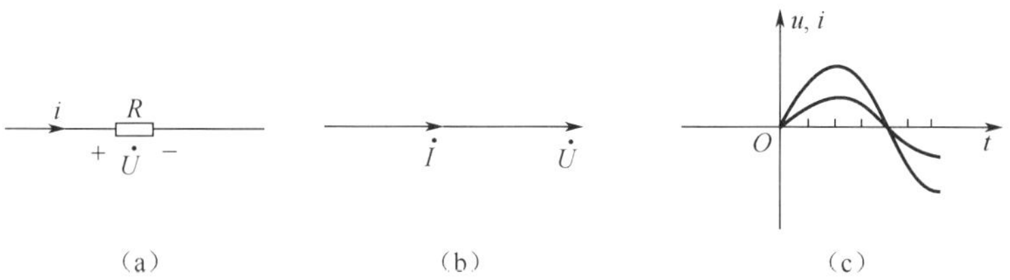

图 4-3-1　电阻元件的相量图与波形图

4．电阻中的瞬时功率与平均功率

（1）瞬时功率。按功率的定义，由瞬时电压和瞬时电流的乘积所定义的，称为瞬时功率；用小写 p 表示瞬时功率；则

$$p = ui \tag{4-3-9}$$

若 $u=\sqrt{2}\,U\sin(\omega t+\varphi_u)$，$i=\sqrt{2}\,I\sin(\omega t+\varphi_u)$

式中 $\varphi_u=\varphi_i=\varphi$，将瞬时电压、电流值代入式（4-3-9）可得

$$p = 2UI\sin^2(\omega t+\varphi) \tag{4-3-10}$$

又由 $2\sin^2\alpha=1-\cos2\alpha$，则瞬时功率 p 又可以表示成

$$p = UI - UI\cos2(\omega t+\varphi) \tag{4-3-11}$$

式（4-3-11）所示波形图如图 4-3-2 所示，即将幅值为 UI、频率为 2ω 的正弦波形上移 UI，由波形图可以看出，对电阻元件而言，其瞬时功率始终保持 $p\geqslant0$ 的关系，即电阻是消耗电功率的，这和本节前面提到的“电阻是耗能（消耗电能）元件”是一致的。

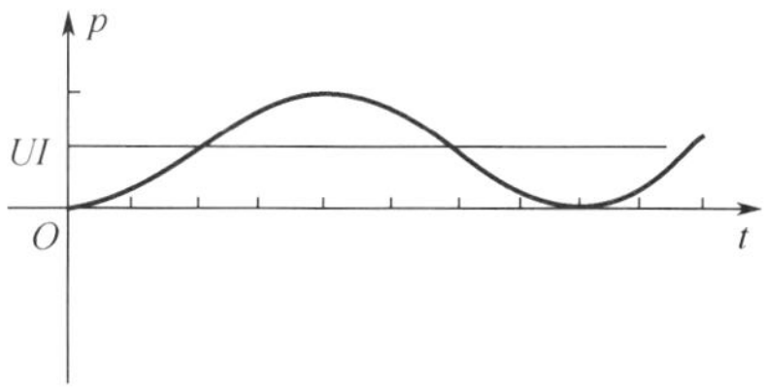

图 4-3-2　电阻上瞬时功率波形图

（2）平均功率 P。它是瞬时功率在一个周期中的平均值，按平均值的定义有

$$P = \frac{1}{T}\int_0^T p\mathrm{d}t = UI \tag{4-3-12}$$

因为对于电阻元件有 $U=RI$ 及 $I=GU$，故对电阻元件而言，其平均功率

$$P = UI = I^2R = GU^2 \tag{4-3-13}$$

式中，R、G 为电阻元件的电阻和电导，U、I 则为电压和电流有效值。可见。在正弦交流电路中，电阻元件所消耗的电功率和直流具有相同的功率关系，因此，平均功率是元件所消耗（吸收）的电功率。

4.3.2　电感中的正弦电流

1．元件约束关系

对于电感元件，它的瞬时值约束关系在本书的第一章中已经介绍过，为（取关联参考方向）

$$u_{L(t)} = L\mathrm{d}i_{L(t)}/\mathrm{d}t$$

若已知：

$$i_L(t) = \sqrt{2}I_L\sin(\omega t+\varphi_i) \tag{4-3-14}$$

由于 $\mathrm{d}i_{L(t)}/\mathrm{d}t = \sqrt{2}I_L\sin(\omega t+\varphi_i) = \sqrt{2}\omega I_L\cos(\omega t+\varphi_i) = \sqrt{2}\omega I_L\sin(\omega t+\varphi_i+\pi/2)]$

将此结果代入式（4-3-13）得

$$u_L(t) = \sqrt{2}\omega LI_L\sin(\omega t+\varphi_i+\pi/2)] \tag{4-3-15}$$

即：当电感中通过正弦交流时，电感两端的电压是同频率正弦量，电感电压的一般表达式为

$$u_{\mathrm{L}}(t)=\sqrt{2}u_{\mathrm{L}}\sin(\omega t+\varphi_{\mathrm{u}}) \tag{4-3-16}$$

对比式（4-3-15）和（4-3-16）可见

$$U_{\mathrm{L}}=\omega LI_{\mathrm{L}} \tag{4-3-17}$$

$$\varphi_{\mathrm{u}}=\varphi_{\mathrm{i}}+\frac{\pi}{2} \tag{4-3-18}$$

可见：电感元件两端电压和通过电感元件电流之间，它们的有效值成正比（由于式中 ωL 均为常量），且电压超前电流相位 π/2（或 90°），即它们的有效值相量正交。

∵ $\dot{U}_{\mathrm{L}}=U_{\mathrm{L}}\angle\varphi_{\mathrm{U}}$，$\dot{I}_{\mathrm{L}}=I_{\mathrm{L}}\angle\varphi_{\mathrm{i}}$ 而 $\dot{U}_{\mathrm{L}}=U_{\mathrm{L}}\angle\varphi_{\mathrm{U}}=\omega LI_{\mathrm{L}}\angle\varphi_{\mathrm{i}}+\dfrac{\pi}{2}=\mathrm{j}\omega LI_{\mathrm{L}}\angle\varphi_{\mathrm{i}}$

∴
$$\dot{U}_{\mathrm{L}}=\mathrm{j}\omega L\dot{I}_{\mathrm{L}} \tag{4-3-19}$$

这就是电感电压和电感电流之间有效值相量关系。

2. 感抗和感纳

引入符号 X_{L} 和 B_{L}，令

$$X_{\mathrm{L}}=\omega L \tag{4-3-20}$$

$$B_{\mathrm{L}}=1/\omega L \tag{4-3-21}$$

且称 X_{L} 为感抗，B_{L} 为感纳。显然感抗和感纳互为倒数，将感抗和感纳代入式（4-3-17）和式（4-3-19）得

$$\begin{cases}U_{\mathrm{L}}=X_{\mathrm{L}}I_{\mathrm{L}}\\ I_{\mathrm{L}}=B_{\mathrm{L}}U_{\mathrm{L}}\end{cases} \tag{4-3-22}$$

$$\begin{cases}U_{\mathrm{L}}=\mathrm{j}X_{\mathrm{L}}I_{\mathrm{L}}\\ I_{\mathrm{L}}=-\mathrm{j}B_{\mathrm{L}}U_{\mathrm{L}}\end{cases} \tag{4-3-23}$$

将式（4-3-22）和式（4-3-23）与式（4-3-7）和式（4-3-9）比较，发现感抗、感纳这两个物理量与电阻、电导两个物理量在正弦电路中具有相似的作用，不同之处在于：电阻与电导和激励的频率无关，而感抗与感纳在电感量 L 一定时，其大小还与激励的频率有关。当 $\omega=0$ 时，相当直流情况，此时 $X_{\mathrm{L}}=0$，$B_{\mathrm{L}}\to\infty$。电感在直流电路中相当于理想导线。

当 ω 单位为 rad/s，L 单位为亨利（H），X_{L} 的单位为欧姆（Ω），B_{L} 的单位为西门子（S）。

由式（4-3-22）和式（4-3-23）还可以看出，在正弦电路中，电压和电流有效值之间也遵从欧姆定律形式的关系，参考方向的规定及含义与电阻相同。

3. 相量图与波形图

电感元件的电压与电流的相量图、波形图如图 4-3-3 所示。

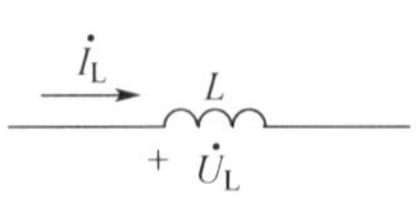

（a）电感元件电路图

（b）相量图

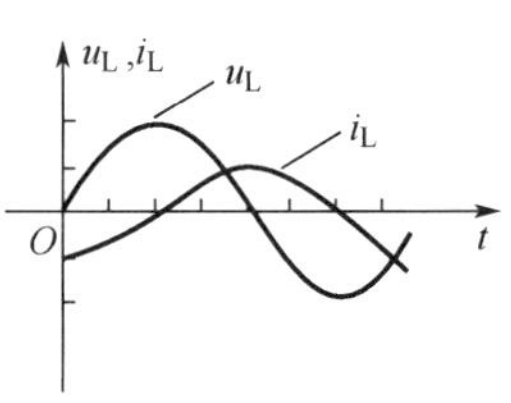

（c）波形图

图 4-3-3 电感元件电压与电流相量图与波形图

由图 4-3-3 可见，在电感元件图、相量图中均用电压与电流有效值相量表示，这和图 4-3-1 表示方法相同；其实这是正弦电流电路中的一种表示方法，由于在相量图中表示的正是有效值相量关系，因此在相量图中只能用有效值（或幅值）相量的符号来表示。波形图是反映了瞬时值关系，故而应该用瞬时值符号表示。

4．功率与能量

（1）瞬时功率与平均功率。瞬时功率定义

$$p = ui = 2U_L I_L \sin\omega t\cos\omega t = U_L I_L \sin 2\omega t$$

上式中假定电流初相为零，这样做是为了简化问题，并不影响讨论结果的正确性，由瞬时功率的表达式可以看出，它是一个频率为激励源频率两倍的正弦函数，其瞬时功率有正有负。当瞬时功率大于零时，电感元件从电源吸取能量转化为磁场能量储存在电感元件中；当瞬时功率小于零时，电感元件向电路放出能量，即此时电感元件中所储存的磁能又转化成电能提供给电路，而且在正半周储存的和负半周释放的能量相等。其实，从波形的几何意义可知，瞬时功率波形图所包围面积正是表示能量关系（图 4-3-4）。综上所述可见，电感元件不消耗电能。它是一个“吞（储存）吐（释放）”电能的元件，故又称其为储能元件。

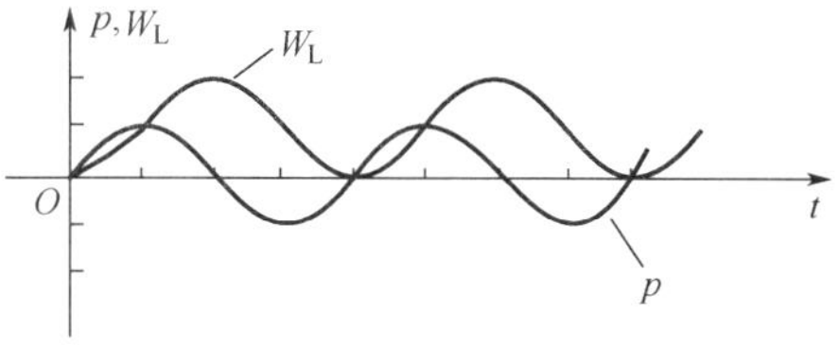

图 4-3-4　电感瞬时功率图及能量波形图

平均功率

$$P = \frac{1}{T}\int_0^T p\mathrm{d}t = \frac{1}{T}\int_0^T U_L I_L \sin 2\omega t\mathrm{d}t = 0$$

即电感元件的平均功率为零。

（2）能量。既然电感元件是一个储能元件，那么这个能量肯定可以求出来。根据功能原理，储存的能量是来自电功 A。功与功率的关系是 $A=\int_0^T p\mathrm{d}t$ 于是电感能量

$$W_L = \int_0^t p\mathrm{d}t = \int_0^t U_L I_L \sin 2\omega t\mathrm{d}t = \int_0^t \omega L I_L^2 \sin 2\omega t\mathrm{d}t = \int_0^t L I_L^2 \sin 2\omega t\mathrm{d}(\omega t)$$

$$= \frac{1}{2} L I_L^2 \int_0^t \sin 2\omega t\mathrm{d}(\omega t) = \frac{1}{2} L I_L^2 (-\cos 2\omega t)\big|_0^t$$

$$W_L = \frac{1}{2} L I_L^2 (1 - \cos 2\omega t) \tag{4-3-24}$$

可见，电感所储存的能量瞬时值 $W_L \geqslant 0$，确是储能元件，能量波形图见图 4-3-4 中所示。它的波形可以这样作出：先作出幅值为 $\frac{1}{2}LI_L^2$、初相为 $-\frac{\pi}{2}$ 的正弦波形，波形频率仍为 2ω。然后将整个波形上移 $\frac{1}{2}LI_L^2$ 即可得出。

4.3.3　电容中的正弦电流

1．元件约束关系

电容元件在电压、电流取关联参考方向条件下，其瞬时值约束关系为

$$i_C = C\frac{\mathrm{d}u_C}{\mathrm{d}t} \tag{4-3-25}$$

若已知$u_C = U_{Cm}\sin(\omega t+\varphi_i)$，则

$$i_C = C\frac{d}{dt}[U_{Cm}\sin(\omega t+\varphi_u)] = \omega C U_{Cm}\cos(\omega t+\varphi_u)$$

即 $$i_C = \omega C U_{Em}\sin(\omega t+\varphi_u+\frac{\pi}{2}) = \sqrt{2}\omega C U_C\sin(\omega t+\varphi_u+\frac{\pi}{2}) \qquad (4\text{-}3\text{-}26)$$

可见，当电容元件两端加一个正弦电压激励时，电容元件中将产生一个同频率的正弦电流响应，正弦电流的一般表达式为

$$i_C = \sqrt{2}I_C\sin(\omega t+\varphi_i) \qquad (4\text{-}3\text{-}27)$$

对比式（4-3-26）与（4-3-27）有

$$I_C = \omega C U_C \qquad (4\text{-}3\text{-}28)$$

或 $$U_C = \frac{1}{\omega C}I_C \qquad (4\text{-}3\text{-}29)$$

$$\varphi_i = \varphi_u + \frac{\pi}{2} \qquad (4\text{-}3\text{-}30)$$

又：$$\dot{I}_C = I_C\angle\varphi_u+\frac{\pi}{2} = \omega C U_C\angle\varphi_u+\frac{\pi}{2} = j\omega C\dot{U}_C \qquad (4\text{-}3\text{-}31)$$

或 $$\dot{U}_C = -j\frac{1}{\omega C}\dot{I}_C \qquad (4\text{-}3\text{-}32)$$

可见，电容电压与电流有效值及有效值相量之间均有正比关系，比例系数具有“电阻”与“电导”特性。

2. 容抗与容纳

引入符号X_C和B_C，且

$$X_C = \frac{1}{\omega C} \qquad (4\text{-}3\text{-}33)$$

$$B_C = \omega C \qquad (4\text{-}3\text{-}34)$$

并称 X_C 为容抗，B_C 为容纳，显然容抗与容纳互为倒数，将容抗与容纳代入式（4-3-28）、（4-3-29）、（4-3-31）、（4-3-32）得

$$\begin{cases} U_C = X_C I_C \\ I_C = B_C U_C \end{cases} \qquad (4\text{-}3\text{-}35)$$

与 $$\begin{cases} \dot{U}_C = -jX_C\dot{I}_C \\ \dot{I}_C = -jB_C\dot{U}_C \end{cases} \qquad (4\text{-}3\text{-}36)$$

当频率ω单位取 rad/s，电容C单位取 F（法拉），X_C和B_C单位分别为欧姆（Ω）和西门子（S），由式（4-3-35）和式（4-3-36）同样可以看出，在正弦电流电路中，线性电容元件的电压、电流有效值之间遵从欧姆定律的关系，参考方向的规定及含义亦与电阻相同。

3. 相量图与波形图

电容元件的参考方向、相量图波形图见图 4-3-5。

由图（4-3-5）可见，其相量图与波形图和电感元件相似，并具有“对偶”关系，其实从它们的瞬时值关系和相量关系均可以看出这种对偶关系。

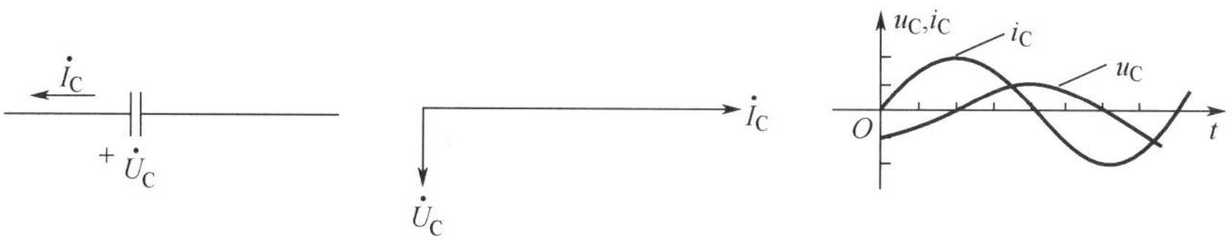

（a）电容元件电路图　　（b）相量图　　（c）波形图

图 4-3-5　电容元件电压与电流的相量图与波形图

4．功率与能量

（1）瞬时功率与平均功率。若假定电压初相为 0，则电容元件的瞬时功率具有电感元件完全相同的关系

$$p = u_C i_C = 2U_L I_L \sin\omega t \cos\omega t = U_L I_L \sin 2\omega t$$

因此，瞬时功率特点和电感也相同，不过，当电容瞬时功率大于零时是表示电容元件从电源吸取能量转变为电容中电场能量；瞬时功率小于零时，电容元件将释放出它所储存的能量，即把电场能量转化为电流能量提供给电路，电容同样是一个储能元件。

（2）平均功率。其表达式为

$$P = \frac{1}{T}\int_0^T p\mathrm{d}t = 0$$

即电容元件在一个周期中“消耗”的电功率为 0，可见：一个理想的电容元件是不消耗电能的。

（3）能量。作为储能元件的电容，其所储存能量按功能原理为

$$W_C = \int_0^t p\mathrm{d}t = \int_0^t U_C I_C \sin 2\omega t\mathrm{d}t = \frac{1}{2}CU_C{}^2\int_0^t \sin 2\omega t\mathrm{d}t = \frac{1}{2}CU_C{}^2(1-\cos 2\omega t)\Big|_0^t$$

$$\therefore \qquad W_C = \frac{1}{2}CU_C{}^2(1-\cos 2\omega t) \qquad (4\text{-}3\text{-}37)$$

即：电容所储存能量值 $W_C \geqslant 0$，是储能元件，电容瞬时功率与能量波形图与电感完全相同。由式（4-3-37）和式（4-3-24）可以进一步看出电容和电感的对偶关系。

例 4-3-1　如图 4-3-6 所示，两个作串联连接的电容元件，其电容量 C_1=2F，C_2=3F，若通以电流 $i = 2.828\sin(4t + 30^\circ)\text{A}$。试求有效值相量 $\dot{U}_C$ 及瞬时电压 u_C。

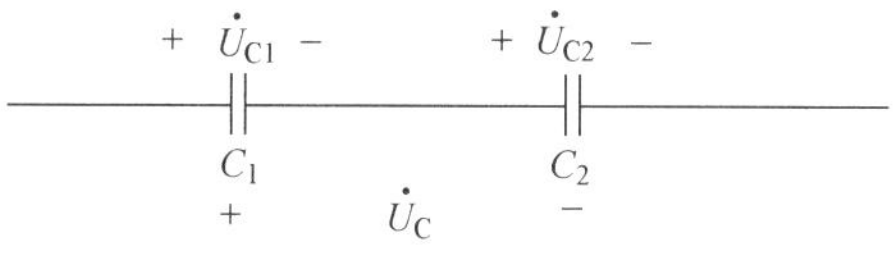

图 4-3-6　例 4-3-1 图

解：由已知条件可知：

$\omega = 4\text{rad/s}$，$\dot{I} = 2\angle 30^\circ\text{A}$

于是 $Z_{C1} = \dfrac{1}{\omega C_1} = \dfrac{1}{4\times 2} = \dfrac{1}{8}\Omega$，$Z_{C2} = \dfrac{1}{\omega C_2} = \dfrac{1}{4\times 3} = \dfrac{1}{12}\Omega$

又 $\dot{U}_{C1} = -\mathrm{j}Z_{C1}\dot{I} = -\mathrm{j}\dfrac{1}{8}\times 2\angle 30^\circ = 0.25\angle -60^\circ\text{V}$

$\dot{U}_{C2} = -\mathrm{j}Z_{C2}\dot{I} = -\mathrm{j}\dfrac{1}{12}\times 2\angle 30^\circ = \dfrac{1}{6}\angle -60^\circ\text{V}$

$\dot{U}_{C1} = 0.25\angle -60^\circ\text{V}$，$\dot{U}_{C2} = \dfrac{1}{6}\angle -60^\circ\text{V}$

$$u_C = u_{C1} + u_{C2} = \sqrt{2}\frac{1}{4}\sin(4t - 60^\circ) + \sqrt{2}\frac{1}{6}\sin(4t - 60^\circ)$$

$$= \sqrt{2}(\frac{1}{4} + \frac{1}{6})\sin(4t - 60^\circ)\ \text{V}$$

即
$$\dot{U}_C = (\frac{1}{4} + \frac{1}{6})\angle -60^\circ\ \text{V} = \frac{5}{12}\angle -60^\circ\ \text{V} \tag{4-3-38}$$

例 4-3-2 如图 4-3-7 所示，两个作串联连接的电感元件，已知电感量分别为 L_1=2H，L_2=3H，若通过电流 $i = 4\sqrt{2}\sin(4t - 30^\circ)\ \text{A}$，试求有效值相量 $\dot{U}_L$ 及瞬时值 u_L。

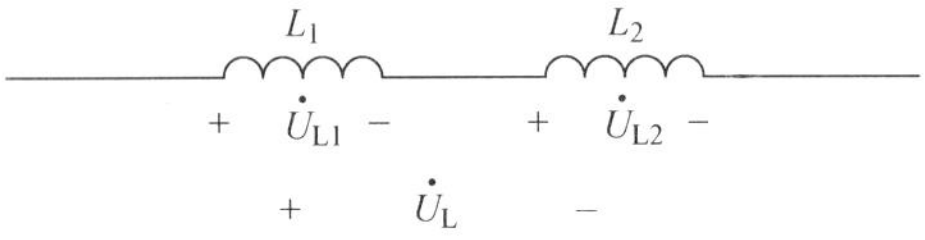

图 4-3-7 例 4-3-2 的图

解：由已知条件可知

$\omega = 4\text{rad/s}$，$\dot{I} = 2\angle 30^\circ\text{A}$

于是 $Z_{L1} = \omega L_1 = 4 \times 2 = 8\Omega$，$Z_{L2} = \omega L_2 = 4 \times 3 = 12\Omega$

又 $\dot{U}_{L1} = \text{j}Z_{L1}\dot{I} = \text{j}8 \times 2\angle 30^\circ = 16\angle 120^\circ\ \text{V}$

$\dot{U}_{L2} = \text{j}Z_{L2}\dot{I} = \text{j}12 \times 2\angle 30^\circ = 24\angle 120^\circ\ \text{V}$

$u_L = u_{L1} + u_{L2} = 40\sqrt{2}\sin(4t + 120^\circ)\ \text{V}$

即 $\dot{U}_L = 40\angle 120^\circ\ \text{V}$ （4-3-39）

4.4 基尔霍夫定律的相量形式

由例题 4-3-1 至 4-3-3 可以看出；串联电路的总电压相量等于各元件电压相量之和，这一结论是否是特例？是否普遍成立？这都属于拓扑约束问题，只要找出基尔霍夫定律的相量形式，这些问题都可以得到答案。

4.4.1 KCL 的相量形式

我们知道

$$\sum_{k=1}^{n} i_k = 0\text{，即 } i_1 + i_2 + \cdots i_n = 0$$

若它们是同频率正弦量，即
$$i_1 = \sqrt{2}I_1\sin(\omega t + \varphi_1)$$
$$i_2 = \sqrt{2}I_2\sin(\omega t + \varphi_2)$$
$$\cdots\cdots$$
$$i_n = \sqrt{2}I_n\sin(\omega t + \varphi_n)$$

则
$$i_1 + i_2 + \cdots i_n = \sqrt{2}I_1\sin(\omega t + \varphi_1) + \sqrt{2}I_2\sin(\omega t + \varphi_2) + \cdots + \sqrt{2}I_n\sin(\omega t + \varphi_n)$$
$$= \text{Im}[\sqrt{2}I_1 e^{\text{j}\varphi_1} e^{\text{j}\omega t}] + \text{Im}[\sqrt{2}I_2 e^{\text{j}\varphi_2} e^{\text{j}\omega t}] + \cdots + \text{Im}[\sqrt{2}I_n e^{\text{j}\varphi_n} e^{\text{j}\omega t}]$$
$$= \text{Im}[\sqrt{2}\sum_{k=1}^{n} \dot{I}_k e^{\text{j}\omega t}] = 0$$

$$\sum_{k=1}^{n} \dot{I}_k = \dot{I}_1 + \dot{I}_2 + \cdots \dot{I}_n = 0 \tag{4-4-1}$$

这就是 KCL 的相量形式，可见，将 KCL 的瞬时值约束关系全部变换成相量约束关系，结果不变，于是在正弦电流电路中，流进任一节点电流相量和恒等于零。

4.4.2　KVL 的相量形式

我们知道

$$\sum_{k=1}^{n} u_k = u_1 + u_2 + \cdots u_n = 0$$

这是对任意闭合回路的电压瞬时值约束关系，

若
$$u_1 = \sqrt{2}u_1 \sin(\omega t + \varphi_1) = \text{Im}[\sqrt{2}\dot{u}_1 \text{e}^{\text{j}\omega t}]$$

$$u_2 = \sqrt{2}u_2 \sin(\omega t + \varphi_2) = \text{Im}[\sqrt{2}\dot{u}_2 \text{e}^{\text{j}\omega t}]$$

$$\cdots\cdots$$

$$u_k = \sqrt{2}u_k \sin(\omega t + \varphi_k) = \text{Im}[\sqrt{2}\dot{u}_k \text{e}^{\text{j}\omega t}]$$

式中
$$\dot{U}_k = U_k \text{e}^{\text{j}\varphi_k} = U_k \angle \varphi_k$$

则
$$u_1 + u_2 + \cdots + u_k = \text{Im}[\sqrt{2}\dot{u}_1 \text{e}^{\text{j}\omega t}] + \text{Im}[\sqrt{2}\dot{u}_2 \text{e}^{\text{j}\omega t}] + \cdots + \text{Im}[\sqrt{2}\dot{u}_k \text{e}^{\text{j}\omega t}]$$

$$= \text{Im}[\sqrt{2}(\dot{u}_1 + \dot{u}_2 + \cdots + \dot{u}_k)\text{e}^{\text{j}\omega t}] = 0$$

∴
$$u_1 + u_2 + \cdots + u_k = 0$$

这就是 KVL 的相量形式的约束关系，即将 KVL 的电压瞬时值约束关系全部变成电压相量形式，约束关系不变。这样，在正弦电流电路中，绕任一闭合回路电压相量和恒等于零。

综上所述可知：任意电压或电流瞬时值约束关系，若均用它们对应的电压或电流有效值相量表示，约束关系不变。

例如，若
$$u = u_1 + u_2 + \cdots + u_k$$

则
$$\dot{U} = \dot{U}_1 + \dot{U}_2 + \cdots + \cdots \dot{U}_k$$

又如，若
$$i = i_1 + i_2 + \cdots + i_k$$

则
$$\dot{I} = \dot{I}_1 + \dot{I}_2 + \cdots + \cdots \dot{I}_k$$

注意：瞬时值电压或电流的约束关系，只有用它们对应的有效值相量替代，约束关系方成立。千万不能用有效值替代。即 $U=U_1+U_2+U_3+\cdots+U_n$ 与 $I=I_1+I_2+\cdots+I_n$ 是不成立的！

不过在电路中所给出全部元件，只有同属一种元件时，上述关系才成立。因此，去掉相量符号时一定要特别慎重。

4.5　复阻抗和复导纳

4.5.1　RLC 电路的串联　复阻抗

1. RLC 串联电路的计算　复阻抗

如图 4-5-1 是 RLC 串联电路，根据串联电路的电压关系，有 $u = u_\text{R} + u_\text{L} + u_\text{C}$

依照上一节的讨论，可以将上式写成相量形式

$$\dot{U}=\dot{U}_{\mathrm{R}}+\dot{U}_{\mathrm{L}}+\dot{U}_{\mathrm{C}} \tag{4-5-1}$$

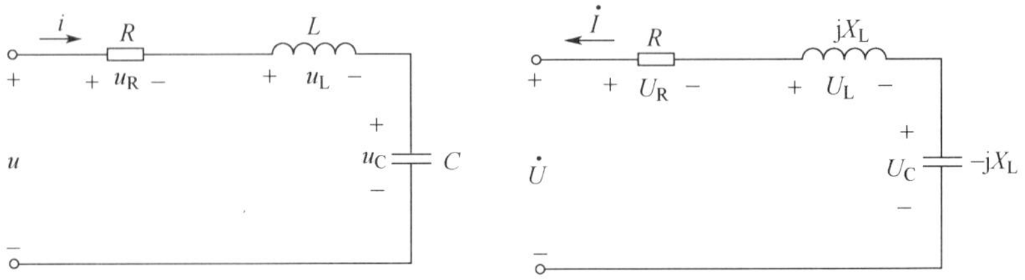

（a）RLC串联电路　　（b）相量模型

图 4-5-1　RLC 串联电路

图 4-5-1（b）是用相量形式表示的电压、电流，元件参数均用电阻、感抗、容抗表示，当电路中各参数均采用上述方式表示时，此时之电路图叫相量模型，由图 4-5-1（a）电路的相量模型图 4-5-1（b）可见

$$\dot{U}_{\mathrm{R}}=R\dot{I}\,,\quad \dot{U}_{\mathrm{L}}=\mathrm{j}\omega L\dot{I}\,,\quad \dot{U}_{\mathrm{C}}=-\mathrm{j}\frac{1}{\omega C}\dot{I} \tag{4-5-2}$$

于是

$$\dot{U}_{\mathrm{R}}=[R+\mathrm{j}(\omega L-\frac{1}{\omega C})]\dot{I} \tag{4-5-3}$$

式(4-5-3)也可以直接由图 4-5-1(b)相量模型直接得出，而不必借助式(4-5-1)和式(4-5-2)，只要把“$\mathrm{j}\omega L$”、“$-\mathrm{j}\frac{1}{\omega C}$”也看作一个“电阻”。借助于电阻串联的关系，电压、电流均取有效值相量就可以了。

式（4-5-3）中，

$$Z_{\mathrm{L}}=\omega L\,,\quad Z_{\mathrm{C}}=\frac{1}{\omega C}$$

若令

$$Z=Z_{\mathrm{L}}-Z_{\mathrm{C}}=\omega L-\frac{1}{\omega C}$$

则

$$Z=R+\mathrm{j}(Z_{\mathrm{L}}-Z_{\mathrm{C}})=R+\mathrm{j}Z \tag{4-5-4}$$

$$Z=Z_{\mathrm{L}}-Z_{\mathrm{C}}=\omega L-\frac{1}{\omega C} \tag{4-5-5}$$

称 Z 为电抗，是电感、电容元件的感抗、容抗的总称。电抗是实数，由于 Z 是一个复数，故定义它为复阻抗。应当注意的是 Z 仅仅是一个复数。它是和复平面上一个点对应的，也是和复平面上一个确定的矢量对应的，它是复常数。（在本章的讨论范围内）电压和电流相量尽管也是复数，然它们表示的是正弦函数，是和复平面上的旋转矢量对应的，它们之间相差一个旋转因子，故不要把它们混为一谈。

将式（4-5-4）代入式（4-5-3）得

$$U=ZI \tag{4-5-6}$$

上式常称为交流电路的欧姆定律。

有了复阻抗的概念后，电阻、电感、电容均可以用复阻抗表示，于是有

$$Z_{\mathrm{R}}=R \tag{4-5-7}$$

$$Z_{\mathrm{L}}=\mathrm{j}Z_{\mathrm{L}}=\mathrm{j}\omega L \tag{4-5-8}$$

$$Z_{\mathrm{C}}=-\mathrm{j}Z_{\mathrm{C}}=-\mathrm{j}\frac{1}{\omega L} \tag{4-5-9}$$

若相量模型中所有元件的参数均用上述符号 Z_R、Z_L、Z_C 表示，并清楚它们的含义，则在具

体运用欧姆定律时，只要电阻电路中的电压、电流改用相量（有效值）形式。电阻参数改用复阻抗符号，就可以与电阻电路中一样地加以运用了。

例如，图 4-5-1（b）中，电阻、电感、电容元件两端电压分别为

$$\dot{U}_{\mathrm{R}}=\frac{Z_{\mathrm{R}}}{Z}\dot{U}\text{，}\quad \dot{U}_{\mathrm{L}}=\frac{Z_{\mathrm{L}}}{Z}\dot{U}\text{，}\quad \dot{U}_{\mathrm{C}}=\frac{Z_{\mathrm{C}}}{Z}\dot{U}$$

2. 阻抗三角形与电压三角形

复阻抗也可以用极坐标形式表示为

$$Z=Z\angle\varphi \tag{4-5-10}$$

式中

$$Z=\sqrt{R^2+Z^2}=\sqrt{R^2+(Z_{\mathrm{L}}-Z_{\mathrm{C}})^2}=\sqrt{R^2+(\omega L-\frac{1}{\omega C})^2} \tag{4-5-11}$$

称 Z 为复阻抗的模，也可以称阻抗，是实数。

$$\varphi_{\mathrm{Z}}=\arctan\frac{Z}{R}=\arctan\frac{Z_{\mathrm{L}}-Z_{\mathrm{C}}}{R}=\arctan\frac{\omega L-\dfrac{1}{\omega C}}{R} \tag{4-5-12}$$

由式（4-5-11）可知，阻抗、电阻、电抗构成一直角三角形，考虑到阻抗角关系，则阻抗为此三角形的斜边，电阻为邻边，电抗为对边（图 4-5-2）。并称此三角形为阻抗三角形。

又

$$\dot{U}=R\dot{I}+\mathrm{j}Z\dot{I}=R\dot{I}+\mathrm{j}(Z_{\mathrm{L}}-Z_{\mathrm{C}})\dot{I}=R\dot{I}+\mathrm{j}(\omega L-\frac{1}{\omega C})\dot{I}$$

或

$$\dot{U}=\dot{U}_{\mathrm{R}}+\dot{U}_{\mathrm{L}}+\dot{U}_{\mathrm{C}}=\dot{U}_{\mathrm{R}}+\dot{U}_{\mathrm{Z}} \tag{4-5-13}$$

式（4-5-13）的相量关系可作出相量图如图 4-5-3 所示，这个相量可以这样做；先作出电流 $\dot{I}$ 相量，并以它为参考相量（若该相量初相未知，则可以假定初相为零），$R\dot{I}$ 和 $\dot{I}$ 同相，则在相量图上可作与 $\dot{I}$ 同相矢量；又 $\mathrm{j}X\dot{I}$ 超前 $\dot{I}$ 90°（这里假定 $X_{\mathrm{L}}>X_{\mathrm{C}}$），故由相量 $\dot{I}$ 再逆时针方向旋转 90°，作 $\dot{I}$ 相量的垂直矢量，这两个相量之和即为 $Z\dot{I}$，其实图 4-5-3 所示相量图也由式（4-5-1）的关系直接作出，如果仍用图 4-5-3 表示的话，只需先作出 $\mathrm{j}X_{\mathrm{L}}\dot{I}$，再作 $-\mathrm{j}X_{\mathrm{C}}\dot{I}$，∴ $\mathrm{j}X_{\mathrm{L}}\dot{I}$ 与 $-\mathrm{j}X_{\mathrm{C}}\dot{I}$ 反相，作出 $\mathrm{j}X_{\mathrm{L}}\dot{I}$ 后，再作一个反相矢量，结果仍然相同，即：它们之间的关系构成一个直角三角形，这是电压三角形。两个直角分别表示电阻上的有效值电压相量和电抗上的有效值电压相量，斜边则是 RLC 串联电路的端口的有效值电压相量。

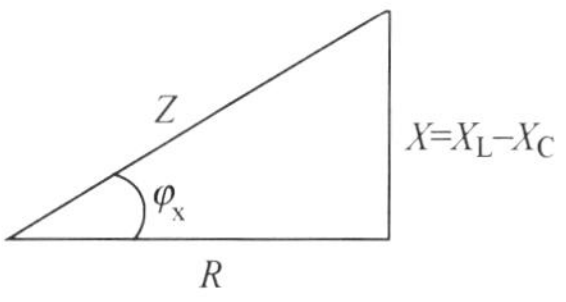

图 4-5-2　阻抗三角形

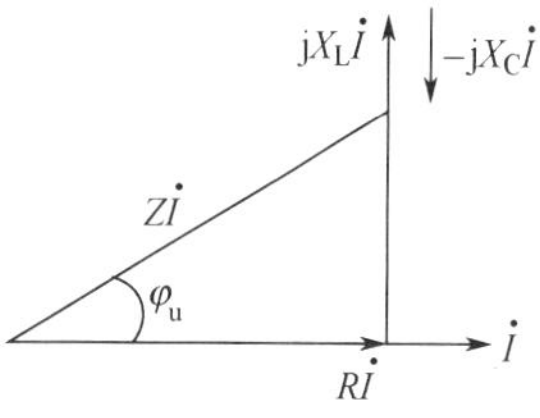

图 4-5-3　电压三角形

由于 $\dot{U}=U\angle\varphi_{\mathrm{u}}$

若假定　$\dot{I}=I\angle0°$（参考相量）则 $\dot{U}_{\mathrm{R}}=U_{\mathrm{R}}\angle0°$，$\dot{U}_{\mathrm{X}}=\mathrm{j}XI\angle0°=U_{\mathrm{X}}\angle\varphi_{\mathrm{X}}$

即

$$U_{\mathrm{X}}=XI，\quad \varphi_{\mathrm{X}}=90°$$

$$\dot{U} = U\angle\varphi_u = U_R + jU_X$$

于是有 $$U = \sqrt{U_R^{\ 2} + U_X^{\ 2}}\ ,\quad \varphi_u = \arctan\frac{U_X}{U_R} = \arctan\frac{X_L - X_C}{R} = \varphi_X$$

可见，电压三角形和阻抗三角形是相似三角形，阻抗角就是 RLC 串联电路端口电压超前（假定 $X_L > X_C$）电流的相位角。

3. 电路性质的讨论

由图4-5-3的相量图可以看出：φ 角是端口电压和电流之间的相差角，当 $\varphi = \arctan\dfrac{\omega L - \dfrac{1}{\omega C}}{R} > 0$ 时，表示感抗>容抗，电感上的电压 U_L>电容上的电压 U_c，此时端口电压超前电流 φ 角，则电路呈感性。或者说是感性电路，当 ωL=1/ωC 时，φ=0，端口电压和电流同相，电感与电容上电压等值反相，则电路呈电阻性质，或者说是电阻性电路；当 $\omega L < 1/\omega C$ 时，φ<0，端口电压滞后电流，电感上电压小于电容上电压，电路呈容性，或者说是容性电路。相应地，把电阻、电感、电容组成之负载分别称为为感性、电阻性、容性负载。

由 φ 角的大于、小于或等于零，只能判断电路的负载性质，无法具体判断电路包含哪些元件，例如，感性负载性质的电路，只能说明端口电压超前电流。且电路一定包含电感。至于是否包含电容？就无法作出结论。电阻性电路只能说明感抗与容抗相等，至于它们的大小以及是否肯定包含电感、电容元件，仅根据阻抗角 φ，是无法作出正确结论的。

当 $\varphi = \pm\pi/2$ 时（即 R=0 时）电路呈纯电感或纯电容性质。此时可以肯定 R=0，纯感性时 $\omega L > 1/\omega C$，纯电容性时 $\omega L < 1/\omega C$。但纯感性负载，不能肯定电路是否含有电容；同样，纯容性负载，也不能肯定它是否含有电感。

注意：在电路参数 RLC 给定的条件下，如果电源频率改变，则 $\because X_L = \omega L,\ X_C = 1/\omega C$；因此，当电源频率上升时，感抗 ωL 随之增加，容抗 $1/\omega C$ 将减小；若电路原呈容性，则当 ω 增加到某个数值以后，$\omega L < 1/\omega$，$\varphi < 0$，电路将由容性变为感性；反之，若频率 ω 减小，电路将由感性向容性转化，即电源频率的变化，将有可能引起电路性质的改变。

4.5.2 RLC 电路的并联 复导纳

1. RLC 并联电路的计算 复导纳

如图 4-5-4 是 RLC 并联电路，根据并联电路的电流关系有

$$i = i_R + i_L + i_C$$

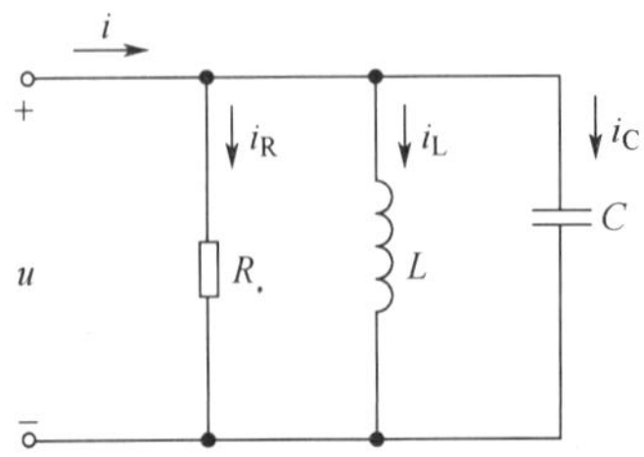

（a）RLC并联电路图

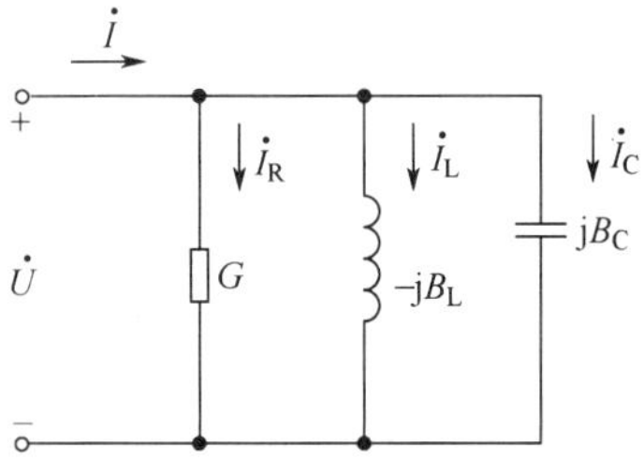

（b）相量模型

图 4-5-4 RLC 并联电路

基于同样的理由，可以将上式写成相量形式

$$\dot{I} = \dot{I}_R + \dot{I}_L + \dot{I}_C \tag{4-5-14}$$

如果将元件参数分别用电导、感纳、容纳，端口电压用 U 表示，并用它们来取代支路电流的话。由于 $\dot{I}_R = GU_R = G\dot{U}$ ，$\dot{I}_L = 0 - jB_C\dot{U}$

$$\dot{I} = [G + j(B_C - B_L)]\dot{U} \tag{4-5-15}$$

若令

$$Y = [G + j(B_C - B_L)] \tag{4-5-16}$$

$$B = B_C - B_L \tag{4-5-17}$$

称 B 为电纳，是电感、电容元件的感纳、容纳的总称；电纳是实数，同样，由于 Y 是一个复数，故定义为复导纳。复导纳如同复阻抗相似，在 ω 不变的条件下，也是一个复常数，将式（4-5-16）代入式（4-5-15）得

$$\dot{I} = Y\dot{U} \tag{4-5-18}$$

上式是交流欧姆定律的另一种形式。

借助于复导纳可得

$$Y_R = G \tag{4-5-19}$$

$$Y_L = -jB_L \tag{4-5-20}$$

$$Y_C = jB_C \tag{4-5-21}$$

在相量模型中，若所有参数在关联条件下均用复导纳形式表示，则可以把它当作并联电阻一样对待，值得再次提出注意的是：此时电流、电压均采用有效值相量形式。

可得出图 4-5-4 中各支路电流

$$\dot{I}_R = \frac{Y_R}{Y}\dot{I}\text{，}\quad \dot{I}_L = \frac{Y_L}{Y}\dot{I}\text{，}\quad \dot{I}_C = \frac{Y_C}{Y}\dot{I}$$

上列各式中 $Y=Y_R+Y_L+Y_C$。

2．导纳三角形与电流三角形

同样复导纳用极坐标形式可以表示成

$$Y = y\angle\varphi_Y \tag{4-5-22}$$

式中

$$y = \sqrt{G^2 + B^2} = \sqrt{G^2 + \left(\omega C - \frac{1}{\omega L}\right)^2}$$

称 y 为复导纳的模，简称导纳，是实数。

$$\varphi_y = \arctan\frac{B}{G} = \arctan\frac{\omega C - \dfrac{1}{\omega L}}{G} \tag{4-5-23}$$

称 φ_y 为复导纳的幅角，或称导纳角。

由式（4-5-23）可知，导纳与电导、电纳构成一直角三角形，考虑到导纳角关系。则导纳为此直角三角形的斜边，电导为邻边，电纳为对边（图 4-5-5）。并称此直角三角形为导纳三角形。

将对复导纳、导纳的讨论与对复阻抗、阻抗的讨论对比一下发现，它们也具有对偶关系。

在电阻电路中，串联和并联电路是对偶关系电路；同样，RLC 串联电路和 RLC 并联电路也是具有对偶关系的电路，按照对偶原则，只需将 RLC 串联电路中的 $R\to G$，$X_L \to B_C$，$X_C\to B_L$，或 $X\to B$，$U_C\to I_C$，$I_L\to U_L$，则由 RLC 串联电路的讨论中所得出的关系可以应用到 RLC 并联电路。按照这一原则得到

$$\dot{I} = I\angle\varphi_{i} = I_{R} + jI_{B}, \quad I = \sqrt{I_{R}^{2} + I_{B}^{2}}$$

$$\varphi_{i} = \arctan\frac{(B_{C} - B_{L})U}{GU} = \arctan\frac{\omega c - \frac{1}{\omega L}}{G} = \varphi_{y}$$

即在 RLC 并联电路中，有电流直角三角形，斜边是端口电流，邻边是通过电阻电流，对边是通过电纳的总电流，并且电流三角形和导纳三角形是相似三角形，端口电压与电流的相差角见图（4-5-6）。

注意：感抗与容纳（而不是感纳）对偶，容抗与感纳（而不是容纳）对偶，与电感 L 与电容 C 对偶是一致的。

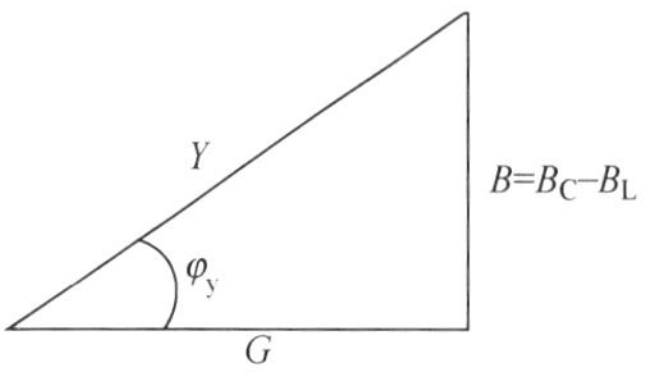

图 4-5-5　导纳三角形

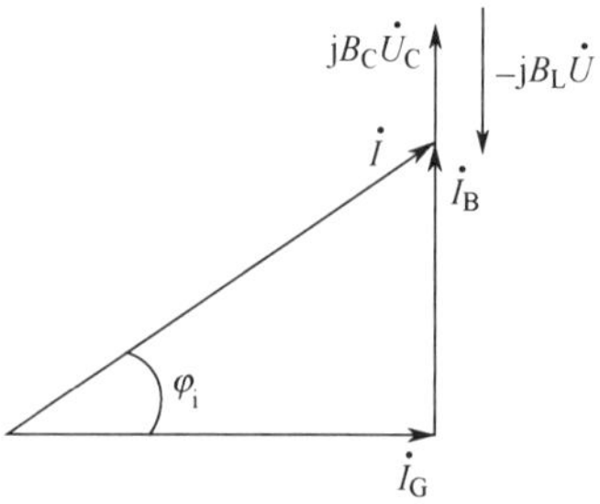

图 4-5-6　电流三角形

正因为如此，当 $\varphi_{i} > 0$，表示容纳 > 感纳，端口电流超前电压，电路呈容性；$\varphi_{i} < 0$，容纳小于感纳，端口电流滞后电压，电路呈感性；φ_{i}=0。容纳=感纳，电路呈电阻性；分别为容性、感性、电阻性电路。

同样，当电源频率变化时，由于容纳和感纳随之变化，电路的负载性质亦将有可能随之而变。

对于 RLC 串联电路。当 $X= X_{L} - X_{C} > 0$ 时，作串联连接的 RLC 元件，可以等效成一个电感元件，而对于 RLC 并联电路，当 $B= B_{C} - B_{L} >0$ 时。作并联连接的 LC 元件可以等效成 C 元件；当 $B<0$ 时，可以等效为一个 L 元件，当 $B=0$ 时，RLC 并联电路 可以等效为一个电阻元件。

4.5.3　复阻抗与复导纳的等效变换

通过 RLC 串联、并联电路的讨论，得出了交流电路的欧姆定律公式（4-5-6）和式（4-5-18），但式（4-5-6）是和 RLC 串联对应，而式（4-5-18）和 RLC 并联电路对应，如果这两种电路端口的电压和电流相等，就有 RLC 串联电路的复阻抗与 RLC 并联电路的复导纳互为倒数的结论。即在元件参数不变的条件下，同一电路从端口“看进去”电路的复阻抗和导纳是互为倒数的。（千万注意：阻抗与导纳不互为倒数！）亦即：若已知某无源二端网络 N_0 的复阻抗为 Z（图 4-5-7（A）），则该网络 N_0 的复导纳 $Y=1/Z$。由于常把复阻抗的实部等效为一个电阻，虚部等效为一个电抗（或电感、或电容）（注意：虚部也是实数）。这个等效电阻和等效电抗是作串联连接的，而把复导纳的实部等效为一个电导，虚部等效为一个电纳（或电容、或电感）；这个等效电导和等效电纳则是作并联连接的。在它们复阻抗和复导纳互为倒数的条件下，这两个电路只能说是等效的。既在端口加相同电压相量条件下，它们端口的电流也必然相同，但是这两个电路是不同的。根据等效变换的定义，则上述是一种等效变换。（图 4-5-8），只要它们的复阻抗和复导纳互为倒数，则这两个电路等效（即端口具有相同的电压时，电流也必然相同）。

$$Y = 1/Z \tag{4-5-24}$$

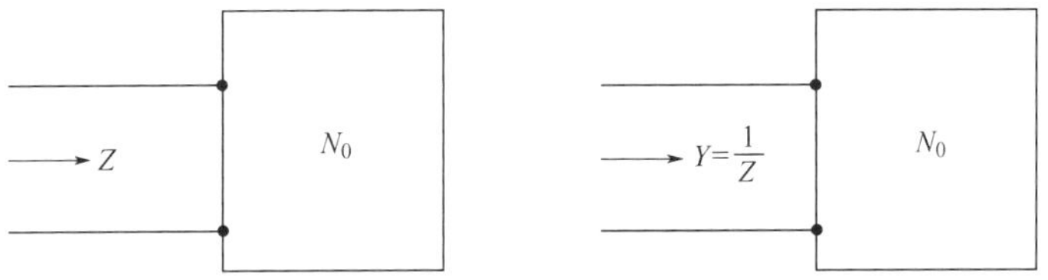

（a）若已知无源二端电路的复阻抗为Z　　（b）则该电路的复导纳$Y=\frac{1}{Z}$

图 4-5-7　电路复阻抗与复导纳关系

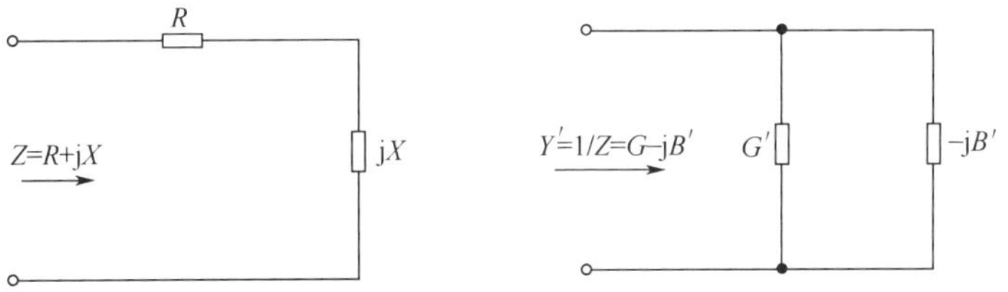

（a）　　（b）

图 4-5-8　当 Z 与 Y'互为倒数，这两电路等效

当电路作上述等效变换时，元件参数之间关系如下。

1．将电阻与电抗的串联变换为电导与电纳的并联

设作串联连接的 RLC 电路的复阻抗 $Z=R+\mathrm{j}X$，且 $X>0$，即它是一感性电路；于是该电路首先可以简化（等效）为一电阻或一电感串联的电路，见图 4-5-9（a）、（b）。只要 $Z=R+\mathrm{j}X$

即
$$X = X_{\mathrm{L}} - X_{\mathrm{C}}$$

又
$$y = \frac{1}{Z} = \frac{1}{R+\mathrm{j}X} = \frac{R-\mathrm{j}X}{(R+\mathrm{j}X)(R-\mathrm{j}X)}$$
$$= \frac{R}{R^2+X^2} - \mathrm{j}\frac{X}{R^2+X^2} = G - \mathrm{j}B \tag{4-5-25}$$

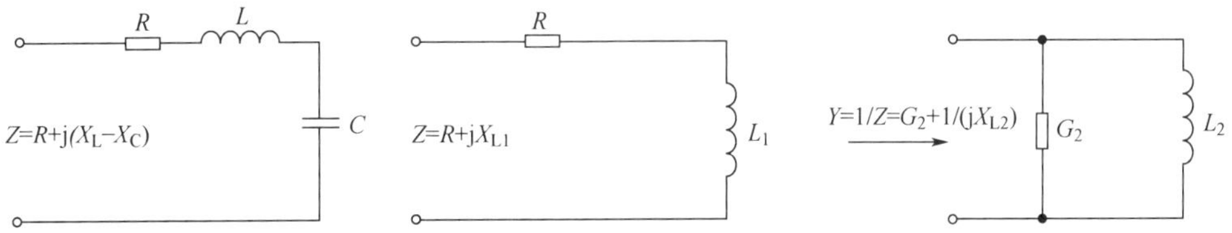

图 4-5-9　串联电路可以等效变换为并联电路

于是，当仅仅是参数为 R 的电阻与参数为 X 的电抗串联等效变换为参数为 G 的电导和参数为 B 的电纳时，等效导纳的参数

$$G = \frac{R}{R^2+X^2} \tag{4-5-26}$$

$$B = \frac{X}{R^2+X^2} \tag{4-5-27}$$

式（4-5-26）和式（4-5-27）是电阻与电抗的串联变换为电导与电纳的并联时参数一般关系。

2．将电导与电纳的并联变换为电阻与电抗的串联

根据上述讨论，将电导与电纳的并联变换为电阻与电抗的串联也是容易的，如图 4-5-10 所

示，这两个电路等效条件是

$$Z=\frac{1}{Y}=\frac{1}{G+\mathrm{j}B}=\frac{G}{G^2+B^2}-\mathrm{j}\frac{G}{G^2+B^2}$$

故将图 4-5-10（a）等效变换为图 4-5-10（b）的条件为

$$R'=\frac{G}{G^2+B^2} \tag{4-5-28}$$

$$Z'=\frac{B}{G^2+B^2} \tag{4-5-29}$$

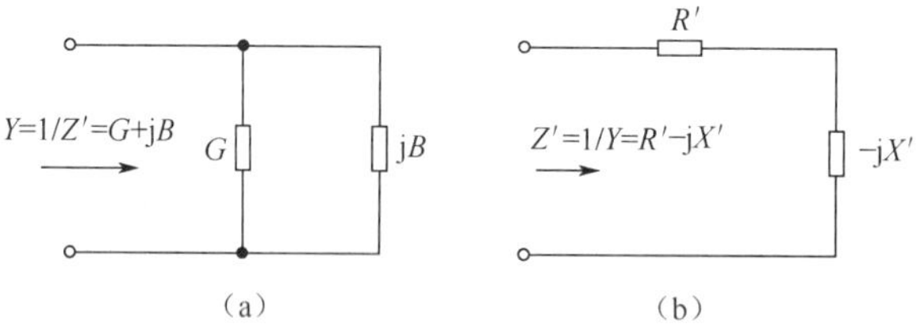

图 4-5-10 当 Z'=1/Y 时这两个电路等效

4.6 阻抗的串联与并联

RLC 串联和并联电路中引进了复阻抗与复导纳的概念，根据已讨论的复阻抗与复导纳之间的相互转换关系以及它们所表示的等效电路，可以推论出：任何 RLC 串联混合连接电路，只要它具有两个引入端，均可以等效为一个复阻抗或复导纳，而且可以把它看成“一个复阻抗”或“一个复导纳”元件。

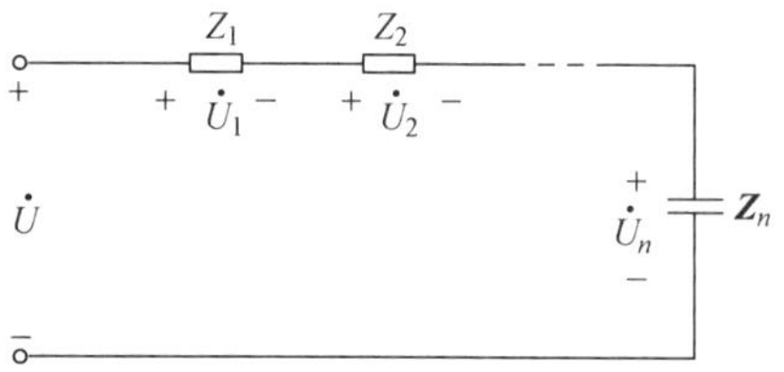

图 4-6-1 *n* 个复阻抗的串联

如果有 *n* 个复阻抗元件串联(这些复阻抗元件可以是单个的电阻或电感或电容元件，也可以是若干 RLC 元件组合)，它们的复阻抗设分别为 $\boldsymbol{Z}_1,\boldsymbol{Z}_2,\ldots,\boldsymbol{Z}_n$（图 4-6-1），则因为

$$\dot{U}=\dot{U}_1+\dot{U}_2+\cdots+\dot{U}_n$$

而 $$\dot{U}_1=\boldsymbol{Z}_1\dot{I}\,,\quad \dot{U}_2=\boldsymbol{Z}_2\dot{I}\,,\cdots\dot{U}_n=\boldsymbol{Z}_n\dot{I}$$

∴ $$\dot{U}=(\boldsymbol{Z}_1+\boldsymbol{Z}_2+\cdots+\boldsymbol{Z}_n)\dot{I}=\boldsymbol{Z}\dot{I}$$

式中 $$\boldsymbol{Z}=\boldsymbol{Z}_1=\boldsymbol{Z}_2+\boldsymbol{Z}_3+\ldots+\boldsymbol{Z}_n=\sum_{i=1}^{n}\boldsymbol{Z}_\mathrm{i} \tag{4-6-1}$$

即若干作串联连接的复阻抗的等效复阻抗等于这些复阻抗的和。

由于 $\boldsymbol{Z}_1=Z_1\angle\varphi_1\,,\boldsymbol{Z}_2=Z_2\angle\varphi_2\,,\ldots,\boldsymbol{Z}_n=Z_n\angle\varphi_n$，即

$$\boldsymbol{Z}=Z\angle\varphi$$

于是式（4-6-1）也可以写成

$$\begin{aligned}Z\angle\varphi&=Z_1\angle\varphi_1+Z_2\angle\varphi_2+\cdots+Z_n\angle\varphi_n\\&=(Z_1\cos\varphi_1+Z_2\cos\varphi_2+\cdots+Z_n\cos\varphi_n)+\mathrm{j}(Z_1\sin\varphi_1+Z_2\sin\varphi_2+\cdots+Z_n\sin\varphi_n)\\&=Z\cos\varphi+\mathrm{j}Z\sin\varphi\end{aligned}$$

$$\begin{aligned}Z\cos\varphi&=Z_1\cos\varphi_1+Z_2\cos\varphi_2+\cdots+Z_n\cos\varphi_n\\Z\sin\varphi&=Z_1\sin\varphi_1+Z_2\sin\varphi_2+\cdots+Z_n\sin\varphi_n\end{aligned} \tag{4-6-2}$$

$$Z=\sqrt{(Z_1\cos\varphi_1+Z_2\cos\varphi_2+\cdots+Z_n\cos\varphi_n)^2+(Z_1\sin\varphi_1+Z_2\sin\varphi_2+\cdots+Z_n\sin\varphi_n)^2}$$

$$\varphi=\arctan\frac{Z_1\sin\varphi_1+Z_2\sin\varphi_2+\cdots+Z_n\sin\varphi_n}{Z_1\cos\varphi_1+Z_2\cos\varphi_2+\cdots+Z_n\cos\varphi_n} \tag{4-6-3}$$

因为复阻抗用直角坐标系形式可以表示成 $Z_n=R_n+\mathrm{j}X_n$ ，故式（4-6-1）可以表示成

$$Z=Z_1+Z_2+\cdots+Z_n=(R_1+R_2+\cdots+R_n)+\mathrm{j}(X_1+X_2+\cdots+X_n)$$

$$Z=\sum_{i=1}^{n}R_i+\mathrm{j}(\sum_{i=1}^{n}X_i) \tag{4-6-4}$$

$$\sum_{i=1}^{n}R_i=R_1+R_2+\cdots+R_n \tag{4-6-5}$$

$$\sum_{i=1}^{n}X_i=(X_1+X_2+\cdots+X_n) \tag{4-6-6}$$

可见，交流电路中的元件用复阻抗来表示其参数的话，则串联复阻抗的等效复阻抗由式（4-6-1）确定，和串联电阻的等效电阻公式具有相似的形式，但含义不同，前者是复数之和，而后者是算术和。

这进一步揭示了一个实质：若干复阻抗的串联，最后仍组合成一个复阻抗，这个复阻抗就是它们的等效复阻抗，这样若干复阻抗串联之后的分压公式也和电阻电路中电阻的串联一样，具有相似的形式，只要将电阻电路中的 R 用 Z 取代，电压 u 用电压有效值相量 $\dot{U}$ 取代即可，即第 i 个复阻抗两端电压

$$\dot{U}_i=\frac{Z_i}{Z}\dot{U} \tag{4-6-7}$$

式中，$\dot{U}$ 是作串联连接的 n 个复阻抗的总电压，Z 是它们的等效复阻抗，同样，对于 n 个复导纳并联的交流网络，其等效复导纳也不难证明为

$$Y=Y_1+Y_2+\ldots+Y_n+=\sum_{i=1}^{n}Y_i \tag{4-6-8}$$

以及
$$Y=G+\mathrm{j}B \tag{4-6-9}$$

式中
$$G=\sum G_i \tag{4-6-10}$$

$$B=\sum B_i \tag{4-6-11}$$

其中
$$Y_i=G_i+\mathrm{j}B_i \tag{4-6-12}$$

例 4-6-1　已知如图 4-6-2 所示电路是一个由电阻 R_1 和电容 C、电阻 R_2 和电感 L 先串联然后再并联的二端网络，若在端口加电压 U；且已知激励源频率为 ω，试求 U_{12}，

解：如图 4-6-2 所示已给出电路的相量模型，且已知 $Z_1=R_1$，$Z_2=R_2$，$Z_{\mathrm{c}}=-\mathrm{j}\dfrac{1}{\omega C}$，$Z_{\mathrm{L}}=\mathrm{j}\omega L$，

根据电路中任意两个节点之间的电压和某一个节点的电压之间的关系

$$\dot{U}_{12}=\dot{U}_1-\dot{U}_2$$

而电路中某一节点的电压是该节点相对于参考节点之间的电压，若选定节点 0 为参考节点，则 $\dot{U}_1=\dot{U}_{10}$，$\dot{U}_2=\dot{U}_{20}$，由图可见：$\dot{U}_{10}=-\dot{U}_{01}=-Z_1\dot{I}_1$，$\dot{U}_{20}=-\dot{U}_{02}=-Z_2\dot{I}_2$

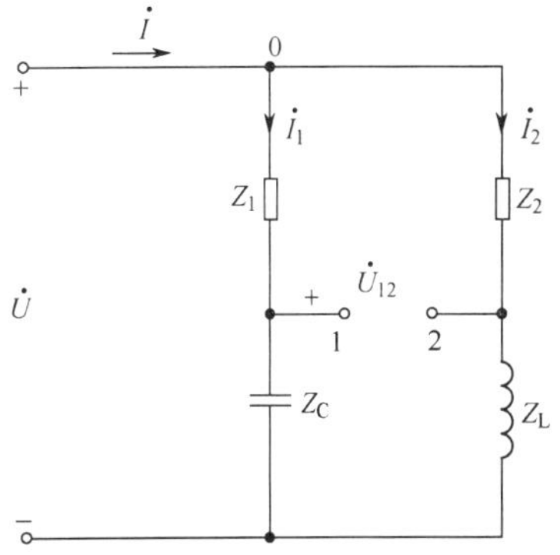

图 4-6-2　例 4-6-1 的图

又 $$\dot{I}_1=\frac{\dot{U}}{Z_1+Z_C},\quad \dot{I}_2=\frac{\dot{U}}{Z_2+Z_L}$$

∴ $$\dot{U}_{12}=\dot{U}_{10}-\dot{U}_{20}=Z_2\dot{I}_2-Z_1\dot{I}_1=(\frac{Z_2}{Z_2+Z_L}-\frac{Z_1}{Z_1+Z_C})\dot{U}$$

例 4-6-2 求如图 4-6-3 所示电路的复阻抗，已知 $C_1=10\mu F$，$R_2=10\Omega$ ，$C=1\mu F$，$R_4=10\Omega$，g_m=1S， $\omega=10^5$ rad/s

解： 首先作出图 4-6-3 所示电路的相量模型如图 4-6-4 所示。

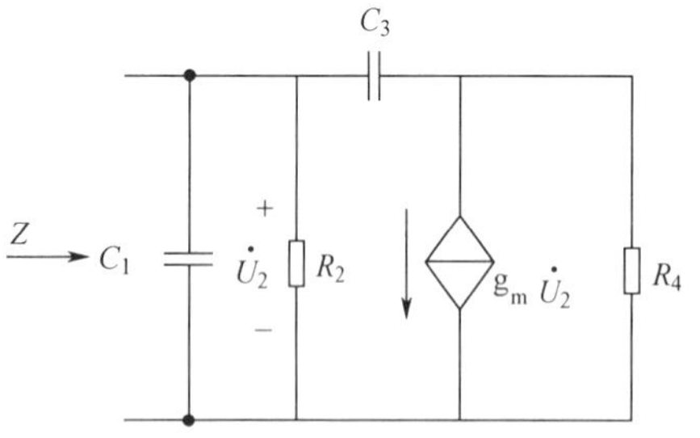

图 4-6-3 例 4-6-2 的图

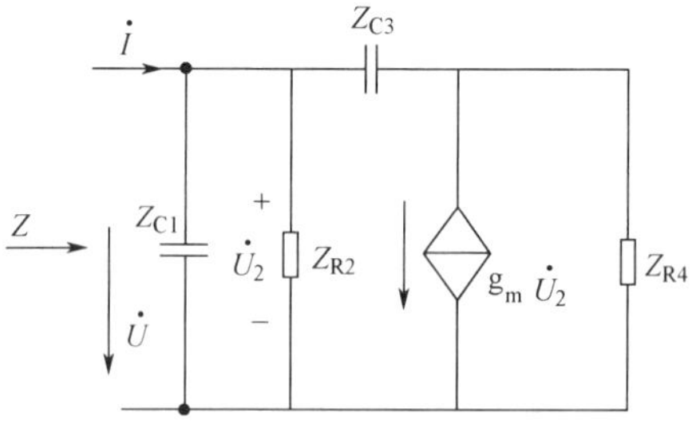

图 4-6-4 图 4-6-3 的相量模型

图中， $Z_{C1}=-j\frac{1}{\omega C_1}=-j\Omega$， $Z_{R2}=10\Omega$， $Z_{C3}=-j\frac{1}{\omega C_3}=-j10\Omega$， $Z_{R4}=10\Omega$， g_m=1S

又 $\dot{U}_2=\dot{U}$， $Z=\frac{\dot{U}}{\dot{I}}$

按二端无源网络“输入电阻”的定义法，该电路的输入复阻抗定义为：*Z=UI*

为了求出 Z，可以首先将电流源 VCCS 与复阻抗 Z_{R4} 的并联等效变换为 VCVS 与复阻抗的串联，如图 4-6-5 所示，由于两个复阻抗的串联可以等效为一个复阻抗，这等效复阻抗为两串联复阻抗之和，即 $Z_3=Z_{C3}+Z_{R4}$ 或 Z_3=10−j10，而 Z_3 与 VCVS 的串联又可以等效变换为 Z_3 与 VCCS 并联，如图 4-6-6 所示，在进行了这两次变换之后。

∵ $$\dot{I}=\frac{\dot{U}}{Z_{C1}}+\frac{\dot{U}}{Z_{R2}}+\frac{\dot{U}}{Z_3}+\frac{g_m 2R_4\dot{U}}{Z_3}=(\frac{1}{Z_{C1}}+\frac{1}{Z_{R2}}+\frac{1}{Z_3}+\frac{g_m 2R_4}{Z_3})\dot{U}$$

$$Z=\frac{\dot{U}}{\dot{I}}=\frac{1}{\frac{1}{Z_{C1}}+\frac{1}{Z_{R2}}+\frac{1}{Z_3}+\frac{g_m 2R_4}{Z_3}}=0.6\angle-67.25^\circ=(0.23-j0.55)\Omega$$

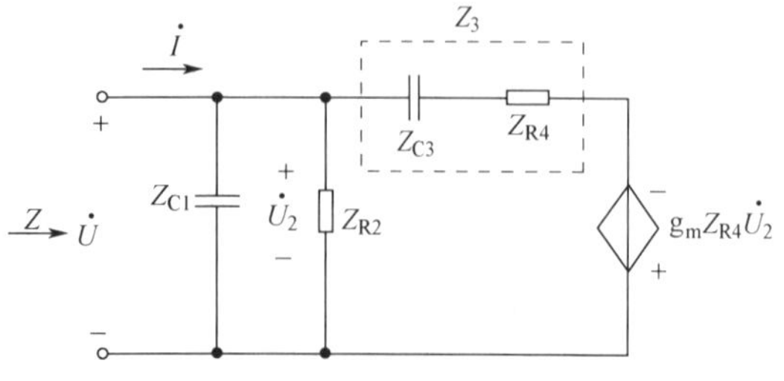

图 4-6-5 将 VCCS→VCVS

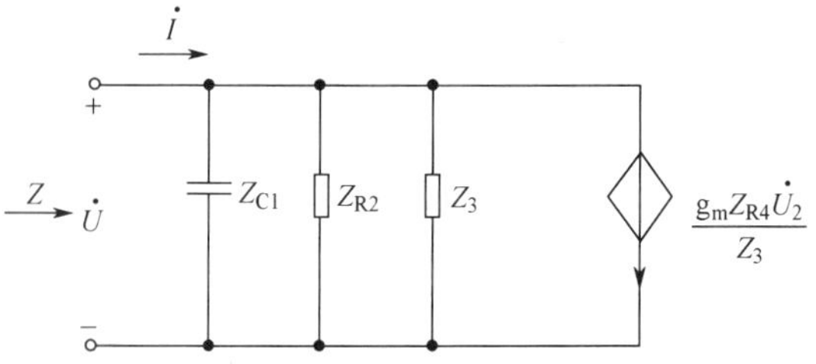

图 4-6-6 将 VCVS→VCCS

即图 4-6-3 所示电路的输入复阻抗 Z =（0.23 − j0.55）Ω，它可以等效为一个阻值为 0.23 Ω 的

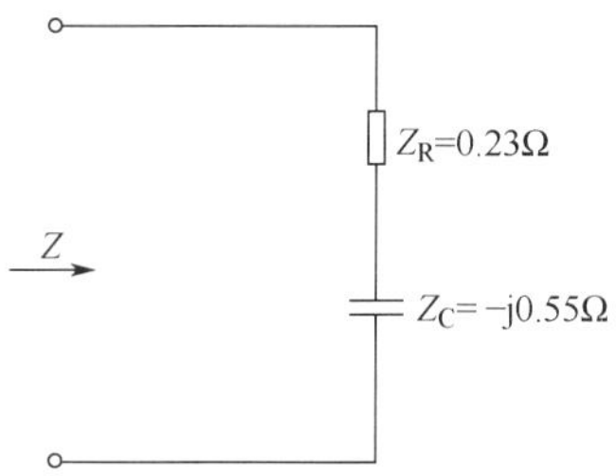

图 4-6-7　图 4-6-3 的等效电路

电阻和一个容抗为0.55 Ω 的电容的串联，其等效电路如图4-6-7 所示。

例 4-6-3　按图 4-6-8 所示线路可测量线圈电感量 L 及电阻 R，当外加电源频率 f=50Hz、电压 U=125V 时，调整电容 C，使开关 K 闭合及断开两种情况时电流表的读数均为 I_1=1.8A；然后再将电容减少一半容量，在 K 闭合时电流表读数为 I_2=1.3A，求电阻 R 及电量 L。

解：为了简化求解过程，根据复阻抗与复导纳的等效变换关系，可以将电阻与电感的串联等效变换成电导与电感的并联，如图 4-6-9 所示，不过，此时图中

$$G=\frac{R}{R^2+\omega^2L^2}，\quad B_L=\frac{\omega L}{R^2+\omega^2L^2}$$

显然，这两个图对端口而言是等效的，且在上两式中的 R 和 L 正是图 4-6-8 中电阻的阻值和电感的电感量，欲使图 4-6-9 中电流表的读数，在开关闭合及断开时均相同，即

$$|\dot I_R+\dot I_L+\dot I_C|=|\dot I_R+\dot I_L|$$

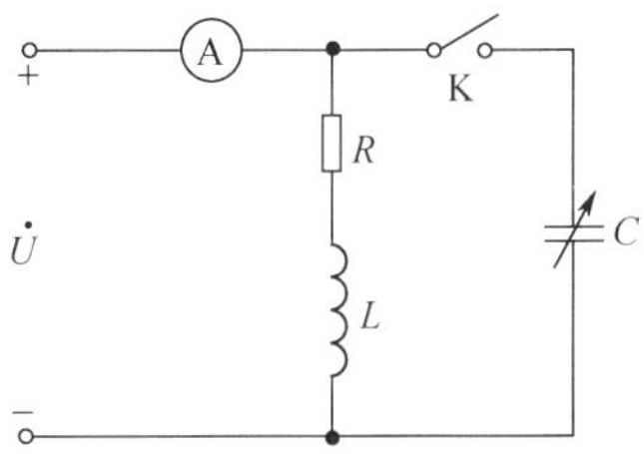

图 4-6-8　例 4-6-3 的图

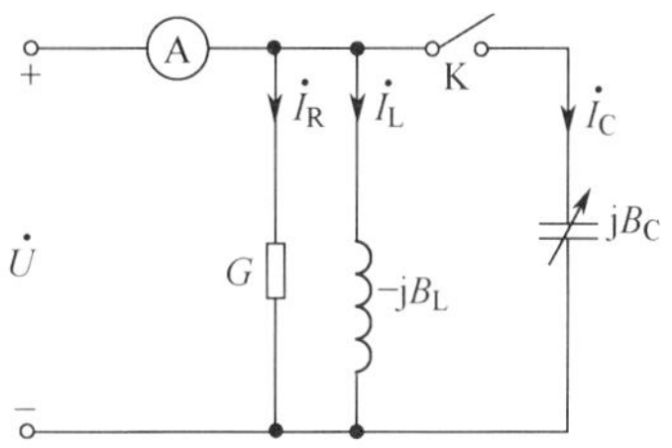

图 4-6-9　图 4-6-8 的等效相量模型

由于电感电流 $\dot I_L$ 滞后端口电压 90°，电容电流 $\dot I_C$ 超前端口电压 90°，于是 $\dot I_L$ 与 $\dot I_C$ 反相，上述电流关系成立条件应是

$$I_C-I_L=I_L \text{ 或 } I_C=2I_L$$

由于 $I_C=B_CU=\omega CU$，　　$I_L=B_LU=\dfrac{\omega L}{R^2+\omega^2L^2}U$

于是就有 $\omega CU=\dfrac{2\omega L}{R^2+\omega^2C^2}U$，即　$C=\dfrac{2L}{R^2+\omega^2C^2}$

当容量减小至原容量的一半时，即 $C_1=C/2$

显然　$\omega C_1=\omega C/2=B_L$

由于容纳等于感纳，电路为电阻性负载，即电流表中电流为通过电阻 G 的电流，按照 $GU=I$ 的关系，可得

$$\frac{R}{R^2+\omega^2C^2}U=\frac{R}{R^2+\omega^2C^2}\times125=1.3 \tag{4-6-13}$$

对于图 4-6-8 而言，由于电容断开时，电路中电流仍保持 1.8A，即

$$\frac{125}{R^2+\omega^2L^2}=1.8 \tag{4-6-14}$$

化简式（4-6-13）、式（4-6-14）并将 $\omega=2\pi f=100\pi$ 代入，得

$$[R^2+(100\pi)^2L^2]\times1.8^2=125^2 \tag{4-6-15}$$

$$[R^2+(100\pi)^2L^2]\times1.3=125R \tag{4-6-16}$$

得
$$[R^2+(100\pi)^2\frac{125^2-1.8^2R^2}{(100\pi)^2\times1.8^2}]\times1.3=125R$$
$$R=\frac{125^2\times1.3}{125\times1.8^2}\approx50.15\Omega$$
$$L=\sqrt{\frac{125^2-1.5\times50.15^2}{(100\pi)^2\times1.8^2}}\approx0.153\text{H}$$

4.7 节点方程 回路方程 戴维南定理的相量形式

由欧姆定律和基尔霍夫定律的相量形式，可推出节点方程、回路方程、戴维南定理的相量形式，只需将电阻电路中得出的关系中的 R 用 Z 取代、G 用 Y 取代、瞬时电压 u 用电压有效值相量 U 取代、瞬时电流用电流有效值相量取代，即可得出。

根据这一原则，可以写出具有 n+1 个节点的网络的节点方程为：
$$\begin{aligned}&Y_{11}\dot{U}_1+Y_{12}\dot{U}_2+\cdots+Y_{1n}\dot{U}_n=\dot{I}_{S1n}\\&Y_{21}\dot{U}_1+Y_{22}\dot{U}_2+\cdots+Y_{2n}\dot{U}_n=\dot{I}_{S2n}\\&\vdots\\&Y_{n1}\dot{U}_1+Y_{n2}\dot{U}_2+\cdots+Y_{nn}\dot{U}_n=\dot{I}_{Snn}\end{aligned}\tag{4-7-1}$$
具有 n 个独立回路的网络的回路方程为：
$$\begin{aligned}&Z_{11}\dot{I}_1+Z_{12}\dot{I}_2+\cdots+Z_{1n}\dot{I}_n=\dot{U}_{S1n}\\&Z_{21}\dot{U}_1+Z_{22}\dot{U}_2+\cdots+Z_{2n}\dot{I}_n=\dot{U}_{S2n}\\&\vdots\\&Z_{n1}\dot{I}_1+Z_{n2}\dot{I}_2+\cdots+Z_{nn}\dot{I}_n=\dot{U}_{Snn}\end{aligned}\tag{4-7-2}$$
同样可得出戴维南定理为：任何一个含源二端网络，均可以等效成一个电压源和一个复阻抗的串联，这个电压源的电压有效值相量为含源二端网络的开路电压有效值相量，这个等效的复阻抗等于含源二端网络的输出复阻抗（或含源二端网络中独立源取零值时的输入复阻抗），这些原则对叠加定理、诺顿定理同样适用，因此，可推出在正弦稳态分析中如何应用叠加定理、诺顿定理等来求响应的方法。下面通过几道例题加以说明。

例 4-7-1 如图 4-7-1 所示电路，已知 $u_3=1.414\sin(2t)\text{V}$，$i_S=1.414\sin(2t+30^\circ)\text{A}$。试列出电路的回路电流方程和节点电压方程。

解：首先作出图 4-7-1 的相量模型如图 4-7-2 所示，图 4-7-2 中，因为激励源角频率 $\omega=2\text{rad/s}$

$\dot{U}_3=10\angle0^\circ\text{V}$，$\dot{I}_3=1\angle30^\circ\text{A}$，$Z_1=R_2+\text{j}\omega L_1=(1+\text{j}8)\Omega$

$Z_{R3}=1\Omega$，$Z_{R4}=1\Omega$，$Z_{R5}=1\Omega$，$Z_{C6}=-\text{j}\dfrac{1}{\omega C}=\text{j}\dfrac{1}{8}\Omega$

若按图 4-7-2 选取独立回路，则由于通过回路 1 的回路电流 $\dot{I}_1=\dot{I}_S=1\angle30^\circ\text{A}$，故不必求 Z_{11}、Z_{12}、Z_{13}、Z_{14}，图中 $\dot{U}_{S11}$ 亦不必求；

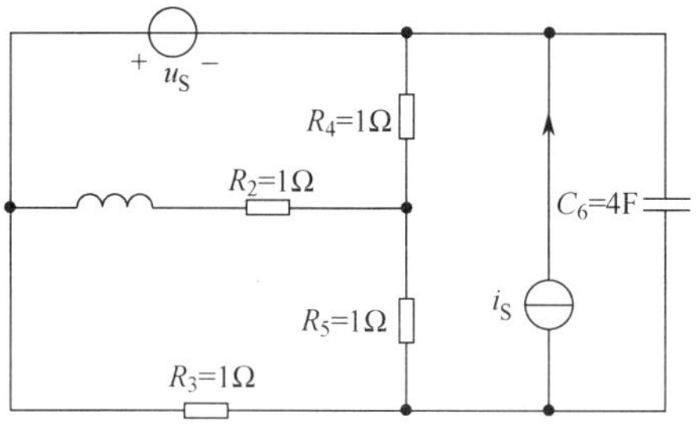

图 4-7-1　例 4-7-1 的图

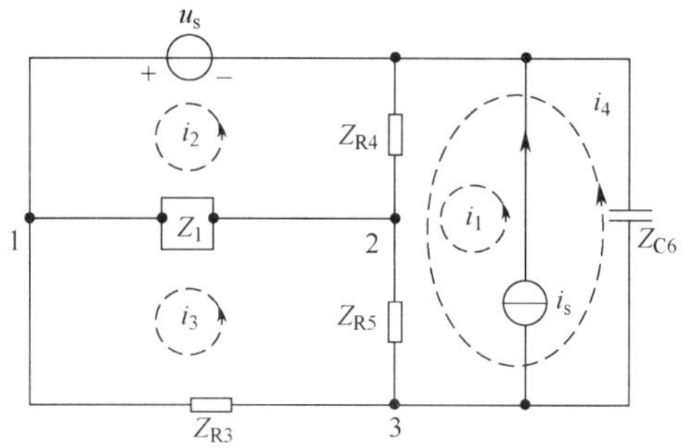

图 4-7-2　图 4-7-1 的相量模型

$$Z_{21}=-Z_{R4}=-1\Omega,\ Z_{22}=Z_1+Z_{R4}=(2+j8)\Omega,\ Z_{23}=-Z_1=-(1+j8)\Omega$$

$$Z_{24}=-Z_{R4}=1\Omega,\ \dot{U}_{S22}=\dot{U}=10\angle 0^\circ V$$

$$Z_{31}=-Z_{R5}=-1\Omega,\ Z_{32}=Z_{23}=-(1+j8)\Omega,\ Z_{33}=Z_1+Z_{R3}+Z_5=(3+j8)\Omega$$

$$Z_{34}=-Z_{R5}=-1\Omega,\ U_{S33}=0$$

$$Z_{41}=Z_{R4}+Z_{R5}=2\Omega,\ Z_{42}=Z_{24}=-1\Omega,\ Z_{43}=Z_{34}=-1\Omega$$

$$Z_{44}=Z_{R4}+Z_{R5}=Z_{C6}=(2-j\frac{1}{8}),\ \dot{U}_{S44}=0$$

故得回路电流方程为：

$$\dot{I}_1=1\angle 30^\circ A$$

$$-\dot{I}_1+(2+j8)\dot{I}_2-(1+j8)\dot{I}_3-\dot{I}_4=10\angle 0^\circ A$$

$$-\dot{I}_1-(1+j8)\dot{I}_2+(3+j8)\dot{I}_3-\dot{I}_4=0$$

$$2\dot{I}_1-\dot{I}_2+\dot{I}_3+(2-j\frac{1}{8})\dot{I}_4=0$$

欲在同一图中求出节点电压方程，则首先选取参考节点，图中选取“0”节点为参考节点，由于节点 1 电压即电压源电压。于是只有三个独立节点，故

$$Y_{21}=-\frac{1}{Z_1}=-\frac{1}{1+j8}S,\ Y_{22}=\frac{1}{R_4}+\frac{1}{R_5}+\frac{1}{Z_{11}}=\frac{3+j16}{1+j8}S$$

$$Y_{23}=\frac{-1}{R_5}=-1S,\ \dot{I}_{S22}=0,\ Y_{31}=-\frac{1}{R_3}=-1S$$

$$Y_{32}=-\frac{1}{R_5}=-1S,\ Y_{33}=\frac{1}{R_3}+\frac{1}{R_5}+\frac{1}{Z_{C6}}=(2+j8)S,\ \dot{I}_{33}=-\dot{I}_S=-1\angle 30^\circ A$$

故得节点电压方程为

$$\dot{U}_{n1}=\dot{U}_S=10\angle 0^\circ V$$

$$-\frac{1}{1+j8}\dot{U}_{n1}+\frac{3+j16}{1+j8}\dot{U}_{n2}-\dot{U}_{n3}=0$$

$$-\dot{U}_{n1}-\dot{U}_{n2}+(2+j8)\dot{U}_{n3}=-1\angle 30^\circ$$

通过例 4-7-1 可以推论：欲求出回路方程，其求解步骤与电阻电路中的相同，只是元件参数均要写成复阻抗形式，电源参数则应写成相量形式，且自阻抗均取正，互阻抗则视回路电流通过公共支路参考方向是相同还是相反来定，同向取正，反向取负。

同样，欲求出节点方程，元件参数应写成复导纳形式，上面的求解是注意到元件的复阻抗与复导纳互为倒数这一关系。

注意：节点方程中的系数不能由回路方程的系数取倒数得出；如 $Y_{22} \neq 1/Z_{22}$，等等，且自导纳总是取正，互导纳总是取负。

对于含受控源的电路，由于其系数均为常数，故只需将控制量写成相量形式，即可将它当成独立源一样处理。方法见例 4-7-2。

例4-7-2 已知电路如图4-7-3所示，且 $u_S = 10\sqrt{2}\sin(2t)$V，$R_1 = 2\Omega$，$C_2 = 0.5$F，$L_3 = 2$H，$\mu = 0.2$。试求回路方程、节点方程，并求各支路电流。

解：首先作出图 4-7-3 的相量模型见图 4-7-4，图中 $\dot{U}_S = 10\angle 0°$V，$R_1 = 2\Omega$，$Z_{C2} = -j\Omega$，$Z_{L3} = j4\Omega$ 于是，$Z_{11} = R_1 + R_2 = (2-7j)\Omega$，$Z_{12} = Z_{21} = Z_{C2} = -j\Omega$，$Z_{22} = Z_{C2} + Z_{L3} = j3\Omega$

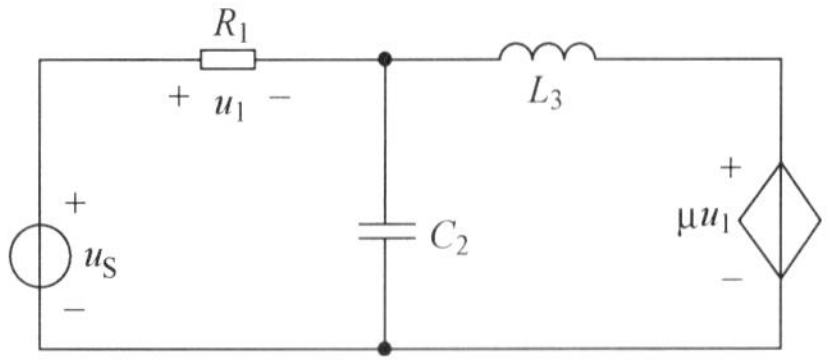

图 4-7-3 例 4-7-2 的图

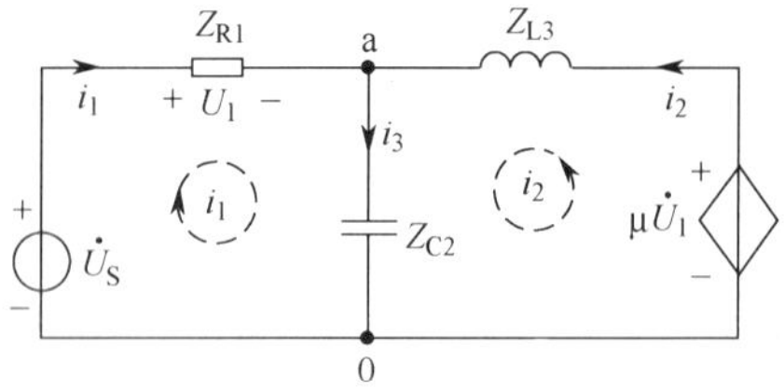

图 4-7-4 图 4-7-3 的相量模型

$$\dot{U}_{S11} = \dot{U}_S = 10\angle 0°\text{V},\ \dot{U}_{S22} = \mu\dot{U}_1 = 0.4\dot{I}_1$$

可得回路方程

$$\begin{aligned} &(2-j)\dot{I}_1 - j\dot{I}_2 = 10\angle 0° \\ &-j\dot{I}_1 + j3\dot{I}_2 = 0.4\dot{I}_1 \end{aligned} \tag{4-7-3}$$

或

$$(0.4-j)\dot{I}_1 + j3\dot{I}_2 = 0 \tag{4-7-4}$$

式（4-7-3）和式（4-7-4）即为该电路的回路方程，解之，可得回路电流

$$\dot{I}_1 = 4.36\angle 35.54°\text{A}$$

∴
$$i_1 = 4.36\sqrt{2}\sin(2t + 35.54°)\text{A}$$

$$\dot{I}_2 = 1.57\angle 13.74°\text{A}$$

$$i_2 = 1.57\sqrt{2}\sin(2t + 13.74°)\text{A}$$

由于当选取“0”节点为参考节点时 $Y_{11} = \dfrac{1}{R_1} + \dfrac{1}{Z_{C2}} + \dfrac{1}{Z_{L3}} = 0.5 + j - j0.25 = 0.56 + j0.75$ S

$\dot{I}_{S11} = \dfrac{\dot{U}_3}{R_1} + \dfrac{\mu\dot{U}_1}{Z_{L3}}$，$\dot{U}_1 = \dot{U}_S - \dot{U}_a$，故

$$\dot{I}_{S11} = 5 - j0.5 + j0.05\dot{U}_a$$

所以，该电路节点方程为

$$\dot{U}_a = \frac{\dot{I}_{S11}}{Y_{11}} = \frac{5 - j0.5 + j0.05\dot{U}_a}{0.5 + j0.75}$$

整理之，可得

$$\dot{U}_a = 5.85\angle -60.17°\text{V}$$

$$\dot{I}_3 = \frac{\dot{U}_a}{Z_{C2}} = 5.85\angle 29.83°\text{A}$$

4.8　正弦电流电路中的功率

4.8.1　RLC 串联电路的功率

RLC 串联电路中，若 $\dot{I} = I/\angle 0°$，即假定电流初相为零的话，则端口电压为

$$\dot{U} = Z\dot{I} = \delta\dot{I}\angle\varphi \tag{4-8-1}$$

式中

$$Z = R + \text{j}X = R + \text{j}(X_L - X_C) = R + \text{j}(\omega L - \frac{1}{\omega C}) \tag{4-8-2}$$

$$\delta = \sqrt{R^2 + X^2} \tag{4-8-3}$$

$$\varphi = \arctan\frac{X_L - X_C}{R} \tag{4-8-4}$$

φ 是端口电压 $\dot{U}$ 与 $\dot{I}$ 的相差，当 $X_L > X_C$，φ>0，电路呈感性；$X_L < X_C$，φ<0，电路呈容性；$X_L = X_C$，φ=0，端口电压和电流同相，电路呈电阻性质，设瞬时电流和瞬时电压的表达式为：$i = \sqrt{2}I\sin(\omega t + \varphi_i)$，$u = \sqrt{2}U\sin(\omega t + \varphi_u)$，$\varphi_u - \varphi_i = \varphi$。

1．瞬时功率 *p*

按功率定义，瞬时功率

$$\begin{aligned} p = ui &= 2UI\sin(\omega t + \varphi_i)\sin(\omega t + \varphi_u) \\ &= UI[\cos(\varphi_u - \varphi_i) - \cos(2\omega t + \varphi_u + \varphi_i)] \end{aligned} \tag{4-8-5}$$

可见，瞬时功率分成两个部分，其一为恒定分量 $UI\cos\varphi'$，另一是余弦分量 $UI\cos(2\omega t + \varphi')$，其中 $\varphi' = \varphi_u + \varphi_i$，且它的频率为 2ω，是电压（或电流）频率的 2 倍，电压、电流、瞬时功率的波形见图 4-8-2。由波形图可以看出：当 u 或 i 为 0 时，p=0（由式 4-8-5 也可以看出）；当 u 或 i 两者中仅有一个小于 0 时，p<0，表明一端口网络中的储能元件（电感 L 或电容 C）将给电路提供功率（一般说电路将能量回送电源）；当 u、i 同时大于 0 或同时小于 0（反相）时，p>0，说明网络从电源中取得功率，且电路从电源中取得功率大于回送给电源的功率，说明电路总体上是消耗电能的，但由于通常瞬时功率不具实用意义，尽管民用及工业上用的都是正弦交流电流，一般所指的功率并不是瞬时功率，然而是由瞬时功率得出来的，故瞬时功率不再做更多讨论，通常所指均为平均功率。下面来讨论平均功率的一般含义。

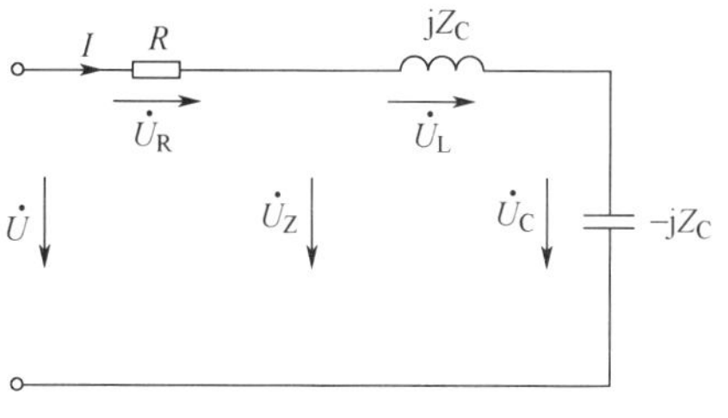

图 4-8-1　RLC 串联电路

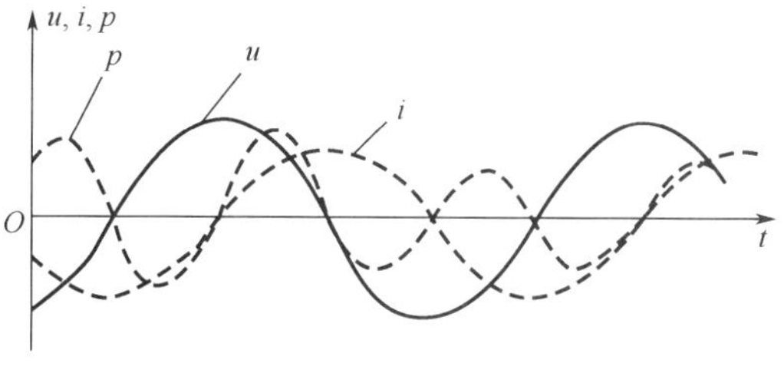

图 4-8-2　瞬时电压、电流、功率波形图

二、平均功率——有功功率 P

平均功率又称有功功率，简称为功率，像家用电器、照明灯具耗电量标明的瓦数，指的就是有功功率，当然以功率来说明耗电量这种说法是不严格的；事实上，电功率与时间的乘积才是耗电量；显然同样大小功率的电器，它的耗电量还与时间长短成正比，按平均功率定义

$$P=\frac{1}{T}\int_0^T UI[\cos\varphi-\cos(2\omega t+\varphi')]\mathrm{d}t$$

$$P=UI\cos\varphi \tag{4-8-6}$$

可见，对于 RLC 串联电路来说，电路所消耗的（平均）功率，除了与端口电压、电流有效值成正比，还与电压、电流之间相差的余弦成正比，在端口电压、电流相同的条件下，$\cos\varphi$ 的大小说明电路消耗功率的多少，故通常定义 $\cos\varphi$ 为功率因数，φ 定义为功率因数角。

$$\cos\varphi=P/UI$$

由前面的讨论得知 $U\cos\varphi=U_R=RI$，因此

$$P=U_R I=RI^2 \tag{4-8-7}$$

和电阻电路中的功率关系相同，然而电流的含义不同，这里指的是正弦电流的有效值。

综上所述可知：RLC 串联电路所消耗的功率其实也就是电阻上所消耗的功率。只有电阻元件是耗能元件，电感、电容元件均是储能元件。故通常又把平均功率定义为有功功率，因为它度量的正是电路所消耗的电功率，有功功率的单位在电压和电流单位分别为伏、安时为瓦，表示符号用 W。

三、无功功率 Q 与视在功率 S

从 RLC 串联电路端口来看，由于端口电压为 U、电流为 I，故电路实际占有的功率为 UI，这个功率可以用交流电压和电流表测量出来，也就是说可以用仪表直观地“看”（测量）到，故通常定义它为视在功率，并用 S 表示。

$$S=UI \tag{4-8-8}$$

若电压单位为伏、电流单位为安，则视在功率单位为伏·安，用 V·A 表示，通常变压器、发电机等的容量指的就是视在功率。因此在购置电源变压器和交流发电机时应说明容量为多少伏安或千伏安的，而不是能说“容量是多少瓦或千瓦”的！

电路所占有功率（视在功率）是 UI，可是电阻上只消耗功率 $U_R I$，余下部分应为电感和电容元件上所占有功率，因为电感和电容的总电压为 $U_X=U\sin\varphi$，故它们所占有的功率为 $U_X I=UI\sin\varphi$，若用 Q 表示此项功率，则

$$Q=UI\sin\varphi \tag{4-8-9}$$

由于此项电功率仅为储能元件所占有之功率，电路并不消耗它，故称为为无功功率。当电压单位为伏、电流单位为安，Q 的单位称为乏，用 var 表示。可见，正弦电流电路中的功率包含三种：有功功率、无功功率和视在功率，这三种功率要经常遇到。因此，都必须搞清楚。例如，在说明电动机容量时，用的就是有功功率，这是因为电动机的功率指的是轴输出的机械功率，故通常都是说多少瓦或千瓦的电动机，而不能说成是多少伏安或千伏安的电动机。电力电容器的容量通常均用乏或千乏来说明，在实际应用时必须严格加以区分。

由于功率因数角是电压和电流的相差，$\varphi>0$，电压超前电流；$\varphi<0$，电流超前电压；前者为感性负载，而后者为容性负载，因此，无功功率 Q，也将出现大于或小于零两种情况；在感性负载时，$\varphi>0$，$Q>0$，表示电感元件占有无功功率；在容性负载时，$\varphi<0$，$Q<0$，表示

电容元件占有负无功功率，即电容给电路提供无功功率。实际上电感和电容只有首先从电源吸收无功功率，然后才可能向电路提供无功功率，也就是说两种元件均向电源吸收，也向电路输出无功功率，可见 $Q>0$ 还是 $Q<0$，仅用来表明电路的性质是感性，还是容性。

由式（4-8-6）、（4-8-8）、（4-8-9）可以看出

$$S^2 = P^2 + Q^2 \tag{4-8-10}$$

即若以视在功率、有功功率、无功功率的大小作为边长，可以构成一功率直角三角形，若以功率因数角 φ 作底角，则此三角形之斜边表示视在功率，邻边表示有功功率，对边表示无功功率。如图 4-8-3 所示，若三边均乘以电流 I，则变成电压三角形，再除以 I 又变成阻抗三角形，可知：在 RLC 串联电路中功率、电压、阻抗三角形为相似三角形。

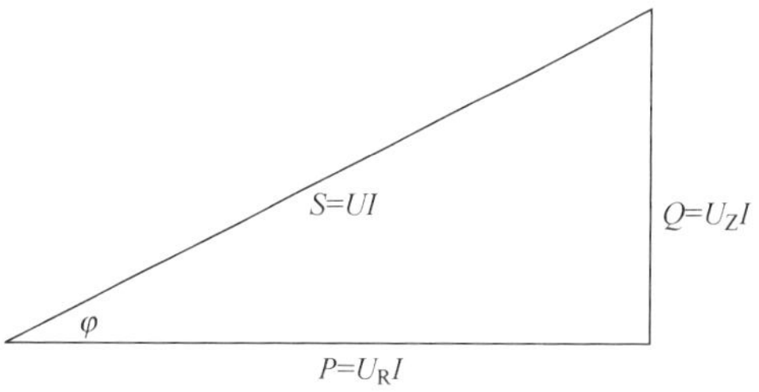

图 4-8-3　功率三角形

$\because U_X = XI = (X_L - X_C)I$

$\therefore$
$$Q = (X_L - X_C)I^2 = XI^2 \tag{4-8-11}$$

4.8.2　RLC 并联电路的功率

对于 RLC 并联电路，RLC 串联电路的功率，可以采用“对偶”的方法得出结论。通常在并联电路中，一般均将电压作为参考相量，即 $\dot{U} = \dot{U}\angle 0^\circ$，则 $\dot{I} = \dot{I}\angle\varphi$，$\varphi = \varphi_u - \varphi_i$ 是电压与电流的相差，也是导纳角，由于瞬时电压和瞬时电流表达式和 RLC 串联电路的情况相似，故瞬时功率的表达式是完全相同的，于是有功功率

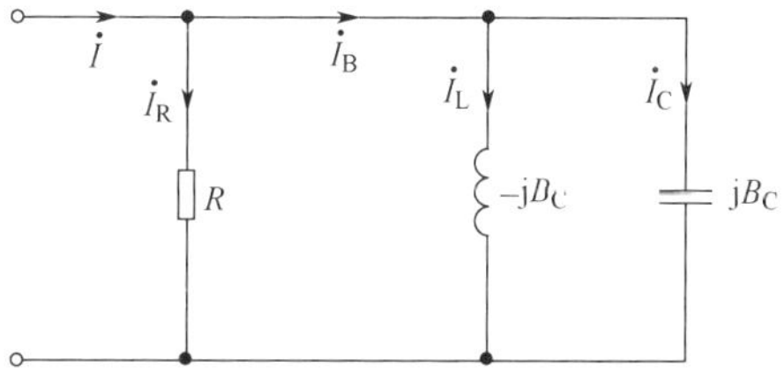

图 4-8-4　RLC 并联电路

$$P = UI\cos\varphi \tag{4-8-12}$$

由于 $I\cos\varphi = I_R$，$U = RI_R$，于是

$$P = UI\cos\varphi = RI_R^2 \tag{4-8-13}$$

即：有功功率就是电阻上所消耗的功率，这又一次证明了只有电阻元件消耗功率。

按视在功率定义，仍有

$$S = UI$$

无功功率

$$Q = UI\sin\varphi = UI_B = BU^2 = (B_C - B_L)U^2 \tag{4-8-14}$$

仍有

$$S^2 = P^2 + Q^2$$

由于角 φ 是导纳角，故此时功率直角三角形与电流、导纳三角形是相似三角形，$\varphi = \arctan(B_C - B_L)/G$。$\varphi>0$，电路呈容性，$Q>0$；$\varphi<0$，电路呈感性，$Q<0$。这又一次说明：以串联时无功功率的大于或小于零来说明电路是吸收还是提供无功，仅仅是一种习惯的称法，并不具有物理含义，因此通常又称电阻为有功元件，而电感、电容为无功元件。任何无源二端网络均可以等效为一个复阻抗，而这个复阻抗所对应的等效电路，可以是一个电阻和一个电感的串联，或者是一个电阻和一个电容的串联；而不管这个无源二端网络是否有功、无功元件，还是串联、并联，还是混联组成的，同样，也不排除它是一个一般网络。正因为如此，对 RLC 串联电路功率的讨论适用于任何网络；而对于单一电阻、电感、电容元件，其功率意义是明显的。由于电阻电

流与电阻两端电压同相，即$\varphi_R=0$，故$P=UI\cos\varphi_R=UI$，$Q=UI\sin\varphi_R=0$，$S=P$。而电感电容元件电压和电流之间相差均为90°，故其有功功率$P=UI\cos\varphi=0$，$Q=UI\sin\varphi=UI$，$S=Q$。

4.8.3　功率因数的提高

任何交流发电机或电源变压器的容量都是一定的，它们能给负载提供的电压也是一定的。因此，它们能给负载提供的最大电流也是一个定值。由于电网上负载均是并联连接的，在电压不变（通常电网上的电压可以看作不变）的条件下，随着负载的增加，电流也将增大，从主观上来说，用户总希望将电源所提供的功率百分之百都转化为有功功率，但实际上只有白炽灯、电炉等是电阻负载，家用电器、日光灯、工厂中大量使用的动力装置电动机等都是感性负载，这些感性负载大量并联使用的结果，使电网功率因数变得很低，有时可以低到0.5，一般也只有0.6～0.7，功率因数降低的结果，使得电源的效率大大受到影响，例如：一台50kV·A的电源，若都给40W的白炽灯提供照明，可以正常点明1250盏灯，但若给40W的日光灯（设功率因数为0.7）提供照明，则能正常点明日光灯数将只有50×1000×0.7/40=875盏灯，比同样瓦数的白炽灯少了375盏，因此，千方百计提高线路的功率因数不仅仅是电业部门，也是用电单位应当关注的问题。

通常电业部门是采用无功发动机的方法改善供电条件，为了使用户提高线路功率因数，电业部门常常对功率因数偏低的用户采用罚款、使用无功电度表等方式来加以限制，用户提高功率因数的方法从本质上来说都是采用和负载并电容的方式。具体方式有两种：一是使用电动机同步运行（即使电动机的转速和电源频率相同，如二极电机每分钟转速为3000r/min、四极为1500r/min等），这样的电动机叫同步电动机。同步电动机的转子（电机旋转部分）要输入直流电，叫激磁（即使转子变成电磁铁），若使同步电动机处于过激状态运行，则此同步电动机将变成容性负载，也就相当于在电网上并联电容；其二就是在电网上并联电力电容，这两种方法实质上都是并联电容。因此，下面讨论为什么并联电容可以提高电网的功率因数。

由于日光灯的大量使用以及工厂大量动力负载，使电路通常呈感性负载，即此时电压与电流的相差$\varphi>0$，电压超前电流。负载可以等效为一个电阻和一个电感的串联，如图4-8-5所示，待并联的电容，在图中用虚线表示。未并联电容前，电路总电流$\dot{I}=\dot{I}_1$；并联电容以后，电流$\dot{I}=\dot{I}_1+\dot{I}_C$。由于$\dot{I}_1$支路是感性负载，电压$\dot{U}$超前电流$\dot{I}_1$ φ_1角，所并联电容支路电流$\dot{I}_C$则超前电压90°，因此只要所并联电容量在某一合适范围，并联电容的结果，将使电压$\dot{U}$超前端口电流$\dot{I}$的相角大为减小。图4-8-6用相量图表示出这种关系，由于并联电容，使端口电流滞后电压的相角由φ_1减小至φ。因此原先电路的功率因数$\cos\varphi_1$也增加到$\cos\varphi$（角度减小，余弦增大，即功率因数增加）。既然并联电容的目的是为了提高功率因数，因此就不能盲目地随意并上一个电容，而且所并联电容的大小应根据所需提高的功率因数的大小，即$\cos\varphi_1$和$\cos\varphi$均是已知的，其中$\cos\varphi_1$是未并联电容时电路的功率因数，$\cos\varphi$则是并联电容以后的功率因数，是用户所要求的。工频电流的频率$f=50$Hz、角频率$\omega=100\pi$ rad/s亦为已知，端口加的通常是工频电压，照明单相电压有效值$U=220$V，并联电容以前的有功功率与并联电容以后（所并联的是理想电容）的也相同，也是已知的，待定的只有电容C。下面讨论电容C的关系，由图4-8-6可以找出电流之间数量关系。

$$I_1\sin\varphi_1-I\sin\varphi=I_C \tag{4-8-15}$$

又
$$I_1\cos\varphi_1 - I\cos\varphi = 0 \tag{4-8-16}$$
$$I_C = \omega CU \tag{4-8-17}$$

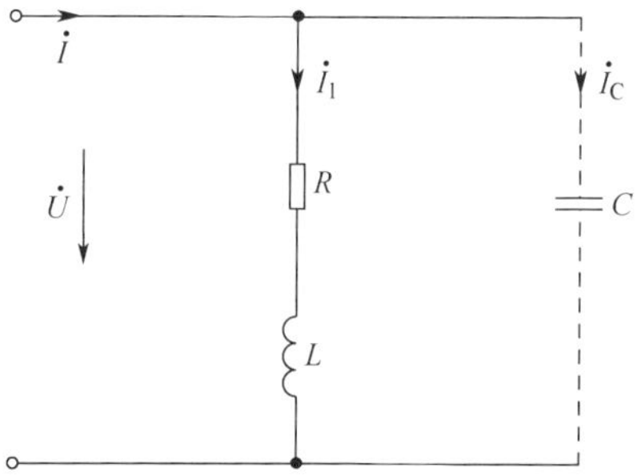

图 4-8-5　提高电路功率因数常用并联电容的方法

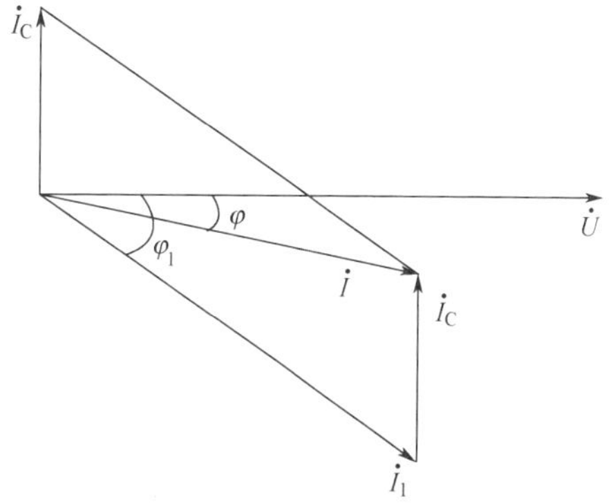

图 4-8-6　左图中电压、电流相量关系

将式（4-8-17）代入式（4-8-15），再根据式（4-8-16）得

$$I_1 = I\cos\varphi/\cos\varphi_1$$

将上式也代入式（4-8-15）可得

$$I\tan\varphi_1\cos\varphi - I\sin\varphi = \omega CU$$

或 $I\cos\varphi(\tan\varphi_1 - \tan\varphi) = \omega CU$

又　$UI\cos\varphi = P$，故
$$I\cos\varphi = P/U \tag{4-8-18}$$

再代入式（4-8-18）整理之，可得

$$C = P/\omega U^2(\tan\varphi_1 - \tan\varphi) \tag{4-8-19}$$

这就是根据负载功率、电压、电源频率、原负载功率因数（已知 $\cos\varphi_1$，可以求出 φ_1，从而得到 $\tan\varphi_1$）、需提高的功率因数，求所需并联电容大小的方程。

4.8.4　复功率

前面已经讨论，正弦电流电路中的功率不同于电阻电路，它包括视在功率、有功功率、无功功率等三种功率，且 $P=S\cos\varphi$，$Q=S\sin\varphi$，以及 $S^2 = P^2 + Q^2$。如果将这些关系与复数联系起来，又可以引进复功率的概念，若以 $\overline{S}$ 表示复功率，则

$$\overline{S} = P + jQ = \angle\varphi \tag{4-8-20}$$
$$S = UI\cos\varphi + jUI\sin\varphi = S\cos\varphi + jS\sin\varphi \tag{4-8-21}$$

由于以 $\dot{U}$ 作为参考相量，即 $\dot{U} = U\angle 0^\circ$，故 $\dot{I} = I\cos\varphi - jI\sin\varphi$，而电流有效值相量 $\dot{I}$ 的共轭 $\overset{*}{I} = I\angle\varphi = I\cos\varphi + jI\sin\varphi$，因此复功率

$$\overline{S} = \dot{U}\overset{*}{I} \tag{4-8-22}$$

引进复功率唯一意义是功率守恒，以复阻抗串联为例来说明功率守恒的意义：设有 n 个复阻抗串联，这些复阻抗的实部为电阻，设分别为 R_1，R_2，$\cdots R_n$，虚部为电抗，设分别为 X_1，X_2，$\cdots X_n$。由于复阻抗作串联连接，电流均相同，故复阻抗 Z 对应的有功功率为 $P_1=I^2R_1$，$P_2=I^2R_2$，$\cdots$，$P_n=I^2R_n$，总等效电阻 $R=R_1+R_2+\cdots+R_n=\sum R_i$，总的有功功率

$$P=I^2R=I^2(R_1+R_2+\cdots+R_n)=P_1+P_2+\cdots+P_n$$

即 $$P=\sum P_i \tag{4-8-23}$$

总的无功功率，按类似方法有

$$Q=I^2X=I^2(X_1+X_2+\cdots+X_n)=Q_1+Q_2+\cdots+Q_n$$

即 $$Q=\sum Q_i \tag{4-8-24}$$

可是视在功率却不守恒，这是因为：$S_1=U_1I$，$S_2=U_2I$，$\cdots,S_n=U_nI$，按视在功率定义，端口的总视在功率 $S=UI$，然而 $U\neq U_1+U_2+\cdots+U_n$（只有 $U=\sum_{i=0}^{n}U_i$ ）因此

$$S\neq(U_1+U_2+\cdots+U_{\rm n})I=S_1+S_2+\cdots+S_n$$

即 $$S\neq S_1+S_2+\cdots+S_n$$

然而对复功率来说，因为 $S_1=U_1I,S_2=U_2I,\cdots,S_n=U_nI$，所以 $S=UI=(U_1+U_2+\cdots+U_n)I=S_1+S_2+\cdots+S_n$。

因此，引进复功率以后，得出三种功率均守恒的结论，即含有若干电阻的网络所消耗的总有功功率等于每个电阻消耗功率之和，同样，含有若干电感、电容元件的网络所占有的无功功率等于各电感、电容元件所占有的无功功率之和；值得提出的是无功功率有正、负之分；因此，这个“和”，应当是代数和。同样，复功率也守恒，但视在功率不守恒。故知道了每个复阻抗元件的视在功率，也求不出总的视在功率。

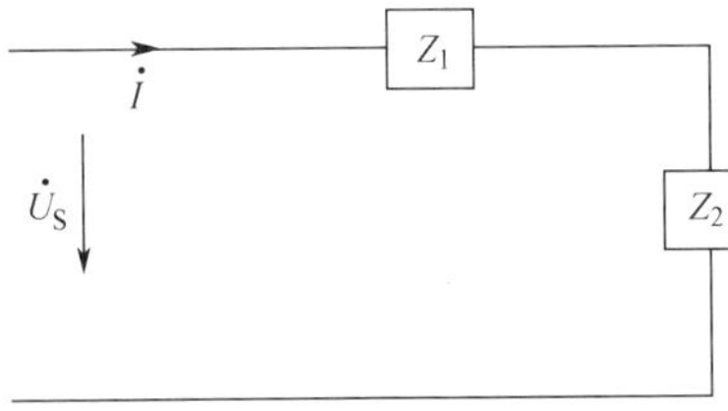

图 4-8-7 最大功率传输的讨论

4.8.5 最大功率传输

最大功率传输和电阻电路中负载上取得最大功率的条件相似，也是负载上取得最大功率的讨论。但不同于电阻电路，这是因为在含有有功元件与无功元件的含源二端网络，可以等效为一个复阻抗和一个电压源的串联；同样，在本章中负载也是一个复阻抗。因此，这部分的讨论就要较电阻电路中同样问题的讨论要复杂。

设含源二端网络的输出复阻抗 $Z_1=R_1+{\rm j}X_1$，负载阻抗 $Z_2=R_2+{\rm j}X_2$，而这里讨论的仅仅是负载取得有功功率情况。在负载 Z_2 上取得的有功功率 $P_2=I^2R_2$，式中电流

$$I=\left|\frac{U_{\rm S}}{Z_1+Z_2}\right|=\frac{U_{\rm S}}{\sqrt{(R_1+R_2)^2+(X_1+X_2)^2}}$$

$$P_2=I^2R_2=\frac{R_2U_{\rm S}^2}{(R_1+R_2)^2+(X_1+X_2)^2} \tag{4-8-25}$$

于是，主要可出现这样三种情况，即：R_2 和 X_2 均可任意变动时，R_2 和 X_2 各取何值（亦即 Z_2 取何值）时，负载取得功率最大？R_2 一定，但 X_2 可变时，X_2 取何值负载功率最大？R_2 和 X_2 可变，然负载阻抗角 $\varphi_2=\arctan X_2/R_2$ 不变时，亦即 Z_2 取何值时，负载功率最大？并且求出这三种情况下的功率值，下面进行论证。

1. R_1 和 X_2 均可任意改变时

欲求出此时 R_2 和 X_2 各取何值时，负载取得功率最佳。可仿照电阻电路，只不过此时要求负载功率 P_2 对 X_2 和 R_2 两次一阶导数，来确定 R_2 和 X_2 的值，先求

$$\frac{{\rm d}P_2}{{\rm d}Z_2}=\frac{\rm d}{{\rm d}Z_2}\left(\frac{R_2U_{\rm S}}{(R_1+R_2)^2+(Z_1+Z_2)^2}\right)=\frac{-2R_2U_{\rm S}{}^2(X_1+X_2)}{(R_1+R_2)^2+(Z_1+Z_2)^2}=0$$

由于 R_1、R_2、$U_{\rm S}$ 均不为 0，故当 X_2 可变时。P_2 取得最大值条件为

$$X_1+X_2=0$$

或

$$X_2=X_1 \tag{4-8-26}$$

于是

$$P_2=\frac{R_2U_S^{\ 2}}{(R_1+R_2)^2} \tag{4-8-27}$$

显然式（4-8-27）和电阻电路中负载电阻取得的功率关系是一样的，当 R_2 可变，只有

$$R_1=R_2 \tag{4-8-28}$$

时，R_2 上取得的功率方为最大，这样在第一种情况条件下，综合式（4-8-26）、（4-8-28）结果可知，若

$$Z_2=\overset{*}{Z}_1 \tag{4-8-29}$$

即只有当负载复阻抗和输出复阻抗为共轭复数时，Z_2 上取得功率最大，最大功率值

$$P_{max}=\frac{U_S^{\ 2}}{4R_1} \tag{4-8-30}$$

也和电阻电路结果一样，不过条件要苛刻，通常在正弦电路中称为为最佳功率匹配。

2. R_2 不变，但 X_2 可任意改变时

这种情况的讨论已包含在第一种情况中的前一部分，即当 X_1=$-X_2$ 时。Z_2 上获得功率最大，其值由式（4-8-27）决定。

3. R_2 与 X_2 可变

但负载阻抗角 φ_2，亦即比值 X_2/R_2 不变时，由于 $Z_2=Z_2\angle\varphi_2$，即此时虽 φ_2 不变，然 Z_2 的模 Z_2 可任意改变，欲求出此时 Z_2 取何值负载功率最大，首先应将 R_2 与 X_2 用 Z_2 和 φ_2 来表示，表示方法为

$$R_2=Z_2\cos\varphi_2\text{，}X_2=Z_2\sin\varphi_2 \tag{4-8-31}$$

将式（4-8-31）代入式（4-8-25），可得

$$P_2=\frac{Z_2\cos\varphi_2U_S^{\ 2}}{(R_1+Z_2\cos\varphi_2)^2+(Z_1+Z_2\sin\varphi_2)^2}=\frac{Z_2\cos\varphi_2U_S^{\ 2}}{(R_1+Z_1)^2+Z_2^{\ 2}+2Z_2(R_1\cos\varphi_2+Z_1\sin\varphi_2)^2}$$

注意到 $R_1^2+X_1^2=Z_1^2$，并化简，可得

$$P_2=\frac{\cos\varphi_2U_S^{\ 2}}{(\frac{Z_1^2}{Z_2^2}+Z_2)+2(R_1\cos\varphi_2+Z_1\sin\varphi_2)} \tag{4-8-32}$$

上式中因为 Z_1、R_1、X_1、φ_2 均为常量，于是 P_2 取得最大值的条件即为式（4-8-32）中（Z_1^2/Z_2+Z_2）取得极小值条件，只需将它对 Z_2 求一阶导数，即可求出结果

$$\frac{\mathrm{d}}{\mathrm{d}Z_2}(\frac{Z_1^{\ 2}}{Z_2^{\ 2}}+Z_2)=0$$

于是得出此时负载取得最大功率的条件为

$$Z_2=Z_1 \tag{4-8-33}$$

且最大功率为

$$P_{2\max|Z_2=Z_1}=\frac{\cos\varphi_2U_S^{\ 2}}{2Z_1+2(R_1\cos\varphi_2+Z_1\sin\cos\varphi_2)} \tag{4-8-34}$$

例 4-8-1 如图 4-8-8 所示电路，已知 I_S=10A，ω=1000rad/s，R_1=10Ω，Z_{L1}=j25Ω，R_2=5Ω，Z_{C2}=−j15Ω；试求各支路的复功率以及有功、无功和视在功率。

解：本例是两个复阻抗并联的简单电路，$Z_{11}=R_1+Z_{L1}=(10+j25)\Omega$，$Z_{22}=R_2+Z_{C2}=(5-j25)\Omega$，由分流公式很易得出

$$\dot{I}_1=\frac{Z_{22}}{Z_{11}+Z_{22}}\dot{I}_S=\frac{5-j15}{(10+j25)+(5-j15)}\times 10=\frac{10-j30}{3+j2}=\frac{31.62\angle-71.57^\circ}{3.61\angle 33.69^\circ}$$
$$=-2.31-j8.45\text{A}$$

在计算 $\dot{I}_1$ 时，假定了 $\dot{I}_S=I_S\angle 0^\circ$，由于本题是求功率，在 $\dot{I}_S$ 初相未给出条件下，为了简化计算是完全可以这样假定的。当然，只能对一个电源作这样的假定，求 $\dot{I}_2$ 的方法，可以仿照上述用分流公式，但计算较繁；若采用 KCL $\dot{I}_2=\dot{I}_S-\dot{I}_1=12.31+j8.45\text{A}$ 自然容易得多，又支路两端电压 $U_{10}=Z_{11}I_1$。于是 RL 支路复功率

$$\bar{S}_1=\dot{U}_{10}\overset{*}{I}_1=Z_{11}\dot{I}_1\overset{*}{I}_1=Z_{11}I_1^2=(10+j25)\times 8.76^2=2066.54\angle 68.2^\circ\text{V•A}$$

$$\bar{S}_1=Z_{22}I_2^2=(5-j15)\times 14.93^2=(1114.52-j3343.57)\text{V•A}$$

因此，这两条支路的视在功率分别为

$$S_1=2066.54\text{V•A}，S_2=3524.43\text{V•A}$$

有功功率：$P_1=767.50\text{W}，P_2=1114.52\text{W}$

无功功率：$Q_1=1918.8\text{var}，Q_2=-3343.57\text{var}$

正无功表示感性支路的无功功率，负无功表示容性支路的无功功率，和前面的讨论是一致的。

例 4-8-2 如图 4-8-9 所示电路，已知 $\dot{I}_S$=2/60°A，Z_1=−j15Ω，Z_2=15Ω，Z_3=j30Ω，Z=30Ω，求电流 $\dot{I}$ 以及电流源所发出的复功率。

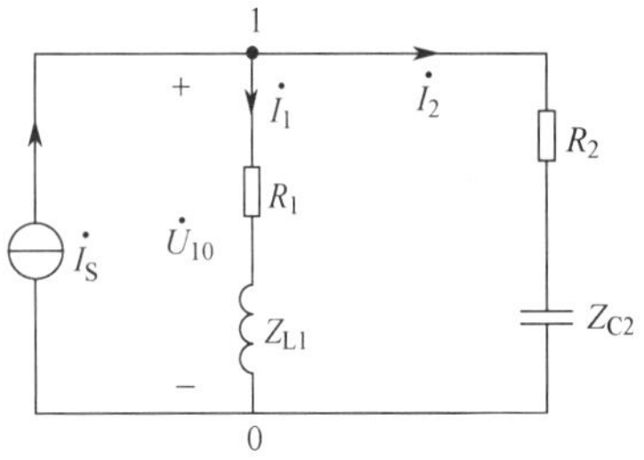

图 4-8-8 例 4-8-1 的图

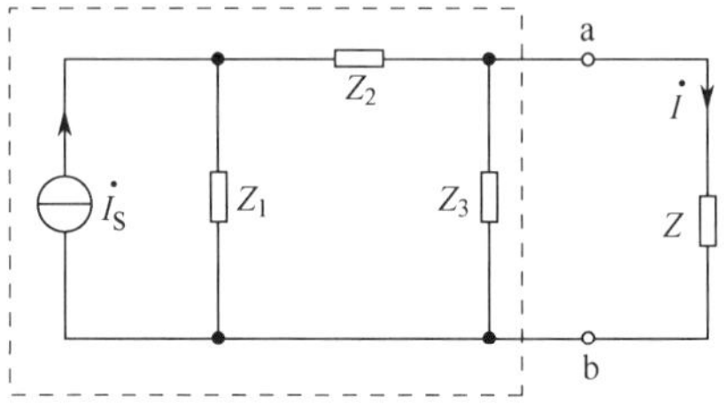

图 4-8-9 例 4-8-2 的图

解：本题仍是一简单电路，用串联的方式求 $\dot{I}$，不如先求虚线框内戴维南等效电路，再求 $\dot{I}$ 来得简单，首先求 ab 端口开路时的开路电压

$$\dot{U}_{OC}=\frac{Z_1Z_3}{Z_1+Z_2+Z_3}\dot{I}_S=\frac{-j15\times(j30)}{-j15+15+j30}\times 2\angle 60^\circ=\frac{30}{j}\times 2\angle 60^\circ=\frac{60\angle 60^\circ}{\sqrt{2}\angle 45^\circ}=42.43\angle 15^\circ\text{V}$$

$$Z_0=\frac{Z_3(Z_1+Z_2)}{Z_1+Z_2+Z_3}=\frac{j30(15-j15)}{15+j15}=30\Omega$$

$$\dot{I}=\frac{\dot{U}_{OC}}{Z_0+Z}=0.707\angle 15^\circ\text{A}$$

欲求电流源发出的复功率，应先求电流源两端电压 $\dot{U}_S$。

$$\dot{U}_S = \frac{Z_1(Z_2 + \frac{Z_3 Z}{Z_3 + Z})}{Z_1 + Z_2 + \frac{Z_3 Z}{Z_3 + Z}} \dot{I}_S = (15 - \mathrm{j}30)\angle 60^\circ = 33.54\angle -3.44^\circ \mathrm{V}$$

故电压源的复功率

$$\bar{S}_S = \dot{U}_S \overset{*}{I}_S = 33.54\angle -3.44^\circ \times 2\angle -60^\circ = 67\angle -63.44^\circ \mathrm{V \cdot A}$$

本题所给出的四个无源元件，Z_1 和 Z_3 可以断定只包括电感、电容两种元件（当然前者也可能只是一个电容，而后者只是一个电感元件），但绝不可能包含电阻；Z_2、Z_4 则可能三种元件都包含（或只是电阻）。由题解可知，只要元件参数用复阻抗（或复导纳）表示，则可以像在电阻电路中一样来分析处理问题。

例 4-8-3　求例 4-7-2 中各电压源发出的复功率以及有功、无功和视在功率。

解： 为了便于求解时说明，将例 4-7-2 的电路图重绘，见图 4-8-10，并将该例中已知以及求出的各类有关物理量重写在下面。

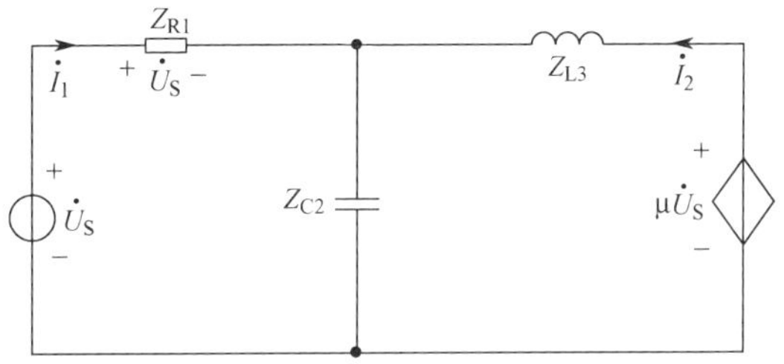

图 4-8-10　例 4-8-3 的图

$$I_{R1} = 2\Omega,\ \mu = 0.2,\ \dot{I}_1 = 4.36\angle 35.54^\circ \mathrm{A},\ \dot{I}_2 = 1.57\angle 13.74^\circ \mathrm{A}$$

$$\dot{U}_1 = Z_{R1}\dot{I}_1 = 8.72\angle 35.54^\circ \mathrm{A},\ \dot{U}_S = 10\angle 0^\circ \mathrm{V}$$

由于这道例题电压源的电压与电流均取了非关联参考方向，且代入复功率时除电流中因定义式中用的是它的共轭复数，故求出电流的初相角应加负号。上列所得的结果并未加负号，因此本例中独立电压源发出的功率为：

$$\bar{S}_S = \dot{U}_S \overset{*}{I}_S = 10 \times 4.36\angle -35.54^\circ = 43.6\angle -35.54^\circ \mathrm{V \cdot A}$$

这样它发出的有功功率为：$P = 35.48\mathrm{W}$，无功功率 $Q = -25.34\mathrm{var}$

视在功率为：$S = 43.6\mathrm{V \cdot A}$

受控电压源发出的功率为：$\bar{S}_{C2} = \dot{U}_1 \overset{*}{I}_2 = 0.2 \times 8.72\angle -35.54^\circ \times 1.57\angle -13.74^\circ = (2.54 + \mathrm{j}1.02)\mathrm{V \cdot A}$

故它发出的有功功率 P=2.54W，无功功率为 $Q_{C2} = 1.02\mathrm{var}$，视在功率：$S_{C2} = 2.74\mathrm{V \cdot A}$

例 4-8-4　如图 4-8-11 所示的电路中，问当负载复阻抗取何值时 Z 上取得最佳匹配功率？并求最佳匹配功率值。已知图中 $U_S = 10\angle 0^\circ \mathrm{V}$，$Z_C = -\mathrm{j}10\Omega$，$\mu = 0.2$，$R = 20\Omega$。

解： 本例中，因为 Z 是未知量，只有根据最佳匹配条件定出 Z 之后，才能求出 Z 上所取得的最佳匹配功率。

最佳匹配条件是从端口 ab 看进去的输出复阻抗，若为 Z_{OC}，则 $Z_{OC} = \overset{*}{Z}_{OC}$ 为最佳匹配条件。为此，本题只有求由端口 ab 看进去的含源一端口网络的戴维南等效电路。首先求端口 ab 开路时的电压（图 4-8-12）。

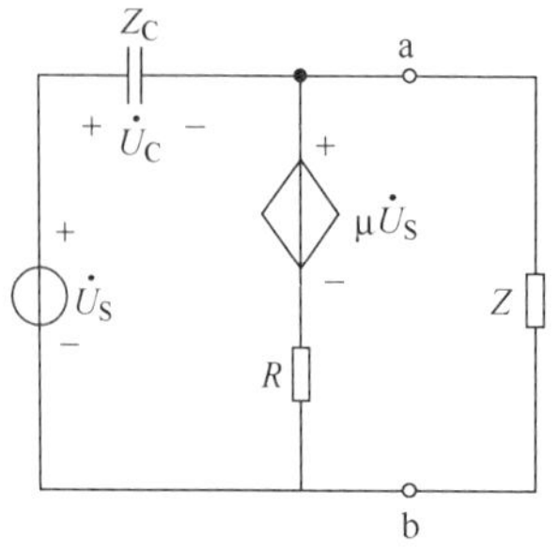

图 4-8-11　例 4-8-4 的图

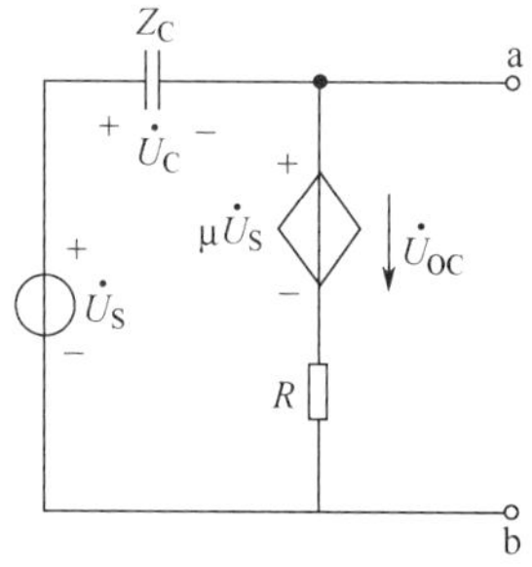

图 4-8-12　求端口 ab 开路时的电压

$$U_{OC} = \frac{U_S + \mu U_C}{R + Z_C} R - \mu U_C$$

又
$$U_C = \frac{U_S + \mu U_C}{R + Z_C} Z_C$$

于是
$$U_{C'} = \frac{Z_C U_S}{R + Z_C - \mu Z_C}$$

以U_C值代入上式，可得

$$U_{OC} = \frac{U_S + \dfrac{\mu Z_C U_S}{R + Z_C - \mu Z_C}}{R + Z_C} R - \frac{\mu Z_C U_S}{R + Z_C - \mu Z_C}$$

将数值代入上式，可得

$$U_{OC} = \frac{10 + \dfrac{-j2 \times 10}{20 - j10 + j2}}{20 - j10} \times 20 - \frac{-j2 \times 10}{20 - j10 + j2} = \frac{10 \times 20}{20 - j8} + \frac{j20}{20 - j8} = \frac{20(10 + j)}{20 - j8} = 9.33 / 27.51^\circ \text{V}$$

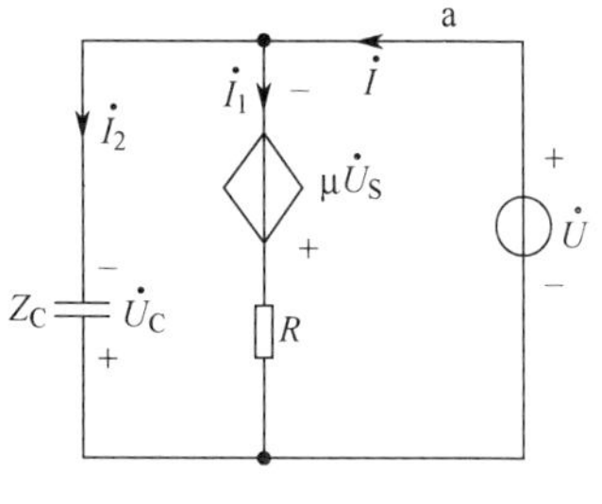

图 4-8-13　用外加电源法求 Z_{0C}

再求 Z_{OC}。本题若用短路电流法求，显然比较麻烦，若采用外加电源法求就简单得多；因为当外加电流时，含源一端口网络中独立源需取零值。为此作出用外加电源方法求 Z_{OC} 的图（图 4-8-13）。这里应注意 U_C 的参数方向必须和原给出的一致。由图 4-8-13 可见

$$I_1 = (U + \mu U_C) / R$$

$$\therefore U_C = -U$$

$$\therefore I_1 = (1 - \mu) U / R ,$$

$$I_2 = U / Z_C$$

而
$$I = I_1 + I_2 = ((1 - \mu) / R + 1 / Z_C) U$$

根据无源二端网络输入复阻抗定义，有

$$\frac{U}{I} = Z_{OC} = \frac{1}{\dfrac{1 - \mu}{R} + \dfrac{1}{Z_C}} = \frac{1}{\dfrac{0.8}{20} + j\dfrac{1}{10}} = \frac{1}{0.04 + j0.1} = 9.28\angle 68.20^\circ \,\Omega$$

$\therefore$当 $Z = Z_{OC} = 9.28\angle 68.20^\circ = (3.45 + j8.62)\Omega$ 时，Z 将获得最佳匹配功率

$$P_{max} = U_S^2 \ / 4R = 10^2 / (4 \times 3.45) \approx 7.25\text{W}$$

在电力线路中，通常应避免出现最佳阻抗匹配，但在电视机以及各种发、收音机电路中，

某些电子线路中却常常需要加以应用。因此，作为电力类专业，这部分只作为参考内容；而对于电子类专业，这部分作为必学内容。

4.9　谐振电路

4.9.1　RLC 串联电路的谐振

RLC 串联电路的谐振在电视机、收音机中的应用较为广泛，下面进行详细的讨论。

1. RLC 串联电路的阻抗及其频率特性

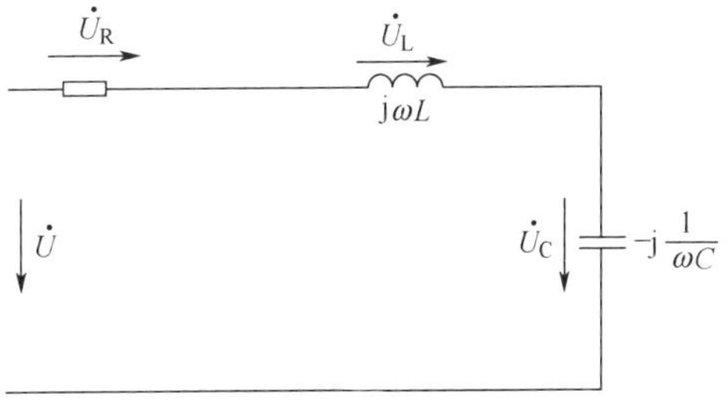

图 4-9-1　RLC 串联电路

之前本书中均认为激励源的频率是不变的；否则，就得不出固定的阻抗、容抗值；并且负载的特性也与频率有关，例如，对一容性电路，若电源频率变大，电路就可能由容性向感性转化，而在以前的讨论中就不存在这种转化可能。同样，阻抗也只取决于电阻、电感和电容参数。进入本节以后，将这种关系调个个，即认定 R、L、C 是常数，那么当电源频率变化时，阻抗如何变化呢？已知复阻抗

$$Z = Z(\omega) = R + j(\omega L - 1/\omega C) = R + j[XL(\omega) - X_C(\omega)] = R + jX(\omega)$$

$$X_L(\omega) = \omega L, X_C(\omega) = 1/\omega C, X(\omega) = \omega L - 1/\omega C$$

上式中

$$|Z(\omega)| = \sqrt{R^2 + X^2(\omega)} = \sqrt{R^2 + (\omega L - \frac{1}{\omega C})^2}$$

可见，这些量均是频率函数，通常把某一物理量随频率变化的函数的图像称为该物理量的频率特性。根据 $X_L(\omega)$、$X_C(\omega)$、$X(\omega)$、$|Z(\omega)|$ 与频率 ω 的关系，可以得出它们的频率特性如图 4-9-2 和图 4-9-3 所示。

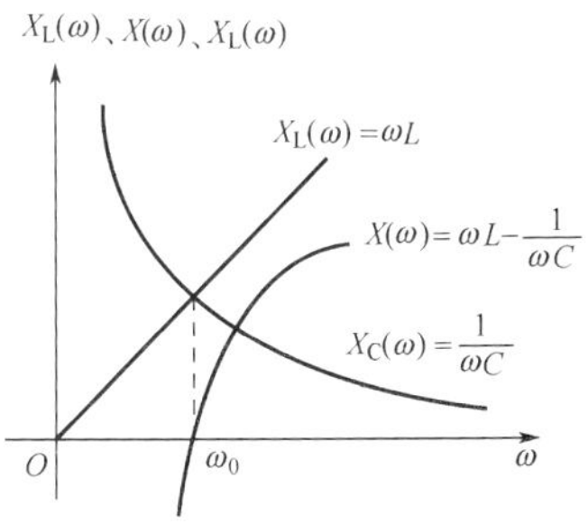

图 4-9-2　$X_L(\omega)$、$X_C(\omega)$、$X(\omega)$的频率特性

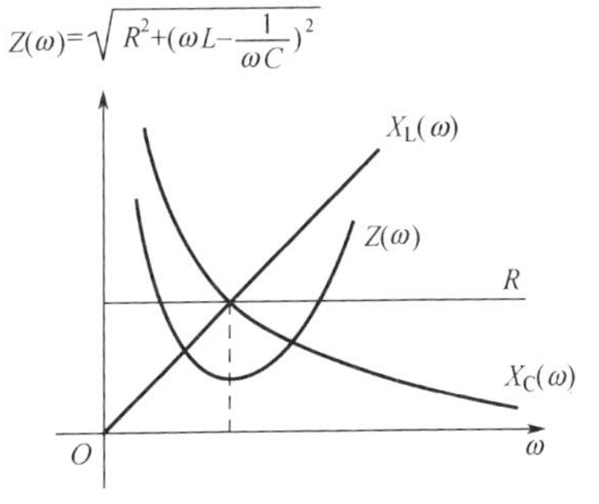

图 4-9-3　$Z(\omega)$ 的频率特性

同样，还可以得出 RLC 串联电路的导纳的频率特性，因为

$$y(\omega) = 1/Z(\omega) = 1/(R + jX(\omega))$$

于是

$$y(\omega) = \frac{1}{\sqrt{R^2 + (\omega L - \frac{1}{\omega C})^2}} \tag{4-9-1}$$

由式（4-9-1）可得出 y（ω）的频率特性如图 4-9-4 所示。

由 $z(\omega)$ 和 $y(\omega)$ 的频率特性可知，在图 4-9-3 和图 4-9-4 中；当 $\omega=\omega_0$ 时，$z(\omega)$ 有最小值

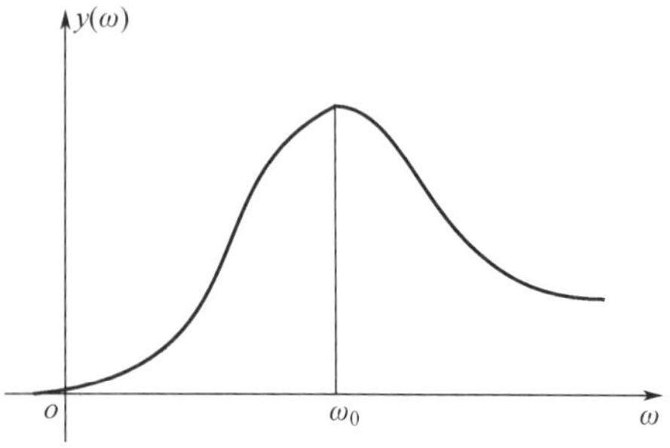

图 4-9-4　$y(\omega)$ 的频率特性

$$z(\omega_0)=R \quad (4\text{-}9\text{-}2)$$

而 $y(\omega)$ 有最大值

$$y(\omega_0)=1/R \quad (4\text{-}9\text{-}3)$$

此时

$$x(\omega_0)=\omega_0 L-1/\omega_0 C=0 \quad (4\text{-}9\text{-}4)$$

2. RLC 串联电路的谐振条件和谐振频率

（1）谐振条件。一个含有动态元件的电路，在正弦交流电源激励下，若其电抗 $x(\omega)=0$，且 $z(\omega)=R$ 时，显然此时端口电压和电流同相，就称为该电路产生谐振。据此，可得出谐振条件如下。

① 这个无源二端网络必须是包含动态元件的线性电路；

② 其端口的电压和电流同相位，即 $\varphi_{\mathrm{u}}-\varphi_{\mathrm{i}}=0$，因此，电路的功率因数 $\cos\varphi=\cos(\varphi_{\mathrm{u}}-\varphi_{\mathrm{i}})=1$。

（2）谐振频率。由谐振条件可知，其复阻抗 $z(\omega)$的虚部 $x(\omega)=0$，即 x。显然，谐振频率

$$\omega_0=\frac{1}{\sqrt{LC}} \quad (4\text{-}9\text{-}5)$$

故频率

$$f_0=\frac{\omega_0}{2\pi}=\frac{1}{2\pi\sqrt{LC}} \quad (4\text{-}9\text{-}6)$$

谐振周期

$$T_0=\frac{1}{f_0}=2\pi\sqrt{LC} \quad (4\text{-}9\text{-}7)$$

ω_0 的单位为 rad/s，f_0 的单位为 Hz，T_0 的单位为 s。

3. 串联谐振时电路的特点

为简化电路的表示符号，同时又能确切地说明谐振电路的特点，通常引进两个物理概念。在电源频率可变的情况下，感抗 ω_{L} 和容抗/$1/\omega_{\mathrm{C}}$ 均将随电源频率变化，若电路谐振时，电容、电感参数不变，则谐振频率 ω_0 将是一个定值；因此，谐振时，感抗 $\omega_{0\mathrm{L}}$ 和容抗 $1/\omega_0 C$ 也是一个定值，本书把谐振时的感抗和容抗用 p 表示，即

$$p=\omega_0 L=\frac{1}{\omega_0 C} \quad (4\text{-}9\text{-}8)$$

p 称为此电路的特性阻抗。由于谐振时的角频率 $\omega_0=\dfrac{1}{\sqrt{LC}}$

$$\therefore \quad p=\omega_0 L=\frac{1}{\sqrt{LC}}L=\sqrt{\frac{L}{C}} \quad (4\text{-}9\text{-}9)$$

可见，特性阻抗确实仅取决于动态元件（电路）的参数，不管电路是否产生谐振，在电路参数取定之后，其特性阻抗是客观存在的，只不过在谐振时它才表现出来。由于特性阻抗定义为谐振时感抗或容抗，故它的单位是欧姆。在应用式（4-9-9）求特性阻抗时，若电感 L 的单位取 H、电容 C 的单位取 F，得出 p 的单位就是 Ω。引进符号 Q（不要与无功功率的符号 Q 混淆），并且定义 Q 为谐振时的感抗或容抗与电阻的比值，即

$$Q=\frac{\omega_0 L}{R}=\frac{\dfrac{1}{\omega_0 C}}{R} \tag{4-9-10}$$

Q 称为电路的品质因数。对于 RLC 串联电路，其品质因数由式（4-9-10）决定，也可直接用电路参数来表示；由式（4-9-9）和式（4-9-10）可见

$$Q=\frac{p}{R}=\frac{1}{R}\sqrt{\frac{L}{C}} \tag{4-9-11}$$

电路的品质因数也是一个常数，它取决于电路的参数。因为它是一个无量纲（无单位）的量，故称为“因数”。

电路分析的基本内容是已知激励和电路的参数求响应，研究电路的特点自然也就是研究响应的特点，即分析谐振时各支路电压、电流的特点以及功率与能量的问题。下面逐一进行讨论。

（1）电压特点。

就端口而言（图 4-9-1）$u=Z(\omega)i=R$，谐振时，$Z(\omega)=Z(\omega_0)=R$，故端口电压

$$U=Z(\omega_0)I=RI=U_{\text{R}} \tag{4-9-12}$$

即端口电压等于电阻上电压。另一方面，从图 4-9-1 可见：$U=U_{\text{R}}+U_{\text{L}}+U_{\text{C}}$；因此在谐振时 $U_{\text{L}}+U_{\text{C}}=0$，即电感与电容上的电压等值相反。

电感电压　$U_{\text{L}}=\text{j}\omega_0 LU/R=\text{j}QU=QU\angle 90^\circ$　(4-9-13)

电容电压　$U_{\text{C}}=-\text{j}/\omega_0 CI=-\text{j}/\omega_0 CU/R=-\text{j}QU=QU\angle -90^\circ$　(4-9-14)

即电感电压超前端口电压（或电源电压）90°，电容电压滞后端口电压 90° 它们的值都是端口电压的 Q 倍。而且电感和电容电压的确是等值相反，故其相量和为零。

基于电感和电容上电压的这一特性，所以把串联电路的谐振又称为电压谐振。

串联谐振电路电压的相量图见图 4-9-5。由于电流处处相同，因此以电流作为参考相量来作相量图是方便的。

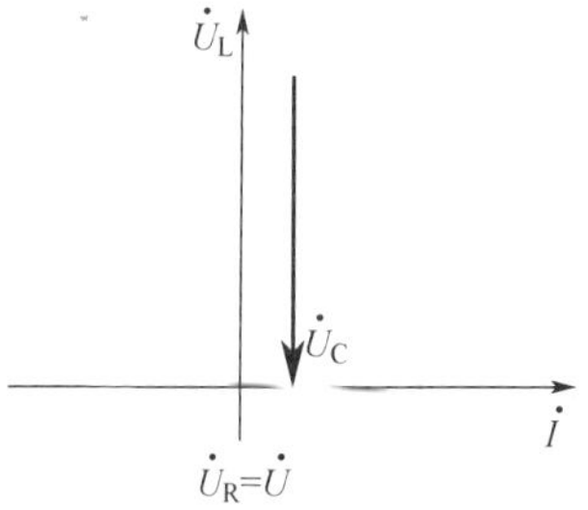

图 4-9-5　串联电路谐振时的电压相量图

（2）电流特点。

一般调幅收音机的天线调谐电路（通过改变电容 C 来改变谐振频率）就是串联谐振电路应用例子。收音机性能的好坏的重要参数之一就是它的灵敏度和选择性。所谓灵敏度就是收到的电台多不多，越灵敏收到的越多。选择性就是频率相近的电压能否分得清，容易分清选择性就好；在两个电台的频率基本相同的条件下，选择性再高的收音机也区分不开，因此还要具体问题具体分析。在具体分析电路时，什么样的谐振电路灵敏度和选择性均佳、什么样的不行自然就成为重要内容之一。通过谐振电路电流特点的分析可以找到确切答案。为此首先讨论一下电流的频率特性，即假定电源（信号源）的电压有效值、电路参数均不变，若电源频率变化，电路的电流如何变化？

① 电流的频率特性。

已知

$$I(\omega)=Y(\omega)U \tag{4-9-16}$$

式 4-9-15 中 $Y(\omega)=1/Z(\omega)$，上式也可写成数量关系

$$I(\omega)=y(\omega)U \tag{4-9-15}$$

式中 $y(\omega)$是 RLC 串联电路端口复导纳的模，U 是端口电压有效值，若为常数，则端口电流有效值相量将和导纳成正比。即电流的频率特性将和导纳的频率特性相同。由于 $y(\omega)$ 在

$\omega=\omega_0$时即有最大值 1/R，故$I(\omega)$在$\omega=\omega_0$时亦具有最大值$I(\omega_0)=U/R$；当ω=0 时 y（0）=0（式 4-9-1）故$I(\omega)=0$，当$\omega\to\infty$时，y(∞)=0，故$I(\omega)=0$。据此，可以大致地画出$I(\omega)$的频率特性图（图 4-9-6）。将式（4-9-1）代入式（4-9-16），可以得出$I(\omega)$随ω变化的函数式

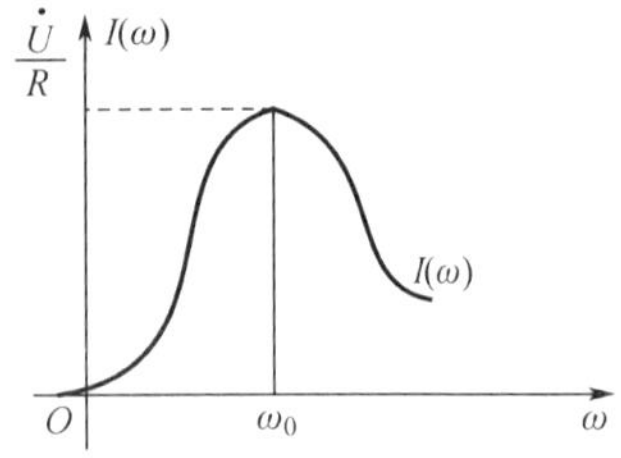

图 4-9-6　电流$I(\omega)$的频率特性

$$I(\omega)=\frac{U}{\sqrt{R^2+(\omega L-\dfrac{1}{\omega C})^2}} \tag{4-9-17}$$

② 频率特性与选择性。如果将式（4-9-17）作如下变换

$$I(\omega)=\frac{U/R}{\sqrt{1+\dfrac{1}{R^2}(\dfrac{\omega_0\omega L}{\omega_0}-\dfrac{\omega_0}{\omega_0\omega C})^2}}$$

注意到$\omega_0 L=1/\omega_0 C,\omega_0 L/R=Q$，以及$U/R=I(\omega_0)$，上式可以进一步变换成

$$I(\omega)=\frac{I(\omega)}{\sqrt{1-\dfrac{\omega^2{}_0L^2}{R^2}(\dfrac{\omega}{\omega_0}-\dfrac{\omega_0}{\omega})^2}}=\frac{I(\omega_0)}{\sqrt{1+Q^2(\dfrac{\omega}{\omega_0}-\dfrac{\omega_0}{\omega})^2}} \tag{4-9-18}$$

ω_0为谐振角频率，是取决动态元件参数的常数，引进符号$\eta=\omega/\omega_0$，η是频率的函数，也是随ω变化的一个新的变量，这样式（4-9-18）又可表示成

$$I(\omega)=\frac{I(\omega_0)}{\sqrt{1+Q^2(\eta-\dfrac{1}{\eta})^2}} \tag{4-9-19}$$

由式（4-9-19）可见，RLC 串联电路，在端口电压（有效值）不变的条件下，其电流除与频率有关而外，还与电路本身的品质因数有关。即对于具有不同品质因数的电路来说，电流的频率特性是不相同的，但不会改变电流的最大值$U/R=I(\omega_0)$。下面作出Q分别为 1、10、100 三种情况的电流$I(\eta)$的频率特性图如图 4-9-7 所示。对于具有不同品质因数的 RLC 串联电路，不论Q为何值，电流$I(\eta)$在$\eta=\eta_0$即$\omega=\omega_0$时，具有最大值$I(\omega_0)$。

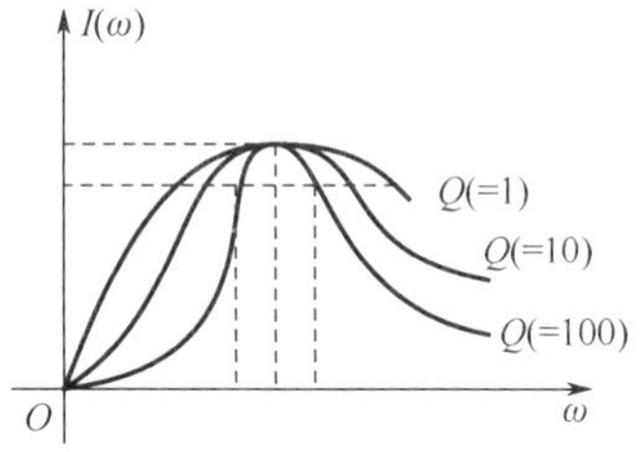

图 4-9-7　三种情况下$I(\omega)$的频率特性

由图 4-9-7 还可看出，Q值越大的，当电源频率稍偏离η_0（ω_0）时，其电流下降迅速，从理论上讲，当$Q\to\infty$（即$R\to 0$）时，$I(\eta)$ 在$\eta\neq\eta_0$时均为零，只有频率$\omega=\omega_0(\eta=\eta_0)$的电源在电路中能激发电流，其他频率的电源均不能在电路中激发起电流。$Q\to\infty$时，电流$I(\eta)$的频率特性只有一个点[LC 串联电路就是如此，因为谐振时，阻抗为 0，电路电流$I(\omega_0)\to\infty$]，故非谐振时的定值电流相对无穷大均可以看作零）。对于这种理想化的电路，如果用它来作为选频电路，则用这种选频电路做成的收音机只能收到一个频率的声音，改变参数又可以收到另一个频率的声音，似乎这种收音机的选择性是最好的：然而它却没有任何实际意义，因为广播台的广播发出的调幅波（或电视台发出的调频波）是有一个频率范围的，并非发出单一频率的无线电波。这就像音乐中的单音，单音不能成为音乐，只有单音的组合才能成为音乐一样。我们需要收到某一频率范围的广播。因此在定量选择电路的品质因数时，常常要研究具有某一品质因数的电路的通频带，通频带又称频带宽度。所谓通频带是电流$I(\omega)$随频率变化下降至$I(\omega_0)$的 0.707 倍时的频率范围，这个频率范围就是$2\Delta\omega$ $[\omega_0-\Delta\omega,\omega_0+\Delta\omega]$。由于$Q$值越大，意味着从

电感 L 或电容 C 两端得到的信号电压要比信号源发出的信号电压增大三倍数或越高（Q 倍）；同样，$I(\omega)$的频带宽度也越小，即频率选择性好。若一台收音机的 RLC 串联选频电路的 Q 值越大的话，它的灵敏度和选择性将越好，我们既希望收音机的灵敏度和选择性均佳，又希望收到的信号没有频率失真，即通频带要有一定宽度。实用上就是在这两者之间选择 Q 值。

在电力系统中，为什么提高电路的功率因数只能采用并联而不是串联电容的方法？首先可以肯定串联电容可以提高电路功率因数，但在电力系统中不仅不能采用此法，而且要绝对避免产生串联谐振（谐振时的功率因数为 1）或近邻谐振的情况。这是因为在电力系统中，感性负载的 Q 值是相当高的；假定 Q 为 100，则对于 220V 电力网来说，感性负载在串联电容而（或邻近）谐振时，其两端电压不仅没有因串联电容而降低，并且将增加约 100 倍，达到 22kV 左右，这样高的电压将有可能使该电力网络遭到毁灭性的破坏。这就是不采用串联电容提高功率因数的根本原因。

（3）功率与能量特点。

对于 RLC 串联电路来说，其端口有功功率、无功功率与视在功率的一般关系为 $P=UI\cos\varphi$，$Q=Q_L+Q_C=UI\sin\varphi$，$S=UI$ 式中 φ 是端口电压与电流的相差（或阻抗、或功率因数角）。谐振时，X=0，因而 φ=0。于是

$$S=P=UI \tag{4-9-20}$$

$$Q=Q_L+Q_C=0 \tag{4-9-21}$$

$$|Q_L|=|Q_C|=UL=U_CL=X_LI^2=X_CI^2\neq 0 \tag{4-9-22}$$

即谐振电路由电源吸取的功率全部用于电阻，动态元件不从电源吸取无功功率，也不向电源发出无功功率。既然如此，电感与电容总的储能就应该保持不变，即动态元件总的瞬时的能量应等于一个常数。下面来证明这一结论。

电感和电容的瞬时能量表达式为：$W_L=1/2Li^2$，$W_C=1/2CU_C{}^2$。式中，电流 i 与电压 U_C 为电感电流和电容电压的瞬时值。串联谐振时，由于电容电压超前电流（通过各串联元件电流相同）90°；故 $U_C=U_{Cm}\cos\omega_0 t$。谐振时，电容电压幅值和电压幅值相同，即 $U_{Cm}=U_{Lm}$；于是

$$W_L=\frac{1}{2}LI_M^2\sin^2\omega_0 t=LI^2\sin^2\omega_0 t$$

$$W_C=\frac{1}{2}CU^2{}_{Cm}\cos^2\omega_0 t=CU_C^2\ \cos^2\omega_0 t$$

由于
$$LI^2=L(\frac{UL}{\omega_0 L})^2=L(U_C/\sqrt{L/C})^2=CU_C{}^2$$

则
$$W=W_L+W_C=LI^2\sin^2\omega t+CU_C^2\cos^2\omega t=LI^2(\sin^2\omega t+\cos^2\omega t)=LI^2=CU_C^2 \tag{4-9-23}$$

式中，$I=I(\omega_0)$、$U_C=U_C(\omega_0)$ 为谐振时电路的电流有效值和电容电压的有效值。在端口电压恒定的条件下，显然它们都是定值。从而证明了动态元件在谐振时，总的瞬时能量是定值的结论。

（4）品质因数 Q 值的物理意义。

基于 Q 值在串联谐振电路中的重要性，有必要系统地阐明 Q 值的物理意义。

① Q 值表征电感或电容电压与电源倍数关系。按照 Q 值定义可知

$$Q=\omega_0 L/R$$

若上式右侧分子、分母同乘以 I，则有

$$Q=\omega_0 LI/RI=UL(\omega_0)/U=U_C(\omega_0)/U \tag{4-9-24}$$

正是标题的结论。

② Q 值表征了动态元件总的储能与电阻上消耗功率之间的倍数关系。在 Q 值定义式的右侧，分子分母同乘以 I^2，则

$$Q = \omega_0 LI^2 / RI^2 = \omega_0 LI^2 / RI^2 = W\omega_0 / P \qquad (4\text{-}9\text{-}25)$$

式（4-9-25）中，ω_0是谐振频率，为一常数，等式右侧分子表示动态元件总的储能，分母表示电阻所消耗功率，正是标题的结论。

③ Q 值表征了动态元件的储能与电阻在一个谐振周期中所消耗电能的倍数关系。将$\omega_0 = 2\pi / T_0$代入式（4-9-25）得

$$Q = 2\pi LI^2 / RI^2 T_0 = 2\pi W / PT_0 \qquad (4\text{-}9\text{-}26)$$

上式右侧分子是动态元件总储能的2π倍；分母是电阻元件在一个谐振周期所消耗的能量，也正是标题的结论。对于需要应用串联谐振的某些电子线路而言，它又是一项重要的质量指标。因为Q值越大，在动态元件总的储能不变的条件下，说明电路本身消耗的电能越小，线路的效率越高。

4.9.2 RLC 并联电路的谐振

1. RLC 并联电路的谐振

对于如图 4-9-8 所示的 RLC 并联电路谐振问题的讨论，完全可以按照对偶关系来加以讨论。

（1）导纳及其频率特性。已知 RLC 并联电路的复导纳及导纳的关系和 RLC 串联谐振电路的相同，它们都是频率的函数。复导纳

$$Y(\omega) = G + \mathrm{j}B(\omega) = G + \mathrm{j}\left[B_{\mathrm{C}}(\omega) - B_{\mathrm{L}}(\omega)\right] = G + \mathrm{j}(\omega C - 1/\omega L) \qquad (4\text{-}9\text{-}27)$$

导纳

$$y(\omega) = \sqrt{G^2 + (\omega C - \frac{1}{\omega L})^2}, z(\omega) = \frac{1}{y(\omega)} = \frac{1}{\sqrt{G^2 + (\omega C - \frac{1}{\omega L})^2}} \qquad (4\text{-}9\text{-}28)$$

式中$B_{\mathrm{C}}(\omega) = \omega C$，$B_{\mathrm{L}}(\omega) = 1/\omega L$，$B(\omega) = B_{\mathrm{C}}(\omega) - B_{\mathrm{L}}(\omega) = \omega C - 1/\omega L$，由上列各关系可知：容纳和感抗、感纳和容抗、电纳和电抗、导纳与阻抗具有相同的频率特性，完全符合对偶关系。并联时容纳、感纳、电纳、导纳、阻抗的频率特性图见图 4-9-9～图 4-9-11。

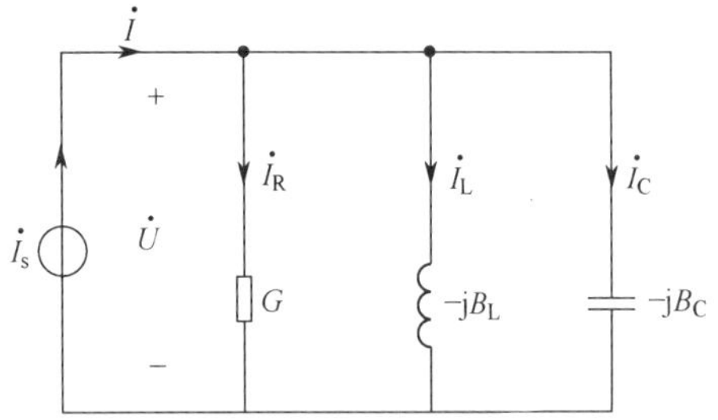

图 4-9-8　RLC 并联电路

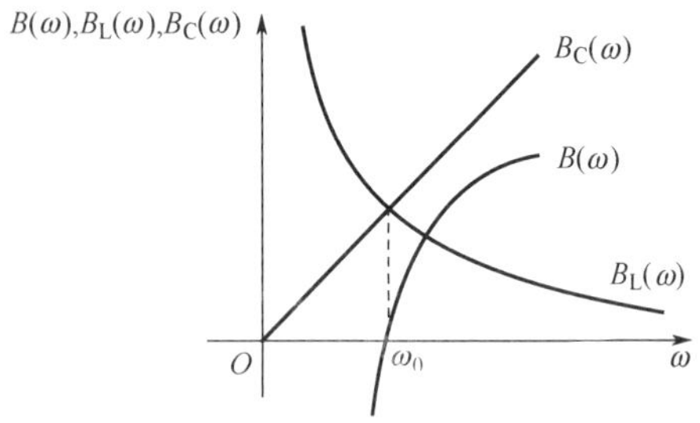

图 4-9-9　$B_{\mathrm{C}}(\omega)$、$B_{\mathrm{L}}(\omega)$、$B(\omega)$的频率特性

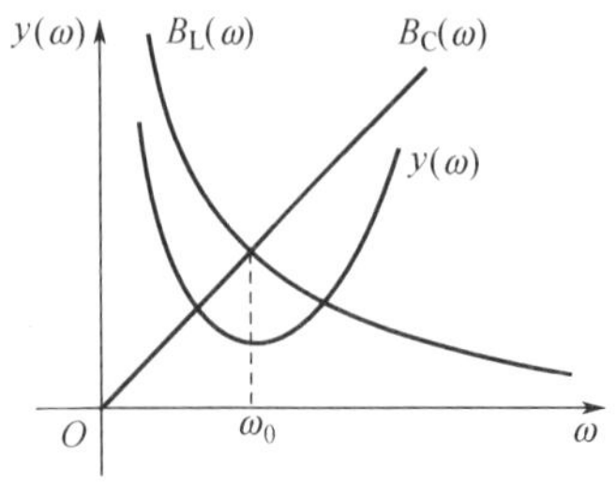

图 4-9-10　$y(\omega)$的频率特性

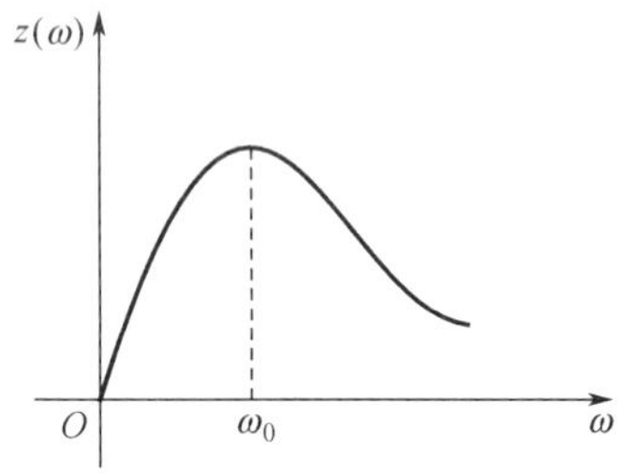

图 4-9-11　$z(\omega)$的频率特性

（2）谐振条件和谐振频率。和串联时完全相同，故不再重述。

（3）谐振的电路特点。此时不再提特性阻抗，电路品质因数定义为

$$Q_{并}=\frac{\omega_0 C}{G}=\frac{\dfrac{1}{\omega_0 L}}{G}=\frac{1}{G}\sqrt{\frac{C}{L}}$$

同样符合对偶关系，这时电流特点分别为

① 电流特点。由 $I_R=GU$ ，$I=Y_{\omega_0}U$ ，$Y_{\omega_0}U=G$

故

$$I=GU=I_R \tag{4-9-29}$$

又因为

$$I=I_R+I_L+I_C$$

所以

$$I_L+I_C=0$$

$$I_L=(-jB_L/G)I=-jQI \tag{4-9-30}$$

$$I_C=(jB_C/G)I=jQI \tag{4-9-31}$$

可见，当 RLC 并联电路产生谐振时，端口电流等于通过电阻电流，且与端口电压同相，即功率因数 $\cos\varphi=1$。但电感与电容电流等于端口电流的 Q 倍，它们之间相位相反（反相）。电流的这一特点，使并联谐振电路又定名为电流谐振。谐振时的电流相量图如图 4-9-12 所示。

由于是并联，电压处处相同，故以电压作参考相量来作是容易的，由于 I_C 超前电压 90°，即 I_L 滞后电压 90°，电阻电流等于端口电流，且与电压相同，这样就容易作出电流、电压相量图。

② 电压的特点。端口电压 $U(\omega)=I/Y(\omega)=Z(\omega)I$ ，故

$$U(\omega)=\frac{I}{\sqrt{G^2+(\omega C-\dfrac{1}{\omega L})^2}}=Z(\omega)I$$

可见，端口电压 $U(\omega)$ 的频率特性和 Z(ω)相同，即当 $\omega=\omega_0$ 时 $U(\omega_0)=I/G$，既有最大值；$\omega=0$ 时，$U(0)=0$；$\omega\to\infty$ 时，$U(\infty)=0$，即并联电路的电压频率特性和串联电路的电流频率特性是相同的。并联时的电压频率特性见图 4-9-13。基于并联电压频率特性的特点，故在并联电路中是通过讨论电压频率特性与 Q 值的关系，来讨论电路的选择性、灵敏度等性能的。

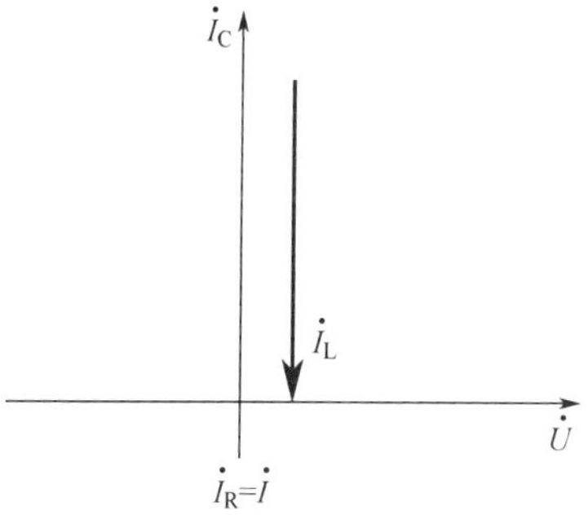

图 4-9-12　RLC 并联电路谐振对电流相量图

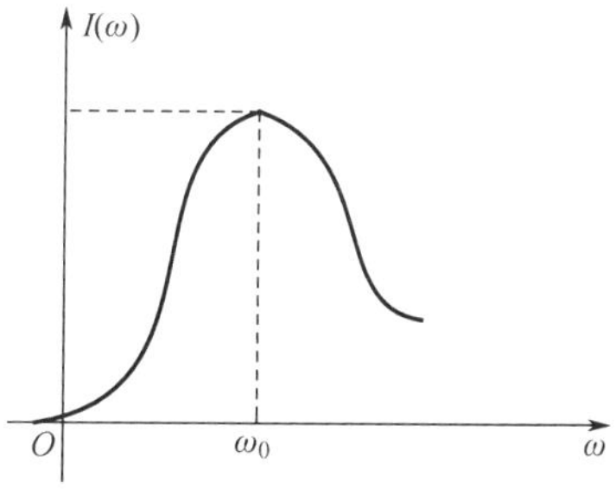

图 4-9-13　RLC 并联电路电压频率特性

因为

$$U(\omega)=\frac{I}{\sqrt{G^2+(\omega C-\dfrac{1}{\omega L})^2}}=\frac{I/G}{\sqrt{1+\dfrac{1}{G^2}(\dfrac{\omega_0\omega C}{\omega_0}-\dfrac{\omega_0}{\omega_0\omega L})^2}}=\frac{U(\omega_0)}{\sqrt{1+\dfrac{\omega^2{}_0C^2}{G^2}(\dfrac{\omega}{\omega_0}-\dfrac{\omega_0}{\omega})^2}}=\frac{U(\omega_0)}{\sqrt{1+Q^2(\eta-\dfrac{1}{\eta})^2}} \tag{4-9-32}$$

式（4-9-32）中，$Q=\omega_0 C/G$，$\eta=\omega/\omega_0$ 也是频率的函数。由式（4-9-31）可知，随电路品质因数的不同，$U(\omega)$有不同的频率特性；Q 值越大，频率特性曲线越“窄”，通频带变小，其灵敏度、选择性提高。由于式（4-9-31）与式（4-9-19）形式上完全相似，只不过并联是对电压，而串联则是对电流而已。至于并联时功率与能量特点则与串联完全相似，故这里就不一一详述了。

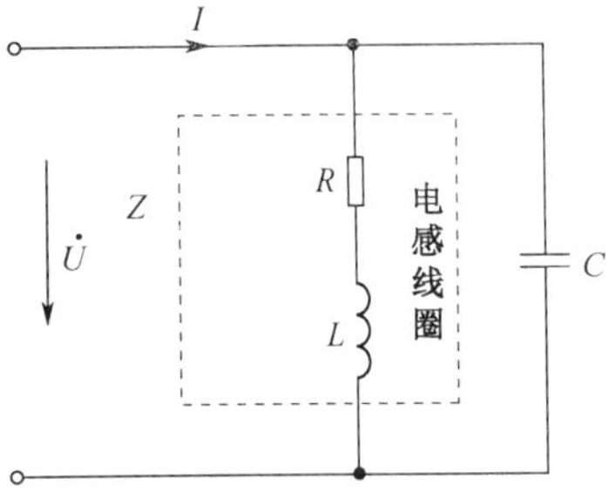

图 4-9-14　实际电感线圈和电容的并联电感线圈是电阻和电感的串联

2．实际电感线圈与电容并联电路的谐振

所谓实际电感线圈，就是 $R\neq 0$ 的电感线圈。对于这时电感线圈可以等效为一个电阻和一个电感的串联。电感线圈和电容的并联的电路如图 4-9-14 所示。由阻抗与导纳的等效变换关系可知，电感线圈可以等效变换成电导和电感的并联，于是图 4-9-13 的电路又可以等效成如图 4-9-14 所示的 RLC 并联的电路。按照等效变换关系

$$Y_e = 1/Z = 1/(R+\mathrm{j}XL) = \frac{R}{R^2+X_L^2} - \mathrm{j}\frac{XL}{R^2+X_L^2}$$

于是得到图 4-9-14 中所示的 G_e 和 L_e 由下列各式决定

$$G_e = R/(R^2+X^2L) \tag{4-9-33}$$

因为 $1/\omega L_e = B_L = X_L/(R^2+X^2{}_L)$ 式中 $X_L=\omega L$，于是 $1/\omega L_e = \omega L/(R^2+(\omega L)^2$

即得
$$L_e = (R^2+\omega^2L^2)/\omega^2 L \tag{4-9-34}$$

由 RLC 并联电路的谐振条件可知：$\omega_0 C = 1/\omega_0 L_e$

即 $\omega_0 C = \omega_0 L/(R^2+(\omega_0 L)^2$，$\omega_0{}^2 = \dfrac{1}{LC} - \dfrac{R^2}{L^2}$

∴图 4-9-13 电路的谐振频率

$$\omega_0 = \frac{1}{\sqrt{LC}}\sqrt{1-\frac{R^2C}{L}} \tag{4-9-35}$$

$$f_0 = \frac{1}{2\pi\sqrt{LC}}\sqrt{1-\frac{R^2C}{L}} \tag{4-9-36}$$

可知电感线圈和电容并联的电路谐振时的角频率和谐振频率同样只取决于电路参数，不同之处是：只有当 $1-CR^2/L>0$ 或 $R<\sqrt{L/C}$ 时，ω_0 和 f_0 才是实数，即电路才谐振，而当 $R>\sqrt{L/C}$ 时，ω_0、f_0 为虚数，即电路将不产生谐振。

谐振时的等效电导

$$G_e(\omega_0) = R/(R^2+(\omega_0 L)^2) = R/\left[R^2+(1/LC-R^2/L^2)^2\right] = R/(R^2+L/C-R^2) = CR/L \tag{4-9-37}$$

通常，某些特别的电感线圈，均满足条件 $\omega_0 L >> R$，即谐振时的感抗，将远大于其直流电阻；于是由式（4-9-33）得 $L_e\approx L$，这样图 4-9-14 电路的谐振条件近似变成 $\omega_0 C\approx 1/\omega_0 L$，即谐振角频率 $\omega_0\approx 1/\sqrt{LC}$，谐振时的感纳也近似变成。

$$B_e(\omega_0)\approx 1/\omega_0 L \tag{4-9-38}$$

式 4-9-38 中，当频率 ω 偏离 ω_0 不大时，亦可成立。式（4-9-36）亦可近似成立。在这种情况条件下，电路的复导纳

$$Y(\omega)=G_e+j(\omega C-\frac{1}{\omega L_e})\approx\frac{CR}{L}+j(\omega C-\frac{1}{\omega L}) \tag{4-9-39}$$

$$Z(\omega)=\frac{1}{Y(\omega)}\approx\frac{1}{\frac{CR}{L}+j(\omega C-\frac{1}{\omega L})}=\frac{L}{C}\frac{1}{R+j(\omega C-\frac{1}{\omega L})} \tag{4-9-40}$$

由式（4-9-38）可以看出，当满足条件 $\omega_0 L >> R$ 而电源频率又在谐振附近变化时，除 $G_e=CR/L$ 与 RLC 并联电路不同之外，电纳部分是相同的，这里不再逐一进行讨论，虽然 Q 值的定义方法和 RLC 并联电路一样，但结果却不相同。因为

$$Q=\frac{\omega_0 C}{G_e}=\frac{\frac{1}{\sqrt{LC}}C}{\frac{CR}{L}}=\frac{1}{R}\sqrt{\frac{L}{C}} \tag{4-9-41}$$

可见，结果和 RLC 串联电路时一致，需加以注意的。

3. 线圈的 Q 值

之前本书中介绍的 Q 值指的都是含有 RLC 元件电路的品质因数，但在实际上应用较多的，却是用 Q 来说明实际电感线圈的品质因数，通常定义线圈的 Q 值为

$$Q=\omega L/R \tag{4-9-42}$$

注意式中的角频率没有用谐振频率符号，这是因为和这种线圈并联的常常是一个电容量可变的电容器，因此它的谐振频率是可变的。如图 4-9-15 所示，这在收音机中是一种用得较多的电路。于是难免引起这样的质问：即这种电路构成的收音机，似乎高频、“Q 值大”、灵敏度和选择性均佳。低频、“Q 值小”、灵敏度和选择性都将变差这结论理论上是对的，但在实际应用中，并不尽然。这是由于：①线圈使用的频率通常是加以限制的。例如，一般使用的收音机中波段的频率范围约为 550kHz～1650kHz，在这样频率范围中用的是中波线圈。不存在外加激励\频率无限制低的情况，也就不存在 Q 值相差悬殊的问题。②在这样高频率范围使用的线圈，当激励源频率 ω 升高时，一方面感抗 ωL 升高，另一方面由于导线在通过高频电流时的“趋肤效用”，即载流导线的有效截面积将随频率的升高而减小，相当于导线截面积变小，于是电阻 R 也将增加；换句话说，频率升高时式（4-9-41）等式右边分子、分母都将同时变大，因此 Q 值不一定变得很小。在实际设计这种线圈时，总是尽量使之在规定使用的频率范围内 Q 值变化的幅度不大，这样电路在规定的频率范围的各种频率、灵敏度和选择性，不致有明显变化。

例 4-9-1　如图 4-9-16 所示电路，已知端口电压 U=100V，端口电源 I=1A，且测得电路总的有功功率 P=100W，且只知阻抗元件 Z_1 吸取的有功功率 P_1=50W，试确定 Z_1、Z_2 两阻抗元件参数；若已知电源的频率 f=50Hz，试求构成 Z_1、Z_2 的等效元件参数。电路中已知 U_1=U_2=100V。

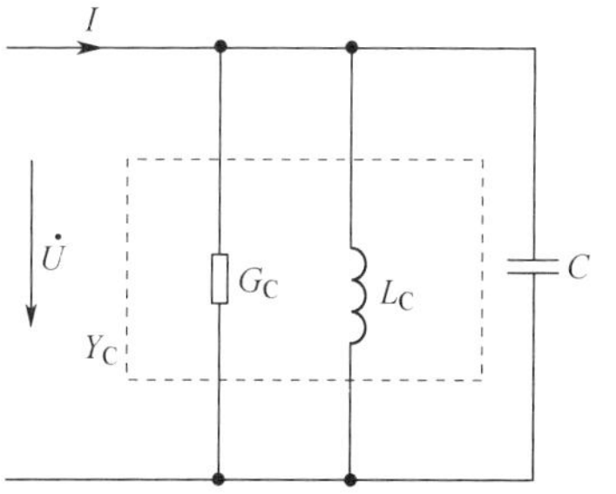

图 4-9-15　电感线圈也可等效变换为电阻和电感的并联

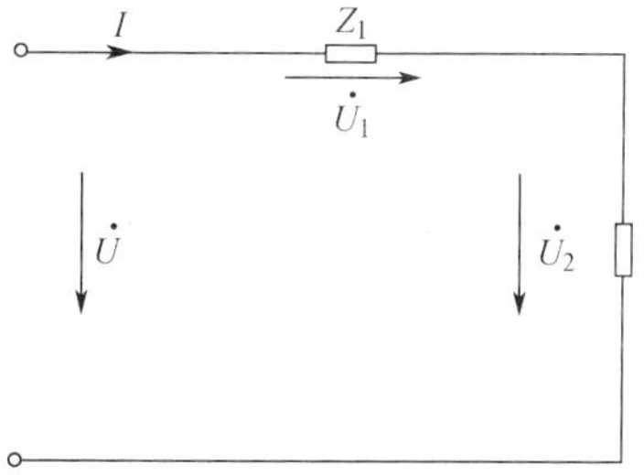

图 4-9-16　例 4-9-1 的图

解：由于端口视在功率 S=有功功率 $P=U_1$=100W，且 Z_1、Z_2 两端电压 $U_1=U_2$=100V，即 $U_1+U_2 \neq U$，故 Z_1、Z_2 不是单一电阻元件，也就是说：在此频率条件下，电路工作在谐振（而且是“串联”谐振）情况下，若 Z_1 为感性（或容性）元件，则 Z_2 必为容性（或感性）元件。且 Z_1、Z_2 应为共轭复数。

由 P_1 及 I_1、U_1 值可得 $R_1 = P_1 / I^2 = 50 / I^2 = 50\Omega, Z_1 = U_1 / I_1 = 100/1 = 100\Omega$

$\therefore X_1 = \sqrt{Z_1^{\ 2} - R_1^{\ 2}} = \sqrt{100^2 - 50^2} = 50\sqrt{3}\Omega$

又∵ $P_1 = 50\text{W}, P = 100\text{W}$，故 Z_2 吸取有功功率根据功率应守衡应等于 $P_2 = P - P_1 = 50\text{W}$，

于是得：$R_2 = P_2 / I^2 = 50/1^2 = 50\Omega$，同理可得 $Z_2 = U_2 / I = 100\Omega$

$\therefore X_2 = \sqrt{Z_2^{\ 2} - R_2^{\ 2}} = \sqrt{100^2 - 50^2} = 50\sqrt{3}\Omega$

若 X_1 代表感抗（等效），则 X_2 应代表容抗（等效）；反之，X_1 为容抗，则 X_2 为感抗。因此本题的两阻抗元件参数解为

$$\begin{cases} Z_1 = 50 + \text{j}50\sqrt{3}\Omega \\ Z_2 = 50 - \text{j}50\sqrt{3}\Omega \end{cases} \quad \text{或} \quad \begin{cases} Z_1 = 50 - \text{j}50\sqrt{3}\Omega \\ Z_2 = 50 + \text{j}50\sqrt{3}\Omega \end{cases}$$

在已知电源频率 $f = 50\text{Hz}$，即 $\omega = 314\text{rad/s}$ 条件下，可得两阻抗元件所含等效元件参数为

$$R_1 = 50\Omega，L_1 = \frac{50\sqrt{3}}{314}\text{H}，R_2 = 50\Omega，C_2 = \frac{1}{314 \times 50\sqrt{3}}\text{F}$$

或 $R_1 = 50\Omega，C_1 = \dfrac{1}{314 \times 50\sqrt{3}}\text{F}$，$R_2 = 50\Omega, L_2 = \dfrac{50\sqrt{3}}{314}\text{H}$

4.10 三相电路

4.10.1 对称三相电路

1. 对称三相电路和概念

符合下述条件的电路才是对称三相电路：

（1）电路具有按一定方式连接的三个电压源，这三个电源的频率相同，电压的有效值（幅值）相等，且相位依次相差 120°，若任取一相电压源作为参考相量（即取其初相为零），并定名为 A 相，则 B 相、C 相将依次滞后 120°，它们的瞬时电压表达式为

$$u_\text{A} = U_\text{m} \sin \omega t \text{V}$$
$$u_\text{B} = U_\text{m} \sin(\omega t - 120^\circ)\text{V}$$
$$u_\text{C} = U_\text{m} \sin(\omega t - 120^\circ) = U_\text{m} \sin(\omega t + 120^\circ)\text{V}$$

或写成有效值相量形式

$$\dot{U}_\text{A} = U\angle 0^\circ \text{ V}$$
$$\dot{U}_\text{B} = U\angle -120^\circ \text{ V}$$
$$\dot{U}_\text{C} = U\angle 120^\circ \text{ V}$$

通常在三相电路中引进算符 a，且令

$$a = \angle 120^\circ = \cos 120^\circ + \text{j}\sin 120^\circ = -1/2 + \text{j}\sqrt{3}/2 \tag{4-10-1}$$

则　　$a^2 = a \times a = \angle 240^\circ = \angle -120^\circ = 1/2 - \mathrm{j}\sqrt{3}/2$

于是　　$1 + a + a^2 = 0$　　(4-10-2)

若将三相电源按顺极性方式接成闭合电路，则此闭合回路总的电源电压升为（见图 4-10-1）

$$\dot{U}_{\mathrm{A}} + \dot{U}_{\mathrm{B}} + \dot{U}_{\mathrm{C}} = U\angle 0^\circ + U\angle 120^\circ + U\angle -120^\circ = U(1 + a + a^2) = 0$$

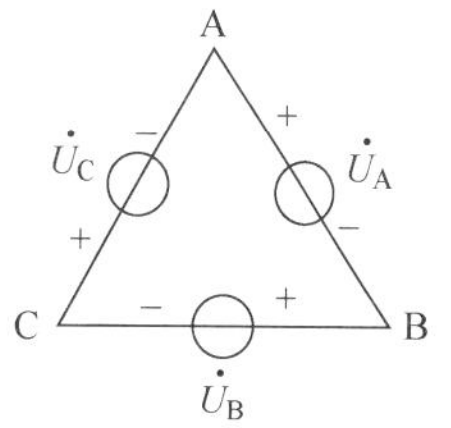

图 4-10-1　三相电流源按顺极性方式接成闭合回路

因此按这种方式接成的闭合回路中无电流（通常称无环流）。

按这种方式连接时，瞬时电流、电压值计算如下。

$$\dot{U}_{\mathrm{A}} + \dot{U}_{\mathrm{B}} + \dot{U}_{\mathrm{C}} = \sqrt{2}U\left[\sin\omega t + \sin(\omega t - 120^\circ) + \sin(\omega t + 120^\circ)\right]$$
$$= \sqrt{2}U(\sin\omega t + \sin\omega t\cos 120^\circ - \cos\omega t\sin 120^\circ + \sin\omega t\cos 120^\circ + \cos\omega t\sin 120^\circ)$$
$$= 0$$
$$(\because \cos 120^\circ = -1/2)$$

即瞬时电压恒为零，因而瞬时电流也恒为零。

（2）上面只计算了对称三相电路对电源的要求，对称三相电路对负载也有要求；它要求三相电源至负载传输线（馈线）的阻抗、三相负载的阻抗均相等。

只有符合上述对电源、馈线、负载三方面要求的电路才构成对称三相电路。

日常使用的工频电源，就是三相电源中的一相（称为单相电源），无论工业或民用三相电路，要完全做到对称是办不到的。

2. 对称三相电源的连接

既然三相电源是由三个单相电源组合而成，而每个电源均有两个引出端，如果六根馈线向负载供电，那么三相电源的突出优点就大受影响，实用上有两种组合方式，一种是“Y”接法，一种是“△”接法，下面进行介绍。

（1）“Y”连接及其特点。

三相电源的“Y”连接，又称星形连接，它的正确连接方法是：将三相电源的三个同极性（或正或负均可）端连接在一起；和我们前面的讨论不同之处在于：这里三相电源的正、负极性端是不能任意假定的，而应当符合这样一个原则，极性经假定以后，得出的电源的电压的相位应当是依次相差为 120°，其实三相电源的产生方法就是三相发电机，而三相发电机是由一些绕组构成的，这些绕组之间从实质上来说，是相当于“耦合电感”。三相电源的同极性端和耦合电感的同名端是对应的，故同名端不能任意假定。

正确的三相电源的Y连接如图 4-10-2 所示，电源作这种方式连接后，其馈线就有二种引出方法，其一就是只从 A、B、C 三个端点引出馈线，这就是通常所说的三相三线制连接方式，由于这种接法的几何图形形同“Y”字，故称为Y接法；又似一颗位于 O 点的“星”，发出“光芒三射”的光，故又称为为星形接法，O 点称为星形点。如果由 A、B、C、O 点均引出馈线，就构成日常生产和生活中广泛使用的三相四线制，A、B、C 三端点的馈线称为相线，O 点的馈线称为零线。相线俗称“火线”，零线俗称“地线”。用试电笔测试时，如果试电笔中氖泡亮，表示有“火”，这就是火线，否则就是地线。其实地线的确是和大地相通的，发电厂（室）以及传输线的零线均可靠接地。由于零线接地的结果，人们站在地上去接触相线，相当于接通了一相电源而将导致触电，也就是说，零线接地，增加了触电的危险。然而如果零线不接地，则雷击等危险将有可能导致整个电力网的毁灭、各种电器的损坏、较大范围人体的伤亡。因此，零线必须与大地可靠接通，以有效地避免雷击的危险。

相线和零线是一相电源的电压，称为相电压，相线与相线之间电压称为线电压。图 4-10-3 中的$\dot{U}_{AO}$、$\dot{U}_{BO}$、$\dot{U}_{CO}$就是相电压，$\dot{U}_{AB}$、$\dot{U}_{BC}$、$\dot{U}_{CA}$就是线电压。相电压的模用U_P表示，线电压的模用U_L表示。

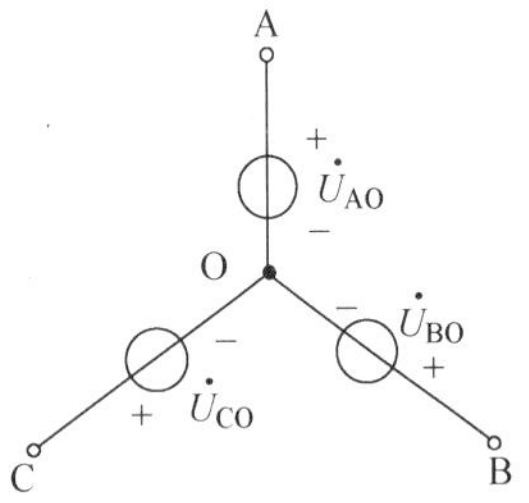

图 4-10-2　三相电源的Y连接

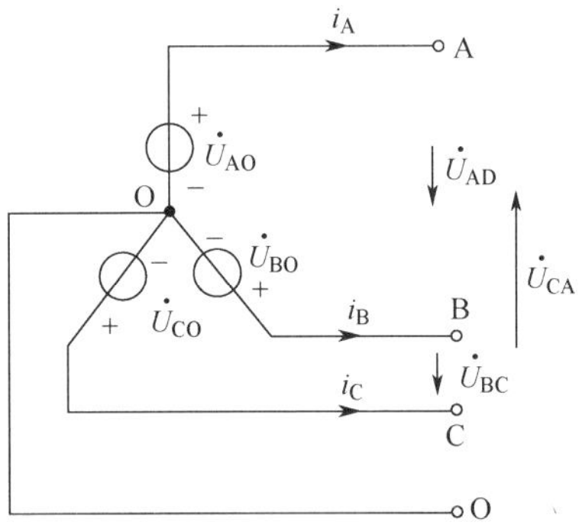

图 4-10-3　三相电流Y连接，线电压和相电压

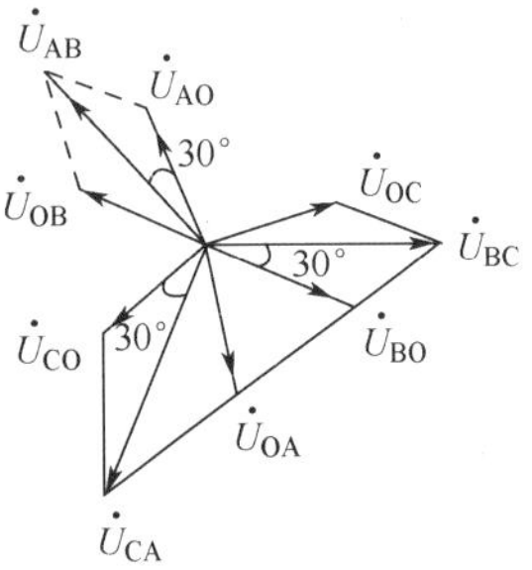

图 4-10-4　线、相电压相量图

线、相电压的关系既可以用解析的方法，也可以用相量图的方法得出。图 4-10-4 就是线、相电压的相量图。

$$\begin{cases}\dot{U}_{AB}=\dot{U}_A-\dot{U}_B=\dot{U}_A+(-\dot{U}_B)\\ \dot{U}_{BC}=\dot{U}_C+(-\dot{U}_A)\\ \dot{U}_{CA}=\dot{U}_C+(-\dot{U}_A)\end{cases}$$

由相量图可以直观看出，线电压

$$U_L=2U_P\cos 30^\circ$$

即

$$U_L=\sqrt{3}U_P$$

可见，线电压是相电压的$\sqrt{3}$倍，且线电压较对应相电压超前 30°，（即$\dot{U}_{AB}$较$\dot{U}_A$、$\dot{U}_{BC}$较$\dot{U}_B$、$\dot{U}_{CA}$较$\dot{U}_C$等）。

$$\dot{U}_{AB}=\dot{U}_A-\dot{U}_B$$

$$\dot{U}_{BC}=\dot{U}_B-\dot{U}_C$$

$$\dot{U}_{CA}=\dot{U}_C-\dot{U}_A$$

从而可以得出由相电压的相量关系求线电压的简便的相量图，如图 4-10-5 所示。

也可以用解析法求：

$$\dot{U}_{AB}=\dot{U}_A-\dot{U}_B=U_P\angle 0^\circ-U_P\angle 120^\circ=U_P(1+1/2+\mathrm{j}\sqrt{3}/2)=\sqrt{3}U_P(\sqrt{3}/2+\mathrm{j}1/2)=\sqrt{3}U_P\angle 30^\circ$$

即若 A 选作参考相量，则$\dot{U}_{AB}$将超前$\dot{U}_A$ 30°，且为相电压的$\sqrt{3}$倍。同样可以证明其他两个线电压与对应之相电压也有相同关系，这里就不一一列举了。

通过一相电源的电流称为相电流，而通过馈线中的相线的电流，称为线电流，由图 4-10-3 可见，在Y接法中，线电流等于相电流。

如果三相电流不是三个同名端连接，其中有一相是异名端连接，即一相接反了，会造成什么后果呢？例如，假定 B 相接反了，则当以 A 相作为参考相量时，B 相的初相角将不是−120°，而是 60°（接反即反相，反相相位差 180°），这时的相量图如图 4-10-6 所示。由图可见，此时不仅线电压 $\dot{U}_{AB}$、$\dot{U}_{BC}$ 的模等于相电压，且线电压之间不构成对称三相电压（模不等，相位亦不是依次相差 120°），相电压由于一相接反也不构成对称三相电源。当然，这样的电源用来照明，问题不大（如同接对一样）。但若用来带三相负载，特别是带动三相电动机，那不仅会造成电机不转，而且极易使电机烧坏。为了避免出现这种问题，一般大厂家在生产这些电源（如三相电动机、三相电力变压器等）时，在出厂时均已接好线了，并具体标明相、线端和零线端。

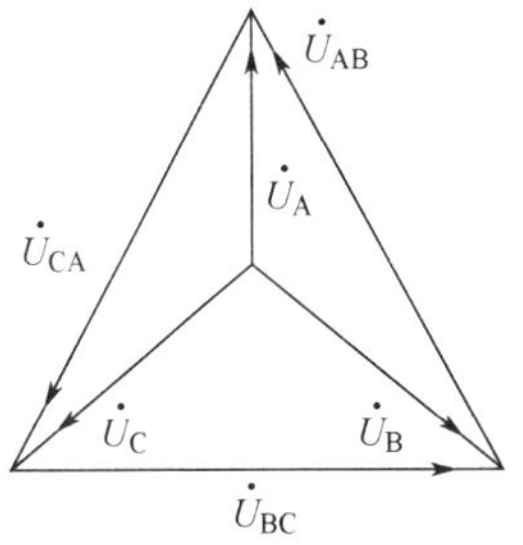

图 4-10-5　由相电压得出线电压的简便相量作图法

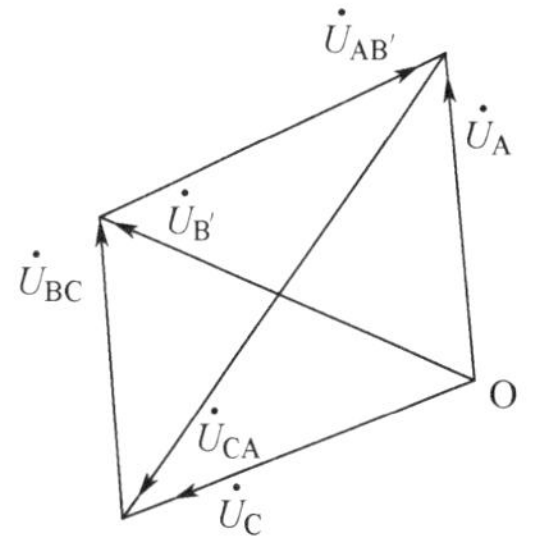

图 4-10-6　当 B 相接反时的相量图

（2）“△”连接及其特点。

三相电源的“△”连接，又称三角形连接。它的正确连接方法是将三相电源的异极性端(异名端)依次相连，如图 4-10-7 所示。这样连接的结果，无论是电压有效值还是瞬时电压，绕闭合电路一周电源电压升恒为零，这是三相对称的正弦电压的一大特点。在直流电源中，这样连接是根本不行的，可以说，一连成回路，电源立即烧毁。当电源作△连接后，只有三个引出端，因此只可能形成三相三线制。由图 4-10-7 可见，当电源作三角形连接时，线电压等于相电压。线电流与相电流关系为

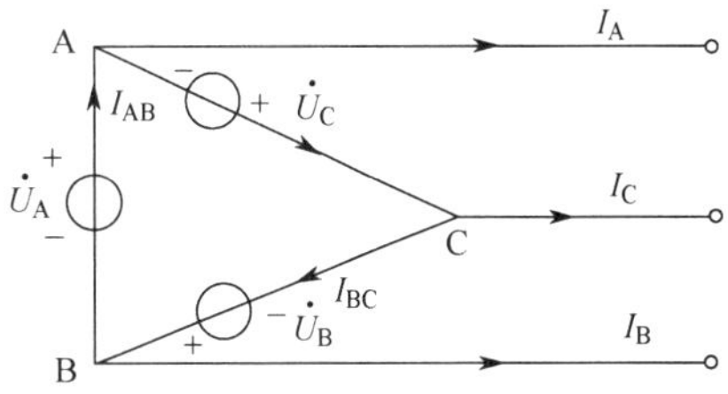

图 4-10-7　三相电源的△连接

$$\dot{I}_{A}=\dot{I}_{AB}-\dot{I}_{CA}\,,\ \dot{I}_{B}=\dot{I}_{BC}-\dot{I}_{AB}\,,\ \dot{I}_{C}=\dot{I}_{CA}-\dot{I}_{BC}$$

线、相电压关系为

$$\dot{U}_{AB}=\dot{U}_{A}\,,\ \dot{U}_{BC}=\dot{U}_{B}\,,\ \dot{U}_{CA}=\dot{U}_{C}$$

由于讨论是对称三相电路，因此对应的相电流与相电压之间的相差是相同的，即 $\dot{I}_{AB}=I_P\angle\varphi$，则 $\dot{I}_{BC}=I_P\angle(-120^\circ+\varphi)$，$\dot{I}_{CA}=I_P\angle(120^\circ+\varphi)$；若以 A 相电流作为参考相量，则

$$\dot{I}_{AB}=I_P\angle 0^\circ,\ \dot{I}_{BC}=I_P\angle -120^\circ,\ \dot{I}_{CA}=I_P\angle 120^\circ$$

按照线、相电流关系有

$$\dot{I}_{AB}=\dot{I}_{A}+\dot{I}_{CA} \tag{4-10-3}$$

$$\dot{I}_{BC}=\dot{I}_{B}+\dot{I}_{AB} \tag{4-10-4}$$

$$\dot{I}_{CA}=\dot{I}_{C}+\dot{I}_{BC} \tag{4-10-5}$$

这样就可以由相电流通过相量图的方法找出线电流。

由图 4-10-8 可见，线电流是相电流的 $\sqrt{3}$ 倍，且对应线电流较相电流滞后（而不是超前）30°，即 $\dot{I}_{A}$ 较 $\dot{I}_{AB}$、$\dot{I}_{B}$ 较 $\dot{I}_{BC}$、$\dot{I}_{C}$ 较 $\dot{I}_{CA}$ 滞后 30°。

$$\dot{I}_{AB}=\dot{I}_A-\dot{I}_{CA}=I_P(1-\angle 120^\circ)=I_P(1+1/2-j\sqrt{3}/2)=\sqrt{3}I_P\angle 30^\circ \tag{4-10-6}$$

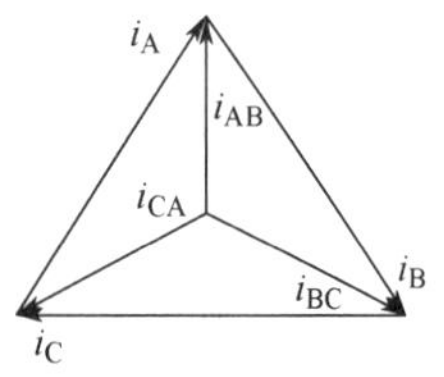

图 4-10-8　由相电流得出线电流

即当三相电源作△连接时，线电压等于相电压，但线电流为相电流的$\sqrt{3}$倍，线电流较对应相电流滞后 30°。

若有一相接反，例如 B 相接反，则$\dot{U}_{B'}=-\dot{U}_B=U_P\angle 60^\circ$，

于是$\dot{U}_A+\dot{U}_B+\dot{U}_C=U_P+U_P\angle 60^\circ+U_P\angle 120^\circ$

$=U_P[1+1/2+j\sqrt{3}/2+(-1/2)+j\sqrt{3}/2]=2U_P\angle 30^\circ$

即环路将有相电压的二倍的电源电压升，若接成闭合回路，电源将立即烧毁。可见，三相电源作连接时，电源极性必须严格按照极性连接，绝不允许出现反接的情况。

在熟知本相电源的星形连接与三角形连接以及这两种连接的线、相电压与线、相电流关系之后，可以得出这样的结论：对称三相电源也可以作Y—△变换，它们的电压大小与相位可以根据Y接法的线、相电压关系推导。即：若△接法的电源变换成Y接法，Y的电源相电压和△接法的相同，再按线、相电压关系可以得出Y接法的线电压。

3．对称三相电路的计算

由于对称三相电源有两种连接方法，因此对称三相电路的计算也分两种情况加以讨论。

（1）星形连接的对称三相电路的计算。

假定负载也是按星形方式连接，其电路图如图 4-10-9 所示，由于

$$\dot{U}_{NN'}=\frac{\dfrac{\dot{U}_A}{Z}+\dfrac{\dot{U}_B}{Z}+\dfrac{\dot{U}_C}{Z}}{\dfrac{1}{Z_0}+\dfrac{1}{Z}+\dfrac{1}{Z}+\dfrac{1}{Z}}=\frac{\dfrac{\dot{U}_A+\dot{U}_B+\dot{U}_C}{Z}}{\dfrac{1}{Z_0}+\dfrac{3}{Z}}=0$$

即电源星形点与负载星形点之间电压为零，因此 Z_0 中将无电流通过，既可以将零线省去（如三相电动机只需三根馈线一样），也可以将 Z_0 用短路线取代。若采用后一种方法，即直接用一根导线将 N、N' 连接起来，基于这一原因，又把星形点称为为中性点。连接两中性点的馈线称中性线。于是根据理想电压源性质，负载 Z_A 两端电压为$\dot{U}_A$，Z_B 为$\dot{U}_B$，Z_C 为$\dot{U}_C$，由于 $Z_A=Z_B=Z_C=Z$，因而负载电流等于相电流 I_P，即 $I_A=I_B=I_C=I_P$，相位如同电压一样，依次相差 120°。也就是说，对称三相电路的计算可以化为单相电路的计算，即只计算一相（图 4-10-10）。若选$\dot{U}_A$为参考相量，$\dot{Z}_A=Z\angle\varphi$，则

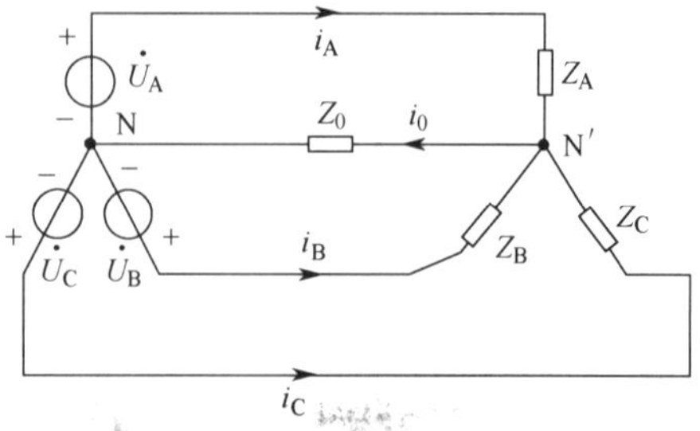

图 4-10-9　星形连接的对称三相电路的计算

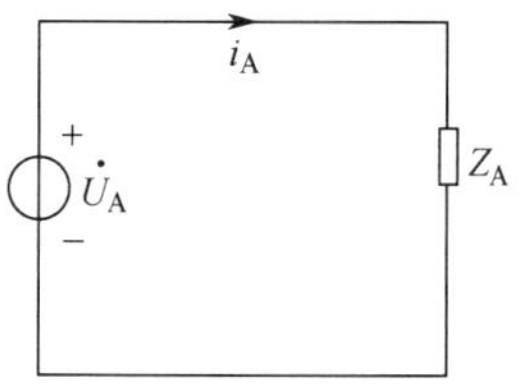

图 4-10-10　根据电流性质，可以只计算一相

$$\dot{I}_A = \dot{U}_A / Z_A = U_P / Z\angle -\varphi$$

相应可得出

$$\dot{I}_B = U_P / Z\angle(-\varphi - 120°)$$

$$\dot{I}_C = U_P / Z\angle(-\varphi + 120°)$$

相应地，各相瞬时电流分别为

$$i_A = \sqrt{2}\frac{U_P}{2}\sin(\omega t - \varphi)$$

$$i_B = \sqrt{2}\frac{U_P}{2}\sin(\omega t - \varphi - 120°)$$

$$i_C = \sqrt{2}\frac{U_P}{2}\sin(\omega t - \varphi + 120°)$$

若负载按△连接，则按负载的Y-△等效变换，仍然可以将负载由△连接，变换成Y连接，只不过此时Y-△变换关系中，应将电阻电路中的 R 以 Z 取代即可，即正弦电流电路中的Y-△变换关系为：将△连接变换成Y接法

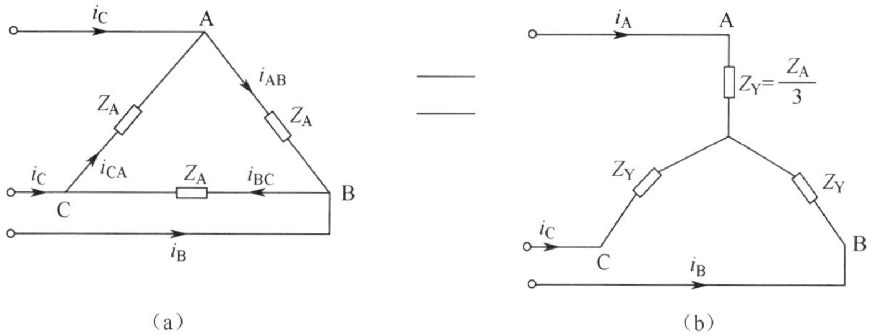

图 4-10-11 若负载为△连接，可根据Y-△变换，变成Y连接进行计算

$$Z_1 = \frac{Z_{12}Z_{31}}{Z_{12} + Z_{23} + Z_{31}} \tag{4-10-7}$$

$$Z_2 = \frac{Z_{12}Z_{23}}{Z_{12} + Z_{23} + Z_{31}} \tag{4-10-8}$$

$$Z_3 = \frac{Z_{23}Z_{31}}{Z_{12} + Z_{23} + Z_{31}} \tag{4-10-9}$$

在负载对称条件下

$$Z_Y = Z_\triangle / 3 \tag{4-10-10}$$

将Y接法变换成△接法

$$Z_{12} = Z_1 + Z_2 + \frac{Z_1Z_2}{Z_3} \tag{4-10-11}$$

$$Z_{23} = Z_2 + Z_3 + \frac{Z_2Z_3}{Z_1} \tag{4-10-12}$$

$$Z_{31} = Z_3 + Z_1 + \frac{Z_3Z_1}{Z_2} \tag{4-10-13}$$

在负载对称条件下

$$Z_{\triangle}=3Z_{Y} \tag{4-10-14}$$

将△连接的负载变换成Y连接以后，按照前法，很容易算出$\dot{I}_A$，再推出$\dot{I}_B$、$\dot{I}_C$。注意到线、相电流之间关系对负载和对电源是相同的，因此，电流$\dot{I}_{AB}$、$\dot{I}_{BC}$、$\dot{I}_{CA}$不需另作计算，而可直接根据线相电流关系写出为

$$\dot{I}_{AB}=\frac{1}{\sqrt{3}}\dot{I}_A\angle 30°,\ \dot{I}_{BC}=\frac{1}{\sqrt{3}}\dot{I}_B\angle 30°,\ \dot{I}_{CA}=\frac{1}{\sqrt{3}}\dot{I}_C\angle 30°$$

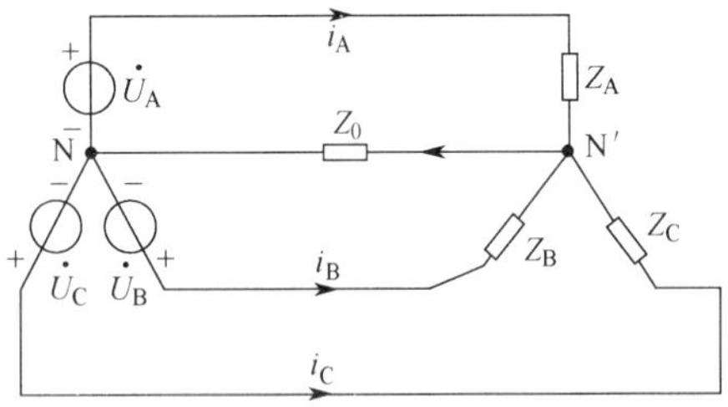

图 4-10-12 传输线无阻抗的△连接的对称三相电路

（2）△连接的对称三相电路的计算。

在传输线阻抗为零条件下，根据电源性质，同样可只计算一相，另外两相结果不需要再作计算，可按模相等、相差依次相差120°，直接写出响应（图 4-10-12）。

$$\dot{I}_{AB}=\dot{U}_A/Z_A,\ \dot{I}_{BC}=\dot{I}_{AB}\angle -120°,\ \dot{I}_{CA}=\dot{I}_{AB}\angle 120°$$

当传输线有阻抗时，可将电源的负载均变换为Y接法，同样又变成计算一相的方法来处理。在图 4-10-13 中，$Z_{AA'}=Z_{BB'}=Z_{CC'}=Z_{1'}$，$Z_{AB}=Z_{BC}=Z_{CA}=Z_2$。

在图 4-10-14 中，$\dot{U}_A=\frac{1}{\sqrt{3}}\dot{U}_{AB}\angle -30°$，$\dot{U}_B=\frac{1}{\sqrt{3}}\dot{U}_{BC}\angle -30°$，$\dot{U}_C=\frac{1}{\sqrt{3}}\dot{U}_{CA}\angle -30°$，

$Z_A=Z_B=Z_C=Z_2/3$，按图 4-10-14 计算出的电流$\dot{I}_A$、$\dot{I}_B$、$\dot{I}_C$也即是图 4-10-13 中同样标号电流，这是因为尽管电源和负载都进行了等效变换，但传输线阻抗并未参与变换，因此在变换前后是相同的，于是

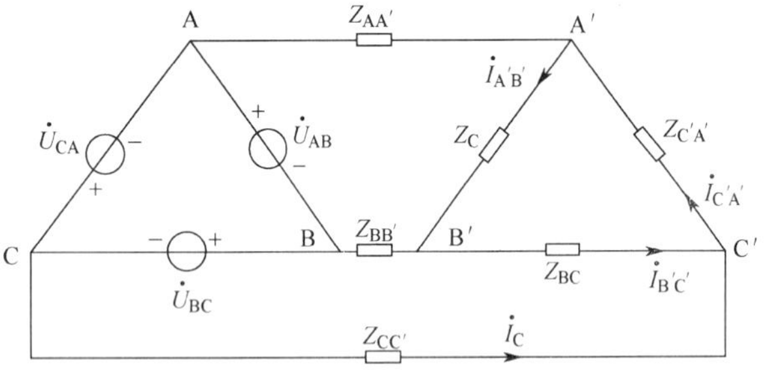

图 4-10-13 传输线有阻抗时，可将电线和负载均变换成Y接法

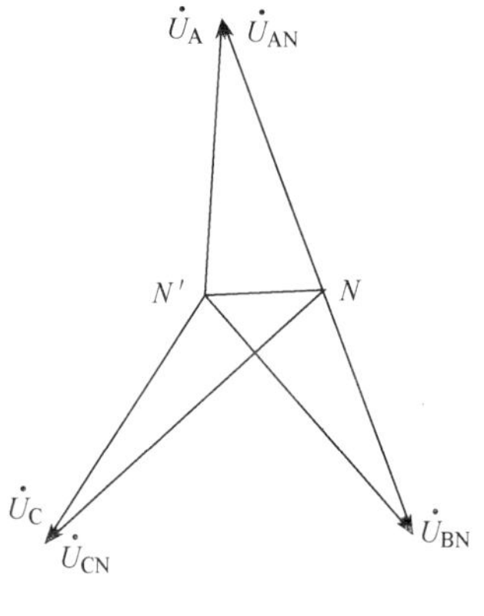

图 4-10-14 将图 4-10-13 中电流及负载均变换成Y连接

$$\dot{I}_A=\dot{U}_A/(Z_{AA'}+Z_A),\ \dot{I}_B=\dot{I}_A\angle -120°,\ \dot{I}_C=\dot{I}_A\angle 120°$$

$$\dot{I}_{A'B'}=\frac{1}{\sqrt{3}}\dot{I}_A\angle 30°,\ \dot{I}_{B'C'}=\frac{1}{\sqrt{3}}\dot{I}_B\angle 30°,\ \dot{I}_{C'A'}=\frac{1}{\sqrt{3}}\dot{I}_C\angle 30°$$

至于电源作△连接、负载作星形连接情况要较上述内容简单，这里就不再一一讨论了。

若电源作星形连接，而负载有多个，有的是星形，有的是△形连接，可全部变换成有零线的星形连接，而且不论传输线上是否有阻抗，只要在传输线阻抗的同侧，负载就都是并联连接的，同样可化为单相问题进行计算。

4.10.2　不对称三相电路的概念

这里所说的不对称三相电路是指负载不对称（也包括虽然负载对称，但传输线阻抗不同的情况），三相电源还是对称的，电源不对称不构成三相电路。

图 4-10-9 中，若 $Z_A \neq Z_B \neq Z_C$，于是

$$\dot{U}_{NN'} = \frac{\dfrac{\dot{U}_A}{Z} + \dfrac{\dot{U}_B}{Z} + \dfrac{\dot{U}_C}{Z}}{\dfrac{1}{Z_0} + \dfrac{1}{Z} + \dfrac{1}{Z} + \dfrac{1}{Z}} = \frac{\dfrac{\dot{U}_A + \dot{U}_B + \dot{U}_C}{Z}}{\dfrac{1}{Z_0} + \dfrac{3}{Z}} \neq 0$$

$\dot{I}_0 = \dot{U}_{NN'}/Z_0 \neq 0$，$Z_0$ 不能用短路线取代，中性线（零线）也不是可有可无的了，此时如果零线断开，则由于 $\dot{U}_{NN'} \neq 0$，于是在电压关系相量图上，N 和 N' 点不重合，这就是所谓的中性点位移。位移的大小取决于负载不对称程度，图 4-10-15 给出了中性线（零线）不连接、导致中性点位移的电压相量图。

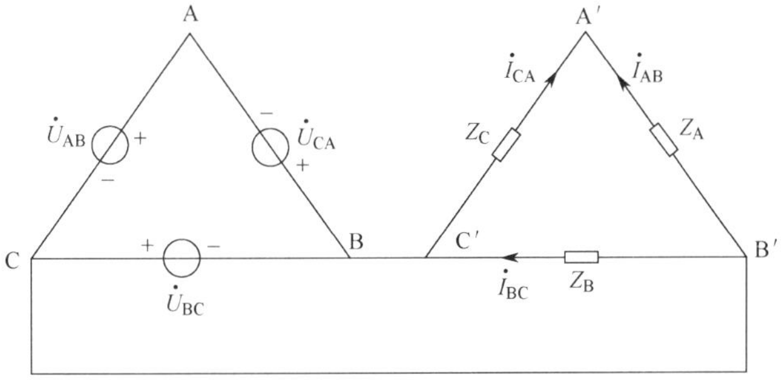

图 4-10-15　不接中性线导致中性点位移，负载上各相电压不相等

由图可以看出，中性点位移的结果，使得三相负载中的每一相电压不仅相位不是依次相差 120°，而且大小也不相等，有的相电压要高出电源相电压，有的则低。严重时甚至会造成有的相上负载由于过高的电压而烧坏，有的则由于电压太低而无法正常工作。将中性线接上后，则中性线的阻抗 $Z_0 \approx 0$ 的话，就可强制两个中性点重合（负载星形与电源星形点）。这样每相负载电压就可保持对称。日常生活中可以照明的是单相电源（即负载一端接相线，另一端接零线），但输电线路仍是三相的。这种三相电路不可能做到负载对称。尽管设计时可以按理想情况尽可能做到负载对称，可实际使用时，不可能所有照明灯具或电器同时接通电源。因此在照明电路中，干线上的零线必须可靠连接，且零线上不允许安保险丝（单个负载不受此限，但从安全角度考虑，零线仍应可靠连接）。在用电高峰期灯不亮，电压过低，造成的原因是馈线上电压损失所致，改善方法是加粗传输线截面积，而非零线断开造成的。若出现有的相负载电压超过正常电压，有的相又低于正常电压，这才很可能是零线断开所致，遇此情况，一定要排除故障之后才能用电，否则很可能损坏电器。

当中性线接通时，此时由于 $\dot{U}_{NN'} \neq 0$，$\dot{I}_A + \dot{I}_B + \dot{I}_C = \dot{I}_0 \neq 0$，中性电流不为零。在三相负载均使用时，中线电流将小于相线电流。因此在三相四线制中，中性线一般较相线细。

例 4-10-1　图 4-10-16 所示电路是一种可以确定相序的简便仪器，叫相序器。条件是使 $1/\omega C = R(=1/G)$，如果加在三相引入端的是三相对称电源，根据两个灯泡的电压如何确定相序？（注：在使用三相电源时，通常哪根相线是 A 相，哪根是 B 相或 C 相，是无关紧要的，重要的是假定一根是 A 相以后，其他两根相线，哪根是 B 相，哪根是 C 相，就必须测定，而不能

再任意假定；这就叫测定相序。）

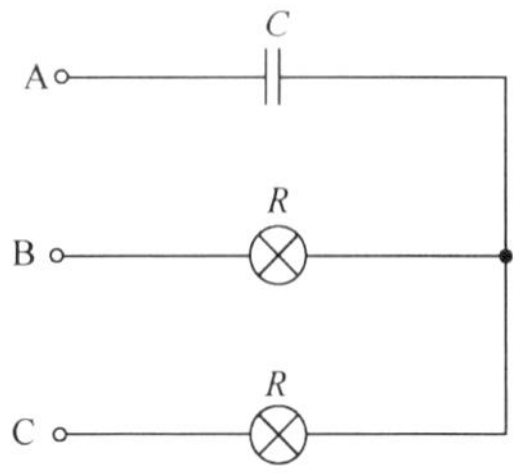

（a）相序器电路图

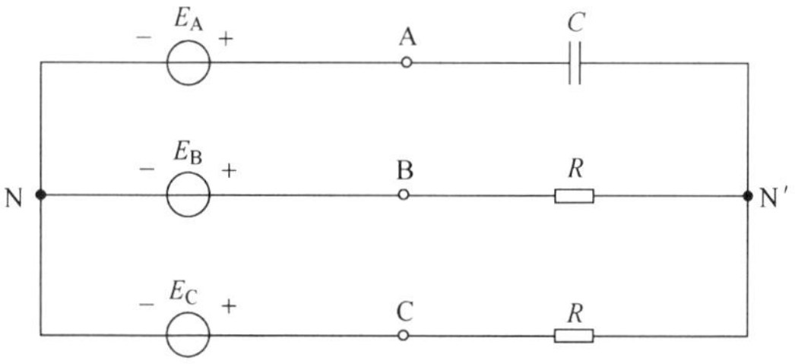

（b）相序器接通三相电源

图 4-10-16　例 4-10-1 的图

解：如果将相序器的三根馈线接通三相电源，见图 4-10-16（b），并假定电容所接的那一相为 A 相，两个灯泡则分别接在 B、C 相上（哪个是 B 相，哪个是 C 相，要根据理论计算以后方能确定）。若中间灯泡确定是接在 B 相上，下面灯泡确定是接在 C 相上，则 B 相灯泡电压

$$\dot{U}_{BN}=\dot{U}_{B}-\dot{U}_{NN'} \tag{4-10-15}$$

C 相灯泡电压
$$\dot{U}_{CN}=\dot{U}_{C}-\dot{U}_{NN'} \tag{4-10-16}$$

而

$$\dot{U}_{NN'}=\frac{\dfrac{\dot{U}_{A}}{-j\dfrac{1}{\omega C}}+\dfrac{\dot{U}_{B}}{R}+\dfrac{\dot{U}_{C}}{R}}{j\dfrac{1}{\omega C}+\dfrac{1}{R}+\dfrac{1}{R}}=\frac{j\omega C\dot{U}_{A}+G\dot{U}_{B}+G\dot{U}_{C}}{j\omega C+G+G}=\frac{j\dot{U}_{A}+\dot{U}_{B}+\dot{U}_{C}}{2+j}$$

若选 $\dot{U}_{A}$ 为参考相量，则 $\dot{U}_{A}=U\angle 0^{\circ}$，$\dot{U}_{B}=U\angle -120^{\circ}$，$\dot{U}_{C}=U\angle 120^{\circ}$

于是 $j\dot{U}_{A}+\dot{U}_{B}+\dot{U}_{C}=U(\angle 90^{\circ}+\angle -120^{\circ}+\angle +120^{\circ})=U(-1+j)$

$$\dot{U}_{NN'}=(-1+j)U/(2+j)=0.63U\angle 108.43^{\circ}=(0.2+j0.6)U$$

故 $\dot{U}_{BN'}=U\angle -120^{\circ}-0.63U\angle 108.43^{\circ}=(1/2-j\sqrt{3}/2+0.2-j0.6)U=1.5U\angle -101.53^{\circ}$

即　$\dot{U}_{BN'}=1.5U$

又　$\dot{U}_{CN'}=U\angle 120^{\circ}-0.63U\angle 108.43^{\circ}=(-1/2+j\sqrt{3}/2+0.2-j0.6)U=0.4U\angle 138.4^{\circ}$

即　$\dot{U}_{CN}=0.4U$

可见，若 A 相与电容连接，则灯泡很亮的那一相是 B 相，暗的是 C 相，这样就确定了三根相线的相序。

4.10.3　三相电路的功率

1．对称三相电路的功率

（1）瞬时功率。

瞬时功率的定义为瞬时电压和瞬时电流的乘积，这在任何情况下都是适用的，对三相电路也不例外。三相电路有三个电压、三个电流，每一相均占用功率，因此三相功率是三个单相功率之和。若以 A 相电压作为参考相量，A 相电流滞后电压 φ 角，则根据对称三相电路特点，三相瞬时功率分别为

$$p_A = u_A i_A = \sqrt{2}U_\phi \sin\omega t \times \sqrt{2}I_\phi \sin(\omega t - \varphi)$$

$$p_B = u_B i_B = \sqrt{2}U_\phi \sin(\omega t - 120^\circ) \times \sqrt{2}I_\phi \sin(\omega t - 120^0 - \varphi)$$

$$p_C = u_C i_C = \sqrt{2}U_\phi \sin(\omega t - 240^\circ) \times \sqrt{2}I_\phi \sin(\omega t - 240^\circ - \varphi)$$

根据三角函数的差化积公式 $\cos\alpha - \cos\beta = 2\sin[(\alpha+\beta)/2]\sin[(\beta-\alpha)/2]$

三相瞬时功率又可写成

$$p_A = U_P I_P[\cos\varphi - \cos(2\omega t - \varphi) \tag{4-10-17}$$

$$p_B = U_P I_P[\cos\varphi - \cos(2\omega t - 240^\circ - \varphi)] \tag{4-10-18}$$

$$p_C = U_P I_P[\cos\varphi - \cos(2\omega t - 480^\circ - \varphi)] \tag{4-10-19}$$

而

$$\cos(2\omega t - \varphi) + \cos(2\omega t - 240^\circ - \varphi) + \cos(2\omega t - 480^\circ - \varphi) = 0 \tag{4-10-20}$$

所以三相功率

$$p = p_A + p_B + p_C = 3U_P I_P \cos\varphi$$

可见，对称三相电路的瞬时功率是一个恒量，显示了对称三相电路瞬时功率的不变性，这一性质在实用上是很需要的。例如，三相异步电动机（或同步电动机）就是一个对称三相负载，它除了在效率、功率因数等方面大大优于单相电动机；瞬时功率的不变性，使得三相电动机转动平稳。

（2）有功功率、无功功率和视在功率。

有功功率是瞬时功率在一个周期中的平均值，由式（4-10-17）、式（4-10-18）、式（4-10-19）可知，三相有功（平均）功率分别为

$$P_A = \frac{1}{T}\int_0^T p\mathrm{d}t = U_P I_P \cos\varphi，\quad P_B = U_P I_P \cos\varphi，\quad P_A = U_P I_P \cos\varphi$$

所以三相有功率之和

$$P = 3U_P I_P \cos\phi \tag{4-10-21}$$

若用线电压与线电流取代相电压与相电流，则无论负载是何种接法（Y和△连接），均有 $U_L I_L \cos\varphi = \sqrt{3}U_P I_P \cos\varphi$，于是式（4-10-21）可以写成

$$P = \sqrt{3}U_L I_L \cos\varphi \tag{4-10-22}$$

注意：尽管式（4-10-22）中采用了线电压、线电流，但式中还是单相功率因数，φ 角不是线电压与电流之间相差（因为Y接法中线电压超前对应电压 30°；而△接法中线电流是滞后对应相电流 30°）。

其实三相总有功功率可以直接由式（4-10-20）得出，既然三相瞬时功率之和是一个恒量，自然也就是平均功率。

由三相有功功率的定义式，不难得出三相无功功率、三相视在功率定义式，它们分别是

$$Q = Q_A + Q_B + Q_C = 3U_P I_P \sin\varphi = \sqrt{3}U_L I_L \sin\varphi \tag{4-10-23}$$

$$S = S_A + S_B + S_C = 3U_P I_P = \sqrt{3}U_L I_L \tag{4-10-24}$$

同样也有

$$S = \sqrt{P^2 + Q^2} \tag{4-10-25}$$

有时也定义三相负载的功率因数为

$$\cos\varphi' = P/S = \cos\varphi \tag{4-10-26}$$

即三相负载的功率因数就是单相功率因数；显然，当负载不对称时，三个单相的功率因数不同，式（4-10-26）也无意义，不存在三相负载的功率因数。

（3）三相功率的测量。

通常三相功率的测量指的是有功功率。用来测量功率的仪表是功率表，又称瓦特表；这是一种电动式仪表，它的转动部分和固定部分都是线圈；转动部分线圈是电压线圈，使用时是和负载并联的；固定线圈线径较粗，是电流线圈，使用时是和负载串联的。在使用功率表时，最易出的问题就是将电流线圈和负载并联，如果这样连接，一接通电源，电流线圈就有烧毁的危险。其次在功率表的电压和电流接线端上，均有一端标有“*”号，这两个接线端应连接在一起，否则下面讲到用“二表法测三相功率”时，两相功率表的读数是相加还是相减就难以判断了。

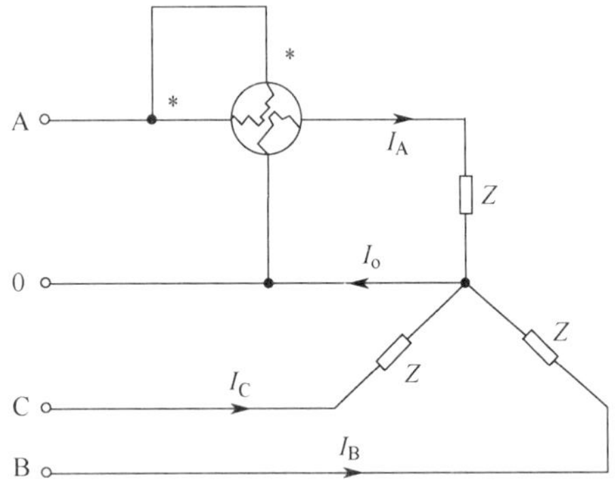

图 4-10-17　三相对称负载只需测量一相功率

在三相四线制对称电路中，只需测量一相功率；因为总负载功率等于一相功率的 3 倍。此时功率表的原理图如图 4-10-17 所示。

对于三相三线制电路，由于和负载连接的三根馈线都是相线，因而无法测量一相功率；也就是说；此时无论负载是否对称，均无法用一相功率表得出三相功率，通常在这种条件下，都是采用“二表法”，即用两个单相功率表来测得三相功率。下面先从理论上来证明用两只功率表测三相功率的可能性。

设 A 相瞬时相电压为u_{PA}，B 相为u_{PB}，C 相为u_{PC}。各相瞬时电流分别为i_{PA}，i_{PB}，i_{PC}，这样假定无论对于对称或不对称三相负载均适用，于是三相瞬时功率之和

$$p = u_{PA}i_{PA} + u_{PB}i_{PB} + u_{PC}i_{PC} \tag{4-10-27}$$

在三相三线制条件下

$$i_{PA} + i_{PB} + i_{PC} = 0 \tag{4-10-28}$$

因此，可以任意用其他两相电流取代一相电流，例如

$$i_{PC} = -(i_{PA} + i_{PB}) \tag{4-10-29}$$

将式（4-10-29）代入式（4-10-27）得

$$p = (u_{PA} - u_{PC})i_{PA} + (u_{PB} - u_{PC})i_{PB} = u_{AC}i_{PA} + u_{BC}i_{PB} \tag{4-10-30}$$

式（4-10-30）中是两个线电压，而$u_{AC} = -u_{CA}$，即与u_{CA}反相。若u_{CA}初相为 120°，则u_{AC}初相为-60°。

由平均功率的定义与瞬时电压和瞬时电流乘积的关系可推出：三相总功率（有功功率）

$$P = U_{AC}I_{PA}\cos\varphi_1 + U_{BC}I_{PB}\cos\varphi_2 \tag{4-10-31}$$

式中

$$\varphi_1 = \angle\dot{U}_{AC}\dot{I}_{PA}\text{，}\quad \varphi_2 = \angle\dot{U}_{BC}\dot{I}_{PB}$$

即φ_1是线电压$\dot{U}_{AC}$与相电流$\dot{I}_{PA}$之间的相差，φ_2则是$\dot{U}_{BC}$和$\dot{I}_{PB}$之间的相差。式（4-10-31）是三相电路的总有功功率，其条件仅有一个，就是负载只能是三相三线制连接方式，无论电路是否对称均适用（当然对于对称三相电路，由于中线中无电流，式（4-10-29）也成立，故二表法仍适用）。按照式（4-10-31）可以得出一种用“二表法”测三相功率的线路（还有另外两种接线方法，读者可自行分析），如图 4-10-18 所示。

注意：三相总功率并不总等于两功率表读数之和，也可以是两表读数之差，这就是在使用功率表时必须注意功率表上两个*端接线时，必须如图 4-10-18 所示接在一起；另外功率表上还有一极性选择旋钮，使用时，极性选择旋钮对在“+”端，接通电源，若此时两表指针均有读数，

则总功率等于两表读数之和；若只有一表有读数，另一表指针反向转动而无读数，则可将此表极性选择旋钮旋转到“-”端，指针将正转而有读数，但此时总功率则为两表读数之差。使用时一定要注意。其理论上的分析，就留给读者了。

例 4-10-2 有一台电动机，其功率 P=4kW，已知其额定电压为 380V，功率因数 $\cos\varphi = 0.866$，若采用图中接线方式，且知该电机在满载下运行，试求功率表读数。

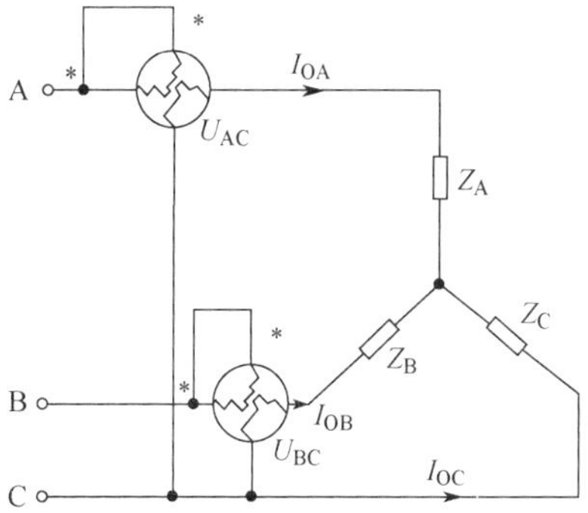

图 4-10-18 用二表法测三相功率的接法方法之一

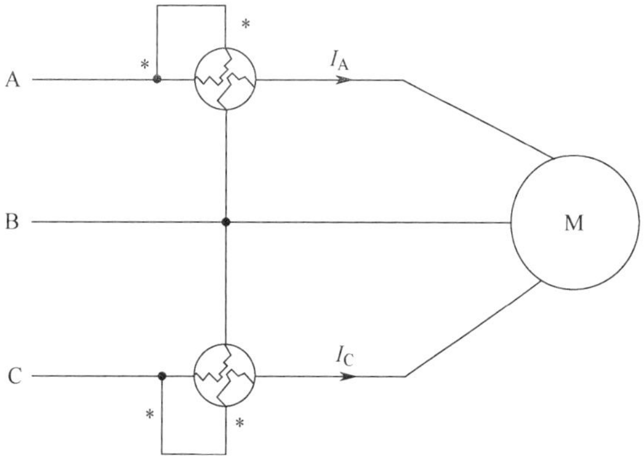

图 4-10-19 例 4-10-2 的图

解：电动机是三相对称负载，三相线（相）电流相等，相位依次相差 120°；又知电机是满载运行，即其轴输出功率达到 4kW；又知线电压与功率因数（三相负载功率因数即一相的功率因数）；现在要求线电流大小是容易的，但根据功率表的接法，还应当求出 $\dot{U}_{AB}$、$\dot{I}_A$、$\dot{U}_{CB}$、$\dot{I}_C$；即还需定这四个量的相位，只有如此，才能找出 $\dot{U}_{AB}$、$\dot{I}_A$ 之间的相差，$\dot{U}_{CB}$ 与 $\dot{I}_C$ 之间的相差，也才有可能求出功率表的读数。为此还应假定一个参考相量。先求出线电流，由式（4-10-30）得

$$I_L = P/\sqrt{3}U_L\cos\varphi = 4000/\sqrt{3}\times 380\times 0.866 \approx 7.02\text{A}$$

若选 A 相相电压 $\dot{U}_A$ 为参考相量，则由对应线、相电压相位关系可知，$\dot{U}_{AB} = U_L\angle 30°$，又由功率因数 $\cos\varphi = 0.866$ 知，$\varphi = 30°$，即 A 相电流 $\dot{I}_A$ 滞后 $\dot{U}_A$ 30°，即 $\dot{I}_A = \dot{I}_L\angle -30°$；又 $\dot{U}_{BC}$ 滞后 $\dot{U}_{AB}$ 120°，故 $\dot{U}_{BC} = \dot{U}_L\angle -90°$，$\dot{U}_{CB} = \dot{U}_{BC} = \dot{U}_L\angle -90°$，$\dot{I}_C$ 超前 $\dot{I}_A$ 120°，（或滞后 120°），即 $\dot{I}_C = \dot{I}_L\angle 90°$，于是 $\varphi_1 = \angle\dot{U}_{AB}\dot{I}_A = 60°$，$\varphi_2 = \angle\dot{U}_{CB}\dot{I}_C = 90° - 90° = 0$。

所以上面功率表的读数，按二表法测功率的关系，由式（4-10-31）可得

$$P_1 = U_{AB}I_A\cos\varphi_1 = 380\times 7.02\times\cos 60° = 1333.8\text{W}$$

下面功率表读数

$$P_2 = U_{CA}I_C\cos\varphi_2 = 380\times 7.02\times\cos 0° = 2667.6\text{W}$$

$P_1 + P_2 \approx 4000$W（实际计算多 1～4W 是由于计算误差引起的。）

注意：对于采用三相四线制连接的不对称三相电路，其功率的测量方法只能采用逐相测量，若同时需知三相功率，则应采用三相功率表去测量。

$$P = P_1 + P_2 + P_3 = U_{PA}I_A\cos\varphi_1 + U_{PB}I_B\cos\varphi_2 + U_{PC}I_C\cos\varphi_3$$

习 题 4

4-1 已知一正弦电压的有效值为220V，频率为50Hz，初相为$\pi/6$。试求：(1) 幅值；(2) 周期和角频率；(3) 瞬时电压一般表达式；(4) 计算 t=0.005s、0.0075s、0.01s、0.015s 时电压的瞬时值；(5) 绘出波形图。

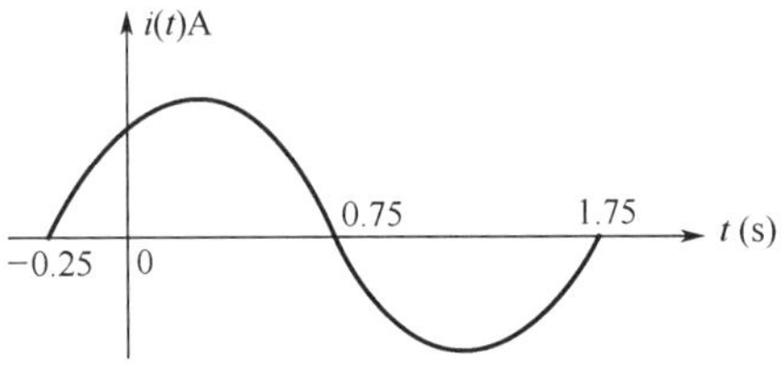

题 4-2 图

4-2 一正弦电流的波形如题图所示，试求：(1) 此正弦电流的幅值、周期、频率、角频率和初相；(2) 瞬时电流的一般表达式。

4-3 试绘出下列正弦电压波形图。

$$u_1 = 310\sin(314t - 30^\circ)\text{V}$$
$$u_2 = 10\sin(2t - 120^\circ)\text{V}$$
$$u_3 = 10\sin(2t + 120^\circ)\text{V}$$

4-4 若已知下列正弦电流和电压的瞬时值表达式，试求它们的有效值与相量。

(1) $u_1 = 310\sin(314t - 30^\circ)\text{V}$， $u_2 = 282.8\sin(5t + \pi/3)\text{V}$

$u_3 = 1414\sin(12t + 50^\circ)\text{V}$， $u_4 = 424.4\cos(7t - 35^\circ)\text{V}$

(2) $i_1 = 1.414\sin(314t + 15^\circ)\text{A}$， $i_2 = 4.242\cos[6(t - 5)]\text{mA}$

$i_3 = 5.656\sin(100t - 75^\circ)\text{mA}$， $i_4 = 8.484\cos[(100t + 1)]\text{A}$

4-5 已知下列正弦电压、电流的角频率$\omega = 314\text{rad/s}$，试写出它们的瞬时值表达式。

(1) $\dot{U}_1 = 10\angle 15^\circ\text{V}$， $\dot{U}_2 = 15\angle -17^\circ\text{V}$， $\dot{U}_3 = 23\angle 32^\circ\text{V}$， $\dot{U}_4 = 40\angle 45^\circ\text{V}$；

(2) $\dot{U}_1 = 1\angle 10^\circ\text{A}$， $\dot{I}_2 = 2.5\angle 30^\circ\text{A}$， $\dot{I}_3 = 3\angle 75^\circ\text{A}$， $\dot{I}_4 = 4.5\angle -40^\circ\text{A}$。

4-6 试求上题中各电压和电流的相量和，然后写出总电压和总电流的瞬时值表达式。

4-7 求题图所示电路中电流表A的读数。已知各并联支路中电流表的读数分别为$\dot{I}_{\text{A1}} = 5\text{A}$，$\dot{I}_{\text{A2}} = 20\text{A}$，$\dot{I}_{\text{A3}} = 25\text{A}$。

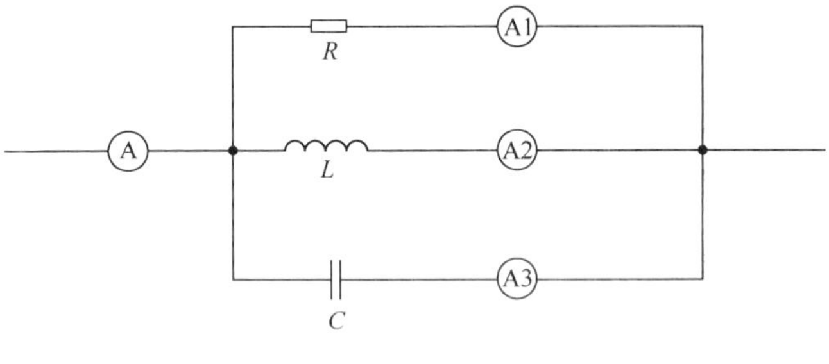

题 4-7 图

4-8 有一个电压为110V、额定功率P=75W的白炽灯泡，不得不在220V（f=50Hz）的正弦电路中使用，为此可以采用串联电阻或电感或电容的方法以保证灯泡在额定电压下工作。求为达此目的各所需串联的电阻、电感和电容量。若将这三种情况下的连接改接至电压为220V的直流电源上，将会发生什么现象？

4-9 如题图所示电路，已知：$u_\text{S} = 14.14\sin 10t\text{V}$，$R = 2\Omega$，$L = 1/10\text{H}$，$C = 1\text{F}$。试求各支路瞬时电流以及总电流。

4-10 如题图所示电路，已知$i_\text{S} = 14.14\sin 10t\text{A}$，$R = 2\Omega$，$L = 1\text{H}$，$C = 1\text{F}$。试求：各元件两

端电压的瞬时值。

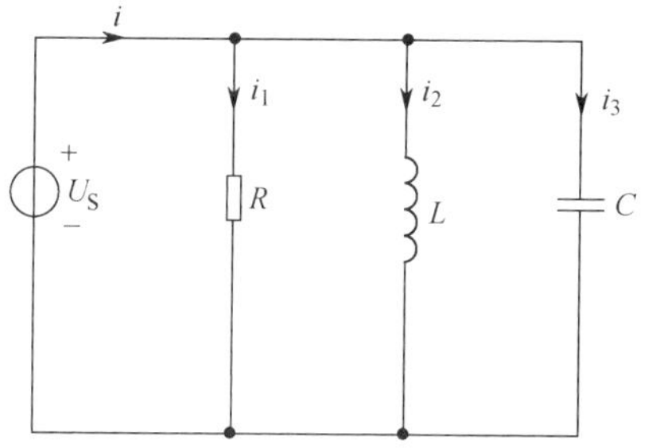

题 4-9 图

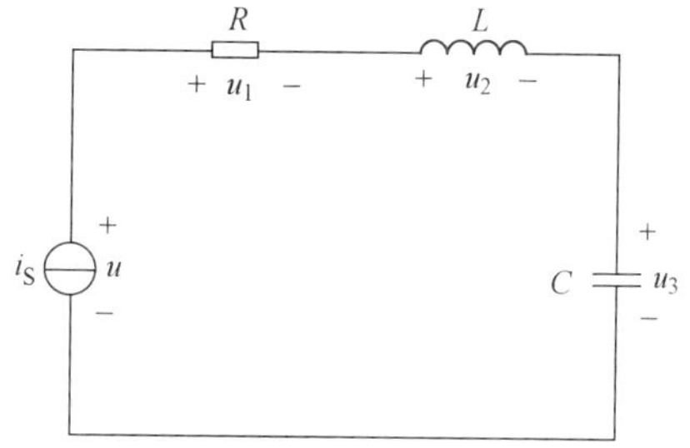

题 4-10 图

4-11　一个电感线圈，接到 U=220V 的直流电源上时，电流 I=20A；接到 f=50Hz、U=220V 的交流电源上时，电流 I=20A。试求线圈的电阻和电感。

4-12　一台 1.7kW 的异步电动机，用串联电抗器的方法来限制起动电流，电路如题图所示，已知电源电压 U=127V，f=50Hz；要求起动电流限制为 16A，并已知电动机起动时的电阻 R_2=1.9Ω，感抗 X_2=3.4Ω，问起动电抗器的感抗 X_1 应多大？此时电感 L_1 又是多少？

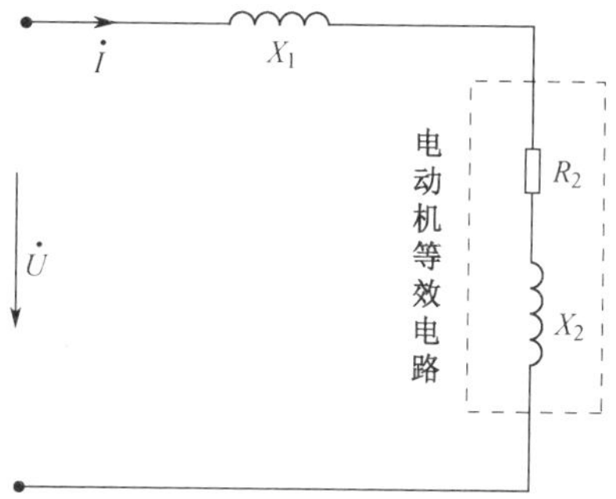

题 4-12 图

4-13　求题图所示各电路的输入复阻抗，已知角频率为 ω。

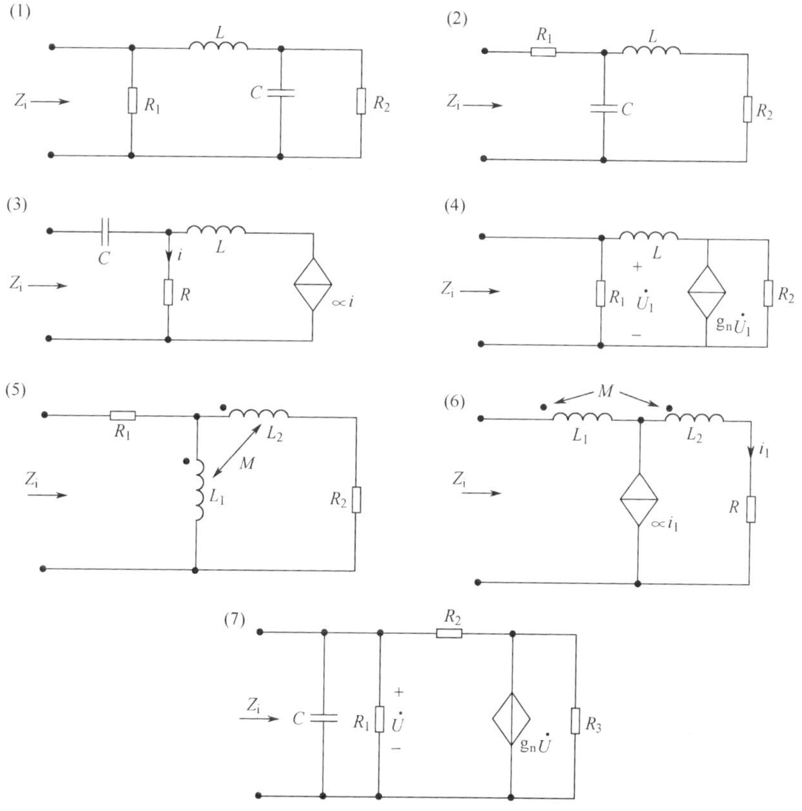

题 4-13 图

4-14 在如题图所示电路中是一移相电路，其输出电压将比输入电压后移一相位角，设电容 C=0.01μF，输入电压 $u_1=\sqrt{2}10\sin(2\pi\times600t)$V，若欲使输出电压的相位角滞后输入电压 60°，问应配多大电阻 R？这时输出电压 u_2 为多少？

4-15 在如题图所示电路中，已知 R=16kΩ，C=0.1μF，问输入电压的频率应为多少才可使输出电压 $\dot{U}_2$ 的相位恰好比输入电压 $\dot{U}_1$ 超前 45°？若已知输入电压 U_1=10V，问输出电压 U_2 多大？

4-16 为了测量线圈的电感 L 及电阻 R，可按题图所示电路，当交流电压 U=125V、f=50Hz 时，调整电容 C，使开关 K 闭合及断开两种情况下，电流表的读数都一样；且已知此时读数为 I_1=1.8A。然后再将电容量减少一半，在 K 闭合时，电流表的读数为 I_2=1.2A，求 R 及 L。

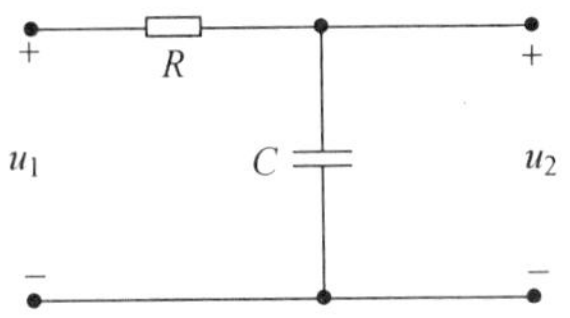

题 4-14 图

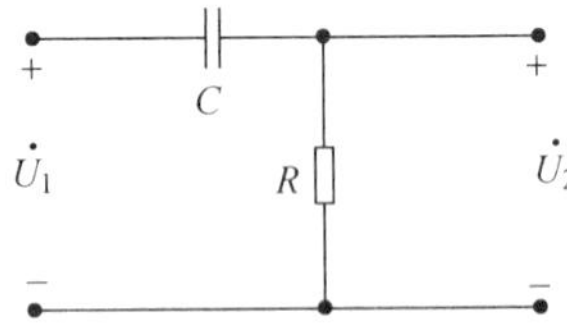

题 4-15 图

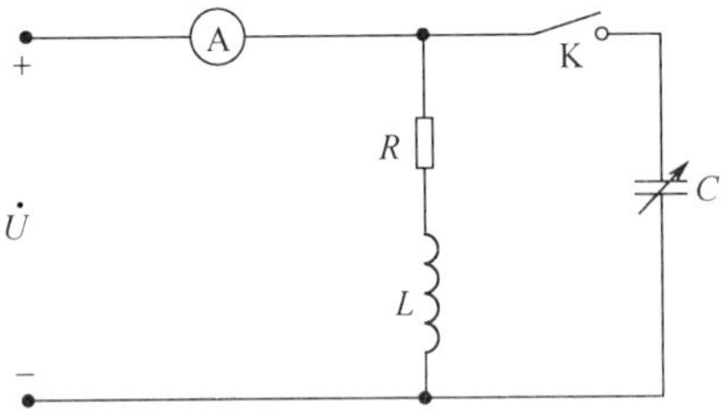

题 4-16 图

4-17 已知如题图所示电路中，当 $U=100$V，$U_C=100\sqrt{3}$V，$X_C=100\sqrt{3}\Omega$ 时，复阻抗 Z_X 的阻抗角 $|\varphi_X|=30°$。求复阻抗 Z_X 和电路的输入端复阻抗。

4-18 已知如题图所示电路中，I_S=10A，ω=5000rad/s，R_1=R_2=10Ω，C=10μF，μ=0.5。求各支路电流，并作出各电压、电流相量图。

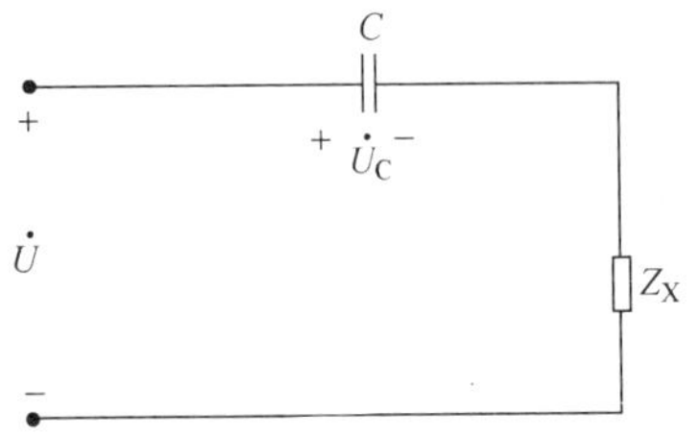

题 4-17 图

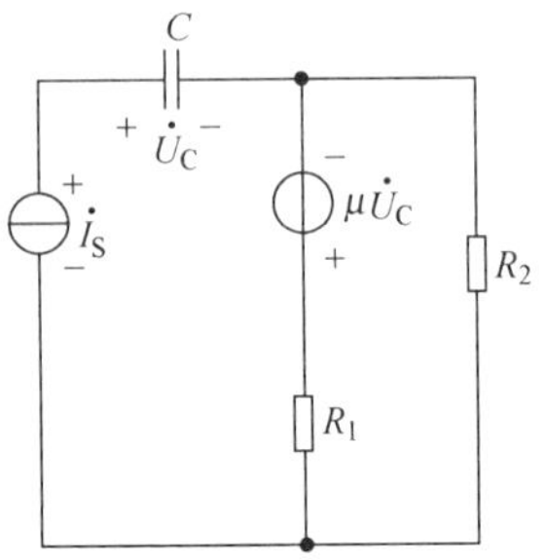

题 4-18 图

4-19 在题图所示电路中，已知：$u_S=10\sin(t+30°)$V，试求电压 u_0。

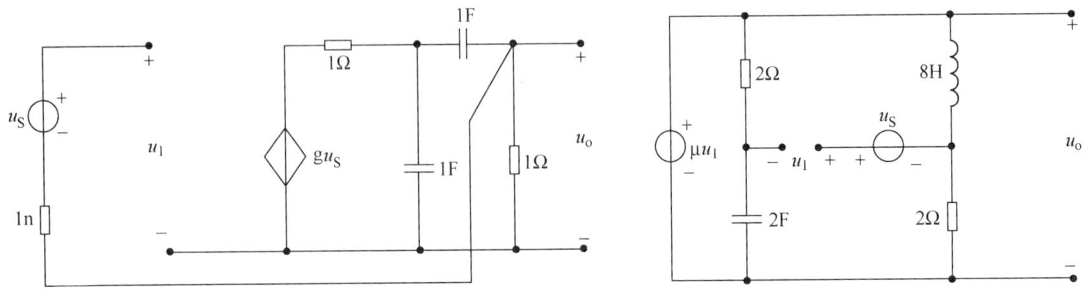

（a）　　　　（b）

题 4-19 图

4-20　如题图所示电路，已知：$u_S = 2\sqrt{2}\sin 10t\text{V}$，$C$=0.5F，$R$=0.2Ω，$L$=0.2H，$r = 0.2$；试求各支路电流以及各元件电压，并作出电流、电压相量图。

4-21　在题图所示电路中，能否通过 Z_1、Z_2 的适当选配，使得在电源电压恒定的条件下，负载阻抗 Z 可以任意变动（但不得开路），而负载电流 I 恒定不变？如有可能，负载中的电流将等于多少？

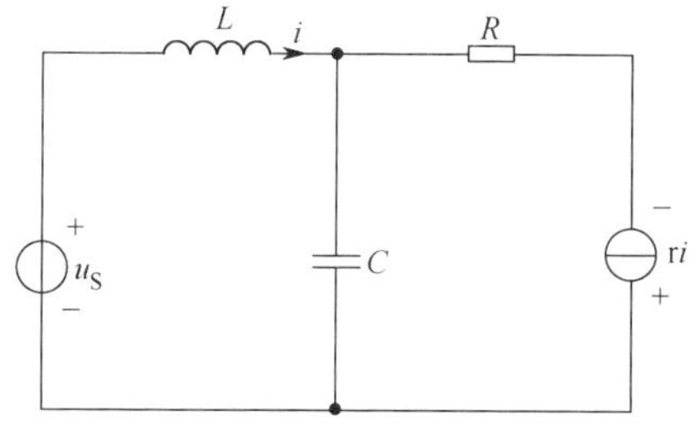

题 4-20 图

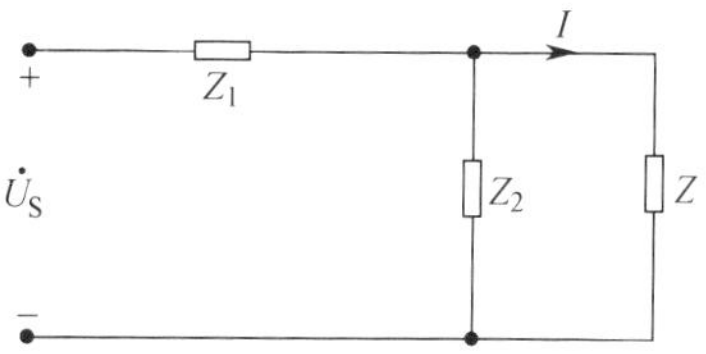

题 4-21 图

4-22　题图所示电路是 RC 选频电路，被广泛使用于正弦波发生器中。通过电路参数的选择，在某一频率下可使输出电压 $\dot{U}_2$ 与输入电压 $\dot{U}_1$ 同相，若 R_1=R_2=250kΩ，C_1=0.01μF，f=1000Hz。试问 $\dot{U}_2$ 与 $\dot{U}_1$ 同相时的 C_2 应是多少？

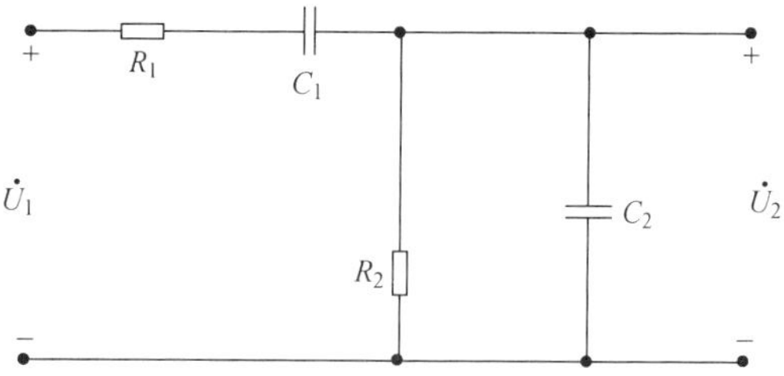

题 4-22 图

4-23　某交流单相电动机接在 220V、50Hz 的交流电源上，当电机正常运行时，测得其有功功率和无功功率分别为 7.5kW 和 5.5kvar，求它的功率因数。如果以电阻和电抗相串联的电路作为它的等效电路，试求等效电阻和等效电抗的值。

4-24　两相负载并联，一个负载是感性的，功率因数 $\cos\varphi = 0.8$，消耗功率 9kW。另一个负载是电阻性的，消耗功率 7kW。问这个负载总功率因数是多少？

4-25　已知题图所示电路中，流经两相并联负载的电流分别为 I_1=10A，I_2=20A，其功率因数分别为 $\cos\varphi_1 = 0.8(\varphi_1 < 0)$，$\cos\varphi_2 = 0.5(\varphi_2 > 0)$，端电压 U=100V，ω=1000rad/s。（1）求电流表、功率表的读数和电路总功率因数；（2）若电源的额定功率电流为 30A，问还可以在电源两端并一个多大的电阻？求并联该电阻以后功率表的读数和此时电路的功率因数；（3）欲使原电路（指未并电阻时）的功率因数提高到 $\cos\varphi = 0.9$，需在负载两端并多大电容？

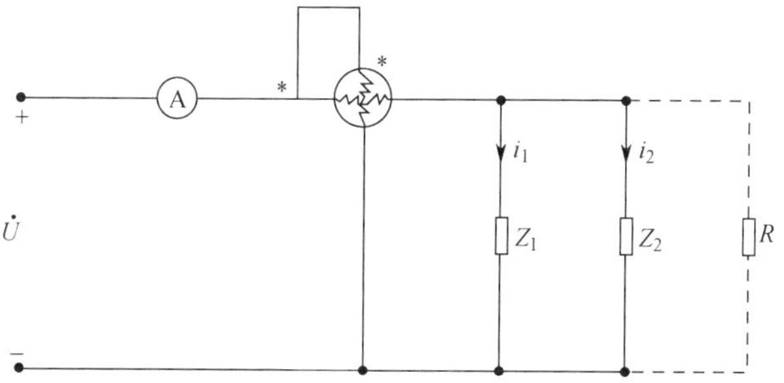

题 4-25 图

4-26　接于 220V 工频电源的交流单相电动机，其功率 P=20kW，功率因数 $\cos\varphi = 0.7$，现欲将其功率因数提高到 0.85；问应当并联多大电容？能否改用串联电容的办法来提高功率因数？假定采用串联电容的方法也使电路功率因数提高到 0.85，问此时对电动机将产生什么后果？（电动机两端电压、电流如何？）

4-27　用三只电流表测定一容性负载的功率的电路如题图所示，设表 A_1 的读数为 7A，表 A_2 的读数为 2A，表 A_3 的读数为 6A，电源电压有效值为 220V；试画出电流、电压相量图，并计算负载 Z 所吸收的平均功率和它的功率因数。

4-28　题图所示是一处于平衡状态（$I_g=0$）的交流电桥电路。试求：（1）R 和 X 的值；（2）I 和 U；（3）电路吸收的总功率 P。

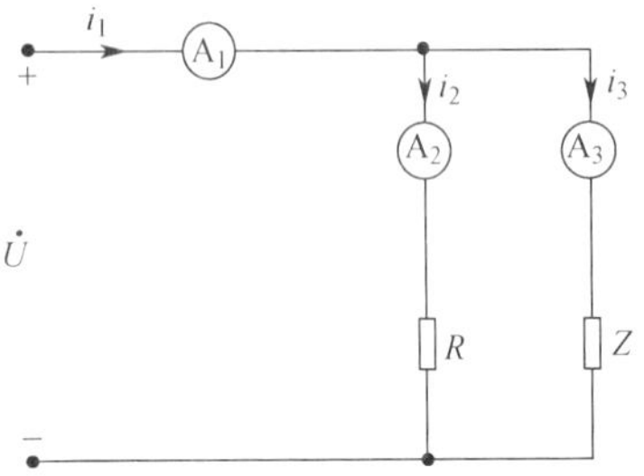

题 4-27 图

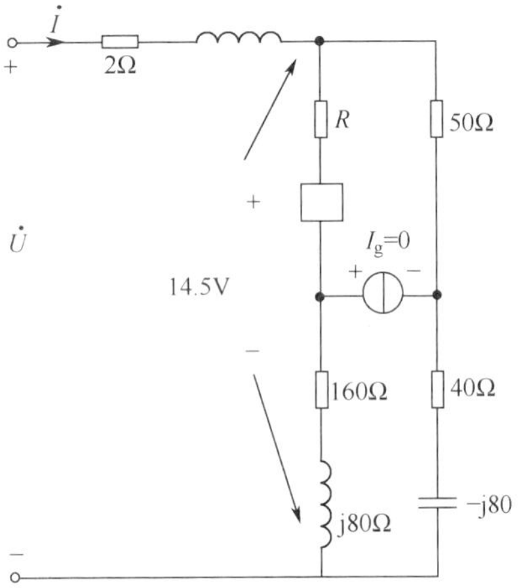

题 4-28 图

4-29　分别用节点法、回路法及戴维南定理求解题图所示电路中的电流相量 I_1。

4-30　如题图所示电路中，角频率为 1000rad/s，通过电感 L 的变化以调整电路的功率因数，假定只有一个 L 值使电路呈现 $\cos\varphi=1$ 的状态，试确定满足此条件的 R 值，进而求出电路在 $\cos\varphi=1$ 时的 L 值和电路的总阻抗 Z。

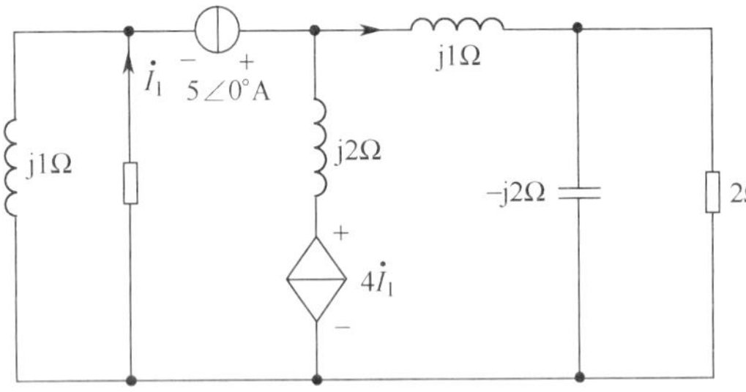

题 4-29 图

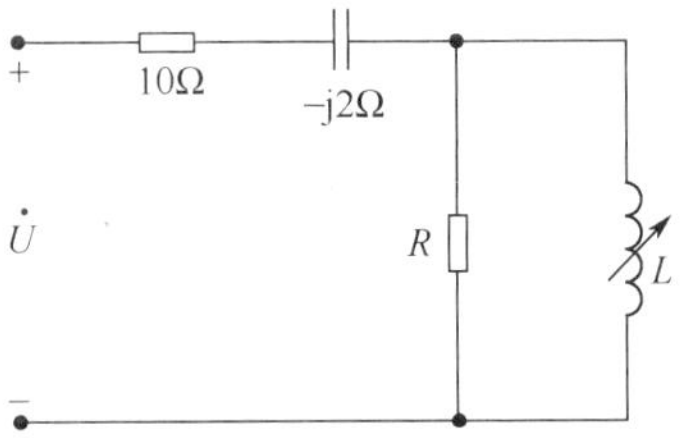

题 4-30 图

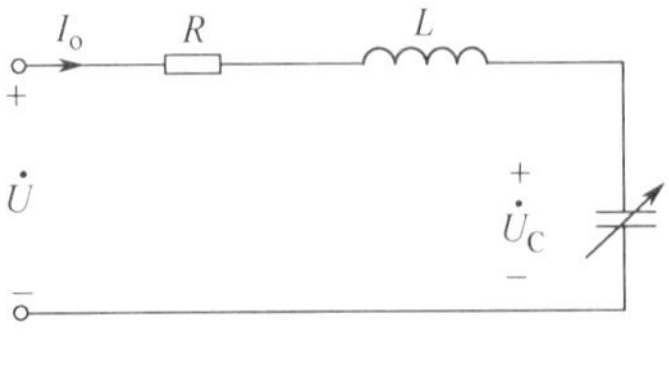

题 4-31 图

4-31　在题图所示电路中，电源电压 U=10V，角频率 ω=3000rad/s。调节电容 C 使电路达到谐振，并测得谐振电流 I_0=100mA，谐振时电容电压 $U_C=200$V。试求 R、L、C 的值以及回路的品质因数 Q。

4-32　如题图所示电路，已知：I_S=1A，R_1=R_2=100Ω，L=0.2H。当电源角频率 ω=1000rad/s 时电路发生谐振。求电路谐振时电容 C 的值和电流源的端电压。

4-33　试求题图所示电路中的电流 i_{L1} 和 i_{L2}。已知 $u_S=20\sin(1000t+30^\circ)$V，$R_1$=10Ω，

R_1=20Ω，L_1=20mH，L_2=10mH，M=10mH。

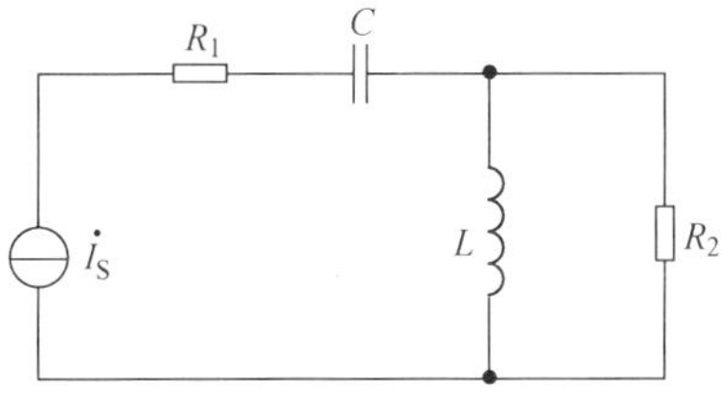

题 4-32 图

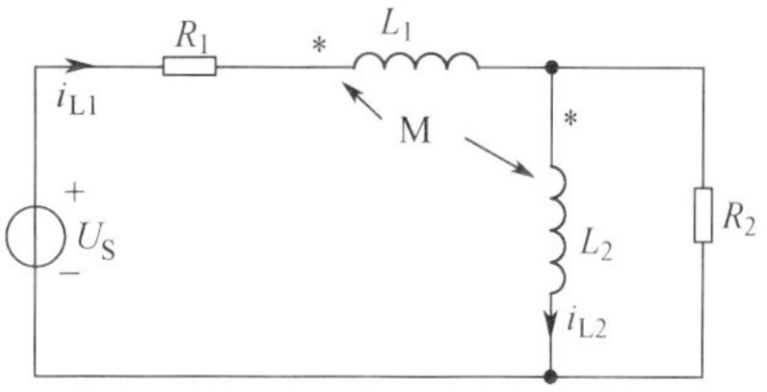

题 4-33 图

4-34　在题图所示电路中，两线圈间的耦合系数 k=0.5。试求：(1) 通过两线圈的电流和电路所消耗的总功率；(2) 由电源端口看进去，电路的等效输入阻抗。

4-35　在题图所示电路中，调节电容 C_1 和 C_2 使原、副边都达到谐振。试求。(1) 谐振时 C_1 和 C_2 的值；(2) 输出电压 U_2 以及输出电压与输入电压之比 U_2/U_1；(3) 电路所消耗的总功率；(4) 试作出原、副绕组电压、电流相量图。已知：电源角频率 ω=1000rad/s。

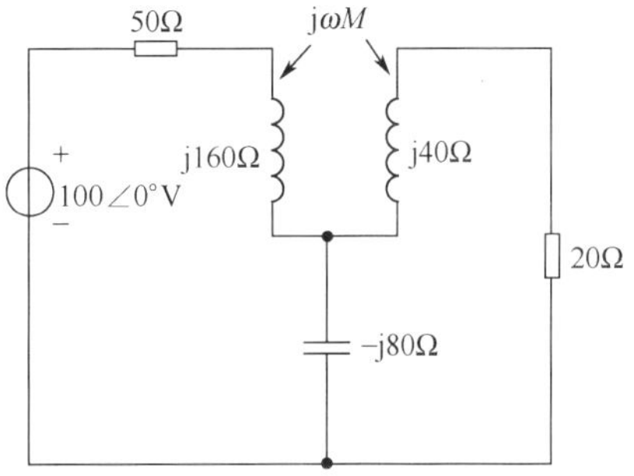

题 4-34 图

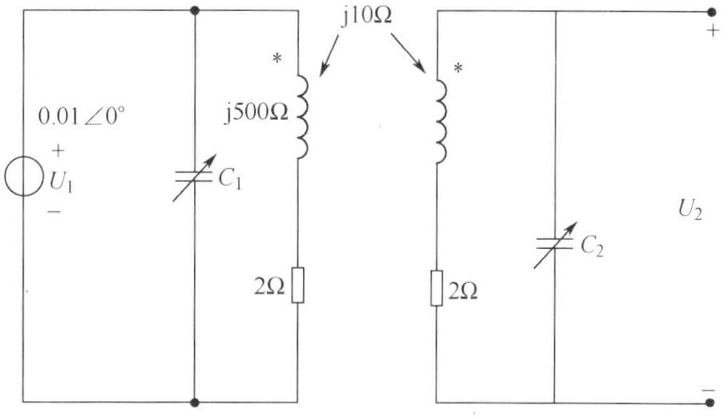

题 4-35 图

4-36　在题图所示的 380/220V 三相四线制供电系统中，接有两个对称三相负载和一个单负载。试问：(1) 三相线电流各是多少？(2) 中线上有无电流？若有，它应当是多少？

4-37　功率为 2.4kW、功率因数为 0.6 的对称三相负载，与线电压为 380V 的供电系统相连接。试问：(1) 线电流 I_L=？负载若是连成星形的，相阻抗 Z_Y=？负载若是连成三角形的，相阻抗 $Z_\triangle$是多少。

4-38　在题图所示电路中，是一个三相电路，当开关 K_1、K_2 均闭合时，是一个对称三相电路，各电流表读数均为 5A，电压表的读数为 220V。试问在下列两种情况下，各电表的读数应为多少？(1) K_1 闭合，K_2 断开；(2) K_1 断开，K_2 闭合。

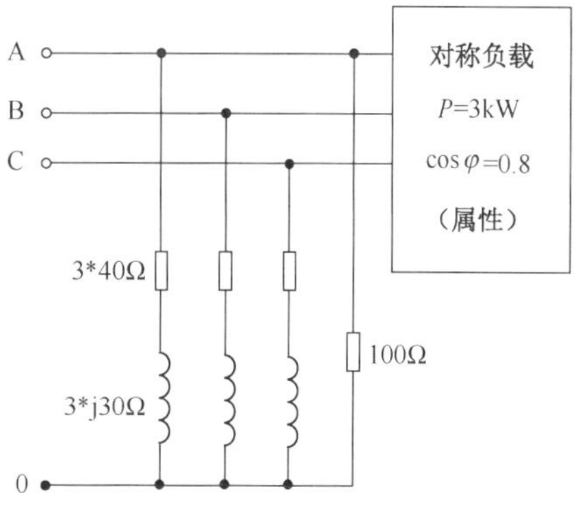

题 4-36 图

4-39　已知对称的工频三相电路的线电压，具有耦合电感的对称星形负载的参数是 R=30Ω，L=0.29H，M=0.12H，电路如题图所示，求相电流和负载吸收的总功率。

4-40　已知题图所示对称的三相（四线）制电路中，$Z_1=-\mathrm{j}10\Omega$，$Z_2=(5+\mathrm{j}12)\Omega$，对称电源的线电压 U_L=380V，单相负载电阻 R 吸收的功率 P=24200W。试求：(1) 开关 K 闭合时图中各表的读数。根据功率表的读数能否求得整个负载所吸收的功率？(2) 开关 K 打开时各表的读数有无变化，功率表的读数有无意义？

4-41　如题图所示电路中的全耦合变压器，其 L_1=0.5H，变比 n=3，C=2μF，I_S=1A，ω=1000rad/s。求 1Ω 电阻所消耗的功率。

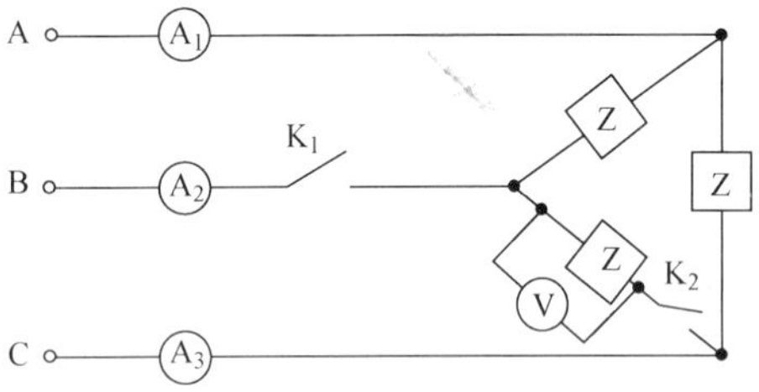

题 4-38 图

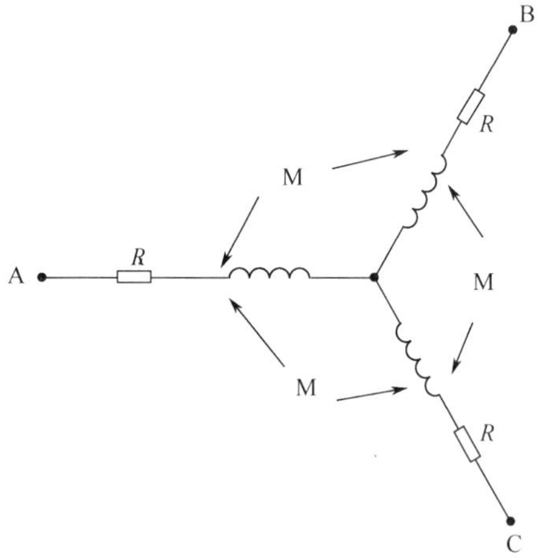

题 4-39 图

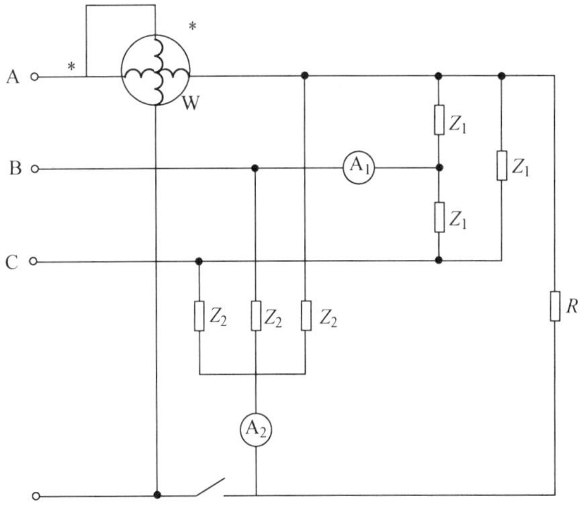

题 4-40 图

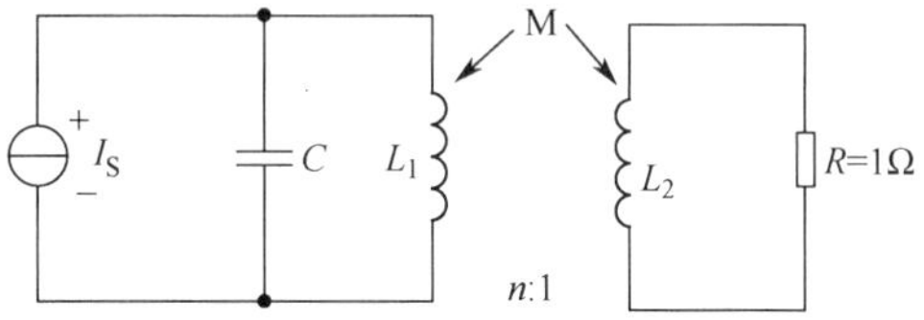

题 4-41 图

第 5 章　耦合电路

耦合电路是一种特殊的电路，在工程上应用极为广泛。本章主要介绍耦合电路的伏安关系以及变压器的工作原理及应用。

5.1　含有耦合电感元件的电路

5.1.1　耦合电感元件

1. 自感、互感、耦合电感元件

当电感元件中通以变化电流时，此时通过电感线圈的磁通链也将产生变化，因而在电感线圈两端产生感应电压的现象称为自感现象，所激发电压称自感电压。自感电压的大小为

$$U = L\mathrm{d}i/\mathrm{d}t \tag{5-1-1}$$

当 i 为正弦交变电流时，上式还可用相量形式表示

$$U = \mathrm{j}\omega LI \tag{5-1-2}$$

若有两个或两个以上的电感线圈以一定的方式邻近放置，则当其中一个线圈中通以变化电流时，则不仅其本身要激发自感电压，在邻近放置的其他电感线圈中也将产生感应电压，这种现象称为互感现象。

所激发的电压称为互感电压，互感电压

$$u_{21} = \pm M_{21}\mathrm{d}i_1/\mathrm{d}t \tag{5-1-3}$$

即当线圈 L_1 中（图 5-1-2）通以变电流 i_1 时，此时不仅 L_1 中将自感电压 u_1，而且将在 L_2 中产生互感电压 u_{21}，互感电压大小由式（5-1-3）决定；M_{21} 是线圈 1 对线圈 2 的互感系数，互感电压到底取正值还是负值，后面再进行讨论。同样如果在 L_2 中通以变化电流 i_2 时，在 L_1 中同样将产生互感电压

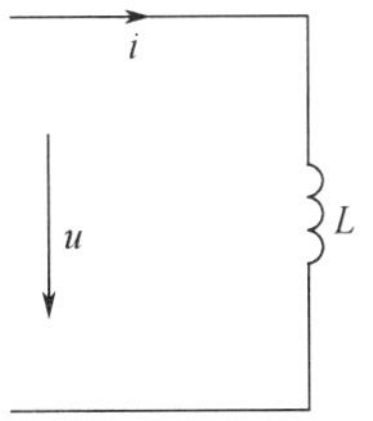

图 5-1-1　自感应线圈

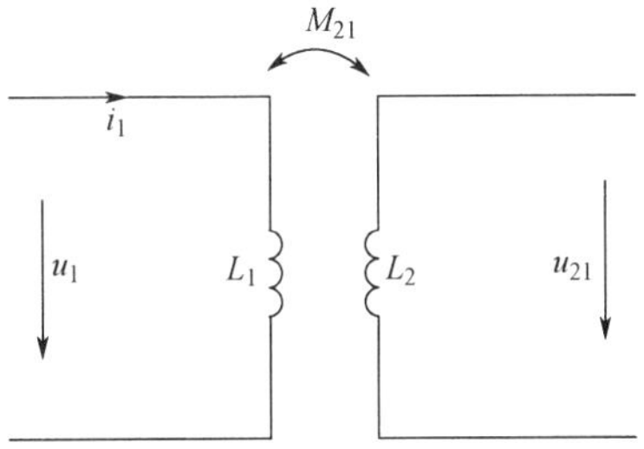

图 5-1-2　当线圈 L_1 中通以变化电流 i_1 时，L_2 中将产生互感电压 U_{21}

$$U_{12} = \pm M_{12}\mathrm{d}i_2/\mathrm{d}t \tag{5-1-4}$$

$$M_{12} = M_{21} = M \tag{5-1-5}$$

即线圈 L_2 对线圈 L_1 的互感系数等于线圈 L_1 对线圈 L_2 的互感系数。若线圈 L_1 通以变化电流 i_1，线圈 L_2 通以变化电流 i_2，则两线圈中不仅有互感电压，也有自感电压，于是两互感线圈外加电

压（已不等于自感电压）

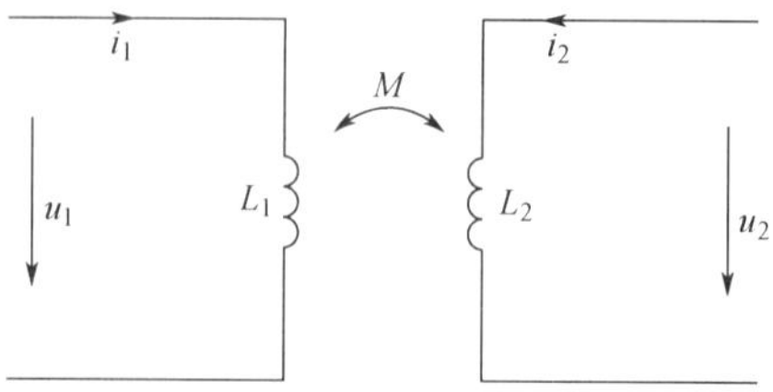

图 5-1-3　当互感中分别通以电流 i_1 和 i_2

$$u_1 = u_1^{'} \pm u_{12} = L_1 \mathrm{d}i_1/\mathrm{d}t \pm M\mathrm{d}i_2/\mathrm{d}t \qquad (5\text{-}1\text{-}6)$$

$$u_2 = u_1^{'} \pm u_{21} = L_2 \mathrm{d}i_2/\mathrm{d}t \pm M\mathrm{d}i_1/\mathrm{d}t \qquad (5\text{-}1\text{-}7)$$

若 i_1、i_2 为同频率正弦量，则上述两式又可写成相量形式

$$U_1 = \mathrm{j}\omega L_1 I_1 \pm \mathrm{j}\omega M I_2 \qquad (5\text{-}1\text{-}8)$$

$$U_2 = \mathrm{j}\omega L_2 I_2 \pm \mathrm{j}\omega M I_1 \qquad (5\text{-}1\text{-}9)$$

式中，自感电压项取正值条件是电压 u_1 和电流 i_1 相对 L_1 是关联参考方向，同样 u_2 和 i_2 相对 L_2 是关联参考方向。

至少两个或两个以上的这种电感线圈构成的组合元件称为耦合电感元件，显然这种元件具有两对以上的引出端。

互感 M 与自感 L_1、L_2 之间有如下关系

$$M = K\sqrt{L_1 L_2} \qquad (5\text{-}1\text{-}10)$$

K 称为互感耦合系数，它的值 $K<1$，因此互感 M 是一个小于或等于自感几何平均值的量。当 $K=1$，即 $M = K\sqrt{L_1 L_2}$ 时称全耦合。例如，具有铁芯的变压器，就非常接近全耦合情况（全耦合时要求由线圈 L_1 中电流 i_1 所激发的磁通全部通过 L_2，同样 L_2 中电流 i_2 所激发的磁通全部通过 L_1，通常又把这种情况称为无漏磁通）。当两个线圈取垂直位置［图 5-1-4（a）］时，$K \approx 0$ 即 M=0，则只有自感而无互感（当两个电感线圈距离足够远时也可无互感）。对采用双线并绕的线圈［图 5-1-4（b）］，当其中通以反向电流时，则将变成无感线圈；即这种线圈无互感（因为在任何瞬间它们均将激发等值反向的磁通，总磁通链在任何瞬间均为零，故将无磁场）。端电压与自感电压的关系，前面已作了介绍，端电压与互感电压，即式（5-1-3）、（5-1-4）、（5-1-6）、（5-1-7）、（5-1-8）、（5-1-9）中的互感电压到底取正，还是取负，如何进行确定，本书先介绍同名端的概念。

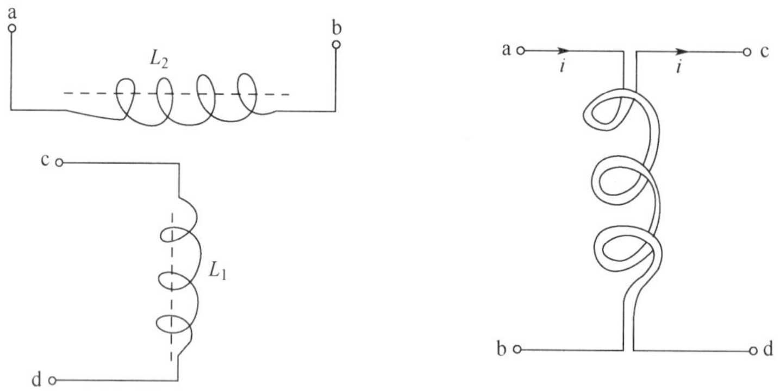

（a）线圈轴线相互垂直时，无互感　　（b）双线并绕，通以反向电流成为无感线圈

图 5-1-4　无互感及无感线圈

2. 同名端

同名端有时也称为同极性端，后者的说法实质意义不确切，故很少用它。

同名端取决于耦合电感元件的绕法。如图 5-1-5 所示为一耦合电感元件，它们的绕法，如果从右端看，都是自左而右按顺时针方向绕制的。此时，它们的始端（或末端与末端）就称为同名端。也可以在耦合电感元件中均通以直流电流；若按右手螺旋法则判断，它们激发的磁通是

相互加强的，则电流的输入端为同名端（输入端也是同名端）。由图 5-1-5 可以看出，这两种判断方法得出的结论是一致的。一般耦合电感均用图 5-1-3 所示方式表示，这时图中均用“*”或“.”标明同名端，需要判断同名端时，则均将画出耦合电感的具体绕制方法（图 5-1-5）。

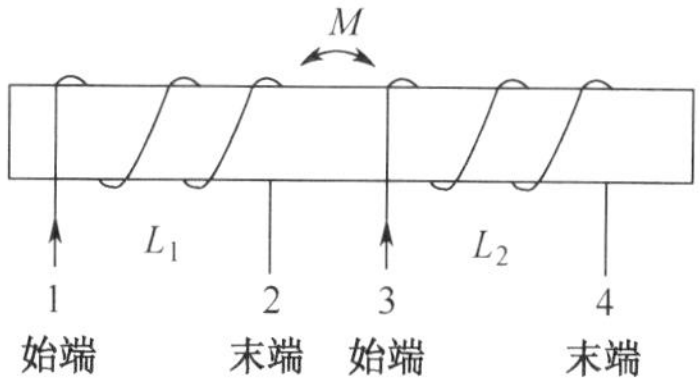

图 5-1-5　从绕法上确定同名端

在得出同名端的概念后，互感电压的正、负就容易确定了，为了在电路图中便于识别同名端，在同名端标以符号“*”或“.”；则末标符号的一端之间也是同名端，图 5-1-6 中，1 与 1′、2 与 2′是同名端。标符号一端与末标符号端，即图 5-1-6 中，1 与 2′、2 与 1′之间称为异名端。若电流从同名端流入（或假定电流参考方向为由同名端流入理论上是参考方向而不管实际方向如何，其实在交流电路中，电流实际方向是变化的，故讨论中均只看参考方向），互感电压取正，如图 5-1-6（a）所示；若电流由异名端流入，则互感电压取负，如图 5-1-6（b）所示。即对于 5-1-6（a）所示电路，有

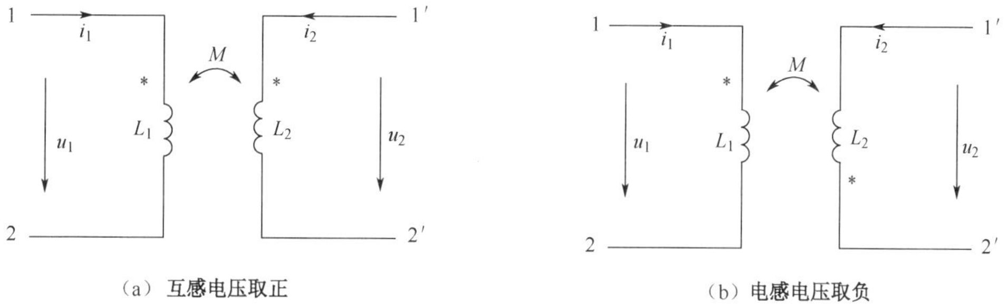

图 5-1-6　互感电压取正或负的条件

$$u_1 = L_1 \mathrm{d}i_1 / \mathrm{d}t + M \mathrm{d}i_2 / \mathrm{d}t \tag{5-1-11}$$

若 i_1、i_2 为同频率正弦电流，则又有

$$U_1 = \mathrm{j}\omega L_1 I_1 + \mathrm{j}\omega M I_2 \tag{5-1-12}$$

若令 $Z_{\mathrm{L1}} = \mathrm{j}\omega L_1, Z_{\mathrm{M}} = \mathrm{j}\omega M$,则上式又可简化成

$$U_1 = Z_{\mathrm{L1}} I_1 + Z_{\mathrm{M}} I_2 \tag{5-1-13}$$

Z_{M} 称为互感感抗，也常简称为互感抗，但在具体分析时，一定要注意区分；因为互感抗 $X_{\mathrm{M}} = \omega M$ 。

同理

$$u_2 = L_1 \mathrm{d}i_2 / \mathrm{d}t + M \mathrm{d}i_1 / \mathrm{d}t \tag{5-1-14}$$

或

$$U_2 = \mathrm{j}\omega L_2 I_2 + \mathrm{j}\omega M I_1 \tag{5-1-15}$$

或

$$U_2 = Z_{\mathrm{L2}} I_2 + Z_{\mathrm{M}} I_1 \tag{5-1-16}$$

而对于图 5-10-6（b）所示情况，则有

$$U_1 = Z_{\mathrm{L1}} I_1 - Z_{\mathrm{M}} I_2 \tag{5-1-17}$$

$$U_2 = Z_{\mathrm{L2}} I_2 - Z_{\mathrm{M}} I_1 \tag{5-1-18}$$

5.1.2　耦合电感元件的并联

1. 串联连接

由于耦合电感元件有一个同名端的问题，不论是异名端连接构成串联，还是同名端连接构

成串联，不同方式构成的串联，结果也将不同。而不像两个单一电感元件，只要它们的电感量确定，怎么连接构成串联对结果都无影响。由于本章内容仅限于正弦稳态分析，故下面讨论中，定量关系均用相量关系表示。

耦合电感异名端连接构成串联时，叫顺接，同名端连接构成串联，称为反接（见图 5-1-7）

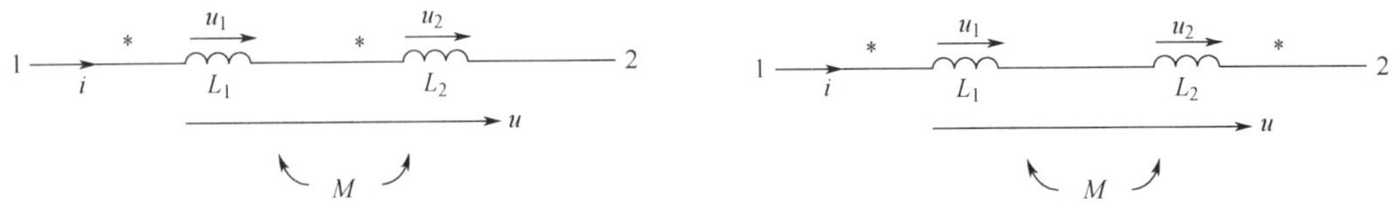

（a）顺接　　（b）反接

图 5-1-7　耦合电感元件的顺接与反接

（1）顺接。

如图 5-1-7（a）所示为耦合电感的顺接情况，由图可见，此时通过两线圈电流参考方向相同，于是

$$U_1 = \mathrm{j}\omega L_1 I + \mathrm{j}\omega MI$$

$$U_2 = \mathrm{j}\omega L_2 I + \mathrm{j}\omega MI$$

$$U = U_1 + U_2 = \mathrm{j}\omega(L_1 + L_2 + 2M)I \tag{5-1-19}$$

若用一个电感 L 来代表图 5-1-7（a）的耦合电感，只要

$$L=L_1+L_2+2M \tag{5-1-20}$$

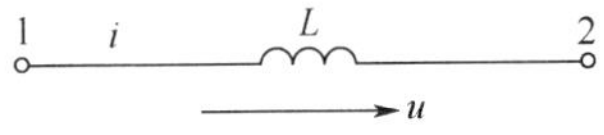

图 5-1-8　等效电感的概念

如图 5-1-8 所示，则电感 L 称为顺接时耦合电感的等效电感。用等效电感取代耦合电感以后，电路中将不出现耦合电感，且对端口 12 而言，两个电路是等效的（即加相同电压有相同电流），故又称这种以等效电感取代耦合电感的方法为耦合等效变换。经变换后

$$U = \mathrm{j}\omega LI$$

式中等效电感 L 由式（5-1-20）确定。

（2）反接。

对于耦合电感反接情况，由于通过两线圈电流参考方向为从异名端流入，故

$$U_1 = \mathrm{j}\omega L_1 I - \mathrm{j}\omega MI$$

$$U_2 = \mathrm{j}\omega L_2 I - \mathrm{j}\omega MI$$

$$U_{12} = U_1 + U_2 = \mathrm{j}\omega(L_1 + L_2 - 2M)I \tag{5-1-21}$$

式中

$$L=L_1+L_2-2M \tag{5-1-22}$$

为反接时的等效电感。虽然两种连接的去耦合等效变换电路相同，然而等效电感的大小却完全不等。可见，当把耦合电感作串联连接时，一定要区分清楚是顺接还是反接，否则，将会影响论证的正确性。

2．并联连接

和串联相似，耦合电感的并联连接也分两种情况，一种是对同名端连接构成并联称为同侧并联，如图 5-1-9（a）所示，一种是两对异名端连接构成并联。如图 5-1-10（a）所示，称为反侧并联。下面分别进行讨论。

（1）同侧并联。

由图 5-1-9（a）可见，同侧并联时，电流与电压取关联参考方向（I_1 取、I_2 不取关联参考方

向亦可得出相同的结果，即参考方向可以任意假定而并不影响结果，这和电阻电路是一致的。不过因为这样假定的结果，无意义地增加了繁杂程度，而且容易出错，故不采用任何假定参考方向的方法。）于是

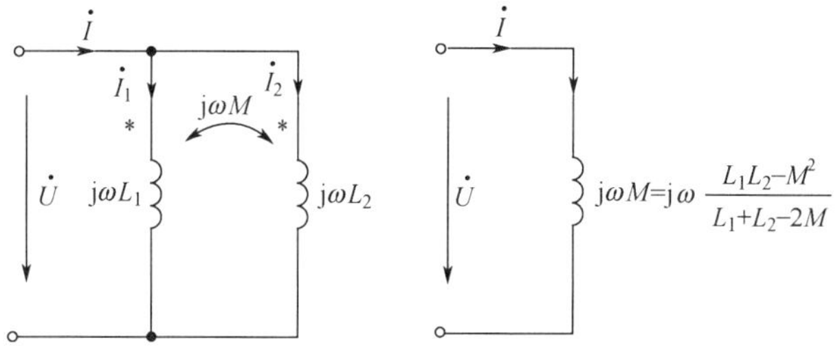

（a）同侧并联 （b）同侧等效并联电路

图 5-1-9 同侧并联与其等效变换电路

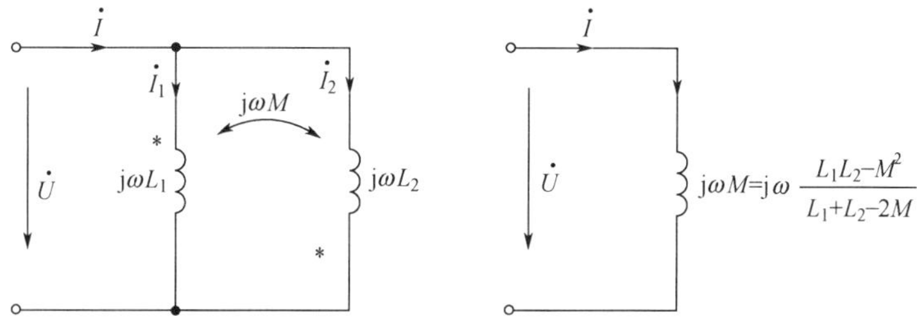

（a）反侧并联 （b）反侧等效并联电路

图 5-1-10 反侧并联及其等效电路

$$\mathrm{j}\omega L_1 I_1 + \mathrm{j}\omega M I_2 = U$$
$$\mathrm{j}\omega L_2 I_2 + \mathrm{j}\omega M I_1 = U$$

解之，得

$$I_1 = \frac{L_2 - M}{\mathrm{j}\omega(L_1 L_2 - M^2)} U$$

同理，可得

$$I_2 = \frac{L_1 - M}{\mathrm{j}\omega(L_1 L_2 - M^2)} U$$

而

$$I = I_1 + I_2 = \frac{L_1 + L_2 - 2M}{\mathrm{j}\omega(L_1 L_2 - M^2)} U = \frac{U}{\mathrm{j}\omega \dfrac{L_1 L_2 - M^2}{L_1 + L_2 - 2M}} = \frac{U}{\mathrm{j}\omega L} \tag{5-1-23}$$

即同侧并联时，其等效电感

$$L = \frac{L_1 L_2 - M^2}{L_1 + L_2 - 2M} \tag{5-1-24}$$

同侧并联的去耦等效电路如图 5-1-9（b）所示，只要等效电感 L 满足式（5-1-24）所示关系，则图 5-1-9 中两电路对端口就是等效的。

（2）反侧并联。

反侧并联时，由于电流由异名端流入，故

$$\mathrm{j}\omega L_1 I_1 - \mathrm{j}\omega M I_2 = U$$
$$\mathrm{j}\omega L_2 I_2 - \mathrm{j}\omega M I_1 = U$$

得

$$I_1 = \frac{L_2 + M}{\mathrm{j}\omega(L_1 L_2 - M^2)} U$$

同理

$$I_2 = \frac{L_2 + M}{\mathrm{j}\omega(L_1 L_2 - M^2)} U$$

$$I = I_1 + I_2 = \frac{L_1 + L_2 + 2M}{\mathrm{j}\omega(L_1 L_2 - M^2)} U = \frac{U}{\mathrm{j}\omega \dfrac{L_1 L_2 - M^2}{L_1 + L_2 + 2M}} = \frac{U}{\mathrm{j}\omega L}$$

式中

$$L = \frac{L_1 L_2 - M^2}{L_1 + L_2 + 2M} \tag{5-1-25}$$

式（5-1-20）、式（5-1-24）、式（5-1-25）给出了耦合电感串联和并联两类情况的等效电感关系，若以等效电感替代耦合电感，则在分析含有这两种连接的耦合电感的复杂电路时，将会大大简化问题的分析，也可以减少出错的机会，由上述方程还可以看出：若做上述连接的不是耦合电感，而仅仅是两个电感元件，即 M=0 时，则可得出如下关系。

串联时有
$$L = L_1 + L_2 \tag{5-1-26}$$

并联时有
$$L = L_1 L_2 /(L_1 + L_2) \tag{5-1-27}$$

即电感的串并联等效电感和电阻作串并联连接的等效电阻具有完全相似的关系，只要用 L 取代 R，结果完全一样。

3. 同侧并联与反侧并联的另一种去耦等效变换

对于作串联连接的耦合电感取代不影响求支路电流；但对于作并联连接的耦合电感元件，若用等效电感取代，则耦合电感中的支路电流即不能直接求。求得总电流之后再求也并不方便，因此一般去耦等效变换在耦合电感作并联连接时并不采用，而常采用如下方法。

（1）同侧并联常用去耦等效变换方法。

耦合电感作同侧并联时，其电压表述式为

$$\mathrm{j}\omega L_1 I_1 + \mathrm{j}\omega M I_2 = U$$
$$\mathrm{j}\omega L_2 I_2 + \mathrm{j}\omega M I_1 = U$$

又
$$I = I_1 + I_2$$

若联立方程中，第二式互感电压项中的 I_2 用 $I-I_1$ 取代，第二式中互感电压项中的 I_1 用 $I-I_2$ 代，可得

$$U = \mathrm{j}\omega L_1 I_1 + \mathrm{j}\omega M(I - I_1) = \mathrm{j}\omega(L_1 - M)I_1 + \mathrm{j}\omega M I \tag{5-1-28}$$
$$U = \mathrm{j}\omega M(I - I_1) + \mathrm{j}\omega L_2 I_2 = \mathrm{j}\omega(L_2 - M)I_2 + \mathrm{j}\omega M I \tag{5-1-29}$$

按式（5-1-28）和式（5-1-29）各电压项的含义，可以得出这样的结论：这是电感量分别为（L_1−M）和（L_2−M）的两个电感先并联，然后再与电感量为 M 的电感串联的结果。由此可得出其“去耦”之后的等效电路图如图 5-1-11（b）所示。图 5-1-11 两个电路对比，显然有不同之处，图（b）中是三个作串并联连接的电感，没有耦合电感，且较图（a）中多一个节点；因此必须弄清楚，两个电路中，变换前后哪些是相同的，哪些是不同的。在分析时既要对照电路，又要根据方程，由方程可

见，两图中，各支路电流是相同的，因此从图（b）中求得的电流也就是图（a）中的电流，图（a）中只有一个电压 U=U_{ab}，而图（b）中有两个电压 U_{ae} 和 U_{ed}，这两个电压在图（a）中均无，但

$$U_{ae}+U_{ed}=U_{ad}=U$$

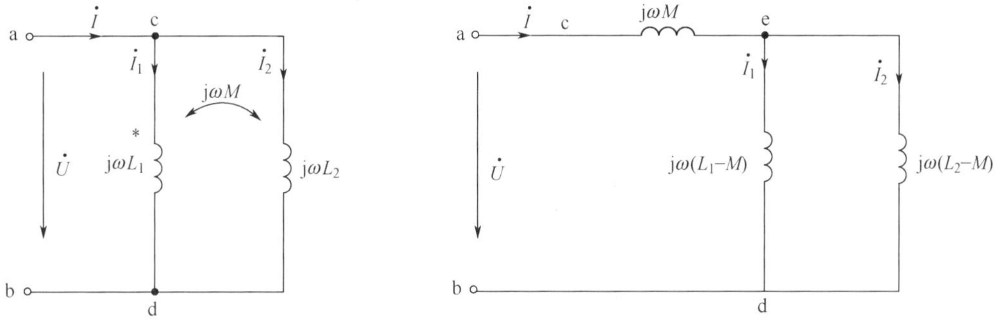

（a）**耦合电感内侧并联**　　（b）**去耦等效变换图**

图 5-1-11　耦合电感内侧并联及其去耦等效变换

即图（b）中的端口电压才是图（a）中电压。通常最易出的错误就是把图（b）中的 U_{ed} 当成图（a）中的 U，这也是应用等效变换中最易产生的错误，一定要注意避免。采用图 5-1-11 所示等效去耦方法和采用图 5-1-9 所示等效去耦方法是一致的，事实上按照电感的连接方法以及电感作并联时的等效电感，作串联时的等效电感关系，不难得出图 5-1-11（b）所示电路的等效（总）电感

$$L=M+(L_1-M)(L_2-M)/(L_1+L_2-2M)=(L_1L_2-M^2)/(L_1L_2-2M)$$

和图 5-1-9 等效电感的结果相同。然而对于图 5-1-11（b），若求出总电流 I 再求 I_1、I_2 是较容易的，这只要根据分流公式，即可求出

$$I_1=\frac{\mathrm{j}\omega(L_2-M)}{\mathrm{j}\omega(L_1-M)+\mathrm{j}\omega(L_2-M)}I=\frac{L_2-M}{L_1+L_2-2M}I$$

即可以把电感量分别为（L_1−M）、（L_2−M）的两个电感当成两个“电阻”，应用分流公式的结果完全相同。

对于作并联连接，电感分别为 L_1、L_2 的两个电感，其支路电流 I_1、I_2 与总电流的关系（图 5-1-12）分别为

$$I_1=L_2/(L_1+L_2)I \qquad (5\text{-}1\text{-}30)$$

$$I_2=L_1/(L_1+L_2)I \qquad (5\text{-}1\text{-}31)$$

（2）反侧并联。

对于反侧并联情况，按照上述方法，不难得出图 5-1-13 所绘的去耦等效电路（请读者自行证明）。其等效（总）电感亦不难得出，即

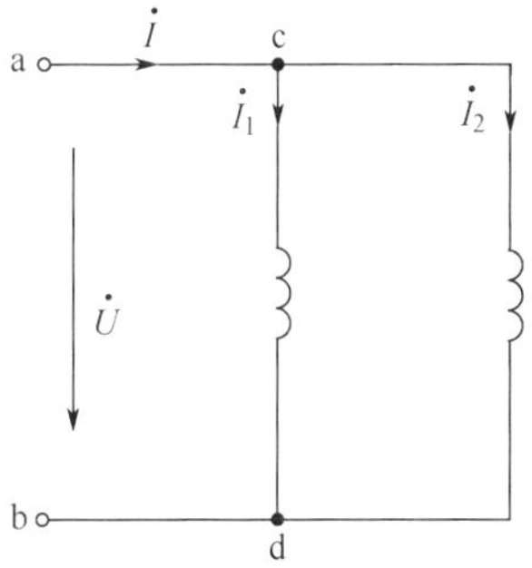

图 5-1-12　作并联连接的电感

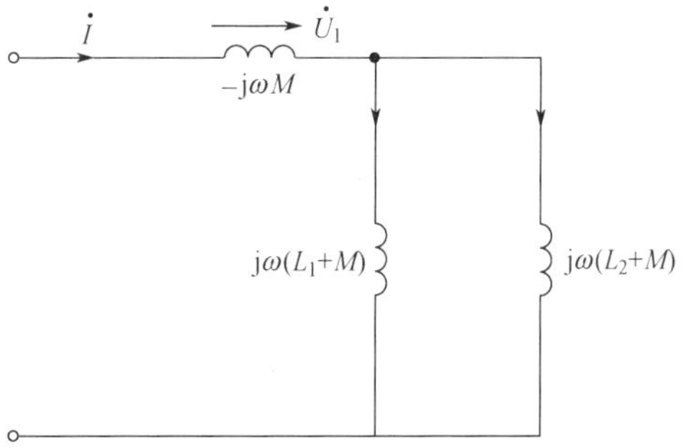

图 5-1-13　耦合电感反侧并联时的去耦等效电路

$$L=(L_1L_2-M^2)/(L_1+L_2+2M)$$

按电感串并联关系计算上式中的等效电感时，三个电感的电感量分别是（$-M$）、（L_1+M）、（L_2+M）。（$-M$）的物理意义是很难说清的，但 $-\mathrm{j}\omega M$ 的物理意义就比较清楚了。它表明该元件具有电容性质。

4．作其他连接的耦合电感的去耦等效变换

（1）只有一个连接点的耦合电感的去耦等效电路。

如图 5-1-14（a）所示是只有一个连接点的耦合电感，且是同名端连接的，由电流参考方向关系知

$$U_{13}=\mathrm{j}\omega L_1I_1+\mathrm{j}\omega MI_2 \tag{5-1-32}$$

$$U_{23}=\mathrm{j}\omega L_2I_2+\mathrm{j}\omega MI_1 \tag{5-1-33}$$

用 $I_2=I-I_1$ 及 $I_1=I-I_2$ 分别代入上两式，可得

$$U_{13}=\mathrm{j}\omega L_1I_1+\mathrm{j}\omega M(I-I_1)=\mathrm{j}\omega(L_1-M)I_1+\mathrm{j}\omega MI$$

$$U_{23}=\mathrm{j}\omega M(I-I_2)+\mathrm{j}\omega L_2I_2=\mathrm{j}\omega(L_2-M)I_2+\mathrm{j}\omega MI$$

上两式所表示的电感的连接方式（三个电感的电感量分别为 M、（L_1-M）、（L_2-M））正是图 5-1-14（b）所示电路。同样应分清图 5-1-14 两电路中，电流、电压哪些是相同的，对于连接点是异名端连接的情况请读者自行分析得出结论。这里就不再进行讨论了。

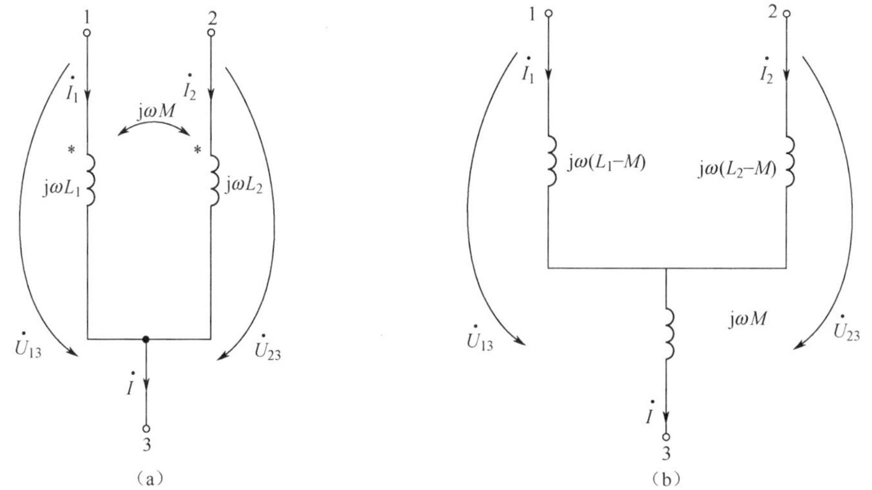

图 5-1-14　只有一个连接点的耦合电感

（2）二端口耦合电感元件的去耦法。

所谓二端口耦合电感元件是指耦合电感没有公共连接点的情况，如图 5-1-15 所示。若电流由同名端流入，则电压与电流之间关系为

$$U_{13}=\mathrm{j}\omega L_1I_1+\mathrm{j}\omega MI_2$$

$$U_{23}=\mathrm{j}\omega L_2I_2+\mathrm{j}\omega MI_1$$

而图 5-1-15（b）所示电路，同样遵从上述电压关系，不过电路中已无耦合电感，而代之以 CCVS。若电流由异名端流入，则其去耦等效电路如图 5-1-16（b）所示，其电压关系亦请自行分析。以上分析的都是只具有两个电感线圈构成的耦合电感的电路分析，以及去耦等效变换电路。也可以将讨论推广到三个及三个以上电感线圈构成的耦合电感中去，去耦时可以一对一对

地考虑，既把多个电感的问题变为两个电感的问题。

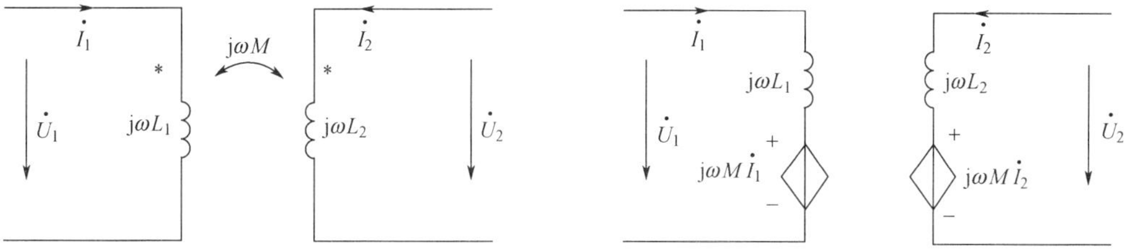

（a）**耦合电路**　　　　（b）**去耦电路**

图 5-1-15　由同名端留入电流的二端口耦合电感元件及其去耦等效电路

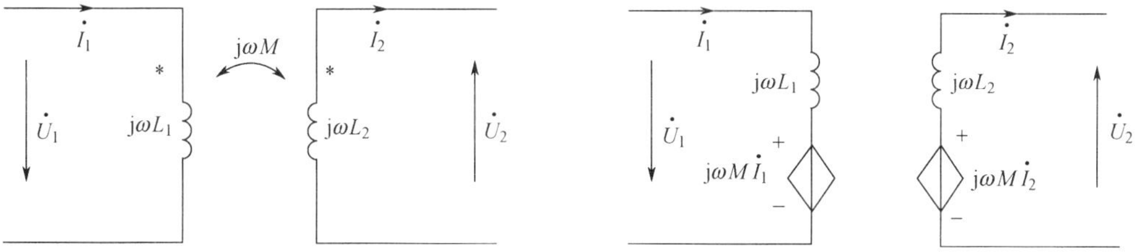

（a）**耦合电路**　　　　（b）**去耦电路**

图 5-1-16　电流由异名端流入时的二端口耦合电感等效去耦

对于含耦合电感元件的电路，利用以上介绍的方法，先去耦合，再进行分析计算往往都较简单，同时也不容易出错。但要注意，等效节点的对应关系。按照上述方法“去耦”有一个先决条件，这就是耦合电感线圈中必须都通有电流，若其中有的线圈是开路的（即无外加电源或电流），则采用“去耦”反复进行分析时，由于开路时该支路电流为零，它对别的线圈将不产生感应电压，即无互感项（这种情况当然不会出现在串或并联两类电路中。）于是对只有一个连接点的电路中，就不要用“去耦等效变换”。

例 5-1-1　如图 5-1-17 所示电路，已知：$j\omega L_1 = j\omega L_2 = j4\Omega$，$R_1 = R_2 = 3\Omega$，$j\omega M = j2\Omega$，$U_1 = 10\text{V}$。求：cd 端的开路电压 U_{cd} 及 cd 端短路时的短路电流 $I_{2\text{SC}}$

解：当 cd 端口开路时，R_1、$j\omega L_1$ 中无电流通过，故对 L_2 无互感，因此通过 $j\omega L_2$、R_2 支路电流为 I_1；若“去耦”，该支路将不变，而 $j\omega L_1$、R_1 支路将具有附加电流 $j\omega L_1$，考虑到 U_{cd} 的参考方向，附加电源极性将上正下负，于是 cd 开路电压

$$U_{\text{cd}} = j\omega M I_1 + U$$

若选 U_1 为参考相量，即 $U_1 = 10\angle 0°\text{V}$，则

$$I_1 = \frac{U_1}{R_2 + j\omega L_2}$$

$$\therefore U_{\text{cd}} = \left(\frac{j\omega M}{R_2 + j\omega L_2} + 1\right) U_1 = \frac{j2 + 3 + j4}{3 + j4} \times 10\angle 0° = \frac{6.71\angle 63.43°}{5\angle 53.13°} \times 10\angle 0° = 13.42\angle 10.30°\ \text{V}$$

欲求 cd 端口短路时的短路电流，可先重新作一电路图如图 5-1-18 所示，先不去耦，即按图 5-1-18 来解，由图可见

$$(R_2 + j\omega L_2)I_1 - j\omega M I_{2\text{SC}} = U_1$$
$$(R_2 + j\omega L_2)I_1 - j\omega M I_{2\text{SC}} - \left[(R_1 + j\omega L_1)I_{2\text{SC}} - j\omega M I_1\right] = 0$$

整理可得

$$\left[R_2 + \mathrm{j}\omega(L_2 + M)\right]I_1 - \left[(R_1 + \mathrm{j}\omega(L_1 + M))\right]I_{2\mathrm{SC}} = 0$$

解之，可得短路电流

$$I_{2\mathrm{SC}} = \frac{-\left[R_2 + \mathrm{j}\omega(L_2 + M)U_1\right]}{-(R_2 + \mathrm{j}\omega L_2)\left[R_1 + \mathrm{j}\omega(L_1 + M)\right] + \mathrm{j}\omega M\left[R_2 + \mathrm{j}\omega(L_2 + M)\right]}$$

考虑到 $L_1 = L_2$，$R_1 = R_2$，于是

$$I_{2\mathrm{SC}} = \frac{U_1}{R_2 + \mathrm{j}\omega L_2 - \mathrm{j}\omega M} = \frac{10}{3.61\angle 33.69^\circ} = 2.77\angle -33.69^\circ \mathrm{A}$$

当然，本题可以采用先“去耦”的方法来求解，因为电流是从耦合电感异名端流入，根据仅有一个连接点的耦合电感的去耦方法，可以得到图 5-1-19 所示电路。显然，对这个电路列方程就要直观得多，自然也就容易（即完全根据无耦合电感时一样求解）且不易出错，由图可见

$$-\mathrm{j}\omega MI + \left[R_2 + \mathrm{j}\omega(L_2 + M)\right]I_1 = U_1$$

$$I_1 + I_{2\mathrm{SC}} = I$$

故前式又可写成

$$(R_2 + \mathrm{j}\omega L_2)I_1 - \mathrm{j}\omega MI_{2\mathrm{SC}} = U_1$$

另又有

$$\left[R_2 + \mathrm{j}\omega(L_2 + M)\right]I_1 - \left[R_1 + j\omega(L_1 + M)\right]I_{2\mathrm{SC}} = 0$$

和由图 5-1-18 列出的方程完全相同，解自然相同，就不再往下重叙了。

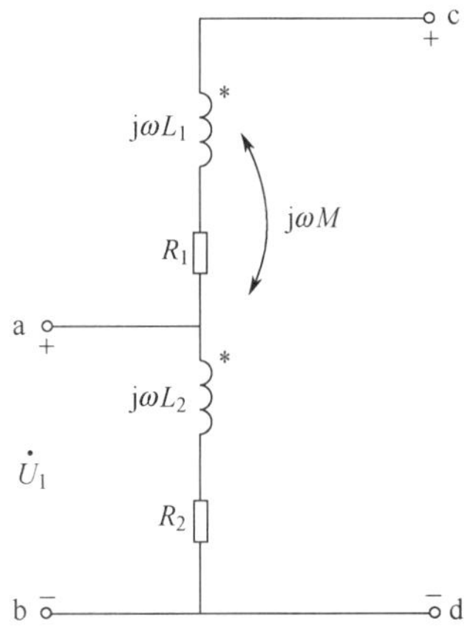

图 5-1-17　例 5-1-1 的图

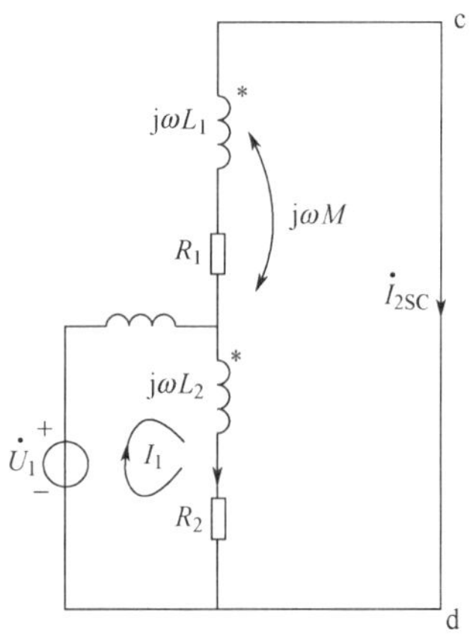

图 5-1-18　cd 端口电路

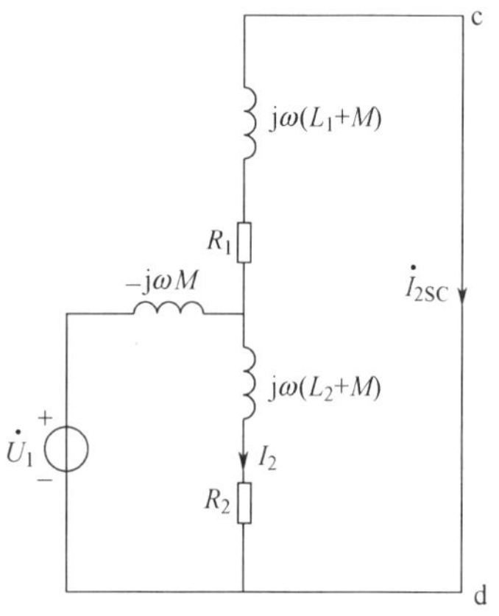

图 5-1-19　用去耦法求

本例题最后再讨论一下具有耦合电感的电路相量图的做法。当 cd 端口开路时，相量图是容易作出的，以 U_1 作参考量，由于电流仅流过 R_2、$\mathrm{j}\omega L_2$ 支路，这是一条感性支路，故 I_1 将滞后电压 U_1 一个角度（只作定性关系的相量），R_2I_1 与 I_1 同相，$\mathrm{j}\omega L_2 I_1$ 超前 $I_1 90^\circ$，且（$R_2+\mathrm{j}\omega L_2$）$I_1=U_1$，又 $\mathrm{j}\omega MI_1$ 也超前 $I_1 90^\circ$，又 $\mathrm{j}\omega MI_1 + U_1 = U_{\mathrm{cd}}$，即可定性将相量图作出，如图 5-1-20 所示。

当 cd 端口短路时，相量图的作法要比开路时似乎难度要大得多，但也并非作不出。其实，这个电路是实际（有电阻）耦合电感的反侧并联，因此每条电感支路的总电压都是 U_1 而每条支路均由三个电压组成，即分别为：$R_1I_{2\mathrm{SC}}$，$\mathrm{j}\omega L_1 I_{2\mathrm{SC}} - \mathrm{j}\omega MI_1$，$R_2I_1$，$\mathrm{j}\omega L_2 I_1 - \mathrm{j}\omega MI_{2\mathrm{SC}}$。又由于两条支路的电阻和电感均相等，故支路电流也肯定相等（当然也可根据上述讨论所得方程去求）。这样，作出的相量图反过来还比开路时简单。当然，在两条支路参数不等时，相量图也不难作出，只要求出两条支路电流，然后再将 I、I_1、$I_{2\mathrm{SC}}$ 先作出（共一个起点），根据每个电压项与两电流关系（即电压与电流或同相，或超前，或滞后 90° 关系）以及 $(R_1 + \mathrm{j}\omega L_1)I_{\mathrm{SC}} - \mathrm{j}\omega MI_1 = U_1$ 及

$(R_2 + \mathrm{j}\omega L_2)I_1 - \mathrm{j}\omega MI_{2SC} = U_1$，即可得出 cd 端口短路时的向量图。

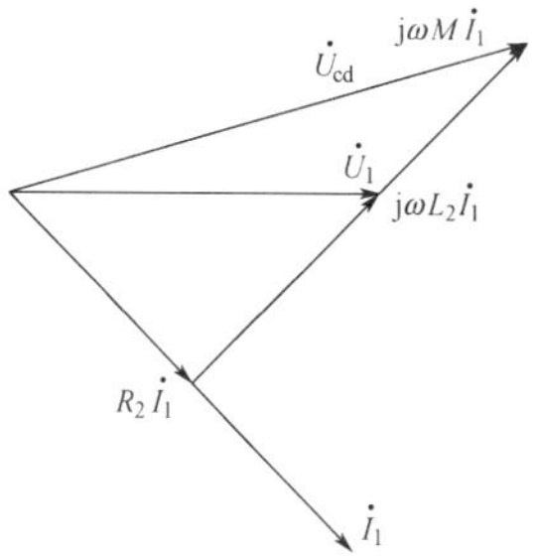

图 5-1-20　cd 开路时的相量图

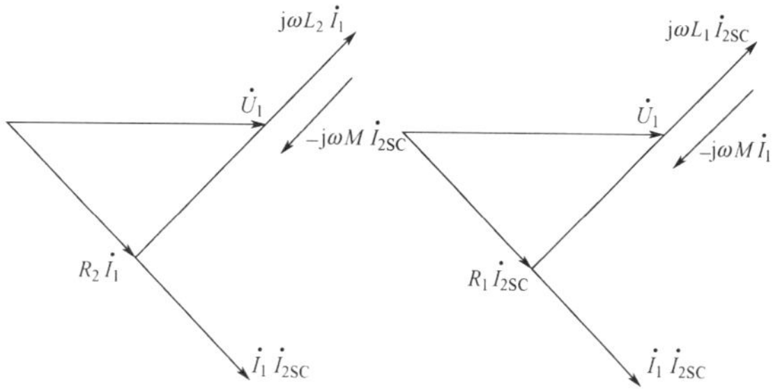

图 5-1-21　例中 cd 端口短路时的相量图

5.2　变压器

变压器是一种可以用来变换电压的具有多个端口（如同耦合电感）的无源元件，其实变压器不仅可以用来变换电压，也可以变换电流（如电流互感器），还可以变换阻抗（如各种输入、输出变压器等）。

5.2.1　空心变压器

所谓空心变压器就是一个没有铁芯的实际的耦合电感，这里提的“实际”是指这种耦合电感不仅有电感、互感，同时也有电阻。当这种耦合电感的一个端口与电源连接，另一个端口与负载连接，就构成空心变压器。与电源连接的端口，称为原绕组（原线圈）或一次绕组，简称原边。与负载连接的端口称为副绕组，又称副边。副绕组可以是一组，也可以是多组。

1. 空心变压器的等效电路

（1）引入（或反映）阻抗的概念。

设原绕组的电阻为 R_1，感抗为 $\mathrm{j}\omega L_1$，副绕阻的电阻为 R_2，感抗为 $\mathrm{j}\omega L_2$，原、副绕阻的互感抗为 $\mathrm{j}\omega M$，负载感抗为 $Z_L = R_L + \mathrm{j}X_L$。

若引进原、副绕阻的复阻抗 Z_{11}、Z_{12}，则 $Z_{11} = R_1 + \mathrm{j}\omega L_1$，$Z_{22} = R_2 + \mathrm{j}\omega L_2$

副边总复阻抗

$$Z_{22} = Z_{22} + Z_L = R_2 + \mathrm{j}\omega L_2 + R_L + \mathrm{j}\omega X_L = R_{22} + \mathrm{j}X_{22}$$

式中

$$R_{22} = R_2 + R_L,\ \mathrm{j}X_{22} = \mathrm{j}(\omega L_2 + X_L)$$

可以用没有公共连接端的去耦合电感的去耦等效变换方法，将图 5-2-1 变换成图 5-2-2 所示电路。采用这种方法等效的结果，两个回路均非独立的，因为在原绕阻的回路中，有两个未知电流，副绕阻的回路中，也有两个未知电流，所以尽管“去耦”了，研究时还是不方便。如果能将空心变压器变换成两个互不依赖的独立的回路，无疑将会既方便、更深入，其实这也是讨论空心变压器的目的。为此，仍按照图 5-2-1 所示电路进行讨论，先列出方程为

$$Z_{11}I_1 - Z_M I_2 = 0 \tag{5-2-1}$$

$$-Z_M I_1 + Z_{22}I_2 = 0 \tag{5-2-2}$$

解之得

$$\dot{I}_1 = \frac{Z_{22}\dot{U}_1}{Z_{11}Z_{22} - Z_M^2} = \frac{\dot{U}_1}{Z_{11} - \dfrac{Z_M^2}{Z_{22}}} \tag{5-2-3}$$

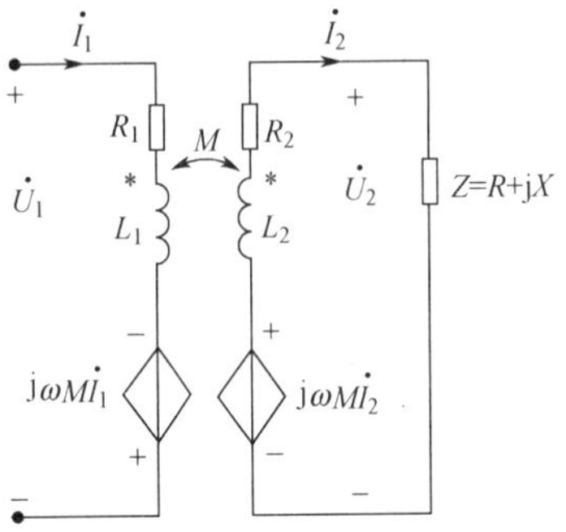

图 5-2-1　空心变压器

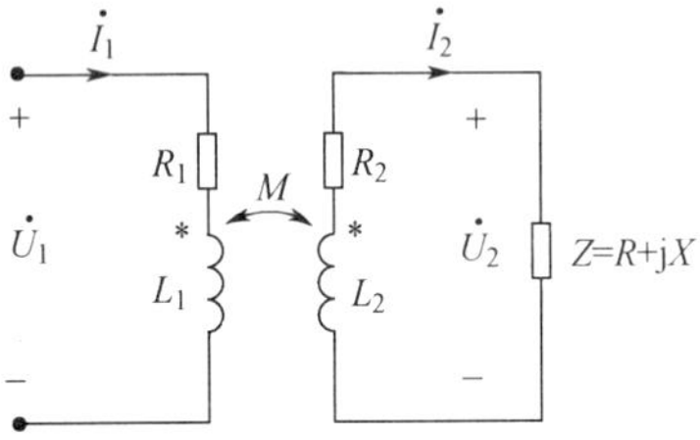

图 5-2-2　空心变压器的等效电路

基于
$$Z_M^2=(j\omega M)^2=-\omega^2M^2=-X_M^2$$

则
$$\dot{I}_1==\frac{\dot{U}_1}{Z_{11}+\dfrac{X_M^2}{Z_{22}}} \tag{5-2-4}$$

按照式（5-2-3）关系，可以这样认为，原绕组可以等效为这样一个独立回路，这个回路的电压源电压为 U_1，有两个作串联连接的复阻抗 Z_{11} 和 X_M^2/Z_{22}，其中 Z_{11} 是原绕组原先的复阻抗，X_M^2/Z_{22} 则是副绕组的反映阻抗，也常称为引入阻抗。这是一个完全独立的回路，只要知道原边阻抗、副边阻抗、互阻抗、负载阻抗，即可由激励 $\dot{U}_1$ 直接求出响应 $\dot{I}_1$，而不必再去同时考虑进副绕阻的激励与响应。

由式（5-2-1）和式（5-2-2）同样可以求得

$$\dot{I}_2=\frac{Z_M\dot{U}_1}{Z_{11}Z_{22}-Z_M^2}=\frac{\dfrac{Z_M}{Z_{11}}\dot{U}_1}{Z_{22}-\dfrac{Z_M^2}{Z_{22}}}$$

或
$$\dot{I}_2=\frac{\dfrac{Z_M}{Z_{11}}\dot{U}_1}{Z_{22}-\dfrac{Z_M^2}{Z_{22}}}=\frac{\dfrac{Z_M}{Z_{11}}\dot{U}_1}{Z_{22}+\dfrac{X_M^2}{Z_{11}}} \tag{5-2-5}$$

由式（5-2-5）可见，空心变压器的副边可以以一个这样的独立回路等效取代：这个回路包含一个电压为 $Z_M\dot{U}_1/Z_{11}$ 的电压源和阻抗分别为 Z_{22}、X_M^2/Z_{11} 的复阻抗，且复阻抗作串联连接。其中 Z_{22} 是原副边回路的总复阻抗，X_M^2/Z_{11} 称为原边对副边的反映或引入阻抗。

（2）引入阻抗的物理意义。

由式（5-2-1）和式（5-2-2）可见，副边对原边或原边对副边有引入阻抗的条件是原、副边必须都有电流。这也反映了原、副边绕组之间的互感的影响，可以折合成阻抗的形式出现，下面进一步讨论引入阻抗的物理意义。

用 Z_{1r} 表示副边对原边的引入阻抗，则

$$Z_{1r}=\frac{X_m^2}{Z_{22}}=\frac{X_M^2}{R_{22}+jX_{22}}=\frac{R_{22}X_M^2}{R_{22}^2+X_{22}^2}-j\frac{X_{22}X_M^2}{R_{22}^2+X_{22}^2}$$

令 $R_{1r}=X_M^2R_{22}/(R_{22}^2+X_{22}^2)$，$X_{1r}=X_M^2X_{22}/(R_{22}^2+X_{22}^2)$，并分别定义为引入电阻及引入电抗。引入电阻的出现，将使原边电路消耗功率增加，此时原边等效电路的总功率为

$$P = I_1^2(R_1 + R_{1r}) = I_1^2 R_1 + I_1^2 R_{1r} \tag{5-2-6}$$

式中，$I_1^2 R_1$ 显然是表示原边所消耗的功率，$I_1^2 R_{1r}$ 从含义上讲，是引入电阻上所吸收的功率，但原边电路并非真有这个电阻，既然如此，那么引入电阻上所吸收的功率到哪儿去了？为了说明这部分功率的去处，再回到式（5-2-2），并重写于后：$-Z_M I_1 + Z_{22} I_2 = 0$ 或 $-j\omega M I_1 + Z_{22} I_2 = 0$，于是可得 $Z_M I_1 = Z_{22} I_2$ 或 $j\omega M I_1 = (R_{22} + jX_{22}) I_2$，于是可得 $j\omega M I_1 = (R_{22} + jX_{22}) I_2$，这是一个复数等式，故等式两边复数之模也应相等，即

$$\omega M I_1 = \sqrt{(R_{22}^2 + X_{22}^2) I_2^2} \tag{5-2-7}$$

∴

$$(\omega M)^2 I_1^2 = (R_{22}^2 + X_{22}^2) I_2^2 \tag{5-2-8}$$

$$\frac{\omega^2 M^2}{R_{22}^2 + X_{22}^2} I_1^2 = I_2^2 \tag{5-2-9}$$

而

$$P_{1r} = I_1^2 R_{1r} = \omega^2 M^2 R_{22} I_1^2 / (R_{22}^2 + X_{22}^2) \tag{5-2-10}$$

$$P_{1r} = I_2^2 R_{22} \tag{5-2-11}$$

可见，引入电阻上所吸收的（有功）功率，实质上是副边电路电阻上所消耗的功率，就是空心变压器由原边传递给副边的功率。

而引入阻抗的虚数部分为 $-jX_M^2 R_{22} / (R_{22}^2 + X_{22}^2)$，副边复阻抗的虚数部分为 jX_{22}，两个虚数部分是反号的；这说明空心变压器由副边反映至原边的阻抗性质相反，换句话说，若副边为感性，反映至原边则为容性；反之亦然。这是空心变压器的一大特点。

由此可见，原边引入阻抗的出现，反映了一个二端口元件，空心变压器是通过磁耦合给副边传递功率的，也间接反映了负载的性质。

3. 空心变压器相量图的作法

通常像空心变压器或诸如此类的二端口耦合电感元件，其相量图若从副边开始作起，要比由原边容易理解，也便于记忆。这种作相量图的方法有时也叫倒推法。下面由图 5-2-2 所示电路来分析，此时副边是一个独立回路，这个回路是通过受控源与原边联系。

以 I_2 作为参考相量来分析并作出相量图是方便的。由于 $R_2 I_2$ 和 I_2 同相，$j\omega L_2 I_2$ 超前 I_2 90°，$R_2 I_2$ 和 I_2 同相，$jX_2 I_2$ 超前 I_2 90°（设负载亦为感性），这四个电压的相量和等于 $j\omega L_1 I_1$。I_1 又较 $j\omega M I_1$ 滞后 90°，这样又把原边的各电压引进来了，由于 $R_1 I_1$ 与 I_1 同相，$j\omega L_1 I_1$ 超前 $I_1$90°，$-j\omega M I_1$ 滞后 $I_1$90°，而这三电压的相量和即为 U_1，只要各量按比例关系（I_1 和 I_2 可按电流比例长一些）取一定长短的线段，这个相量是容易作出也容易理解和记忆的。

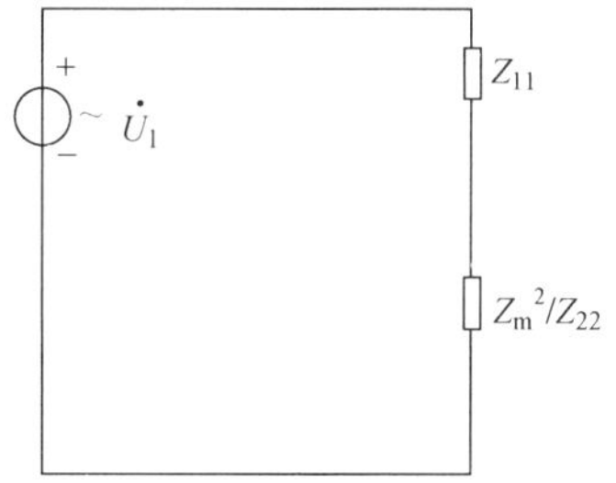

图 5-2-3　空心变压器原边等效电路

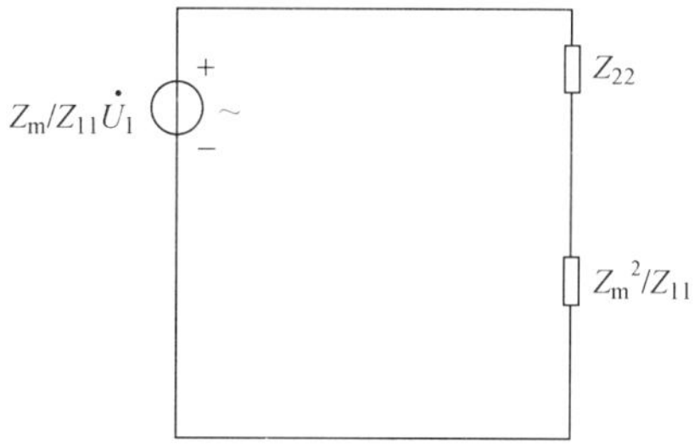

图 5-2-4　空心变压器副边等效电路

例 5-2-1　在图 5-2-5 所示电路中，已知：$U_S = 10\text{V}$，$\omega = 10^6 \text{rad/s}$，$L_1 = L_2 = 0.1\text{mH}$，$M = 0.02\text{mH}$，$C_1 = C_2 = 0.01\mu\text{F}$，$R_1 = 10\Omega$，要使负载 R_2 吸收功率最大，问 R_2 应为何值？求

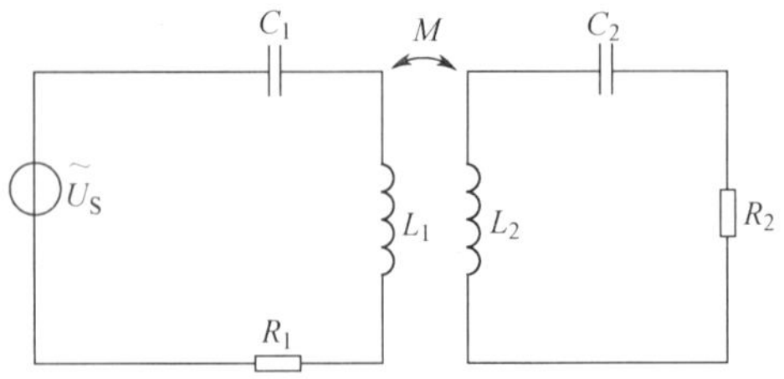

图 5-2-5　例 5-2-1 的图

此最大功率及 C_2 上的电压。

解：由于本题中要求负载电阻 R_2，且题意是要求 R_2 上取得最大功率时的 R_2 值以及最大功率值，并且要求 C_2 上的电压。因此必须采用负载上取得最大功率的条件，现在负载为一电阻，其取得最大功率的条件应当是等于含源二端网络的输出阻抗的实部（当然若输出阻抗为一电阻，则 R_2 应等于此电阻）。这个电路是一个空心变压器，只不过原边多了一个电容 C_1。因此，本题宜从副边等效电路来求，除了原边对副边的反映阻抗涉及原边阻抗，原边等效电路可以不必作出，只需作出副边等效电路如图 5-2-6 所示，为了求出 R_2 值，要求出虚线框中含源二端网络的输出阻抗，为此首先求出

$$\frac{1}{\omega C_2}=\frac{1}{10^6\times10^{-8}}=100\Omega,\quad \omega L_2=10^6\times10^{-4}=100\Omega,\quad \omega M=10^6\times2\times10^{-5}=20\Omega$$

$$\frac{X_{\rm M}^2}{Z_{11}}=\frac{\omega^2M^2}{{\rm j}\omega L_1-{\rm j}\dfrac{1}{\omega C_1}+R_1}=\frac{10^{12}\times2^2\times10^{-10}}{{\rm j}100-{\rm j}100+10}=40\Omega$$

故含源二端网络输出阻抗

$$Z_{\rm OC}={\rm j}\omega L_2-{\rm j}\frac{1}{\omega C_2}+\frac{X_{\rm M}^2}{Z_{11}}=40\Omega$$

为一实数，即副边输出阻抗为一电阻，于是得出，只要 $R_2=40\Omega$，R_2 上即取得最大功率值。

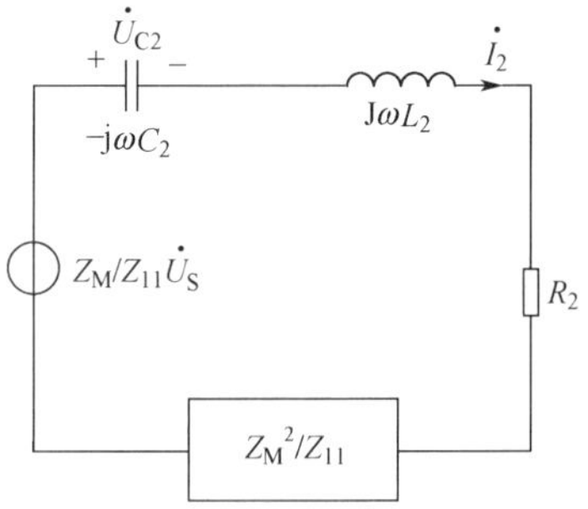

图 5-2-6　副边等效电路

由于　　$Z_{\rm M}/Z_{11}={\rm j}20/10={\rm j}2\Omega$

在只给出电源值，未给出电源初相，也未给出其他电压、电流初相条件下，可以任意选定电源初相；而选初相为零是最简单的，于是

$$U_{\rm OC}=Z_{\rm M}/Z_{11}U_{\rm S}={\rm j}2\times10={\rm j}20{\rm V}$$

$$\therefore\quad I_2=U_{\rm OC}/(Z_{\rm OC}+R_2)={\rm j}20/80={\rm j}/4=0.25\angle90^\circ{\rm A}$$

R_2 上取得的最大功率为

$$P_{\rm R2M}=0.25^2\times40=2.5{\rm W}$$

电容 C_2 上电压

$$U_{\rm C2}=-{\rm j}\frac{1}{\omega C_2}I_2=-{\rm j}100\times{\rm j}\frac{1}{4}=25{\rm V}$$

即 C_2 上电压与电源电压同相位。

5.2.2　理想变压器

1. 理想变压器条件

符合下述三个条件的变压器就是理想变压器。

（1）理想变压器也是一个耦合电感，和空心变压器不同之处是它有铁芯，而且是磁性材料制成的。如果构成变压器的原副边绕组没有电阻，因而没有电阻损耗（通常称为无“铜损”），铁芯中无磁滞和涡流损耗（通常称为无“铁损”）。也就是说，变压器仅仅是传输能量的一个电

磁器件，它本身不损耗电能。

（2）原、副边绕组每匝线圈的磁通相等；即原边绕组电流所激发磁场的磁通既通过原边，也通过副边绕组（全部），副边绕组电流所激发的磁场的磁能也全部通过副、原边绕组。用定量关系表述就是：设原边绕组电流激发的磁通，通过自身绕组的为Φ_{11}，通过副绕组的为Φ_{21}；又副边绕组电流激发的磁通通过自身绕组的为Φ_{22}，通过原绕组为Φ_{12}，且$\Phi_{22}=\Phi_{12}$；这样通过原绕组每匝线圈的磁通为

$$\Phi=\Phi_{11}+\Phi_{12}=\Phi_{11}+\Phi_{22} \quad (5\text{-}2\text{-}12)$$

通过副绕组每匝线圈的磁通为

$$\Phi'=\Phi_{21}+\Phi_{22}=\Phi_{22}+\Phi_{21} \quad (5\text{-}2\text{-}13)$$

即

$$\Phi'=\Phi$$

注意：虽然原、副绕组磁通相等，但由于它们匝数不同，故磁通链并不相等。换句话说，理想变压器是全耦合变压器（即无漏磁通）。它的耦合系数 $K=M\sqrt{L_1L_2}=1$。

（3）原副边绕组的自感L_1L_2与互感M均趋于无穷大，但$\sqrt{L_1/L_2}=N_1/N_2=n$，式中N_1为原绕组匝数，N_2为副绕组匝数，n称为变压器的变比。理想变压器的电路图形符号见图 5-2-7。

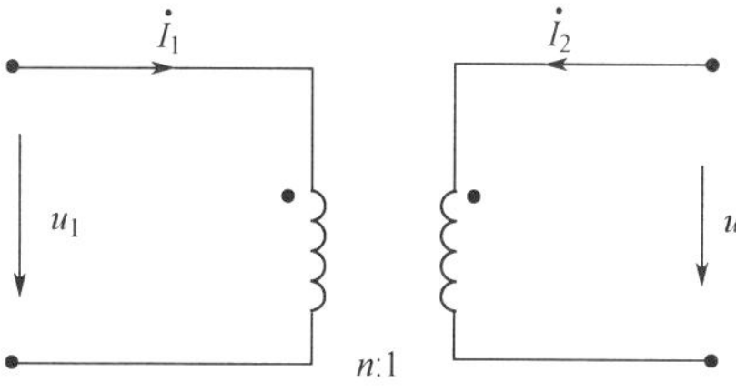

图 5-2-7　理想变压器的图形符号

2. 理想变压器的基本方程

若原边匝数为N_1，副边为N_2，且根据理想变压器的条件 2，知道原、副绕组磁通均为Φ，故原绕组磁通链

$$\psi_1=N_1\Phi \quad (5\text{-}2\text{-}14)$$

副绕组磁通链

$$\psi_2=N_2\Phi \quad (5\text{-}2\text{-}15)$$

当电压、电流符合如图 5-2-7 所示关联参考方向，电压和磁通链之间关系为

$$u_1=\mathrm{d}\psi_1/\mathrm{d}t=N_1\mathrm{d}\Phi/\mathrm{d}t \quad (5\text{-}2\text{-}16)$$

$$u_2=\mathrm{d}\psi_2/\mathrm{d}t=N_2\mathrm{d}\Phi/\mathrm{d}t \quad (5\text{-}2\text{-}17)$$

则

$$u_1/u_2=N_1/N_2=n \quad (5\text{-}2\text{-}18)$$

式中，n称为变比。

在正弦激励条件下，上式又可写成相量形式

$$u_1/u_2=N_1/N_2=n \quad (5\text{-}2\text{-}19)$$

即原边和副边电压对理想变压器来说是相同的。式（5-2-18）和式（5-2-19）是理想变压器的第一个基本方程。据此可知：变压器可以任意变换电压，只要根据需要取不同变比即可。

根据理想变压器的条件可知：它只不过是符合三个特殊条件的耦合电感。因此，根据同名端的概念，电压和电流的基本关系仍然有

$$U_1=\mathrm{j}\omega L_1I_1+\mathrm{j}\omega MI_2 \quad (5\text{-}2\text{-}20)$$

于是

$$I_1=U_1/\mathrm{j}\omega L_1-M/L_1I_2 \quad (5\text{-}2\text{-}21)$$

对于理想变压器有$L_1\to\infty$，故式（5-2-21）右边第一项为零，又因为$K=1$，即$M=\sqrt{L_1L_2}$，故式（5-2-21）右边第二项为$-MI_2/L_1=-\sqrt{L_1L_2I_2}/L_1=-I_2\sqrt{L_1L_2}=-I_2/n$

∴

$$I_1=-I_2/n \quad (5\text{-}2\text{-}22)$$

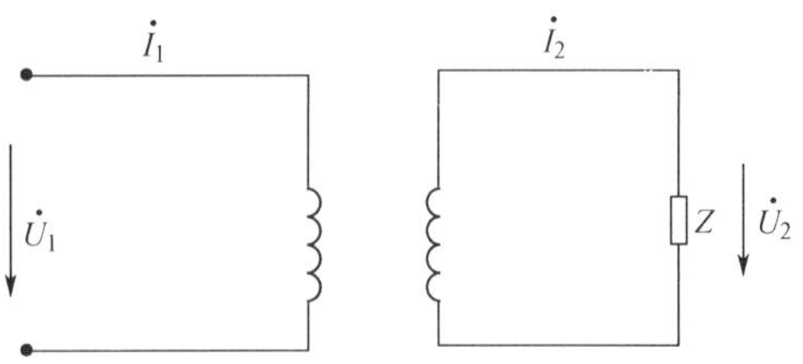

图 5-2-8　当副边接负载 Z 时

这就是变压器的第二项基本方程，据此可知：变压器可以变换电流，但原边和副边电流反相。

如果在变压器的副边接一阻抗为Z的负载(图5-2-8)，则此时从变压器原边看进去，其输入复阻抗按定义有

$$Z_{i1}=U_1/I_1$$

则因为　　$U_1=nU_2, I_1=-I_2/n$

于是　　$Z_{i1}=nU_2/(-I_2/n)=n^2(U_2/(-I_2))$

即

$$Z_{i1}=n^2Z$$

可见，当副边接负载 Z 时，反映至原边为n^2Z。因此变压器还可变换阻抗。例如，通常各种扬声器（喇叭）的阻抗多为32Ω以下，而各类音频放大器的功放输出级的输出阻抗又都是数百甚至数千欧姆，如果直接接喇叭，不仅由于阻抗不匹配，音响效果极差；而且相当于把功放输出级“短路”（由于负载阻抗太小，近似短路），导致过大电流，会把功放级和喇叭均烧坏，因此常常需要在它们之间再另接一个变压器（输出变压器）变换阻抗。

5.2.3　实际变压器

实际变压器是有自耗的，如干式变压器铁芯和线圈在运行中会发热，油浸式变压器油温在运行中会升高等就是最好的说明，尽管耦合系数对实际变压器也近似为1，但毕竟不可能等于1，自感L_1、L_2和互感M则不可能趋于无限大，即 L_1、L_2、M有限。即实际变压器有损耗，有漏磁通，L_1、L_2、M有限的变压器，如何由理想变压器过渡到实际变压器以及实际变压器和理想变压器模型的关系就是下面要讨论的问题。

（1）若L_1、L_2、M有限，但无损耗，且K=1，由式（5-2-20）可知

$$U_1=\mathrm{j}\omega L_1I_1+\mathrm{j}\omega MI_2 \tag{5-2-23}$$

由于K=1，故$M=\sqrt{L_1L_2}=L_1\sqrt{L_2/L_1}=L_1/n$，因此上式又可写成

$$U_1=\mathrm{j}\omega L_1I_1+\mathrm{j}\omega L_1I_2/n=\mathrm{j}\omega L_1(I_1+I_2/n)=\mathrm{j}\omega L_1I_0 \tag{5-2-24}$$

式中

$$I_0=I_1-(-I_2/n)=I_1-I_1'$$

$$I_1'=-I_2/n \tag{5-2-25}$$

即由于L_1、L_2、M有限，此时原边电流I_1分成了两个部分，一部分是流经L_1的电流I_0，通常这部分电流就是变压器的激磁电流，另一部分$I_1'=I_2/n$和副边电流之间满足理想变压器基本方程，故I_1与I_2之间构成理想变压器的原、副边电流。

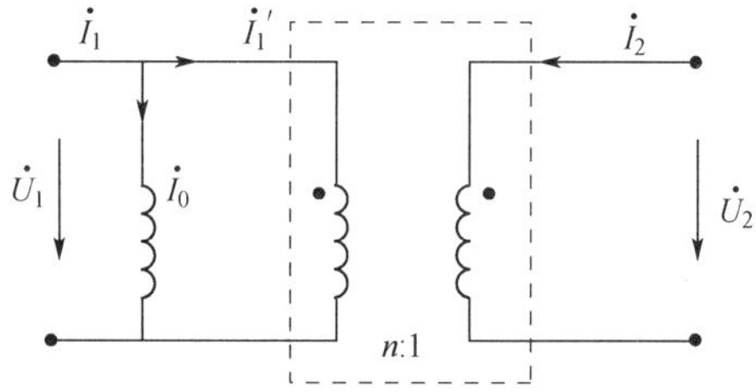

图 5-2-9　L_1、L_2、M有限的变压器电路模型，虚线框中是理想变压器

当L_1、L_2、M有限时，这种实际变压器可以等效为电感器和理想变压器的并联（图 5-2-9）；且理想变压器具有实际变压器同样的变比。虽然此时电流并不直接遵守理想变压器基本方程，但U_1与U_2之间还是遵从式（5-2-19）。因此，只有两个基本方程都遵从的变压器，才是理想变压器。

（2）L_1、L_2、M有限，k<1，但无损耗。

对于L_1、L_2、M有限情况，电路模型如图 5-2-10 所示，下面就是在这个基础上再来讨论的问题。所谓 K<1，就是非全耦合，有漏磁通情况，为此，可以把原边和副边电流所激发的磁通分

成两部分，一部分是原、副边均通过，相当于“全耦合”部分$\Phi_0 = \Phi_{10} + \Phi_{20}$，一部分是由原边所产生的只通过原边线圈的漏磁通$\Phi_{1S}$，一部分是由副边所产生的只通过副边线圈的漏磁能$\Phi_{2S}$，因此，原边属于“全耦合”部分磁通链

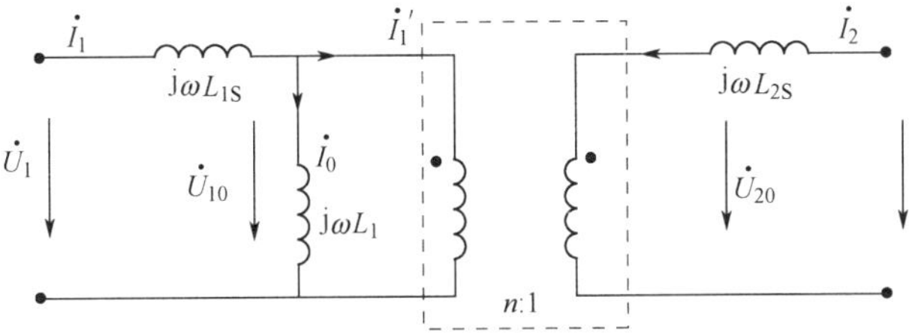

图 5-2-10　L_1、L_2、M 有限，K<1，但无损耗 R 电路模型，虚线框中是理想变压器

$$\Phi_{10} = N_1\Phi_0 = L_{10}I_1 \tag{5-2-26}$$

原边漏磁通链

$$\psi_{1S} = N_1\Phi_{1S} = L_{1S}I_1 \tag{5-2-27}$$

原绕组总磁通链

$$\psi_1 = \psi_{10} + \psi_{13} = (L_{10} + L_{13})I_1 = L_1I_1 \tag{5-2-28}$$

$$L_1 = L_{10} + L_{1S} \tag{5-2-29}$$

副边属于“全耦合”部分磁通链

$$\psi_{20} = N_2\Phi_{20} = L_{20}i_2 \tag{5-2-30}$$

原边漏磁通链

$$\psi_{2S} = N_2\Phi_{2S} = L_{2S}i_2 \tag{5-2-31}$$

副绕组总磁通链

$$\psi_2 = \psi_{20} + \psi_{2S} = (L_{20} + L_{2S})i_2 = L_2i_2 \tag{5-2-32}$$

$$L_2 = L_{20} + L_{2S} \tag{5-2-33}$$

L_{10}、L_{20}称为耦合电感，L_{1S}、L_{2S}称为漏磁电感，L_1和L_2仍分别为原边和副边绕组电感。

由式（5-2-20）得

$$U_1 = \mathrm{j}\omega L_1I_1 + \mathrm{j}\omega MI_2 = \mathrm{j}\omega(L_{10} + L_{1S})I_1 + \mathrm{j}\omega MI_2 = \mathrm{j}\omega L_{1S}I_1 + (\mathrm{j}\omega L_{10}I_1 + \mathrm{j}\omega MI_2)$$

即

$$U_1 = \mathrm{j}\omega L_{1S}I_1 + U_{10} \tag{5-2-34}$$

式中

$$U_{10} = \mathrm{j}\omega L_{10}I_1 + \mathrm{j}\omega MI_2 \tag{5-2-35}$$

L_{10}、L_{20}属于全耦合部分之意，是指$M = \sqrt{L_{10}L_{20}}$。因此，式（5-2-35）相当于式（5-2-23），只不过将式（5-2-23）中的L_1换成式（5-2-35）中的L_{10}而已，也就是说，式（5-2-35）相当于L_{10}、L_{20}、M有限，但K=1，无损耗的情况，即式（5-2-35）的电路模型如图 5-2-10 所示。考虑到原边绕组端口电压 U_1与U_{10}以及$\mathrm{j}\omega L_{1S}I_1$的关系，这就相当于在图 5-2-10 的基础上再串联漏磁感抗$\mathrm{j}\omega L_{1S}$。同样副边也作相似处理，也串有漏磁感抗$\mathrm{j}\omega L_{2S}$，此时的电路模型如图 5-2-10 所示，由图可见，此时不仅I_1与I_2之间不遵从式（5-2-22），U_{10}和U_{20}之间也不遵从式（5-2-19），但I_1和I_2遵从式（5-2-22），U_{10}和U_{20}之间遵从式（5-2-19）。

（3）L_1、L_2、M 有限，$K<1$，且有损耗情况。前面已讨论过L_1、L_2、M 有限及$K<1$情况，故只需再讨论有损耗的影响就可以了。所谓有损耗，即原边和副边绕组含有电阻R_1和R_2，于是

$$U_1 = R_1I_1 + \mathrm{j}\omega L_1I_1 + \mathrm{j}\omega MI_2 = R_1I_1 + \mathrm{j}\omega L_{1S}I_1 + (\mathrm{j}\omega L_{10}I_1 + \mathrm{j}\omega MI_2) \tag{5-2-36}$$

式（5-2-36）仅较式（5-2-34）多出 R_1I_1 项；同样

$$U_2 = \mathrm{j}\omega MI_1 + \mathrm{j}\omega L_2I_2 + R_2I_2 = (\mathrm{j}\omega MI_1 + \mathrm{j}\omega L_{20}I_2) + \mathrm{j}\omega L_{2S}I_2 + R_2I_2$$

可见，原、副边电压关系和图 5-2-10 不同之处仅在于多了电阻电压项；即应在图 5-2-10 基础上，原、副边均需要串一个电阻，如图 5-2-11 所示。

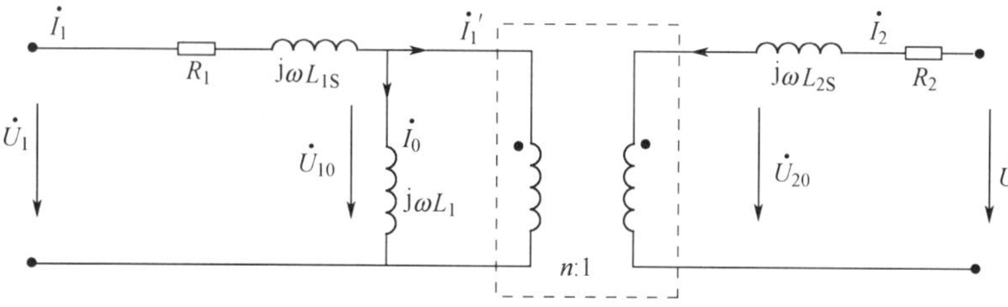

图 5-2-11　实际变压器电路模型

习　题　5

5-1　两个具有耦合的线圈如题图所示，试判断两线圈的同名端。

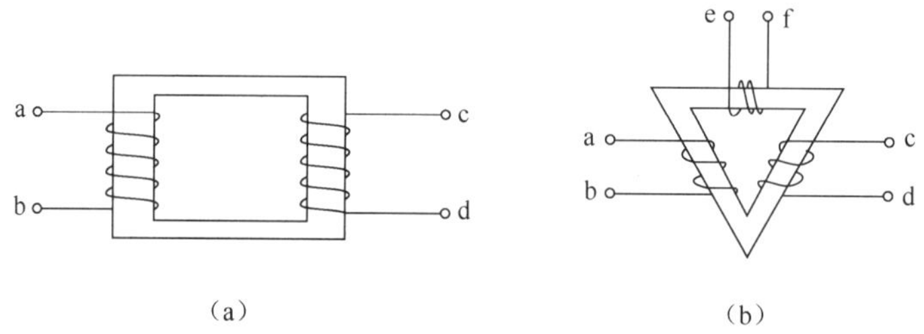

题 5-1 图

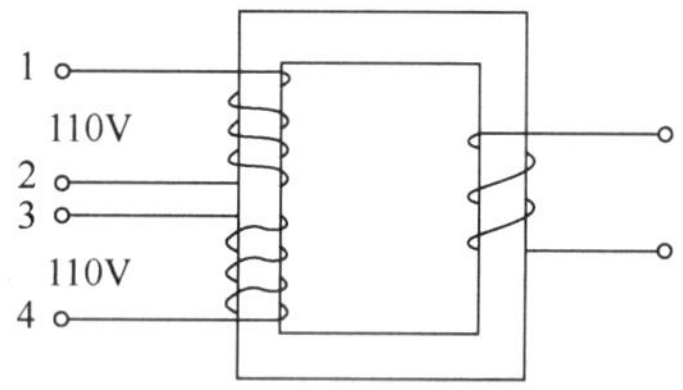

题 5-2 图

5-2　如题图所示变压器，原边两个绕组，绕组额定电压均为 110V，若将原边接 220V 电源，两个绕组如何接线？

5-3　已知两线圈的自感为 L_1=16mH，L_2=4mH。(1) 若 k=0.5，求互感 M=？（2）若 M=6mH，求耦合系数 k 为多少？（3）若两线圈为全耦合，求互感 M 的值

5-4　如题图所示电路，信号源内阻 R_S=10kΩ，负载电阻 R_L=10Ω，为了实现阻抗匹配，用理想变压器作耦合电路，问欲使负载 R_L 获得最大功率，理想变压器的变比 n 为多少

5-5　全耦合变压器如题图所示，各阻抗值的单位为 Ω。

（1）求 ab 端的戴维南等效电路。

（2）若 ab 端短路，求短路电流。

5-6　求题图所示各电路中的 u_1（t）及 u_2（t），已知：L_1=1 H，L_2=0.25 H，M=0.25 H。

5-7　把耦合的两个线圈串联起来接到 50 Hz、220 V 的正弦电源上，顺接时测得电流 I=2.7 A，吸收的功率为 218.7 W，反接时电流为 7A。求互感 M。

5-8　求题图所示两个电路的等效电感。

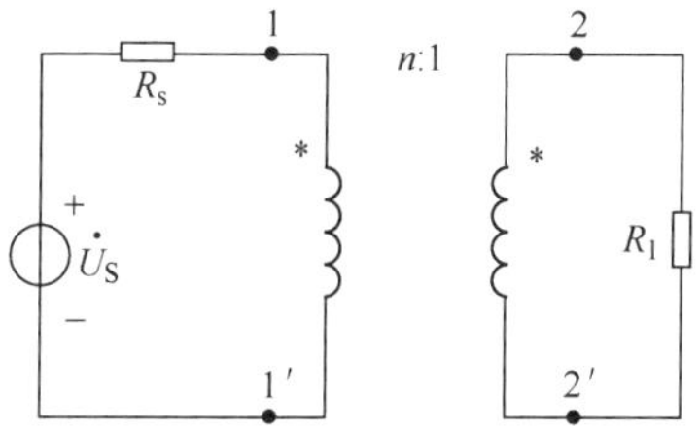

题 5-4 图

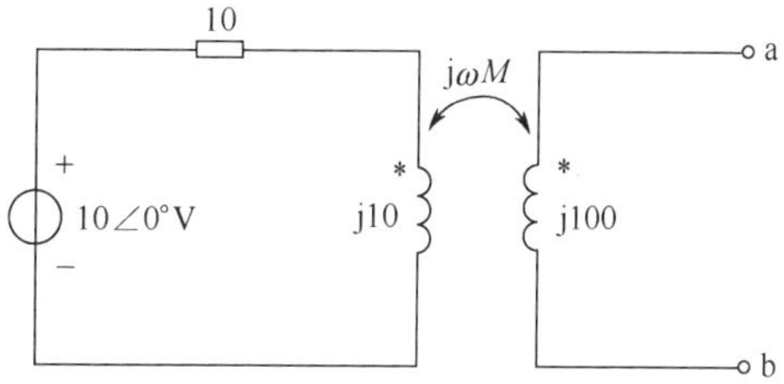

题 5-5 图

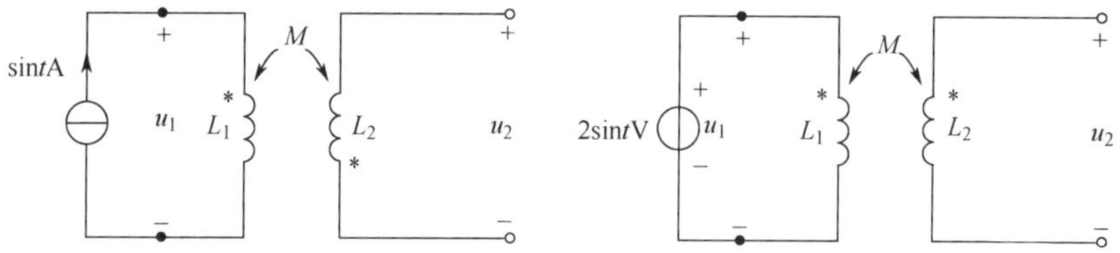

（a）　　　　（b）

题 5-6 图

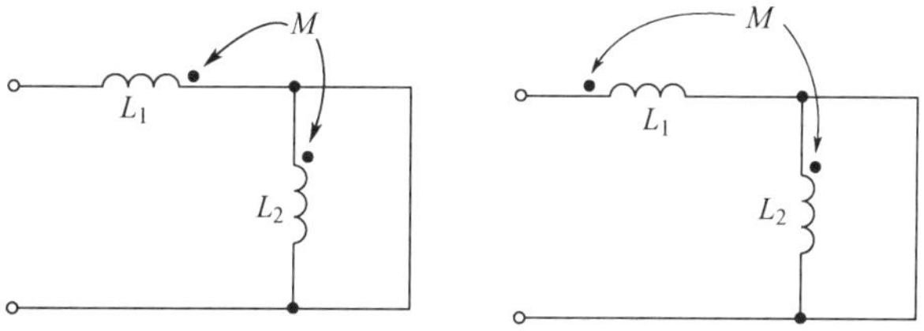

（a）　　　　（b）

题 5-8 图

5-9　全耦合变压器如题图 5-9 所示，各阻抗值的单位为 Ω。

（1）求 ab 端的戴维南等效电路。

（2）若 ab 端短路，求短路电流。

5-10　电路如下图所示。已知 $u_S(t)=100\sin(10^3t+30°)$V，求 $i_1(t)$ 和 $i_2(t)$。

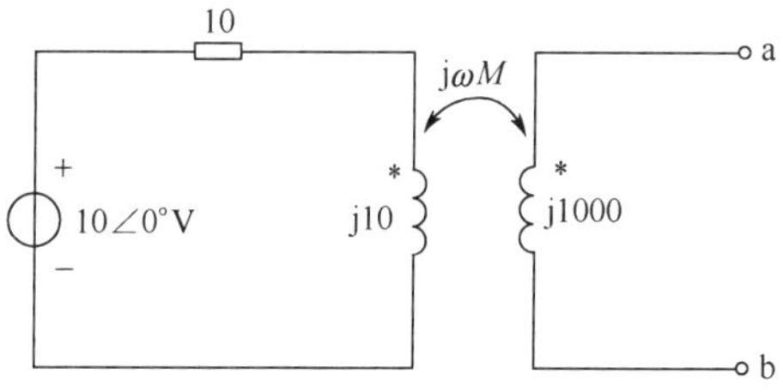

题 5-9 图

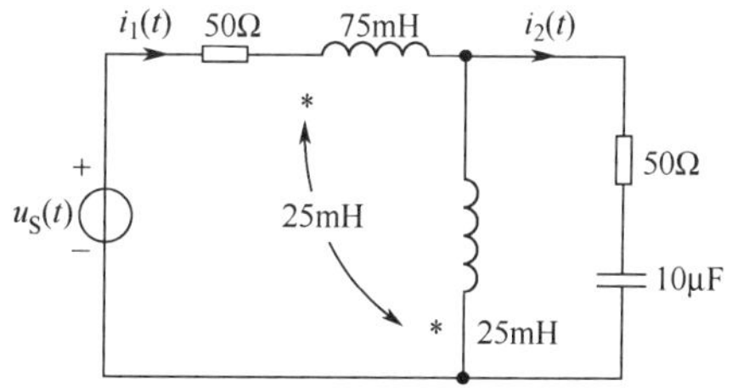

题 5-10 图

第 6 章　非正弦周期电流电路

电子电路中讨论的中心是信号的传递问题，这些信号大都是非正弦周期信号。非正弦周期信号实质上是若干频率为整数倍关系的正弦信号叠加的结果。

本章将系统讨论各种较为典型的非正弦周期信号及其谐波成分。它也是学习电子技术必不可少的基础。通过本章的学习，应掌握非正弦周期电流信号的频谱分析方法、以及非正弦周期电流电路的计算方法。

6.1　非正弦周期电流

6.1.1　周期量的概念

若一个函数遵从下述关系

$$f(t)=f(t+nT) \tag{6-1-1}$$

式中，t 为自变量，代表时间，单位为 s；$F(t)$是函数，在电路中，$f(t)$可以表示电流、电压或功率等；T 为常数，n 为整数；则称 $f(t)$为时间 t 的周期函数，T 为周期，是 $f(t)$的周期。

6.1.2　正弦周期电流与非正弦周期电流

若 $f(t)$是随时间 t 按正弦规律变化的电流或电压，则称为正弦周期电流或电压，这就是第五章中所讨论的内容。构成正弦电流电路的条件有二：其一是构成电路的元件是线性元件；其二是激励源均为同频率正弦电流或电压。这里之所以强调“均为”二字，是因为正弦周期电流电路的激励源可以是一个，也可以是多个（如三相交流电路的电源）；若是一个，那只有一个频率，自然是“同频率”；若是多个激励源，那所有独立源必须是同频率的正弦量。生产和生活中广泛使用的工频交流电就可以看作是正弦电流。这里“可以看作”是近似之意，即严格说来，它并非完全按正弦规律变化的。一切不按正弦规律变化的电流或电压，只要它遵式（6-1-1）的关系，都说它是非正弦周期电流或电压。工频交流当作正弦交流在许多问题的分析中所得出结果都是相当准确，但在某些深层次问题的研究中，例如，电机性能的进一步研究中，若把工频电流当作理想正弦电流就很难作出正确解释。

电台或电视台经常处理的声频或视频信号、数字电路中的数字信号都是非正弦周期信号。

若线性电路的激励源是非正弦周期电流，则称此线性电路为非正弦周期电流电路。若一线性电路有若干激励源激励，但这些激励源的电流或电压的频率不相同；或只有一个正弦激励源，但尚有一直流激励源，由这种类型的激励源构成的线性电路，同样将成为非正弦周期电流电路；因为此时电路的响应是非正弦的电流和电压。

常见的非正弦周期电流（或电压）有各种矩形脉冲，三角脉冲、锯齿脉冲、尖脉冲、正弦半波整流电流、正弦全波整流电流，等等，它们的波形图如图 6-1-1 所示。

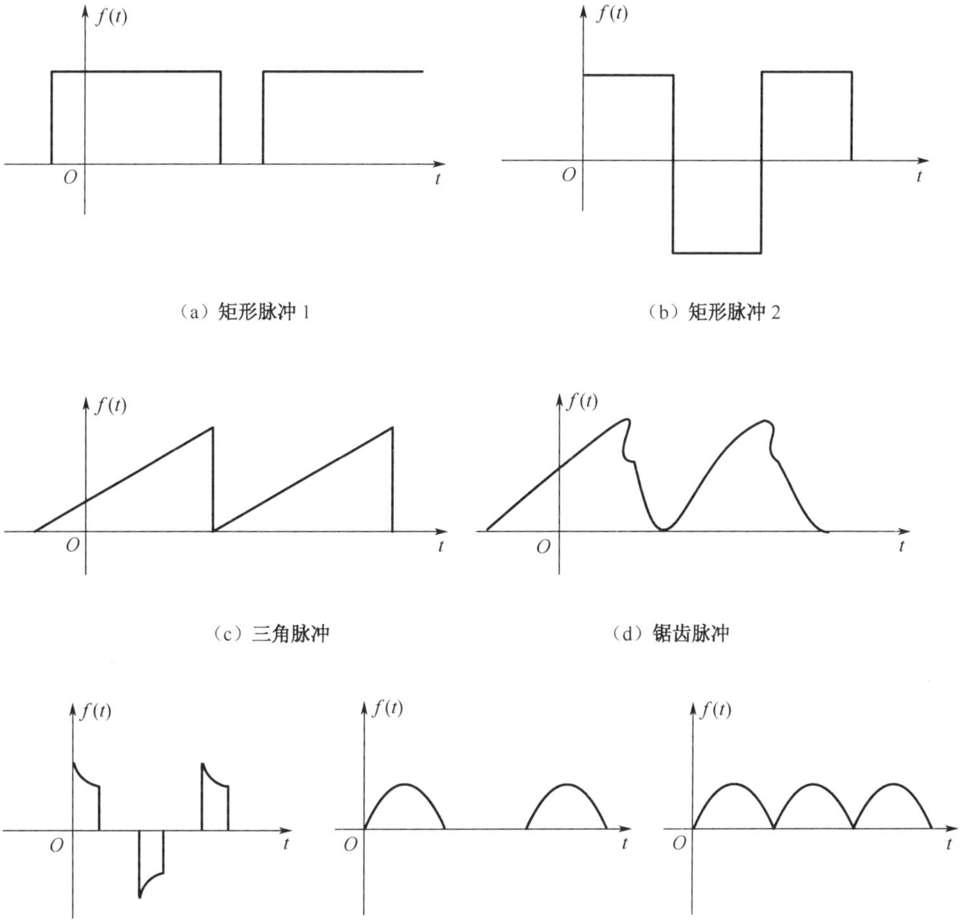

（a）矩形脉冲 1　（b）矩形脉冲 2

（c）三角脉冲　（d）锯齿脉冲

（e）尖脉冲　（f）正弦半波整流电流　（g）正弦全波整流电流

图 6-1-1　各种常见非正弦周期电流

6.2　非正弦周期函数傅里叶级数分解

6.2.1　非正弦周期函数展成傅里叶三角级数

当 $f(t)$ 为时间 t 的周期函数时，即 $f(t)=f(t+nT)$，且 $f(t)$具有有限个第一类间断点，以及有限个极大与极小值（即满足狄里赫利条件），则 $f(t)$就可以展成傅里叶级数。这里先介绍傅里叶级数的三角形式（即三角级数）。

1. 傅里叶级数

周期函数展开成的三角级数形式如下

$$f(t)=A_o+\sum_{k=1}^{\infty}A_k\sin(k\omega t+\varphi_k) \tag{6-2-1}$$

式中 ω 为周期函数 $f(t)$的角频率，也是当 K=1 时的正弦周期函数的频率，一般称为基波频率，它与周期函数 $f(t)$的周期 T 之间仍有如下关系

$$\omega = \frac{2\pi}{T} = 2\pi f \tag{6-2-2}$$

式中，ω 为角频率，其单位为 rad/s，f 为周期函数 $f(t)$ 的频率，单位为 Hz。有时简称 ω 为一次谐波频率。A_0 则称为周期函数 $f(t)$ 的直流成分，因为它是一个常数。相应地，当 k=2,3，…,k，时，有 $A_2\sin(2\omega t+\varphi_2)$，$A_3\sin(3\omega t+\varphi_3)$，… $A_k\sin(k\omega t+\varphi_k)$，分别称为周期函数 $f(t)$ 的二次、三次、k 次谐波，等等。此时的（角）频率 $2\omega, 3\omega$ 分别称为二次谐波频率、三次谐波频率，等等。而 $A_1, A_2, A_3, \ldots$ 分别称为基波（或一次谐波）、二次、三次谐波振幅，等等，$\varphi_1, \varphi_2, \varphi_3, \ldots$ 则分别称为基波、一次、二次谐波初相，等等。

通常，在电路中应用较多的傅里叶级数的三角形式不取式（6-2-1）所示形式。

∵
$$A_k\sin(k\omega t+\varphi_k) = A_k\sin\varphi_k\cos k\omega t + A_k\cos\varphi_k\sin k\omega t$$
$$= a_k\cos k\omega\text{t} + b_k\sin k\omega\text{t}$$

式中
$$a_k = A_k\sin\varphi_k \tag{6-2-3}$$
$$b_k = A_k\cos\varphi_k \tag{6-2-4}$$

于是
$$A_k = \sqrt{a_k^2 + b_k^2} \tag{6-2-5}$$
$$\tan\varphi_k = \frac{a_k}{b_k} \tag{6-2-6}$$

若再设
$$A_0 = a_0 \tag{6-2-7}$$

则周期函数 $f(t)$ 所展成的傅里叶三角级数又可以写成

$$f(t) = a_0 + \sum_{k=1}^{\infty}(a_k\cos k\omega\text{t} + b_k\sin k\omega\text{t}) \tag{6-2-8}$$

式（6-2-8）的形式应用较多。通常要求将周期函数展成傅里叶级数而又未加任何说明，就是展成式（6-2-8）的形式。

原则上说，任何周期函数 $f(t)$ 均可展成式（6-2-8）所示的傅里叶三角级数的形式；但这个形式是否能“具体化”，即 a_0、a_k、b_k 能否有具体数值，则是能展成傅里叶三角级数的关键。a_0、a_k、b_k 统称为傅里叶系数。

利用三角函数的性质，容易证明，傅里叶系数由下列各式决定。

$$a_0 = \frac{1}{T}\int_0^T f(t)\text{d}t \tag{6-2-9}$$
$$a_k = \frac{2}{T}\int_0^T f(t)\cos k\omega t\text{d}t \tag{6-2-10}$$

或

$$a_k = \frac{1}{\pi}\int_0^{2\pi} f(t)\cos k\omega t\text{d}(\omega t) \tag{6-2-11}$$
$$b_k = \frac{2}{T}\int_0^T f(t)\sin k\omega t\text{d}t \tag{6-2-12}$$

或

$$b_k = \frac{1}{f}\int_0^{2\pi} f(t)\sin k\omega t\text{d}(\omega t) \tag{6-2-13}$$

因为 $f(t)$ 是周期函数，因此，求傅里叶系数的各积分关系，其积分限为一个周期（或 2π 弧度），至于积分上、下限如何取无关紧要；例如，可以由 0 积分到 T，也可以 $-T/2$ 积到 $T/2$，$-T/3$ 积分到 $2T/3$，等等。至于具体如何取？视得出之积分关系来定，关键是所取积分上、下限之差为一个周期（即在一个周期中求积分）。

求傅里叶级数的各个积分关系的得出方法作如下简要说明。

因为 $f(t)$ 是周期函数，故对式（6-2-8）两边同时取一个周期的积分，由于级数项均是三角函数，它们在一个周期中的积分均为 0，于是等式左边为 $\int f(t)\mathrm{d}t$ ，等式右边为 $\int a_0\mathrm{d}t = a_0$ ，所以可以得出式（6-2-9）。如果先在等式（6-2-8）两边同乘以 $\cos k\omega t$ ，再取一个周期的积分，则 $a_0\cos k\omega t$ 在一个周期中的积分为 0；$b_k \sin q\omega t \cos k\omega t$ （取 $q\omega t$ 是为了与 k 区别，可以是 $q = k$ ，也可以是 $q \neq k$ ），基于三角函数的正交性，在一个周期中的积分亦为 0；$a_k \cos q\omega t \cos k\omega t$ 当 $q \neq k$ 时，在一个周期中的积分为 0；当 $q = k$ 时，为 $a_k \cos^2 k\omega t = a_k(1+\cos 2k\omega t)/2$ ，变为两项在一个周期中的积分。其中 $\int \frac{1}{2}a_k \mathrm{d}t = \frac{1}{2}a_k T$ ，而另一项为三角函数，在一个周期中的积分为 0，可见这样等式两边在一个周期中积分的结果，右边等于 $\frac{1}{2}a_k T$ ，而等式左边为 $\int f(t)\cos k\omega t\mathrm{d}t$ 。整理之，即可得到式（6-2-10）。至于等式（6-2-11）是由于 $\mathrm{d}(\omega t) = \omega\mathrm{d}t = 2\pi\mathrm{d}t/T$ ，相当于将时间轴变换为相位轴（ ωt 轴）。如果在等式（6-2-8）两边先同乘以 $\sin k\omega t$ ，再取一个周期的积分，即可得出式（6-2-12）。这里就不再一一介绍了。

由式（6-2-9）～（6-2-13）可见，傅里叶系数值能否定出，关键是 $f(t)$ 随 t 变化的显函数关系能否写出来。当然，若直接给 $f(t)$ 的显函数关系，定傅里叶系数问题归结为求积分问题；但常常是给出 $f(t)$ 的波形图，因此，必须掌握几种基本波形图的函数表达式；当然，如三角波、锯齿波等还要用到解析几何的知识，这里也不一一作介绍。

在电路中，$f(t)$ 代表周期电流或电压。所有的周期电流（或电压）实际上是满足所谓狄里赫利条件的。因此，关键是能否根据这些周期电流（或电压）的波形图（所有电流或电压的波形都可以设法借助示波器观察到它们的波形图）写出其解析式（即 $f(t)$ 的显函数形式）。

2．非正弦周期电流的频谱

由周期函数 $f(t)$ 的显函数式定出傅里叶系数值后，即可得出各次谐波的幅值 a_k 、b_k ，以及直流成分 a_0 ；再由式（6-2-5）式（6-2-6）可定出各次谐波的幅值 A_K ，初相 φ_k ，直流成分 A_0 。若以直角坐标的横坐标作为频率轴（ $k\omega$ ），而以纵坐标表示各次谐波的振幅轴时（ $k=0$ 时，A_0 为直流成分），由于各次谐波的频率为基波频率的整数倍；因此，这时作出的函数图像将是一系列等间隔的高低不同的直线段，如图 6-2-1 所示。若此时表示的是非正弦周期电流，就称为非正弦周期电流的频谱图，简称频谱图。图中实线段是代表各次谐波振幅值，虚线则是振幅的包络线。

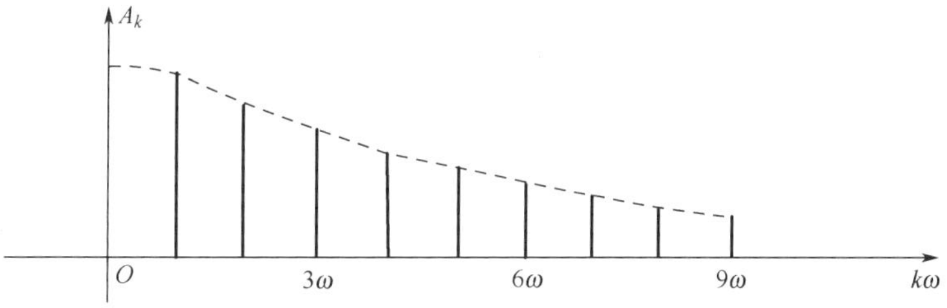

图 6-2-1　频谱图

3. 傅里叶系数的讨论

为了能快捷地定出傅里叶系数，而又每次均对 a_0 、 a_k 、 b_k 进行计算，下面讨论几种特殊波形的傅里叶系数。

（1）当 $f(t)$为奇函数时。

若

$$f(-t) = -f(t) \tag{6-2-14}$$

则称周期函数为奇函数。例如，当 $f(t) = A\sin\omega t$ 时，$f(t)$就是奇函数。由式（6-2-14）可见，奇函数波形图的特点就是波形是原点对称的。即：若将波形图先按 y 轴对折，然后再按 x 轴对折而波形能完全重合时，波形即为原点对称，如图 6-2-2 所示各波形在数学意义上就是奇函数的波形图。

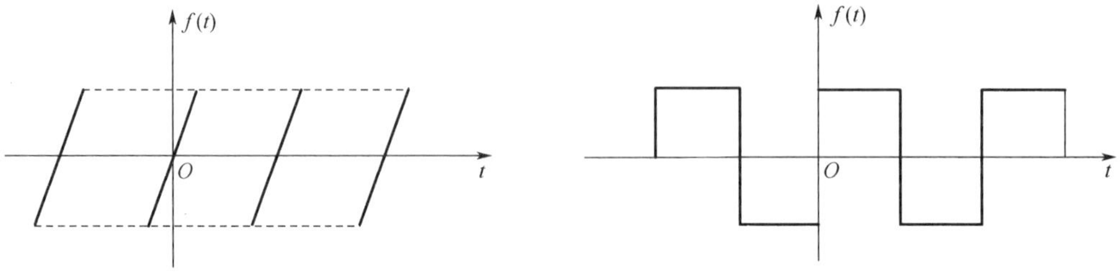

图 6-2-2　奇函数波形图波形原点对称

由数学知识可知：

奇函数×奇函数＝偶函数

偶函数×偶函数＝偶函数

奇函数×偶函数＝奇函数

且奇函数在一个周期中的积分为 0，偶函数在一个周期中的积分等于在半个周期中积分的 2 倍。因此，奇函数的傅里叶系数按照上述数学结果，有

$$a_0 = 0; a_k = 0; b_k = \frac{4}{T}\int_0^{T/2} f(t)\sin k\omega t \mathrm{d}t \tag{6-2-15}$$

（2）当 $f(t)$ 为偶函数时。

若

$$f(-t) = f(t) \tag{6-2-16}$$

则称周期函数 $f(t)$ 为偶函数时，偶函数波形的特点是 y 轴对称。如 $\cos\omega t$ 就是偶函数。若将偶函数波形图 y 轴对折两边波形将完全重合。如 6-2-3 所示各波形在数学意义上都是依据偶函数以奇、偶函数乘积关系，偶函数的傅里叶系数有如下结果。

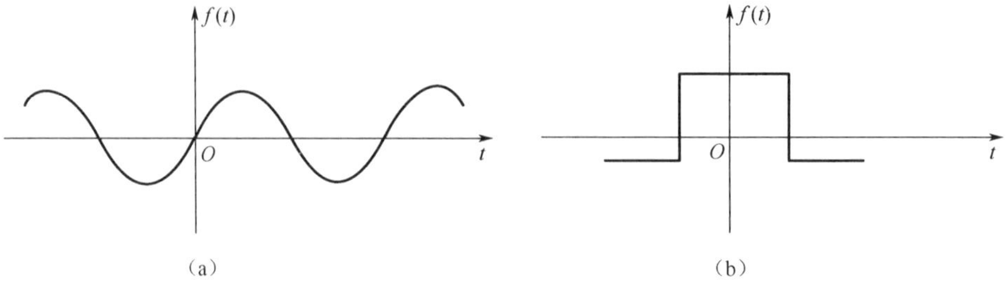

图 6-2-3　偶函数的波形图

$$a_0=\frac{2}{T}\int_0^{T/2}f(t)\mathrm{d}t;a_k=\frac{4}{T}\int_0^{T/2}f(t)\cos k\omega t\mathrm{d}t;b_k=0 \tag{6-2-17}$$

（3）奇谐波与偶谐波函数。

若

$$f(t)=-f(t+T/2) \tag{6-2-18}$$

则称周期函数 $f(t)$ 为奇谐波函数。式中 T 为函数 $f(t)$ 的周期。奇谐波函数波形特点是将波形图沿 x 轴移动半个周期后与原波形图是镜像对称的。奇谐波函数波形图如图 6-2-4 所示，图中虚线所示波形是沿 x 轴平移半个周期以后的结果。

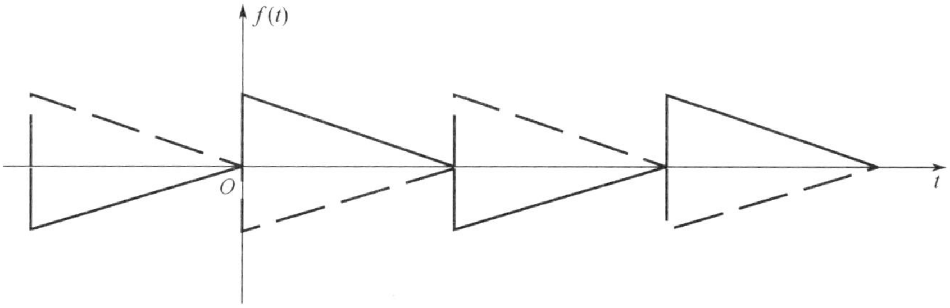

图 6-2-4　奇谐波函数波形镜像对称

奇谐波函数傅里叶系数特点是只含奇次谐波项。直流分量与偶次谐波项系数均为 0。即

$$a_o=a_2=a_4=\cdots=0;b_2=b_4=b_6=\cdots=0$$

若

$$f(t)=-f(t+T/2) \tag{6-2-19}$$

则称周期函数 $f(t)$ 为偶谐波函数。波形特点是将波形图沿 x 轴平移半个周期后将与原波形完全重合，其波形图 6-2-5 所示。

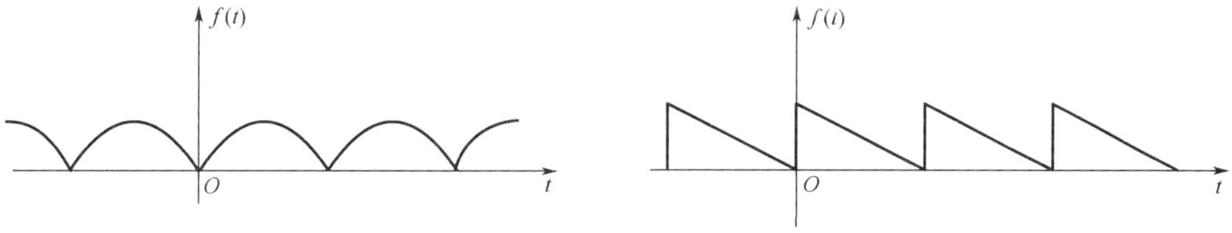

（a）　　（b）另一种情况的偶谐波函数的波形

图 6-2-5　偶谐波函数波形图

偶谐波函数傅里叶系数特点是只含偶次谐波项与直流分量；奇次谐波项系数均为 0，即

$$a_1=a_3=a_5=\cdots=0;b_1=b_3=b_5=\cdots=0$$

综上所述可知，奇函数与偶函数是和计时起点的选择有关的，适当地将直角坐标沿 x 轴方向平移，奇函数可以成为偶函数，反之亦然。当然也可以变成非奇非偶的一般函数。但奇或偶谐波函数却与计时起点的选择无关，这是奇、偶谐波函数的另一特点。

例 6-2-1　已知电压的波形图如图 6-2-6 所示，试求其傅里叶展开式，并作出其频谱图。

解：按照给出的波形图，写出 $u(t)$ 在一个周期的解析式

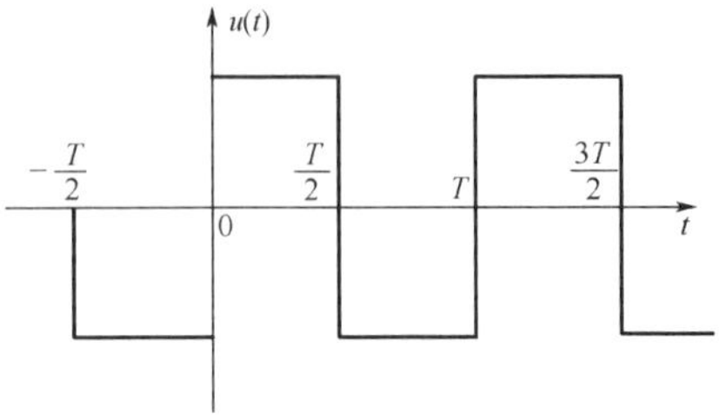

图 6-2-6　例 6-2-1 图

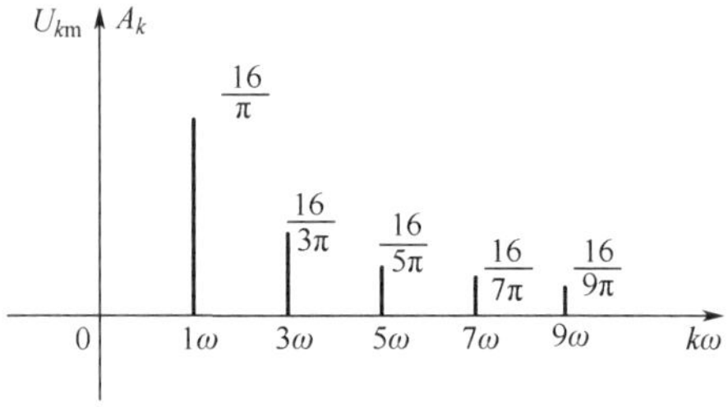

图 6-2-7　例 6-2-1 中 $u(t)$的幅值频谱

$$u(t)=\begin{cases}4 & 0<t<T/2\\ -4 & T/2<t<T\end{cases}$$

由波形图还可看出：波形是原点对称的，故为奇函数；且镜像对称，又为谐波函数，只有奇次谐波项 $b_1, b_3, b_5, \cdots$

$a_o=a_k=0$，$b_2=b_4=b_6=\cdots=0$

其实，因为 $b_k=\frac{2}{\pi}\int_0^{\pi}4\sin k\omega t\mathrm{d}(\omega t)=\frac{2}{k\pi}\times 4(-\cos k\omega t\big|_0^{\pi})=\begin{cases}\frac{16}{k\pi} & k=1,3,5\cdots\\ 0 & k=2,4,6\cdots\end{cases}$

即 $b_{2n-1}=\frac{16}{(2n-1)\pi}$　（n=1,2,3,⋯）

式中，$n=1$ 为一次谐波，$n=2$ 时为三次谐波……的幅值。

$\therefore u(t)=\frac{16}{\pi}(\sin\omega t+\frac{1}{3}\sin 3\omega t+\frac{1}{5}\sin 5\omega t+\cdots)$

$=\sum_{n=1}^{\infty}\frac{16}{(2n-1)\pi}\sin\left[(2n\text{-}1)\omega t\right]$

又 $u_{km}=A_k=\sqrt{{a_k}^2+{b_k}^2}=\frac{16}{(2n-1)\pi}$　　(n=1,2,3,⋯)

$\therefore u(t)$ 的幅值频谱如图 6-2-7 所示。

例 6-2-2　将初相为零的正弦电压经单相全波整流后的波形展开成傅里叶级数，并作出其幅值频谱图。

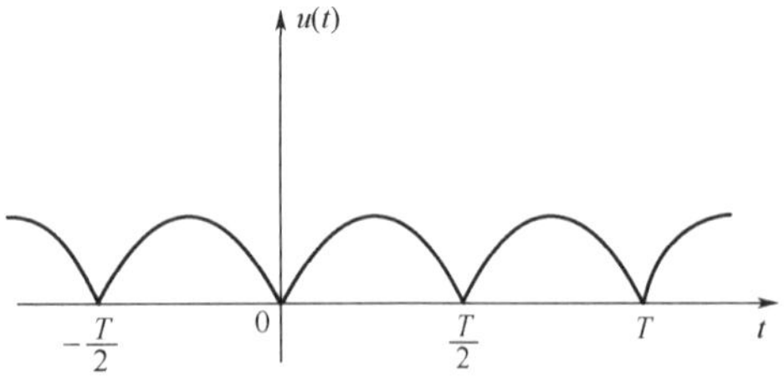

图 6-2-8　例 6-2-2 的波形图

解：由波形图可以写出 $u(t)$ 的解析式

$$u(t)=2\left|\sin\omega t\right|$$

这又是一个偶函数，且为偶谐波函数，故

$$b_k=0, a_{2n-1}=0 (n=1,2,3\ldots)$$

$$a_0=\frac{2}{T}\int_0^{T/2}2\sin\omega t\mathrm{d}t=\frac{4}{\omega t}\cos\omega t\Big|_0^{T/2}=\frac{4}{\pi}$$

$$a_k=\frac{4}{T}\int_0^{T/2}2\sin\omega t\cos\omega t\mathrm{d}t=\frac{4}{T}\int_0^{T/2}[\sin(1+k)\omega t-\sin(k-1)\omega t]\mathrm{d}t$$

$$=\frac{2}{\pi}\int_0^{\pi}[\sin(1+k)\omega t-\sin(k-1)\omega t]\mathrm{d}(\omega t)$$

上式，当 k 为奇数（k+1）或（k−1）则为偶数，而 $\int\sin 2n\omega t\mathrm{d}(\omega t)=0$，即奇次谐波项为 0，这又一次说明偶谐波函数的奇次谐波项为 0 的结论是正确的。当 k 为偶数，（k+1）或（k−1）为奇数，令 $k\pm1=2n\pm1$，则（n=1,2,3,…）

$$a_{2n+1}=\frac{2}{\pi}\int_0^{\pi}\sin(2n+1)\omega t-\sin(2n-1)\omega t]\mathrm{d}(\omega t)$$

$$=\frac{2}{\pi}\left(\frac{-\cos(2n+1)\omega t}{2n+1}\Big|_0^{\pi}-\frac{-\cos(2n-1)\omega t}{2n+1}\Big|_0^{\pi}\right)$$

$$=\frac{2}{\pi}\left(\frac{2}{2n+1}-\frac{2}{2n-1}\right)=-\frac{8}{\pi(4n^2-1)}$$

即　$a_1=a_3=a_5=\cdots=0$

$$a_2=-\frac{8}{3\pi},a_4=-\frac{8}{15\pi},a_6=-\frac{8}{35\pi},\cdots$$

$$\therefore u(t)=\frac{4}{\pi}-\frac{8}{\pi}(\frac{1}{3}\cos2\omega t+\frac{1}{15}\cos4\omega t+\frac{1}{35}\cos6\omega t+\cdots)$$

$$=\frac{4}{\pi}-\frac{8}{\pi}\sum_{n=1}^{\infty}\frac{1}{4n^2-1}\cos(2n\omega t)$$

式中，第一项为直流分量，以后为偶次谐波项。其幅值频谱，由于 $u_{km}=a_k=a_k$，而有

$$u_{\mathrm{om}}=\frac{4}{\pi},u_{\mathrm{2m}}=-\frac{8}{3\pi},u_{\mathrm{4m}}=-\frac{8}{15\pi},u_{\mathrm{6m}}=-\frac{8}{35\pi}\cdots$$

故其幅值频谱图如图 6-2-9 所示。

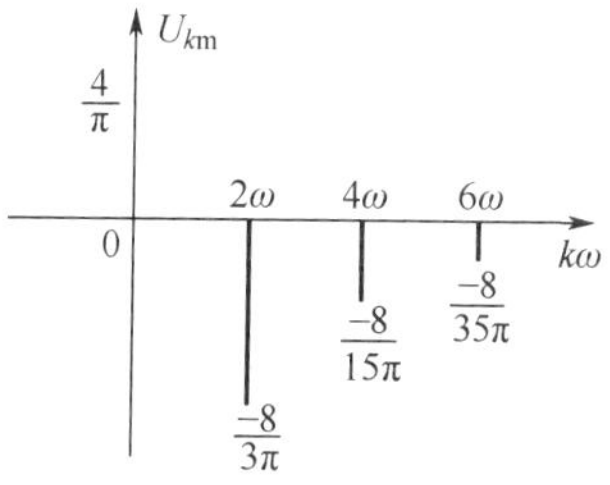

图 6-2-9　例 6-2-2 中的中 $u(t)$中幅值频谱

6.2.2　傅里叶级数的指数形式

无论是式（6-2-1）还是式（6-2-8）的傅里叶级数的三角形式在书写时，或求系数时都较繁；因此，又常常应用傅里叶级数的指数形式。指数形式是由式（6-2-8）再根据欧拉变换

$$\cos\theta=\frac{\mathrm{e}^{\mathrm{j}\theta}+\mathrm{e}^{-\mathrm{j}\theta}}{2},\sin\theta=\frac{\mathrm{e}^{\mathrm{j}\theta}-\mathrm{e}^{-\mathrm{j}\theta}}{2\mathrm{j}} \tag{6-2-20}$$

演变而来的。下面介绍由式（6-2-8）导出傅里叶级数的指数形式。

假定基波频率用 ω_1 表示，则式（6-2-8）又可写成

$$f(t)=a_0+\sum_{k=1}^{\infty}(a_k\cos k\omega_1 t+b_k\sin k\omega_1 t) \tag{6-2-21}$$

由于

$$\cos k\omega_1 t=\frac{\mathrm{e}^{\mathrm{j}k\omega_1 t}+\mathrm{e}^{-\mathrm{j}k\omega_1 t}}{2} \tag{6-2-22}$$

$$\sin k\omega_1 t=\frac{\mathrm{e}^{jk\omega_1 t}-\mathrm{e}^{-\mathrm{j}k\omega_1 t}}{2\mathrm{j}} \tag{6-2-23}$$

将式（6-2-22）、式（6-2-23）代入式（6-2-21）得

$$f(t)=\mathrm{a}_0+\sum_{k=1}^{\infty}(a_k\frac{\mathrm{e}^{\mathrm{j}k\omega_1 t}+\mathrm{e}^{-\mathrm{j}k\omega_1 t}}{2}+b_k\frac{\mathrm{e}^{\mathrm{j}k\omega_1 t}+\mathrm{e}^{-\mathrm{j}k\omega_1 t}}{2\mathrm{j}})$$

$$=a_0+\sum_{k=1}^{\infty}(\frac{a_k-\mathrm{j}b_k}{2}\mathrm{e}^{\mathrm{j}\omega_1 t}+\frac{a_k+\mathrm{j}b_k}{2}\mathrm{e}^{-\mathrm{j}\omega_1 t})$$

$$=a_0+\sum_{k=1}^{\infty}(c_k\,\mathrm{e}^{\mathrm{j}k\omega_1 t}+c_k^*\mathrm{e}^{-\mathrm{j}k\omega_1 t})$$

式中，$c_k=(a_k-\mathrm{j}b_k)/2, c_k^*=(a_k+\mathrm{j}b_k)/2$ 是 c_k 的共轭复数，再确定系数 c_k 、$\overset{*}{c}_k$ 的求法及 c_k 与 a_0 的关系。

$$c_k=\frac{1}{2}(a_k-\mathrm{j}b_k)=\frac{1}{2}\left(\frac{2}{T}\int_0^T f(t)\cos k\omega_1 t\mathrm{d}t-\mathrm{j}\frac{2}{T}\int_0^T f(t)\sin k\omega_1 t\mathrm{d}t\right)$$

$$=\frac{1}{2}\left(\frac{2}{T}\int_0^T f(t)\frac{\mathrm{e}^{\mathrm{j}k\omega_1 t}+\mathrm{e}^{-\mathrm{j}k\omega_1 t}}{2}\mathrm{d}t-\mathrm{j}\frac{2}{T}\int_0^T f(t)\frac{\mathrm{e}^{\mathrm{j}k\omega_1 t}-\mathrm{e}^{-\mathrm{j}k\omega_1 t}}{2\mathrm{j}}\mathrm{d}t\right)$$

$$\therefore c_k=\frac{1}{T}\int_0^T f(t)\mathrm{e}^{-\mathrm{j}k\omega_1 t}\mathrm{d}t$$

$$\overset{*}{c}_k=\frac{1}{2}(a_k+\mathrm{j}b_k)=\frac{1}{2}\left(\frac{2}{T}\int_0^T f(t)\frac{\mathrm{e}^{\mathrm{j}k\omega_1 t}+\mathrm{e}^{-\mathrm{j}k\omega_1 t}}{2}\mathrm{d}t+\mathrm{j}\frac{2}{T}\int_0^T f(t)\frac{\mathrm{e}^{\mathrm{j}k\omega_1 t}-\mathrm{e}^{-\mathrm{j}k\omega_1 t}}{2j}\mathrm{d}t\right)$$

$$=\frac{1}{T}\int_0^T f(t)\mathrm{e}^{\mathrm{j}k\omega_1 t}\mathrm{d}t$$

若令 $k=-k'$, 则

$$\overset{*}{c}_k=\frac{1}{T}\int_0^T f(t)\mathrm{e}^{-\mathrm{j}k\omega_1 t}\mathrm{d}t=c_k \tag{6-2-25}$$

显然，当 k 从 1 变 ∞ 时，k' 当从 -1 变到 $-\infty$ 。而

$$a_0=\frac{1}{T}\int_0^T f(t)\mathrm{d}t=c_0 \tag{6-2-26}$$

综合式（6-2-24）、式（6-2-25）、式（6-2-26），就得出了简洁的指数形式的傅里叶级数

$$f(t)=\sum_{k=-\infty}^{\infty} c_k\mathrm{e}^{\mathrm{j}k\omega_1 t} \tag{6-2-27}$$

由于 $c_k=(a_k-\mathrm{j}b_k)/2$ ，故

$$|c_k|=\frac{1}{2}\sqrt{{a_k}^2+{b_k}^2}=\frac{1}{2}A_k \tag{6-2-28}$$

傅里叶级数的指数形式，把一个周期函数用一系列具有正负指数项之和来表示。这样一个谐波项就是由级数中某一频率下的对正、负指数项组成；而谐波项的幅值则为相应指数项幅值的 2 倍。

由于 c_k 一般是复数，由第五章的讨论，可知：

$$\mathrm{Re}\,[c_k]=a_k/2, \mathrm{Im}\,[c_k]=-b_k/2$$

即

$$\mathrm{Re}\,[c_k]=\frac{1}{2}a_k=\frac{1}{T}\int_0^T f(t)\cos k\omega_1 t\mathrm{d}t$$

$$\mathrm{Im}\,[c_k]=-\frac{1}{2}b_k=\frac{1}{T}\int_0^T f(t)\sin k\omega_1 t\mathrm{d}t$$

而

$$|c_k|=\sqrt{(\mathrm{Re}\,[c_k])^2+(\mathrm{Im}\,[c_k])^2}\ ;\quad \tan\theta_k=\frac{\mathrm{Im}\,[c_k]}{\mathrm{Re}\,[c_k]} \tag{6-2-29}$$

以上 c_k 和 θ_k 都是 $k\omega_1$ 的函数。

在傅里叶级数的三角函数形式中，只讨论了幅值频谱图；而在傅里叶级数的指数函数形式中，则除了考虑幅值频谱而外，还考虑相位频谱，既由式（6-2-29）确定的 θ_k 随 $k\omega_1$ 变化的函数图像。相位频谱较幅值频谱要简单。

例 6-2-3　试把例 6-2-1 的矩形波展开为指数形式的傅里叶级数，并作出幅值频谱与相位频谱图。

解：因为

$$u(t)=\begin{cases}4 & (0<t<\dfrac{T}{2})\\ -4 & (\dfrac{T}{2}<t<T)\end{cases}$$

$$c_k=\frac{1}{T}\int_0^T u(t)\mathrm{e}^{-\mathrm{j}k\omega_1 t}\mathrm{d}t=\frac{1}{T}(\int_0^{T/2}4\mathrm{e}^{-\mathrm{j}k\omega_1 t}\mathrm{d}t+\int_{T/2}^{T}-4\mathrm{e}^{-\mathrm{j}k\omega_1 t}\mathrm{d}t)=\frac{4}{\mathrm{j}k\omega_1 T}(1-2\mathrm{e}^{-\mathrm{j}k\omega_1 T/2}+\mathrm{e}^{-\mathrm{j}k\omega_1 T})$$

由于 $k\omega_1 T=2k\pi$，因此

$$c_k=\frac{4}{\mathrm{j}2k\pi}(1-2\mathrm{e}^{-\mathrm{j}k\pi}+\mathrm{e}^{-\mathrm{j}2k\pi})$$

∴

$$c_k=\begin{cases}\dfrac{8}{\mathrm{j}k\pi} & （当k为奇数时）\\ 0 & （当k为偶数时）\end{cases}$$

由于 k 在分母上，因此，用上式计算 $c_0(k=0)$ 是不行的。而应直接根据关系式

$$c_0=\frac{1}{T}\int_0^T u(t)\mathrm{d}t=\frac{1}{T}\int_0^{T/2}4\mathrm{d}t-\frac{1}{T}\int_{T/2}^{T}4\mathrm{d}t=0$$

来计算。于是，得到了指数形式的傅里叶级数为

$$u(t)=\frac{8}{\mathrm{j}\pi}\mathrm{e}^{\mathrm{j}\omega_1 t}+\frac{8}{\mathrm{j}3\pi}\mathrm{e}^{\mathrm{j}3\omega_1 t}+\frac{8}{\mathrm{j}5\pi}\mathrm{e}^{\mathrm{j}5\omega_1 t}+\ldots\ldots-\frac{8}{\mathrm{j}\pi}\mathrm{e}^{-\mathrm{j}\omega_1 t}-\frac{8}{\mathrm{j}3\pi}\mathrm{e}^{-\mathrm{j}3\omega_1 t}-\frac{8}{\mathrm{j}5\pi}\mathrm{e}^{-\mathrm{j}5\omega_1 t}-\ldots\ldots$$

（这里虚数j在分母上，若在分子上就应该改变符号）

再应用欧拉变换，可以得到和例 6-2-1 中完全相同的结果。

因为

$$|c_1|=\frac{8}{\pi},|c_3|=\frac{8}{3\pi},|c_5|=\frac{8}{5\pi},\cdots$$

$$|c_{-1}|=\frac{8}{\pi},|c_{-3}|=\frac{8}{3\pi},|c_{-5}|=\frac{8}{5\pi},\cdots$$

故其幅值频谱如图 6-2-10（a）所示。

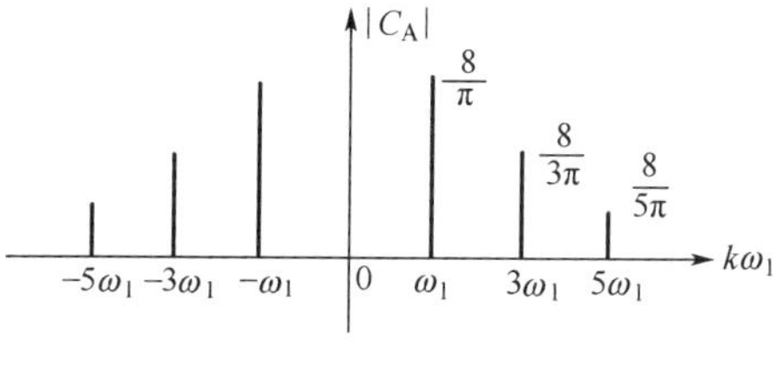

（a）幅值谱频

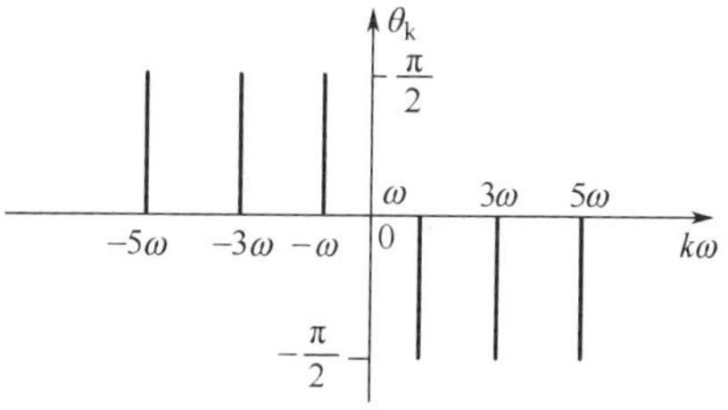

（b）相位频谱

图 6-2-10　幅值频谱与相位频谱

又因为 c_k 实部为零，故

$$\theta_k=\arctan\frac{\mathrm{Im}[c_k]}{\mathrm{Re}[c_k]}$$

当$k=1,2,3,\ldots\ldots$时，$\theta_k=-\pi/2$，而当$k=-1,-2,-3,\ldots$时，$\theta_k=\pi/2$，故其相位频谱如图 6-2-10（b）所示。

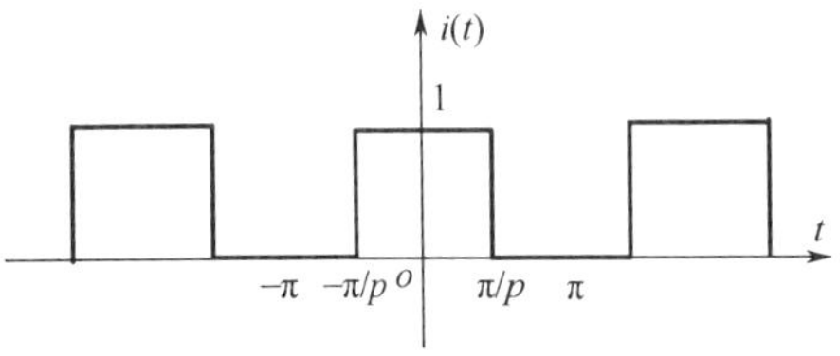

图 6-2-11　例 6-2-4 的图

幅值频谱和相位频谱中的负频率不具有物理意义，即实际上它是不存在的。这里，只不过是一种数学上的抽象而已。

例 6-2-4　图 6-1-11 所示为常用于电视、雷达、计算机等方面的一种重复性矩形脉冲波。试作出其幅值频谱图。

解：先求出傅里叶级数

$$c_k=\frac{1}{T}\int_{-T/2}^{T/2}i(t)\mathrm{e}^{-\mathrm{j}k\omega_1 t}\mathrm{d}t=\frac{1}{T}\int_{-\tau/2}^{\tau/2}\mathrm{e}^{-\mathrm{j}k\omega_1 t}\mathrm{d}t=\frac{1}{T}\left(-\frac{1}{\mathrm{j}k\omega_1}\right)\left(\mathrm{e}^{\frac{\mathrm{j}k\omega_1\tau}{2}}-\mathrm{e}^{\frac{\mathrm{j}k\omega_1\tau}{2}}\right)$$

$$=\frac{1}{T}\frac{2}{k\omega_1}\left(\frac{\mathrm{e}^{\frac{\mathrm{j}k\omega_1\tau}{2}}-\mathrm{e}^{\frac{\mathrm{j}k\omega_1\tau}{2}}}{2\mathrm{j}}\right)=\frac{\tau}{T}\frac{\sin k\dfrac{\omega_1\tau}{2}}{k\dfrac{\omega_1\tau}{2}}$$

如令 $\omega_1 t=\pi/p(或p=T/\tau)$, 则有

$$c_k=\frac{1}{p}\frac{\sin\dfrac{k\pi}{p}}{\dfrac{k\pi}{p}} \qquad (6\text{-}2\text{-}30)$$

于是，这种重复性矩形脉冲波的傅里叶级数根据式（6-2-27）有

$$i(t)=\sum_{k=-\infty}^{\infty}\frac{1}{p}\frac{\sin\dfrac{k\pi}{p}}{\dfrac{k\pi}{p}}\mathrm{e}^{\mathrm{j}k\omega_1 t}$$

式中，$\omega_1\tau=\pi/p\,(或p=T/\tau)$，显然取决于脉冲宽度。若脉冲宽度$\tau=\dfrac{T}{4}$，则$p=4$，于是

$$c_0=\frac{1}{4},\quad c_1=\frac{1}{\pi}\frac{\sqrt{2}}{2}=0.225,\quad c_2=\frac{1}{2\pi}=0.159,\quad c_3=\frac{0.707}{3\pi}=0.075,$$
$$c_4=0,\quad c_{-1}=0.225,\quad c_{-2}=0.159,\quad c_{-3}=0.075,\quad c_{-4}=0,\ldots\ldots$$

即四次谐波的幅值都等于零，如令$x=k\pi/p$，则

$$c_k=\frac{1}{p}\frac{\sin x}{x}$$

于是幅值频谱的谱线的包络线大体上具有函数$\left|\dfrac{\sin x}{x}\right|$的形状。而不管脉冲宽度和重复频率的大小，若以$k/p$作为横坐标来作幅值频谱，则其谱线图如图 6-2-12 所示。这样作出的谱线图，不论p取何值（即不论脉冲宽度多大），其谱线的包络线形状将保持不变。只不过随着脉冲宽度的变化，谱线之间的间隔幅值也将随之而变，脉冲宽度变窄，谱线条数增多，间隔变窄（即谱线变得多而密），但幅

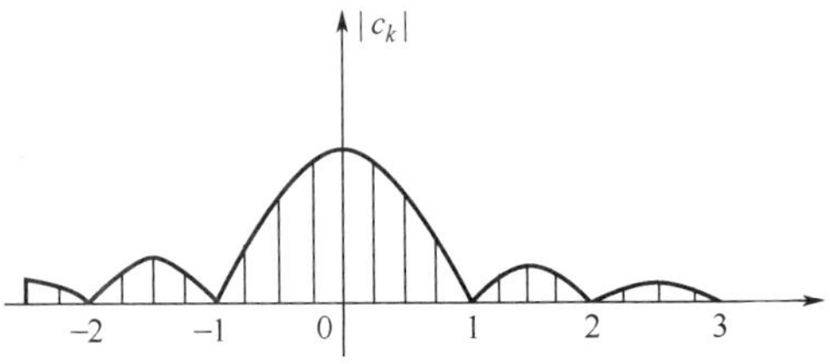

图 6-2-12　重复性矩阵脉冲的频谱

值也将随之而减小，意味着谐波成分增加，谐波更加丰富。

6.3　非正弦周期电流电路的计算

6.3.1　非正弦周期量的有效值、平均值及平均功率

1. 非正弦周期量的有效值

其定义方法和正弦周期量的有效值的定义方法相同，从数学意义上讲仍然是瞬时值的均方根值，即

$$I=\sqrt{\frac{1}{T}\int_0^T i^2\mathrm{d}t} \tag{6-3-1}$$

其实，这一结论在正弦稳态分析中已经介绍过。虽然定义式一样，但由于非正弦周期电流展开成傅里叶级数以后，每项都是一个正弦电流；因此，其有效值和幅值之间的关系就不像正弦电路中那么简单；不过仍然可以按定义方法求。由于非正弦周期电流的瞬时值

$$\begin{aligned}i^2&=\left[I_0+\sum_{k=1}^{\infty}I_{km}\sin(k\omega t+\varphi_k)\right]^2\\&=I_0^2+\left[\sum_{k=1}^{\infty}I_{km}\sin(k\omega t+\varphi_{k)}\right]^2+2I_0\sum_{k=1}^{\infty}I_{km}\sin(k\omega t+\varphi_k)\\&=I_0^2+\sum_{k=1}^{\infty}I^2{}_{km}\sin^2(k\omega t+\varphi_k)+\sum_{k=1}^{\infty}\sum_{q=1}^{\infty}I_{km}I_{qm}\sin(k\omega t+\varphi_k)\sin(q\omega t+\varphi_q)\\&\quad+2I_0\sum_{k=1}^{\infty}I_{km}\sin(k\omega t+\varphi_k)\end{aligned}$$

式中，$k\neq q$。

将上式中电流瞬时值平方代入式（6-3-1），则由于 $\sum_{k=1}^{\infty}\sum_{q=1}^{\infty}I_{km}I_{qm}\sin(k\omega t+\varphi_k)\sin(q\omega t+\varphi_q)$ 和 $2I_0\sum_{k=1}^{\infty}I_{km}\sin(k\omega t+\varphi_k)$ 在一个周期中的积分为 0，只有 I_0^2 和 $\sum_{k=1}^{\infty}I_{km}^2\sin(k\omega t+\varphi_k)$ 在一个周期中的积分再除以周期，结果分别为 I_0^2 和 $\sum_{k=1}^{\infty}I_{km}^2/2=\sum_{k=1}^{\infty}I_k^2$，

式中，I_k 为第 k 次谐波的有效值。所以非正弦周期电流的有效值

$$I=\sqrt{I_0^2+\sum_{k=1}^{\infty}I_k^2} \tag{6-3-2}$$

即它的有效值等于直流分量和各次谐波有效值的平方和再开方。

2. 正弦量与非正弦周期量的平均值

从数学意义上讲的平均值和电路中电流或电压平均值的含义不相同。在电路中（电工工程中），电流或电压的平均值等于瞬时值绝对值的平均值，即

$$\bar{I}=\frac{1}{T}\int_0^T|i|\mathrm{d}t \tag{6-3-3}$$

（1）正弦量的平均值。

由于瞬时电流

$$i = I_{\mathrm{m}} \sin \omega t$$

所谓瞬时值取绝对值就是不出现负半周电流，相当于全波整流电流。故其在一个周期中的积分应等于它在半个周期中积分的 2 倍，即

$$\overline{I} = \frac{2}{T}\int_0^{T/2} I_{\mathrm{m}} \sin \omega t \mathrm{d}t = \frac{I_{\mathrm{m}}}{\pi}(-\cos \omega t|_0^{\pi/2})$$

∴
$$\overline{I} = \frac{2}{\pi} I_{\mathrm{m}} \approx 0.637 I_{\mathrm{m}} \approx 0.900 I \tag{6-3-4}$$

即正弦量的平均值等于其幅值的 $2/\pi$ 倍，等于其有效值的 0.9 倍。

（2）非正弦量的平均值。

由于此时瞬时电流

$$i = I_0 + \sum_{k=1}^{\infty} I_{k\mathrm{m}} \sin(k\omega t + \varphi_k)$$

求 i 的平均值，亦即求 I_0 和 $I_{k\mathrm{m}} \sin(k\omega t + \varphi_k)$ 的平均值，直流分量的平均值即其本身（同时也是有效值），而上式中后一项的在一个周期中的平均值如同单一正弦电流一样，等于它在半个周期中积分的 2 倍。于是

$$\overline{I} = I_0 + \frac{2}{T}\int_0^{T/2} \sum_{k=1}^{\infty} I_{k\mathrm{m}} \sin(k\omega t + \varphi_k)\mathrm{d}t = I_0 + \sum_{k=1}^{\infty}\left[\frac{2}{T}\int_0^{T/2} I_{k\mathrm{m}} \sin(k\omega t + \varphi_k)\mathrm{d}t\right]$$

$$\overline{I} = I_0 + \frac{2}{\pi}\sum_{k=1}^{\infty} I_{k\mathrm{m}} \tag{6-3-5}$$

3. 平均功率

非正弦周期电流电路中元件从电源吸取（或电源发出）的平均功率是瞬时功率的平均值，即

$$P = \frac{1}{T}\int_0^T p\mathrm{d}t$$

由于瞬时功率
$$p = ui$$

即同样是瞬时电压和瞬时电流的乘积。又由于瞬时电压

$$u = U_0 + \sum_{k=1}^{\infty} U_{k\mathrm{m}} \sin(k\omega t + \varphi_{k\mathrm{u}})$$

瞬时电流
$$i = I_0 + \sum_{q=1}^{\infty} I_{q\mathrm{m}} \sin(q\omega t + \varphi_{q\mathrm{i}})$$

故瞬时功率

$$\begin{aligned} p = ui &= \left[U_0 + \sum_{k=1}^{\infty} U_{k\mathrm{m}} \sin(k\omega t + \varphi_{k\mathrm{u}})\right] \times \left[I_0 + \sum_{q=1}^{\infty} I_{q\mathrm{m}} \sin(q\omega t + \varphi_{q\mathrm{i}})\right] \\ &= U_0 I_0 + U_0 \sum_{q=1}^{\infty} I_{q\mathrm{m}} \sin(q\omega t + \varphi_{q\mathrm{i}}) + I_0 \sum_{k=1}^{\infty} U_{k\mathrm{m}} \sin(k\omega t + \varphi_{k\mathrm{u}}) \\ &\quad + \sum_{k=1}^{\infty}\sum_{q=1}^{\infty} U_{k\mathrm{m}} I_{q\mathrm{m}} \sin(k\omega t + \varphi_{k\mathrm{u}}) \sin(q\omega t + \varphi_{q\mathrm{i}}) \end{aligned}$$

$$+\sum_{k=1}^{\infty}\sum_{q=1}^{\infty}U_{km}I_{qm}\sin(k\omega t+\varphi_{ku})\sin(k\omega t+\varphi_{ki})$$

式中，$k \neq q$。

上式中，U_0、I_0 的平均值即其本身，其后三项在一个周期中的平均值均为 0，但因为最后一项取其通项式

$$U_{km}I_{qm}\sin(k\omega t+\varphi_{ku})\sin(k\omega t+\varphi_{ki})$$

$$=\frac{1}{2}U_{km}I_{qm}[\cos(\varphi_{ku}-\varphi_{ki})-\cos(2k\omega t+\varphi_{ku}+\varphi_{ki})$$

而这个量在一个周期中的平均值等于 $\frac{1}{2}U_{km}I_{qm}[\cos(\varphi_{ku}-\varphi_{ki})$

$$P=U_0I_0+\sum_{K=1}^{\infty}U_kI_k\cos(\varphi_{ku}-\varphi_{ki}) \tag{6-3-6}$$

式中，$\varphi_{ku}-\varphi_{ki}=\varphi_k$ 是第 k 次谐波电压与电流的相差。$U_kI_k\cos\varphi_k$ 显然是第 k 次谐波的平均功率。

由式（6-3-6）可见：只有直流成分和同频率的电压电流才产生平均功率。且非正弦周期电流的平均功率等于各次谐波平均功率与直流成分功率之和。

6.3.2　非正弦周期电流电路的计算

电路分析的基本任务是已知激励和电路参数，求响应。对于电阻电路或正弦电流电路的一般规律，已作了详细分析。非正弦周期电流电路和前面讨论不同之处是激励源。如果已知激励源是由一个直流电压源和一个正弦电压源串联构成，或某一线性电路含有这样两个电压源，借助叠加定理，每次只分析一个激励源单独激励时所得响应之瞬时值，然后再将这些响应的瞬时值代数相加，即为这些激励源同时激励的响应。非正弦周期电流电路的计算步骤可概括如下。

（1）若已知非正弦激励源的波形，则应首先写出此激励源的解析式，然后展成傅里叶级数；当然不可能取无穷级数进行计算；具体取至几次谐波为止，视分析所要求的精确度定。换句话说，只取傅里叶级数前面有限项。若是电压源，则这些电压源可视为串联；若是电流源，则这些电流源可视为并联；这是根据基尔霍夫定律得出的结论。

（2）应用叠加定理，每次只考虑（分析）一个电源对电路的激励所产生的稳态响应。若被考虑的激励源是直流电源，则此时电路的分析变成电流电路的分析；如被考虑的激励源是某次谐波电源，则电路的分析又变成正弦稳态分析的问题。这两类电路应该如何进行分析计算已介绍过了。

值得再次提出的是：每次均应求出一个电源单独激励时所得响应的瞬时值。为了避免出错，在求每个电源单独对电路激励时响应的瞬时值的时候，每求一次均应作一个图；即每次均应根据一个电路图进行一次分析计算。

（3）直流激励时，电感 L 在电路中应视为其并联的电阻电压。由于每次谐波电流均系正弦电流，因此在求每个谐波电源单独激励时电路的响应时，可采用相量分析法求得有效值及相角（即求出有效值相量），即可写出瞬时值。这里应该注意的是：各次谐波电源单独激励时，电感和电容元件的感抗和容抗均随谐波电源的频率改变；感抗和容抗以一定的倍数关系变化。因此，改变一次电源时，不仅电源变了，电路参数也随频率改变了；故阻抗均需重新进行计算。

下面，再具体通过几道例题来讨论非正弦周期电流电路的计算方法。

例 6-3-1　若已知 $R_1=5\Omega$，$R_2=10\Omega$，$\omega L=2\Omega$，$1/\omega C=15\Omega$；试求在如图 6-3-1 所示电路

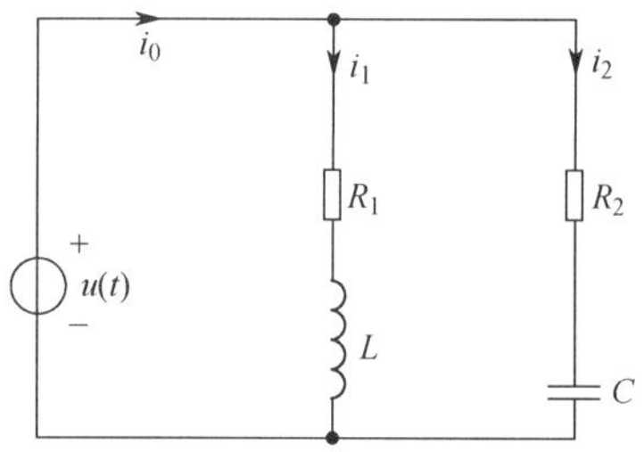

图 6-3-1　例 6-3-1 的图

的电源 $u(t)=10+141.4\sin\omega t+70.7\sin(3\omega t+30^\circ)$V 激励下，电路的响应 i_0、i_1、i_2 以及 R_1 支路所吸收的平均功率。

解： 按题给已知条件，相当于三个作串联连接的电压源对电路提供激励。这三个电源一个是直流电压源；一个是频率为 ω 的正弦电压源；一个是频率为 3 ω 正弦电压源。于是只能根据叠加定理求它们各自单独激励时的稳态响应；由于不是同一频率，故只能求出响应的瞬时值后叠加。

当 10V 直流电压源单独激励时电感可看作短路（稳态时），因此可用短路线替代电感；电容支路为开路（亦是稳态条件下），电路如图 6-3-2（a）所示。由于电路支路开路，故 $i_2^{'}=0$，$i_0^{'}=i_1^{'}=10/5=2\text{A}$，此时得出的是各支路的瞬时电流。

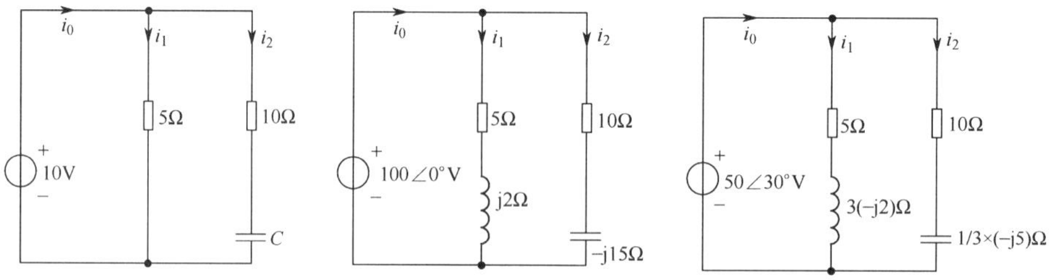

（a）10V直流电源激励时　（b）频率为ω的正弦电源激励时　（c）频率为3ω的正弦电源激励时

图 6-3-2　采用叠加原理分别求每个电源单独激励时的响应

再求频率为 ω 的正弦电压源激励时的稳态响应。由于只有一个电流激励，故响应肯定是同频率正弦量法求解。再根据瞬时电流和电流有效值相量关系即可得出结果。由图 6-3-2（b）可知

$$I_1''=\frac{100}{5+\text{j}2}=\frac{100}{5.39\angle 21.8^\circ}=18.55\angle-21.8^\circ\text{A}$$

故 $i_1''=18.55\sqrt{2}\sin(\omega t-21.8^\circ)\text{A}$

$$I_2''=\frac{100}{10-\text{j}15}=\frac{100}{18.03\angle 56.31^\circ}=5.55\angle 56.31^\circ\text{A}$$

$$i_2''=5.55\sqrt{2}\sin(\omega t+56.31^\circ)\text{A}$$

$$I_0''=I_1''+I_2''=18.55\angle-21.8^\circ+5.55\angle 56.31^\circ$$

$$=17.22-\text{j}6.89+3.08+\text{j}4.62=20.3-\text{j}2.27=20.43\angle-6.38^\circ\text{A}$$

$$i_0''=20.43\sqrt{2}\sin(\omega t-6.38^\circ)\text{A}$$

在求频率为 3 ω 的正弦电压源激励时，由于此时感抗为 $3\omega L=3\times2\Omega=6\Omega$，容抗 $1/3\omega C=5\Omega$，电压源有效值为 $70.7\angle30^\circ/1.414=50\angle30^\circ$。如图 6-4-2（c），有

$$I_1'''=\frac{50\angle30^\circ}{5+\text{j}6}=\frac{50\angle30^\circ}{7.81\angle50.19^\circ}{}^\circ=6.4\angle-20.19^\circ\text{A}$$

故

$$i_1'''=6.4\sqrt{2}\sin(3\omega t-20.19^\circ)\text{A}$$

$$I_2''=\frac{50\angle30^\circ}{10-\text{j}5}=\frac{50\angle30^\circ}{11.18\angle-26.57^\circ}=4.47\angle56.57^\circ\text{A}$$

$$i_2'''=4.47\sqrt{2}\sin(3\omega t+56.57^\circ)\text{A}$$

$$I_0'''=I_1'''+I_2'''=6.4\angle-20.19^\circ+4.47\angle56.57^\circ$$

$$=6.01-\text{j}2.21+2.46+\text{j}3.73=8.47+\text{j}1.52=8.61\angle10.17^\circ\text{A}$$

$i_0''' = 8.61\sqrt{2}\sin\angle(3\omega t + 10.17°)\text{A}$

$\therefore\ i_1 = i_1' + i_1'' + i_1''' = 2 + 18.55\sqrt{2}\sin(\omega t - 21.8°) + 6.4\sqrt{2}\sin(3\omega t - 20.19°)\text{A}$

$i_2 = i_2' + i_2'' + i_2''' = 5.55\sqrt{2}\sin(\omega t + 56.31°) + 4.47\sqrt{2}\sin(3\omega t + 56.57°)\text{A}$

$i_0 = i_0' + i_0'' + i_0''' = 2 + 20.43\sqrt{2}\sin(\omega t - 6.3.8°) + 8.61\sqrt{2}\sin(3\omega t + 10.17°)\text{A}$

电阻 R_1 支路所吸收的平均功率为各次谐波功率之和，即

$P = I_1'U_1' + I_1''U_1''\cos\varphi_1'' + I_1'''U_1'''\cos\varphi_1'''$

$= 2\times 10 + 18.55\times 100\cos 21.8^0 + 6.4\times 50\cos 50.19^0 = 1947.22\text{W}$

上式中 U_1'、U_1''、U_1''' 是 R_1 上支路两端电压，显然也就是激励源电压。

例 6-3-2　如图 6-3-3 所示脉冲，求一下宽度为 τ 的单个脉冲的幅值频谱，设此脉冲幅值为 1。

解：求 $f(t)$ 的幅值频谱，在本例中就是求它的傅里叶变换 $F[f(t)]$，于是

$$F(\text{j}\omega) = F[f(t)] = \int_{-\infty}^{\infty} f(t)\text{e}^{-\text{j}\omega t}\text{d}t = \int_{-\tau/2}^{\tau/2}\text{e}^{-\text{j}\omega t}\text{d}t = \frac{1}{-\text{j}\omega}(\text{e}^{-\text{j}\omega\tau/2} - \text{e}^{\text{j}\omega\tau/2})$$

$$= \frac{2}{\omega}\frac{\text{e}^{\text{j}\omega\tau/2} - \text{e}^{-\text{j}\omega\tau/2}}{\text{j}2} = \frac{2}{\omega}\sin\omega\frac{\tau}{2} = \tau\frac{\sin\omega\dfrac{\tau}{2}}{\omega\tau/2}$$

其幅值频谱正好是例 6-2-4 的包络线，与在例 6-2-4 讨论中所得结论是一致的，如图 6-3-4（a）所示，其相位频谱

$$F(\text{j}\omega) = |F(\text{j}\omega)|\text{e}^{\text{j}\theta(\omega)}$$

$$\therefore\ \text{e}^{\text{j}\theta(\omega)} = \frac{F(\text{j}\omega)}{|F(\text{j}\omega)|}$$

$$|F(\text{j}\omega)| = \tau\frac{\left|\sin\omega\dfrac{\tau}{2}\right|}{|\omega\tau/2|}$$

而 $\omega\tau/2 > 0$（在 $\omega > 0$ 时），于是当 $0 < \omega < 2\pi/\tau$ 时，$\sin(\omega\tau/2) > 0$，故

$$\text{e}^{\text{j}\theta(\omega)} = \frac{F(\text{j}\omega)}{|F(\text{j}\omega)|} = 1,\quad \theta(\omega) = 0$$

而在 $2\pi/\tau < \omega < 4\pi/\tau$ 时，即 $\pi < \omega\tau/2 < 2\pi$，于是 $\sin(\omega\tau/2) < 0$，由于 $\omega > 0$，故 $\omega\tau/2 > 0$，

$$\text{e}^{\text{j}\theta(\omega)} = \frac{F(\text{j}\omega)}{|F(\text{j}\omega)|} = -1,\quad \theta(\omega) = \pi$$

按照类似方法可推出在区间 $-4\pi/\tau < \omega < -2\pi/\tau$ 及 $-2\pi/\tau < \omega < 0$ 的相位频谱，如图 6-3-4（b）所示。

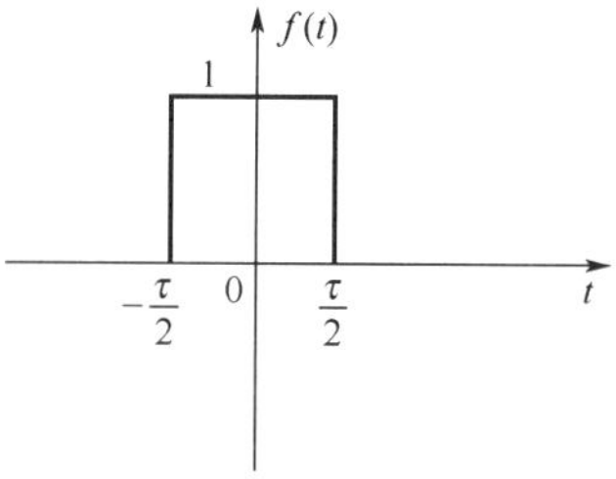

图 6-3-3　例 6-3-2

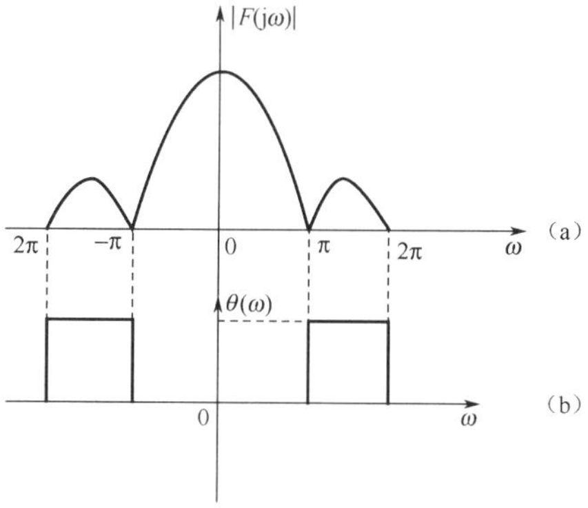

图 6-3-4　频谱图

习 题 6

6-1 试求如题图所示波形的傅里叶级数。

（1）三角函数形式；（2）指数函数形式；（3）电压有效值；（4）电压平均值。

6-2 试求如题图所示波形三角函数形式的傅立叶级数。

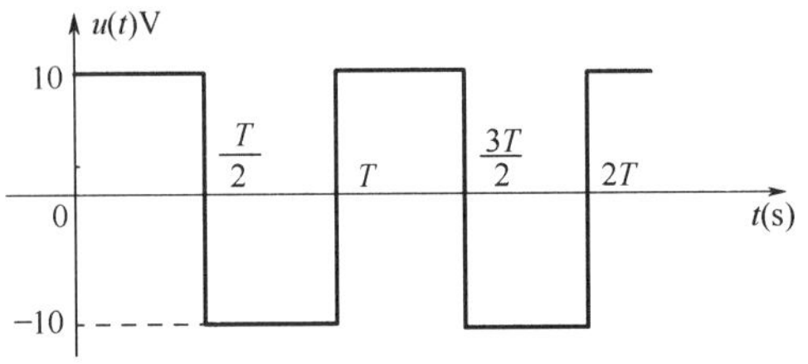

题 6-1 图

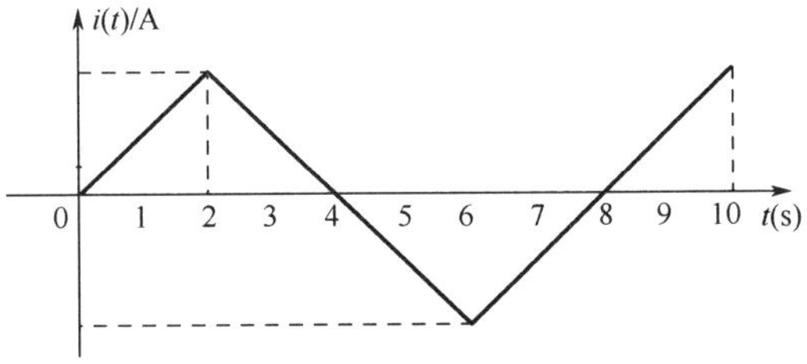

题 6-2 图

6-3 已知 $u(t)=\begin{cases}\dfrac{2A}{\tau}(\dfrac{\tau}{2}+t)\text{V} & -\dfrac{\tau}{2}<t<0\\ \dfrac{2A}{\tau}(\dfrac{\tau}{2}-t)\text{V} & 0<t<\dfrac{\tau}{2}\end{cases}$

试求其幅值频谱。

6-4 如题图所示电路，已知 $u_S(t)=10+14.14\sin 2t\text{V}$，试求响应 $u_R(t)$ 及其有效值。

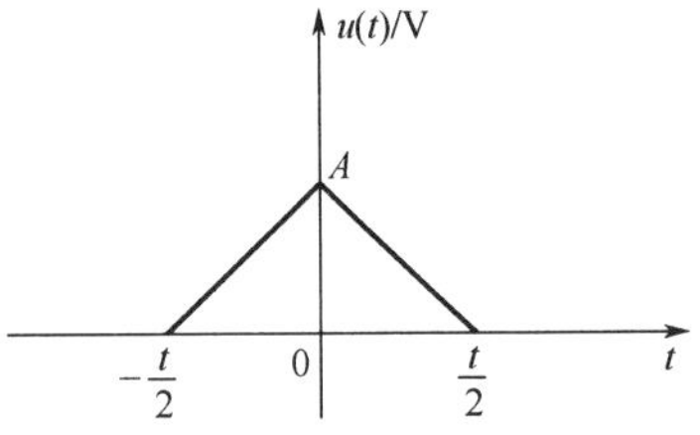

题 6-3 图

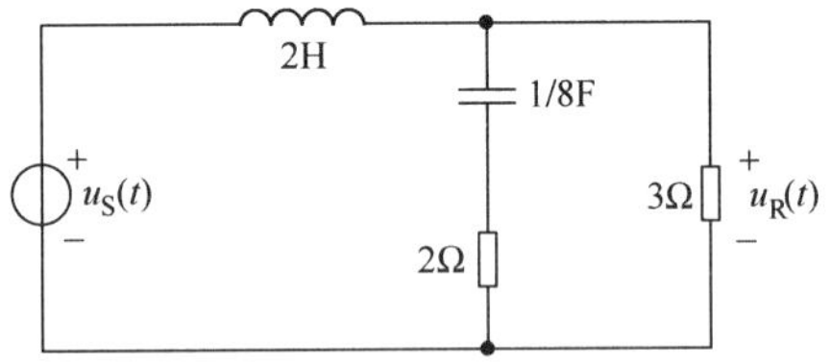

题 6-4 图

6-5 如题图（a）所示电路，电源 $u_S(t)$ 为如题图（b）所示波形，试求各支路电流的瞬时值、有效值，及各支路吸收的平均功率。

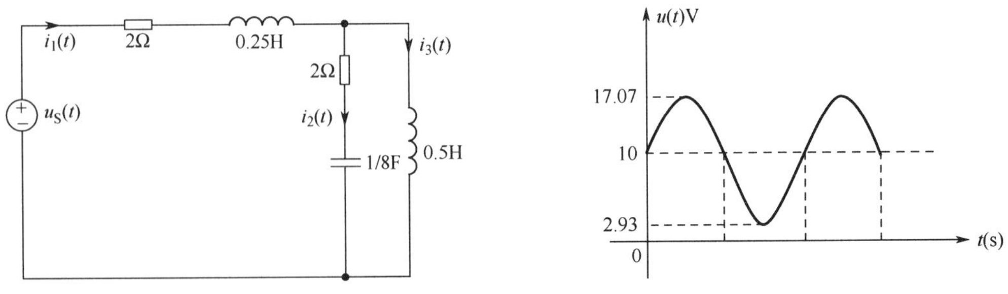

（a）（b）

题 6-5 图

6-6 如题图（a）所示电路，当激励源 $i_S(t)$ 波形如题图（b）所示时，求响应 $u_2(t)$ 及其有效值，电源发出的平均功率。

6-7　已知一无源二端网络的端口电压和电流分别为

$$u(t)=141\sin(\omega t-\frac{\pi}{4})+84.6\sin 2\omega t+56.4\sin(3\omega t+\frac{\pi}{4})\text{V}$$

$$i(t)=10+56.4\sin(\omega t+\frac{\pi}{4})+30.5\sin(3\omega t+\frac{\pi}{4})\text{A}$$

试求：（1）电压、电流的有效值；

（2）该网络所吸收的平均功率。

6-8　如题图所示电路中，已知 $R=100\Omega$，$\omega L=1/\omega C=200\Omega$，

$u_S(t)=20+200\sin\omega t+68.5\sin(2\omega t+30^\circ)\text{V}$

试求：

（1）电阻和电感支路电压瞬时值及有效值；

（2）各支路电流瞬时值及有效值；

（3）电源发出的平均功率。

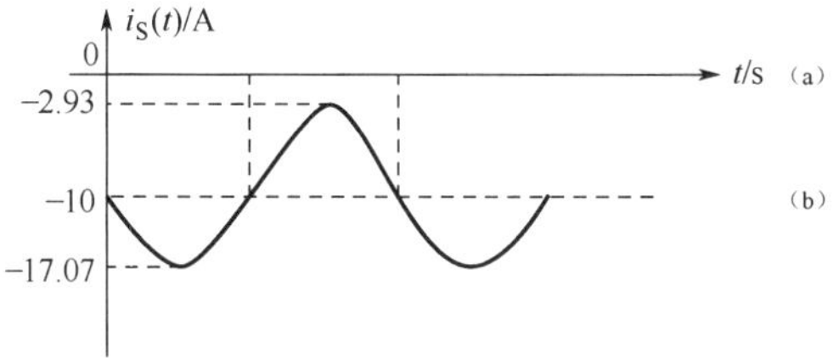

题 6-6 图

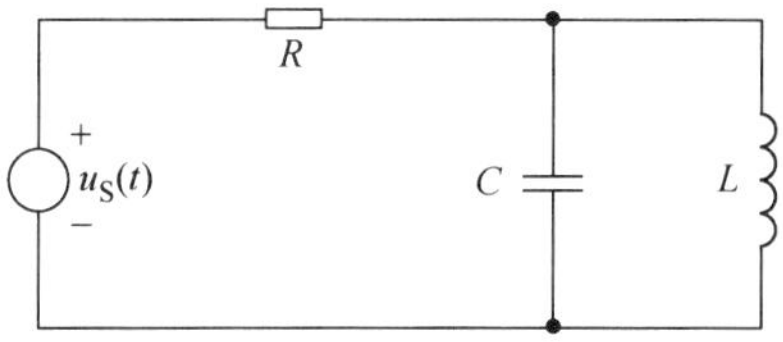

题 6-8 图

6-9　如题图所示电路，已知电源电压 $u_S(t)=50+100\sin 314t-40\cos 628t+10\sin(942t+20^\circ)\text{V}$，试求：（1）电流 $i(t)$ 及其有效值；（2）电源发出的平均功率。

6-10　有效值为 100V 的正弦电压加在电感 L 的两端时，得电流有效值 I_1＝10A，当电压中有三次分量，而电压值（有效值）仍为 100V 时，得电流有效值 I_2＝8A，试求这一电压的基波和三次谐波电压的有效值。

6-11　当在一无源二端网络的端口加一电压 $u_S(t)=100\sin 314t+10\sin(942t-30^\circ)\text{V}$ 时，得知其端口电流 $i(t)=10\sin 314t+1.755\sin(942t-30^\circ)\text{A}$。如果该网络可以看作是 RLC 串联电路。试求：

（1）R、L、C 的值；（2）θ_i 的值；（3）电路消耗的平均功率。

6-12　如题图所示是一滤波电路。已知 C=1μF，电源频率 ω=100rad/s。为使只有频率为 4ω 的电流传送至负载，而基波电流不能达到负载。电感 L_1 和 L_2 应取多大？

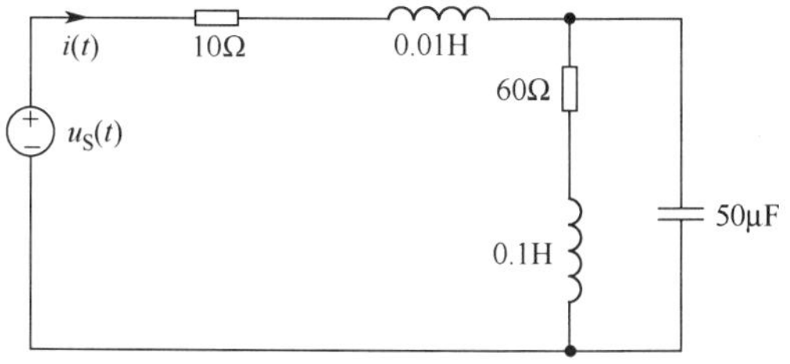

题 6-9

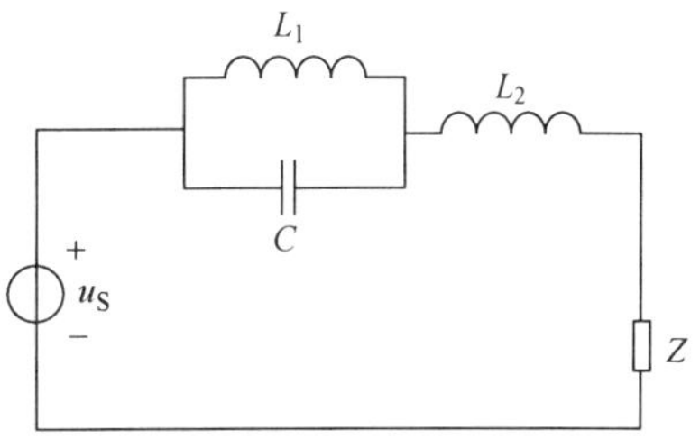

题 6-12 图

第 7 章　时域分析

电路分析的中心问题就是讨论激励与响应的关系。响应又分为稳态响应和暂态响应。线性电阻电路不存在暂态响应，只有包含电感、电容的动态电路方存在暂态响应，稳态和暂态响应的线性叠加为全响应。可见全响应是动态线性电路的一般响应情况。本章和下一章都是讨论电路的全响应，因而在电路分析中具有更广泛的意义。

从理论上说，动态电路由暂态进入稳态需要无限长时间；然而在实际应用中这个“无限长时间”往往是很短的，长的可以以秒计，短的可以以毫秒计甚至更短。因此，通常可以认为一接通电源，电路即已进入稳态。故而稳态分析是基础分析，必须牢固掌握。电路在暂态中有一系列特点，是在研究电路中应当掌握的，它是电路分析中深层次的问题，也是高等工科院校电类专业学生同样必须牢固掌握的内容。

本章采用时域分析的方法研究电路的全响应。时域分析就是以时间作为自变量用微分方程手段（又称经典方法）来求解动态电路全响应的方法。基于高阶微分方程的求解很繁，本章只要求掌握一阶电路的全响应、一阶与二阶电路的冲激响应以及应用卷积积分的方法求一阶电路在任意电源激励下的响应。

7.1　动态电路及其方程

本章以前内容所讨论的电路均有一个共同的特点，即电路均已处于稳态。但对于含有电感和电容的电路，它们并非一接通电源即进入稳态。例如，在直流激励条件下，电感电流或电容电压并非一接通电源，其电流或电压值即达到恒定；而在正弦激励下，并非一接通电源电感电流或电容电压即按正弦规律变化，而是由零逐渐变化到恒定值或逐渐按正弦规律变化的。由零达到稳态过程，称为暂态过程或称过渡过程。一组电压、电流对应电路的一种状态，具有暂态的元件称为动态元件。电感和电容是动态元件，而电阻则是非动态元件。包含动态元件且又讨论暂态过程的电路称为动态电路。讨论暂态的包含激励与响应的电压、电流方程称为动态电路方程或称输入-输出方程。动态电路方程是微分方程，微分方程的阶数就是电路的阶数。例如，对于一个 RC 电路（图 7-1-1），由于 $u_S = u_R + u_C = Ri + u_C = RC\dfrac{du_C}{dt} + u_C$

即

$$\frac{du_C}{dt} + \frac{u_C}{RC} = \frac{u_S}{RC} \tag{7-1-1}$$

这个就是动态电路的方程。由于这是一个一阶微分方程，因此包含一个电容的 RC 电路是一阶电路。对于电容而言，其电流可以产生突变，而电压不能突变，对某动态元件而言，不能突变的基本变量称为动态变量。电容电压 u_C（或电容电荷 q）和电感电流 i_L（或电感磁通链 ψ_L）是动态变量。因此也可以说包含动态变量的微分方程称为动态电路方程。

动态电路方程中的基本变量（若电源是时变函数则除外）必须且仅包含一个动态变量，

例如，方程（7-1-1）的动态变量是$u_C(t)$。又如图 7-1-2 所示 RLC 串联电路，图中电压关系按 KVL 有

$$u_R+u_L+u_C=u_S \tag{7-1-2}$$

式中，

$$u_R=Ri=RC\frac{du_C}{dt} \tag{7-1-3}$$

$$u_L=L\frac{di}{dt}=L\frac{d}{dt}\left[C\frac{du_C}{dt}\right]$$

$$u_L=LC\frac{d^2u_C}{(dt)^2} \tag{7-1-4}$$

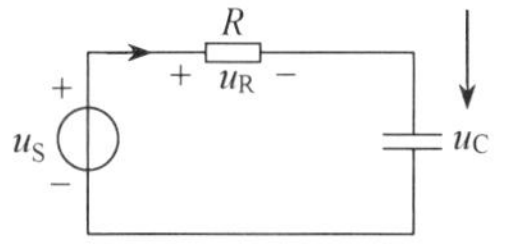

图 7-1-1　RC 一阶电路

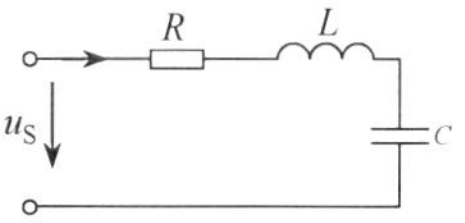

图 7-1-2　RLC 串联电路

在式（7-1-2）、式（7-1-3）、式（7-1-4）中，有两个动态变量，一个是电容电压u_C，还有一个是电感电流，但由于电感与电阻、电容是串联的，它们的电流均相等，故电阻和电容电流也是电感电流。若均采用电容电压，则此 RLC 串联电路的动态方程为

$$LC\frac{d^2u_C}{(dt)^2}+RC\frac{du_C}{dt}+u_C=u_S \tag{7-1-5}$$

若以电感电流作为串联电路的动态方程为

$$u_C=u_C(0\_)+\frac{1}{C}\int_{0-}^{t}i(t)dt \tag{7-1-6}$$

于是

$$L\frac{di}{dt}+Ri+u_C(0\_)+\frac{1}{C}\int_{0-}^{t}i(t)dt=u_S$$

将上式对时间再求一次导数有

$$\begin{aligned}L\frac{d^2i}{(dt)^2}+R\frac{di}{dt}+\frac{1}{C}i=\frac{du_S}{dt}\\LC\frac{d^2i}{(dt)^2}+RC\frac{di}{dt}+i=C\frac{du_S}{dt}\end{aligned} \tag{7-1-7}$$

即图 7-1-2 所示电路的方程具有式（7-1-5）和式（7-1-7）两种形式。无论哪种形式都是一个二阶方程，而这个电路也包含两个动态元件。这并非一种偶合。电路的阶数和动态元件的个数之间是有一定联系的。独立动态元件的个数也正是动态电路方程的阶数。

这里所谓的独立动态元件是指：对于同一种动态元件，它们可以用简单的串并联方法等效为一个元件的，或者虽然不能用简单的串并联方法化简，若令独立源取零值，元件是串联或并联的，均以一个独立动态元件计。图 7-1-3 所示各电路均为只包含一个动态元件的电路。

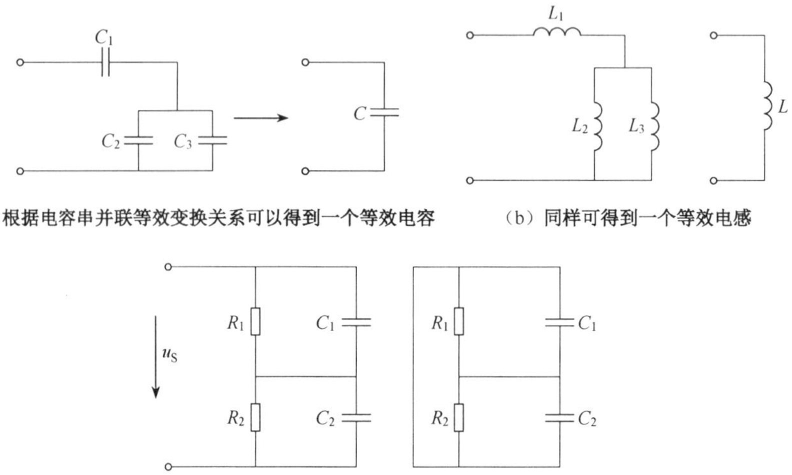

（a）根据电容串并联等效变换关系可以得到一个等效电容　（b）同样可得到一个等效电感

（c）虽然电容C_1、C_2既非串联，也非并联，但当电压源取零值时，电容C_1、C_2并联，故仍可认为仅含一个动态元件，因此仍是一阶电路

图 7-1-3　一阶电路的几个具体电路例子

7.2　初始状态和初始条件

7.2.1　换路与初始状态

一个含有动态元件的电路，接通或切断电源，或电源突然变化等，就是在换路。一般换路是需要时间的，但由于这段时间间隔很短，均作为理想情况处理，即认为换路不需要时间，是"瞬间"完成的。而且通常将换路的时刻定为计时起点。用数学方式表示，换路时刻为$t=0$，则$t=0_-$是换路前瞬间，$t=0_+$则是换路后瞬间。在直角坐标系中，若以x表示时间轴，则换路前瞬间是坐标原点的左极限，而换路后瞬间是坐标原点的右极限，从数学观点看，换路经历的时间间隔为$0_- \to 0_+$，由于$0_+ - 0_- = 0$，故换路不需要时间，这实际上是一种理想化情况。

在换路后的瞬间，即$t=0_+$时，电路中的电压、电流确定了电路的初始状态，确切地说电路的初始状态是指：$t=0_+$时的激励值$u_S(0_+)$或$i_S(0_+)$以及电容电压$u_c(0_+)$值和电感电流$i_L(0_+)$值。即由$t=0_+$时的上述各瞬时值确定了电路的初始状态。当然，换路时刻也可以不定为计时起点，比如定为：$t=t_0$，这一时刻换路，则$t=t_{0_+}$时的上述各量的瞬时值$i_L(t_{0+})$，确定了电路的初始状态。可见动态电路的初始状态是指换路后的那一瞬间的一组电压、电流值。这组值的特点是：它们是在$t=0_+$[或$i_L(t_{0+})$]这一瞬间的值，由于此时变量具有特定值$t=0_+$[或$i_L(t_{0+})$]，因此这些电压、电流是常数（即某一特定瞬间的电压、电流值应是确定常数）。

例如，若已知$u_S(t)=20\sin(314t+30^\circ)\text{V}$，则当$t=0_+$时，$u_S(0_+)=20\sin(0_+ +30^\circ)\text{V}=10\text{V}$

7.2.2　换路定律与初始条件

建立动态电路方程的几个基本关系是 KL 以及电路中常见的三种基本元件，即电阻、电感和电容在任意条件下的基本关系，对电阻有

$$u(t)=Ri(t) \tag{7-2-1}$$

或

$$i(t)=Gu(t) \tag{7-2-2}$$

对于电感有

$$u_L(t) = L\frac{di_L(t)}{dt} \tag{7-2-3}$$

$$i_L(t) = i_L(0_-) + \frac{1}{L}\int_{0-}^{t} u_L(t)dt \tag{7-2-4}$$

$$u_L(t) = \frac{d\psi(t)}{dt} \tag{7-2-5}$$

$$\psi(t) = \psi(0_-) + \int_{0-}^{t} u_L(t)du \tag{7-2-6}$$

对于电容有

$$i_C(t) = C\frac{du_C(t)}{dt} \tag{7-2-7}$$

$$u_C(t) = u_C(0_-) + \frac{1}{C}\int_{0-}^{t} i_C(t)dt \tag{7-2-8}$$

$$i_C(t) = \frac{dq(t)}{dt} \tag{7-2-9}$$

$$q(t) = q(0_-) + \int_{0-}^{t} i_C(t)dt \tag{7-2-10}$$

由动态元件的这组基本关系式（7-2-3）～（7-2-10），可以确定电感的初始电流（或初始磁通链）和电容的初始电压（或初始电荷）值。因为确定初始电感电流（或磁通链）和初始电容电压（或电荷）就是确定 $t=0_+$ 时的上述值。于是将 $t=0_+$ 代入式（7-2-4）、式（7-2-6）和式（7-2-8）、式（7-2-10），可得

$$i_L(0_+) = i_L(0_-) + \frac{1}{L}\int_{0-}^{0+} u_L(t)dt$$

$$\psi(0_+) = \psi(0_-) + \int_{0-}^{0+} u_L(t)dt$$

$$u_C(0_+) = u_C(0_-) + \frac{1}{C}\int_{0-}^{0+} i_C(t)dt$$

$$q(0_+) = q(0_-) + \int_{0-}^{0+} i_C(t)dt$$

显然，上列各式中，当 $u_L(t)$ 和 $i_C(t)$ 不是冲激函数（即有限）时，积分均为 0，于是就有

$$i_L(0_+) = i_L(0_-)，\quad u_C(0_+) = u_C(0_-) \tag{7-2-11}$$

$$\psi(0_+) = \psi(0_-)，\quad q(0_+) = q(0_-) \tag{7-2-12}$$

式（7-2-11）和式（7-2-12）就称为动态电路的换路定则。只要满足 $i_C(t)$ 及 $u_L(t)$ 为有限的条件，换路定则始终是成立的。

注意：若电容 C 和电感 L 在换路时有突变，虽然 $i_C(t)$ 或 $u_L(t)$ 有限，则式（7-2-11）将不成立，而式（7-2-12）将仍然成立，即此时应由式（7-2-12）来确定电路的初始状态。换路定则说明：电感电流和电容电压是不能突变的，这是分析电路的一个重要条件。

动态电路方程是一个以状态变量为变量的微分方程，求出状态变量就求出了电路的响应。但此时对动态电路求响应的问题归结为求解微分方程的问题。若是一个 n 阶电路，就要解一个 n

阶微分方程。可是要将此 n 阶微分方程解出来，其条件是必须已知这个状态的初始值以及它由一阶到 $n-1$ 阶导数在 $t=0_+$ 时的值，这组解微分方程所需的初始值的集合就是电路的初始条件。

因此，研究动态电路的过渡过程就是研究状态变量随 t 的变化规律；而要得出这个状态变量随 t 的变化规律，就必须解一个以某一状态变量为变量的微分方程；要解这个微分方程就必须知道电路的初始状态和初始条件。

$t=0_-$ (或 $t=t_{0_-}$)时的一组独立的电感电流和电容电压值的集合，表示电路的原始状态。由电路的原始状态和换路定则即可得出电路的初始状态，即 $t=0_-$ (或 $t=t_{0_-}$)时的一组独立的电感电流和电容电压值。

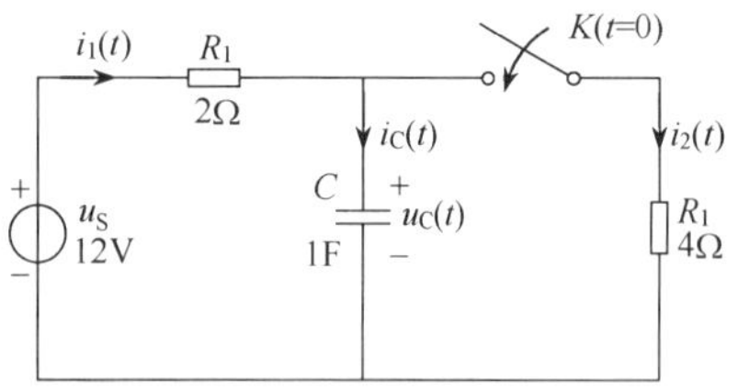

图 7-2-1　例 7-2-1 的图

同样，电路在某一时刻的状态是由一组在该时刻的独立的电感电流和电容电压值来表征的，因此，求电路在某时刻的状态就是求该时刻的一组独立的电感电流和电容电压值。

下面将通过几道例题来说明如何建立动态电路的方程以及如何确定电路的初始状态和初始条件。

例 7-2-1　如图 7-2-1 所示电路，试列出该电路在换路后的输入—输出方程，并确定电路的初始值 $i_1(0_+)$、$i_2(0_+)$、$i_C(0_+)$、$u_C(0_+)$，已知电路在换路前已达稳态。

解：本例所给定之动态元件是电容 C。因此，动态变量是 $u_C(t)$。又激励源是直流电压源，故输入—输出方程应是只包含 $u_C(t)$ 一个变量的方程。当 $t\geqslant 0$ 时，开关 K 已合上。

∵
$$i_1(t)=i_C(t)+i_2(t) \tag{7-2-13}$$

上式中

$$i_C(t)=C\frac{\mathrm{d}u_C(t)}{\mathrm{d}t}，\quad i_2(t)=\frac{u_C(t)}{R_2}$$

欲将 $i_1(t)$ 用状态变量 $u_C(t)$ 表示，则可由 KVL 得

$$R_1 i_1(t)+u_C(t)=u_S$$

从而有

$$i_1(t)=\left[u_S-u_C(t)\right]/R_1$$

将 $i_C(t)$、$i_2(t)$、$i_1(t)$ 用状态变量表示的关系代入式（7-2-13）且略加整理，可得

$$C\frac{\mathrm{d}u_C(t)}{\mathrm{d}t}+\left(\frac{1}{R_1}+\frac{1}{R_2}\right)u_C(t)=\frac{u_S}{R_1}$$

再将题中所给之已知量代入，得本题所要求的输入—输出方程为

$$\frac{\mathrm{d}u_C(t)}{\mathrm{d}t}+\frac{3}{4}u_C(t)=6 \quad（t\geqslant 0）$$

欲求出 $i_1(0_+)$、$i_2(0_+)$、$i_C(0_+)$、$u_C(0_+)$ 各量，关键是确定电路的初始状态 $u_C(0_+)$，而要得出 $u_C(0_+)$ 又必须首先找出电路的原始状态 $u_C(0_-)$。按题中所给已知条件，电路在换路前，也就是开关 K 未合上前电路已达稳态，而在直流电压源激励下，电容的稳态应是电流为零，即电容既不应在充电，也不在放电。由于在 $t=0_-$ 时的电路应是如图 7-2-2 所示，在电容电流为零的条件下，电容电压应等于电压源电压，即 $u_C(0_-)=12\text{V}$

再根据换路定则，有

$$u_C(0_+)=u_C(0_-)=12\text{V}$$

按照电路初始状态，可以作出 $t=0_+$ 时的等效电路如图 7-2-3 所示。由于在这一瞬间，电容电压为 12V，因此它可以用电压为 12V 的电压源等效取代。由图可知

$$i_1(0_+)=(12-12)/2=0\,,\quad i_2(0_+)=12/4=3\text{A}$$
$$i_C(0_+)=i_1(0_+)-i_2(0_+)=-3\text{A}$$

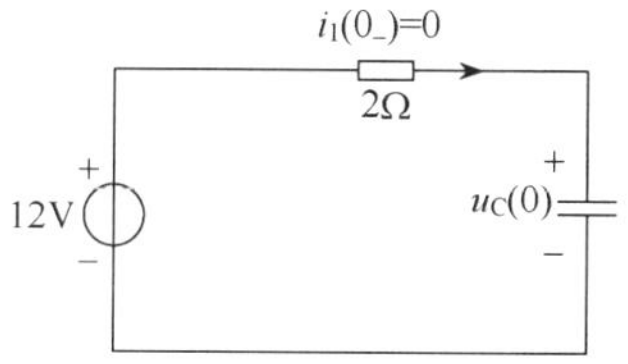

图 7-2-2　t=0- 时的电路。因为电路已达稳态，故 $i_1(0_+)=0$

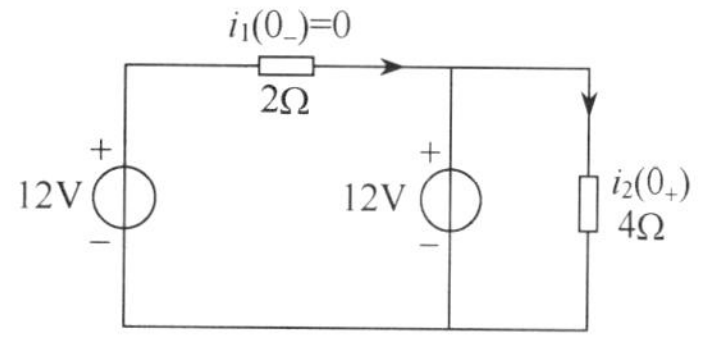

图 7-2-3　t=0+时刻的等效电路

由本例可以看出，若已知某一时刻的电容电压值，则在求该时刻其他支路电流或电压值时，电容可以用一个电压源来等效替代，只要这个电压源的电压值等于该时刻的电容电压值即可。此外，动态电路只要定出了状态参量值，则其他电流、电压值均可求出。

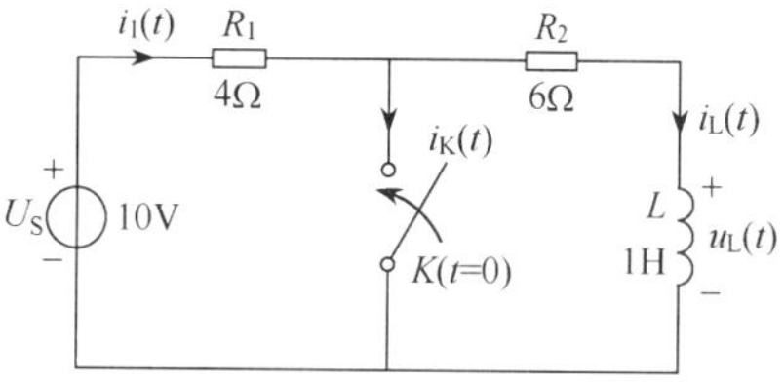

图 7-2-4　例 7-2-2 的图

例 7-2-2　如图 7-2-4 所示电路，原已达稳态，在 t=0 时将开关 K 合上，试求：输入—输出方程及电路初始值 $i_1(0_+)$、$i_K(0_+)$、$i_L(0_+)$、$u_L(t)$。

解：本例中，动态元件是电感，故状态变量为 $i_L(t)$。因此，本例中所得出之输入—输出方程应是只包含变量 $i_L(t)$ 的微分方程。当 $t\geqslant 0$ 时，图中开关 K 已经合上，按照 KVL 应有

$$u_L(t)+R_2 i_L(t)=0 \tag{7-2-14}$$

式中

$$u_L(t)=L\frac{\mathrm{d}i_L(t)}{\mathrm{d}t}$$

代入上式可得 $L\dfrac{\mathrm{d}i_L(t)}{\mathrm{d}t}+R_2 i_L(t)=0$

$$\frac{L}{R_2}\frac{\mathrm{d}i_L(t)}{\mathrm{d}t}+i_L(t)=0$$

将题给数值代入上式，可得本例所要求的输入—输出方程

$$\frac{1}{6}\frac{\mathrm{d}i_L(t)}{\mathrm{d}t}+i_L(t)=0$$

欲求电路初始值，首先应作出 $t=0_-$ 时的电路图，如图 7-2-5 所示，从中求出电路原始状态，在直流激励下，电感达到稳态时电压为 0，故电感应以一短路线（理想导线）取代。

于是　$$i_L(0_-)=10/(4+6)=1\text{A}$$

根据换路定则有　$$i_L(0_-)=i_L(0_+)=1\text{A}$$

从而确定了电路的初始状态。欲求出电路初始值 $i_1(0_+)$、$i_K(0_+)$、$u_L(0_+)$，可先作出 $t=0_+$ 时的等效电路。由于 $i_L(0_+)=1\text{A}$，故电感可用一电激流为 1A 的电流源等效取代，从而得出 $t=0_+$ 时的等效电路如图 7-2-6 所示，此时开关 K 已经合上。由图可见

$$i_1(0_+)=10/4=2.5\text{A}$$
$$i_K(0_+)=i_1(0_+)-i_L(0_+)=1.5\text{A}$$
$$u_L(0_+)=6i_L(0_+)=6\text{V}$$

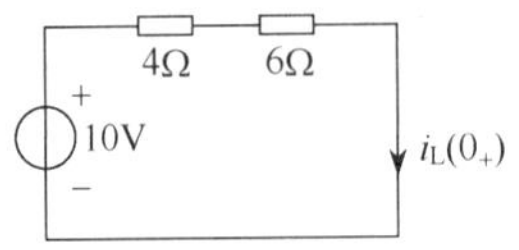

图 7-2-5　t=0_时的等效电路

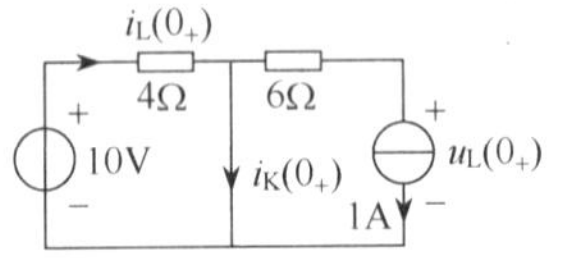

图 7-2-6　t=0₊时的等效电路

动态元件的特点可归纳如下，这些是掌握好本章内容的基本要求。

直流稳态时，电容电流为 0，故电容电压可由该支路开路求与它并联的支路电压得出；电感电压为 0，电感元件可用短路线代替，求与它串联支路之电流得出。

换路时，若 $i_L(0_-)=0$，则∵ $i_L(0_+)=i_L(0_-)=0$，此时，电感在换路瞬间相当于开路，即在确定电路初始值时，可将电感支路开路来求；若 $i_L(0_-)=C$，则由 $i_L(0_+)=i_L(0_-)=C$，此时电感可等效为一理想电流源，从而确定出电路各初始值。若 $u_C(0_-)=0$，则因为 $u_C(0_+)=u_C(0_-)=0$，电容在换路瞬间相当于短路，于是在确定电路初始值时，可用短路线取代电容；若 $u_C(0_+)=u_C(0_-)=C$，则此时电容可等效为一理想电压源。上述原则，务必记牢，以便能灵活应用。

7.3　一阶电路的零输入响应

前面已经介绍了仅含一个独立的动态元件的电路是一阶电路。因此，这类电路的特点是只可能包含一种动态元件（或电容、或电感），不可能同时包含两种类型的动态元件，若包含的动态元件不止一个，则总可以找到一个等效的动态元件代替。故而一阶电路是含有一个动态元件的电路。这类电路对电源与电阻的数量没有限制。

一阶电路不外乎两种情况：一种是含有电源电阻和一个电容的情况，称为 RC 一阶电路；另一种是含有电源电阻和一个电感的情况，称为 RL 一阶电路。当电容或电感的初始状态不为零，但外加激励为零时，电路的响应称为一阶电路的零输入响应。

下面讨论这种情况。

7.3.1　RC 一阶电路的零输入响应

如图 7-3-1 所示电路，原已达稳态，在 t=0 时，接通开关 K，试求 $u_C(t)$。

在开关 K 合上以前，由于电路已达稳态，此时 $i(0_-)=i_C(0_-)=0$，故 $u_C(0_-)=u_S$，即电压源给电容赋原始值。因此，当开关 K 合上以后，相当于切断电容电源，并使电容 C 通过电阻 R_2 及开关 K 放电。这正是求电路的零输入响应 $u_C(t)$。此时可将与电容有关电路作成如图 7-3-2 所示。由图可见

$$R_2 i_C(t)+u_C(t)=0 \tag{7-3-1}$$

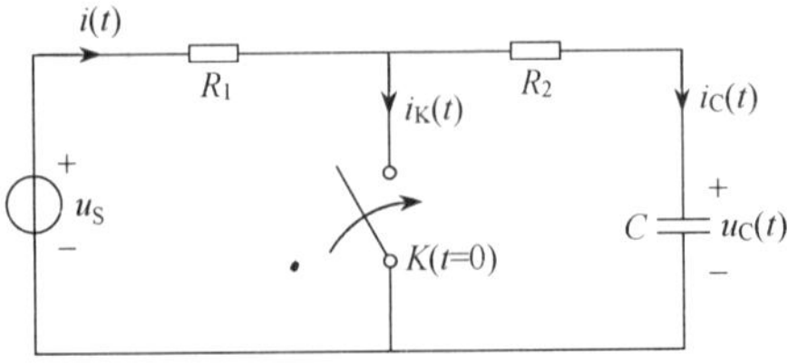

图 7-3-1　RC 一阶电路的零输入响应

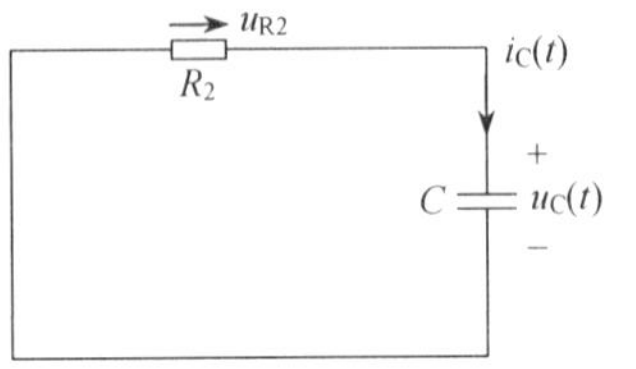

图 7-3-2　开关 K 合上以后与电容 C 有关电路

$$R_2C\frac{\mathrm{d}u_C(t)}{\mathrm{d}t}+u_C(t)=0 \qquad (7\text{-}3\text{-}2)$$

这是一个一阶线性齐次方程，式（7-3-2）所示的一阶线性齐次方程的解的一般形式为

$$u_C(t)=A\mathrm{e}^{pt} \qquad (7\text{-}3\text{-}3)$$

式中，A 与 p 是待定常数。定 A 的方法是根据电路的初始状态 $u_C(0_+)=u_C(0_-)=u_S$，将 $t=0_+$ 代入式（7-3-3）可得 $u_C(0_+)=A$

$$\therefore \qquad A=u_S \qquad (7\text{-}3\text{-}4)$$

既然式（7-3-3）是一阶线性齐次方程式（7-3-2）的解，那么将 $u_C(t)$ 代入式（7-3-2）方程仍应成立，于是有

$$(R_2Cp+1)A\mathrm{e}^{pt}=0 \qquad (7\text{-}3\text{-}5)$$

由于 $A\mathrm{e}^{pt}$ 是假定解，故 $A\mathrm{e}^{pt}\neq 0$，于是

$$R_2Cp+1=0 \qquad (7\text{-}3\text{-}6)$$

式（7-3-6）称为式（7-3-2）的特征方程，p 即特征方程的根，故 p 又称为一阶线性齐次方程的特征根。由式（7-3-6）可见，特征根

$$p=-\frac{1}{R_2C} \qquad (7\text{-}3\text{-}7)$$

将值 A、p 代入式（7-3-3）即得式（7-3-2）的解

$$u_C(t)=u_S\mathrm{e}^{\frac{1}{R_2C}} \qquad (t\geqslant 0) \qquad (7\text{-}3\text{-}8)$$

上式结果就是 RC 一阶电路的零输入响应。由式（7-3-8）可见，当 $t=R_2C=\tau$ 时，

$$u_C(t)=u_S\mathrm{e}^{-1}$$

即经过 τ 这么长时间间隔后，电容电压将衰减到电容初始电压值 u_S 的 $1/\mathrm{e}$ 倍；即 $u_C(\tau)=0.368u_S$；当 $t=2R_2C$ 时，$u_C(2\tau)=u_S/\mathrm{e}^2=0.135u_S$；当 $t=3R_2C$ 时，$u_C(3\tau)=u_S/\mathrm{e}^3=0.050u_S$；当 $t=4R_2C$ 时，$u_C(4\tau)=u_S/\mathrm{e}^4=0.018u_S$；当 $t=5R_2C$ 时，$u_C(5\tau)=u_S/\mathrm{e}^5=0.0067u_S$；……可见，用 $\tau=RC$ 或 τ 的整数倍的时间容易说明电容的衰减情况。把 $\tau=RC$ 定义为 RC 一阶电路的时间常数。通常经过 5τ 时间，可以认为电路已趋于稳态。引进 $\tau=RC$ 以后，式（7-3-8）又可写成

$$u_C(t)=u_S\mathrm{e}^{\frac{t}{\tau}} \qquad (t\geqslant 0) \qquad (7\text{-}3\text{-}9)$$

根据式（7-3-7）可以求电容电流

$$i_C(t)=C\frac{\mathrm{d}u_C(t)}{\mathrm{d}t}=-\frac{u_S}{R_2}\mathrm{e}^{\frac{t}{\tau}}=-I_0\mathrm{e}^{\frac{t}{\tau}} \qquad (t\geqslant 0) \qquad (7\text{-}3\text{-}10)$$

上式中负号表示电容电流的实际方向与图 7-3-2 中所示方向相反（这是明显的，因为电容是在放电）。

还可以求出 u_{R_2} 及 $i_K(t)$（通过开关 K 的电流）。由于

$$u_{R_2}=R_2i_C(t)=-u_S\mathrm{e}^{\frac{t}{\tau}}$$

$$i_K(t)=i(t)-i_C(t)$$

$$\because \qquad i(t)=\frac{u_S}{R_1}$$

$$\therefore \qquad i_K(t)=\frac{u_S}{R_1}+I_0\mathrm{e}^{\frac{t}{\tau}} \qquad (t\geqslant 0)$$

$u_C(t)$、$i_C(t)$、$u_{R_2}(t)$随 t 变化的函数图像（波形图）如图 7-3-3（a）所示，图 7-3-3（b）则给出了几种不同时间常数值 $u_C(t)$ 的波形图，τ 越小，放电速度越快。

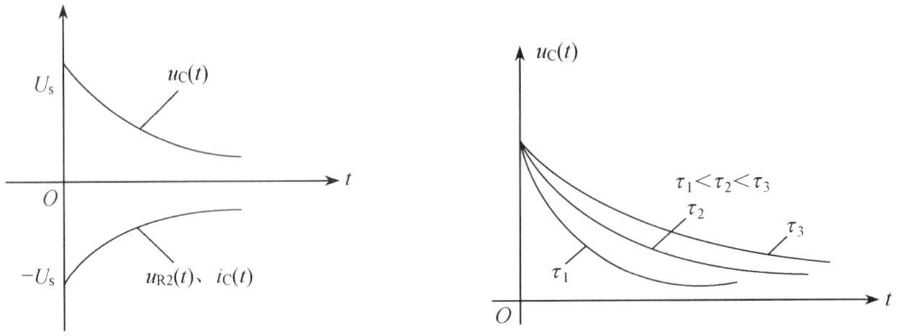

（a）$u_C(t)$、$u_{R_2}(t)$波形图，$i_C(t)$、$u_{R_2}(t)$波形图相似，故未画出　　（b）时间常数 τ 值不同时，电容电压的波形图

图 7-3-3　$u_C(t)$、$u_{R_2}(t)$、$i_C(t)$ 波形图以及波形与时间常数的关系

7.3.2　RL 一阶电路的零输入响应

将图 7-3-1 中的电容更换成电感，可得图 7-3-4（a）。同样，在开关 K 接通前电路已达稳态，在 t=0 时接通开关 K，此时求 $i_L(t)$ 也是求零输入响应。只要看一看 $t=0_-$ 及 $t=0_+$ 时的电路［图 7-3-4（b）、（c）］就不难得出上述结论。

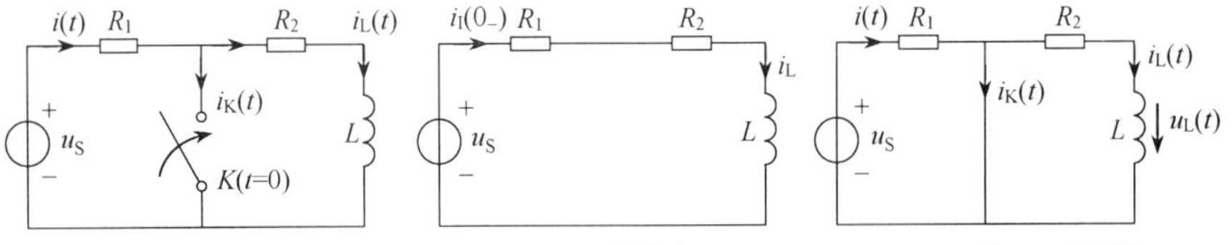

（a）RL一阶电路　　（b）t=0₋时电路　　（c）t=0₊及t>0时电路

图 7-3-4　RL 一阶电路的零输入响应

在 $t=0_-$，由图 7-3-4（b）可得

$$i_L(0_-)=i(0_-)=\frac{u_S}{R_1+R_2}=I_0 \tag{7-3-11}$$

这是因为电路在此时刻仍处于稳态，由于稳态时（直流激励下）$u_L(0_-)=0$，故电感可看作短路。根据换路定则

$$i_L(0_+)=i_L(0_-)=I_0 \tag{7-3-12}$$

又由图 7-3-4（c）可得

$$R_2 i_L(t)+u_L(t)=0$$

由

$$u_L(t)=L\frac{di_L(t)}{dt}$$

代入上式可得

$$L\frac{di_L(t)}{dt}+R_2 i_L(t)=0$$

$$\therefore \quad \frac{L}{R_2}\frac{di_L(t)}{dt}+i_L(t)=0 \tag{7-3-13}$$

此即图 7-3-4（c）的输入—输出方程，它同样是一阶线性齐次方程。该方程的解

$$i_L(t)=Be^{pt} \tag{7-3-14}$$

由于式（7-3-14）是式（7-3-13）的解，代入式（7-3-13）原方程应成立，即

$$(\frac{L}{R_2}p+1)Be^{pt}=0$$

∵
$$Be^{pt}\neq 0$$

∴
$$\frac{L}{R_2}p+1=0 \tag{7-3-15}$$

式（7-3-15）是式（7-3-13）所示微分方程的特征方程，其特征根为

$$p=-\frac{R_2}{L} \tag{7-3-16}$$

又将 $t=0_+$ 代入式（7-3-14），可得

$$i_L(0_+)=Be^{pt_{0_+}}=B$$

由式（7-3-12）可知

$$B=i_L(0_+)=I_0=\frac{u_S}{R_1+R_2} \tag{7-3-17}$$

所以 RL 一阶电路的零输入响应

$$i_L(t)=I_0e^{-\frac{R_2}{L}t}(t\geqslant 0) \tag{7-3-18}$$

对 RL 一阶电路，其时间常数由式（7-3-18）不难看出

$$t=\tau=\frac{L}{R_2} \tag{7-3-19}$$

于是响应 $i_L(t)$ 又可写成

$$i_L(t)=I_0e^{-\frac{t}{\tau}}(t\geqslant 0)$$

下面再讨论响应 $u_L(t)$、$u_{R_2}(t)$、$i_K(t)$。

$$u_L(t)=L\frac{di_L(t)}{dt}=L(-\frac{R_2}{L}\frac{u_S}{R_1+R_2}e^{-\frac{R_2}{L}t})=-R_2I_0e^{-\frac{t}{\tau}}$$

$$u_{R_2}(t)=R_2i_L(t)=R_2I_0e^{-\frac{t}{\tau}}$$

∵
$$i_K(t)=i(t)-i_L(t),\quad i(t)=\frac{u_S}{R_1}$$

∴
$$i_K(t)=\frac{u_S}{R_1}-I_0e^{-\frac{t}{\tau}}$$

$i_L(t)$ 与 $u_C(t)$、$u_L(t)$ 与 RC 电路中的 $u_{R_2}(t)$、RL 电路中的 $u_{R_2}(t)$ 与 $u_C(t)$ 波形图相似；$i_L(t)$ 随时间常数 τ 大小的变化而导致的波形图的变化与 $u_C(t)$ 也相似，故就不再重复作图了。综上所述可知，无论 RC 或 RL 一阶电路，求响应的关键是先求出动态变量 $u_C(t)$ 或 $i_L(t)$，然后再求其他各量。

例 7-3-1　如图 7-3-5 所示电路，换路前已达稳态，求换路后的电流 $i(t)$ 和电压 $u_0(t)$。

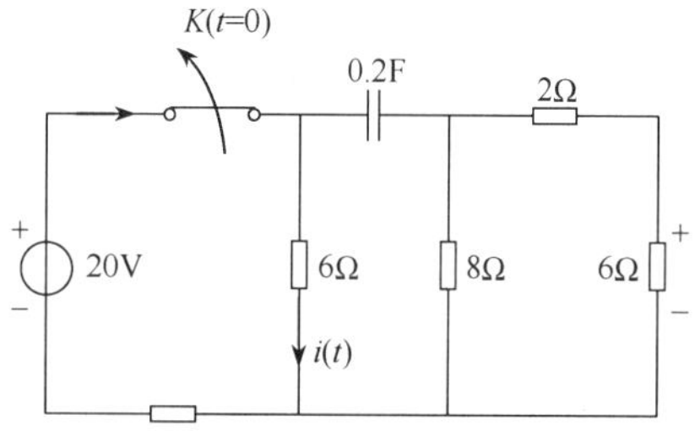

图 7-3-5　例 7-3-1 的图

解：求动态电路的响应，关键是先求出动态变量$u_C(t)$，虽然在本例中要求的是$i(t)$和$u_0(t)$。本例是要求零输入响应。为此，可先作出$t \geqslant 0$的电路，由于此时开关K已断开，故电源支路可以去掉，图 7-3-6（a）是$t \geqslant 0$时电路，图 7-3-6（b）则是图 7-3-6（a）的等效电路。显然$R = \left[(6+2)//8\right]+6 = 10\Omega$。由图 7-3-6（b）可列出输入—输出方程。

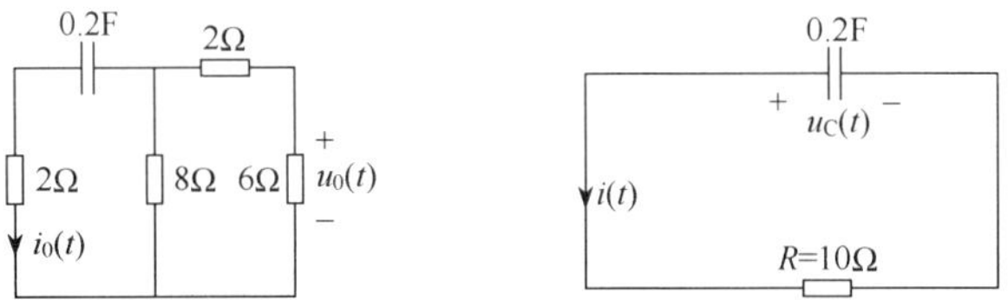

（a）$t \geqslant 0$时之电路　　（b）图（a）的等效电路

图 7-3-6　$t \geqslant 0$时的电路及其等效电路

$$u_C(t) = Ri(t)$$

因为

$$i(t) = i_C(t)$$

且与$u_C(t)$取非关联参考方向，故

$$i(t) = i_C(t) = -C\frac{\mathrm{d}u_C(t)}{\mathrm{d}t}$$

于是动态电路方程为：

$$RC\frac{\mathrm{d}u_C(t)}{\mathrm{d}t} + u_C(t) = 0$$

设特征根为p，则上述一阶线性齐次方程的特征方程为

$$(RCp+1) = 0$$

特征根

$$p = -1/RC = -1/2$$

由于一阶线性齐次方程解的标准形式为

$$u_C(t) = A\mathrm{e}^{pt}$$

常数A需根据电路的初始状态$u_C(0_+)$来定；为此应先求出电路原始状态$u_C(0_-)$。基于$t<0$时，电路已达稳态，而稳态时电容电流为0，故电容支路相当于开路；因此，图 7-3-5 中右边三个电阻的电流均为0，故而电容两端电压也就是$i(t)$支路电压；所以

$$u_C(0_-) = 6/(4+6)\times 20 = 12\mathrm{V}$$

∴

$$A = u_C(0_+) = u_C(0_-) = 12\mathrm{V}$$

故本题中

$$u_C(t) = 12\mathrm{e}^{-\frac{1}{2}t}\mathrm{V} \qquad (t \geqslant 0)$$

由于图 7-3-6（a）与图 7-3-6（b）中的电流$i(t)$均为电容电流，是同一电流。电流

$$i(t) = i_C(t) = -C\frac{\mathrm{d}u_C(t)}{\mathrm{d}t} = 0.2\times 12\times\frac{1}{2}\mathrm{e}^{-\frac{1}{2}t} = 1.2\mathrm{e}^{-\frac{1}{2}t}\mathrm{A} \quad (t \geqslant 0)$$

而电压

$$u_0(t) = -\frac{1}{2}i(t)\times 6 = -3i(t) = -3.6\mathrm{e}^{-\frac{t}{2}}\mathrm{V} \qquad (t \geqslant 0)$$

7.4　一阶电路的零状态响应

所谓零状态响应，是指电路的初始状态取零值，即 $u_C(0_+)=u_C(0_-)=0$ 或 $i_L(0_+)=i_L(0_-)=0$；在直流电源激励下求动态电路响应的问题。如同一阶电路的零输入响应一样，零状态响应也可分为 RC 一阶电路的零状态响应和 RL 一阶电路的零状态响应。

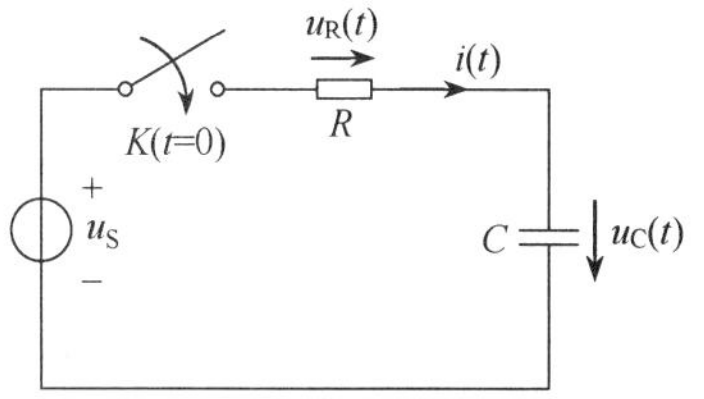

图 7-4-1　RC 一阶电路零状态响应

7.4.1　RC 一阶电路的零状态响应

如图 7-4-1 所示电路，在开关 K 接通前，电路原始状态 $u_C(0_-)=0$，在 t=0 时接通开关 K，于是根据 KVL 有

$$u_R(t)+u_C(t)=u_S \tag{7-4-1}$$

因为

$$i(t)=C\frac{\mathrm{d}u_C(t)}{\mathrm{d}t},u_R=Ri(t)=RC\frac{\mathrm{d}u_C(t)}{\mathrm{d}t}$$

代入式（7-4-1）得

$$RC\frac{\mathrm{d}u_C(t)}{\mathrm{d}t}+u_C(t)=u_S \tag{7-4-2}$$

这是一个一阶常系数线性非齐次方程，它的解可分为两个，即一阶常系数线性齐次方程的解，数学上称为齐次解或通解（电路中常称为暂态解或自由分量），通常用 $u_{Ch}(t)$ 表示［下标 h 代表“齐次”（homogeneous）］，以及特解（电路中常称为稳态解或强制分量），用 u_{Cp} 表示［下标 p 代表“特别”（particular）］。

已知齐次解的一般形式为

$$u_{Ch}=A\mathrm{e}^{pt}\quad (t\geqslant 0) \tag{7-4-3}$$

式中 $p=\ 1/RC$，故

$$u_{Ch}=A\mathrm{e}^{\frac{1}{RC}t}=A\mathrm{e}^{\frac{t}{\tau}}\quad (t\geqslant 0) \tag{7-4-4}$$

由于特解是电路的稳态解。在 u_S 是直流电源条件下，图 7-4-1 所示电路达到稳态时，电容电压就是一常数，即 $u_{Cp}(t)=K$，由于这也是式（7-4-2）所示方程式的解，故代入式（7-4-2）仍应成立，于是可得

$$u_{Cp}(t)=K=u_S \tag{7-4-5}$$

这一结论正是意料的结论。事实上，当上述电路达到稳态时，电容相当于开路，因此电容电压应等于电源电压。理论上讲，动态电路从接通电源到实现稳态，需用的时间 $t\to\infty$，于是式（7-4-5）又可写成

$$u_C(\infty)=K=u_S \tag{7-4-6}$$

于是得出式（7-4-2）的解为

$$u_C(t)=u_{Ch}(t)+u_{Cp}(t)=A\mathrm{e}^{\frac{t}{\tau}}+u_S\quad (t\geqslant 0) \tag{7-4-7}$$

将电路初始条件代入式（7-4-7）得

$$u_C(0_+)=A+u_S=0 \tag{7-4-8}$$

于是确定了常数 A=− u_S

将式（7-4-8）结果代入式（7-4-7）得出 RC 一阶电路在直流电源激励下的零状态响应

$$u_C(t) = u_S\left(1 - e^{\frac{t}{\tau}}\right)(t \geqslant 0) \tag{7-4-9}$$

电容电流

$$i_C(t) = C\frac{du_C(t)}{dt} = \frac{u_S}{R}e^{\frac{t}{\tau}}(t \geqslant 0) \tag{7-4-10}$$

由式（7-4-9）和式（7-4-10）可以作出 RC 一阶电路零状态响应的波形图如图 7-4-2（a）所示；图 7-4-2（b）则给出了几种不同时间常数 τ 的条件下，$u_C(t)$ 的上升情况。由图可见，τ 越大，$u_C(t)$ 上升越缓慢；经过 5τ 时间，电路即已达到稳态（表 7-4-1）；因此，τ 越大，意味着电路达到稳态需要的时间越长。理论上，只有当 $t \to \infty$ 时，电路才能达到稳态。

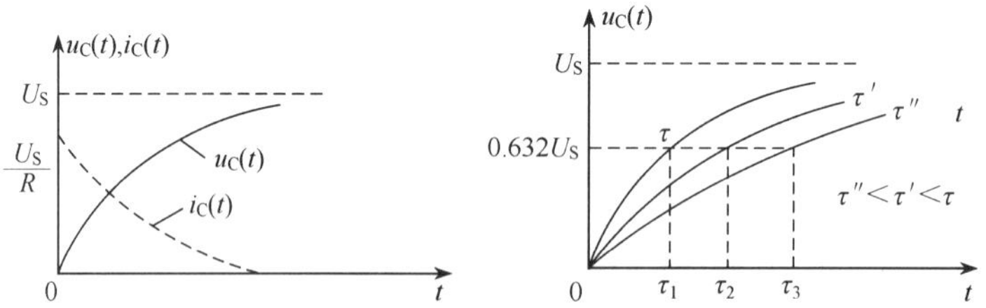

（a）$u_C(t)u_C(t)$的波形图　　（b）τ不同时，$u_C(t)$的波形图

图 7-4-2　RC 一阶电路的零状态响应波形图

表 7-4-1　　不同时间常数的条件下 $u_c(t)$值

t	τ	2τ	3τ	4τ	5τ
$U_S\left(1-e^{-\frac{t}{\tau}}\right)$	$U_S(1-e^{-1})$ $=0.63U_S$	$U_S(1-e^{-2})$ $=0.86U_S$	$U_S(1-e^{-3})$ $=0.95U_S$	$U_S(1-e^{-4})$ $=0.98U_S$	$U_S(1-e^{-5})$ $=0.99U_S$

7.4.2　RL 一阶电路的零状态响应

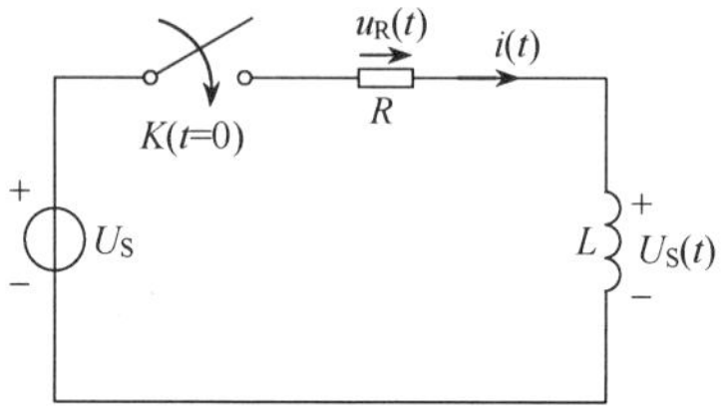

图 7-4-3　RL 一阶电路的零状态响应

如图 7-4-3 所示电路，在开关 K 接通前，电路原始状态 $i_L(0_-) = i(0_-) = 0$，在 $t = 0$ 时开关 K 接通，于是有

$$u_R(t) + u_L(t) = u_S$$

现在电路状态变量是电感电流 $i(t)$，$u_R(t) = Ri(t)$，$u_L(t) = L\frac{di(t)}{dt}$ 代入上式，可得

$$\frac{L}{R}\frac{di(t)}{dt} + i(t) = \frac{u_S}{R} \tag{7-4-11}$$

其解和式（7-4-2）相似

$$i(t) = i_{Lh}(t) + i_{Lp}(t)$$

齐次解

$$i_{Lh}(t) = Ae^{-\frac{t}{\tau}}\quad(t \geqslant 0) \tag{7-4-12}$$

特解

$$i_{Lh}(t) = \frac{u_S}{R} \tag{7-4-13}$$

式中，于是得响应，电感电流

$$i(t)=A\mathrm{e}^{-\frac{t}{\tau}}+\frac{u_{\mathrm{S}}}{R} \qquad (7\text{-}4\text{-}14)$$

将初始条件 $i(0_+)=i_{\mathrm{L}}(0_+)=i_{\mathrm{L}}(0_-)=0$ 代入上式得

$$A=-u_{\mathrm{S}}/R$$

所以电感电流

$$i(t)=\frac{u_{\mathrm{S}}}{R}\left(1-\mathrm{e}^{\frac{t}{\tau}}\right) \quad (t\geqslant 0) \qquad (7\text{-}4\text{-}15)$$

式中

$$\tau=L/R$$

电感电压

$$u_{\mathrm{L}}(t)=L\frac{\mathrm{d}i(t)}{\mathrm{d}t}=u_{\mathrm{S}}\mathrm{e}^{\frac{t}{\tau}} \quad (t\geqslant 0) \qquad (7\text{-}4\text{-}16)$$

由于 RL 一阶电路的零状态响应和 RC 一阶电路的零状态响应完全相似，可以根据对偶关系来分析，因此不再重复。

7.4.3　能量关系

电容在充电或电感在充磁时，伴同电场或磁场的建立，均要从电源吸收能量，同时与之串联的电阻也要消耗能量；电容或电感从电源吸收的能量就等于它的储能，这是容易得出的；电阻上消耗的能量需要加以计算。现分别讨论如下。

1. RC 一阶电路

当电路达到稳态时，电容储能

$$W_{\mathrm{C}}=\frac{1}{2}Cu_{\mathrm{S}}^2 \qquad (7\text{-}4\text{-}17)$$

电阻上消耗的能量

$$W_{\mathrm{R}}=\int_0^{\infty}\left(\frac{u_{\mathrm{S}}}{R}\mathrm{e}^{-\frac{t}{RC}}\right)^2R\mathrm{d}t=\int_0^{\infty}\frac{u_{\mathrm{S}}^2}{R^2}\mathrm{e}^{-\frac{2t}{RC}}R\mathrm{d}t=-\frac{1}{2}Cu_{\mathrm{S}}^2\mathrm{e}^{-\frac{2t}{RC}}\Big|_0^{\infty}=\frac{1}{2}Cu_{\mathrm{S}}^2=W_{\mathrm{C}}$$

可见电阻上消耗的能量等于电容的储能。因此，当电源给电容充电时，电源提供的能量等于电容能量的 2 倍，即

$$W=Cu_{\mathrm{S}}^2 \qquad (7\text{-}4\text{-}18)$$

2. RL 一阶电路

当电路达到稳态时，电感储能

$$W_{\mathrm{L}}=\frac{1}{2}LI_{\mathrm{S}}^2 \qquad (7\text{-}4\text{-}19)$$

如果此时采用的是图 7-4-3 的电路，则电路达到稳态以后，电感相当于短路，故通过电阻电流等于 $u_{\mathrm{S}}/R=I_{\mathrm{S}}$；因此，电阻上消耗的能量将随时间增加。若采用的是图 7-4-4 所示电路，则由于电路达到稳态时，电感将电阻短路，故无电流通过电阻，因此，当电路从接通电源到达到稳态，电阻上消耗的能量是一

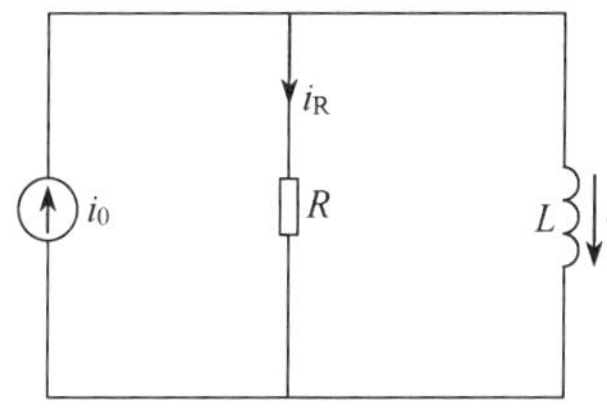

图 7-4-4　RL 一阶电路的另一种情况

定的，由于

$$i_R = \frac{u_L(t)}{R} = I_S e^{-\frac{R}{L}t}$$

$$\therefore \qquad W_R = \int_0^{\infty} I_S^2 \, R e^{-\frac{2R}{L}t} \, dt = -\frac{1}{2} L I_S^2 \, e^{-\frac{2R}{L}t} \Big|_0^{\infty} = \frac{1}{2} L I_S^2 = W_L$$

即如图 7-4-4 所示电路从接通电源到电路达到稳态，电源给电路提供的能量和 RC 一阶电路相似，是电感储能的 2 倍，即

$$W = L I_S^2 \tag{7-4-20}$$

从上面讨论可见，图 7-4-3 和图 7-4-4 中，无论电流、电压，还是电感储能，对电感 L 而言，是完全相同的（等效的），然而对电阻 R 则是不同（不等效）的；事实上，只要图 7-4-4 中的 $I_S = \frac{u_S}{R}$，则可以认为图 7-4-4 是图 7-4-3 电源等效变换的结果，电阻 R 是参与了变换的，只有未参与变换的那一部分电路在变换前后是一样的；而参与变换的电路在变换前后是不等效（即电压、电流因而功率、电功是不相同的）的。

7.4.4　在正弦激励下一阶电路的零状态响应

当图 7-4-1 和图 7-4-3 所示电路中激励源是正弦电压时，

$$u_S(t) = \sqrt{2} U_S \sin(\omega t + \varphi_u)$$

电路的零状态响应，现分别讨论如下。

1. RC 一阶电路在正弦电压激励下的零状态响应

其输入—输出方程和式（7-4-2）相似，只要把电源电压 U_S 换成 u_S 即可，于是有

$$RC\frac{du_C(t)}{dt} + u_C(t) = \sqrt{2} U_S \sin(\omega t + \varphi_u) \tag{7-4-21}$$

其齐次解不变，仍为

$$u_{Ch} = A e^{-\frac{t}{RC}} \quad (t \geqslant 0) \tag{7-4-22}$$

但特解（即稳态解）应是一同频率正弦量，即

$$u_{Cp}(t) = \sqrt{2} U_S \sin(\omega t + \varphi_u) \tag{7-4-23}$$

显然，将上式代入式（7-4-21），可得出 U 及 φ，因而求出 $u_{Cp}(t)$。但用三角函数法通过式（7-4-21）解出是相当麻烦的。在图 7-4-1 所示电路中，电路的（方程的）特解是稳态解；而稳态解完全可以用求正弦稳态响应的方法——相量法，来求 $u_{Cp}(t)$，即先根据相量法，求出电容电压的有效值相量，然后得出对应的电容电压的瞬时值，此瞬时值即为所求的特解。

$$\because \qquad \dot{U}_S = U_S \angle \varphi_u$$

$$\dot{U}_C = \frac{\frac{1}{j\omega C}}{R + \frac{1}{j\omega C}} U_S \angle \varphi_u = \frac{1}{1 + j\omega RC} U_S \angle \varphi_u = \frac{U_S}{\sqrt{1 + \omega^2 R^2 C^2}} \angle(\varphi_u - \arctan \omega RC)$$

$$\therefore \qquad u_{Cp}(t) = \sqrt{2} \frac{U_S}{\sqrt{1 + \omega^2 R^2 C^2}} \sin(\omega t + \varphi_u - \arctan \omega RC)$$

于是

$$u_{\mathrm{C}}(t)=u_{\mathrm{Ch}}(t)+u_{\mathrm{Cp}}(t)=A\mathrm{e}^{-\frac{t}{RC}}+\frac{\sqrt{2}U_{\mathrm{S}}}{\sqrt{1+\omega^2R^2C^2}}\sin(\omega t+\varphi_{\mathrm{u}}-\arctan\omega RC)$$

由于 $u_{\mathrm{C}}(0_+)=u_{\mathrm{C}}(0_-)=0$，代入上式，得

$$A=-\frac{\sqrt{2}U_{\mathrm{S}}}{\sqrt{1+\omega^2R^2C^2}}\sin(\varphi_{\mathrm{u}}-\arctan\omega RC)$$

$$u_{\mathrm{C}}(t)=\frac{\sqrt{2}U_{\mathrm{S}}}{\sqrt{1+\omega^2R^2C^2}}\left[\sin(\omega t+\varphi_{\mathrm{u}}-\arctan\omega RC)-\sin(\varphi_{\mathrm{u}}-\arctan\omega RC)\mathrm{e}^{-\frac{t}{RC}}\right]\quad(t\geqslant 0)\tag{7-4-24}$$

由式（7-4-24）可见，当 $\varphi_{\mathrm{u}}=\arctan\omega RC$ 时，电路一接通电源即进入稳态，且

$$u_{\mathrm{C}}(t)=\frac{\sqrt{2}U_{\mathrm{S}}}{\sqrt{1+\omega^2R^2C^2}}\sin\omega t\tag{7-4-25}$$

2. RL 一阶电路在正弦电压激励下的零状态响应

将式（7-4-11）中的 u_{S}/R 换成

$$\frac{\sqrt{2}U_{\mathrm{S}}}{R}\sin(\omega t+\varphi_{\mathrm{u}})$$

即得其输入—输出方程为

$$\frac{L}{R}\frac{\mathrm{d}i(t)}{\mathrm{d}t}+i(t)=\frac{\sqrt{2}U_{\mathrm{S}}}{R}\sin(\omega t+\varphi_{\mathrm{u}})\tag{7-4-26}$$

基于和 RC 一阶电路相同的原因，其特解亦即稳态解可用相量法求出如下。

$$\dot{I}_{\mathrm{L}}=\frac{\dot{U}_{\mathrm{S}}}{R+\mathrm{j}\omega L}=\frac{U_{\mathrm{S}}\angle\varphi_{\mathrm{u}}}{\sqrt{R^2+\omega^2L^2}\angle\arctan\dfrac{\omega L}{R}}=\frac{U_{\mathrm{S}}}{\sqrt{R^2+\omega^2L^2}}\angle(\varphi_{\mathrm{u}}-\arctan\frac{\omega L}{R})$$

∴
$$i_{\mathrm{Lp}}(t)=\frac{\sqrt{2}U_{\mathrm{S}}}{\sqrt{R^2+\omega^2L^2}}\sin(\omega t+\varphi_{\mathrm{u}}-\arctan\frac{\omega L}{R})\quad(t\geqslant 0)$$

其齐次解

$$i_{\mathrm{Lp}}(t)=A\mathrm{e}^{-\frac{R}{L}t}\quad(t\geqslant 0)$$

故方程式（7-4-26）的解

$$i_{\mathrm{L}}(t)=i_{\mathrm{Lh}}(t)+i_{\mathrm{Lp}}(t)=A\mathrm{e}^{-\frac{R}{L}t}+\frac{\sqrt{2}U_{\mathrm{S}}}{\sqrt{R^2+\omega^2L^2}}\sin(\omega t+\varphi_{\mathrm{u}}-\arctan\frac{\omega L}{R})\quad(t\geqslant 0)$$

当 $t=0_+$ 时，$i_{\mathrm{L}}(0_+)=i_{\mathrm{L}}(0_-)=0$，代入上式可得

$$A=-\frac{\sqrt{2}U_{\mathrm{S}}}{\sqrt{R^2+\omega^2L^2}}\sin(\varphi_{\mathrm{u}}-\arctan\frac{\omega L}{R})$$

$$\therefore i_{\mathrm{L}}(t)=\frac{\sqrt{2}U_{\mathrm{S}}}{\sqrt{R^2+\omega^2L^2}}\left[\sin(\omega t+\varphi_{\mathrm{u}}-\arctan\frac{\omega L}{R})-R\sin(\varphi_{\mathrm{u}}-\arctan\frac{\omega L}{R})\mathrm{e}^{-\frac{R}{L}t}\right]\quad(t\geqslant 0)\tag{7-4-27}$$

$$u_{\mathrm{L}}(t)=L\frac{\mathrm{d}i(t)}{\mathrm{d}t}$$

$$\therefore\quad=\frac{\sqrt{2}U_{\mathrm{S}}}{\sqrt{R^2+\omega^2L^2}}\left[\omega L\cos(\omega t+\varphi_{\mathrm{u}}-\arctan\frac{\omega L}{R})-R\sin(\varphi_{\mathrm{u}}-\arctan\frac{\omega L}{R})\mathrm{e}^{-\frac{R}{L}t}\right](t\geqslant 0)\tag{7-4-28}$$

由式（7-4-27）、式（7-4-28）可见，当

$$\varphi_u = \arctan\frac{\omega L}{R}$$

时

$$i_L(t) = \frac{\sqrt{2}U_S}{\sqrt{R^2+\omega^2L^2}}\sin\omega t \tag{7-4-29}$$

$$u_L(t) = \frac{\sqrt{2}\omega L U_S}{\sqrt{R^2+\omega^2L^2}}\cos\omega t \tag{7-4-30}$$

即开关 K 一接通，电路即进入稳态。由式（7-4-27）、式（7-4-25）和式（7-4-29）可以看出：电感和电容两种电路在正弦激励下，其响应具有相同的波形，如图（7-4-5）所示。

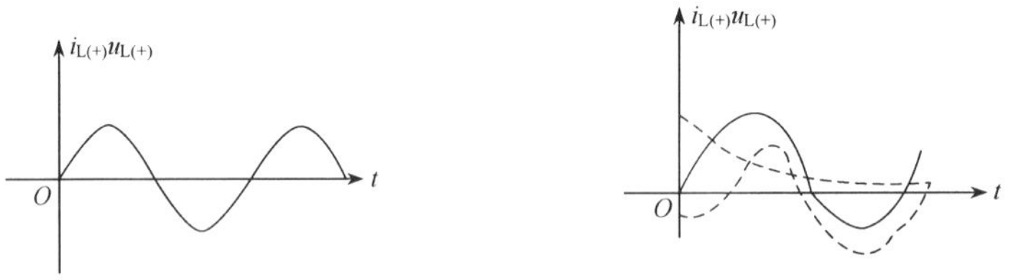

（a）当 φ_u=arctan ωRC或 φ_u=arctan$\frac{\omega L}{R}$时的波形　（b）当 φ_u=arctan $\omega RC-\frac{\pi}{2}$或 φ_u=arctan$\frac{\omega L}{R}-\frac{\pi}{2}$时的波形

图 7-4-5　正弦激励下两种特殊的波形

图 7-4-5 中给出两种特殊情况下的波形；图 7-4-5（a）是当 $\varphi_u = \arctan\omega RC$ 或 $\varphi_u = \arctan\frac{\omega L}{R}$（RL 一阶电路）时，电路无暂态时的波形，显然这是初相为零的正弦波形。图 7-4-5（b）则是当 $\varphi_u = \arctan\omega RC - \pi/2$ 或 $\varphi_u = \arctan\frac{\omega L}{R} - \pi/2$ 时的波形，其中 $u'_C(t)$ 或 $i'_L(t)$ 是式（7-4-24）、式（7-4-28）中的第一项，即稳态项，而 $u''_c(t)$ 或 $i''_L(t)$ 则是上述二式中的第二项，即暂态项；实线所示波形则是二者叠加，亦即 $u_C(t)$ 或 $i_L(t)$ 的波形。

例 7-4-1　如图 7-4-6 所示电路，若已知 $R_1 = 30\Omega$，$R_2 = 6\Omega$，$R_3 = 2\Omega$，$L = 1\text{H}$，$U_S = 10\text{V}$；试求：当开关 K 在 t=0 时接通的零状态响应 $i_L(t)$、$u_L(t)$。

解：由图 7-4-6 可见，当 $t \geqslant 0$ 时，

$$i_1(t) - i_2(t) - i_L(t) = 0$$

式中

$$i_1(t) = \frac{u_S - R_3 i_L - u_L}{R_1}，\quad i_2(t) = \frac{R_3 i_L + u_L}{R_2}，\quad u_L = L\frac{\mathrm{d}i_L}{\mathrm{d}t}$$

将 $i_1(t)$、$i_2(t)$、u_L 代入前式，得

$$\frac{u_S}{R_1} - \frac{R_3}{R_1}i_L - \frac{L}{R_1}\frac{\mathrm{d}i_L}{\mathrm{d}t} - \frac{R_3}{R_2}i_L - \frac{L}{R_2}\frac{\mathrm{d}i_L}{\mathrm{d}t} - i_L = 0$$

整理之，可得

$$L\frac{\mathrm{d}i_L}{\mathrm{d}t} + \left(\frac{R_1R_2}{R_1+R_2} + R_3\right)i_L = \frac{R_2}{R_1+R_2}u_S \tag{7-4-31}$$

上式中 $R_0 = \frac{R_1R_2}{R_1+R_2} + R_3$，正是从“$L$”看进去的戴维南等效电路的等效电阻，而 $u_{SC} = R_2/(R_1+R_2)u_S$ 正是“L”开路时的开路电压。换句话说，可以先求出将动态元件作为输出

端的含源二端网络的戴维南等效电路，然后再求动态元件的响应。当然，若要求电阻支路的响应时，也可先求动态变量，然后再在图 7-4-6 中求电阻支路响应。求出以动态元件作为输出端口的戴维南等效电路以后（图 7-4-7），求动态元件的响应就容易了。

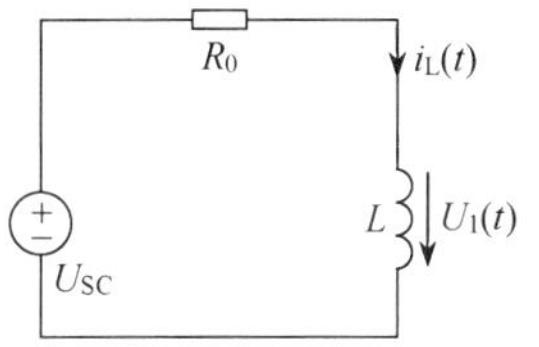

图 7-4-6　例 7-4-1 的图

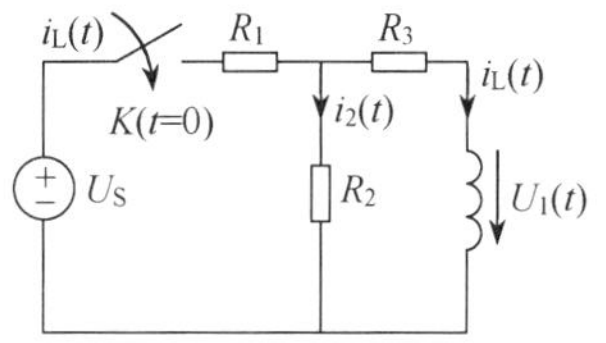

图 7-4-7　图 7-4-6 的等效电路

图中

$$R_0 = \frac{R_1R_2}{R_1+R_2} + R_3 = 4\Omega，\ u_{SC} = \frac{R_2}{R_1+R_2}u_S = \frac{20}{3}\text{V}$$

于是有

$$\begin{aligned}\frac{\mathrm{d}i_L}{\mathrm{d}t} + 4i_L(t) = \frac{20}{3} \\ \frac{1}{4}\frac{\mathrm{d}i_L}{\mathrm{d}t} + i_L(t) = \frac{5}{3}\end{aligned} \tag{7-4-32}$$

由式（7-4-32）可见，$\tau = 1/4$，$i_{Lp}(t) = u_{SC}/R_0 = \frac{5}{3}\text{A}$

∴ $$i_L(t) = A\mathrm{e}^{-4t} + \frac{5}{3}$$

由初始状态 $i_L(0_+) = i_L(0_-) = 0$，代入上式，可得

$$A = -\frac{5}{3}$$

∴ $$i_L(t) = \frac{5}{3}(1-\mathrm{e}^{-4t})\text{A}\ （t \geqslant 0） \tag{7-4-33}$$

$$u_L(t) = L\frac{\mathrm{d}i_L(t)}{\mathrm{d}t} = u_{SC} - R_0 i_L(t) = \frac{20}{3} - 4\times\frac{5}{3}(1-\mathrm{e}^{-4t}) = \frac{20}{3}\mathrm{e}^{-4t}\text{V}\ （t \geqslant 0）$$

综合式（7-4-9）、式（7-4-15）和式（7-4-33）各式的规律，不难发现，一阶电路的零状态响应的标准形式为

$$f(t) = f(\infty)\left(1-\mathrm{e}^{-\frac{t}{\tau}}\right)\ （t \geqslant 0） \tag{7-4-34}$$

式中，$f(t)$ 为动态变量，$f(\infty)$ 是 $t \to \infty$ 时 $f(t)$ 的值，亦即动态电路达到稳态时，动态变量的值；τ 是一阶电路时间常数，对 RC 一阶电路 $\tau_C = RC$，对 RL 一阶电路 $\tau_L = L/R$，对于含若干电源及电阻的一阶电路，确定 R 的方法，是以动态元件作为输出端口时，含源二端网络的输出电阻；即总可以把一阶电路化简成图 7-4-7 所示电路，则无论求 τ 或求稳态值均较容易，然后代入式（7-4-34）所示标准形式，即可得出一阶电路的零状态响应，而不必再去解动态电路方程（一阶微分方程）。

如本例，很容易得等效电路图 7-4-7，由于图 7-4-7 中

$$R_0 = \frac{R_1R_2}{R_1+R_2} + R_3 = 4\Omega，\ u_{SC} = \frac{R_2}{R_1+R_2}u_S = \frac{20}{3}\text{V}$$

于是

$$i_L(\infty) = \frac{u_{SC}}{R_0} = \frac{5}{3}\text{A}, \quad \tau = \frac{L}{R_0} = \frac{1}{4}\text{s}$$

再代入式（7-4-34）即得

$$i_L(t) = \frac{5}{3}(1 - e^{-4t})\text{A} \quad (t \geqslant 0)$$

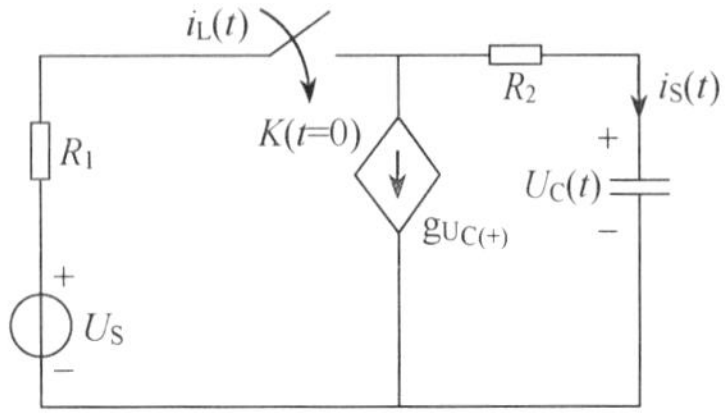

图 7-4-8 例 7-4-2 的图

例 7-4-2 如图 7-4-8 所示电路，在 t=0 时合上开关 K；若已知 $R_1 = 2\Omega$，$g = 2s$，$R_2 = 8\Omega$，$U_S = 20V$，$C = 0.1F$，试求：电路的零状态响应 $u_C(t)$，$i_C(t)$。

解： 本例直接求以动态元件电容作为输出端口的含源二端网络的戴维南等效电路如图 7-4-9。由图可见

$$U_{SC} = U_S - R_1 g U_{SC}$$

∴
$$U_{SC} = \frac{U_S}{1 + R_1 g} = 4V$$

再求短路电流

$$I_{SC} = \frac{U_{SC}}{R_1 + R_2} = 2A$$

这是因为当端口短路时，电压为零，于是 VCCS 为零的原因。

∴
$$R_0 = \frac{U_{SC}}{I_{SC}} = 2\Omega$$

故图 7-4-8 的等效电路如图 7-4-10 所示。由图可见，电容电压稳态值

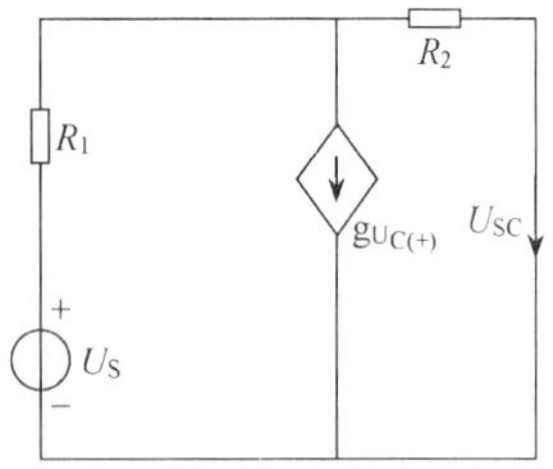

图 7-4-9 求 t>0 时的 u_{SC} 及 R_0 的电路

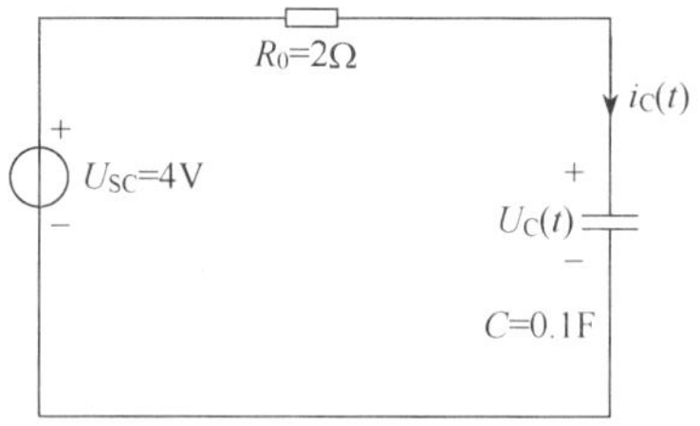

图 7-4-10 图 7-4-8 的等效电路

$$u_C(\infty) = U_{SC} = 4V; \quad \tau = R_0 C = 2 \times 0.1 = 0.2s$$

∴
$$u_C(t) = 4(1 - e^{-5t})V \quad (t \geqslant 0)$$

$$i_C(t) = C\frac{du_C(t)}{dt} = 2e^{-5t}A \quad (t \geqslant 0)$$

7.5 一阶电路在阶跃激励下的全响应三要素法

7.5.1 用单位阶跃函数表示响应的时域区间

第 6 章已经介绍过单位阶跃函数。我们知道，形如 $\varepsilon(t)$ 的阶跃函数，其定义区间为 t>0，在定义区间里，其值为 1；而在 t<0 的区间里，其值为零。

因此，对于 RC 一阶电路，若在 t=0 时换路，则初始状态为 $u_C(0_+)$，时间常数为 τ 的零输入

响应为

$$u_C(t)=u_C(0_+)\mathrm{e}^{-\frac{t}{\tau}}\cdot\varepsilon(t) \tag{7-5-1}$$

同样，在 $t=0$ 时换路，若 $t\to\infty$ 时电路的稳态值为 $u_C(\infty)$，时间常数为 τ，则其零状态响应为

$$u_C(t)=u_C(\infty)\left(1-\mathrm{e}^{-\frac{t}{\tau}}\right)\cdot\varepsilon(t) \tag{7-5-2}$$

上述响应，若是在 $t=t_0$ 时换路，则响应可写成

$$u_C(t)=u_C(0_+)\mathrm{e}^{\frac{t-t_0}{\tau}}\cdot\varepsilon(t-t_0) \tag{7-5-3}$$

$$u_C(t)=u_C(\infty)\left(1-\mathrm{e}^{\frac{t-t_0}{\tau}}\right)\cdot\varepsilon(t-t_0) \tag{7-5-4}$$

指数之所以要以 $t-t_0$ 代替 t 是因为在 $t<t_0$ 区间等式不成立。

对于 RL 一阶电路，在 $t=0$ 时换路的零输入响应为

$$i_L(t)=i_L(0_+)\mathrm{e}^{-\frac{t}{\tau}}\cdot\varepsilon(t) \tag{7-5-5}$$

零状态响应为

$$i_L(t)=i_L(\infty)\left(1-\mathrm{e}^{-\frac{t}{\tau}}\right)\cdot\varepsilon(t) \tag{7-5-6}$$

而在 $t=t_0$ 时换路，则分别为

$$i_L(t)=i_L(t_{0+})\mathrm{e}^{-\frac{t-t_0}{\tau}}\cdot\varepsilon(t-t_0)$$

$$i_L(t)=i_L(\infty)\left(1-\mathrm{e}^{-\frac{t-t_0}{\tau}}\right)\cdot\varepsilon(t-t_0) \tag{7-5-7}$$

一般有零输入响应的表达式为

$$f(t)=f(0_+)\mathrm{e}^{-\frac{t}{\tau}}\cdot\varepsilon(t) \tag{7-5-8}$$

零状态响应的一般表达式为

$$f(t)=f(\infty)\left(1-\mathrm{e}^{-\frac{t}{\tau}}\right)\cdot\varepsilon(t) \tag{7-5-9}$$

7.5.2 一阶电路在阶跃激励下的全响应

所谓全响应是指一阶电路的初始状态 $f(0_+)\neq 0$，换路后仍与其他电源接通，此时所讨论电路的响应称为全响应。而阶跃激励则是代表一直流电源；如 $2\cdot\varepsilon(t)\mathrm{V}$，则是表示电压为 2V 的一个电压源，这个电压源在 t=0 时接通电路。又如 $5\cdot\varepsilon(t)\mathrm{A}$，则表示电激流为 5A 的电流源，此电流源在 t=0 时与电路接通。因此，阶跃函数不仅可以表示直流电源，而且可以表示出接通电路的时刻，故可以省去开关。下面分别讨论 RC 和 RL 一阶电路的全响应。

1. RC 一阶电路的全响应

RC 一阶电路的全响应电路如图 7-5-1 所示，$U_S\cdot\varepsilon(t)$ 代表电压为 U_S，在 $t=0$ 时接通电源的阶跃激励（电压源），电路的原始状态为 $u_C(0_-)=U_0$，求全响应。显然这一动态电路的方程和式

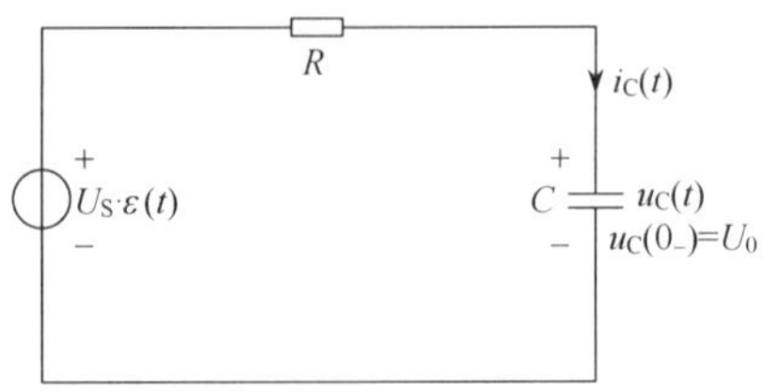

图 7-5-1　RC 一阶电路在阶跃激励下的全响应

（7-4-2）相同，方程中只要将 U_S 代之以 $U_S \cdot \varepsilon(t)$ 即可，于是有

$$RC\frac{\mathrm{d}u_C(t)}{\mathrm{d}t}+u_C(t)=U_S \cdot \varepsilon(t)$$

方程仍分为齐次解与特解两部分，齐次解

$$u_{Ch}(t)=A\mathrm{e}^{-\frac{t}{RC}} \cdot \varepsilon(t)$$

特解

$$u_{Cp}(t)=U_S \cdot \varepsilon(t)$$

故

$$u_C(t)=u_{Ch}(t)+u_{Cp}(t)=\left(A\mathrm{e}^{-\frac{t}{RC}}+U_S\right) \cdot \varepsilon(t)$$

由于已知电路的原始状态 $u_C(0_+)=U_0$，根据换路定则，电路的初始状态 $u_C(0_+)=u_C(0_-)=U_0$，代入上式，有

$$u_C(0_+)=(A+U_S)=U_0$$

于是

$$A=u_C(0_+)-U_S=U_0-U_S$$

∴

$$u_C(t)=\left[U_S+(U_0-U_S)\mathrm{e}^{-\frac{t}{RC}}\right] \cdot \varepsilon(t) \tag{7-5-10}$$

$$u_C(t)=U_0\mathrm{e}^{-\frac{t}{RC}} \cdot \varepsilon(t)+U_S\left(1-\mathrm{e}^{-\frac{1}{RC}}\right) \cdot \varepsilon(t) \tag{7-5-11}$$

由式（7-5-10）可知，一阶电路在阶跃激励下电路的全响应由两部分组成，这就是暂态响应 $(U_0-U_S)\mathrm{e}^{-\frac{t}{RC}} \cdot \varepsilon(t)$ 和稳态响应 $U_S \cdot \varepsilon(t)$ 叠加而成。由式（7-5-11）所给出的全响应的另一种形式可知，全响应是由零输入响应 $U_0\mathrm{e}^{-\frac{t}{RC}} \cdot \varepsilon(t)$ 和零状态响应 $U_S\left(1-\mathrm{e}^{-\frac{1}{RC}}\right) \cdot \varepsilon(t)$ 叠加而成，后一种形式说明：线性电路的可加性在时域分析中也是同样成立的， 图 7-5-2 给出了式（7-5-10）、式（7-5-11）所示全响应的波形，尽管波形的组成不同，但叠加结果则是完全一样的。

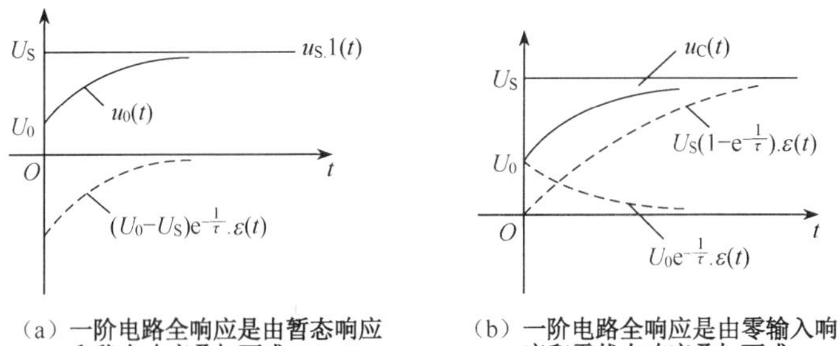

（a）一阶电路全响应是由暂态响应和稳态响应叠加而成　　（b）一阶电路全响应是由零输入响应和零状态响应叠加而成

图 7-5-2　RC 一阶电路全响应波形图

2. RL 一阶电路的全响应

RL 一阶电路的全响应和 RC 一阶电路全响应的讨论相似，如图 7-5-3 所示其输入—输出方程为

$$\frac{L}{R}\frac{\mathrm{d}i_L(t)}{\mathrm{d}t}+i_L(t)=\frac{U_s}{R} \cdot \varepsilon(t) \tag{7-5-12}$$

齐次解为

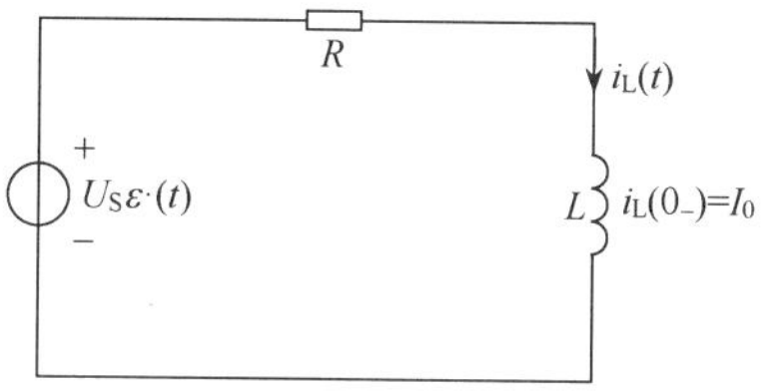

图 7-5-3　RL 一阶电路在阶跃激励下的全响应

$$i_{Lh}(t)=Be^{-\frac{t}{\tau}}\cdot\varepsilon(t)$$

式中$\tau=L/R$，特解为

$$i_{Lp}(t)=\frac{U_S}{R}\cdot\varepsilon(t)$$

于是

$$i_L(t)=i_{Lh}(t)+i_{Lp}(t)=Be^{-\frac{t}{\tau}}\cdot\varepsilon(t)+\frac{U_S}{R}\cdot\varepsilon(t)$$

电路的初始状态$i_L(0_+)=i_L(0_-)=I_0$，故

$$i_L(0_+)=B+\frac{U_S}{R}=I_0$$

可得待定常数

$$B=I_0-U_S/R$$

所以 RL 一阶电路在阶跃激励下的全响应

$$i_L(t)=\frac{U_S}{R}\cdot\varepsilon(t)+\left(I_0-\frac{U_S}{R}\right)e^{-\frac{t}{\tau}}\cdot\varepsilon(t) \tag{7-5-13}$$

$$i_L(t)=I_0e^{-\frac{t}{\tau}}\cdot\varepsilon(t)+\frac{U_S}{R}\left(1-e^{-\frac{t}{\tau}}\right)\cdot\varepsilon(t) \tag{7-5-14}$$

和 RC 一阶电路在阶跃激励下的全响应的两种分解形式完全相同。因此$i_L(t)$的波形图也和$u_C(t)$的波形图完全相似。所以不再重述了。

概括上面两种情况，可得一阶电路在阶跃激励下全响应的两种分解形式的一般数学表达式

$$f(t)=f(\infty)+\left[f(0_+)-f(\infty)\right]e^{-\frac{t}{\tau}}\varepsilon(t) \tag{7-5-15}$$

$$f(t)=f(0_+)e^{-\frac{t}{\tau}}\cdot\varepsilon(t)+f(\infty)\left(1-e^{-\frac{t}{\tau}}\right)\cdot\varepsilon(t) \tag{7-5-16}$$

式中，$f(t)$既可以表示状态变量$u_C(t)$或$i_L(t)$，也可以表示非状态变量$i_c(t)$、$u_L(t)$、$u_R(t)$、$i_R(t)$；$f(0_+)$表示电路的初始状态。$u_C(0_+)$、$i_L(0_+)$、$f(\infty)$表示换路后电路重新达到稳态时的值$u_C(\infty)$或$i_L(\infty)$；τ表示时间常数，对 RC 电路为$\tau=RC$；对 RL 电路为$\tau=L/R$。在用三要素法求非状态变量时，一定要在$t=0_+$时的等效电路中方能求出$f(0_+)$值，至于求$f(\infty)$和τ，则与求状态变量的方法相同。

可见，求一阶电路的全响应，无外乎确定$f(0_+)$、$f(\infty)$和τ这三个量；这三个量一经确定，响应$f(t)$就可求出。把一阶电路求$f(0_+)$、$f(\infty)$和τ的方法，称为三要素法。

7.5.3　三要素法

三要素法是用确定初始状态$f(0_+)$换路后电路的稳态$f(\infty)$和电路的时间常数τ，直接代入式（7-5-15）或式（7-5-16）而求出一阶电路在阶跃激励下的全响应的方法。这种方法也可用来求正弦激励下的全响应，但对于形如Ae^{-at}的衰减指数激励下的全响应，则不能采用三要素法。

采用三要素法：第一，要熟知式（7-5-15）或式（7-5-16）及式中各量含义；第二，要掌握在阶跃激励下稳态时动态元件的特点，电容为开路［$i_C(t)$为零］，电感为短路［$u_L(t)$为零］；第三，在确定初始状态时，换路定则要能熟练应用；在确定非状态变量时，状态变量$u_C(0_+)$应等效为电压源，$i_L(0_+)$应等效为电流源。

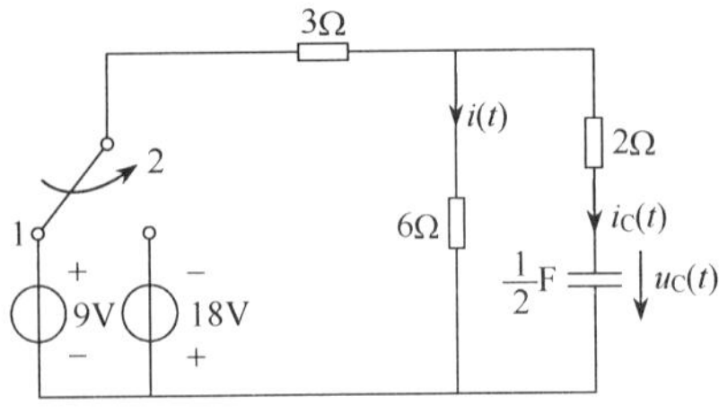

图 7-5-4　例 7-5-1 的图

下面通过几道具体例子说明三要素法的方法应用。

例 7-5-1　如图 7-5-4 所示电路，开关 K 转换前电路已达稳态；在 $t=0$ 时，开关由“1”位置转换至“2”位置，试用三要素法求：$u_C(t)$、$i_C(t)$ 及 $i(t)$。

解：由图可见，只能确定状态变量 $u_C(t)$ 的原始值 $u_C(0_-)$。由于换路前电路已达稳态，故 $u_C(0_-)=6i(0_-)$，而 $i(0_-)=9/(3+6)=1\text{A}$，因此 $u_C(0_-)=6\text{V}$。按照换路定则 $u_C(0_+)=u_C(0_-)=6\text{V}$，但 $i_C(0_-)\neq i_C(0_+)$、$i(0_-)\neq i(0_+)$。这样需要确定的三个初始值 $i_C(0_+)$、$i(0_+)$ 和 $u_C(0_+)$ 中，只定出了 $u_C(0_+)$。由于 $i_C(0_+)$ 和 $i(0_+)$ 均非状态变量，需根据 $t=0_+$ 时的等效电路来定。为此，先作出 $u_C(0_+)=6\text{V}$ 时的等效电路，基于 $t=0_+$，故可以用一个极性与其电压极性相同的 6V 电压源来等效替代。$t=0_+$ 时等效电路图见图 7-5-5。由这个图求 $i_C(0_+)$、$i(0_+)$ 实际上变成求稳态解（暂态电路在某一时刻的值是常数）的问题，这是容易的。若以节点 2 作为参考节点，则

$$u_1=\frac{\frac{6}{2}-\frac{18}{3}}{\frac{1}{2}+\frac{1}{3}+\frac{1}{6}}=-3\text{V}$$

∴

$$i(0_+)=\frac{u_1}{6}=-0.5\text{A},\ i_C(0_+)=\frac{u_1-6}{2}=-4.5\text{A}$$

这样，就将三个待求量的初始值求出来了。要求换路后的稳态值，即求 $t\to\infty$ 时的值，此时电容以开路替代，而得电路如图 7-5-6 所示。由图可见，$i(\infty)=-18/(3+6)=-2\text{A}$，$i_C(\infty)=0$，$u_C(\infty)=6\times i(\infty)=-12\text{V}$。至于求 τ，实际上是求 R_0C 是已知的，这只要求电容处于开路（作为输出端口）时含源二端网络的输出电阻（本例则可直接求出含源二端网络中独立源取零值的输入电阻），很易看出 $R_0=(3/6)+2=4\Omega$。

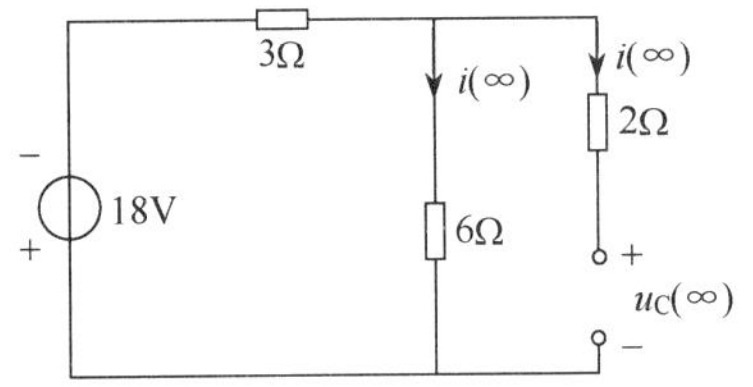

图 7-5-5　$t=0_+$时的等效电路，电容初始值等效为一电压源

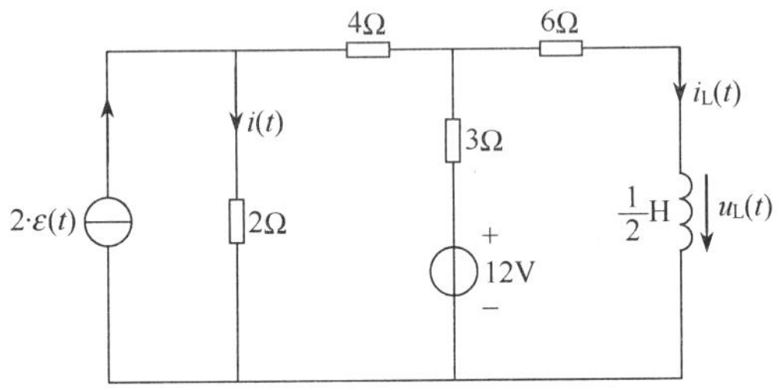

图 7-5-6　$t\to\infty$ 时等效电路

故

$$\tau=R_0C=4\times1/2=2\text{s}$$

根据式（7-5-15）得

$$u_C(t)=\left[-12+(6+12)e^{-\frac{t}{2}}\right]\cdot\varepsilon(t)=\left(-12+18e^{-\frac{t}{2}}\right)\cdot\varepsilon(t)\text{V}$$

$$i_C(t)=-4.5e^{-\frac{t}{2}}\cdot\varepsilon(t)\text{A},\ i(t)=\left(-2+1.5e^{-\frac{t}{2}}\right)\cdot\varepsilon(t)\text{A}$$

当然，本例也可以用三要素法先求出 $u_C(t)$，再根据电容电流 $i_C(t)=C\text{d}u_C(t)/\text{d}t$ 求出 $i_C(t)$，再根据 $i(t)=\left[u_C(t)+2i_C(t)\right]/6$ 求出支路电流 $i(t)$。

例 7-5-2　如图 7-5-7 所示电路，在电流源接通电路以前，电路已达稳态，试求 $i_L(t)$、$u_L(t)$

与 $i(\mathrm{t})$。

解：按题意，电流源为 $2\cdot\varepsilon(t)$，即在 $t=0$ 时电流源才接通电路，因此是在 $t=0$ 时换路；由图可见，换路前（$t=0_-$），电流源支路开路，故状态变量在 $t=0_-$ 时的值 $i_{\mathrm{L}}(0_-)=1\mathrm{A}$。由换路定则，可得 $i_{\mathrm{L}}(0_+)=i_{\mathrm{L}}(0_-)=1\mathrm{A}$。

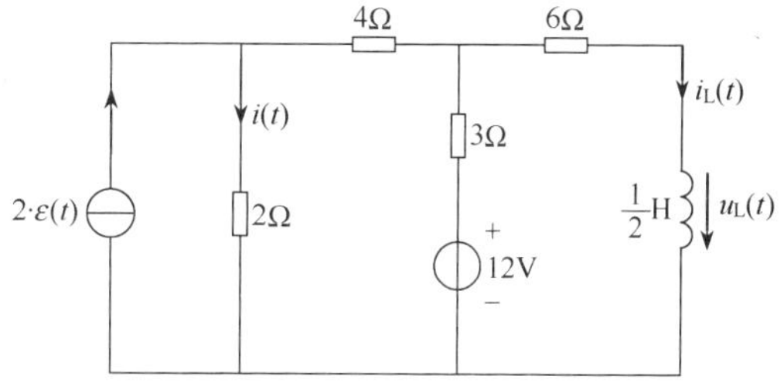

图 7-5-7　例 7-5-2 的图

再作出 $t=0_+$ 时的等效电路以确定 $u_{\mathrm{L}}(0_+)$ 与 $i(0_+)$。由于 $i_{\mathrm{L}}(0_+)=1\mathrm{A}$，故电感应等效为电激流为 1A 的电流源。由图 7-5-8 可见，若采用回路电流法，则

$$I_1=2\mathrm{A},\ I_2=1\mathrm{A},\ 2I_1+3I_2+9I_3=12$$

得

$$I_3=(12-4-3)/9=5/9\mathrm{A}$$

于是

$$i(0_+)=I_1+I_3=23/9\mathrm{A},\ u_{\mathrm{L}}(0_+)=12-3(I_2+I_3)-6=4/3\mathrm{V}$$

换路后，当电路重又达稳态时，$u_{\mathrm{L}}(\infty)=0$，电感复用短路线替代而得图 7-5-9，这就是 $t\to\infty$ 时的等效电路。由图可见若仍采用回路电流法，则有

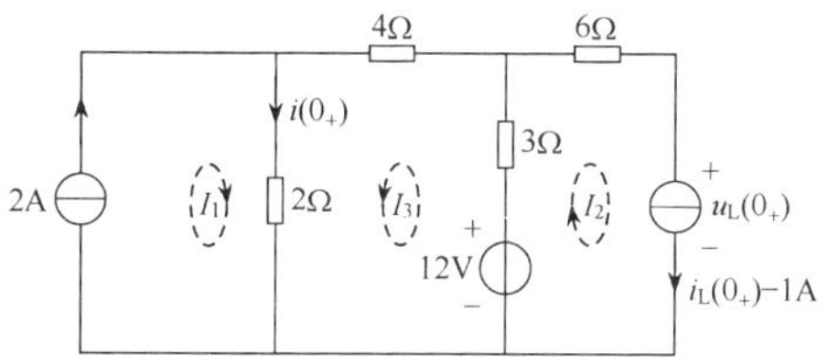

图 7-5-8　t=0₊时的等效电路，电感初始电流值等效为一电流源

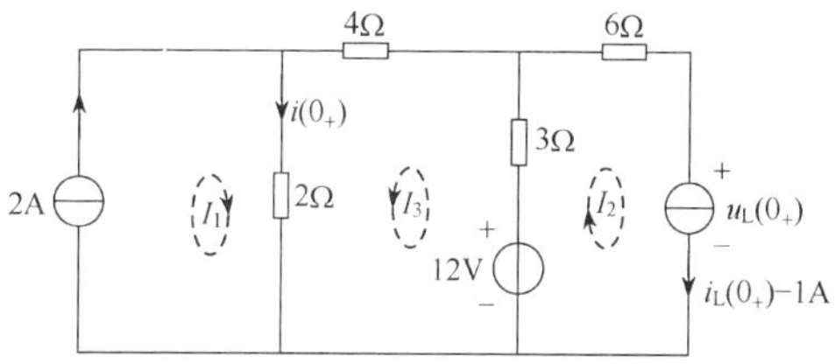

图 7-5-9　$t\to\infty$ 时等效电路

$$I_1=2\mathrm{A}, -2I_1+9I_2-3I_3=-12\mathrm{V}, -3I_2+9I_3=12\mathrm{A}$$

解之，得

$$I_2=-0.5\mathrm{A},\ I_3=7/6\mathrm{A}$$

于是得

$$i_{\mathrm{L}}(\infty)=I_3=7/6\mathrm{A},\ i(\infty)=I_1-I_2=2.5\mathrm{A}$$

由电感 L 作为输出端口的含源二端网络的输出电阻，可用独立源取零值时的输入电阻求出：

$$R_0=8\Omega$$

故

$$\tau=L/R_0=1/16\mathrm{s}$$

于是根据式（7-5-15）得

$$i_{\mathrm{L}}(t)=\left(\frac{7}{6}-\frac{1}{6}\mathrm{e}^{-16t}\right)\cdot\varepsilon(t)\mathrm{A}$$

$$i(t)=\left(\frac{5}{2}+\frac{1}{18}\mathrm{e}^{-16t}\right)\cdot\varepsilon(t)\mathrm{A}$$

$$u_{\mathrm{L}}(t)=\frac{4}{3}\mathrm{e}^{-16t}\cdot\varepsilon(t)\mathrm{V}$$

由上述两道例题，可知：三要素法不仅可以用来求状态变量，也可用来求非状态变量。只是在求非状态变量时，一定要注意：①确定初始值，必须由 $t=0_+$（或 t_{0_+}）时的等效电路来求；且此时状态变量初始值应等效为对应电源；若初始状态为 0，则电容应以短路线、电感应以开路替代。②确定换路后的稳态值（$t\to\infty$），同样应从 $t\to\infty$ 时的稳态电路求；同时电感应以短路线、电容应以开路替代。动态元件的 $u-i$ 特性一定要搞清楚。否则将得不出正确的等效电路，自然也就找不到正确答案。在用等效电源替代动态元件时，一定要注意参考方向的一致性。

7.6 RC 微分与积分电路

7.6.1 RC 微分与耦合电路

微分与耦合电路是同一种结构的电路在不同条件下的两种结果，微分电路在数字（开关）电路及计算机接口电路中都有大量应用，耦合电路则在传输信号的电路中有着广泛的应用。RC 电路是微分电路的一种基本形式，采用 RC 元件来组成耦合电路是三种（阻容、变压器、直接）耦合电路应用得最多的一种。无论是 RC 微分还是耦合电路，电路结构均如图 7-6-1 所示，图中 ab 是输入端口，fg 为输出端口，其输入、输出电压分别用 u_i 和 u_o 表示。电路是从电阻两端取输出。

图 7-6-1 所示 RC 电路成为微分电路的基本条件是信号有突变，而且“微分作用”也仅在信号有突变时方表现出来；若输入信号是连续变化的，则电路将仅起传输信号的作用，即只能是 RC 耦合电路，设输入端口输入系列矩形脉冲信号，并假定其周期为 T_K［图 7-6-2(a)］；对于这类信号，作为 RC 一阶电路，有暂态过程，由于其时间常数 $\tau = RC$，通常又可以认为，经过 5τ 时间，暂态过程结束，电容电压 u_C 将与输入电压相等，输出电压 $u_o = 0$。故当 $T_K >> \tau$ 时，这时输出只反映输入的变化部分。图 7-6-2 中给出了 $T_K = 10\tau$ 时的波形；图 7-6-3 则给出了 $T_K = 20\tau$ 时的波形。由波形图可以看出：输出电压 u_o 仅反映输入信号电压的变化部分，且当 T_K 足够大（和 RC 电路时间常数 τ 相比）时，$u_C \approx u_i$，即电容电压近似与输入电压相等。由于 $u_o = Ri_C = RC\frac{du_C}{dt}$，即输出电压是输入电压的导数（微分）。微分电路因此而得名。

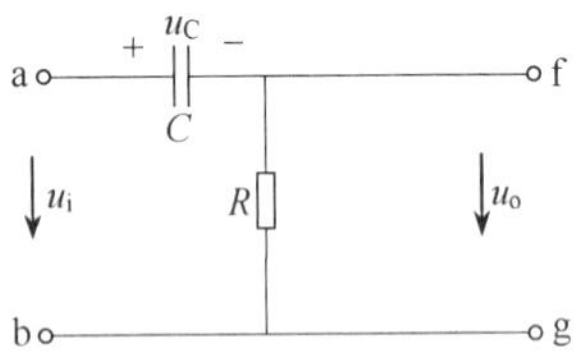

图 7-6-1 RC 电路

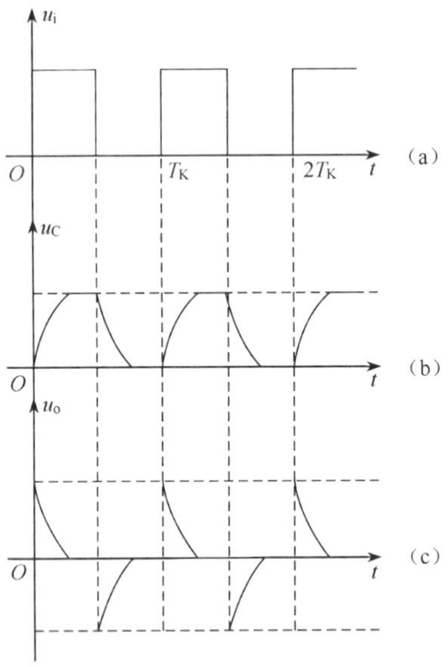

图 7-6-2 当 T_k=10τ 时各电压波形

同一电路，且输入信号也相同，但若 $T_K << \tau$ 时，这时输出信号将基本与输入信号波形接近，这就是通常所说的 RC 耦合电路，图 7-6-4 给出了 $\tau = 20T_K$ 时的波形，可见 RC 耦合电路不可能使输出信号和输入信号波形完全相同（即使信号不失真）。之所以此时波形呈如此规律，是由于信号电压还来不及给电容充电时，信号电压即已消失（为 0），于是电容又接着放电。也可以说，高频信号易于从电容中通过而加至输出电阻上。

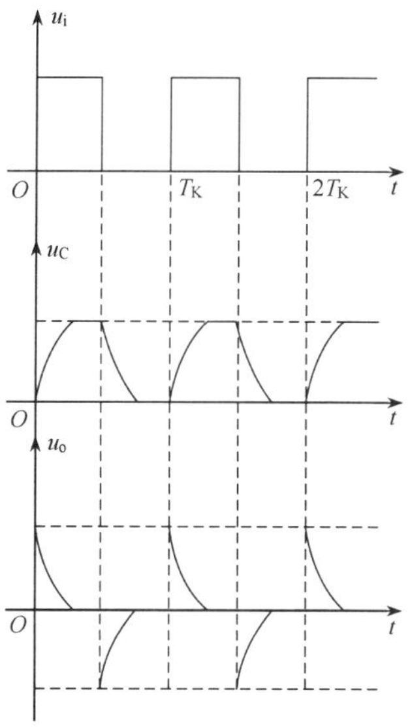

图 7-6-3　当 T_K=20τ 时各电压波形

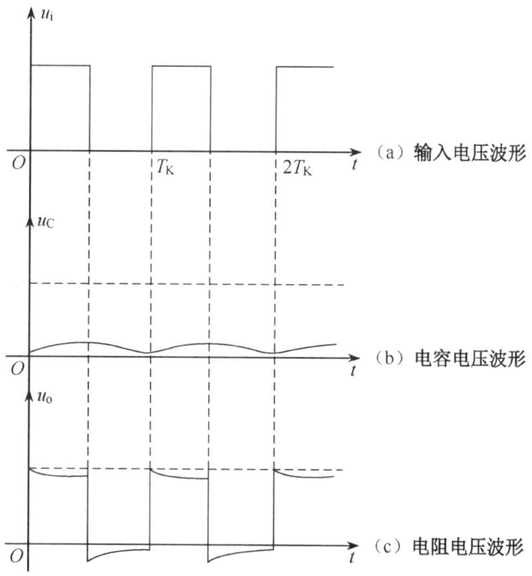

图 7-6-4　当 τ=20T_K 时各电压波形

7.6.2　积分电路

尽管积分电路的组成和微分电路相同，都是 RC 一阶电路，但这两种电路输出端口的取法不同。积分电路是从电容两端取输出，如图 7-6-5 所示。同时，要实现电路的积分作用，还必须满足输入脉冲周期与 RC 电路时间常数之间 $T_K << \tau$ 的关系，只有满足这一条件，才有 $u_R \approx u_i$ 的结果。因为电容电压（输出电压）

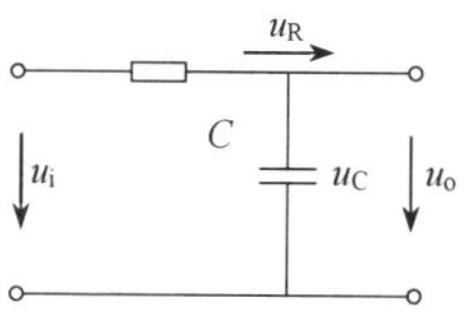

图 7-6-5　RC 积分电路

$$u_o = u_C = \frac{1}{C}\int_{-\infty}^{t} i\mathrm{d}t = \frac{1}{C}\int_{-\infty}^{t} \frac{u_R}{R}\mathrm{d}t \approx \frac{1}{RC}\int_{-\infty}^{t} u_i\mathrm{d}t \qquad (7\text{-}6\text{-}1)$$

即输出电压为输入电压的积分，积分电路是由此得名的。工程上，常利用积分电路来获得锯齿波。

习　题　7

7-1　写出题图 7-1 所示电路以 $u_C(t)$ 为输出变量的输入—输出方程。

7-2　题图 7-2 所示电路在换路前已达稳态。试求电路的初始状态以及开关断开后电路的初始条件。

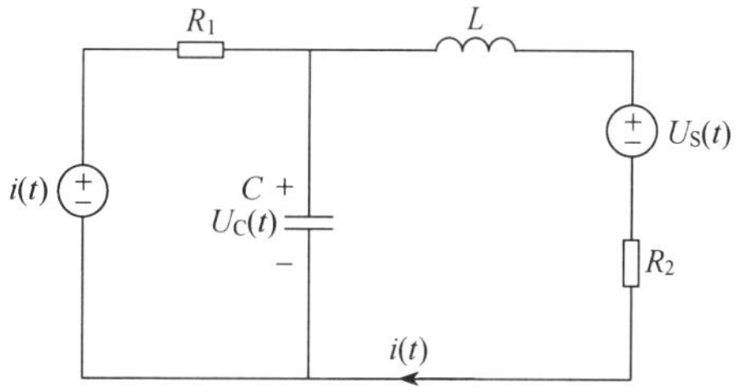

题 7-1 图

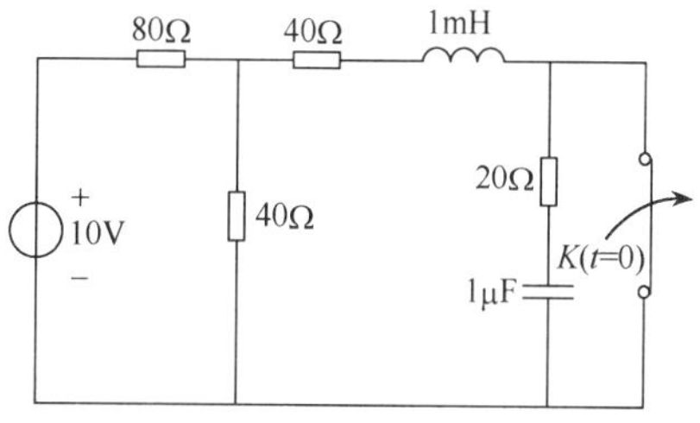

题 7-2 图

7-3　已知题图 7-3 所示电路中，R_1=15Ω，R_2=5Ω，R=5Ω，L=1H，C=10μF。试求电路的

初始状态以及初始条件。

7-4　试求题图所示电路的初始状态与初始条件。

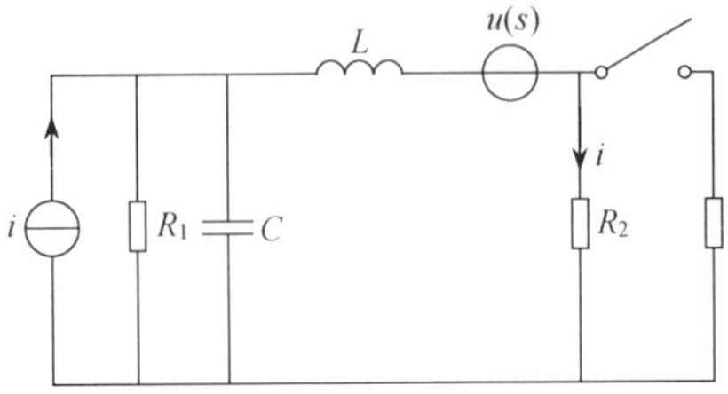

题 7-3 图

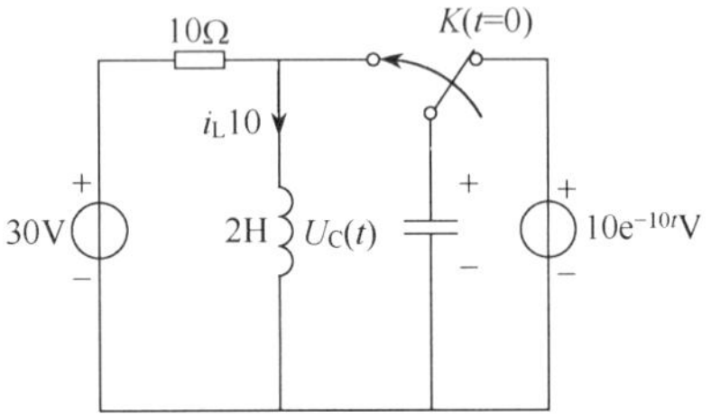

题 7-4 图

7-5　如题图所示电路原已达稳态，在 $t=0$ 时断开开关 K，试求 $u_C(t)$ 与 $i_C(t)$。

7-6　题图所示电路原已达稳态，在 t=0 时接通开关 K，试求响应 $i_L(t)$。

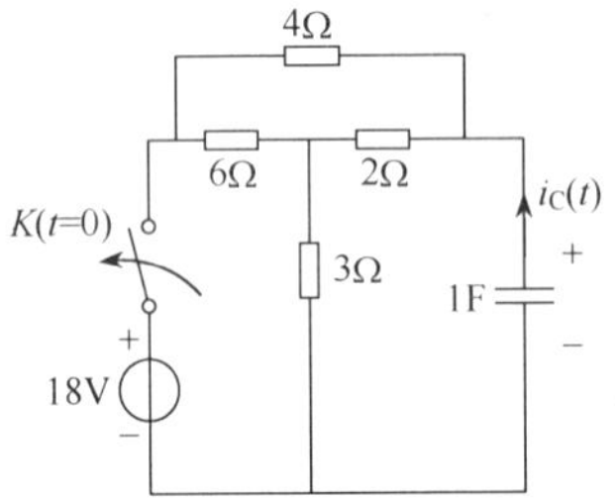

题 7-5 图

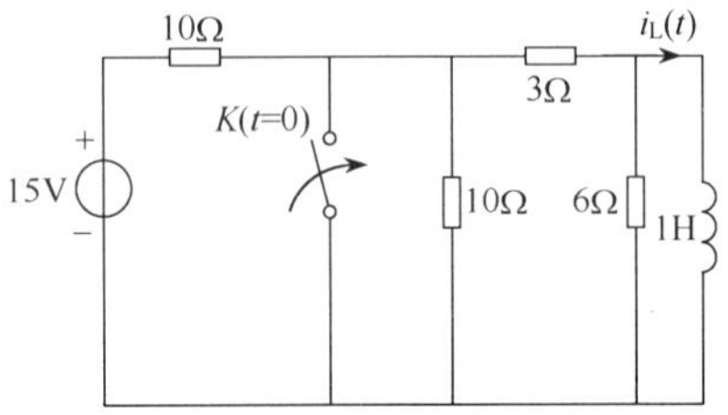

题 7-6 图

7-7　题图所示电路已达稳态，为了保证在切断开关 K_1 时，不致造成 K_1 两端的过电压，故用开关 K_2 同时接入放电电阻，欲使（a）放电电阻端电压初始值不超过 500V；（b）同时放电过程在 1s 内基本结束；R_f 应如何选择？

7-8　题图所示电路，已知 $u_C(0_-)$=100V，试求电路的零输入响应 $u_C(t)$。

7-9　题图所示电路已达稳态，在 t=0 时切断开关 K，试求响应 $i(t)$。

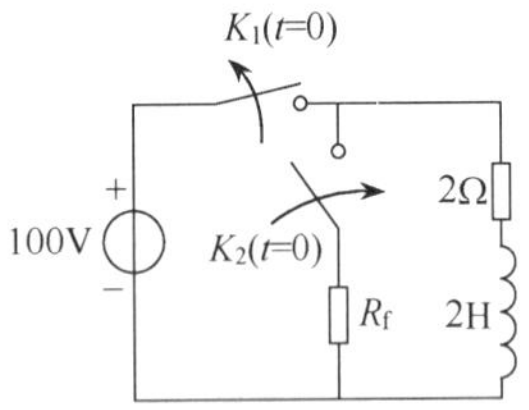

题 7-7 图

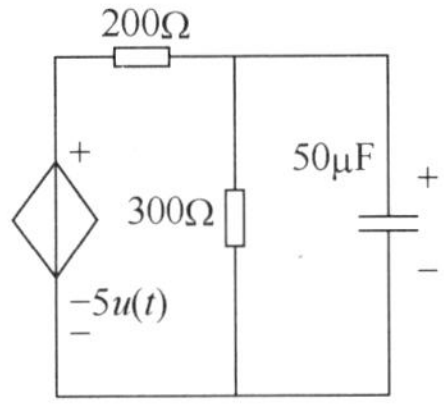

题 7-8 图

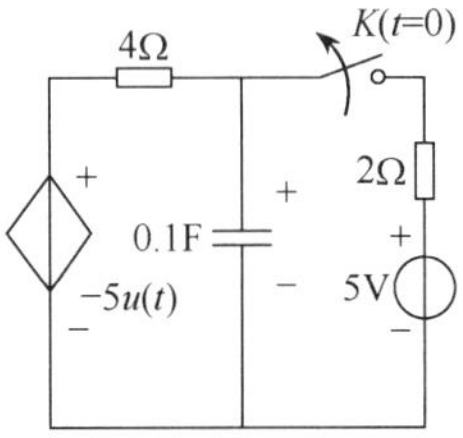

题 7-9 图

7-10　如题图所示电路。求电路的零状态响应 $u_C(t)$ 和 $i_L(t)$。

7-11　题图所示电路。试求零状态响应 u_C(t)。

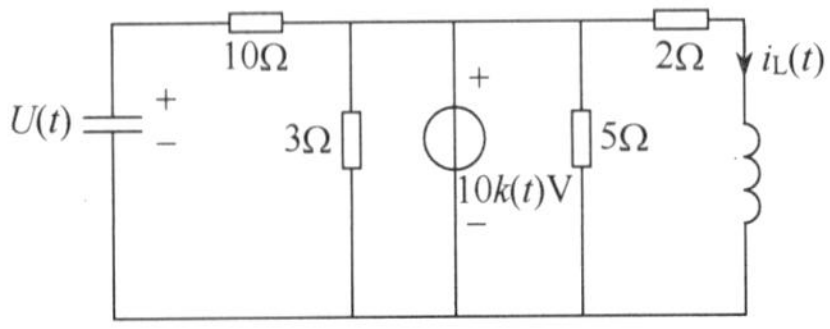

题 7-10 图

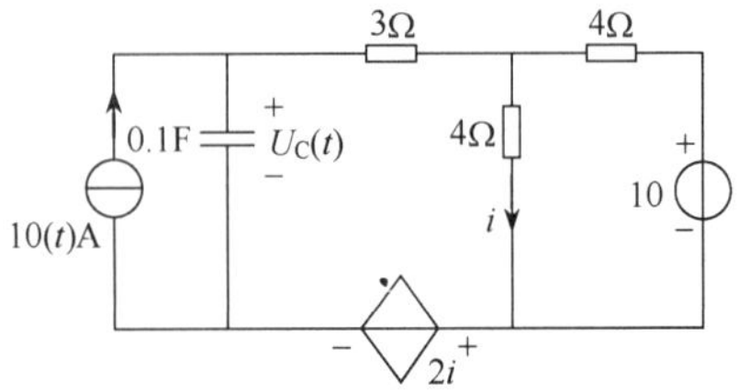

题 7-11 图

第 8 章　复频域分析

复频域分析方法是将求解动态电路全响应的经典方法（解微分方程方法）化为求解代数方程的方法，这就给求解高阶电路带来很大方便。有段时间它曾被认为是一种非常优越的方法，但由于高阶电路的代数方程的复杂性，使一些复杂电路的全响应的解难以求得。而且又无一套系统的编写方程的方法。因此，使用计算机进行复频域计算有诸多不便，不过在求全响应中仍不失为一种有效的方程。

本章要求掌握多种复杂（高阶）电路的象函数形式的代数方程编写方法。正确掌握运算图画法。并能求几种可用常用函数形式表示的高阶电路的全响应。

8.1　拉普拉斯变换及其基本性质

8.1.1　拉普拉斯变换

拉普拉斯变换简称拉氏变换。一个定义在时间区间 $0 \leqslant t < \infty$ 的激励函数 $f(t)$是一个时域函数。其拉氏变换被定义为

$$\int_{0_-}^{\infty} f(t)\mathrm{e}^{-st}\,\mathrm{d}t$$

并用下述符号表示

$$L[f(t)] - F(s) = \int_{0_-}^{\infty} f(t)\mathrm{e}^{-st}\,\mathrm{d}t \tag{8-1-1}$$

式中，s 是一个复数，$s = \sigma + \mathrm{j}w$，σ是大于零的实数；$F(s)$是一个复频域函数，并称 $F(s)$为 $f(t)$的象函数，$f(t)$则称为原函数。式（8-1-1）称为拉氏正变换，简称拉氏变换。可见，拉氏变换是时域分析变换为复频域分析。

若已知象函数 $F(s)$，应用下述定义亦可求原函数

$$f(t) = \frac{1}{2\pi\mathrm{j}} \int_{c-\mathrm{j}w}^{c+\mathrm{j}w} F(s)\mathrm{e}^{st}\,\mathrm{d}s \tag{8-1-2}$$

或用下述符号表示

$$L^{-1}[F(s)] = f(t) = \frac{1}{2\pi\mathrm{j}} \int_{c-\mathrm{j}w}^{c+\mathrm{j}w} F(s)\mathrm{e}^{st}\,\mathrm{d}s \tag{8-1-3}$$

式（8-1-3）定义为拉氏反变换，式中 c 为实数。由定义式可见，拉氏反变换式将复频域分析的问题变为时域分析的问题。本章均是将时域分析的问题通过拉氏反变换求得电路的全响应。故定名为复频域分析，也叫拉普拉斯变换。

应用拉氏变换可以将求全响应的经典方法、解微分方程的方法变为解代数方程的方法。

在应用拉氏变换求线性电路的全响应时，是根据拉氏变换的性质；应用这些性质可以很方

便地得出某些时域函数的象函数，应用求解象函数代数方程的运算法，得出某些标准的象函数。根据象函数与原函数的典型关系，得出原函数，即求得全响应。

8.1.2 应用拉氏变换定义

应用拉氏变换定义直接求出的几种常见激励源的象函数及其对应关系方法如下。

1. 单位阶跃函数的象函数 $L[\varepsilon(t)]$

$$L[\varepsilon(t)] = \int_{0_-}^{\infty} \varepsilon(t)\mathrm{e}^{-st}\mathrm{d}t = -\frac{1}{s}\mathrm{e}^{-st}\Big|_{0_-}^{\infty} = \frac{1}{s}$$

即单位阶跃函数的象函数

$$L[\varepsilon(t)] = \frac{1}{s} \tag{8-1-4}$$

则形如 $1/s$ 的象函数的原函数即为单位阶跃函数 $\varepsilon(t)$，用等式表示为

$$L^{-1}\left[\frac{1}{s}\right] = s(t) \tag{8-1-5}$$

则幅值为 A 的阶跃函数 $A\cdot\varepsilon(t)$ 的象函数为

$$L[A\cdot\varepsilon(t)] = \frac{A}{s} \tag{8-1-6}$$

象函数为 A/s 的原函数为

$$L^{-1}[\frac{A}{s}] = A\cdot\varepsilon(t) \tag{8-1-7}$$

2. 单位冲激函数的象函数 $\sigma(t)$ 的象函数 $L[\sigma(t)]$

$$L[\sigma(t)] = \int_{0_-}^{\infty} \sigma(t)\mathrm{e}^{-st}\mathrm{d}t = \int_{0_-}^{0^+} \sigma(t)\mathrm{e}^{-st}\mathrm{d}t = e^{-s(0)} = 1$$

即单位冲激函数的象函数

$$L[\sigma(t)] = 1 \tag{8-1-8}$$

即象函数为 1 的原函数为单位冲激函数 $\sigma(t)$。即

$$L^{-1}[1] = \sigma(t) \tag{8-1-9}$$

于是强度为 A 的冲激函数 $A\,\delta(t)$ 的象函数

$$L[A\sigma(t)] = A \tag{8-1-10}$$

常数为 A 的象函数的原函数为

$$L^{-1}[a] = A\sigma(t) \tag{8-1-11}$$

3. 衰减指数函数 $\mathrm{e}^{-\alpha t}$ 的象函数 $L[\mathrm{e}^{-\alpha t}]$

$$L[\mathrm{e}^{-at}] = \int_{0_-}^{\infty} \mathrm{e}^{-at}\mathrm{e}^{-st}\mathrm{d}t = \int_{0_-}^{\infty} \mathrm{e}^{-(s+a)t}\mathrm{d}t = \frac{-1}{s+a}\mathrm{e}^{-(s+a)t}\Big|_{o}^{\infty} = \frac{1}{s+a} \tag{8-1-12}$$

$$\therefore \quad L[\mathrm{e}^{-at}] = \mathrm{e}^{-at}$$

则形如 $1/(s+\alpha)$ 象函数的原函数

$$L^{-1}\left[\frac{1}{s+\alpha}\right]=\mathrm{e}^{-at} \tag{8-1-13}$$

式中，$\alpha>0$，为实数。

幅值为 A 的衰减指函数 $A\mathrm{e}^{-at}$ 的象函数

$$L[A\mathrm{e}^{-at}]=\frac{A}{s+\alpha} \tag{8-1-14}$$

式中，A 为实数。

$$L^{-1}\left[\frac{A}{s+\alpha}\right]=A\mathrm{e}^{-at} \tag{8-1-15}$$

8.1.3　拉氏变换的基本性质及其应用

性质 1　线形组合定理。

若 $L[f_1(t)]=F_1(s),L[f_2(t)]=F_2(s),\cdots,L[f_n(t)]=F_n(s)$;且$A$，$A_2,\cdots,A_n$为常数，则

$$\mathrm{L}[A_1f_1(t)\pm A_2f_2(t)\pm\cdots\pm A_nf_n(t)]=A_1F_1(s)\pm A_2F_2(s)\pm\cdots\pm A_nF_n(s) \tag{8-1-16}$$

其实，这就是积分的性质。即若干和函数的积分等于这些函数积分之和。

电压 $u(t)$及电流 $i(t)$用函数形式表示时，往往又称为运算形式。应用线性组合定理，不难得出线性电阻的 u–i 关系 KL 的运算形式。

应用 1　我们知道，线性电阻的 u–i 约束关系为

$$u(t)=Ri(t)及i(t)=Gu(t)$$

设　$$L[u(t)]=U(s),\ L[i(t)]=I(s)$$

则　$$L[u(t)]=L[Ri(t)]$$

或写成　$$U(s)=RI(s) \tag{8-1-17}$$

及　$$I(s)=GU(s) \tag{8-1-18}$$

于是　$$R=U(s)/I(s),G=I(s)/U(s) \tag{8-1-19}$$

R 和 G 分别称为运算电阻和运算电导。显然运算电阻等于电阻，运算电导等于电导。

应用 2　KCL 的时域形式为

$$i_1(t)+i_2(t)+\cdots+i_n(t)=0$$

若　$$L[i_1(t)]=I_1(s),\quad L[i_2(t)]=I_2(s),\cdots,\quad L[i_n(t)]=I_n(s),$$

且　$$L[0]=0$$

则 KCL 的运算形式为

$$L[i_1(t)+i_2(t)+\cdots+i_n(t)]=I_1(s)+I_2(s)+\cdots+I_n(s)=0 \tag{8-1-20}$$

同理，亦可得出 KVL 的运算形式

$$L[u_1(t)+u_2(t)+\cdots+u_n(t)]=U_1(s)+U_2(s)+\cdots+U_n(s)=0 \tag{8-1-21}$$

式中　$$L[u_1(t)]=U_1(s),L[u_2(t)]=U_2(s),\cdots,L[u_n(t)]=U_n(s)$$

性质 2　时域导数性质。即求时域函数 $f(t)$导数的象函数

$$L\left[\frac{\mathrm{d}f(t)}{\mathrm{d}t}\right]=L[f^{'}(t)]=\int_{0-}^{\infty}f^{'}(t)\mathrm{e}^{-st}\mathrm{d}t$$

若设 $u=f(t)$，则 $\mathrm{d}u=f(t)\mathrm{d}t$；又设 $v=\mathrm{e}^{-st}$，$\mathrm{d}v=-s\mathrm{e}^{-st}$ 即可应用分部积分法。

于是

$$\int_{0_-}^{\infty} f'(t)\mathrm{e}^{-st}\mathrm{d}t = \int_{0_-}^{\infty} v\mathrm{d}u = uv\Big|_{0_-}^{\infty} - L\int_{0_-}^{\infty} u\mathrm{d}v = f(t)\mathrm{e}^{-st}\Big|_{0_-}^{\infty} + s\int_{0_-}^{\infty} f(t)\mathrm{e}^{-st}\mathrm{d}t = sF(s) - f(0_-)$$

式中

$$F(s) = L[f(s)] = \int_{0_-}^{\infty} f(t)\mathrm{e}^{-st}\mathrm{d}t$$

即

$$L[f'(t)] = sF(s) - f(0_-) \tag{8-1-22}$$

不难推出

$$L[f''(t)] = L\left\{\frac{\mathrm{d}}{\mathrm{d}t}[f'(t)]\right\} = L\left\{\frac{\mathrm{d}}{\mathrm{d}t}g(t)\right\} = L[g'(t)] = sG(s) - g(0_-)$$

而

$$G(s) = L[f'(t)] = sF(s) - f(0_-)\text{，}\quad g(0_-) = f'(0_-)$$

于是有

$$L[f''(t)] = sG(s) - g(0_-) = s[sF(s) - f(0_-)] - f'(0_-)$$

故

$$L[f''(t)] = s^2F(s) - sf(0_-) - f'(0_-) \tag{8-1-23}$$

依次类推，可得

$$L[f^{(n)}(t)] = s^nF(s) - s^{n-1}f(0_-) - s^{n-2}f'(0_-) - \cdots - sf^{(n-2)}(0_-) - f^{(n-1)}(0_-) \tag{8-1-24}$$

应用 1　电容 u-i 时域关系的象函数形式

已知电容时域关系为

$$i_{\mathrm{C}}(t) = C\frac{\mathrm{d}u_{\mathrm{C}}(s)}{\mathrm{d}t}$$

因为　$L[i_{\mathrm{C}}(t)] = I_{\mathrm{C}}(s)$，$L[u'_{\mathrm{C}}(t)] = sU_{\mathrm{C}}(s) - u_{\mathrm{C}}(0_-)$

故电容 u-i 关系的运算形式为

$$I_{\mathrm{C}}(s) = sCU_{\mathrm{C}}(s) - Cu_{\mathrm{C}}(0_-) \tag{8-1-25}$$

当 $u_{\mathrm{C}}(0_-) = 0$ 时，即电容原始状态为 0 时，式（8-1-25）变为

$$I_{\mathrm{C}}(s) = sCU_{\mathrm{C}}(s) \tag{8-1-26}$$

$$\frac{U_{\mathrm{C}}(s)}{I_{\mathrm{C}}(s)} = \frac{1}{sC} = Z_{\mathrm{C}}(s) \tag{8-1-27}$$

$Z_{\mathrm{C}}(s)$ 定义为运算容抗。

$$\frac{I_{\mathrm{C}}(s)}{U_{\mathrm{C}}(s)} = sC = Y_{\mathrm{C}}(s)$$

$Y_{\mathrm{C}}(s)$ 定义为运算容纳。

而当 $u_{\mathrm{C}}(0_-) \neq 0$ 时，$Cu_{\mathrm{C}}(0_-)$ 可以用一个等效电流源表示，故此时电容可用图 8-1-1 等效。电路中，若电压、电流用它们的象函数表示，电容用运算容抗或运算容纳表示，则此时的电路图称为运算图。图 8-1-1 所示就是初始值下为零的电容等效运算图之一。若将式（8-1-25）两边同除以 sC，并移项整理，又可得到

$$U_{\mathrm{C}}(s) = \frac{1}{sC}I_{\mathrm{C}}(s) + \frac{1}{s}U_{\mathrm{C}}(0_-) \tag{8-1-28}$$

依式（8-1-28）可作出此时等效运算图如图 8-1-2 所示。

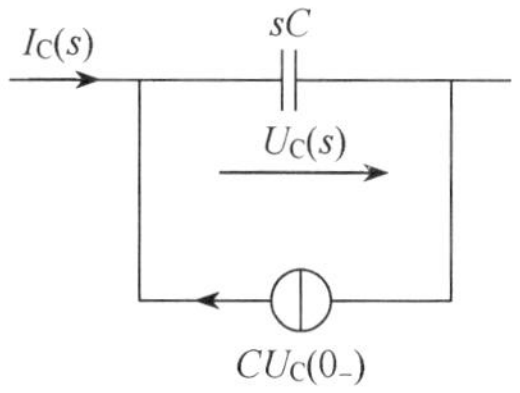

图 8-1-1　初始值不为零的电容等效运算图

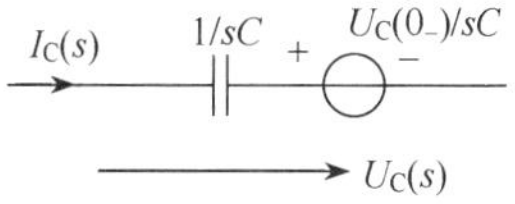

图 8-1-2　初始值不为 0 的另一种形式的电容等效运算图

注意：此时电压的象函数是电容和等效电压源串联之后的总电压，而并非电容两端电压。

应用 2　电感元件象函数（复频域）形式的 u-i 关系。已知电感元件 u-i 关系的时域形式为

$$U_L(t) = L\frac{\mathrm{d}i_L(t)}{\mathrm{d}t}$$

若 $L[u_L(t)] = U_L(s)$，$L[i_L(t)] = I_L(s)$，则电感元件的复频域形式由时域导数性质可得

$$U_L(s) = sLI_L(s) - Li_L(0_-) \tag{8-1-29}$$

当电感原始状态为 0 时，即 $i_L(0_-) = 0$，则有

$$U_L(s) = sLI_L(s) \tag{8-1-30}$$

于是

$$\frac{U_L(s)}{I_L(s)} = sL = Z_L(s) \tag{8-1-31}$$

定义为运算感抗。又

$$\frac{I_L(s)}{U_L(s)} = \frac{1}{sL} = Y_L(s) \tag{8-1-32}$$

定义为运算感纳。和正弦稳态电路对比发现：电阻元件的运算形式和正弦电路相同；而电容和电感元件却只要将正弦电路中虚数“$\mathrm{j}\omega$”代之以复数“s”就可分别有复感抗、复容抗、复感纳、复容纳得到运算感抗、运算容抗、运算感纳、运算容纳。且动态元件的原始状态为 0 时，电阻、电感、电容三种基本电路元件的象函数形式的伏安关系与正弦电路中三种元件的相量形式的伏安关系完全相同。在数学运算上是以“s”代“$\mathrm{j}\omega$”，名称以上“运算”二字取代“复”字。由于根据运算形式可以求出全响应，因此对于非零原始状态的动态电路的运算图就与相量图不相同了，这是在讨论时要特别加以注意的。

若电感的原始状态不为 0，则依据式（8-1-29）可得其运算图如图 8-1-3 所示。同样应注意的是：$U_L(s)$ 是电感和电压源串联后的总电压，且应注意参考方向的关系。如果将等式（8-1-29）两边同除以 sL，且移项整理可得

$$I_L(s) = \frac{U_L(s)}{sL} + \frac{i_L(0_-)}{s} \tag{8-1-33}$$

于是由式（8-1-33）又可得到另一形式的电感的等效运算图如图 8-1-4 所示。

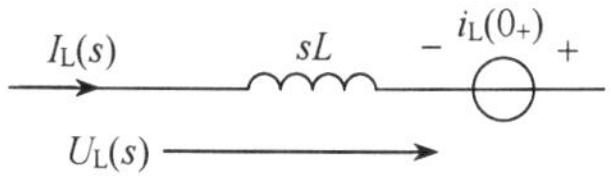

图 8-1-3　初始值不为 0 的电感等效运算图

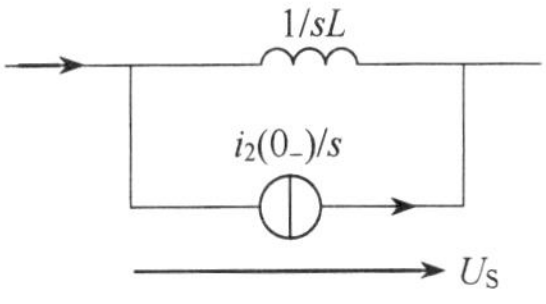

图 8-1-4　这是电感的另一种等效运算图

应用 3 互感元件复频域形式的伏安关系。对于互感元件，时域形式伏安关系见图 8-1-5，有

$$u_1(t)=L_1\frac{\mathrm{d}i_1(t)}{\mathrm{d}t}+M\frac{\mathrm{d}i_2(t)}{\mathrm{d}t},\ u_2(t)=M\frac{\mathrm{d}i_1(t)}{\mathrm{d}t}+L_1\frac{\mathrm{d}i_2(t)}{\mathrm{d}t} \tag{8-1-34}$$

其运算形式按时域导数性质有

$$\begin{aligned}U_1(s)&=sL_1I_1(s)-L_1i_1(0_-)+sMI_2(s)-Mi_2(0_-)\\U_2(s)&=sMI_1(s)-Mi_1(0_-)+sL_2I_2(s)-L_2i_2(0_-)\end{aligned} \tag{8-1-35}$$

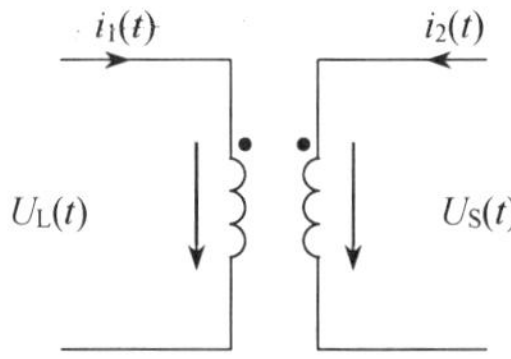

图 8-1-5 互感元件时域图

这里就不再一一列举了。

推论 1 RLC 串联电路复频域形式的伏安关系，先由零原始状态开始讨论。由 KL 的象函数关系知 $U(s)=U_R(s)+U_L(s)+U_C(s)$

由式（8-1-17）、式（8-1-26）、式（8-1-30）可得

$$U(s)=(R+sL+\frac{1}{sC})I(s) \tag{8-1-36}$$

或

$$U(s)=z(s)I(s) \tag{8-1-37}$$

式（8-1-37）中

$$Z(s)=R+sL+\frac{1}{sC} \tag{8-1-38}$$

$Z(s)$定义为运算阻抗，和复阻抗

$$Z=R+\mathrm{j}\omega L+\frac{1}{\mathrm{j}\omega C}$$

对比，同样遵循这样一个原则，即只要将复阻抗中的虚数“$\mathrm{j}\omega$”用复数“s”替代，就可以由相量关系转化为运算关系。对于非零原始状态，图 8-1-6 将以图 8-1-7 取代，此时，依 KVL 有

$$U(s)=Z(s)I(s)-Li_Z(0_-)+\frac{u_C(0_-)}{s}$$

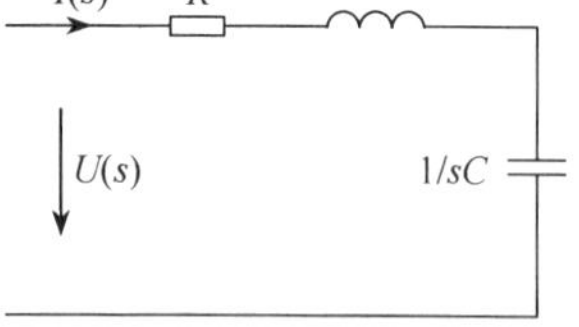

图 8-1-6 RLC 串联电路

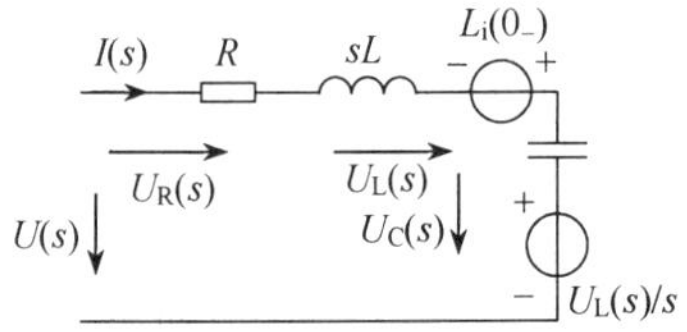

图 8-1-7 非 0 原始状态的 RLC 串联电路运算图

式中

$$Z(s)=R+sL+\frac{1}{sC}$$

仍和式（8-1-38）一样。非零状态出现在附加电源上，若要求电感或电容电压，则仍应注意，它们仍由式（8-1-28）、式（8-1-29）决定。

推论 2　利用 RLC 并联电路复频域形式的伏安关系，可在 RLC 串联电路讨论中得出类似结论。对于零原始状态情况，由于相量形式的伏安关系为

$$I=(G+\mathrm{j}\omega C+\frac{1}{\mathrm{j}\omega L})U=YU$$

只要将有效值电流、电压相量，代之电流、电压的象函数，再以“s”替代“$\mathrm{j}\omega$”，即得并联电路复频域形式的伏安关系

$$I(s)=(G+sC+\frac{1}{sL})U(s)=Y(s)U(s) \tag{8-1-39}$$

式中

$$Y(s)=G+sC+\frac{1}{sL} \tag{8-1-40}$$

$Y(s)$ 定义为运算导纳。

这里有两点要注意：① $I(s)$、$U(s)$ 仅表示瞬时电流与瞬时电压的象函数，这个瞬时电流、电压，可以是直流，直流时 $I(s)=I_S/s$，$U(s)=U_S/s$；可以是正弦交流，正弦交流时

$$I(s)=\frac{sI_S}{s^2+\omega^2},U(s)=\frac{sU_S}{s^2+\omega^2}$$

也可以是冲激电流或按指数规律衰减的电流等，相应地它们的象函数也应取对应形式。

② 运算阻抗或运算导纳中的“s”表示一复变数，在方程中它表示一变量。下面我们通过两道例题来讨论复频域分析的应用（求全相应）的方法。

例 8-1-1　如图 8-1-8 所示，设 $u_S(t)=10\varepsilon(t)\mathrm{V}$，$R=2\Omega$，$C=2\mathrm{F}$，且 $u_C(0_-)=2\mathrm{V}$。求全响应 $U_C(t)$。

解：根据题目给出的已知条件，先作出图 8-1-8 的运算图如图 8-1-9 所示。由图 8-1-9 可见

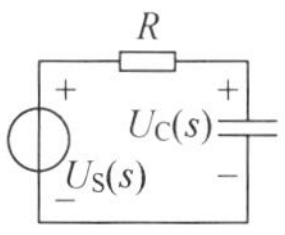

图 8-1-8　例 8-1-1 的图

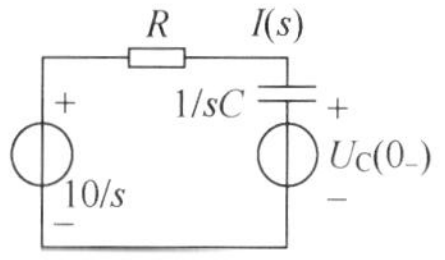

图 8-1-9　例 8-1-1 的运算图

$$U_C(s)=\frac{1}{sC}I_C(s)+\frac{u_C(0_-)}{s} \tag{8-1-41}$$

又

$$L_C(s)=\frac{\frac{10}{s}-\frac{2}{s}}{R+\frac{1}{sC}}=\frac{\frac{8}{s}}{2+\frac{1}{2s}}=\frac{16}{4s+1}=\frac{4}{s+\frac{1}{4}}$$

将结果代入式（8-1-41）可得

$$U_C(s)=\frac{1/2}{s}\cdot\frac{4}{s+\frac{1}{4}}+\frac{2}{s}=\frac{2}{s(s+\frac{1}{4})}+\frac{2}{s}=\frac{8\times\frac{1}{4}}{s(s+\frac{1}{4})}+\frac{2}{s}$$

则按式（8-1-7）与式（8-1-31）可得

$$u_C(t)=L^{-1}[U_C(s)]=2\cdot\varepsilon(t)+8(1-\mathrm{e}^{-\frac{t}{4}})\cdot\varepsilon(t)=(10-8\mathrm{e}^{-\frac{1}{4}})\cdot\varepsilon(t)$$

这道题目用“三要素法”求全响应是更简单一些；不过现在可以像在正弦稳态电路中采用相量法那样直接根据运算图列出方程。对于二阶以上电路，它的优越性是明显的（对于二阶及

二阶以上电路，必须首先列出微分方程才可能求得全响应）。

例 8-1-2 如图 8-1-10 所示电路，已知：$i_s(t)=10\cdot\varepsilon(t)\text{A}$，$R=1/2\Omega$，$L=0.1\text{H}$，且$i_\text{L}(0_-)=2\text{A}$。求全响应 $u_\text{L}(t)$ 与 $i_\text{L}(t)$。

解： 先由图 8-1-10 得到其运算图如图 8-1-11 所示。由图 8-1-11 可见

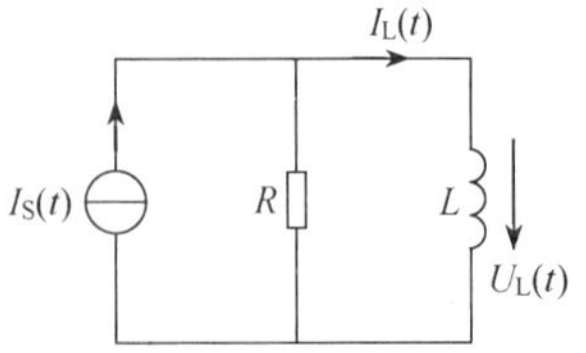

图 8-1-10　例 8-1-2 的图

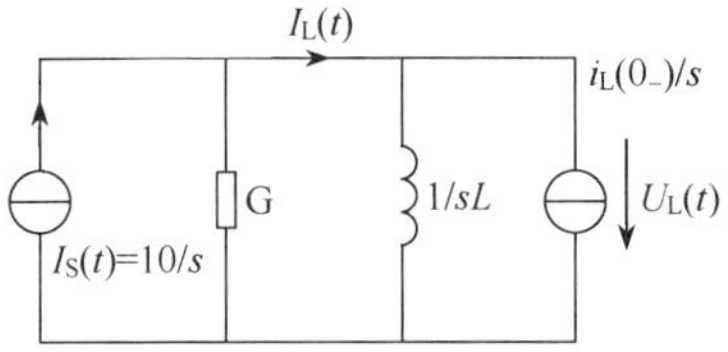

图 8-1-11　例 8-1-2 的运算图

$$U_\text{L}(s)=\frac{I_\text{S}(s)-\dfrac{i_\text{L}(0_-)}{s}}{G+\dfrac{1}{sL}}=\frac{\dfrac{10}{s}-\dfrac{2}{s}}{2+\dfrac{10}{s}}=\frac{8}{2s+10}=\frac{4}{s+5}$$

由此可得

$$u_\text{L}(t)=L^{-1}[U_\text{L}(s)]=4\text{e}^{-st}\cdot\varepsilon(t)\text{V}$$

又

$$I_\text{L}(s)=\frac{1}{sL}U_\text{L}(s)+\frac{i_\text{L}(0_-)}{s}=\frac{10}{s}\cdot\frac{4}{s+5}+\frac{2}{s}=\frac{8\times5}{s(s+5)}+\frac{2}{s}$$

于是由式（8-1-7）与式（8-1-31）可得

$$i_\text{L}(t)=L^{-1}[I_\text{L}(s)]=8(1-\text{e}^{-st})\cdot\varepsilon(t)+2\cdot\varepsilon(t)=(10-8\text{e}^{-st})\cdot\varepsilon(t)\text{A}$$

性质 3 时域积分性质。若 $L[f(t)]=F(s)$，则

$$L\left[\int_{0_-}^{t}f(t)\text{d}t\right]=\frac{F(s)}{s}$$

证明如下。

$$L\left[\int_{0_-}^{t}f(t)\text{d}t\right]=\int_{0_-}^{\infty}\left(\int_{0_-}^{t}f(t)\text{d}t\right)\text{e}^{-st}\text{d}t$$

$$u=\int_{0_-}^{t}f(t)\text{d}t,\ \ \text{d}u=f(t)\text{d}t;\ \ \text{d}v=\text{e}^{-st}\text{d}t,\ \ v=-\frac{1}{s}\text{e}^{-st}$$

于是上式可写成

$$L\left[\int_{0_-}^{t}f(t)\text{d}t\right]=\int_{0_-}^{\infty}u\text{d}v=uv\Big|_{0_-}^{\infty}-\int_{0_-}^{\infty}v\text{d}u=-\frac{1}{s}\text{e}^{-st}\int_{0_-}^{t}f(t)\text{d}t\Big|_{0_-}^{\infty}-\int_{0_-}^{\infty}u\text{d}v=uv\Big|_{0_-}^{\infty}-\frac{1}{s}\text{e}^{-st}f(t)\text{d}t$$
$$=\frac{1}{s}\int_{0_-}^{\infty}f(t)\text{e}^{-st}\text{d}t=\frac{F(s)}{s}$$

证毕。

应用 1 单位阶跃函数 $\varepsilon(t)$ 的象函数 $L[\varepsilon(t)]=1/s$，而单位斜坡函数 $r_\text{S}(t)=t\varepsilon(t)$ 可以写成单位阶跃函数的积分，即 $r_\text{S}(t)=\int\varepsilon(t)\text{d}t$，应用时域积分性质可以方便地求出单位斜坡函数 $t\varepsilon(t)$ 的象函数

$$L[r_\text{S}(t)]=L\left[\int_{0_-}^{t}f(t)\text{d}t\right]=\frac{1}{s}L[\varepsilon(t)]=\frac{1}{s^2}$$

∴
$$L[t \cdot s(t)] = \frac{1}{s^2}$$

推论

$$L[\frac{1}{n!}t^n \cdot \varepsilon(t)] = \frac{1}{s^{n+1}}$$

证明从略。

性质 4　频域位移性质。若　$L[f(t)] = F(s)$

则
$$L[\mathrm{e}^{-\alpha t} f(t)] = F(s+\alpha)$$

证明如下。

$$L[\mathrm{e}^{-\alpha t} f(t)] = \int_{0_-}^{\infty} \mathrm{e}^{-\alpha t} f(t)\mathrm{e}^{-st}\mathrm{d}t = \int_{0_-}^{\infty} f(t)\mathrm{e}^{-(S+t)}\mathrm{d}t = F(s+\alpha)$$

证毕。

其实，我们知道，单位阶跃函数 $L[\varepsilon(t)] = 1/s$，而衰减指数函数

$$L[\mathrm{e}^{-\alpha s}\alpha(t)] = \frac{1}{s+\alpha}$$

而

$$L[\mathrm{e}^{-\alpha t} s(t)] = \int_{0_-}^{\infty} \mathrm{e}^{-\alpha t}\varepsilon(t)\mathrm{e}^{-st}\mathrm{d}t = \int_{0_-}^{\infty} \varepsilon(t)\mathrm{e}^{-(\alpha+s)t}\mathrm{d}t$$

$$\int_{0_-}^{\infty} \varepsilon(t)\mathrm{e}^{-\alpha t}\mathrm{d}t = \frac{1}{s}$$

对此，也可说明频域位移性质的正确性。可见：一个时域函数乘以单位衰减指数函数的象函数，等于此时域函数的象函数中的变量。变为 s 加上衰减指数函数的指数系数。

8.1.4　一般周期函数的象函数

一般周期函数的象函数是周期为 T 的周期函数，即 $f(t) = f(t+T) = f(t+nT)$，n 为自然数。按象函数定义

$$L[f(t)] = \int_{0_-}^{\infty} f(t)\mathrm{e}^{-st}\mathrm{d}t = \int_{o}^{T} f(t)\mathrm{e}^{-st}\mathrm{d}t + \int_{T}^{2T} f(t)\mathrm{e}^{-st}\mathrm{d}t + \int_{2T}^{3T} f(t)\mathrm{e}^{-st}\mathrm{d}t + \cdots$$

若设$t = u+T$，则$\mathrm{d}t = \mathrm{d}u$, 又$t = T$时, $u = t-T = 0$, 而当$t = 2T$时, $u = t-T = T$,

于是
$$\int_{T}^{2T} f(t)\mathrm{e}^{-st}\mathrm{d}t = \int_{O}^{T} f(u+T)\mathrm{e}^{-s(u+T)}\mathrm{d}u$$

再设$t = u+2T$，则$\mathrm{d}t = \mathrm{d}u$，又$t = 2T$时，$u = t-2T = 0$，$t = 3T$时，$u = T$

于是
$$\int_{2T}^{3T} f(t)\mathrm{e}^{-st}\mathrm{d}t = \int_{o}^{T} f(u+2T)\mathrm{e}^{-s(u+2T)}\mathrm{d}u$$

$$\cdots$$

由于 $f(u+t)$，$f(u+2T)$,…等是周期函数 $f(u)$的变量 u 加周期的结果，且与变量用 u 还是用 t 表示无关；因此

$$\int_0^T f(u+T)e^{-s(u+T)}du = e^{-sT}\int_0^T f(t)e^{-st}dt$$

$$\int_0^T f(u+2T)e^{-s(u+2T)}du = e^{-2sT}\int_0^T f(t)e^{-st}dt$$

$$\cdots$$

这样

$$L[F(t)] = \int_0^T f(t)e^{-st}dt + e^{-sT}\int_0^T f(t)e^{-st}dt + e^{-2sT}\int_0^T f(t)e^{-st}dt + \cdots$$

$$= \left(1+e^{-sT}+e^{-2sT}+\cdots\right)\int_0^T f(t)e^{-st}dt$$

式$\left(1+e^{-sT}+e^{-2sT}+\cdots\right)$是公比$q=e^{-sT}$首项$a=1$的无穷递减等比级数，故和

$$S_a = \frac{a}{1-q} = \frac{1}{1-e^{-sT}}$$

∴
$$L[f(t)] = \frac{1}{1-e^{-sT}}\int f(t)e^{-st}dt$$

8.2 线性电路的复频域分析方法

前面已经结合拉氏变换的性质讨论了如何运用复频域分析方法求线性电路的全响应。与经典的方法不同之处是它将经典方法中求全响应的解微分方程的方法化为解代数方程的方法，但有一点是与经典方法相同的，这就是均需要知道电路的原始状态。在经典方法中，电路的原始状态将可确定解微分方程的初始条件；而拉氏变换中，只有知道电路的原始状态，才有可能确定是零或者非零原始状态，从而作出正确的运算图。

一般应用复频域分析方法求全响应的步骤如下。

① 确定电路的原始状态；② 根据已知条件作出零或非零原始状态的运算图；③ 由运算图，根据几种基本电路元件的伏安关系及 KL 列出运算形式的代数方程；④ 将方程化为某些特定形式，再根据拉氏反变换，求出原函数，即所求电路的全响应。

例 8-2-1 如图 8-2-1 所示，已知$u_C(0_-)=0$，求响应$u_C(t)$。

解：先作出图 8-2-1 的运算图如图 8-2-2 所示。由图 8-2-2 可得

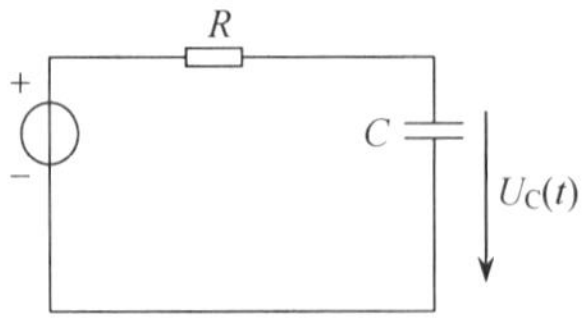

图 8-2-1 例 8-2-1 的图

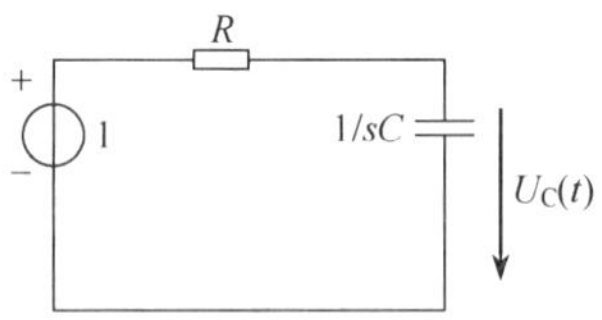

图 8-2-2 例 8-2-1 的运算图

$$U_C(s) = \frac{\frac{1}{sC}}{R+\frac{1}{sC}} = \frac{\frac{1}{RC}}{s+\frac{1}{RC}}$$

∴
$$u_C(t) = L^{-1}[U_C(s)] = \frac{1}{RC}e^{-\frac{t}{RC}}\cdot\varepsilon(t)$$

例 8-2-2　求如图 8-2-3 所示 RLC 串联电路的冲激响应 $i(t)$、$u_C(t)$。已知 $i_L(0_-)=0, u_C(0_-)=0$。

解： 同样，先作出图 8-2-3 的运算图如图 8-2-4 所示。由图 8-2-4 可得

$$I_S = \frac{1}{R+sL+\dfrac{1}{sC}} = \frac{1}{s^2+\dfrac{R}{L}s+\dfrac{1}{LC}}$$

$$U_C(s) = I(s)\frac{1}{sC} = \frac{\dfrac{1}{sC}}{s^2+\dfrac{R}{L}s+\dfrac{1}{LC}}$$

欲求 $i(t)$、$u_C(t)$，只需求上列两式的拉氏反变换，即

$$i(t) = L^{-1}[i(s)],\ \ u_C(t) = L^{-1}[U_C(s)]$$

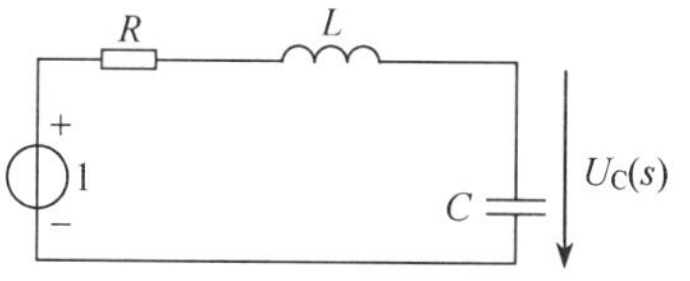

图 8-2-3　例 8-2-2 的图

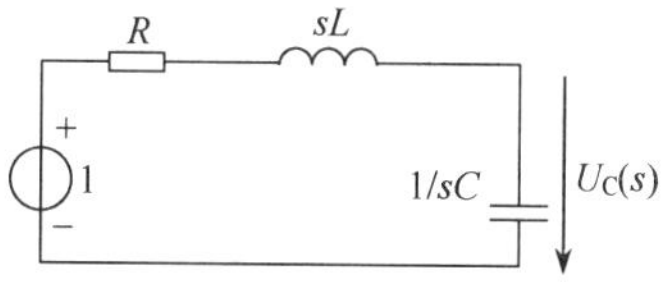

图 8-2-4　例 8-2-2 的运算图

例 8-2-3　电路如图 8-2-5 所示，已知 $U_C(0_-)=0$，$i_L(0_-)\neq 0$；试求非零状态响应 $U_C(t)$。

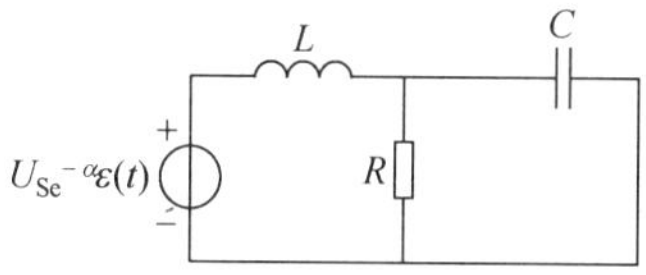

图 8-2-5　例 8-2-3 图

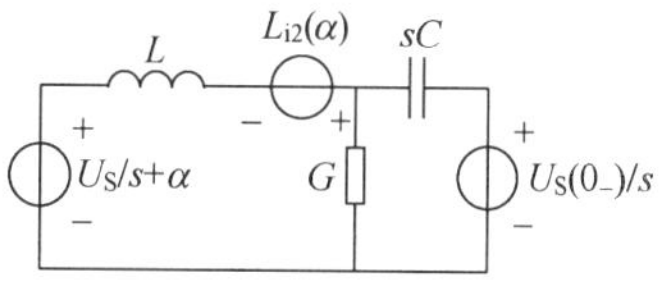

图 8-2-6　左图的运算图

$$U_C(s) = U_1(s) = \frac{\dfrac{\dfrac{U_S}{s+\alpha}+Li_L(0_-)}{sL} - sC\dfrac{u_C(0_-)}{s}}{sC+G+\dfrac{1}{sL}} = \frac{\dfrac{U_S}{LC(s+\alpha)}+\dfrac{i_L(0_-)}{C}+su_C(0_-)}{s^2+\dfrac{G}{C}s+\dfrac{1}{LC}}$$

欲求 $U_C(t)$，只需求上式的拉氏反变换，即

$$U_C(t) = L^{-1}[U_C(s)]$$

由例 8-2-2、例 8-2-3 可见，欲求电路全响应，就需要求拉氏反变换，而这些 s 的多项式的拉氏反变换，从拉氏变换的性质中是直接找到的。

一般待求响应的象函数若用 $F(s)$表示，则

$$F(s) = \frac{F_1(s)}{F_2(s)} \tag{8-2-1}$$

式（8-2-1）中，$F_1(s)$ 和 $F_2(s)$ 均为 s 的多项式。设

$$F_1(s) = \alpha_0 s^m + \alpha_1 s^{m-1} + \cdots + \alpha_m \tag{8-2-2}$$

$$F_2(s) = b_0 s^n + b_1 s^{n-1} + \cdots + \alpha_n \tag{8-2-3}$$

并设 $n>m$（若 $n<m$，则 $F(s)$ 为假分数，可先除，仍可得出真分数，即总是可实现 $n>m$ 的要求）；又 $s_1, s_2, \cdots, s_n$ 是 $F_2(s)$ 的 n 个单根，于是

$$F_2(s)=(s-s_1)(s-s_1)\cdots(s-s_n)=\prod_{k=1}^{n}e^{s_n t} \tag{8-2-4}$$

$s_k\left(k=1,2,\cdots,n\right)$称为$F_2(s)$的$n$个零点，又称为$F(s)$的$n$个极点（单极点），于是

$$F(s)=\frac{F_1(s)}{(s-s_1)(s-s_1)\cdots(s-s_n)}$$

$$F(s)=\frac{k_1}{(s-s_1)}+\frac{k_2}{(s-s_2)}+\cdots+\frac{k_n}{(s-s_n)} \tag{8-2-5}$$

只要能找出$k_1,k_2,\cdots,k_n$，则

$$L^{-1}[F(s)]=k_1e^{s_1t}+k_2e^{s_2t}+\cdots+k_ne^{s_nt} \tag{8-2-6}$$

因此，求 s 的函数$F(s)$的拉氏反变换，一是要能求出$F_2(s)$的n个零点[使$F_2(s)$为零的点]$s_1,s_2,\cdots,s_n$；二是定系数$k_1,k_2,\cdots,k_n$。前者是令$k_2(s)=0$，求非线性方程的根（零点），这里不准备作专门介绍，后者在下一节进行专门讨论。

8.3 分解定理与求拉氏变换的留数法

8.3.1 部分分式展开法

确定系数$k_i(i=1,2,\cdots)$的初等方法是部分分式展开法。为介绍这种方法是如何确定系数k_i的，将式（8-2-5）重写于下

$$F(s)=\frac{k_1}{s-s_1}+\frac{k_2}{s-s_2}+\cdots+\frac{k_n}{s-s_n} \tag{8-3-1}$$

将上式等式两边同乘以$(s-s_i)$，且令$s\to s_i$，则

$$\lim_{s\to s_i}(s-s_i)F(s)=\lim_{s\to s_i}\left((s-s_i)\frac{k_1}{s-s_1}+(s-s_i)\frac{k_2}{s-s_2}+\cdots+k_i+\cdots\right)$$

显然上式中，等式右边当$s\to s_i$时，只余下k_i一项，其余各项均为0。即可得系数k_i

$$k_i=\lim_{s\to s_i}(s-s_i)F(s) \tag{8-3-2}$$

上式也可以写成

$$k_i=(s-s_i)F(s)\big|_{s\to s_i} \tag{8-3-3}$$

下面通过几道例题来说明部分分式展开法的具体应用方法。

例 8-3-1 求$F(s)=\dfrac{2s^3+s^2+s+1}{s(s+2)(s+1)(s+3)}$的拉氏反变换。

解：

$$F(s)=\frac{2s^3+s^2+s+1}{s(s+2)(s+1)(s+3)}=\frac{k_1}{s}+\frac{k_2}{s+2}+\frac{k_3}{s+1}+\frac{k_4}{s+3}$$

由分解定理

$$k_1=(s+0)+\frac{2s^3+s^2+s+1}{s(s+2)(s+1)(s+3)}\bigg|_{s=0}=\frac{1}{6}$$

$$k_2=(s+2)+\frac{2s^3+s^2+s+1}{s(s+2)(s+1)(s+3)}\bigg|_{s=-2}=-\frac{13}{2}$$

$$k_3=(s+1)+\frac{2s^3+s^2+s+1}{s(s+2)(s+1)(s+3)}\Big|_{s=-1}=\frac{1}{2}$$

$$k_4=(s+3)+\frac{2s^3+s^2+s+1}{s(s+2)(s+1)(s+3)}\Big|_{s=-3}=\frac{47}{6}$$

于是

$$F(s)=\frac{\frac{1}{6}}{s}-\frac{\frac{13}{2}}{s+2}+\frac{\frac{1}{2}}{s+1}+\frac{\frac{47}{6}}{s+3}$$

∴
$$L^{-1}[F(s)]=\frac{1}{6}\varepsilon(t)-\frac{13}{2}\mathrm{e}^{-2t}\cdot\varepsilon(t)+\frac{1}{2}\mathrm{e}^{-t}\cdot\varepsilon(t)+\frac{47}{6}\mathrm{e}^{-2t}\cdot\varepsilon(t)$$

例 8-3-2　求 $F(s)=\dfrac{s^3+6s^2+15s+11}{s^2+5s+6}$ 的拉氏反变换。

解：

$$F(s)=\frac{s^3+6s^2+15s+11}{s^2+5s+6}=s+1+\frac{4s+5}{(s+2)(s+3)}=s+1+\frac{k_1}{s+2}+\frac{k_2}{s+3}$$

由分解定理

$$k_1=(s+2)\frac{4s+5}{(s+2)(s+3)}\Big|_{s=-2}=-3$$

$$k_2=(s+3)\frac{4s+5}{(s+2)(s+3)}\Big|_{s=-3}=7$$

故

$$F(s)=s+1+\frac{-3}{(s+2)}+\frac{7}{(s+3)}$$

∴
$$L^{-1}[F(s)]=\delta'(t)+\delta(t)-3\mathrm{e}^{-2t}+7\mathrm{e}^{-3t}$$

例 8-3-3　求 $F(s)=\dfrac{2s+1}{s(s^2+s+1)}$ 的拉氏反变换。

解：本例需先求 $F_2(s)$ 的零值点；可令

$$s^2+s+1=0$$

由一元二次方程的求根公式，可得

$$s_{2,3}=\frac{-1\pm\sqrt{1-4}}{2}=-\frac{1}{2}\pm\mathrm{j}\frac{\sqrt{3}}{2}$$

于是可得

$$F(s)=\frac{2s+1}{s\left[s+\left(\frac{1}{2}-\mathrm{j}\frac{\sqrt{3}}{2}\right)\right]\left[s+\left(\frac{1}{2}+\mathrm{j}\frac{\sqrt{3}}{2}\right)\right]}=\frac{k_1}{s}+\frac{k_2}{s+\left(\frac{1}{2}-\mathrm{j}\frac{\sqrt{3}}{2}\right)}+\frac{k_3}{s+\left(\frac{1}{2}+\mathrm{j}\frac{\sqrt{3}}{2}\right)}$$

$$k_1=\frac{2s+1}{s\left[s+\left(\frac{1}{2}-\mathrm{j}\frac{\sqrt{3}}{2}\right)\right]\left[s+\left(\frac{1}{2}+\mathrm{j}\frac{\sqrt{3}}{2}\right)\right]}\Bigg|_{s=0}=1$$

$$k_2=\left[s+\left(\frac{1}{2}-\mathrm{j}\frac{\sqrt{3}}{2}\right)\right]\frac{2s+1}{s\left[s+\left(\frac{1}{2}-\mathrm{j}\frac{\sqrt{3}}{2}\right)\right]\left[s+\left(\frac{1}{2}+\mathrm{j}\frac{\sqrt{3}}{2}\right)\right]}\Bigg|_{s=-\frac{1}{2}+\mathrm{j}\frac{\sqrt{3}}{2}}=-\frac{1}{2}-\mathrm{j}\frac{\sqrt{3}}{2}$$

$$k_3=\left[s+\left(\frac{1}{2}+\mathrm{j}\frac{\sqrt{3}}{2}\right)\right]\frac{2s+1}{s\left[s+\left(\frac{1}{2}-\mathrm{j}\frac{\sqrt{3}}{2}\right)\right]\left[s+\left(\frac{1}{2}+\mathrm{j}\frac{\sqrt{3}}{2}\right)\right]}\Bigg|_{s=-\frac{1}{2}-\mathrm{j}\frac{\sqrt{3}}{2}}=-\frac{1}{2}+\mathrm{j}\frac{\sqrt{3}}{2}$$

故

$$F(s)=\frac{1}{s}+\frac{-\frac{1}{2}-\mathrm{j}\frac{\sqrt{3}}{2}}{s+\left(\frac{1}{2}-\mathrm{j}\frac{\sqrt{3}}{2}\right)}+\frac{-\frac{1}{2}+\mathrm{j}\frac{\sqrt{3}}{2}}{s+\left(\frac{1}{2}+\mathrm{j}\frac{\sqrt{3}}{2}\right)}$$

$$F(s)=\frac{1}{s}+\frac{-\frac{1}{2}-\mathrm{j}\frac{\sqrt{3}}{2}}{s+\left(\frac{1}{2}-\mathrm{j}\frac{\sqrt{3}}{2}\right)}+\frac{-\frac{1}{2}+\mathrm{j}\frac{\sqrt{3}}{2}}{s+\left(\frac{1}{2}+\mathrm{j}\frac{\sqrt{3}}{2}\right)}$$

∴ $$L^{-1}[F(s)]=\varepsilon(t)+\left(-\frac{1}{2}-\mathrm{j}\frac{\sqrt{3}}{2}\right)\mathrm{e}^{\left(-\frac{1}{2}+\mathrm{j}\frac{\sqrt{3}}{2}\right)}\cdot\varepsilon(t)-\left(\frac{1}{2}-\mathrm{j}\frac{\sqrt{3}}{2}\right)\mathrm{e}^{-\left(\frac{1}{2}+\mathrm{j}\frac{\sqrt{3}}{2}\right)}\cdot\varepsilon(t)$$

$$=\varepsilon(t)-\mathrm{e}^{-\frac{1}{2}}\left(\frac{\mathrm{e}^{\mathrm{j}\frac{\sqrt{3}}{2}t}+\mathrm{e}^{-\mathrm{j}\frac{\sqrt{3}}{2}t}}{2}\right)+\sqrt{3}\mathrm{e}^{-\frac{1}{2}}\left(\frac{\mathrm{e}^{\mathrm{j}\frac{\sqrt{3}}{2}t}-\mathrm{e}^{-\mathrm{j}\frac{\sqrt{3}}{2}t}}{2\mathrm{j}}\right)$$

$$=\varepsilon(t)-\mathrm{e}^{-\frac{1}{2}}\cos\frac{\sqrt{3}}{2}t+\sqrt{3}\mathrm{e}^{-\frac{1}{2}}\sin\frac{\sqrt{3}}{2}t$$

这道例题若直接根据频域位移性质来解就简单多了。由

$$F(s)=\frac{2s+1}{s(s^2+s+1)}=\frac{2}{s^2+s+1}+\frac{1}{s(s^2+s+1)}$$

∵ $$\frac{2}{s^2+s+1}=\frac{2}{\left(s+\frac{1}{2}\right)^2+\frac{3}{4}}=\frac{\frac{4}{\sqrt{3}}\frac{\sqrt{3}}{2}}{\left(s+\frac{1}{2}\right)^2+\left(\frac{\sqrt{3}}{2}\right)^2}$$

∴ $$L^{-1}\left[\frac{2}{s^2+s+1}\right]=\frac{4}{\sqrt{3}}\mathrm{e}^{-\frac{1}{2}t}\sin\frac{\sqrt{3}}{2}t$$

∵ $$\frac{1}{s(s^2+s+1)}=\frac{1}{s}-\frac{s+1}{s^2+s+1}=\frac{1}{s}-\frac{s+\frac{1}{2}}{\left(s+\frac{1}{2}\right)^2+\left(\frac{\frac{\sqrt{3}}{2}}{2}\right)^2}-\frac{\frac{1}{\sqrt{3}}\frac{\sqrt{3}}{2}}{\left(s+\frac{1}{2}\right)^2+\left(\frac{\sqrt{3}}{2}\right)^2}$$

∴ $$L^{-1}\left[\frac{1}{s(s^2+s+1)}\right]=\varepsilon(t)-\mathrm{e}^{-\frac{1}{2}t}\cos\frac{\sqrt{3}}{2}t-\frac{1}{\sqrt{3}}\mathrm{e}^{-\frac{1}{2}t}\sin\frac{\sqrt{3}}{2}t$$

∴ $$L^{-1}\left[F(s)\right]=\varepsilon(t)+\frac{3}{\sqrt{3}}\mathrm{e}^{-\frac{1}{2}t}\sin\frac{\sqrt{3}}{2}t-\mathrm{e}^{-\frac{1}{2}t}\cos\frac{\sqrt{3}}{2}t$$

8.3.2　分解定理

1. 单极点情况

即令 $F_2(s)=0$ 时，无重根情况；或者说，式（8-3-4）中，$s_1 \neq s_2 \neq \cdots \neq s_n$

由式（8-3-3）知，此时

$$k_i = (s-s_i)F(s)\big|_{s=s_i}$$

若将 $F(s)=F_1(s)/F_2(s)$ 代入上式，可得

$$k_i = \frac{(s-s_i)F_1(s)}{F_2(s)}\bigg|_{s=s_i} \tag{8-3-4}$$

已知：当 $s=s_i$ 时，$(s-s_i)F_1(s)=0$，同样 $F_1(s)=0$，即式（8-3-4）分子分母均为零，k_i 为不定值。不过可以应用数学中的罗比达法则，将分子分母分别对 s 求导，于是

$$k_i = \frac{F_1(s)+(s-s_i)F_1'(s)}{F_2'(s)}\bigg|_{s=s_i} = \frac{F_1(s)}{F_2'(s)}\bigg|_{s=s_i} \tag{8-3-5}$$

式（8-3-5）即为分解定理。即式（8-3-5）中第 i 个系数 k_i 等于 $s=s_i$ 时，$F(s)$ 的分子与分母的导数之比。

例 8-3-4　用分解定理重求例 8-3-2 的原函数。

解：

∵
$$F(s) = s+1+\frac{4s+5}{s^2+5s+6}$$

的两个单极点（单根）分别为

$$s_1=-2，\ s_2=-3$$

于是

$$k_1 = \frac{4s+5}{\dfrac{\mathrm{d}(s^2+5s+6)}{\mathrm{d}s}}\Bigg|_{s=-2} = \frac{-8\times 5}{2\times(-2)+5} = -3，\ k_2 = \frac{4s+5}{2s+5}\bigg|_{s=-3} = 7$$

故

$$F(s) = s+1+\frac{-3}{s+2}+\frac{7}{s+3}$$

∴
$$L^{-1}\left[F(s)\right] = \delta'(t)+\delta(t)-3\mathrm{e}^{-2t}\cdot\varepsilon(t)+7\mathrm{e}^{-3t}\cdot\varepsilon(t)$$

2. q 阶极点的情况

即令 $F_2(s)=0$ 时，有 q 个重根的情况。此时

$$F_2(s) = (s-s_1)(s-s_2)\cdots(s-s_n)^q$$

于是

$$F(s) = \frac{F_1(s)}{(s-s_1)(s-s_2)\cdots(s-s_n)^q}$$

或者写成

$$F(s)=\frac{k_1}{(s-s_1)}+\frac{k_1}{(s-s_2)}+\cdots+\frac{k_{11}}{s-s_i}+\frac{k_{12}}{(s-s_i)^2}+\cdots+\frac{k_{iq}}{(s-s_i)^q} \tag{8-3-6}$$

上式是在分母中只有一项为$(s-s_i)^q$，其余都是$F(s)$的单极点的结果。式中系数$k_1,k_2,\cdots$的定法与前相同，只有$k_{ip}(p=1,2,\cdots,q)$的求法需进一步讨论。在式（8-3-6）两端同乘以$(s-s_i)^q$，并令$s=s_i$，则

$$(s-s_i)^q F(s)\Big|_{s=s_i}=(s-s_i)\frac{k_1}{s-s_1}\Big|_{s=s_i}+(s-s_i)^q\frac{k_2}{s-s_2}\Big|_{s=s_i}+\cdots$$
$$+\left\{k_{i1}(s-s_i)^{q-1}+k_{i2}(s-s_i)^{q-2}+\cdots\right\}\Big|_{s=s_i}+k_{iq} \tag{8-3-7}$$

即

$$k_{iq}=(s-s_i)^q F(s)\Big|_{s=s_i} \tag{8-3-8}$$

k_{iq}无论用部分分式展开法或分解定理均可求出，但$k_{i1},k_{i2},\ldots,k_{i(q-1)}$按此法就求不出来。然当对$[k_{i1}(s-s_i)^{q-1}]$求$q-1$阶导数时，即

$$\frac{\mathrm{d}^{(q-1)}}{\mathrm{d}s^{(q-s)}}\left[k_{i1}(s-s_i)^{q-1}\right]=k_{i1}$$

这样当对式（8-3-7）两边同时求$q-1$阶导数时，同时令$s=s_i$，就是

$$k_{i1}=\frac{1}{(q-1)!}\frac{\mathrm{d}^{(q-1)}}{\mathrm{d}s^{(q-1)}}\left[(s-s_i)^q F(s)\right]_{s=s_i} \tag{8-3-9}$$

按类似方法有

$$k_{i2}=\frac{1}{(q-2)!}\frac{\mathrm{d}^{(q-2)}}{\mathrm{d}s^{(q-2)}}\left[(s-s_i)^q F(s)\right]_{s=s_i} \tag{8-3-10}$$

$$\cdots$$

$$k_{ij}=\frac{1}{(q-j)!}\frac{\mathrm{d}^{(q-j)}}{\mathrm{d}s^{(q-j)}}\left[(s-s_i)^q F(s)\right]_{s=s_i} \tag{8-3-11}$$

$$\cdots$$

例 8-3-5 求$F(s)=\dfrac{s+4}{(s+2)^2(s+1)}$的原函数。

解：由式（8-3-6）可知，上式可写成

$$F(s)=\frac{k_{11}}{(s+2)}+\frac{k_{12}}{(s+2)^2}+\frac{k_{13}}{(s+2)^3}+\frac{k_2}{s+1}$$

$$k_{11}=\frac{1}{2}\frac{\mathrm{d}^2}{\mathrm{d}s^2}\left(\frac{s+4}{s+1}\right)\Bigg|_{s=-2}=\frac{1}{2}\frac{\mathrm{d}}{\mathrm{d}s}\left(\frac{(s+1)-(s+4)}{(s+1)^2}\right)\Bigg|_{s=-2}=\frac{1}{2}\left(\frac{(-2)(s+1)(-3)}{(s+1)^2}\right)\Bigg|_{s=-2}=-3$$

$$k_{12}=\frac{\mathrm{d}}{\mathrm{d}s}\left(\frac{s+4}{s+1}\right)\Bigg|_{s=-2}=\frac{-3}{(s+1)^2}\Bigg|_{s=-2}=-3$$

$$k_{13}=\frac{s+4}{s+1}\Bigg|_{s=-2}=-2$$

$$k_2=\frac{s+4}{(s+2)^3}\Bigg|_{s=-2}=3$$

$$\therefore \qquad F(s)=\frac{-3}{s+2}-\frac{3}{(s+2)^2}-\frac{2}{(s+2)^3}+\frac{3}{s+1}$$

$$f(t)=L^{-1}[F(s)]=-3\mathrm{e}^{-2t}\cdot\varepsilon(t)-3t\mathrm{e}^{-2t}\cdot\varepsilon(t)-t^2\mathrm{e}^{-2t}\cdot\varepsilon(t)+3\mathrm{e}^{-1}\cdot\varepsilon(t)$$

8.3.3 留数法

前面介绍了采用部分分式展开法和分解定理系数将象函数变成某些标准形式，然后求拉氏反变换，从而得出元函数的方法。下面介绍在某些情况下直接由象函数求原函数的所谓留数法。但对于留数法为什么可以用来求原函数的原因不作介绍，而只介绍如何采用留数法去求原函数。

（1）当 s_k 为 $F(s)$ 的单极点，采用留数法求原函数的公式为

$$\operatorname*{Res}_{s=s_k}\left[F(s)\mathrm{e}^{st}\right]=\left[(s-s_k)F(s)\mathrm{e}^{st}\right]_{s=s_k} \tag{8-3-12}$$

上式中，符号“Res”即留数之意。

例 8-3-6 采用留数法求 $F(s)=\dfrac{4s+5}{s^2+5s+6}$ 的原函数。

解： 先求 $F_2(s)=s+5s+6=(s+2)(s+3)$，从而得出 $F(s)$ 的两个单极点分别为 $s_1=-2$，$s_2=-3$。

于是

$$F(s)=\frac{4s+5}{(s+2)(s+3)}$$

于是

$$\operatorname*{Res}_{s=-2}\left[F(s)\mathrm{e}^{st}\right]=\left[(s+2)\frac{4s+5}{(s+2)(s+3)}\mathrm{e}^{st}\right]_{s=-2}=-3\mathrm{e}^{-2t}\cdot\varepsilon(t)$$

$$\operatorname*{Res}_{s=-3}\left[F(s)\mathrm{e}^{st}\right]=\left[(s+3)\frac{4s+5}{(s+2)(s+3)}\mathrm{e}^{st}\right]_{s=-3}=7\mathrm{e}^{-3t}\cdot\varepsilon(t)$$

$$\therefore \qquad f(t)=L^{-1}\left[F(s)\right]=-3\mathrm{e}^{-2t}\cdot\varepsilon(t)+7\mathrm{e}^{-3t}\cdot\varepsilon(t)$$

（2）当 s_k 为 $F(s)$ 的 q 阶极点时，求原函数的公式为

$$\operatorname*{Res}_{s=s_k}\left[F(s)\mathrm{e}^{st}\right]=\frac{1}{(q-1)!}\left\{\frac{\mathrm{d}^{(q-1)}}{\mathrm{d}s^{(q-1)}}[(s-s_k)F(s)\mathrm{e}^{st}]\right\}_{s=s_k} \tag{8-3-13}$$

例 8-3-7 用留数法求 $F(s)=\dfrac{s+4}{(s+2)^3(s+1)}$ 的原函数。

解： 题中给出 $s=-2$ 是 $F(s)$ 的三阶极点，即 $q=3$，根据公式（8-3-13）可得

$$\operatorname*{Res}_{s=-2}\left[F(s)\mathrm{e}^{st}\right]=\frac{1}{2!}\left\{\frac{\mathrm{d}^2}{\mathrm{d}s^2}\left(\frac{s+4}{s+1}\right)\mathrm{e}^{st}\right\}_{s=-2}=\frac{1}{2}\left\{\frac{\mathrm{d}}{\mathrm{d}s}\left[\frac{(s+1)-(s+4)}{(s+1)^2}\mathrm{e}^{st}+t\left(\frac{s+4}{s+1}\right)\mathrm{e}^{st}\right]\right\}_{s=-2}$$

$$=\frac{1}{2}\left\{\frac{3\times2(s+1)}{(s+1)^4}\mathrm{e}^{st}+t\frac{(-3)}{(s+1)^2}\mathrm{e}^{st}+t\left[\frac{(-3)}{(s+1)^2}\mathrm{e}^{st}+t\mathrm{e}^{st}\frac{s+4}{s+1}\right]\right\}_{s=-2}$$

$$=\frac{1}{2}\left\{-6\mathrm{e}^{-2t}-3t\mathrm{e}^{-2t}+t\left[-3\mathrm{e}^{-2t}-2t\mathrm{e}^{-2t}\right]\right\}$$

$$=(-3\mathrm{e}^{-2t}--3t\mathrm{e}^{-2t}-t^2\mathrm{e}^{-2t})\cdot\varepsilon(t)$$

$$\operatorname*{Res}_{s=-1}\left[F(s)e^{st}\right]=\left\{\frac{s+4}{(s+2)^3}e^{st}\right\}_{s=-1}=3e^{-t}\cdot\varepsilon(t)$$

∴ $$f(t)=L^{-1}\left[F(s)\right]=\left(-3e^{-2t}--3te^{-2t}-t^2e^{-2t}+3e^{-t}\right)\cdot\varepsilon(t)$$

当然，在由象函数求原函数时，不一定非得采用上述方法，直接用简单代数法求有时还可能比上述方法简单。例如，求 $F(s)=\dfrac{s(s^2+2)}{(s^2+1)(s^2+3)}$ 的原函数，若采用上述三种方法中的任意一种方法都不会简单。当 $F_2(s)=(s^2+s)(s^2+3)=0$ 时，有两对共轭复根

$$s_{1,2}=\pm j，\ s_{3,4}=\pm\sqrt{3}j$$

如果公式为

$$F(s)=\frac{\omega}{s^2+\omega^2}$$

其拉氏反变换为

$$f(t)=L^{-1}\left[F(s)\right]=\sin\omega t\cdot\varepsilon(t)$$

而若为

$$F(s)=\frac{s}{s^2+\omega^2}$$

则其拉氏反变换为

$$f(t)=L^{-1}\left[F(s)\right]=\cos\omega t\cdot\varepsilon(t)$$

根据这些基本关系，直接采用代数方法求，即

$$F(s)=\frac{k_1}{s^2+1}+\frac{k_2}{s^2+3}$$

则因为

$$k_1(s^2+3)+k_2(s^2+1)=s^3+2s$$

于是

$$k_1s^2+k_2s^2+3k_1+k_2=s^3+2s$$

因为这是一个恒等式，故可分为两个等式

$$\begin{cases}k_1s^2+k_2s^2=s^3\Rightarrow k_1+k_2=s\ (1)\\3k_1+k_2=2s\ (2)\end{cases}$$

于是式（2)–式(1）得 $$2k_1=s$$

故 $$k_1=s/2$$

代入式（1）有 $$k_2=s/2$$

∴ $$F(s)=\frac{1}{2}\frac{s}{s^2+1}+\frac{1}{2}\frac{s}{s^2+3}$$

这样即可得出其原函数

$$f(t)=L^{-1}\left[F(s)\right]=\left(\frac{1}{2}\cos t+\frac{1}{2}\cos\sqrt{3}t\right)\cdot\varepsilon(t)$$

综上所述，采用复频域分析方法求全响应的步骤是：① 将给出指示域突变为对应的运算图；② 应用 KL 或网络分析的一般方法列出象函数形式的代数方程；③ 由得出的代数方程解出待求响应的象函数；④ 应用部分分式展开法或分解定理确定“标准形式”象函数关系；⑤ 求拉

氏反变换或采用留数法求出原函数，即为所求的全响应。

下面再通过几道例题来说明应用复频域分析求全响应的方法。

例 8-3-8　在图 8-3-1 所示电路，$R_1=30\Omega$，$R_2=R_3=5\Omega$，$L=0.1\text{H}$，$C=1000\mu\text{F}$，$u_S=140\text{V}$。开关断开前，电路已处于稳态。求开关断开后电容电压 $u_C(t)$。

解：在开关 K 未断开时，由于电路已达到稳态，电阻 R_3 被开关短路，电容电压等于电阻 R_2 两端电压，稳压时电感视为短路，故

$$i_L(0_-)=\frac{U_S}{R_1+R_2}=\frac{140}{35}=4\text{A}，\ u_C i_L(0_-)=20\text{V}$$

考虑电路原始状态之后，可得到图 8-3-1 的运算图如图 8-3-2 所示。由图 8-3-2 可见，题意要求之电容电压就是以图下方节点为参考节点时，节点 1 的电压

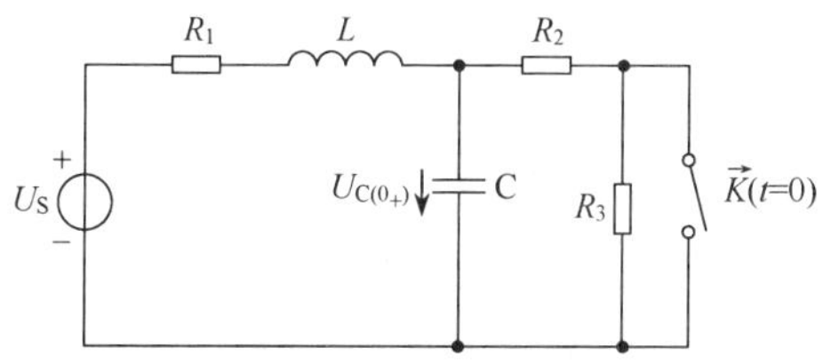

图 8-3-1　例 8-3-8 图

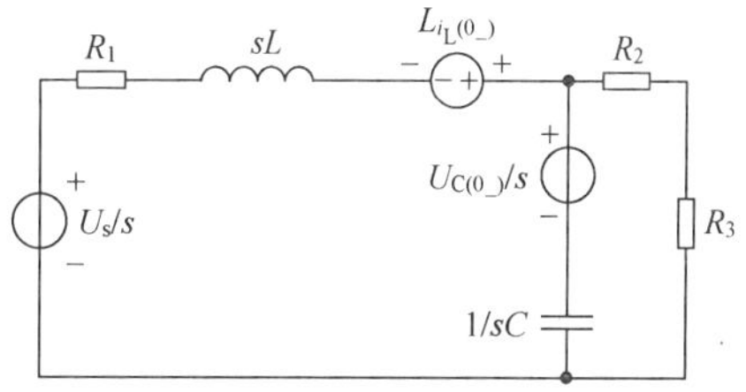

图 8-3-2　考虑原始状态之后的图 8-3-1 的运算图

$$U_C(s)=U_1(s)$$

由节点法可知

$$\left(\frac{1}{R_1+sL}+sC+\frac{1}{R_2+R_3}\right)U_1(s)=\frac{1}{R_1+sL}\left(\frac{U_S}{s}+Li_L(0_-)\right)+sC\frac{u_C(0_-)}{s}$$

于是

$$U_C(s)=U_1(s)=\frac{\dfrac{1}{R_1+sL}\left(\dfrac{U_S}{s}+Li_L(0_-)\right)+sC\dfrac{u_C(0_-)}{s}}{\dfrac{1}{R_1+sL}+sC+\dfrac{1}{R_2+R_3}}$$

$$=\frac{\dfrac{1}{30+0.1s}\left(\dfrac{140}{s}+0.1\times4\right)+20\times10^{-3}}{\dfrac{1}{30+0.1s}+10^{-3}s+\dfrac{1}{10}}$$

$$=\frac{20s^2+10^4s+140\times10^4}{s(s^2+400s+4\times10^4)}=\frac{20s^2+10^4s+140\times10^4}{s(s+200)^2}$$

由留数法可得

$$\underset{s=0}{\text{Re}s}\left[F(s)\text{e}^{st}\right]=\frac{20s^2+10^4s+140\times10^4}{(s+200)^2}\text{e}^{st}\Big|_{s=0}=35$$

$$\underset{s=-200}{\text{Re}s}\left[F(s)\text{e}^{st}\right]=\frac{\text{d}}{\text{d}s}\left\{\frac{20s^2+10^4s+140\times10^4}{s}\text{e}^{st}\right\}_{s=-200}$$

$$=\left[\frac{s(40s+40^4)-(20s^2+10^4s+140\times10^4)}{s^2}\text{e}^{st}+t\frac{20s^2+10^4s+140\times10^4}{s}\text{e}^{st}\right]_{s=-200}$$

$$=\left(-45\text{e}^{-200t}-1000t\text{e}^{-200t}\right)\cdot\varepsilon(t)$$

$$\therefore \qquad U_C(t)=L^{-1}[U_C(s)]=\left(35-45e^{-200t}-1000te^{-200t}\right)\cdot\varepsilon(t)$$

例 8-3-9 如图 8-3-3 所示电路中，$R_1=2\Omega$，$R_2=1\Omega$，$L=0.1\text{H}$，$C=0.5\text{F}$，$u_{S1}(t)=0.1e^{-5t}\varepsilon(t)\text{V}$，$u_{S2}(t)=\varepsilon(t)\text{V}$。求电路的零状态响应 $i_C(t)$。

解：先作出图 8-3-3 所示电路的运算图如图 8-3-4 所示。

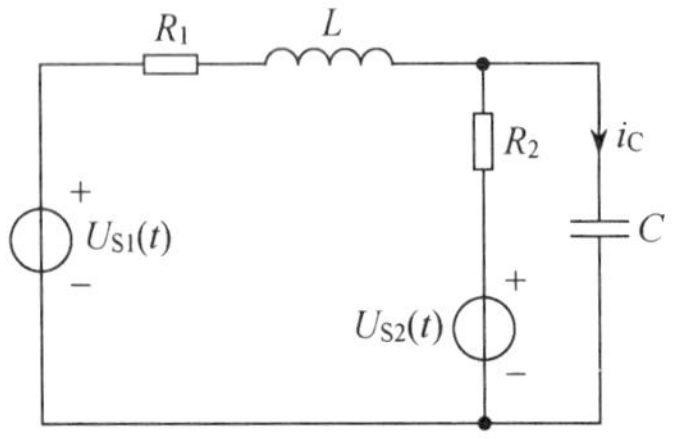

图 8-3-3 例 8-3-9 图

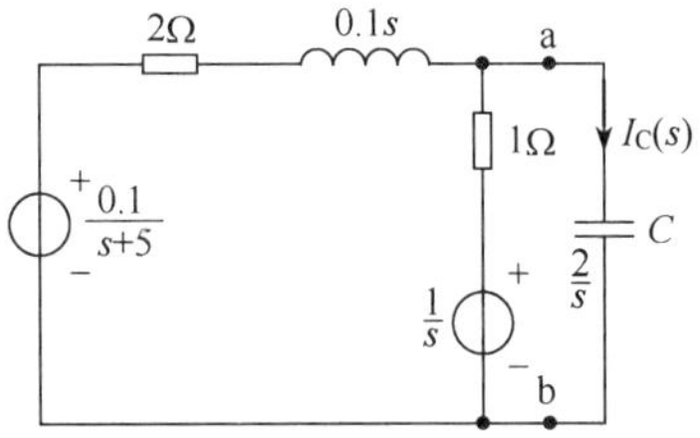

图 8-3-4 图 8-3-3 的运算图

图中 $$U_{S1}(s)=L\left[0.1e^{-5t}\cdot\varepsilon(t)\right]=\frac{0.1}{s+5},\quad U_{S2}(s)=L\left[\varepsilon(t)\right]=\frac{1}{s}$$

由于题意只要求响应电容电流 $i_C(t)$，也是图 8-3-4 中的 $I_C(s)$。本来用节点法也可方便地求出节点电压（即电容电压）；为了使读者各种方法的应用都能接触到，故而本题的解法不采用节点法而改采用戴维南定理，先求端口 ab 以左的戴维南等效电路，然后再求 $I_C(s)$。

端口 ab 的开路电压

$$U_{0C}(s)=\frac{\dfrac{0.1}{s+5}-\dfrac{1}{s}}{3+0.1s}+\frac{1}{s}=\frac{1}{s}-\frac{9s+50}{s(s+5)(s+30)}$$

只要令独立源取零值，即可求出戴维南等效运算阻抗

$$Z_0(s)=\frac{(0.1s+2)}{0.1s+3}$$

$$\therefore\ I_C(s)=\frac{U_{0C}(s)}{Z_0(s)+\dfrac{2}{s}}=\frac{\dfrac{1}{s}-\dfrac{9s+50}{s(s+5)(s+30)}}{\dfrac{0.1s+2}{0.1s+3}+\dfrac{2}{3}}=\frac{\dfrac{s(s+5)(s+30)-9s-50}{s^2(s+5)(s+3)}}{\dfrac{s(s+20)+2(s+30)}{s(s+30)}}$$

$$=\frac{s^3+35s^2+141s-50}{s(s+5)(s^2+22s+60)}=\frac{s^3+35s^2+141s-50}{s(s+5)(s+3.19)(s+18.81)}$$

$$=\frac{-\dfrac{1}{6}}{s}-\frac{\dfrac{1}{25}}{s+5}-\frac{\dfrac{39}{20}}{s+3.19}+\frac{\dfrac{57}{25}}{s+18.81}$$

$$\therefore\ i_C(t)=L^{-1}\left[I_C(s)\right]=-\frac{1}{6}\varepsilon(t)-\frac{1}{25}e^{-st}\cdot\varepsilon(t)-\frac{39}{20}e^{-3.19t}\cdot\varepsilon(t)+\frac{57}{25}e^{-18.81t}\cdot\varepsilon(t)$$

习 题 8

8-1 试求题图所示电路的响应 $i_L(t)$ 和 $u_L(t)$。

8-2 试求题图所示电路的零状态响应 $u(t)$。

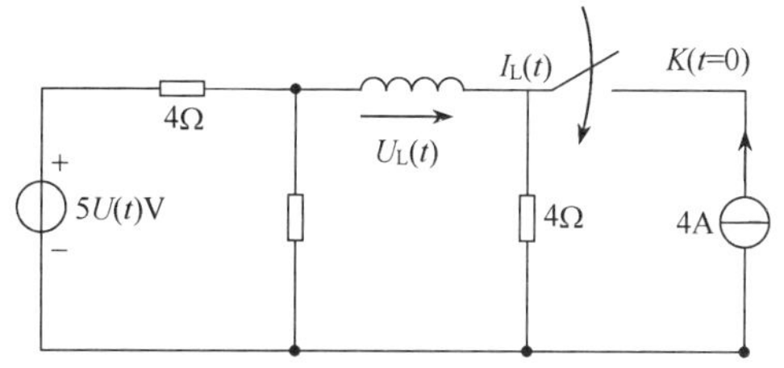

题 8-1 图

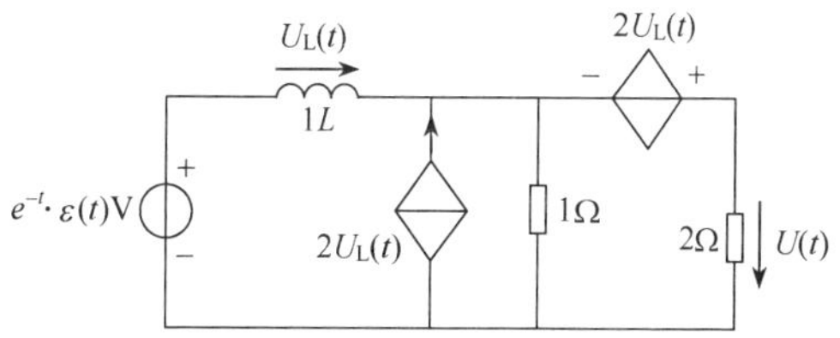

题 8-2 图

8-3　求题图网络的输入运算阻抗与运算导纳。

8-4　试求题图所示各网络的输入运算阻抗。

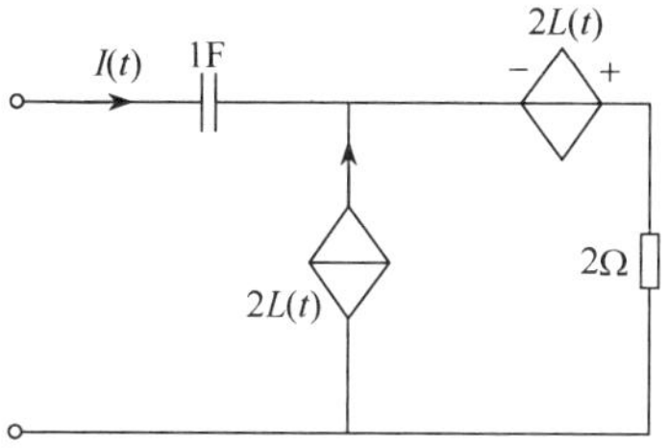

题 8-3 图

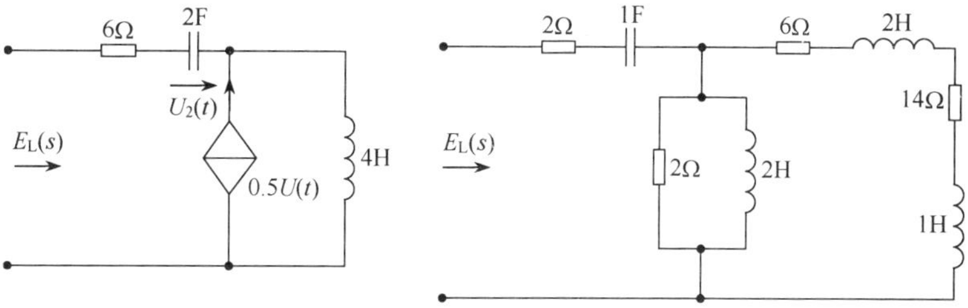

(a)　(b)

题 8-4 图

8-5　试求题图所示各网络的输入运算导纳。

8-6　如题图所示电路，原已达稳态。在 t=0 时接通开关 K。若已知 $R_1 = R_2 = 100\Omega$，$L = 0.5\text{H}$，$U_S = 200\text{V}$，$I_S = 1\text{A}$，$C = 400\mu\text{F}$。试求支路电流 $i_C(t)$。

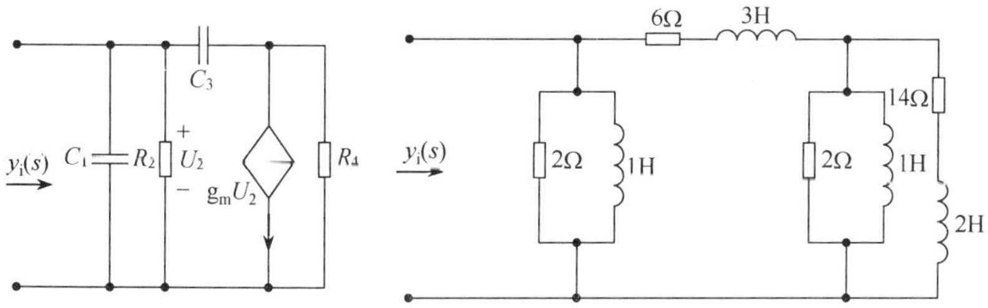

(a)　(b)

题 8-5 图

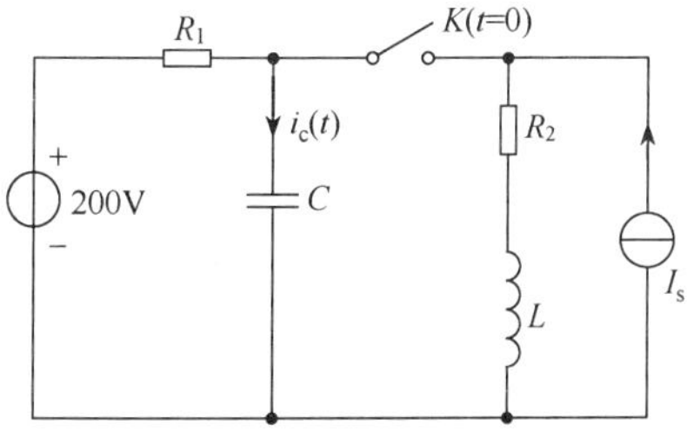

题 8-6 图

8-7　求题图所示电路的零状态响应 $i(t)$。

8-8　在题图所示电路中，在开关 K 断开前，电路已处于稳压。试求开关 K 断开后开关两端的电压 $u_K(t)$。

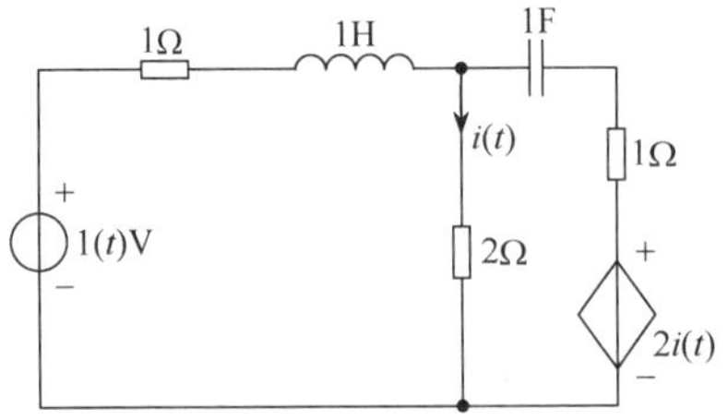

题 8-7 图

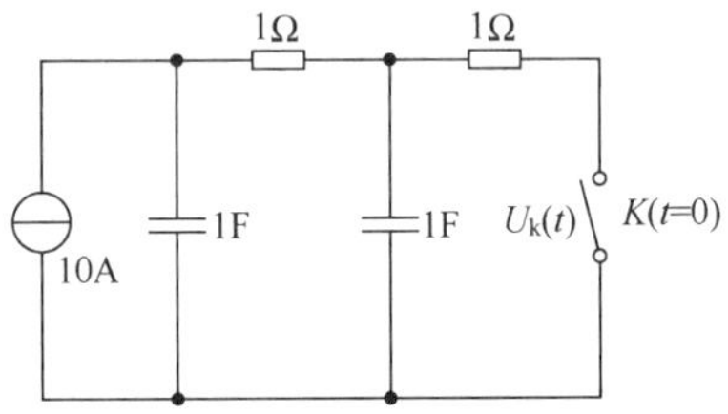

题 8-8 图

8-9　题图所示电路，其原始状态已知 $u_C(0_-)=2\text{V}$，$i_L(0_-)=1\text{A}$。试求电路的全响应 $u_C(t)$。

8-10　已知题图所示电路原始状态 $u_C(0_-)=2\text{V}$，$i_L(0_-)=3\text{A}$，试求电路的全响应 $i_L(t)$ 与 $u_C(t)$。

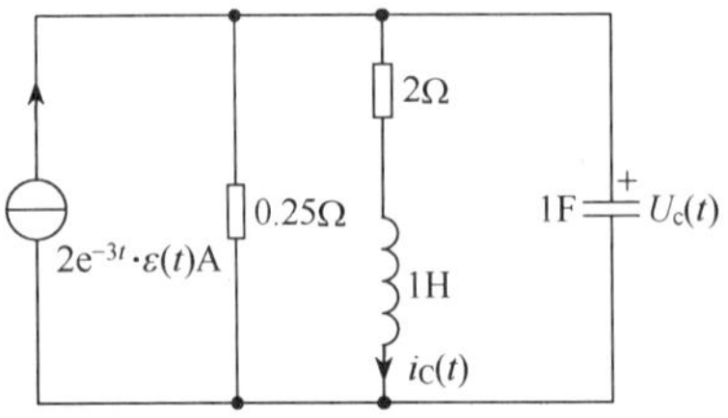

题 8-9 图

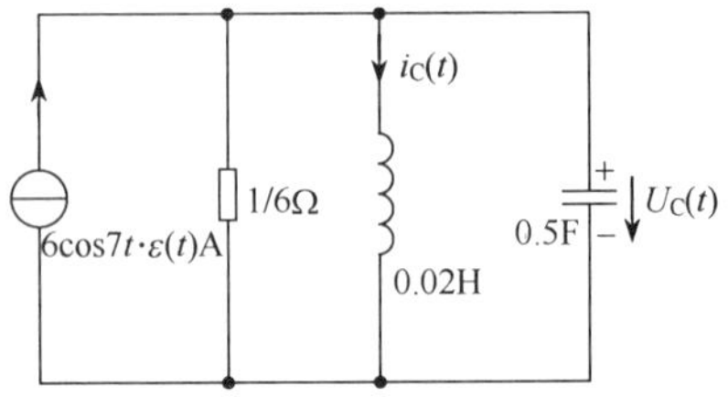

题 8-10 图

第 9 章　网络图论与网络方程

网络图论是现代网络理论的一个重要分支，本章只介绍其中的一些初步知识。通过本章的学习，应了解有关图论的基本概念以及状态方程的基本概念和它的建立方法，了解节点法及改进节点法的系统内容。了解特勒根定理的内容及应用它证明互易定理的方法。

9.1　网络图论导论

9.1.1　网络的图

1. 图、支路、复合支路、节点

任何一个电网络的二端元件在网络的图中都是一条支路，如果抛去电网络中元件（包括电源）的性质，全部用一系列直线或曲线段来表示原电网络中的各条支路，且具有一一对应的关系，如图 9-1-1（a）、（b）所示。这样得出的一系列线段组成的几何图形，称为网络的图，简称线图或图。一条支路只能用直线或曲线表示，而不能用折线表示；如图 9-1-1（c）应当是十条支路的电网络的图，而不是图 9-1-1（a）所示八条支路的电网络。若用一条直线段表示两条支路，则应在直线居中处打一圆点，图 9-1-2 给出了用一条直线段表示两条支路的方法。

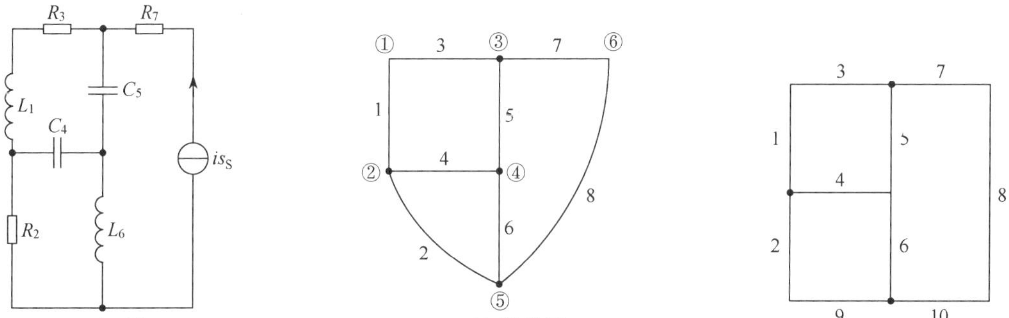

（a）电网络　（b）电网络的图　（b）图（a）所示电网络的图的错误画法

图 9-1-1　电网络及电网络的图

在如图 9-1-2 所示网络的图中，是用一条直线段表示两条支路的方法。其中任意一条线段，均称为支路；若每条支路仅表示一个电路元件，如图 9-1-1（b）所示，这样的支路称为简单支路。但网络的图 G 中的支路可以包含与元件串联的电压源以及和元件并联的电流源，或者先与电压源串联后与电流源并联（亦可含受控源），这样的支路称为复合支路，只有将网络的图与电网络结合起来看，方能加以区分。

图 9-1-2　一条直线段表示两条支路的方法

支路的端点均称为节点，可见图 G 中之节点是两条及两条以上支路的集合点，图 9-1-2 所示就是两条支路三个节点的图 G。若干电网络只要它们的结构（支路组成）情况相同，则它们的图就是完全相同的。如图 9-1-3（a）、（b）所示的两个电网络，它们的图 G 是完全相同的，

图 9-1-3（c）就是它们的图 G。因此，单独由图 G 也判断不出电网络，而只能判断其连接方式。

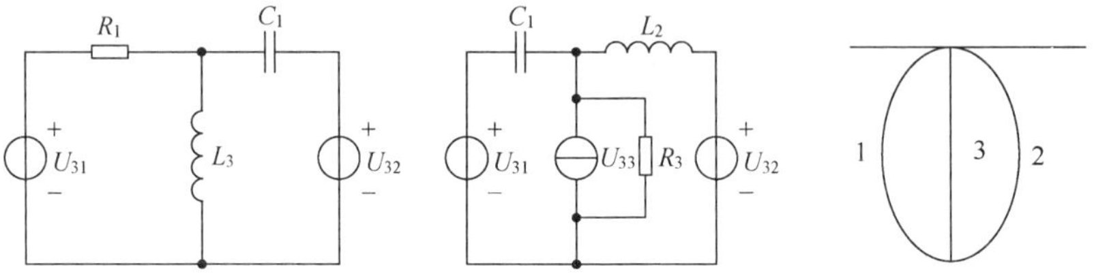

（a）电网络之一　（b）电网络之二　（c）均具有相同的图G

图 9-1-3　结构相同但支路所含元件不同的两个网络具有相同的图 G

2．有向图

电网络中，各支路均标明电路参考方向，与之对应的图 G 中各支路均标以与之对应的相同的参考方向，或者说统一参考方向而得出的图，称为有向图。如图 9-1-4 所示，图 9-1-4（a）是电网络，9-1-4（b）是网络的有向图 G。可见有向图是图 G 各支路均标有统一参考方向的图。

3．路径、连通图与非连通图、回路

连接在某一节点上的支路称为与此节点相关联的支路，与一个节点相关联的支路数称为此节点的次数。如图 9-1-4（b）中，连接在四个节点上的支路数均为三条，此四个节点的次数均为 3。由 n 条不同支路与 n+1 个不相同的节点依次连接成的一条通路，称为路径。图 9-1-4（b）中支路 1、3、5 三条支路均构成一条路径。任一路径中，对构成此路径的 n 条支路而言（例如上述的由 1、3、5 三条支路所构成的路径），只有始端与终点（上述节点②是始端节点，节点④是终端节点）是一次的，其他中间节点都是二次的。

如果路径的始端节点与终端节点重合，即每个节点都是二次的，这样的路径称为回路。例如图 9-1-4（b）中，支路 1、3、4 构成一个回路，这三条支路与节点①、②、③关联；因此节点①、②、③对支路 1、3、4 而言都是二次的，又如同支路 2、3、5 或支路 4、5、6 或支路 1、2、6 均各自构成一个回路。

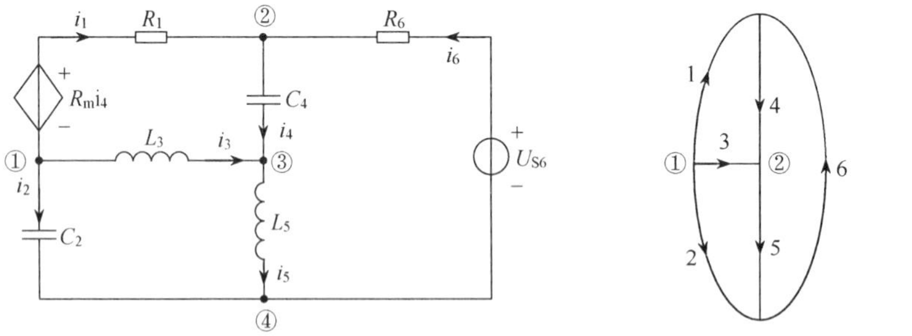

（a）电网络，含有六条支路，其中两条为复合支路　（b）电网络的有向图G；1、6两条支路为复合支路

图 9-1-4　电网络及其对应的有向图 G

在图 G 中，如果任意两个节点之间至少有一条路径存在，则图 G 称为连通图。图 9-1-1（b）、9-1-3（c）、9-1-4（b）都是连通图。图 9-1-5 是非连通图。本书主要讨论连通图。

4．子图与互补子图、可分与不可分图

如果某图 G_1 的全部节点和支路都是图 G 中的节点和支路，即图 G_1 是图 G 的子图。图 9-1-6

(b)、(c)、(d) 的图 G_1、G_2、G_3 都是图 G 的子图。

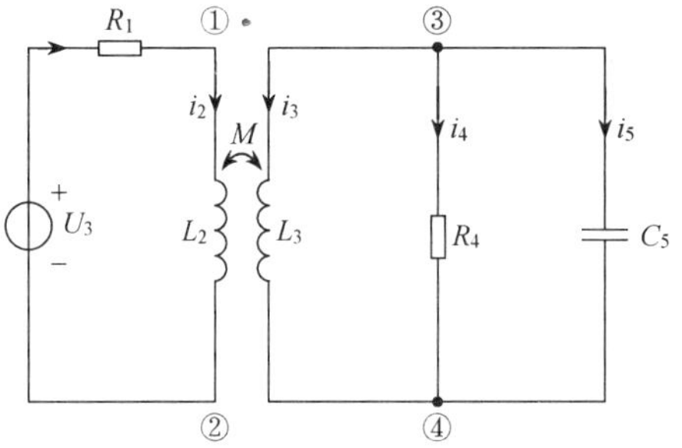

(a) 具有耦合电容的电网络

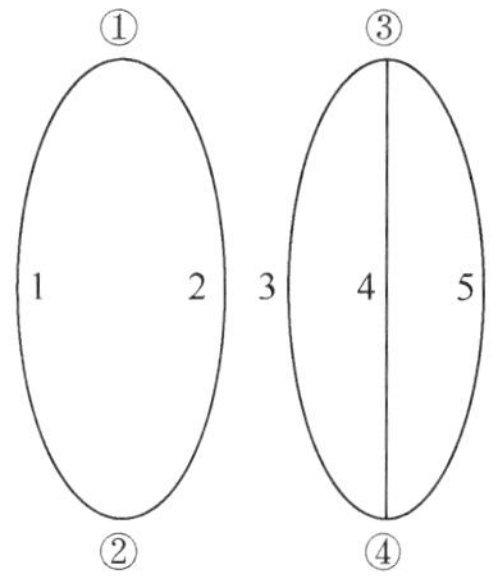

(b) 支路1、2与支路3、4之间无路径相通，故系连通图

图 9-1-5　具有如图所示的电网络图 G 是非连通图

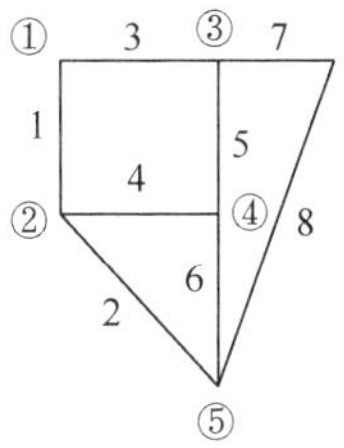

(a) 图G

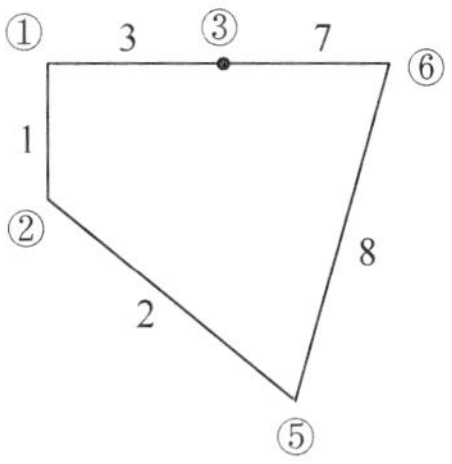

(b) 图G_1

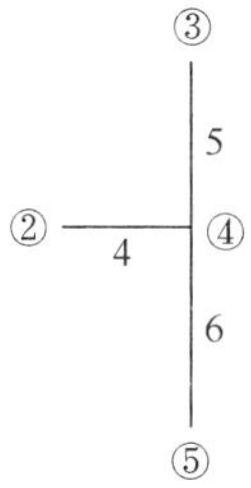

(c) 图G_2

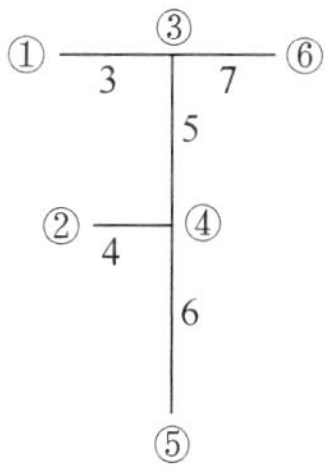

(d) 图G_3

图 9-1-6　图 G 和它的子图 G_1、G_2、G_3

如图 9-1-6 (c)、(d) 所示的两个子图 G_2 与图 G_3 中包含了图 G 的所有节点和支路，且无重复（公共）支路，这样的两个子图称为互补子图。

如果在一个连通图中，存在这样两个互补子图 G_1 和 G_2，它们仅通过一个节点相连接，这种连通图称为可分图。图 9-1-7 所示就是两个可分图和它们的互补子图。如果不符合上述条件，即找不到这样两个互补子图是一个节点相连的， 而是两个或两个以上节点相连的连通图，如图 9-1-4 (b)、9-1-6 (a)，则都是不可分图。

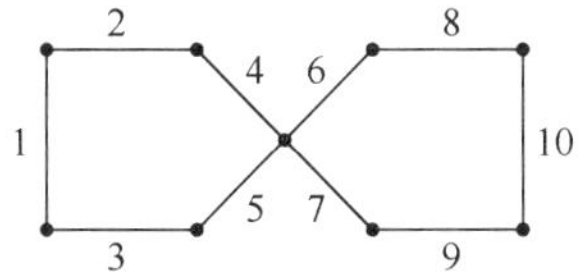

(a) 可分图之一

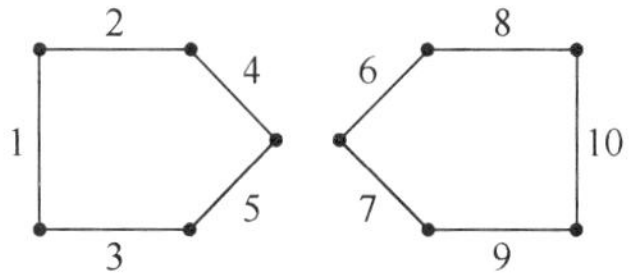

(b) 上图的互补子图

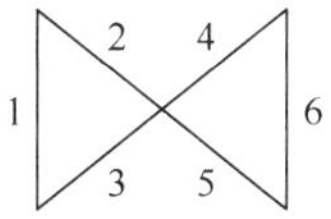

(c) 可分图之一

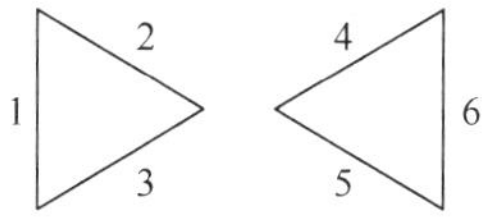

(d) 上图的互补子图

图 9-1-7　两个可分图及它们的互补子图

9.1.2　树和树余

1．树与树支连通图

符合如下条件的子图称为树。这些条件是：① 子图是连通图；② 包含有图 G 的全部节点；

③ 不包含任何回路。

显然符合上述条件的子图必然具备这样的特点：去掉任意一条支路，这个子图就不是连通图；多任意一条支路，这个子图必定有回路。任意两个节点之间只能有一条路径相通。

图 9-1-6（d）中 G_3 即为图 9-1-6（a）图G 的一个树。图 9-1-6 中远不止一种树，只要符合上述条件的支路的集合就是树。一旦选定一种树以后，被选为组成树的支路均称为树支。

2. 树余和连支

树的互补子图，称为树余；组成树余的支路称为连支。

如图 9-1-8 所示为某图G 和它的一组树及树余。图中，1、3、5 三条支路，2、4 两条支路是连支。如果不按 9-1-8（b）选取树，而是按图 9-1-9（a）选取树，则此时它的树支将变成为 1、4、5 三条支路，连支则变成 2、3 两条支路。直接由图G 并不能判定哪几条支路是树支，哪几条支路是连支，而只能在选定树之后方能定。

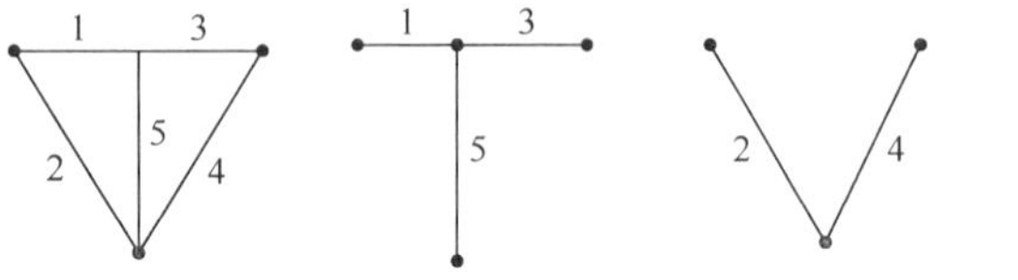

（a）图G　（b）图G的一个树　（c）图G的一个树余

图 9-1-8　某图 G 和它的一组树及数余

（a）图G的另一个树　（b）图G的另一个树余

图 9-1-9　图 9-1-8 中图 G 和它的另一组树及数余

在树中任意两个节点之间增加一条连支，则此连支必定与该两节点间的树支路径构成回路。这种只包含一条连支的回路称为单连支回路，通常称为基本回路。

9.1.3　割集

当任意作一个封闭曲面与网络的一部分进行切割，这些被切割支路的集合称为割集。显然割集应满足如下两个条件。

①如果将切割的支路全部移去，则网络的图将变成完全分离的两个部分。②若被切割的支路集合中少移去任意一条支路，留下的图形就仍然是连通图。割集中应用最多的是基本割集。所谓基本割集就是被切割的支路集合中含一条树支。按树的定义可知，树中任意移去一条树支的结果，留下的树支均将成为且仅成为两个分离部分图。如图 9-1-10 所示，图 G 中粗线各支路表示选定的一个树；对图 G 进行切割得到的一个基本割集为支路；如果将此基本割集中其他支路从图 G 移去，余下部分支路将成为两个分离部分（分离图）。

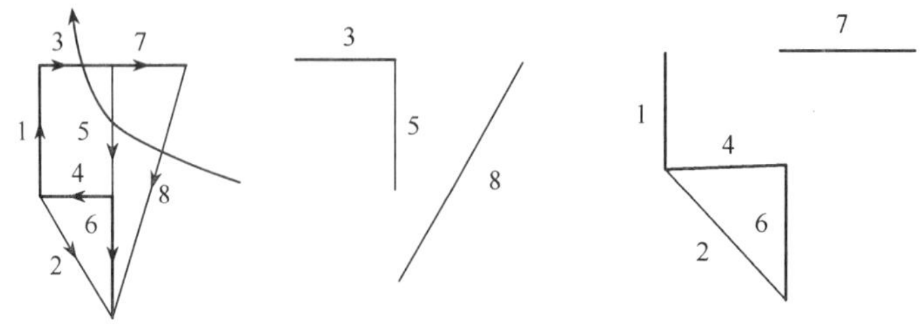

（a）对图G进行切割，图中粗线所示各支路是一个数　（b）将一个基本割集中其他支路全部由图G中移去　（c）余下各支路将成为两个分离部分（分离图）

图 9-1-10　图 G 和它的一个基本割集

9.1.4　图的基本回路数与基本割集数

由上述基本回路与基本割集的定义可知：基本割集数等于树支数；基本回路数等于连支数。由组成的树的树支数的定义可知，若节点数为 n，则树支数=$n-1=n_i$，若图中共有 b 条支路，则连支数 $L=b-n_i=b-(n-1)$。由此可知：

$$\text{基本割集数} = \text{树支数}\ n_i = \text{图中总节点数}\ n-1$$

$$\text{基本回路数} = \text{连支数}\ L = \text{图中总支路数}\ b-(n-1)$$

例如，图 9-1-8 中，共有 $n=4$，故树 $n_i=n-1=3$，于是将有三个基本割集；因为它的支路总数 $b=5$，故连支数 $L=b-(n-1)=5-(4-1)=2$，即它具有两个基本回路。又如图 9-1-10，$n_i=6-1=5$，共有 5 支树支，基本割集数为 5；连支 $L=8-(6-1)=3$，基本回路数为 3。

9.2　用矩阵表示支路电压与支路电流的关系

9.2.1　标准支路的电压与电流关系

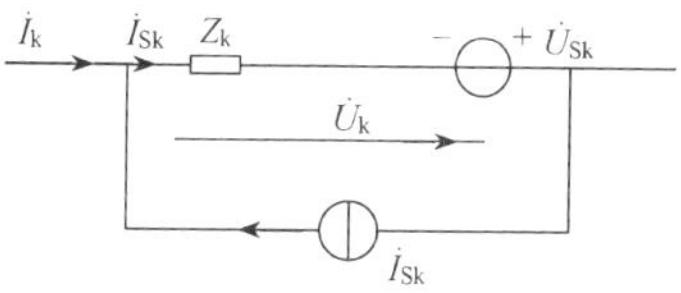

图 9-2-1　称为标准支路的复合支路

通常把图 9-2-1 所示复合支路称为标准支路。图中 $\dot U_k$ 为支路电压有效值向量。$\dot I_k$ 为支路电流有效值向量，Z_k 为支路复阻抗，$\dot U_{Sk}$ 和 $\dot I_{Sk}$ 分别为电压源的电压有效值向量和电流源的电流有效值向量等。在取上述值时是假定了网络全部激励源均为同频率正弦量，而且仅考虑稳态情况。由图可见

$$\begin{aligned}\dot U_k &= Z_k \dot I_{Sk} - \dot U_{Sk}\\ \dot U_k &= Z_k(I_k + \dot I_{Sk}) - \dot U_{Sk}\end{aligned} \tag{9-2-1}$$

式（9-2-1）只有当支路中不包含互感元件才是正确的，此外，标准支路没有考虑受控源。如果用支路复导纳来表示支路复阻抗，即 $Y_k = 1/Z_k$，则支路电流用支路电压以及导纳表示的关系为

$$\dot I_k = Y_k \dot U_k - \dot I_{Sk} + Y_k \dot U_{Sk} \tag{9-2-2}$$

如果复合支路是由任意激励源激励的线性电路的一部分，而要求的是全响应，则标准支路的电压、电流关系应当用复频域形式来表示，式（9-2-1）所示的支路电压的象函数

$$\dot U_k(s) = Z_k(s) - \left[\dot I_k(s) + \dot I_{Sk}(s)\right] - \dot U_{Sk}(s) \tag{9-2-3}$$

式（9-2-2）所示的支路电流的象函数

$$I_k(s) = Y_k(s)U_k(s) - I_{Sk}(s) + Y_k(s)U_{Sk}(s) \tag{9-2-4}$$

式（9-2-3）和式（9-2-4）是假定电容和电感初始状态为零。

9.2.2　用矩阵表示支路电压与支路电流的关系

设某电网络共有如图（9-2-1）所示 b 条复合支路，则有如图式（9-2-1）所示的 b 个方程

$$
\begin{aligned}
\dot{U}_1 &= Z_1(\dot{I}_1+\dot{I}_{S1})-\dot{U}_{S1} \\
\dot{U}_2 &= \dot{Z}_2(\dot{I}_2+\dot{I}_{S2})-\dot{U}_2 \\
&\vdots \\
\dot{U}_b &= Z_b(\dot{I}_b+\dot{I}_{Sb})-\dot{U}_{Sb}
\end{aligned}
$$

写成矩阵形式，则为

$$
\begin{pmatrix}\dot{U}_1\\ \dot{U}_2\\ \vdots\\ \dot{U}_b\end{pmatrix}=\begin{pmatrix}Z_1 & 0 & \cdots & 0\\ 0 & Z_2 & \cdots & 0\\ \vdots & \vdots & \vdots & \vdots\\ 0 & 0 & \cdots & Z_b\end{pmatrix}\begin{pmatrix}\dot{I}_1+\dot{I}_{S1}\\ \dot{I}_2+\dot{I}_{S2}\\ \vdots\\ \dot{I}_b+\dot{I}_{Sb}\end{pmatrix}-\begin{pmatrix}\dot{U}_{S1}\\ \dot{U}_{S2}\\ \\ \dot{U}_{Sb}\end{pmatrix}
$$

或者写成

$$
\dot{U}=Z(\dot{I}+\dot{I}_S)-\dot{U}_S \tag{9-2-5}
$$

上式 $\dot{U}$ 为支路电压列向量，即 $\dot{U}=(\dot{U}_1\,\dot{U}_2\cdots\dot{U}_b)^T$；$\boldsymbol{Z}$ 为支路阻抗矩阵，它是一个 $b\times b$ 阶的对角阵，即

$$
\boldsymbol{Z}=\mathrm{diag}(Z_1Z_2\cdots Z_b);
$$

$(\dot{I}+\dot{I}_S)$ 是各复合支路的支路电流与电流源与电流之和列向量（$b\times 1$ 阶），即

$$
(\dot{I}+\dot{I}_S)=(\dot{I}_1+\dot{I}_{S1}+\dot{I}_2+\dot{I}_{S2}\cdots\dot{I}_S+\dot{I}_{Sb})^T
$$

U_s 为电压源电压列向量。

也可以写成

$$
\begin{pmatrix}\dot{I}_1\\ \dot{I}_2\\ \vdots\\ \dot{I}_3\end{pmatrix}=\begin{pmatrix}Y_1 & 0 & \cdots & 0\\ 0 & Y_2 & \cdots & 0\\ \vdots & \vdots & \vdots & \vdots\\ 0 & 0 & \cdots & Y_3\end{pmatrix}\begin{pmatrix}\dot{U}_1\\ \dot{U}_2\\ \vdots\\ \dot{U}_b\end{pmatrix}-\begin{pmatrix}\dot{I}_{S1}\\ \dot{I}_{S2}\\ \vdots\\ \dot{I}_{Sb}\end{pmatrix}+\begin{pmatrix}Y_1 & 0 & \cdots & 0\\ 0 & Y_2 & \cdots & 0\\ \vdots & \vdots & \vdots & \vdots\\ 0 & 0 & \cdots & Y_b\end{pmatrix}\begin{pmatrix}\dot{U}_{S1}\\ \dot{U}_{S2}\\ \vdots\\ \dot{U}_{Sb}\end{pmatrix}
$$

或者写成

$$
\dot{I}=Y\dot{U}-\dot{I}_S+Y\dot{U}_S \tag{9-2-6}
$$

对于式（9-2-3）和式（9-2-4）所示支路，其电压、电流象函数之间关系的矩阵形式为

$$
\dot{U}(s)=Z(s)\left[\dot{I}(s)+\dot{I}_S(s)\right]-\dot{U}_S(s) \tag{9-2-7}
$$

与

$$
\dot{I}(s)=Y(s)\dot{U}(s)-\dot{I}_S(s)+Y(s)\dot{U}_S(s) \tag{9-2-8}
$$

上两式所表示的矩阵关系是基于这样一个前提条件，即所有支路所含动态元件的初始状态

均为零。

支路阻抗（或运算阻抗）矩阵与支路导纳（或运算导纳）矩阵之间关系为

$$Y\underline{\Delta}Z^{-1} \tag{9-2-9}$$

$$Y(s)\underline{\Delta}Z^{-1}(s) \tag{9-2-10}$$

例 9-2-1　如图 9-2-2 所示电路，试求其支路电压与支路电流关系的矩阵表示。

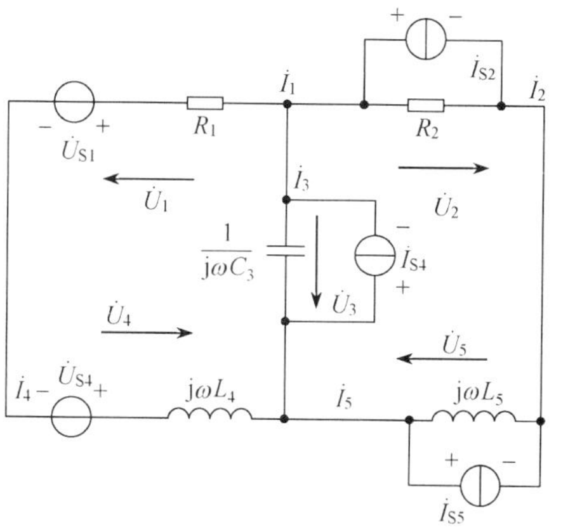

图 9-2-2　例 9-2-1 图

解：图 9-2-2 所示电路共有 b=5 条支路，与标准支路对比有

$$Z_1 = R_1，\ Z_2 = R_2，\ Z_3 = \frac{1}{j\omega C_3}，\ Z_4 = j\omega L_4，\ Z_5 = j\omega L_5$$

$$\dot{I}_S = (0, \dot{I}_{S2}, -\dot{I}_{S3}, 0, -\dot{I}_{S5})^T，\ U_S = (-\dot{U}_{S1}, 0, 0, \dot{U}_{S4}, 0)^T$$

于是
$$\begin{pmatrix} \dot{U}_1 \\ \dot{U}_2 \\ \vdots \\ \dot{U}_b \end{pmatrix} = \begin{pmatrix} Z_1 & 0 & \cdots & 0 \\ 0 & Z_2 & \cdots & 0 \\ \vdots & \vdots & \vdots & \vdots \\ 0 & 0 & \cdots & Z_b \end{pmatrix} \begin{pmatrix} \dot{I}_1 + \dot{I}_{S1} \\ \dot{I}_2 + \dot{I}_{S2} \\ \vdots \\ \dot{I}_b + \dot{I}_{Sb} \end{pmatrix} - \begin{pmatrix} \dot{U}_{S1} \\ \dot{U}_{S2} \\ \vdots \\ \dot{U}_{Sb} \end{pmatrix}$$

由本例可见：电压源及电流源具体取值方向与支路电压（电流）参考方向以及电源本身参考极性有关。并且应当对照标准支路。当然，这与前面一再提到的：电路响应与参考方向选择无关并不矛盾。

例 9-2-2　如图 9-2-3 所示电路，试写出用支路运算阻抗矩阵表示的 VCR 矩阵形式。假定动态元件初始状态为零。

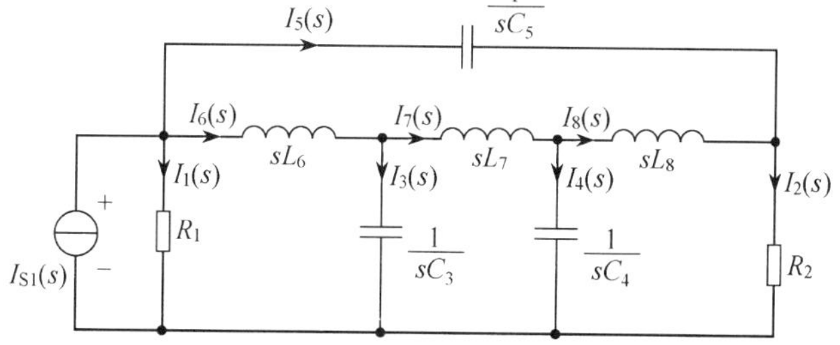

图 9-2-3　例 9-2-2 图

解：VCR 是英文字母 Voltage Current Relation 的第一个字母，直译是电压电流关系，也就是通常所说的伏安关系。

由于所给电路共八条支路，其运算阻抗矩阵

$$Z(s)=\operatorname{diag}(R_1,R_2,\frac{1}{sC_3},\frac{1}{sC_4},\frac{1}{sC_5},sL_6,sL_7,sL_8)$$

$$I(s)=\left[I_{S1}(s),0,0,0,0,0,0,0\right]^T$$

$$U_S(s)=\left[0\right]$$

故所求的用支路运算阻抗表示的 VCR 矩阵为

$$\begin{pmatrix}U_1(s)\\U_2(s)\\U_3(s)\\U_4(s)\\U_5(s)\\U_6(s)\\U_7(s)\\U_8(s)\end{pmatrix}=\begin{pmatrix}R_1&0&0&0&0&0&0&0\\0&R_2&0&0&0&0&0&0\\0&0&\frac{1}{sC_3}&0&0&0&0&0\\0&0&0&\frac{1}{sC_4}&0&0&0&0\\0&0&0&0&\frac{1}{sC_5}&0&0&0\\0&0&0&0&0&sL_6&0&0\\0&0&0&0&0&0&sL_7&0\\0&0&0&0&0&0&0&sL_8\end{pmatrix}\begin{pmatrix}I_1(s)+I_{S1}(s)\\I_2(s)\\I_3(s)\\I_4(s)\\I_5(s)\\I_6(s)\\I_7(s)\\I_8(s)\end{pmatrix}$$

9.3 含有受控源的网络的分析

9.3.1 有关受控源类型的假定及一般情况的变换方法

下面有关含有受控源的网络的分析中，仅限于两种受控源，即电压控制电压源（VCVS）或电流控制电流源（CCCS）。若电路中包含的不是这两种受控源，可用电压源等效变换的方法将电压控制电流源（VCCS）变换为电压控制电压源（VCVS），或者将电流控制电压源变换为电流控制电流源。图 9-3-1 给出了具体的变换方法。

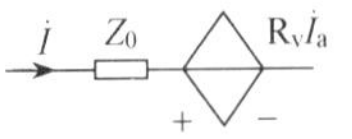

（a）给定复阻抗与CCVS相串联

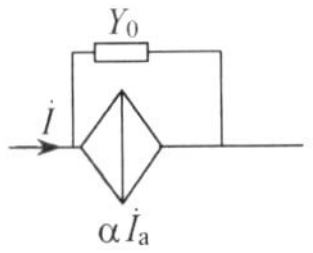

（b）将左图等效变换成CCCS，图中$Y_0=1/Z_0$，$\alpha=R_m/Z_0$

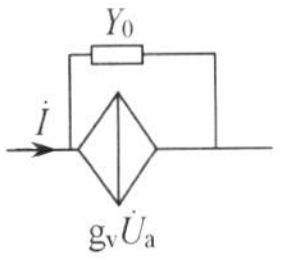

（c）给定复导纳与VCCS

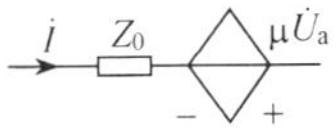

（d）将左图等效变换成VCVS，图中$Z_0=1/Z_0$，$\mu=R_m/Z_0$

图 9-3-1　用电源之间等效变换的方法变换受控源

9-3-1（a）假定所给受控源是 CCVS，按照复阻抗与电压源的串联可以等效变换成复导纳与电流源的并联而将该 CCVS 变换为 CCCS，如图 9-3-1（b）所示，图中 $\dot{I}_a$ 是控制量。图 9-3-1（c）假定所给的受控源是 VCCS，类似地我们可以将它等效变换成 VCVS；图中 $\dot{U}_a$ 是控制量。当然也可以通过改变控制量的方法将 CCVS 变换成 VCVS，或者将 VCCS 变换成 CCCS，如图 9-3-2 所示。

图 9-3-2（a）中网络给定的受控源是 CCVS，由控制量所在支路［图 9-3-2（c）］可见，根据 $\dot{I}_a = \dot{U}_a / Z_a$，只要使系数 $\mu = R_m / Z_a$，就可得出图 9-3-2（b）所示情况，即将控制量由 $\dot{I}_a$ 变为 $\dot{U}_a$，于是受控源也就变成 VCVS。同样，也可将 VCCS 变成 CCCS，只要使图 9-3-2（e）中的 $\alpha = g_m Z_a$［图 9-3-2（d）］，即能达到目的。因此，只要搞清含有 VCVS 与 CCCS 两种受控源的网络的分析方法就可以了。

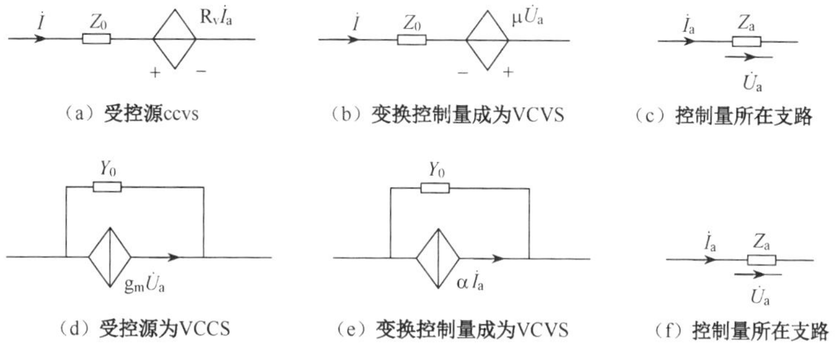

图 9-3-2　用改变控制量的方法变换受控源

9.3.2　含有受控源网络的支路电压方程与支路电流方程

1．支路电压方程

如图 9-3-3 所示，以 U_i 表示支路电压有效值相量，以 $\dot{I}_i$ 表示支路电流有效值相量，以 $\dot{U}_{ei}$ 和 $\dot{I}_{ei}$ 分别表示编号为 i 的阻抗元件的电压和电流；对于 VCVS，将电压比均标以双脚标如 μ_{ij}，脚标前一个数字表示是 i 条支路（VCVS 所在支路），后一个数字 j 则是表示控制量所在支路，于是各支路电压为

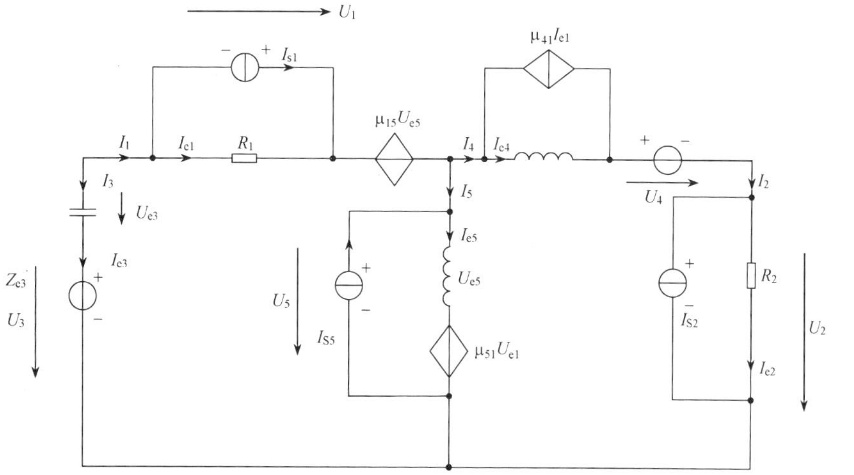

图 9-3-3　含有受控源网络的支路电压议程与支路电流议程

$$\dot{U}_1 = R_1\dot{I}_{ei} - \mu_{15}\dot{U}_{e5} = \dot{U}_{e1} - \mu_{15}\dot{U}_{e5}$$

$$\dot{U}_2 = R_2\dot{I}_{e2} = \dot{U}_{e2}$$

$$\dot{U}_3 = \frac{1}{j\omega C_3}\dot{I}_{e3} + \dot{U}_{S3}$$

$$\dot{U}_4 = j\omega L_4\dot{I}_{e4} - \dot{U}_{S4}$$

$$\dot{U}_5 = \omega L_5\dot{I}_{e5} + \mu_{51}\dot{U}_{e1} = \dot{U}_{e5} + \mu_{51}\dot{U}_{e1}$$

写成矩阵形式可得

$$\underbrace{\begin{pmatrix}\dot{U}_1\\ \dot{U}_2\\ \dot{U}_3\\ \dot{U}_4\\ \dot{U}_5\end{pmatrix}}_{U_b} = \underbrace{\begin{pmatrix}\dot{U}_{e1}\\ \dot{U}_{e2}\\ \dot{U}_{e3}\\ \dot{U}_{e4}\\ \dot{U}_{e5}\end{pmatrix}}_{U_e} + \underbrace{\begin{pmatrix}0\\ 0\\ \dot{U}_{S3}\\ -\dot{U}_4\\ 0\end{pmatrix}}U_s + \begin{pmatrix}0 & 0 & 0 & 0 & -\mu_{15}\\ 0 & 0 & 0 & 0 & 0\\ 0 & 0 & 0 & 0 & 0\\ 0 & 0 & 0 & 0 & 0\\ \mu_{51} & 0 & 0 & 0 & 0\end{pmatrix}\underbrace{\begin{pmatrix}\dot{U}_{e1}\\ \dot{U}_{e2}\\ \dot{U}_{e3}\\ \dot{U}_{e4}\\ \dot{U}_{e5}\end{pmatrix}}_{U_e}$$

若以$\dot{U}_b$表示支路电压列相量，$\dot{U}_e$表示元件电压列相量，$\dot{U}_S$表示各复合支路电压源电压列向量，$\boldsymbol{P}$ 表示 VCVS 的电压比方阵，且电压比μ_{ij}在方阵中的位置由脚标确定是在方阵中的第 i 行第 j 列。至于矩阵中各量的正负，$\dot{U}_b$、$\dot{U}_e$中各元素均为正，$\dot{U}_s$中电压源电压的正负视电压源参考极性与支路参考方向是一致还是相反确定；同样 P 元素正负亦视 VCVS 参考方向与支路参考方向是否一致来定。相同取正，相反取负。于是上述矩阵也可表示为

$$\dot{U}_b = \dot{U}_e + \dot{U}_S + P\dot{U}_e = \dot{U}_S + (1+P)\dot{U}_e \tag{9-3-1}$$

实质上，方阵 $\boldsymbol{P}$ 是受控源所在支路与控制量所在支路的“关键矩阵”，受控源所在支路决定电压比所在位置的行，控制量所在支路决定电压比所在位置的列。若支路中不含受控源 VCVS，则 $\boldsymbol{P}$ 中元素取零。

2. 支路电流方程

由图 9-3-3 可见：各支路电流与元件电流以及电流源电激流、CCCS 电流之间关系如下。

$$\dot{I}_1 = \dot{I}_{e1} + \dot{I}_{S1}$$

$$\dot{I}_2 = \dot{I}_{e2} + \dot{I}_{S2}$$

$$\dot{I}_3 = \dot{I}_{e3}$$

$$\dot{I}_4 = \dot{I}_{e4} + \mu_{41}\dot{I}_{e1}$$

$$\dot{I}_5 = \dot{I}_{e5} - \dot{I}_{S5} + \mu_{53}\dot{I}_{e1}$$

写成矩阵形式为

$$\underbrace{\begin{pmatrix}\dot{I}_1\\ \dot{I}_2\\ \dot{I}_3\\ \dot{I}_4\\ \dot{I}_5\end{pmatrix}}_{\dot{I}_b} = \underbrace{\begin{pmatrix}\dot{I}_{e1}\\ \dot{I}_{e2}\\ \dot{I}_{e3}\\ \dot{I}_{e4}\\ \dot{I}_{e5}\end{pmatrix}}_{\dot{I}_e} + \underbrace{\begin{pmatrix}\dot{I}_{S1}\\ \dot{I}_{S2}\\ 0\\ 0\\ -\dot{I}_{S5}\end{pmatrix}}_{\dot{I}_S} + \underbrace{\begin{pmatrix}0 & 0 & 0 & 0 & 0\\ 0 & 0 & 0 & 0 & 0\\ 0 & 0 & 0 & 0 & 0\\ \mu_{41} & 0 & 0 & 0 & 0\\ 0 & 0 & \mu_{53} & 0 & 0\end{pmatrix}}_{C}\underbrace{\begin{pmatrix}\dot{I}_{e1}\\ \dot{I}_{e2}\\ \dot{I}_{e3}\\ \dot{I}_{e4}\\ \dot{I}_{e5}\end{pmatrix}}_{\dot{I}_e}$$

以 $\dot{I}_b$ 表示支路电流列向量，$\dot{I}_e$ 表示元件电流列向量，$\dot{I}_s$ 表示各复合支路电流源电流列向量，C 是电流比方阵，是受控源所在支路与控制量所在支路的关联矩阵；CCCS 所在支路编号确定电流比在方阵 C 中的行，控制量所在支路编号确定了电流比在方阵 C 中的列。$\dot{I}_s$ 中及 C 中各元素正负取决于电流源与 CCCS 参考方向与支路参考方向是否一致，一致取正，相反取负。不含 CCCS 的支路所对应方阵 C 中的元素为 0。作了上述假定以后，矩阵可以用下列形式表示

$$\dot{I}_b=\dot{I}_e+\dot{I}_s+C\dot{I}_e=\dot{I}_s+(1+C)\dot{I}_e \tag{9-3-2}$$

3. 含受控源网络的节点法

已知

$$A\dot{I}_b=0 \tag{9-3-3}$$

这一结论无论是复合支路或单一元件支路都是成立的，含受控源的复合支路也不例外，于是将方程式（9-3-2）左乘关联矩阵 A 可得

$$A\dot{I}_b=A\dot{I}_s+A(1+C)\dot{I}_e=0 \tag{9-3-4}$$

又因为各元件电压列向量与各元件电流列向量之间有

$$\dot{U}_e=Z_e\dot{I}_e \tag{9-3-5}$$

上式中

$Z_e=\mathrm{diag}(Z_{e1},Z_{e2},\cdots Z_{ei})$ 为网络所含阻抗元件复阻抗对角阵。这样

$$\dot{I}_e=Z_e^{-1}\dot{U}_e \tag{9-3-6}$$

$$Y_e\underline{\Delta}\,Z_e^{-1} \tag{9-3-7}$$

Y_e 是阻抗元件导纳矩阵，是复阻抗对角阵的逆阵。值得提出的是 Z_e 为对角阵的唯一条件是网络中未含耦合电感元件。将式（9-3-6）代入（9-3-4）可得

$$A(1+C)Y_e\dot{U}_e+A\dot{I}_S=0 \tag{9-3-8}$$

若式（9-3-1）中（1+P）为非奇异矩阵，则

$$\dot{U}_e=(1+P)^{-1}\left[\dot{U}_b-\dot{U}_S\right] \tag{9-3-9}$$

将式（9-3-9）代入式（9-3-8）可得

$$A(1+C)Y_e(1+P)^{-1}\left[\dot{U}_b-\dot{U}_S\right]+A\dot{I}_S=0$$

将电压源与电流源等已知量的矩阵关系移项至等式右边，可得

$$A(1+C)Y_e(1+P)^{-1}\dot{U}_b=A(1+C)Y_e(1+P)^{-1}\dot{U}_e-A\dot{I}_S \tag{9-3-10}$$

再将式（9-2-3）代入式（9-3-10）得

$$A(1+C)Y_e(1+P)^{-1}A^T\dot{U}_n=A(1+C)Y_e(1+P)^{-1}\dot{U}_e-A\dot{I}_S \tag{9-3-11}$$

定义

$$(1+C)Y_e(1+P)^{-1}\,\underline{\Delta}Y_b,\quad AY_bA^T=Y_n \tag{9-3-12}$$

$$\dot{I}_n\underline{\Delta}AY_b\dot{U}_S-A\dot{I}_S \tag{9-3-13}$$

于是得出含有 CCCS 与 VCVS 两种受控源的网络的节点方程为

$$Y_n\dot{U}_n=\dot{I}_n \tag{9-3-14}$$

在形式上，式（9-3-14）与式（9-3-5）是相同的，然 Y_n 与 $\dot{I}_n$ 均与前者含义不同。式（9-3-13）

中各支路所含电压源电压列向量与电流源电激流列向量中各元素正、负的取法是视电压与电激流的参考方向与各支路电流参考方向取法决定的，若参考方向相一致，取正值，反之取负值。

当电路中不含受控源时，由于 $C=P=0$ 阵，和前面讨论是完全一致的。

例 9-3-1 如图 9-3-4 所示电路，试应用含有受控源的网络的节点法列出其节点方程。

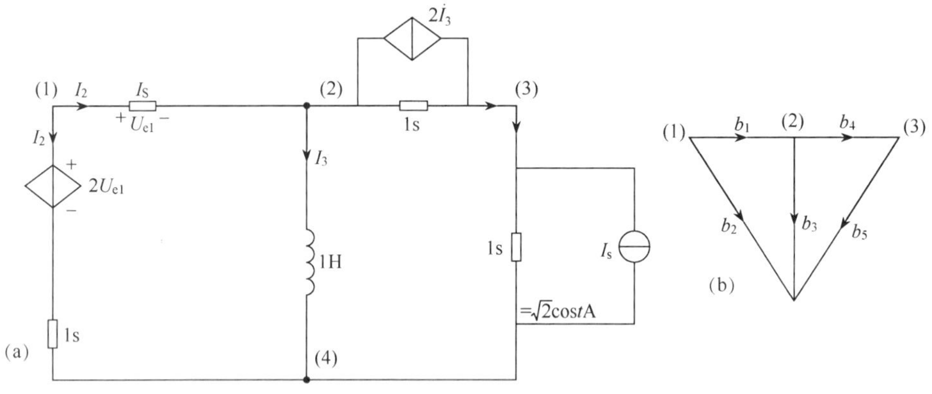

图 9-3-4 例 9-3-1 图

解：所给电路有两个受控源，一个是 VCVS，一个是 CCCS，故均不需要变换。VCVS 所在支路编号为 b_2，控制量所在支路编号为 b_1，故它是 $\boldsymbol{P}$ 方阵中第二行第一列的元素，$\boldsymbol{P}$ 方阵中其它元素均是 0，于是

$$1+\boldsymbol{P}=\begin{pmatrix}1&0&0&0&0\\1&1&0&0&0\\0&0&1&0&0\\0&0&0&1&0\\0&0&0&0&1\end{pmatrix},(1+\boldsymbol{P})^{-1}=\begin{pmatrix}1&0&0&0&0\\-1&1&0&0&0\\0&0&1&0&0\\0&0&0&1&0\\0&0&0&0&1\end{pmatrix}$$

CCCS 所在支路编号为 b_4，控制量所在支路编号为 b_3，故它是 $\boldsymbol{C}$ 方阵中第四行第三列的元素；和 VCVS 不同，CCCS 的参考方向与支路电流 I_4 的参考方向相反，故 $\alpha_{43}=-2$，于是得到

$$1+\boldsymbol{C}=\begin{pmatrix}1&0&0&0&0\\0&1&0&0&0\\0&0&1&0&0\\0&0&-2&1&0\\0&0&0&0&1\end{pmatrix}$$

$Y_e=\text{diag}(G_1,G_2,\dfrac{1}{\text{j}\omega C_3},G_4,G_5)$；由于无电压源，故 $\dot{U}_S=0$；只有一个电流源，且参考方向与支路电流方向相反，故取负值，且其有效值相量为 $\dot{I}_{S5}=-1\text{A}$。

$$\boldsymbol{Y}_b=(1+\boldsymbol{C})\boldsymbol{Y}_e(1+\boldsymbol{P})^{-1}=\begin{pmatrix}1&0&0&0&0\\0&1&0&0&0\\0&0&1&0&0\\0&0&-2&1&0\\0&0&0&0&1\end{pmatrix}\begin{pmatrix}1&0&0&0&0\\0&1&0&0&0\\0&0&-\text{j}1&0&0\\0&0&0&1&0\\0&0&0&0&1\end{pmatrix}\begin{pmatrix}1&0&0&0&0\\-1&1&0&0&0\\0&0&1&0&0\\0&0&0&1&0\\0&0&0&0&1\end{pmatrix}$$

$$=\begin{pmatrix}1&0&0&0&0\\-1&1&0&0&0\\0&0&-\mathrm{j}&0&0\\0&0&2\mathrm{j}&1&0\\0&0&0&0&1\end{pmatrix}$$

由图 G 可得相关矩阵

$$\boldsymbol{A}=\begin{pmatrix}1&1&0&0&0\\-1&0&1&1&0\\0&0&0&-1&1\end{pmatrix}$$

$$\boldsymbol{Y}_n=\boldsymbol{A}\boldsymbol{Y}_b\boldsymbol{A}^T=\begin{pmatrix}1&1&0&0&0\\-1&0&1&1&0\\0&0&0&-1&1\end{pmatrix}\begin{pmatrix}1&0&0&0&0\\-1&1&0&0&0\\0&0&-\mathrm{j}&0&0\\0&0&\mathrm{j}2&0&0\\0&0&0&0&1\end{pmatrix}\begin{pmatrix}1&-1&0\\1&0&0\\0&1&0\\0&1&-1\\0&0&0\end{pmatrix}$$

$$=\begin{pmatrix}1&0&0\\-1&2+\mathrm{j}&-1\\0&-(1+\mathrm{j}2)&2\end{pmatrix}$$

$$\dot{\boldsymbol{I}}_n=\boldsymbol{A}\boldsymbol{Y}_b\dot{U}_{\mathrm{S}}-\boldsymbol{A}\dot{I}_{\mathrm{S}}=-\begin{pmatrix}1&1&0&0&0\\-1&0&1&1&0\\0&0&0&-1&1\end{pmatrix}\begin{pmatrix}0\\0\\0\\-1\end{pmatrix}=\begin{pmatrix}0\\0\\1\end{pmatrix}$$

依照 $\boldsymbol{Y}_n\dot{\boldsymbol{U}}_n=\dot{\boldsymbol{I}}_n$ 可得

$$\begin{pmatrix}1&0&0\\-1&2+\mathrm{j}&-1\\0&-(1+\mathrm{j}2)&2\end{pmatrix}\begin{pmatrix}\dot{U}_{n1}\\\dot{U}_{n2}\\\dot{U}_{n3}\end{pmatrix}=\begin{pmatrix}0\\0\\1\end{pmatrix}$$

9.4　回路分析法

9.4.1　基本方程

由基本回路矩阵的讨论可知，基本回路的 KVL 方程为

$$\boldsymbol{B}U_b=0 \tag{9-4-1}$$

方程中 $\boldsymbol{B}$ 为基本回路矩阵，U_b 是支路电压列向量。KCL 方程为

$$\boldsymbol{B}^T I_1=I_b \tag{9-4-2}$$

方阵中，I_1 为连支电流列向量，I_b 为支路电流列向量。

由式（9-3-7）有

$$U_b=Z_b(I_b+I_{\mathrm{S}})-U_{\mathrm{S}} \tag{9-4-3}$$

将式（9-4-3）左乘基本回路矩阵 B 得

$$\boldsymbol{B}\ U_b = \boldsymbol{B}\ Z_b\ I_b + \boldsymbol{B}Z_bI_S - \boldsymbol{B}U_S = 0$$

于是有

$$\boldsymbol{B}Z_bI_b = \boldsymbol{B}U_S - \boldsymbol{B}Z_bI_S$$

将式（9-4-2）代入上式得

$$\boldsymbol{B}Z_b\boldsymbol{B}^T I_1 = \boldsymbol{B}U_S - \boldsymbol{B}Z_bI_S \tag{9-4-4}$$

定义

$$\boldsymbol{B}Z_b\boldsymbol{B}^T \leqslant Z_L$$

并称 Z_L 为回路阻抗矩阵，Z_b 为支路阻抗矩阵。

定义

$$\boldsymbol{B}U_S - \boldsymbol{B}Z_bI_S \leqslant U_L$$

并称 U_L 为回路电压源向量。于是可得关系式

$$Z_LI_1 = U_L \tag{9-4-5}$$

$$Z_L = \boldsymbol{B}Z_b\boldsymbol{B}^T \tag{9-4-6}$$

$$U_L = \boldsymbol{B}U_S - \boldsymbol{B}Z_bI_S \tag{9-4-7}$$

$$\boldsymbol{B}^T I_1 = I_b$$

上面四式是回路分析法中四个基本方程。

9.4.2　由回路分析法求响应、支路电流的步骤

由回路分析法求响应、支路电流的步骤如下。

（1）作出所给网络的有向图 G，并选定一组树 T，从中可得出基本（单连支）回路矩阵 B。

（2）Z_b 是支路阻抗矩阵，可按支路编号顺序得出。

（3）由方程（9-4-6）求出回路阻抗矩阵 $\boldsymbol{Z}_L$，由式（9-4-7）求出回路电压源向量 U_L，再由

$$I_1 = \boldsymbol{Z}_L^{-1}U_L$$

求出连支电流列向量 I_1；最后由方程（9-4-2）即可求出支路电流列向量，从而得出各支路电流；或者直接由

$$I_b = \boldsymbol{B}^T\boldsymbol{Z}_L^{-1}U_L \tag{9-4-8}$$

求出支路电流列向量。

例 9-4-1　求图 9-4-1 所示网络的回路方程，并进而求出各支路电流。已知：$U_{S1}=21\text{V}$，$U_{S2}=14\text{V}$，$i_{S3}=2\text{A}$，$U_{S4}=2\text{V}$，$U_{S5}=2\text{V}$，$R_1=3\,\Omega$，$R_2=2\,\Omega$，$R_3=3\,\Omega$，$R_4=6\,\Omega$，$R_5=2\,\Omega$，$R_6=1\,\Omega$。

解：由有向图及选定之树可得出基本（单连支）回路如图 9-4-2 所示。因此可得基本回路矩阵 $\boldsymbol{B}$

$$\boldsymbol{B}=\begin{pmatrix}1&0&0&1&0&1\\0&1&0&0&1&-1\\0&0&1&-1&-1&0\end{pmatrix},\ Z_b = R_b = \text{diag}(R_1,R_2,R_3,R_4,R_5,R_6)$$

因为回路电阻矩阵与支路电阻矩阵之间有如下关系

$$\boldsymbol{R}_L = \boldsymbol{B}\ \boldsymbol{R}_b\boldsymbol{B}^T$$

即

$$U_S = (U_{S1}\quad -U_{S2}\quad 0\quad -U_{S4}\quad U_{S5}\quad 0)^T = (21\quad -14\quad 0\quad -2\quad 2\quad 0)^T$$

$$i_S = (0\quad 0\quad -i_{S3}\quad 0\quad 0\quad 0)^T = (0\quad 0\quad -2\quad 0\quad 0\quad 0)^T$$

$$
\boldsymbol{R}_{\mathrm{L}}=\begin{pmatrix}1&0&0&1&0&1\\0&1&0&0&1&-1\\0&0&1&-1&-1&0\end{pmatrix}\begin{pmatrix}R_1&0&0&0&0&0\\0&R_2&0&0&0&0\\0&0&R_3&0&0&0\\0&0&0&R_4&0&0\\0&0&0&0&R_5&0\\0&0&0&0&0&R_6\end{pmatrix}\begin{pmatrix}1&0&0\\0&1&0\\0&0&1\\1&0&-1\\0&1&-1\\1&-1&0\end{pmatrix}
$$

$$
=\begin{pmatrix}R_1+R_4+R_6&-R_6&-R_4\\-R_6&R_2+R_5+R_6&-R_5\\-R_4&-R_5&R_3+R_4+R_5\end{pmatrix}=\begin{pmatrix}10&-1&-6\\-1&5&-2\\-6&-2&11\end{pmatrix}
$$

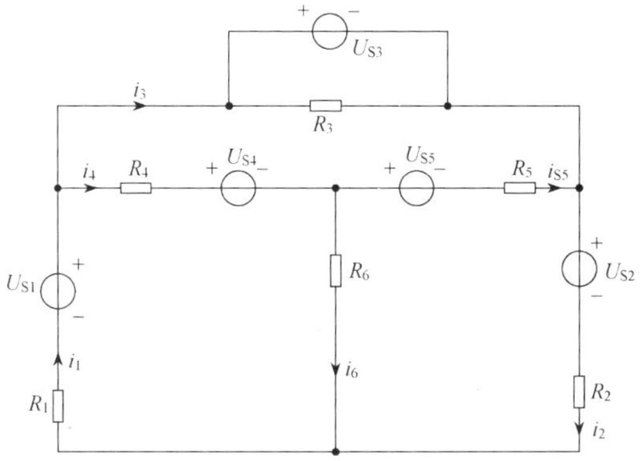

图 9-4-1　例 9-4-1 图

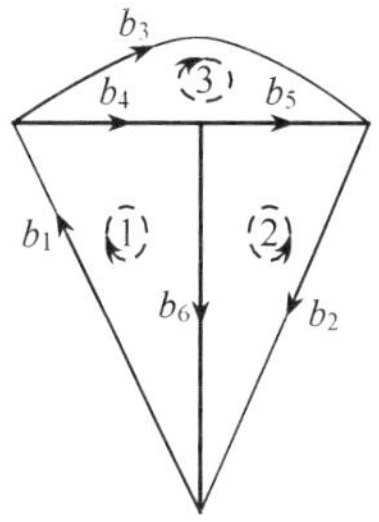

图 9-4-2　左图的有向图，粗线为所选树

$$
\boldsymbol{U}_{\mathrm{L}}=\boldsymbol{B}U_{\mathrm{S}}-\boldsymbol{B}R_b I_{\mathrm{S}}=\begin{pmatrix}1&0&0&1&0&1\\0&1&0&0&1&-1\\0&0&1&-1&-1&0\end{pmatrix}\begin{pmatrix}21\\-14\\0\\-2\\2\\0\end{pmatrix}
$$

$$
-\begin{pmatrix}1&0&0&1&0&1\\0&1&0&0&1&-1\\0&0&1&-1&-1&0\end{pmatrix}\begin{pmatrix}3&0&0&0&0&0\\0&2&0&0&0&0\\0&0&3&0&0&0\\0&0&0&6&0&0\\0&0&0&0&2&0\\0&0&0&0&0&1\end{pmatrix}\begin{pmatrix}0\\0\\-2\\0\\0\\0\end{pmatrix}
$$

$$
=\begin{pmatrix}19\\-12\\0\end{pmatrix}-\begin{pmatrix}0\\0\\-6\end{pmatrix}=\begin{pmatrix}19\\-12\\6\end{pmatrix}
$$

再由式（9-4-5）可求出连支电流列向量

$$
\boldsymbol{I}_1=\begin{pmatrix}10&-1&-6\\-1&5&-2\\-6&-2&11\end{pmatrix}^{-1}\begin{pmatrix}19\\-12\\6\end{pmatrix}=\begin{pmatrix}\frac{51}{295}&\frac{23}{295}&\frac{32}{295}\\\frac{23}{295}&\frac{74}{295}&\frac{26}{295}\\\frac{32}{295}&\frac{26}{295}&\frac{49}{295}\end{pmatrix}\begin{pmatrix}19\\-12\\6\end{pmatrix}=\begin{pmatrix}3\\-1\\2\end{pmatrix}
$$

∴
$$I_b = B^T I_1 = \begin{pmatrix} 1 & 0 & 0 \\ 0 & 1 & 0 \\ 0 & 0 & 1 \\ 1 & 0 & -1 \\ 0 & 1 & -1 \\ 1 & -1 & 0 \end{pmatrix} \begin{pmatrix} 3 \\ -1 \\ 2 \end{pmatrix} = \begin{pmatrix} 3 \\ -1 \\ 2 \\ 1 \\ -3 \\ 4 \end{pmatrix}$$

∴
$$i_1 = 3\text{A},\ i_2 = -1\text{A},\ i_3 = 2\text{A},\ i_4 = 1\text{A},\ i_5 = -3\text{A},\ i_6 = 4\text{A}$$

9.5 特勒根定理

9.5.1 特勒根定理的内容

对于一个具有 n 个独立节点、b 条支路（一个元件一条支路）的网络，若其降阶关联矩阵为 $\boldsymbol{A}$，支路电流列向量为 $I_b(t)$，支路电压列向量为 $U_b(t)$，节点电压列向量为 $U_n(t)$，则根据 9.2 的讨论可知

$$\boldsymbol{A} I_b(t) = 0,\ U_b(t) = \boldsymbol{A}^T U_n(t) \tag{9-5-1}$$

其支路电流和电压列向量

$$U_b(t) = \left[u_1(t), u_2(t), \cdots, u_b(t)\right]^T \tag{9-5-2}$$

$$I_b(t) = \left[i_1(t), i_2(t), \cdots, i_b(t)\right]^T \tag{9-5-3}$$

对式（9-5-1）中后一式同时取转置矩阵有

$$U_b^T(t) = U_n^T(t)\boldsymbol{A}$$

将上式两边同乘以支路电流列向量 $I_b(t)$ 有

$$U_b^T(t)\ I_b(t) = U_n(\text{t})\boldsymbol{A}I_{\text{b}}(t) \tag{9-5-4}$$

∵
$$\boldsymbol{A} I_b(t) = 0$$

∴
$$U_b^T(t)\ I_b(t) = 0 \tag{9-5-5}$$

由上式可知，支路电压列向量的转置与支路电流列向量的乘积恒等于零。式（9-5-5）若用支路电压与支路电流来表示，则可写成

$$\sum_{k=1}^{b} u_k(t) i_k(t) = 0 \tag{9-5-6}$$

式（9-5-5）与式（9-5-6）是特勒根功率定理的两种表示方法，也称特勒根定理一。此定理说明：任何一个含源网络，其各支路在任一瞬间的瞬时总功率恒等于零。或者说，网络 N 中某些支路在任一瞬间吸收的功率等于网络 N 中另一些支路在同一瞬间所放出的功率。即任意网络 N 中，任意瞬间的功率均应守恒。因此，特勒根定理又称功率守恒定理。

特勒根定理二，又称似功率定理二。它是指：有两个图 G 相同的网络 N 与 $\hat{\text{N}}$（注意：此处网络 N 与网络 $\hat{\text{N}}$ 不是对偶网络），即它们的节点数与支路数均相等：$n = \hat{n}$，$b = \hat{b}$。且图 G 中对应支路及节点编号相同，参考方向也相同，故它们的关联矩阵

$$\boldsymbol{A} = \hat{\boldsymbol{A}} \tag{9-5-7}$$

于是

$$U_b(t) = \boldsymbol{A}^T U_n(t)$$

取转置后有

$$U_b^T(t) = U_n^T \boldsymbol{A}$$

将上式两边同乘以 $\hat{I}_b(t)$，有

$$U_b^T \boldsymbol{A}\hat{I}_b(t) = U_n^T \boldsymbol{A}\hat{I}_b(t)$$

∵ $$\boldsymbol{A}\hat{I}_b = \hat{\boldsymbol{A}}\hat{I}_b = 0$$

∴ $$U_b^T(t)\ \hat{I}_b(t) = 0 \tag{9-5-8}$$

或者写成支路电压与支路电流形式

$$\sum_{k=1}^{b} u_k(t)\hat{i}_k(t) = 0 \tag{9-5-9}$$

按照与上面相似过程可得出

$$U_b^T(t)\ I_b(t) = 0 \tag{9-5-10}$$

或 $$\sum_{k=1}^{b} \hat{u}_k(t) i_k(t) = 0 \tag{9-5-11}$$

式（9-5-9）与式（9-5-11）中，$u_k(t)$ 与 $\hat{u}_k(t)$ 是网络 N 与网络 $\hat{\text{N}}$ 中第 k 条支路的瞬时电压，$i_k(t)$ 与 $\hat{i}_k(t)$ 是第 k 条支路的瞬时电流；因此上述二式中的网络 N 的全部支路的支路电压（或支路电流）与网络 $\hat{\text{N}}$ 的对应支路电流（或支路电压）乘积的和形式上每项均是一个“功率”，但一个是网络 N 中的一条支路电压（或电流），一个是网络 $\hat{\text{N}}$ 中的一条支路的电流（或电压），是毫无意义的电压与电流的乘积，故它不具有实质上的功率意义。故称为“似功率定理”。

上述结论是从一般意义上得出的，即无论对线性或非线性、时变或时不变网络，只要两个网络的图 G 相同，对应支路、节点编号相同，参考方向一样，上述结论就成立。故而特勒根定理具有广泛的意义，因而受到普遍重视。

图 9-5-1 中网络 N 与网络 $\hat{\text{N}}$，是两个图完全相同的直流网络。稳态时，网络 N 中电感 L 短路，R_2、R_3 两电阻被短路，很易求出 i_1=6A，i_2=1A，$i_3 = i_4 = 0$，$i_5 = i_6 = 5\text{A}$；u_1=−5V，u_2=5V，$u_3 = u_4 = u_5 = 0$，$u_6 = 5\text{V}$；网络 $\hat{\text{N}}$ 中，由于二极管反向，故 $i_3 = 0$，电容相当于开路，$i_4 = 0$，$i_1 = 1.5\text{A}$，$i_2 = 0.5\text{A}$，$i_5 = i_6 = 1\text{A}$；$u_1 = -25\text{V}$，$u_2 = 25\text{V}$，$u_3 = u_4 = u_5 = 20\text{V}$，$u_6 = 5\text{V}$。

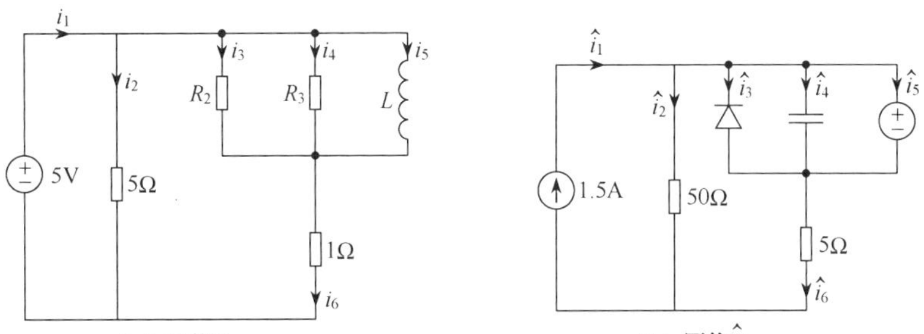

（a）网络N　　（b）网络$\hat{\text{N}}$

图 9-5-1　图相同的网络 N 与 $\hat{\text{N}}$

将这些数据列成表 9-5-1，再计算功率与似功率。

表 9-5-1 网络中各物理量的值

	u(V)	i(A)	p(W)	$\hat{u}$(V)	$\hat{i}$(A)	$\hat{p}$(W)	u(V)	$\hat{i}$(A)	$u\hat{i}$(W)	$\hat{u}$(V)	i(A)	$\hat{u}i$(W)
b_1	−5	6	−30	−25	1.5	−37.5	−5	1.5	−7.5	−25	6	−150
b_2	5	1	5	25	0.5	12.5	5	0.5	2.5	25	1	25
b_3	0	0	0	20	0	0	0	0	0	20	0	0
b_4	0	0	0	20	0	0	0	0	0	20	0	0
b_5	0	5	0	20	1	20	0	1	0	20	5	100

由上表可见

$$\sum P=0,\ \sum \hat{P}=0,\ \sum u\hat{i}=0,\ \sum \hat{u}i=0$$

将似功率定理应用于两个有向图相同的交流网络时，如果其中一个网络各支路的电压是 $t=t_1$ 时刻的值，另一个网络各支路的电流可以是 $t=t_2\neq t_1$ 时刻的值，只要前者满足 KVL，后者满足 KCL，便有

$$\sum_{k=1}^{b} u_k(t_1)i_k(t_2)=0 \tag{9-5-12}$$

似功率定理也可用于同一网络的不同工作状态。

9.5.2 特勒根定理的应用——互易定理的证明

1. 互易定理的基本形式

前面已讨论电路的全响应的一般形式和用特勒根定理来证明互易定理的正确性。图 9-5-2 中，N_0 是一个不包括独立源与受控源、且动态元件初始状态均为零的二端口网络。两图中的 $U_S(s)$ 相同，即 $U_S(s)=\hat{U}_S(s)$，11′和 22′为 N_0 的两个端口；若电源按上述方法分别在图（a）中端口 11′加入，在端口 22′响应的象函数为 $I_{22'}(s)$；电压源在图（b）中端口 22′加入，在端口 11′响应的象函数为 $I_{11'}(s)$，则互易定理的结论是

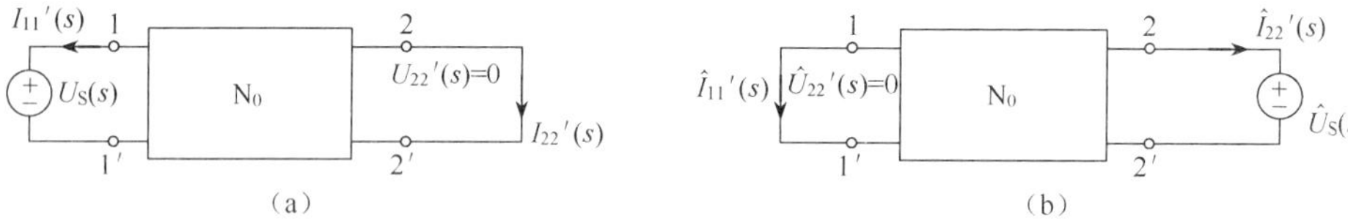

图 9-5-2 互易定理的第一种形式

$$I'_{22}(s)=\hat{I}'_{11}(s) \tag{9-5-13}$$

二端口网络 N_0 具有和第一种情况相同的条件，但激励源为电流源，且输出端口开路；若此时（图 9-5-3）

$$I_S(s)=\hat{I}_S(s)$$

则

$$U_{22'}(s)=U_{11'}(s) \tag{9-5-14}$$

图 9-5-4 给出了互易定理的第三种形式。图中二端口网络 N_0 条件与前两种形式一样，然而激励和响应均非同一物理量。图 9-5-4（a）中，激励是电流源，响应是短路电流；图 9-5-4（b）

中，激励是电压源，响应是开路电压。

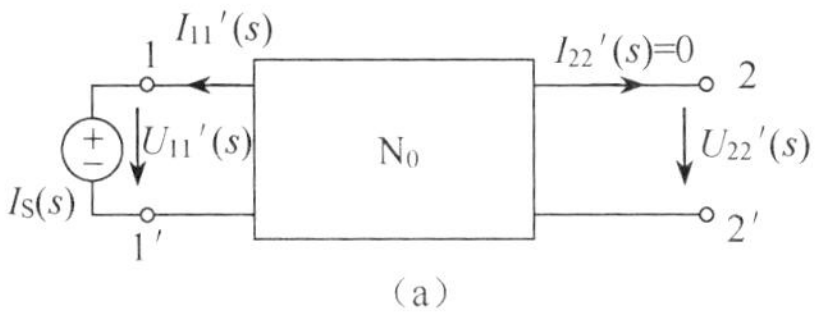

图 9-5-3　互易定理的第二种形式

若图 9-5-4（a）、（b）中，在数值上激励源的关系为

$$I_S(s) = \hat{U}_S(s)$$

则

$$I_{22'}(s) = U_{11'}(s) \tag{9-5-15}$$

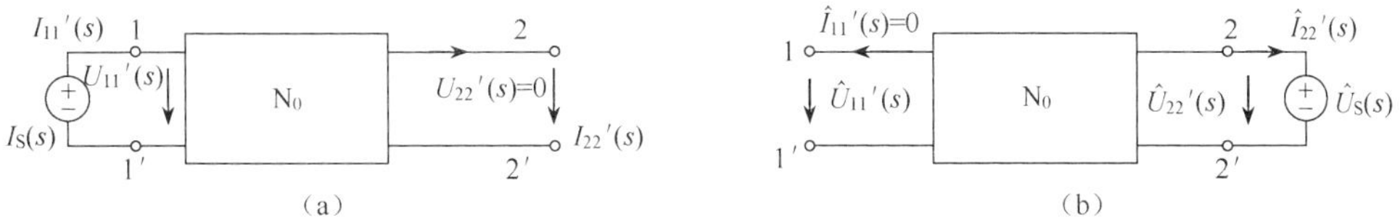

图 9-5-4　互易定理的第三种形式

2. 互易定理的证明

依特勒根似功率定理，对于互易定理中所给出的三种情况，均有

$$\left.\begin{aligned} U_{11'}(s)\hat{I}_{11'}(s)+U_{22'}(s)\hat{I}_{22'}(s)+\sum_{k=1}^{b}U_k(s)\hat{I}_k(s)=0 \\ \hat{U}_{11'}(s)I_{11'}(s)+\hat{U}_{22'}(s)I_{22'}(s)+\sum_{k=1}^{b}\hat{U}_k(s)I_k(s)=0 \end{aligned}\right\} \tag{9-5-16}$$

其中 $\sum_{k=1}^{b}U_k(s)I_k(s)$ 及 $\sum_{k=1}^{b}\hat{U}_k(s)I_k(s)$ 是二端口网络 N_0 中的支路电流、电压关系。对照式（9-5-8）与式（9-5-9），有

$$\sum_{k=1}^{b}U_k(s)I_k(s)=U_b^T(s)I_b(s) \tag{9-5-17}$$

而支路电压列向量与支路阻抗矩阵、支路电流列向量之间有如下关系

$$U_b(s) = Z_b(s)\ I_b(s) \tag{9-5-18}$$

∴

$$U_b^T(s) = I_b^T(s)\ Z_b^T(s) \tag{9-5-19}$$

但由于阻抗矩阵 Z_b^T 是一个方阵，无论有无互感，均有

$$Z_b^T(s) = Z_b(s)$$

故式（9-5-19）又可表述为

$$U_b^T(s) = I_b^T(s)\ Z_b(s) \tag{9-5-20}$$

对于二端口网络 N_0 而言

$$I_b(s) = \hat{I}_b(s) \tag{9-5-21}$$

$$Z_b(s) = \hat{Z}_b(s) \tag{9-5-22}$$

因此将式（9-5-20）右乘$I_b(s)$，并注意到式（9-5-21）和式（9-5-22）可得

$$U_b^T(s)\ \hat{I}_b(s) = I_b^T\hat{Z}_b(s)\ \hat{I}_b(s)$$

$$\therefore \quad U_b^T(s)\ \hat{I}_b(s) = I_b^T\hat{U}_b(s) = \sum_{k=1}^{b} I_k(s)\hat{U}_k(s)$$

于是由式（9-5-17）可得

$$\sum_{k=1}^{b} U_k(s)\hat{I}_k(s) = \sum_{k=1}^{b} I_k(s)\hat{U}_k(s) \tag{9-5-23}$$

由式（9-5-17）有

$$U_{11'}(s)\hat{I}_{11'}(s) + U_{22'}(s)\hat{I}_{22'}(s) + \sum_{k=1}^{b} U_k(s)\hat{I}_k(s)$$
$$= \hat{U}_{11'}(s)I_{11'}(s) + \hat{U}_{22'}(s)I_{22'}(s) + \sum_{k=1}^{b} I_k(s)\hat{U}_k(s)$$

注意到式（9-5-23）关系，故上式又可写成

$$U_{11'}(s)\ \hat{I}_{11'}(s) + U_{22'}(s)\ \hat{I}_{22'}(s) = \hat{U}_{11'}(s)\ \mathrm{I}_{11'}(s) + \hat{U}_{22'}(s)\ I_{22'}(s) \tag{9-5-24}$$

式（9-5-24）是用以证明互易定理的基本关系。

对第一种情况的证明如下。

因为

$$U_{11'}(s) = U_S(s)，\ U_{22'}(s) = 0，\ U_{11'}(s) = 0，\ U_{22'}(s) = U_S(s)，\ U_S(s) = \hat{U}_S(s)；$$

且$U_S(s)=\hat{U}_S(s)$，又端口电流（图 9-5-2）

$$I_{11'}(s) = \hat{I}_{11'}(s)，\ I_{22'}(s) = \hat{I}_{22'}(s)$$

将这些端口电流电压关系代入式（9-5-24）得

$$U_S(s)\ \hat{I}_{11'}(s)\ + 0 = 0 + U_S(s)\ I_{22'}(s)$$

$$\therefore \quad \hat{I}_{11'}(s) = I_{22'}(s)$$

证毕。

对第二种情况的证明如下。

由图 9-5-3 可见

$$I_{11'}(s) = -I_S(s)，\ I_{22'}(s) = 0，\ \hat{I}_{11'}(s) = 0，\ \hat{I}_{22'}(s) = -\hat{I}_S(s)$$

代入式（9-5-24 可得

$$U_{11'}(s) \times 0 + U_{22'}(s)\left[-\hat{I}_S(s)\right] = \hat{U}_{11'}(s)\left[-I_S(s)\right] + 0$$

则当 $I_S(s) = \hat{I}_S(s)$ 时

$$U_{22'}(s) = \hat{U}_{11'}(s)$$

证毕。

对三种情况的证明如下。

由图 9-5-4 可见

$$I_{11'}(s) = -I_S(s)，\ U_{22'}(s) = 0，\ \hat{I}_{11'}(s) = 0，\ \hat{U}_{22'}(s) = \hat{U}_S(s)$$

代入式（9-5-24）可得

$$0+0=\hat{U}_{11'}(s)\left[-I_{S}(s)\right]+U_{S}(s)\ I_{22'}(s)$$

则当数值上有如下关系时　$I_{S}(s)=U_{S}(s)$

则数值上如下等式同样成立

$$\hat{U}_{11'}(s)=I_{22'}(s)$$

证毕。

3．互易网络

将式（9-5-13）两边同除以$U_{S}(s)$，得

$$\frac{I_{22'}(s)}{U_{S}(s)}=\frac{\hat{I}_{11'}(s)}{U_{S}(s)}$$

定义

$$\left.\frac{I_{22'}(s)}{U_{S}(s)}\right|_{U_{22'}(s)=0}=Y_{21}(s)$$

为网络 N_0 的转移导纳。

$$\left.\frac{\hat{I}_{11'}(s)}{U_{S}(s)}\right|_{U_{11'}(s)=0}=Y_{12}(s)$$

亦为网络 N_0 的转移导纳。显然，当$Y_{12}(s)=Y_{21}(s)$时，必然有$I_{22'}(s)=I_{11'}(s)$。

相似情况，若定义

$$\left.\frac{U_{22'}(s)}{I_{S}(s)}\right|_{I_{22'}(s)=0}=Z_{21}(s)$$

与

$$\left.\frac{U_{11'}(s)}{I_{S}(s)}\right|_{I_{11'}(s)=0}=Z_{12}(s)$$

为转移阻抗，则当$Z_{12}(s)=Z_{21}(s)$时，必然有$U_{22'}(s)=\hat{U}_{11'}(s)$。

若定义

$$\left.\frac{U_{11'}(s)}{U_{S}(s)}\right|_{I_{11'}(s)=0}=B(s)$$

为转移电压比，则

$$\left.\frac{I_{22'}(s)}{I_{S}(s)}\right|_{U_{22'}(s)=0}=A(s)$$

为转移电流比，则当$A(s)=B(s)$时，必然有$\hat{U}_{11'}(s)=I_{22'}(s)$。反之亦然。由于这些转移参数在网络满足互易定理时，具有相等关系。满足上述转移参数中任一组关系的网络称为互易网络。

9.6 状态方程

时域分析与复频域分析是求解网络全响应的两种不同的分析方法。全响应是响应的一般形式，它包括暂态和稳态响应两个部分，因而具有最普遍意义。然而存在暂态的基本条件是：① 网络中必须有动态元件；② 必须有换路过程。

至于分析的方法，在时域分析中，为了求得全响应，要借助求解微分方程，一个 n 阶网络，就是解一个或者以电容电压、或者以电感电流为变量的 n 阶微分方程，这两个变量在时域分析中常称为为状态变量，有时也称动态变量。求解 n 阶微分方程，也就是求状态变量随时间变化的显函数关系；求得这个关系，也就求出了网络的全响应。不过为了求得结果，应该知道所求之动态变量的 0 阶至（n–1）阶导数的初始值，即必须知道换路时的初始条件。通常也把时域分析方法称为经典方法。而在复频域分析中，则是把求全响应的经典方法通过求拉氏变换化为解代数方程的方法；这种方法与经典方法相比，在求二阶以上电路的全响应中具有明显的优越性；然而在多数情况下，它涉及要求解一个 n 次非线性方程的根的问题，用人工的方法欲求得结果，往往有很大的计算量，故需借助于计算机这种现代化的计算工具来计算。近代网络研究的发展，在求解高阶电路全响应时，采用的是状态变量分析。

状态变量是由一组独立的动态变量组成，一组独立的动态变量的集合就可以确定网络的状态。由这组独立的动态变量的集合同样可以确定任意瞬间网络中的任意一条支路的电压和电流（全响应）。

一个 n 阶动态电路，具有 n 个独立的状态变量，由这 n 个独立的状态变量组成的一个 n 元一阶微分方程组称为状态方程，状态变量分析就包含列出这个一阶微分方程组，并且解出结果。

本课程只着重解决列出网络的状态方程，而不再进一步解决方程的求解问题。

这里一再强调状态变量是一组独立的动态变量，因而状态方程也是一组独立的一阶微分方程组，但并非所有动态变量都构成状态变量；一个 n 阶网络并非一定含 n 个动态元件；当然 n 阶网络至少应含 n 个动态元件，动态元件数 $n_t>n$，即比网络的阶数大。例如，若网络中某一回路所含的 1 条支路全部由电容元件组成，则独立的动态元件数将少于电容元件数，因此独立的动态变量数将少于电容元件数。又例如，汇集在某一节点上的全部支路都是含电感元件的支路，或某一割集都是电感支路的集合，则独立的动态变量数也将少于电感元件数。

若独立的动态变量数等于该网络的动态元件数，这种动态网络称为常态网络，包含电容回路，或仅有电容与独立电压源组成的回路，或电感割集，或仅有电感与独立电流源组成的割集的网络，均称为为非常态网络。本节仅讨论线性与非线性常态网络的情况。

9.6.1 状态方程和输出方程

1. 状态方程

仅由状态变量与独立源组成的一个一阶微分方程组称为状态方程。在这个一阶微分方程组中的每一个一阶微分方程中，不要求是一种状态变量，然而每个方程中所含的变量均必须是状态变量。

例 9-6-1 试求如图 9-6-1 所示网络的状态方程。

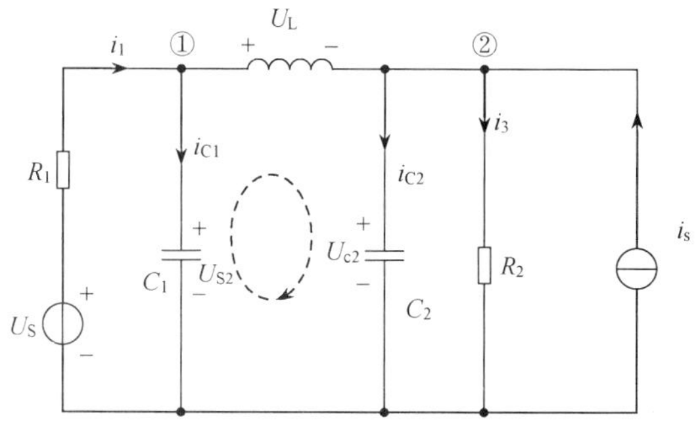

图 9-6-1　例 9-6-1 图

解：由图 9-6-1 可见，这是一个线性状态网络，由于有三个动态元件，故

$$\text{状态变量数} = 3$$

即电感电流 i_L，电容电压 u_{C1}、u_{C2} 为状态变量，由节点 1、2 及回路（网孔）I，可得

$$i_{C1} = i_1 - i_L \tag{9-6-1}$$

$$i_{C2} = i_L + i_S - i_2 \tag{9-6-2}$$

$$u_L = u_{C1} - u_{C2} \tag{9-6-3}$$

上列各式中，i_{C1}、i_{C2}、i_1、i_2、u_L 均为非状态变量，都要用状态变量取代，因为

$$i_{C1} = C_1\frac{du_{C1}}{dt},\quad i_{C2} = C_2\frac{du_{C2}}{dt},\quad i_1 = \frac{u_S - u_{C1}}{R_1},\quad i_2 = \frac{u_{C2}}{R_2}$$

分别代入式（9-6-1）、式（9-6-2）、式（9-6-3）并整理之，得

$$\dot{i}_L = \frac{di_L}{dt} = \frac{1}{L}u_{C1} - \frac{1}{L}u_{C2}$$

$$\dot{u}_{C1} = \frac{du_{C1}}{dt} = -\frac{u_{C1}}{R_1C_1} + \frac{u_S}{R_1C_1} - \frac{1}{C_1}\dot{i}_L$$

$$\dot{u}_{C2} = \frac{du_{C2}}{dt} = -\frac{u_{C2}}{R_2C_2} + \frac{1}{C_2}\dot{i}_L + \frac{1}{C_2}\dot{i}_S$$

写成矩阵形式为

$$\begin{pmatrix} \dot{i}_L \\ \dot{u}_{C1} \\ \dot{u}_{C2} \end{pmatrix} = \begin{pmatrix} 0 & \frac{1}{L} & \frac{1}{L} \\ -\frac{1}{C_1} & -\frac{1}{R_1C_1} & C \\ \frac{1}{C_2} & 0 & -\frac{1}{R_2C_2} \end{pmatrix} \begin{pmatrix} \dot{i}_L \\ u_{C1} \\ u_{C2} \end{pmatrix} + \begin{pmatrix} 0 & 0 & 0 \\ 0 & \frac{1}{R_1C_1} & 0 \\ 0 & 0 & \frac{1}{C_2} \end{pmatrix} \begin{pmatrix} 0 \\ u_S \\ i_S \end{pmatrix} \tag{9-6-4}$$

这就是图 9-6-1 所给网络的状态方程，由所求得的状态方程可以看出，它具有如下特点。

（1）它是一个一阶微分方程组；

（2）方程左侧为状态变量的一阶导数，方程右侧仅包含状态变量、独立电源的电压或电激流以及各元件参数。

这就再一次说明：状态方程中含变量必须是状态变量，非状态变量必须从方程中消去。

式（9-6-4）所示矩阵形式也可以用向量形式表示

$$\dot{x}=\boldsymbol{A}x+\boldsymbol{B}f \tag{9-6-5}$$

式中 x 是 n 维状态向量，f 是 m 维激励向量，$\boldsymbol{A}$ 是状态的系数矩阵（$n\times n$ 矩阵），$\boldsymbol{B}$ 是激励向量的系数矩阵（$n\times m$ 矩阵）。

2. 输出方程

网络的响应均称为输出变量，如果所求的输出变量就是状态变量，则联立求解网络的状态方程组，即可求出网络的输出变量。如果网络的输出变量是非状态变量，则以这些变量列出的方程称为为输出方程。实际上，状态方程也是输出方程，只不过通常不那么定名而已，仍以图 9-6-1 为例，如果定非状态变量 u_{R1}、u_L、i_{C1}、i_{C2}、i_2 为输出变量，则其输出方程为

$$\left.\begin{aligned}
&u_{R1}=-u_{C1}+u_3\\
&u_L=u_{C1}-u_{C2}\\
&i_{C1}=i_1-i_2=-i_L-\frac{u_{C1}}{R_1}\\
&i_{C2}=i_L-\frac{u_{C2}}{R_2}+i_S\\
&i_2=\frac{u_{C2}}{R_2}
\end{aligned}\right\} \tag{9-6-6}$$

将式（9-6-6）用矩阵表示，可得

$$\begin{pmatrix} u_{R1}\\ u_L\\ i_{C1}\\ i_{C2}\\ i_2 \end{pmatrix}=\begin{pmatrix} 0 & -1 & 0\\ 0 & 1 & -1\\ -1 & -\dfrac{1}{R_1} & 0\\ 1 & 0 & -\dfrac{1}{R_2}\\ 0 & 0 & \dfrac{1}{R_1} \end{pmatrix}\begin{pmatrix} i_L\\ u_{C1}\\ u_{C2} \end{pmatrix}+\begin{pmatrix} 1 & 0\\ 0 & 0\\ \dfrac{1}{R_1} & 0\\ 0 & 1\\ 0 & 0 \end{pmatrix}\begin{pmatrix} u_S\\ i_S \end{pmatrix} \tag{9-6-7}$$

式（9-6-6）或式（9-6-7）称为图 9-6-1 所示常态网络以 u_{R1}、u_L、i_{C1}、i_{C2}、i_2 为输出变量的输出方程，由此可见，输出方程具有如下特点：① 方程左侧均为非状态变量的输出变量；② 方程的右侧是网络的状态变量和激励函数的线性组合，其中每一项的系数，仅决定于网络元件的参数及其拓扑结构；③ 方程的右侧均不包含非状态变量（即：需将方程右侧的变量均用状态变量取代）；④ 网络的输出方程等于网络的输出变量数。

也可将式（9-6-7）记为

$$r=\boldsymbol{C}X+\boldsymbol{D}f \tag{9-6-8}$$

式（9-6-8）称为输出方程的向量形式。式中 r 可以是 n 维[式（9-6-7）是五维]的输出向量，$\boldsymbol{C}$ 与 $\boldsymbol{D}$ 可以分别是 $h\times n$ 与 $h\times m$[式（9-6-7）中 $h=5$，$n=3$，$m=2$]的系数矩阵，f 与前相同，是 m 维激励向量[式（9-6-7）中 $m=2$]。矩阵中各元素决定于网络元件的参数及网络的拓扑结构。

9.6.2　线性常态网络中状态方程的建立

在线性常态网络中，状态变量数=动态元件数（不含同一种动态元件的串并联支路），且状态变量一般均取电容电压与电感电流，状态方程中的变量仅含状态变量及状态变量的一阶导数，至于状态变量的系数，则取决于网络中各元件的参数及其拓扑结构（包括激励的系数）。由于电容电压的一阶导数是与电容电流成正比的，因此，如果将树支确定为电容支路，则基本割集方程中将包含电容电压的一阶导数与非电容支路的电流关系，将非状态变量消去，不难得出动态元件电容电压作为状态变量的状态方程。而电感电流的一阶导数是与电感电压成正比的，如果确定所有电感支路均为连支，则基本回路方程中将包含电感电流一阶导数与非电感支路的电压关系，同理，将非状态变量消去，就可以得出以电感电流作为状态变量的状态方程。当然，这里无论基本割集或基本回路，列出的均应是瞬时电流与瞬时电压的关系，从这个意义上讲，更接近时域分析方法。综上所述，不难得出系统编写状态方程的方法。

系统编写线性常态网络状态方程的方法。

（1）选树，使树支包含全部电压源、电容支路及若干电阻支路（在能构成树的前提下，当然也可以没有电阻支路）。

（2）只对包含电容支路的基本割集列出电流方程（由 KCL 列出树支电源和连支电流关系）。

（3）取仅包含电感支路（连支）的基本回路，根据 KVL 列出这些基本回路的电压方程。

（4）将割集方程中及回路方程中所有非状态变量消去（通过非状态变量与状态变量关系）。

最后经过整理就可得出仅包含状态变量及其一阶导数、输入激励、网络中有关元件参数的方程——状态方程。

注意：在由已知网络作有向图时，所有元件（包含各种电源元件）均为一条支路。

下面就通过一道例题来说明线性常态网络状态方程的分析方法。

例 9-6-2　如图 9-6-2 所示电路，试求其状态方程。

解：图 9-6-2 所给网络是一个线性常态网络，为了求出其状态方程，先作出其有向图并选定树。由于电压源及三条电容支路尚不能构成树，故再选 G_5 支路。所给网络的状态变量为 u_{C2}、u_{C3}、u_{C4}、i_7、i_8。其有向图见图 9-6-3，图中粗线是所选定的树，细线则是树余。取包含所有电容支路在内的基本割集，如图 9-6-3 所示，它们分别为割集 Q_1、Q_2、Q_3，由 KCL 得割集方程

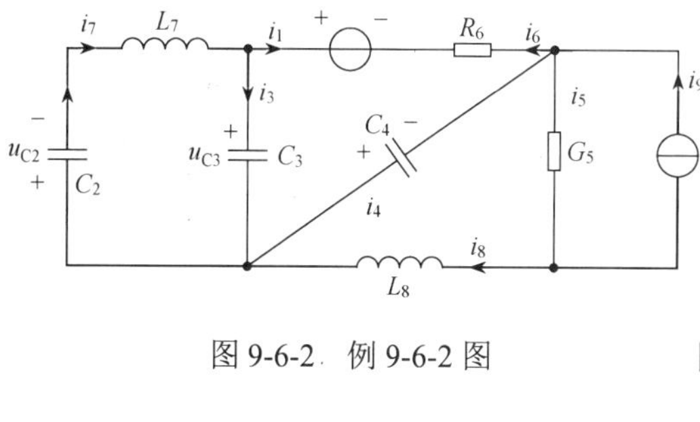

图 9-6-2　例 9-6-2 图

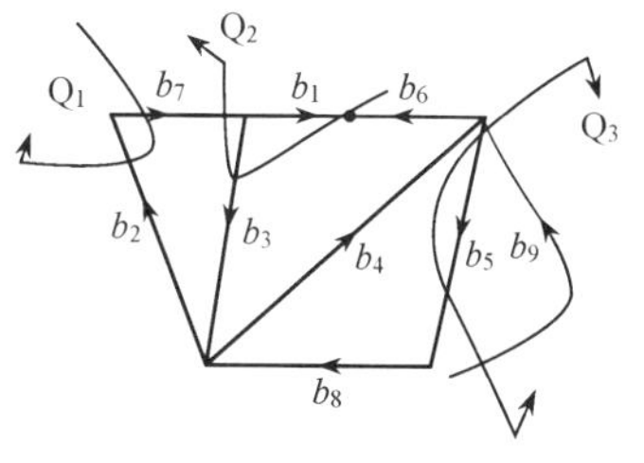

图 9-6-3　上图的有向图，图中粗线表示树支，细线表示连支

$$i_2 = i_7 \tag{9-6-9}$$

$$i_3 = i_7 + i_6 \tag{9-6-10}$$

$$i_4 = i_6 + i_8 \tag{9-6-11}$$

式（9-6-9）中，i_2 是通过电容 C_2 电流，故

$$i_2 = C_2 \frac{\mathrm{d}u_{C2}}{\mathrm{d}t} = C_2 \dot{u}_{C2}$$

而式（9-6-10）、式（9-6-11）中 i_3、i_4 分别是通过电容 C_3、C_4 的电流，故

$$i_3 = C_3 \frac{\mathrm{d}u_{C3}}{\mathrm{d}t} = C_3 \dot{u}_{C3}$$

$$i_4 = C_4 \frac{\mathrm{d}u_{C4}}{\mathrm{d}t} = C_4 \dot{u}_{C4}$$

电流 i_7、i_8 是电感电流，本身是状态变量，因此不需变换，i_6 是非状态变量，应设法用状态变量取代。但由图 9-6-3 可见，在 b_1、b_3、b_4、b_6 所组成的回路中，$u_{R6}=u_{31}-u_{C3}-u_{C4}$

这样

$$i_6 = \frac{u_{C6}}{R_6} = \frac{u_{S1}}{R_6} - \frac{u_{C3}}{R_C} - \frac{u_{C4}}{R_6} \tag{9-6-12}$$

代入式（9-6-9）、式（9-6-10）、式（9-6-11）并略加整理得

$$\dot{u}_{C2} = \frac{2}{C_2} i_7 \tag{9-6-13}$$

$$\dot{u}_{C3} = -\frac{u_{C_3}}{C_3R_6} - \frac{u_{C_4}}{C_3R_6} + \frac{1}{C_3} i_7 + \frac{u_{S1}}{C_3R_6} \tag{9-6-14}$$

$$\dot{u}_{C4} = -\frac{u_{C3}}{C_4R_6} - \frac{u_{C_4}}{C_4R_6} + \frac{1}{C_4} i_8 + \frac{u_{S1}}{C_4R_6} \tag{9-6-15}$$

取包含所有电感支路在内的单连支（基本回路）i_4、i_5，由 KVL 得电压方程

$$u_7 = -u_{C2} - u_{C3} \tag{9-6-16}$$

$$u_8 = -u_{C4} - u_{C5} \tag{9-6-17}$$

u_7、u_8、u_{G_5} 为非状态变量，但

$$u_7 = L_7 \frac{\mathrm{d}i_7}{\mathrm{d}t} = L_7 \dot{i}_7，\quad i_5 = i_8 + i_{s9}$$

$$u_8 = L_8 \frac{\mathrm{d}i_8}{\mathrm{d}t} = L_8 \dot{i}_8，\quad u_{G5} = \frac{i_5}{G_5} = \frac{1}{G_5} i_8 + \frac{i_{s9}}{G_5}$$

代入式（9-6-16）、式（9-6-17），并整理之得

$$\dot{i}_7 = -\frac{1}{L_7} u_{C2} - \frac{1}{L_7} u_{C3} \tag{9-6-18}$$

$$\dot{i}_8 = -\frac{1}{L_8} u_{C4} - \frac{1}{G_5L_8} i_8 - \frac{1}{G_5L_8} i_{s9} \tag{9-6-19}$$

将式（9-6-13）、式（9-6-14）、式（9-6-15）、式（9-6-18）、式（9-6-19）写成矩阵形式即得所求网络状态方程的矩阵形式

$$\begin{pmatrix} \dot{u}_{C2} \\ \dot{u}_{C3} \\ \dot{u}_{C4} \\ \dot{i}_7 \\ \dot{i}_8 \end{pmatrix} = \begin{pmatrix} 0 & 0 & 0 & \dfrac{1}{C_2} & 0 \\ 0 & -\dfrac{1}{C_3R_6} & -\dfrac{1}{C_3R_6} & \dfrac{1}{C_3} & 0 \\ 0 & -\dfrac{1}{C_4R_6} & -\dfrac{1}{C_4R_6} & 0 & \dfrac{1}{C_4} \\ -\dfrac{1}{L_7} & -\dfrac{1}{L_7} & 0 & 0 & 0 \\ 0 & 0 & -\dfrac{1}{L_8} & 0 & -\dfrac{1}{G_5L_8} \end{pmatrix} \begin{pmatrix} u_{C2} \\ u_{C3} \\ u_{C4} \\ i_7 \\ i_8 \end{pmatrix} + \begin{pmatrix} 0 & 0 \\ \dfrac{1}{C_3R_6} & 0 \\ \dfrac{1}{C_4R_6} & 0 \\ 0 & 0 \\ 0 & \dfrac{1}{G_5L_8} \end{pmatrix}$$

习　题　9

9-1　网络拓扑图如题图所示，试写出其关联矩阵 $\boldsymbol{A}$；如选支路 b_1、b_2、b_8、b_9、b_{11} 为树，试写出基本回路矩阵 $\boldsymbol{B}_\mathrm{f}$ 和基本割集 $\boldsymbol{Q}_\mathrm{f}$，另请选择四种不同的树。

9-2　如题图所示，试写出其关联矩阵 $\boldsymbol{A}$。如果所选的树分别为（1）支路 b_1、b_2、b_3、b_5、b_9；（2）支路 b_4、b_5、b_6、b_9、b_{10}；试写出基本回路矩阵和基本割集矩阵。

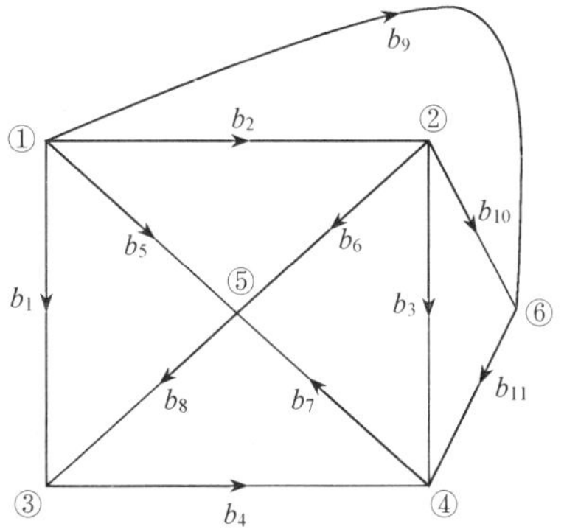

题 9-1 图

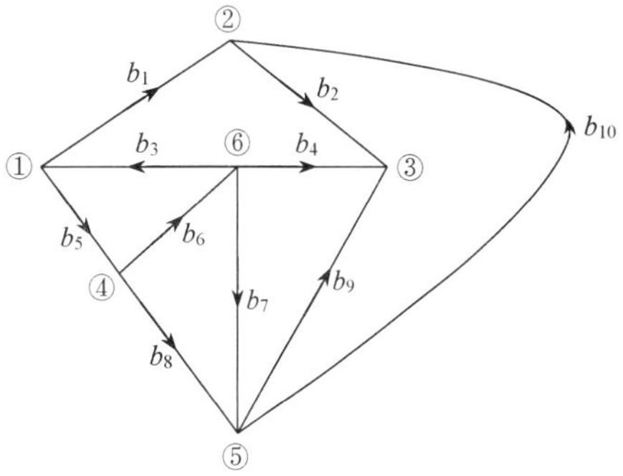

题 9-2 图

9-3　如题图所示，试选两种不同的树。写出：（1）关联矩阵 $\boldsymbol{A}$；（2）基本割集矩阵 $\boldsymbol{Q}_\mathrm{f}$；（3）基本回路矩阵 $\boldsymbol{B}_\mathrm{f}$。

9-4　绘出题图所示网络的有向图，并写出其以节点 5 为参考节点的关联矩阵 $\boldsymbol{A}$。

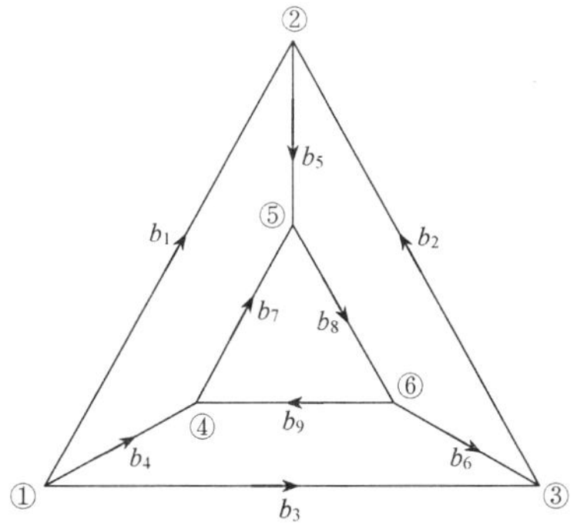

题 9-3 图

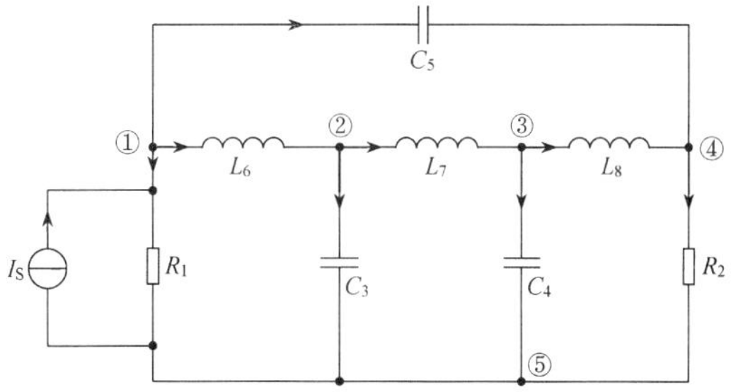

题 9-4 图

9-5　一个具有 5 个节点、8 条支路的连通图，它的关联矩阵

$$\boldsymbol{A}=\begin{pmatrix} 1 & 2 & 3 & 4 & 5 & 6 & 7 & 8 \\ 0 & 0 & -1 & 1 & 1 & 0 & 0 & -1 \\ 0 & 1 & 0 & 0 & 0 & 1 & 0 & 1 \\ 0 & -1 & 0 & 0 & 0 & 0 & -1 & 0 \\ -1 & 0 & 0 & -1 & 0 & 0 & 1 & 0 \end{pmatrix}$$

试画出有向图 G。

9-6　根据下列基本回路矩阵 $\boldsymbol{B}$，写出对应于同一有向图的同一树的基本割集矩阵，并绘出响应的有向图和树。

（1）$\boldsymbol{B}=\begin{pmatrix} 1 & 2 & 3 & 4 & 5 & 6 \\ -1 & 0 & 1 & 1 & 0 & 0 \\ -1 & 1 & 0 & 0 & 1 & 0 \\ 0 & -1 & 1 & 0 & 0 & 1 \end{pmatrix}$　　（2）$\boldsymbol{B}=\begin{pmatrix} -1 & -1 & 0 & 0 & 1 & 0 & 0 \\ 0 & -1 & 1 & 0 & 0 & 1 & 0 \\ 0 & 0 & 1 & -1 & 0 & 0 & 1 \end{pmatrix}$

9-7　如题图所示网络，试求：（1）有向图；（2）关联矩阵 $\boldsymbol{A}$；（3）导纳矩阵；（4）节点方程的矩阵形式。

9-8　试求题图所示网络（1）有向图；（2）关联矩阵 $\boldsymbol{A}$；（3）节点电导矩阵；（4）矩阵形式的节点方程。

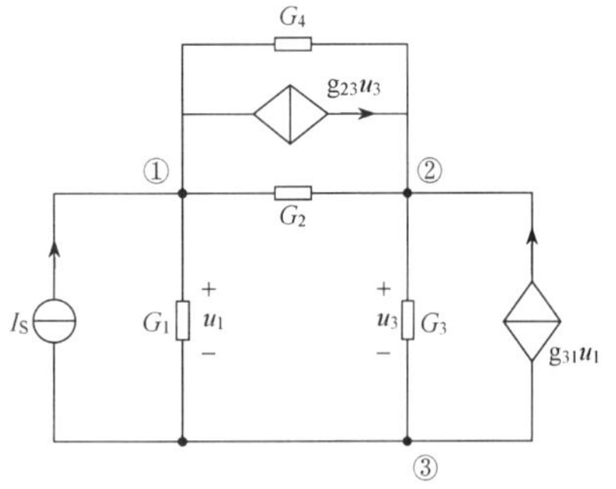

题 9-7 图

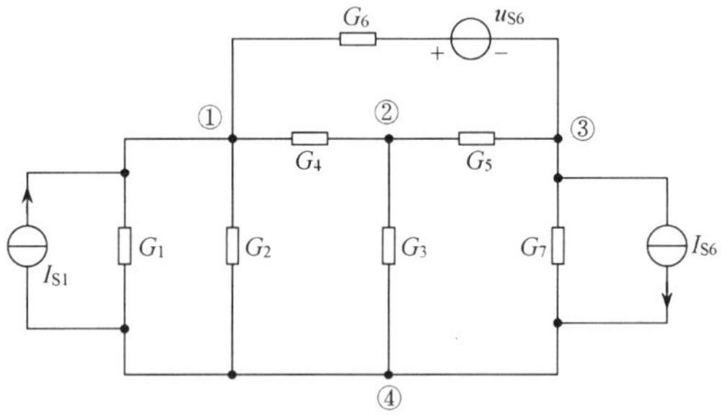

题 9-8 图

9-9　题图所示网络是正弦交流网络，若已知电源频率均为 ω。试：（1）绘出网络的有向图；（2）写出关联的矩阵 $\boldsymbol{A}$；（3）用相量形式写出网络矩阵形式的节点方程。

9-10　如题图所示网络，若其初始状态为零，试求：（1）有向图 G；（2）关联矩阵 $\boldsymbol{A}$；（3）支路导纳矩阵 $\boldsymbol{Y}_b(s)$；（4）节点导纳矩阵 $\boldsymbol{Y}_n(s)$；（5）矩阵形式的节点电压方程。

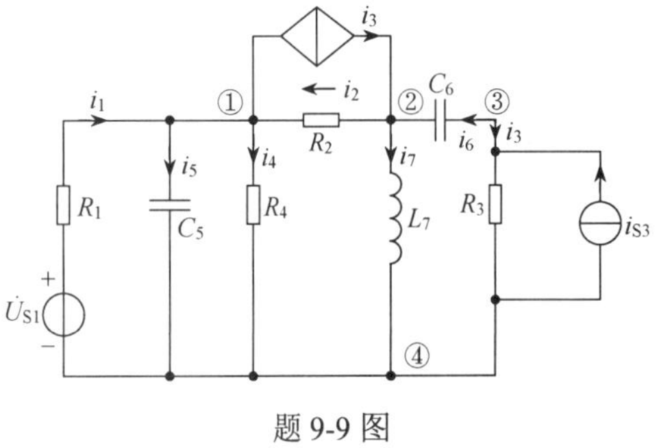

题 9-9 图

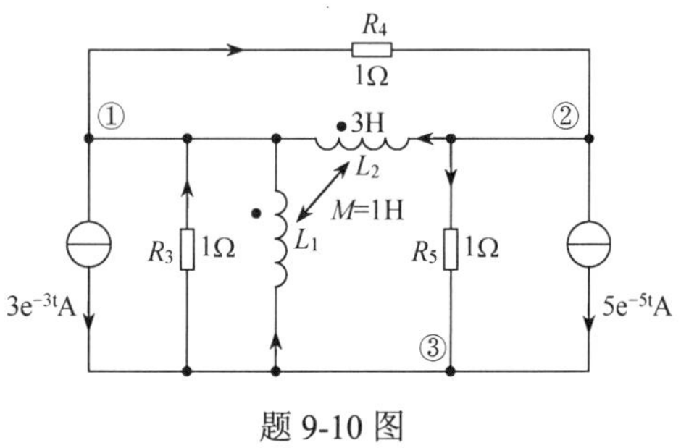

题 9-10 图

9-11　如题图所示网络，在正弦稳态的条件下：（1）试画出有向拓扑图及写出关联矩阵 $\boldsymbol{A}$；（2）试求支路导纳矩阵 $\boldsymbol{Y}_b$ 及节点导纳矩阵 $\boldsymbol{Y}_n$；（3）写出矩阵形式的节点电压方程。（设电源频率为 ω_0）

9-12　对于如题图所示网络，选定一包含支路 R_4、R_5、R_6 的树。（1）绘出有向图并写出基本回路矩阵 $\boldsymbol{B}$；（2）写出矩阵形式的回路方程。

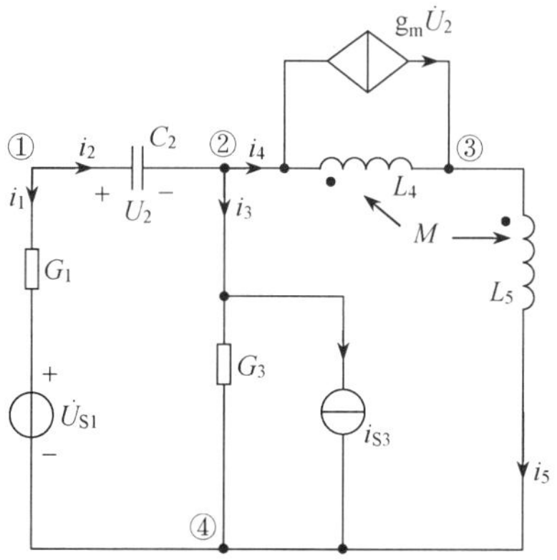

题 9-11 图

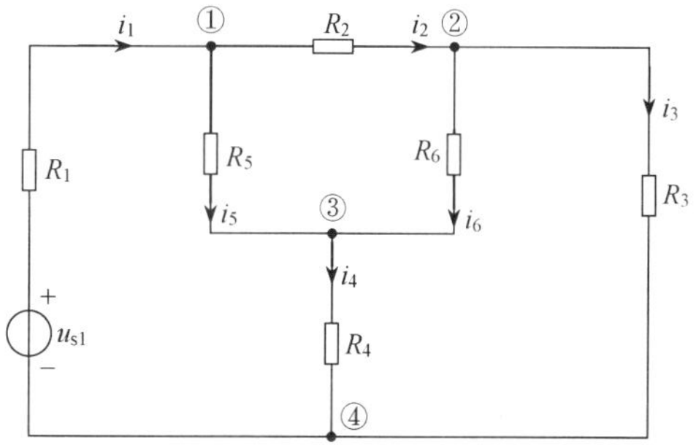

题 9-12 图

9-13　在题图所示电路中，已知：$R_1=1\,\Omega$，$R_2=2\,\Omega$，$C_3=C_4=0.5\text{F}$，$L_5=1\text{H}$，$L_2=2\text{H}$；$i_S=3\sqrt{2}\sin 2t\text{A}$，$u_S=2\sqrt{2}\sin 2t\text{V}$。

（1）画出电路的有向图，并写出其以支路 b_1、b_2、b_5 为树的基本回路矩阵；（2）计算回路阻抗矩阵，写出回路方程。

9-14　如题图所示网络 N，试（1）画出有向图 G；（2）写出支路导纳矩阵 $\boldsymbol{Y}_b(s)$；（3）画出图 G 的对偶有向图 $\hat{\text{G}}$；（4）画出网络 N 的对偶网络 $\hat{\text{N}}$；（5）再写出对偶网络 $\hat{\text{N}}$ 的支路矩阵 $\hat{\boldsymbol{Y}}_b(s)$。

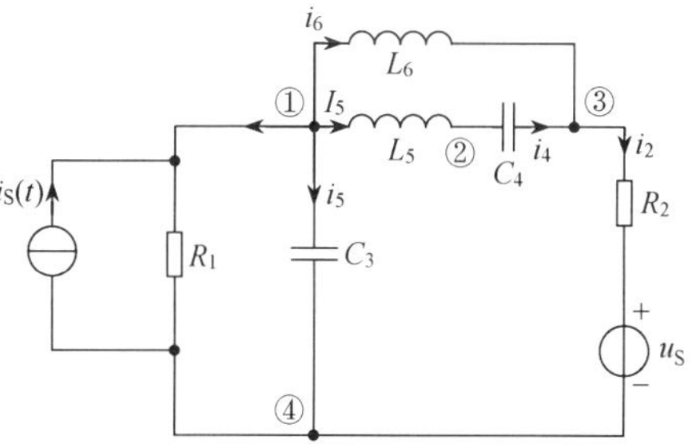

题 9-13 图

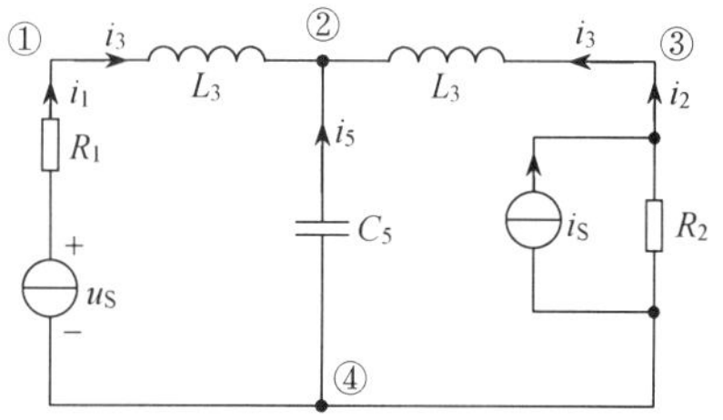

题 9-14 图

9-15　如题图所示网络 N，试（1）画出有向图 G；（2）写出基本回路矩阵 $\boldsymbol{B}_f$；（3）写出基本割集矩阵 $\boldsymbol{Q}_f$；（4）画出图 G 的对偶有向图 $\hat{\text{G}}$；（5）画出网络 N 的对偶网络 $\hat{\text{N}}$；（6）写出网络 $\hat{\text{N}}$ 的基本回路与基本割集矩阵。

9-16　写出题图所示网络的状态方程。

9-17　写出题图所示线性网络的状态方程。（1）对于题图（a）网络，写出以 i_1、i_2 为输出变量的输出方程。（2）对于题图（b）网络，写出以 u_0 为输出变量的输出方程。

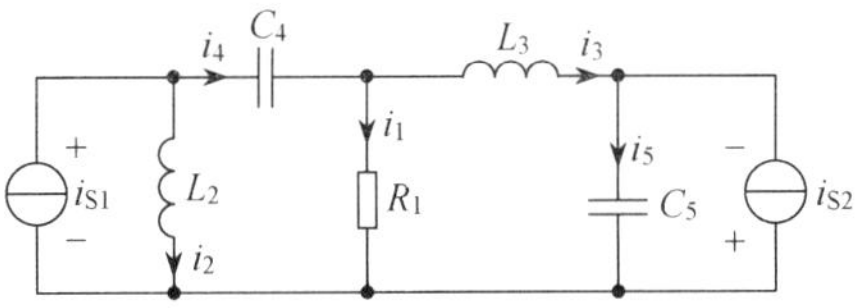

题 9-15 图

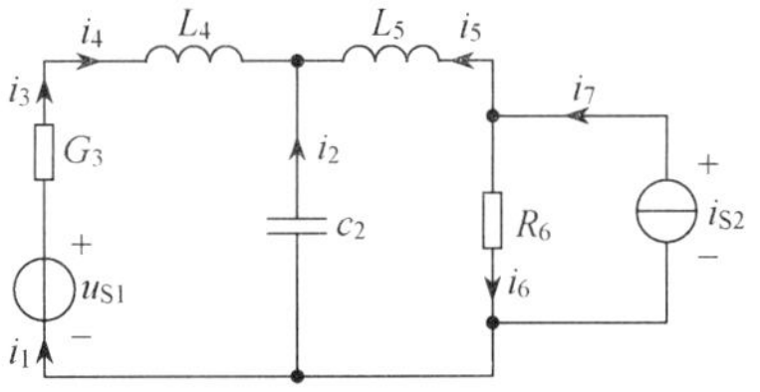

题 9-16 图

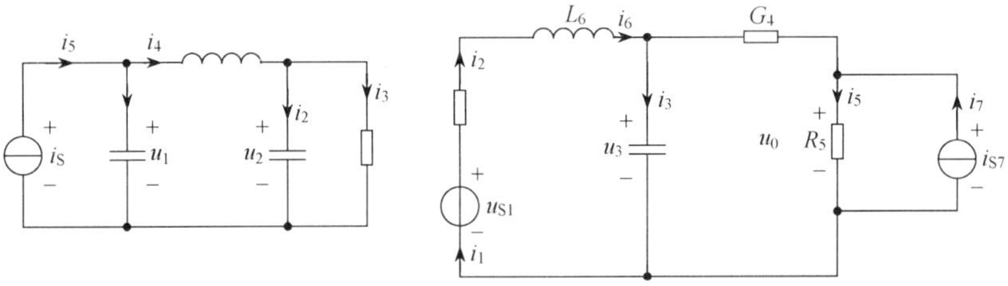

图 9-17 图

9-18 题图所示网络中，已知：$C_1=C_2=1\text{F}$，$L_5=1\text{H}$，$L_6=2\text{H}$，$G_3=1\text{s}, R_7=1\,\Omega$，$R_8=2\,\Omega$，$u_{S4}(t)=2\sin t\text{V}$，$i_{S9}(t)=2\text{e}^{-t}\text{A}$。试写出其状态方程。

9-19 题图所示无源网络 N_0 由线性电阻所组成。对不同的输入直流电压 u_S 及不同的电阻 R_1、R_2 值进行了两次测量，得下列数据：$R_1=R_2=2\,\Omega$ 时，$u_S=8\text{V}$，$i_1=2\text{A}$，$u_2=2\text{V}$；$R_1=1.4\,\Omega$，$R_2=0.8\,\Omega$ 时，$u_S=9\text{V}$，$i_1=3\text{A}$。试用特勒根定理求 u_2 的值。

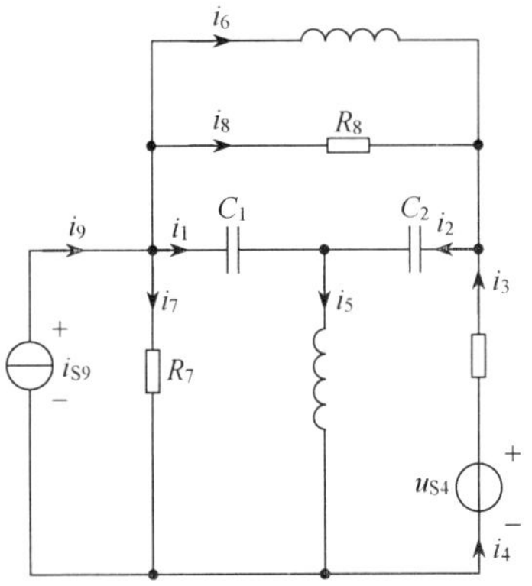

图 9-18 图

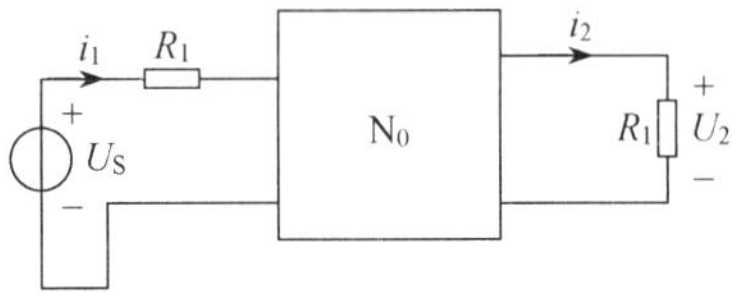

图 9-19 图

9-20 题图所示为一非线性网络，各元件特性为：$i_{R1}=f_1(u_{R1})$，$u_{R2}=f_2(i_{R2})$，$i_L=f_3(\varphi_L)$，$u_C=f_4(q_C)$。试写出网络的状态方程。

9-21 在题图所示的网络中，R_1、R_2 为线性电阻，其余为非线性元件（不包括电源），其特性为：$i_{L1}=f_1(\varphi_1)$，$i_{L2}=f_2(\varphi_2)$，$u_{C1}=f_3(q_1)$，$u_{C2}=f_4(q_2)$，$u_{C3}=f_5(q_3)$。试写出网络的状态方程。

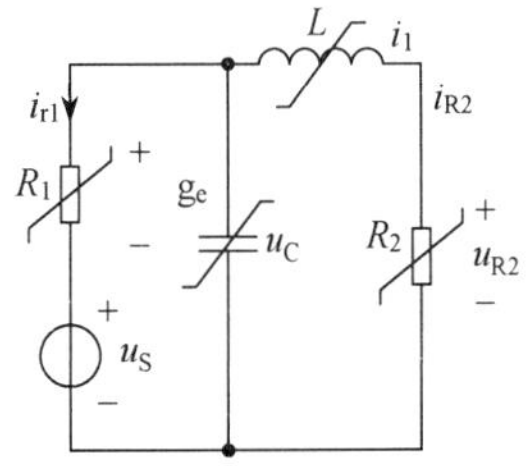

题 9-20 图

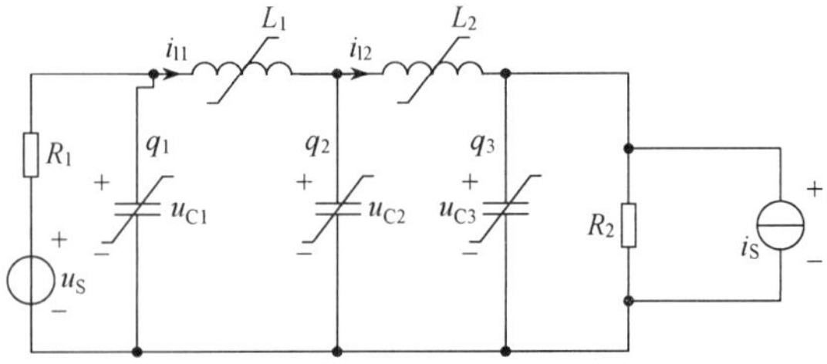

题 9-21 图

第 10 章　二端口网络与多端元件

本章内容与模拟电子技术课程内容具有直接联系，是学习模拟电子技术的基础内容之一。要求通过本章学习，掌握二端口网络的基本参数 Y、Z、T、H 参数的物理意义，传递函数的意义，无载及有载二端口网络的分析，运算放大器的分析与回转器及其意义。

10.1　二端口网络及其方程与参数

10.1.1　二端口网络的一般概念

二端口网络是四端网络的一般情况。如图 10-1-1 所示，N_0 是一个具有四个引出端的四端网络，当其端口电流满足如下条件

$$I_1(s)=I_1'(s),\ I_2(s)=I_2'(s)$$

时，则此四端网络又是二端口网络。n 端口网络也是 $2n$ 端网络，$2n$ 端网络包含 n 端网络，只有符合端口电流相等的条件的 $2n$ 端网络才是 n 端口网络。

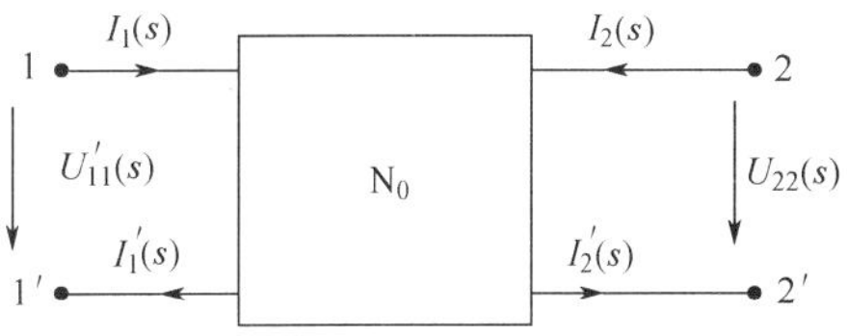

图 10-1-1　具有四个引出端的四端网络

按照二端口网络的这一条件，从两个端口来看，四个变量 $U_1(s)$、$U_2(s)$、$I_1(s)$、$I_2(s)$ 若用两个方程将它们联系起来，则只有两个变量是独立的。在这四个变量中，任意选择两个为自变量，则余下两个为因变量，其可能的选择方法见表 10-1-1。

表 10-1-1　四端网络四个变量

自 变 量	因 变 量	自 变 量	因 变 量
$U_1(s)$、$U_2(s)$	$I_1(s)$、$I_2(s)$	$U_2(s)$、$U_1(s)$	$I_1(s)$、$U_2(s)$
$I_1(s)$、$I_2(s)$	$U_1(s)$、$U_2(s)$	$U_1(s)$、$I_1(s)$	$U_2(s)$、$I_2(s)$
$I_1(s)$、$U_2(s)$	$U_1(s)$、$I_2(s)$	$U_2(s)$、$I_2(s)$	$U_1(s)$、$I_1(s)$

如果将它们用方程联系起来，可表述如下。

$$\left.\begin{aligned}I_1(s)=Y_{11}(s)U_1(s)+Y_{12}(s)U_2(s)\\ I_2(s)=Y_{21}(s)U_1(s)+Y_{22}(s)U_2(s)\end{aligned}\right\}\tag{10-1-1}$$

$$\left.\begin{aligned}U_1(s)=Z_{11}(s)I_1(s)+Z_{12}(s)I_2(s)\\ U_2(s)=Z_{21}(s)I_1(s)+Z_{22}(s)I_2(s)\end{aligned}\right\}\tag{10-1-2}$$

$$\left.\begin{aligned}U_1(s)=h_{11}(s)I_1(s)+h_{12}(s)U_2(s)\\ I_2(s)=h_{21}(s)I_1(s)+h_{22}(s)U_2(s)\end{aligned}\right\}\tag{10-1-3}$$

$$\left.\begin{aligned}I_1(s)=g_{11}(s)U_1(s)+g_{12}(s)I_2(s)\\ U_2(s)=g_{21}(s)U_1(s)+g_{22}(s)I_2(s)\end{aligned}\right\}\tag{10-1-4}$$

$$\left.\begin{aligned}U_1(s)=A(s)U_2(s)+B(s)[-I_2(s)]\\ I_1(s)=C(s)U_2(s)+D(s)[-I_2(s)]\end{aligned}\right\} \tag{10-1-5}$$

$$\left.\begin{aligned}U_2(s)=A'(s)U_1(s)+B'(s)I_2(s)\\ I_2(s)=C'(s)U_1(s)+D'(s)I_1(s)\end{aligned}\right\} \tag{10-1-6}$$

上面六组方程均为二端口网络的一种形式。下面将通过二端口网络方程的讨论，分析二端口网络的四组基本参数。

10.1.2 二端口网络方程及二端口网络的基本参数

设 N_0 为一线性、不包含独立源且具有零初始值状态的二端口网络，并设它包含两个端口具有 L 个独立回路，则按回路分析法，其回路电压方程为

$$\begin{cases}Z_{11}(s)I_1(s)+Z_{12}(s)I_2(s)+\cdots+Z_{1L}(s)I_L(s)=U_1(s)\\ Z_{21}(s)I_1(s)+Z_{22}(s)I_2(s)+\cdots+Z_{2L}(s)I_L(s)=U_2(s)\\ Z_{31}(s)I_1(s)+Z_{32}(s)I_2(s)+\cdots+Z_{3L}(s)I_L(s)=0\\ \qquad\qquad\qquad\cdots\\ Z_{L1}(s)I_1(s)+Z_{L2}(s)I_2(s)+\cdots+Z_{LL}(s)I_L(s)=0\end{cases}$$

这是一个 L 元一次联立方程，只需解出 $I_1(s)$ 和 $I_2(s)$，用行列式解法可得

$$I_1(s)=\frac{\Delta_{11}}{\Delta}U_1(s)+\frac{\Delta_{21}}{\Delta}U_2(s) \tag{10-1-7}$$

$$I_2(s)=\frac{\Delta_{12}}{\Delta}U_1(s)+\frac{\Delta_{22}}{\Delta}U_2(s) \tag{10-1-8}$$

式中

$$\Delta=\begin{pmatrix}Z_{11}(s)Z_{12}(s)\cdots Z_{1L}(s)\\ Z_{21}(s)Z_{22}(s)\cdots Z_{2L}(s)\\ Z_{31}(s)Z_{32}(s)\cdots Z_{3L}(s)\\ \vdots \quad \vdots \quad \vdots\\ Z_{L1}(s)Z_{L2}(s)\cdots Z_{LL}(s)\end{pmatrix}$$

$$\Delta_{11}=\begin{pmatrix}Z_{22}(s)Z_{23}(s)\cdots Z_{2L}(s)\\ Z_{32}(s)Z_{33}(s)\cdots Z_{3L}(s)\\ \\ \vdots \quad \vdots \quad \vdots\\ Z_{L2}(s)Z_{L3}(s)\cdots Z_{LL}(s)\end{pmatrix},\quad \Delta_{12}=\begin{pmatrix}Z_{12}(s)Z_{13}(s)\cdots Z_{1L}(s)\\ Z_{32}(s)Z_{33}(s)\cdots Z_{3L}(s)\\ \\ \vdots \quad \vdots \quad \vdots\\ Z_{L2}(s)Z_{L3}(s)\cdots Z_{LL}(s)\end{pmatrix}$$

即 Δ_{11} 是 Δ 去掉第一行第一列后的自行列式，Δ_{21} 是 Δ 去掉第二行第一列后的自行列式，Δ_{ij} 是 Δ 去掉第 i 行第 j 列后的自行列式。

事实上在各种类型的集成电路广泛使用的情况，无需去讨论其内部电路结构（除了研究硬件制作），而只关心其外部 VAR 特性。式（10-1-7）、式（10-1-8）是二端口网络方程。

从式（10-1-7）、式（10-1-8）可见，式中每一项都具有电流量纲，故 $\Delta11/\Delta$、$\Delta21/\Delta$、$\Delta12/\Delta$、$\Delta22/\Delta$ 均具有导纳量纲，故可以设

$$Y_{11}(s)=\frac{\Delta_{11}}{\Delta}，\quad Y_{12}(s)=\frac{\Delta_{12}}{\Delta}，\quad Y_{21}(s)=\frac{\Delta_{21}}{\Delta}，\quad Y_{22}(s)=\frac{\Delta_{22}}{\Delta}$$

代入式（10-1-7）、（10-1-8）可得

$$\left.\begin{aligned}I_1(s)=Y_{11}U_1(s)+Y_{12}U_2(s)\\I_2(s)=Y_{21}U_1(s)+Y_{22}U_2(s)\end{aligned}\right\}\tag{10-1-9}$$

1. Y 参数及其物理意义

式（10-1-9）也可以写成矩阵形式

$$\begin{pmatrix}I_1(s)\\I_2(s)\end{pmatrix}=\begin{pmatrix}Y_{11}(s)Y_{12}(s)\\Y_{21}(s)Y_{22}(s)\end{pmatrix}\begin{pmatrix}U_1(s)\\U_2(s)\end{pmatrix}\tag{10-1-10}$$

上列矩阵式中

$$\boldsymbol{Y}(s)=\begin{pmatrix}Y_{11}(s)Y_{12}(s)\\Y_{21}(s)Y_{22}(s)\end{pmatrix}\tag{10-1-11}$$

称为二端口网络的导纳矩阵，这是因为 Y 参数中每一项均具有导纳性能，并将 Y 参数以矩阵形式表示之故。

由式（10-1-9）可以看出

$$Y_{11}(s)=\left.\frac{I_1(s)}{U_1(s)}\right|_{U_2(s)=0}\tag{10-1-12}$$

$$Y_{22}(s)=\left.\frac{I_2(s)}{U_2(s)}\right|_{U_1(s)=0}\tag{10-1-13}$$

$$Y_{12}(s)=\left.\frac{I_1(s)}{U_2(s)}\right|_{U_1(s)=0}\tag{10-1-14}$$

$$Y_{21}(s)=\left.\frac{I_2(s)}{U_1(s)}\right|_{U_2(s)-0}\tag{10-1-15}$$

由式（10-1-12）、式（10-1-13）可见，$Y_{11}(s)$ 与 $Y_{22}(s)$ 是同一对端钮的电流与电压之比，称为策动点导纳；而式（10-1-14）、式（10-1-15）则说明，$Y_{12}(s)$ 与 $Y_{21}(s)$ 是不同端钮的电流与电压之比，称为转移导纳。上述四式还说明，它们成立的条件是：或11' 端口短路［$U_1(s)=0$］，或22'端口短路［$U_2(s)=0$］，故 Y 参数又是短路参数。因此，Y 参数应该是二端口网络的短路导纳参数。式（10-1-11）又称为短路导纳矩阵。这就是 Y 参数的物理意义。

2. Z 参数及物理意义

如果将式（10-1-9）求解，即将 $I_1(s)$、$I_2(s)$ 视为已知量，Y 参数已知，求 $U_1(s)$、$U_2(s)$ 可得

$$U_1(s)=\frac{Y_{22}(s)I_1(s)-Y_{12}(s)I_2(s)}{Y_{11}(s)Y_{22}(s)-Y_{12}(s)Y_{21}(s)}$$

$$U_2(s)=\frac{-Y_{21}(s)I_1(s)+Y_{11}(s)I_2(s)}{Y_{11}(s)Y_{22}(s)-Y_{12}(s)Y_{21}(s)}$$

如令 $\Delta Y=Y_{11}(s)Y_{22}(s)-Y_{12}(s)Y_{21}(s)$，则上面两个等式可以化简成

$$U_1(s)=\frac{-Y_{21}(s)}{\Delta Y}I_1(s)+\frac{Y_{12}(s)}{\Delta Y}I_2(s)\tag{10-1-16}$$

$$U_2(s)=\frac{-Y_{21}(s)}{\Delta Y}I_1(s)+\frac{Y_{11}(s)}{\Delta Y}I_2(s) \tag{10-1-17}$$

由于式（10-1-16）、式（10-1-17）中系数均具有阻抗性质，故令

$$Z_{11}(s)=\frac{Y_{22}(s)}{\Delta Y},\ Z_{12}(s)=\frac{-Y_{12}(s)}{\Delta Y},\ Z_{21}(s)=\frac{-Y_{21}(s)}{\Delta Y},\ Z_{22}(s)=\frac{Y_{11}(s)}{\Delta Y}$$

再代入上列两式，于是得到

$$\left.\begin{aligned}U_1(s)=Z_{11}(s)I_1(s)+Z_{12}(s)I_2(s)\\U_2(s)=Z_{21}(s)I_1(s)+Z_{22}(s)I_2(s)\end{aligned}\right\} \tag{10-1-18}$$

或者将式（10-1-18）写成矩阵形式

$$\begin{pmatrix}U_1(s)\\U_2(s)\end{pmatrix}=\begin{pmatrix}Z_{11}(s)Z_{12}(s)\\Z_{21}(s)Z_{22}(s)\end{pmatrix}\begin{pmatrix}I_1(s)\\I_2(s)\end{pmatrix} \tag{10-1-19}$$

矩阵式中

$$\boldsymbol{Z}(s)=\begin{pmatrix}Z_{11}(s)Z_{12}(s)\\Z_{21}(s)Z_{22}(s)\end{pmatrix} \tag{10-1-20}$$

则 $\boldsymbol{Z}(s)$ 称为二端口网络的阻抗矩阵，这是因为 Z 参数中每一项均具有阻抗性质，并将 Z 参数以矩阵形式表示之故。

由式（10-1-18）还可以看出

$$Z_{11}(s)=\left.\frac{U_1(s)}{I_1(s)}\right|_{I_2(s)=0} \tag{10-1-21}$$

$$Z_{22}(s)=\left.\frac{U_2(s)}{I_2(s)}\right|_{I_1(s)=0} \tag{10-1-22}$$

$$Z_{12}(s)=\left.\frac{U_1(s)}{I_2(s)}\right|_{I_1(s)=0} \tag{10-1-23}$$

$$Z_{21}(s)=\left.\frac{U_2(s)}{I_1(s)}\right|_{I_2(s)=0} \tag{10-1-24}$$

$Z_{11}(s)$、$Z_{22}(s)$ 称为策动点阻抗，$Z_{12}(s)$、$Z_{21}(s)$ 则称为转移阻抗。上列四式成立的条件是一个端口必须开路，即 $I_1(s)=0$ 或 $I_2(s)=0$，因此 Z 参数是二端口网络的一组开路参数，称为二端口网络的开路阻抗参数，故又称式（10-1-20）为开路阻抗矩阵，这是 Z 参数的物理意义。

例 10-1-1 求如图 10-1-2 所示二端口网络的 Y 参数矩阵。

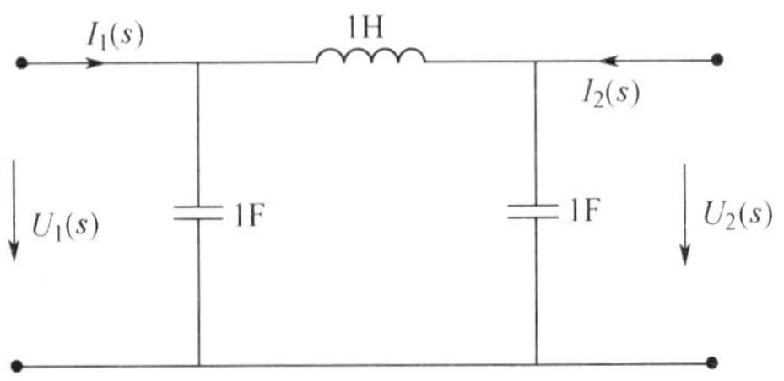

图 10-1-2 例 10-1-1 图

解： 首先作出按 Y 参数定义的图（即端口 11′与端口 22′分别短路）10-1-3（a）、（b），并且表示为运算图的形式。

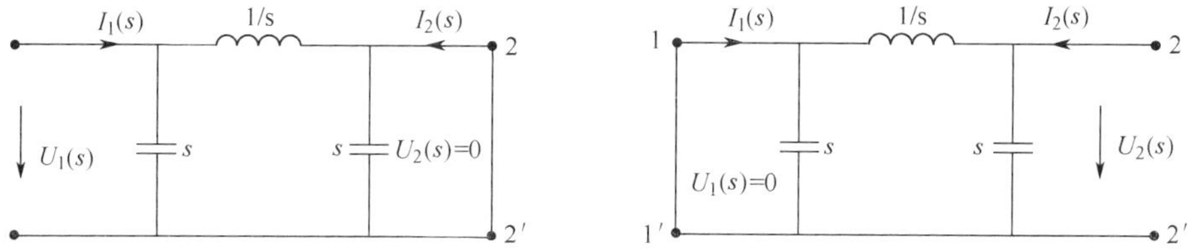

（a）端口22′短路，故$U_2(s)=0$　　（b）端口11′短路，故$U_1(s)=0$

图 10-1-3　求短路导纳参数的运算图

由图 10-1-3 可见，由于有一个电容被短路，故

$$Y_{11}(s)=s+\frac{1}{s}$$

（电容和电感对端口 11′是并联的。）

$$Y_{22}(s)=s+\frac{1}{s},\quad Y_{21}(s)=-\frac{1}{s},\quad Y_{12}(s)=-\frac{1}{s}$$

$$\therefore \boldsymbol{Y}_{22}(s)=\begin{pmatrix} s+\frac{1}{s} & -\frac{1}{s} \\ -\frac{1}{s} & s+\frac{1}{s} \end{pmatrix}$$

可见，因为所给网络从拓扑结构及元件参数来看对两个端口是完全对称（一样）的，其 Y 参数有如下关系

$$Y_{11}(s)=Y_{22}(s),\quad Y_{12}(s)=Y_{21}(s)$$

这种网络称为对称二端口网络。结构上对称（这是指连接方式和元件性质及其参数大小均具对称性）的必然是对称二端口网络。

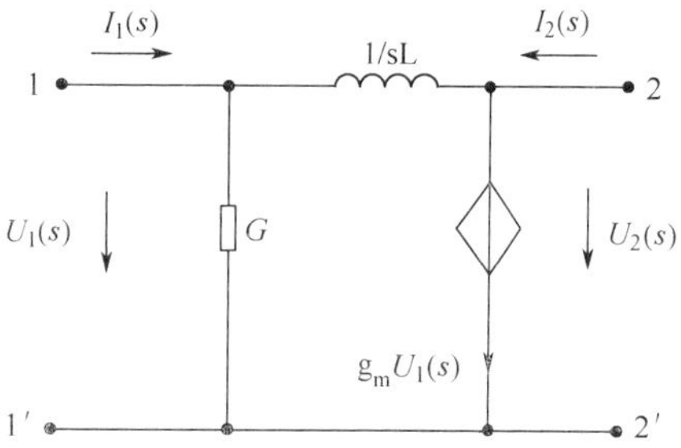

图 10-1-4　例 10-1-2 图

例 10-1-2　求如图 10-1-4 所示二端口网络的 Y 参数矩阵。

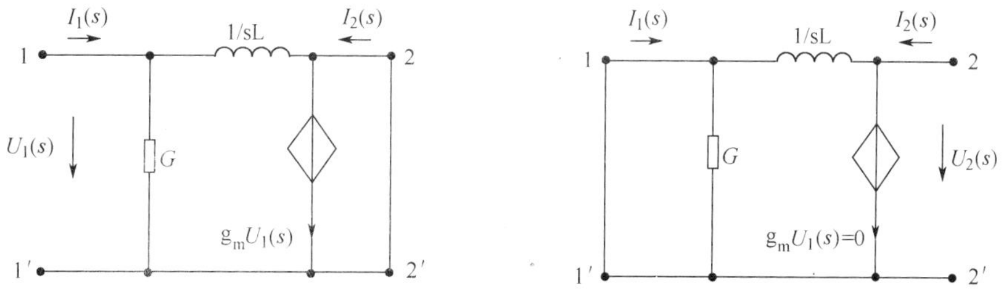

（a）当22′端口短路时$U_2(s)=0$　　（b）当11′端口短路时$U_1(s)=0$

图 10-1-5　按求 Y 参数定义所作的电路图

解：如同上例一样先作出按 Y 参数定义的图，如图 10-1-5 所示。由于端口 22′被短路，受控电流亦被短路，即

$$I_1(s)=GU_1(s)+\frac{1}{sL}U_1(s)$$

故

$$Y_{11}(s)=\frac{I_1(s)}{U_1(s)}=G+\frac{1}{sL}$$

又

$$I_2(s)=g_m U_1(s)-\frac{1}{sL}U_1(s)$$

$$Y_{21}(s)=\frac{I_2(s)}{U_1(s)}=g_m-\frac{1}{sL}U_1(s)$$

又由图 10-1-5（b）可见，当 $U_1(s)$=0，故 VCCS=0，故

$$I_1(s)=-\frac{1}{sL}U_2(s)$$

∴ $$Y_{12}(s)=\frac{I_1(s)}{U_2(s)}=-\frac{1}{sL}，\quad Y_{22}(s)=\frac{I_2(s)}{U_2(s)}=\frac{1}{sL}$$

∴ $$\boldsymbol{Y}(s)=\begin{pmatrix} G+\dfrac{1}{sL} & -\dfrac{1}{sL} \\ g_m-\dfrac{1}{sL} & \dfrac{1}{sL} \end{pmatrix}$$

由本例可见，含受控源的电路，不仅无 $Y_{11}(s)$=$Y_{22}(s)$关系，且无 $Y_{12}(s)$=$Y_{21}(s)$关系。

例 10-1-3　如图 10-1-6 所示电路，试求其 Z 参数矩阵。

解： 由于 Z 参数是一组开路阻抗参数。故不需要像求 Y 参数那样另外作图，而可以直接由图 10-1-6 来求 Z 参数。这里应该注意，对于 1F 的电容，其运算容抗为 1Ω；对于 1H 电感，其感抗为 5Ω；对于 1Ω 电阻，其运算电阻为 1Ω，按定义可得

$$Z_{11}(s)=\left.\frac{U_1(s)}{I_1(s)}\right|_{I_2(s)=0}=s+\frac{1}{s}，\quad Z_{21}(s)=\left.\frac{U_2(s)}{I_1(s)}\right|_{I_2(s)=0}=s$$

$$Z_{12}(s)=\left.\frac{U_1(s)}{I_2(s)}\right|_{I_1(s)=0}=s，\quad Z_{22}(s)=\left.\frac{U_2(s)}{I_2(s)}\right|_{I_1(s)=0}=s+1$$

$$\boldsymbol{Z}(s)=\begin{pmatrix} s+\dfrac{1}{s} & s \\ s & s+1 \end{pmatrix}$$

由本例可见，虽然其网络结构不对称，但仍有 $Z_{12}(s)=Z_{21}(s)$的关系，同样也有 $Y_{12}(s)$=$Y_{21}(s)$关系。其实，用互易定理，不难证明这个结论的正确性，正因为如此，Y、Z 参数中，只有三个量是独立的。

例 10-1-4　如图 10-1-7 所示二端网络，试求其 Z 参数。

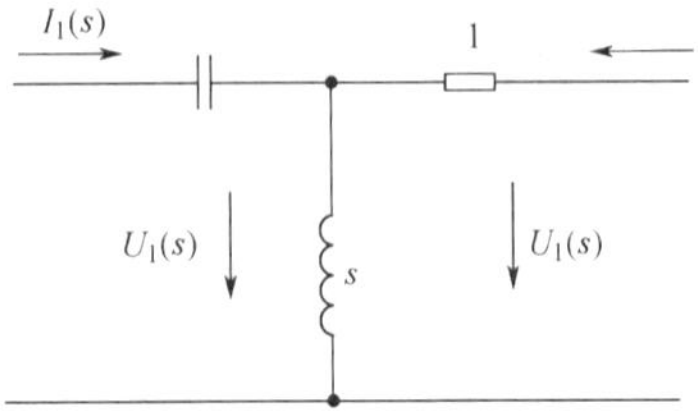

图 10-1-6　例 10-1-6 图

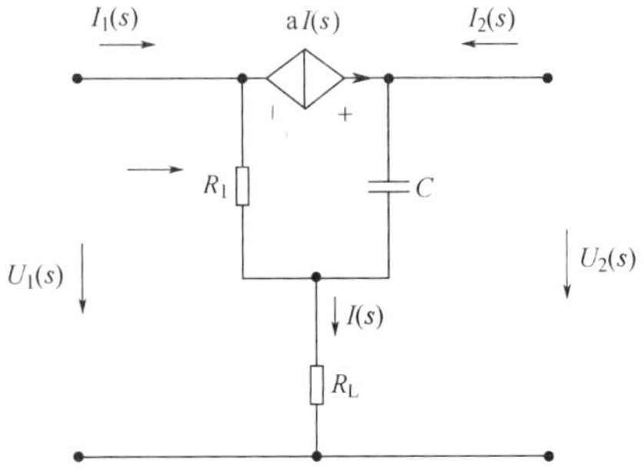

图 10-1-7　例 10-1-4 的电路图

解：由图可见，当 $I_2(s)$=0 时

$$U_1(s)=R_1[I_1(s)-\partial I(s)]+R_2I(s)$$

$$I_1(s)=I(s)$$

∴
$$Z_{11}(s)=R_1+(R_2+\partial I(s))$$

又∵
$$U_2(s)=\frac{\partial}{sC}I(s)+R_2I(s)$$

又 $I_2(s)$=0 时，$I(s)=I_1(s)$，这样又有

$$Z_{21}(s)=R_2+\frac{\partial}{sC}$$

当 $I_1(s)$=0 时，$I(s)=I_2(s)$，因此可得

$$U_2(s)=\frac{1}{sC}[\partial I_2(s)+I_2(s)]+R_2I_2(s)$$

$$U_1(s)=-\partial R_1I_2(s)+R_2I_2(s)$$

∴
$$Z_{22}(s)=R_2+\frac{1+\partial}{sC}，\ Z_{21}(s)=R_2-\partial R_1$$

$$\boldsymbol{Z}(s)=\begin{pmatrix} R_1+(R_i-\partial R_1) & R_2-\partial R_1 \\ R_2+\dfrac{\partial}{sC} & R_2+\dfrac{1+\partial}{sC} \end{pmatrix}$$

例 10-1-5　求如图 10-1-8 所示具有耦合电感的二端口网络的 Z 参数矩阵。

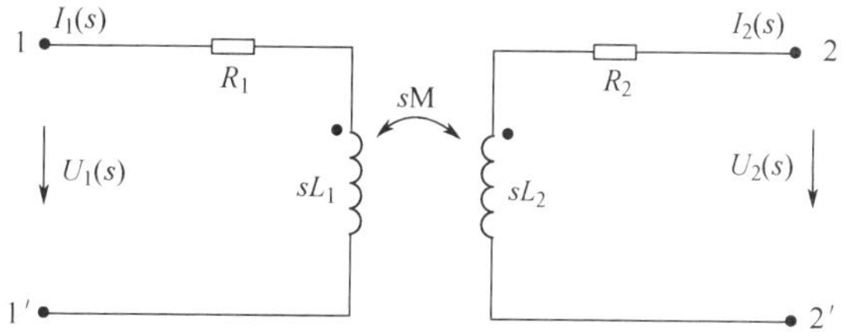

图 10-1-8　例 10-1-5 图

解：按耦合电感元件性质可知

$$U_1(s)=(R_1+sL_1)I_1(s)+sMI_2(s)$$

$$U_2(s)=(R_2+sL_2)I_2(s)+sMI_1(s)$$

上面两个方程是当 $I_1(s)\neq0$、$I_2(s)\neq0$ 时的一般关系。

因此，当 $I_2(s)$=0 时

$$Z_{11}(s)=\frac{U_1(s)}{I_1(s)}=R_1+sL_1，\ Z_{21}(s)=\frac{U_2(s)}{I_1(s)}=sM$$

当 $I_1(s)$=0 时

$$Z_{12}(s)=\frac{U_1(s)}{I_2(s)}=sM，\ Z_{22}(s)=\frac{U_2(s)}{I_2(s)}=R_2+sL_2$$

∴
$$Z(s)=\begin{pmatrix} R_1+sL_1 & sM \\ sM & R_2+sL_2 \end{pmatrix}$$

3. 混合参数 H 及其物理意义

由式（10-1-9）中方程（1）可得

$$U_1(s)=\frac{1}{Y_{11}(s)}I_1(s)+\frac{-Y_{12}(s)}{Y_{11}(s)}U_2(s) \tag{10-1-25}$$

将式（10-1-25）代入式（10-1-9）方程（2）可得

$$I_2(s)=\frac{Y_{21}(s)}{Y_{11}(s)}I_1(s)+\left[Y_{22}(s)-\frac{Y_{12}(s)Y_{21}(s)}{Y_{11}(s)}\right]U_2(s) \tag{10-1-26}$$

令

$$\frac{1}{Y_{11}(s)}=h_{11}(s) \tag{10-1-27}$$

$$-\frac{Y_{12}(s)}{Y_{11}(s)}=h_{12}(s) \tag{10-1-28}$$

$$\frac{Y_{21}(s)}{Y_{11}(s)}=h_{21}(s) \tag{10-1-29}$$

$$Y_{22}(s)-\frac{Y_{12}(s)Y_{21}(s)}{Y_{11}(s)}=h_{22}(s) \tag{10-1-30}$$

则式（10-1-25）、式（10-1-26）又可表达成

$$\left.\begin{aligned}U_1(s)=h_{11}(s)I_1(s)+h_{12}(s)U_2(s)\\ I_2(s)=h_{21}(s)I_1(s)+h_{22}(s)U_2(s)\end{aligned}\right\} \tag{10-1-31}$$

或者写成矩阵形式得

$$\begin{pmatrix}U_1(s)\\ I_2(s)\end{pmatrix}=\begin{pmatrix}h_{11}(s) & h_{12}(s)\\ h_{21}(s) & h_{22}(s)\end{pmatrix}\begin{pmatrix}I_1(s)\\ U_2(s)\end{pmatrix} \tag{10-1-32}$$

矩阵式中

$$\boldsymbol{H}(s)=\begin{pmatrix}h_{11}(s) & h_{12}(s)\\ h_{21}(s) & h_{22}(s)\end{pmatrix} \tag{10-1-33}$$

称为 H 参数的矩阵式。

由式（10-1-31）可见

$$h_{11}(s)=\left.\frac{U_1(s)}{I_1(s)}\right|_{U_2(s)=0} \tag{10-1-34}$$

$$h_{12}(s)=\left.\frac{U_1(s)}{U_2(s)}\right|_{I_1(s)=0} \tag{10-1-35}$$

$$h_{21}(s)=\left.\frac{I_2(s)}{I_1(s)}\right|_{U_2(s)=0} \tag{10-1-36}$$

$$h_{22}(s)=\left.\frac{I_2(s)}{U_2(s)}\right|_{I_1(s)=0} \tag{10-1-37}$$

从 H 参数的定义可以看出：这一组参数具有策动点阻抗［h_{11}(s)］的性质，又具有策动点导纳性质［$h_2(s)$］，具有转移电压比，又具有转移电压比［h_{12}(s)］与转移电流比［h_{21}(s)］；并且同时具备短路［$U_2(s)$］与开路［$I_1(s)=0$］参数性质，故将 H 参数定义为混合参数。因此在谈 H 参数物理意义时，应逐个谈，而不是像 Y、Z 参数那样综合谈。式（10-1-27）～式（10-1-30）还给出了 H 参数与 Y 参数关系；对于互易网络（不含受控源网络）而言，因为 $Y_{12}(s)=Y_{21}(s)$，故 $U_1(s)=-h_{21}(s)$，即 H 参数中一般也只是三个是独立的。

例 10-1-6 试求图 10-1-6 所示电路的 H 参数矩阵。

解：在求参数 $h_{12}(s)$及 $h_{22}(s)$时，可以用图 10-1-6 求，由该图可见：

∵ $$I_1(s)=0$$

故 $$U_1(s)=sI_2(s),\quad U_2(s)=(s+1)I_2(s)$$

∴ $$h_{12}(s)=\frac{s}{s+1},\quad h_{22}(s)=\frac{s}{s+1}$$

为了求出 $h_{11}(s)$及 $h_{21}(s)$，需作出 $U_2(s)=0$ 的电路，如图 10-1-9 所示。由于

$$U_1(s)=(\frac{s}{s+1}+\frac{1}{s})I_1(s),\ \ I_2(s)=-\frac{s}{s+1}I_1(s)$$

∴
$$h_{11}(s)=\frac{s}{s+1}+\frac{1}{s},\ \ h_{22}(s)=-\frac{s}{s+1}$$

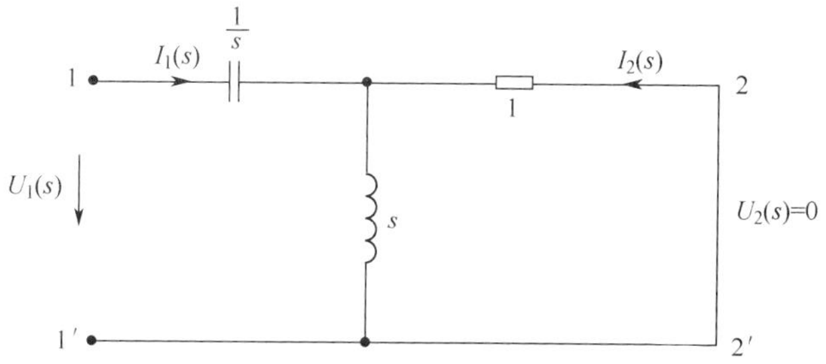

图 10-1-9　$U_2(s)=0$ 时的电路图

$$\boldsymbol{H}(s)=\begin{pmatrix}\frac{s}{s+1}+\frac{1}{s} & \frac{s}{s+1}\\ -\frac{s}{s+1} & -\frac{s}{s+1}\end{pmatrix}$$

本例又一次证明了 $h_{12}(s)=-h_{21}(s)$。

4．传输参数 *T* 及其物理意义

由式（10-1-9）中方程（2）可得

$$U_1(s)=\frac{-Y_{22}(s)}{Y_{21}(s)}U_2(s)+\left(-\frac{1}{Y_{21}(s)}\right)[-I_2(s)] \tag{10-1-38}$$

再将式（10-1-38）代入式（10-1-9）中方程（1），可得

$$I_1(s)=\left[\frac{-Y_{11}(s)Y_{22}(s)}{Y_{21}(s)}+Y_{12}(s)\right]U_2(s)+\left(-\frac{Y_{11}(s)}{Y_{21}(s)}\right)[-I_2(s)] \tag{10-1-39}$$

令

$$\frac{-Y_{22}(s)}{Y_{21}(s)}=A(s) \tag{10-1-40}$$

$$-\frac{1}{Y_{21}(s)}=B(s) \tag{10-1-41}$$

$$\begin{aligned}\frac{-Y_{11}(s)Y_{23}(s)}{Y_{21}(s)}+Y_{12}(s)&=-\frac{Y_{11}(s)Y_{22}(s)-Y_{12}(s)Y_{21}(s)}{Y_{21}(s)}\\ &=\frac{\Delta Y}{Y_{21}(s)}=C(s)\end{aligned} \tag{10-1-42}$$

$$-\frac{Y_{11}(s)}{Y_{21}(s)}=D(s) \tag{10-1-43}$$

将式（10-1-40）～式（10-1-43）代入式（10-1-38）、式（10-1-39）得到

$$\left.\begin{aligned}U_1(s)=A(s)U_2(s)+B(s)[-I_2(s)]\\ I_1(s)=C(s)U_2(s)+D(s)[-I_2(s)]\end{aligned}\right\} \tag{10-1-44}$$

写成矩阵形式为

$$\begin{pmatrix} U_1(s) \\ I_1(s) \end{pmatrix} = \begin{pmatrix} A(s) & B(s) \\ C(s) & D(s) \end{pmatrix} \begin{pmatrix} U_2(s) \\ -I_2(s) \end{pmatrix} \tag{10-1-45}$$

矩阵式中

$$\boldsymbol{T}(s) = \begin{pmatrix} A(s) & B(s) \\ C(s) & D(s) \end{pmatrix} \tag{10-1-46}$$

称为 T 参数矩阵形式，有的教材将 T 参数称为 A 参数，相应的参数用 $A_{11}(s)$、$A_{12}(s)$、$A_{21}(s)$、$A_{22}(s)$ 表示。

由式（10-1-44）可见

$$A(s) = \left.\frac{U_1(s)}{U_2(s)}\right|_{-I_2(s)=0} \tag{10-1-47}$$

$$B(s) = \left.\frac{U_1(s)}{-I_2(s)}\right|_{U_2(s)=0} \tag{10-1-48}$$

$$C(s) = \left.\frac{I_1(s)}{U_2(s)}\right|_{-I_2(s)=0} \tag{10-1-49}$$

$$D(s) = \left.\frac{I_1(s)}{-I_2(s)}\right|_{U_2(s)=0} \tag{10-1-50}$$

虽然这一组参数和 H 参数相似，即具有阻抗[$B(s)$]、导纳[$C(s)$]、电压比[$A(s)$]、电流比[$D(s)$]性质，又具有短路[$U_2(s)$]、开路[$-I_2(s)=0$]性质。但也与 H 参数有一个显著不同之处，H 参数既有策动点，也有转移参数性质；T 参数全部具有转移参数性质，这是它的物理意义的特点。因此又把 T 参数称为传输或转移参数（有的教材也称为一般参数）。

以上只介绍了用 Y、Z、H、T 四种参数形式表示二端口网络方程，并且介绍另外 Z、H、T 参数与 Y 参数关系以及四种参数的物理意义。余下两种，读者有兴趣可以根据（10-1-9）自行导出，这里就不再作介绍了。

由式（10-1-40）～式（10-1-43）可见

$$A(s)D(s)-B(s)C(s)=Y_{12}(s)/Y_{21}(s)$$

对于互易网络有 $Y_{12}(s)=Y_{21}(s)$，因此

$$A(s)D(s) -D(s)C(s)=1$$

即 T 参数中也只有三个是独立的。在得出这一结论前是有前提条件的，即必须是互易（不含受控源）的二端口网络。二端口网络的参数矩阵互换表见表 10-1-2。

表 10-1-2　二端口网络的参数矩阵互换表

参数	Y		Z		H		T	
Y	Y_{11}	Y_{12}	$\frac{Z_{22}}{\Delta Z}$	$-\frac{Z_{12}}{\Delta Z}$	$\frac{1}{h_{11}}$	$-\frac{h_{12}}{h_{11}}$	$\frac{D}{B}$	$-\frac{\Delta T}{B}$
	Y_{21}	Y_{22}	$-\frac{Z_{21}}{\Delta Z}$	$\frac{Z_{11}}{\Delta Z}$	$\frac{h_{21}}{h_{11}}$	$\frac{\Delta_{11}}{h_{11}}$	$-\frac{1}{B}$	$\frac{A}{B}$
Z	$\frac{Y_{22}}{\Delta Y}$	$-\frac{Y_{12}}{\Delta Y}$	Z_{11}	Z_{12}	$\frac{\Delta_{11}}{h_{21}}$	$\frac{h_{12}}{h_{21}}$	$\frac{A}{C}$	$\frac{\Delta T}{C}$
	$-\frac{Y_{21}}{\Delta Y}$	$\frac{Y_{12}}{\Delta Y}$	Z_{21}	Z_{22}	$-\frac{h_{11}}{h_{12}}$	$\frac{1}{h_{12}}$	$\frac{1}{C}$	$\frac{D}{C}$

续表

参数	Y		Z		H		T	
H	$\frac{1}{Y_{11}}$	$-\frac{Y_{12}}{Y_{11}}$	$\frac{\Delta Z}{Z_{22}}$	$\frac{Z_{12}}{Z_{22}}$	h_{11}	h_{12}	$\frac{B}{D}$	$\frac{\Delta T}{D}$
	$\frac{Y_{21}}{Y_{11}}$	$\frac{\Delta Y}{Y_{11}}$	$-\frac{Z_{21}}{Z_{22}}$	$\frac{1}{Z_{22}}$	h_{21}	h_{22}	$-\frac{1}{D}$	$\frac{D}{C}$
T	$-\frac{Y_{22}}{Y_{21}}$	$-\frac{1}{Y_{21}}$	$\frac{Z_{11}}{Z_{21}}$	$\frac{\Delta Z}{Z_{11}}$	$-\frac{\Delta h_{11}}{h_{21}}$	$-\frac{h_{11}}{h_{21}}$	A	B
	$-\frac{\Delta Y}{Y_{21}}$	$-\frac{Y_{11}}{Y_{21}}$	$\frac{1}{Z_{11}}$	$\frac{Z_{22}}{Z_{12}}$	$-\frac{h_{12}}{h_{21}}$	$-\frac{1}{h_{21}}$	C	D

二端口网络的互易条件与对称条件见表 10-1-3。

表 10-1-3　二端口网络的互易条件与对称条件

参数	互 易 条 件	对 称 条 件
Y	$Y_{12}=Y_{21}$	$Y_{11}=Y_{22}$
Z	$Z_{21}=Z_{12}$	$Z_{11}=Z_{22}$
H	$h_{12}=-h_{21}$	$h_{11}h_{22}-h_{12}h_{21}=1$
T	$AD-BC=1$	$A=D$

10.2　二端口网络的连接

所谓二端口网络的连接是指：当有两个或两个以上的二端口网络时，把它们连接成一个二端口网络的组合方式。按其连接方式分：级联、串联、并联、串并联与并串联五种，下面将逐一介绍。

10.2.1　二端口网络的级联

两个二端口网络，当它们构成如图 10-2-1 的连接方式时，则这两个二端口网络是采用级联方式。

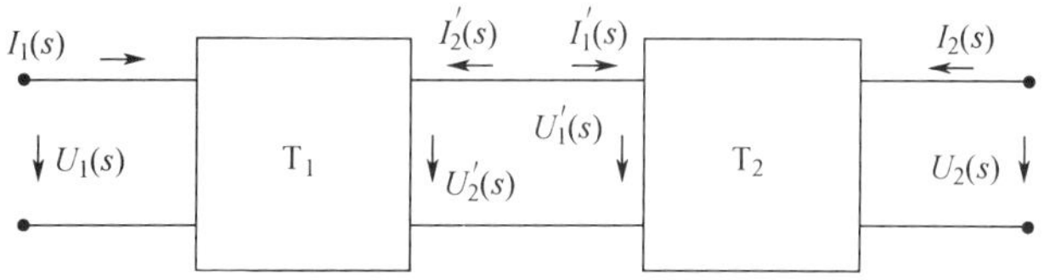

图 10-2-1　二端口网络的级联

当二端口网络采用级联方式连接时，若用 T 参数表示，并假定两个二端口网络的 T 参数分别为

$$\boldsymbol{T}_1(s)=\begin{pmatrix}A_1(s) & B_1(s)\\ C_1(s) & D_1(s)\end{pmatrix},\quad \boldsymbol{T}_2(s)=\begin{pmatrix}A_2(s) & B_2(s)\\ C_2(s) & D_2(s)\end{pmatrix}$$

对于二端口网络 T_1，用 T 参数表示的二端口网络方程为

$$\begin{pmatrix}U_1(s)\\ I_1(s)\end{pmatrix}=\boldsymbol{T}_1(s)\begin{pmatrix}U'_2(s)\\ -I'_2(s)\end{pmatrix} \tag{10-2-1}$$

对于二端口网络 T_2，用 T 参数表示的二端口网络方程为

$$\begin{pmatrix} U'_1(s) \\ I'_1(s) \end{pmatrix} = \boldsymbol{T}_2(s) \begin{pmatrix} U_2(s) \\ -I_2(s) \end{pmatrix} \quad (10\text{-}2\text{-}2)$$

由于

$$\begin{pmatrix} U'_2(s) \\ -I'_2(s) \end{pmatrix} = \begin{pmatrix} U'_1(s) \\ -I'_1(s) \end{pmatrix}$$

所以

$$\begin{pmatrix} U_1(s) \\ I_1(s) \end{pmatrix} = \boldsymbol{T}_1(s)\boldsymbol{T}_2(s) \begin{pmatrix} U_2(s) \\ -I_2(s) \end{pmatrix} \quad (10\text{-}2\text{-}3)$$

将两个二端口网络的组合看作一个二端口网络，并设此组合二端口网络的 T 参数为

$$\boldsymbol{T}(s) = \begin{pmatrix} A(s) & B(s) \\ C(s) & D(s) \end{pmatrix}$$

则此组合二端口网络用 T 参数表示的二端口网络方程为

$$\begin{pmatrix} U_1(s) \\ I_1(s) \end{pmatrix} = \boldsymbol{T}(s) \begin{pmatrix} U_2(s) \\ -I_2(s) \end{pmatrix}$$

对比式（10-2-3）与式（10-2-5），因为它们是用 T 参数表示的同一个二端口网络方程，所以

$$\boldsymbol{T}(s) = \boldsymbol{T}_1(s)\boldsymbol{T}_2(s) = \begin{pmatrix} A_1(s) & B_1(s) \\ C_1(s) & D_1(s) \end{pmatrix} \begin{pmatrix} A_2(s) & B_2(s) \\ C_2(s) & D_2(s) \end{pmatrix}$$

$$= \begin{pmatrix} A_1(s)A_2(s) + B_1(s)C_2(s) & A_1(s)B_2(s) + B_1(s)D_2(s) \\ C_1(s)A_2(s) + D_1(s)C_2(s) & C_1(s)B_2(s) + D_1(s)D_2(s) \end{pmatrix}$$

即

$$A(s) = A_1(s)A_2(s) + B_1(s)C_2(s)$$
$$B(s) = A_1(s)B_2(s) + B_1(s)D_2(s)$$
$$C(s) = C_1(s)A_2(s) + D_1(s)C_2(s)$$
$$D(s) = C_1(s)B_2(s) + D_1(s)D_2(s)$$

或者写成矩阵等式

$$\begin{pmatrix} A(s) & B(s) \\ C(s) & D(s) \end{pmatrix} = \begin{pmatrix} A_1(s)A_2(s) + B_1(s)C_2(s) & A_1(s)B_2(s) + B_1(s)D_2(s) \\ C_1(s)A_2(s) + D_1(s)C_2(s) & C_1(s)B_2(s) + D_1(s)D_2(s) \end{pmatrix} \quad (10\text{-}2\text{-}4)$$

也可简写成

$$T(s) = T_1(s)T_2(s) \quad (10\text{-}2\text{-}5)$$

可见，当二端口网络采用级联连接时，其组合二端口的 T 参数等于参与级联的各二端口网络的 T 参数矩阵的乘积，矩阵乘积的顺序按级联的顺序排列。

例 10-2-1 将例 10-1-1 的图 10-2-2 所示二端口网络用级联的方法求其 T 参数。

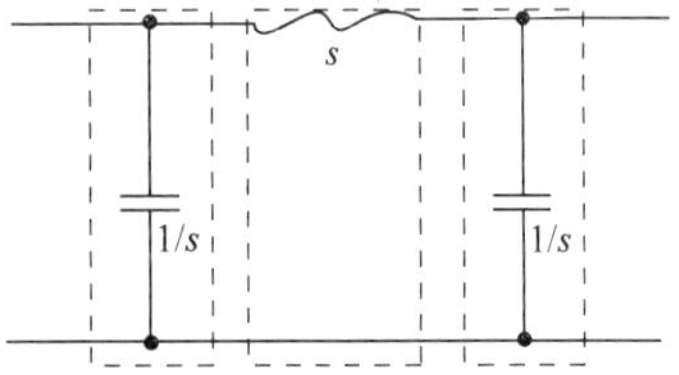

图 10-2-2 例 10-2-1 图

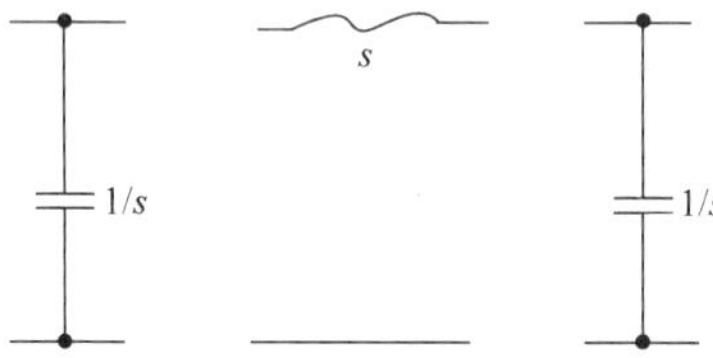

图 10-2-3 将图 10-2-2 中的二端口网络看成三个二端口网络

解： 本例若将图 10-2-2 中的二端口网络，每个虚线框内表示一个二端口网络，如图 10-2-3 所示，则这三个二端口网络显然是按级联方式连接的。由于

$$A(s)=\left.\frac{U_1(s)}{U_2(s)}\right|_{I_2(s)=0},\quad B(s)=\left.\frac{U_1(s)}{-I_2(s)}\right|_{U_2(s)=0},\quad C(s)=\left.\frac{I_1(s)}{U_2(s)}\right|_{I_2(s)=0},\quad D(s)=\left.\frac{I_1(s)}{I_2(s)}\right|_{U_2(s)=0}$$

按 T 参数的定义方式，不难求出图 10-2-3 所示的"三"个二端口的 T 参数分别为

$$\boldsymbol{T}_1(s)=\begin{pmatrix}1 & 0\\ s & 1\end{pmatrix},\ \boldsymbol{T}_2(s)=\begin{pmatrix}1 & s\\ 0 & 1\end{pmatrix},\ \boldsymbol{T}_3(s)=\begin{pmatrix}1 & 0\\ s & 1\end{pmatrix}$$

所以

$$\boldsymbol{T}(s)=\boldsymbol{T}_1(s)\boldsymbol{T}_2(s)\boldsymbol{T}_3(s)=\begin{pmatrix}1 & 0\\ s & 1\end{pmatrix}\begin{pmatrix}1 & s\\ 0 & 1\end{pmatrix}\begin{pmatrix}1 & 0\\ s & 1\end{pmatrix}=\begin{pmatrix}s^2+1 & s\\ s^3+2s & s^2+1\end{pmatrix}$$

10.2.2　二端口网络的串联

当两个二端口网络构成 10-2-4 所示连接方式时，则这两个二端口网络采用串联方式连接。

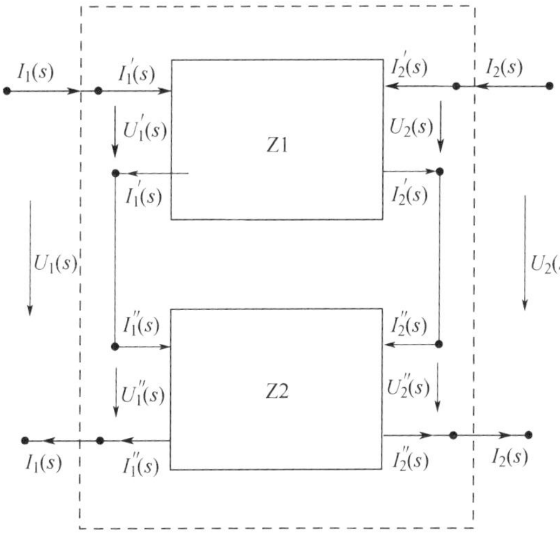

图 10-2-4　二端口网络的串联

由图 10-2-4，不难看出，由于

$$I_1(s)=I_1'(s)=I_1''(s) \tag{10-2-6}$$

$$I_2(s)=I_2'(s)=I_2''(s) \tag{10-2-7}$$

$$\begin{pmatrix}U_1(s)\\ U_2(s)\end{pmatrix}=\begin{pmatrix}U_1'(s)\\ U_2'(s)\end{pmatrix}+\begin{pmatrix}U_1''(s)\\ U_2''(s)\end{pmatrix}=\begin{pmatrix}U_1'(s)+U_1''(s)\\ U_2'(s)+U_2''(s)\end{pmatrix} \tag{10-2-8}$$

因此，若采用 Z 参数来分析二端口网络的串联将是最方便的。

设两个二端口网络的 Z 参数分别为

$$Z_1(s)=\begin{pmatrix}Z_{11}'(s) & Z_{12}'(s)\\ Z_{21}'(s) & Z_{12}'(s)\end{pmatrix},\quad Z_2(s)=\begin{pmatrix}Z_{11}''(s) & Z_{11}''(s)\\ Z_{21}''(s) & Z_{22}''(s)\end{pmatrix}$$

因为

$$\begin{pmatrix} U_1'(s) \\ U_2'(s) \end{pmatrix} = \boldsymbol{Z}_1(s)\begin{pmatrix} I_1'(s) \\ I_2'(s) \end{pmatrix},\ \begin{pmatrix} U_1''(s) \\ U_2''(s) \end{pmatrix} = \boldsymbol{Z}_2(s)\begin{pmatrix} I_1''(s) \\ I_2''(s) \end{pmatrix}$$

于是

$$\begin{pmatrix} U_1'(s)+U_1''(s) \\ U_2'(s)+U_2''(s) \end{pmatrix} = [\boldsymbol{Z}_1(s)+\boldsymbol{Z}_2(s)]\begin{pmatrix} I_1'(s) \\ I_2'(s) \end{pmatrix}$$

由式（10-2-6）、（10-2-7）、（10-2-8）可知

$$\begin{pmatrix} U_1(s) \\ U_2(s) \end{pmatrix} = [\boldsymbol{Z}_1(s)+\boldsymbol{Z}_2(s)]\begin{pmatrix} I_1(s) \\ I_2(s) \end{pmatrix}$$

或者

$$\begin{pmatrix} U_1(s) \\ U_2(s) \end{pmatrix} = \boldsymbol{Z}(s)\begin{pmatrix} I_1(s) \\ I_2(s) \end{pmatrix}$$

矩阵式中

$$\boldsymbol{Z}(s) = \boldsymbol{Z}_1(s)+\boldsymbol{Z}_2(s) \tag{10-2-9}$$

即二端口网络作串联连接时，其组合二端口网络的 Z 参数等于各串联二端口网络 Z 参数矩阵之和。

例 10-2-2 图 10-2-5（a）、（b）是两个二端口网络的两种连接方法，试判断哪种连接方法是二端口网络的串联连接。

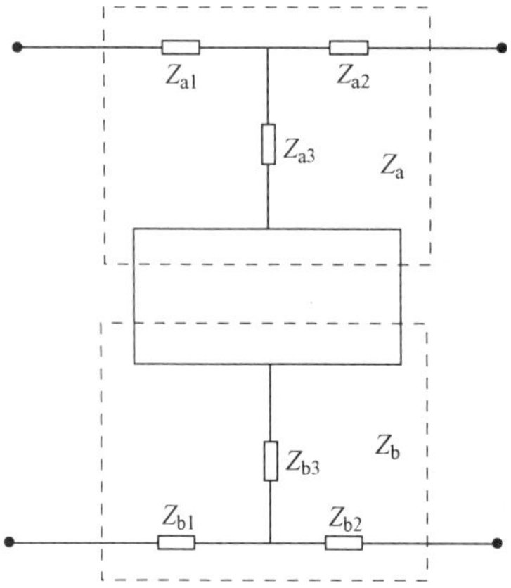

（a）两个T形二端口网络的一种连接方式

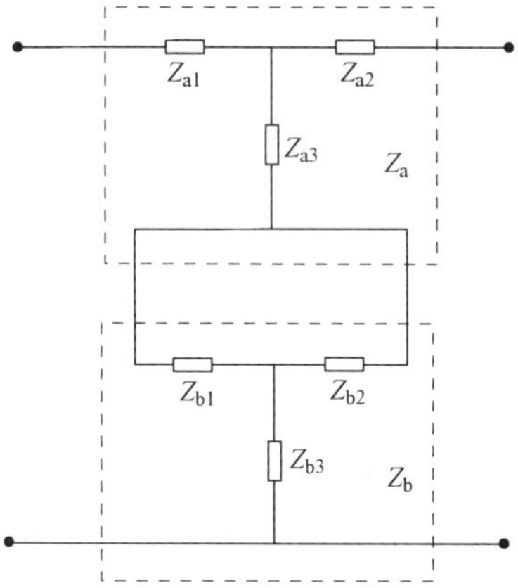

（b）同样两个T形二端口网络的另一种连接方式

图 10-2-5　两个 T 形二端口网络的两种连接方式

解：对于图 10-2-5（a）所示情况，先分别求出两个二端口网络的 Z 参数

$$\boldsymbol{Z}_a = \begin{pmatrix} Z_{a1}+Z_{a3} & Z_{a3} \\ Z_{a3} & Z_{a2}+Z_{a3} \end{pmatrix},\ \boldsymbol{Z}_b = \begin{pmatrix} Z_{b1}+Z_{b3} & Z_{b3} \\ Z_{b3} & Z_{b2}+Z_{b3} \end{pmatrix}$$

对与图 10-2-5（b）所示情况，显然两个二端口网络由于和图 10-2-5（a）的两个二端口网络相同，故其 Z 参数也相同。要判断这两种组合方法，哪种是串联？或者两种都是串联？要根据其组合二端口网络的 Z 参数与两个二端口网络的 Z 参数关系来判断。为了能求出这两种图中的 Z 参数，将两个图改画成图 10-2-6，显然这是同样二端口网络的不同画法而已。

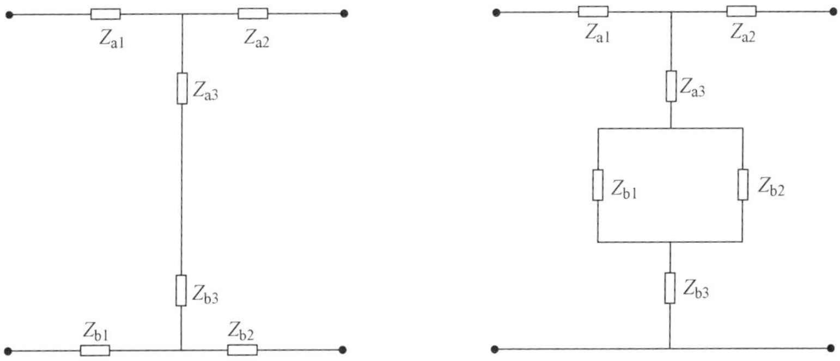

（a）图10-4-5（a）的另一种画法　　（b）图10-4-5（b）的另一种画法

图 10-2-6　图 10-2-5 的另一种画法，这样可以看作一个单一的二端口网络

改画后可见：图 10-2-6 中两个图均可以作为一个单一的二端口网络，它们的开路阻抗 Z 参数不难求出。由图 10-2-6（a）可见，其 Z 参数矩阵为

$$\boldsymbol{Z}=\begin{pmatrix} Z_{a1}+Z_{a3}+Z_{b1}+Z_{b3} & Z_{a3}+Z_{b3} \\ Z_{a3}+Z_{b3} & Z_{a2}+Z_{a3}+Z_{b2}+Z_{b3} \end{pmatrix}$$

而图 10-2-6（b）所示二端口网络的 Z 参数为

$$\boldsymbol{Z'}=\begin{pmatrix} Z_{a1}+Z_{a3}+\dfrac{Z_{b1}Z_{b2}}{Z_{b1}+Z_{b2}}+Z_{b3} & Z_{a3}+\dfrac{Z_{b1}Z_{b2}}{Z_{b1}+Z_{b2}}+Z_{b3} \\ Z_{a3}+\dfrac{Z_{b1}Z_{b2}}{Z_{b1}+Z_{b2}}+Z_{b3} & Z_{a2}+Z_{a3}+\dfrac{Z_{b1}Z_{b2}}{Z_{b1}+Z_{b2}}+Z_{b3} \end{pmatrix}$$

可见

$$\boldsymbol{Z}=\boldsymbol{Z}_a+\boldsymbol{Z}_b$$

而

$$\boldsymbol{Z'}\neq\boldsymbol{Z}_a+\boldsymbol{Z}_b$$

所以图 10-2-5（a）的接法构成 $\boldsymbol{Z}$ 参数为 $\boldsymbol{Z}_a$、$\boldsymbol{Z}_b$ 的两个二端口网络的串联。

由此可见：实际判断二端口网络的串联并非易事，而且很难找出一个规律来加以判断。故通常不会把一个复杂的二端口网络化为若干个二端口网络的串联来讨论。

10.2.3　二端口网络的并联

当两个二端口网络构成如图 10-2-7 所示连接方式时，则这两个二端口网络采用并联方式连接。由图 10-2-7 不难看出，由于

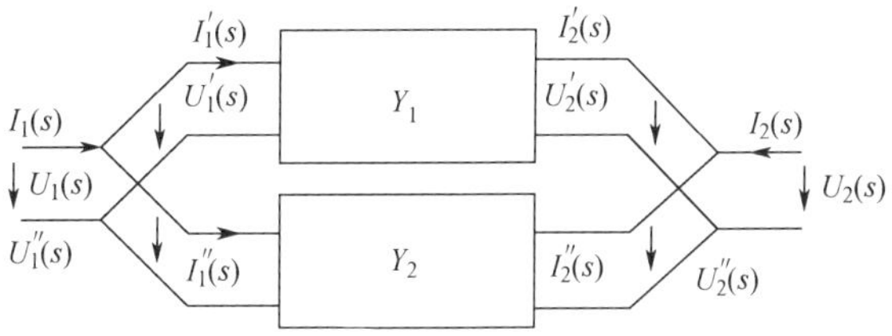

图 10-2-7　二端口网络的关联

$$U_1(s)=U_1'(s)=U_1''(s) \tag{10-2-10}$$

$$U_2(s)=U_2'(s)=U_2''(s) \tag{10-2-11}$$

$$I_1(s)=I_1'(s)=I_1''(s) \tag{10-2-12}$$

$$I_2(s)=I_2'(s)=I_2''(s) \tag{10-2-13}$$

或者将上两式写成矩阵形式

$$\begin{pmatrix} I_1(s) \\ I_2(s) \end{pmatrix}=\begin{pmatrix} I_1'(s)+I_1''(s) \\ I_2'(s)+I_2''(s) \end{pmatrix} \tag{10-2-14}$$

因此，采用 Y 参数来分析二端口网络的并联将是最方便的。

设两个二端口网络的 Y 参数分别为

$$\boldsymbol{Y}_1(s)=\begin{pmatrix} Y_{11}'(s) & Y_{12}'(s) \\ Y_{21}'(s) & Y_{22}'(s) \end{pmatrix}, \quad \boldsymbol{Y}_2(s)=\begin{pmatrix} Y_{11}''(s) & Y_{12}''(s) \\ Y_{21}''(s) & Y_{22}''(s) \end{pmatrix}$$

这两个二端口网络的方程分别为

$$\begin{pmatrix} I_1'(s) \\ I_2'(s) \end{pmatrix}=\boldsymbol{Y}_1(s)\begin{pmatrix} U_1'(s) \\ U_2'(s) \end{pmatrix} \tag{10-2-15}$$

$$\begin{pmatrix} I_1''(s) \\ I_2''(s) \end{pmatrix}=\boldsymbol{Y}_2(s)\begin{pmatrix} U_1''(s) \\ U_2''(s) \end{pmatrix} \tag{10-2-16}$$

两个矩阵式（10-2-15）与式（10-2-16）之和，并改变到式（10-2-11）、(10-2-12)、(10-2-14）关系，可得

$$\begin{pmatrix} I_1(s) \\ I_2(s) \end{pmatrix}=\left(\boldsymbol{Y}_1(s)+\boldsymbol{Y}_2(s)\right)\begin{pmatrix} U_1(s) \\ U_2(s) \end{pmatrix}$$

或者

$$\begin{pmatrix} I_1(s) \\ I_2(s) \end{pmatrix}=\boldsymbol{Y}(s)\begin{pmatrix} U_1(s) \\ U_2(s) \end{pmatrix}$$

$$\boldsymbol{Y}(s)=\boldsymbol{Y}_1(s)+\boldsymbol{Y}_2(s) \tag{10-2-17}$$

即二端口网络作并联连接时，其组合二端口网络的 Y 参数等于各并联二端口网络的 Y 参数之和。

例 10-2-3 试求图 10-2-8 所示二端口网络的 Y 参数。

解：这道题，如果根据 Y 参数定义去直接求是比较困难的，不过可以求出。这里为了说明利用二端口网络并联的方法如何把一个较为复杂的二端口网络变成两个简单的二端口网络的并联，从而求出二端口网络参数的方法。为此，先将图 10-2-8 改画成图 10-2-9 所示“两个”作为并联连接的二端口网络的形式（当然也只能这种简化）。

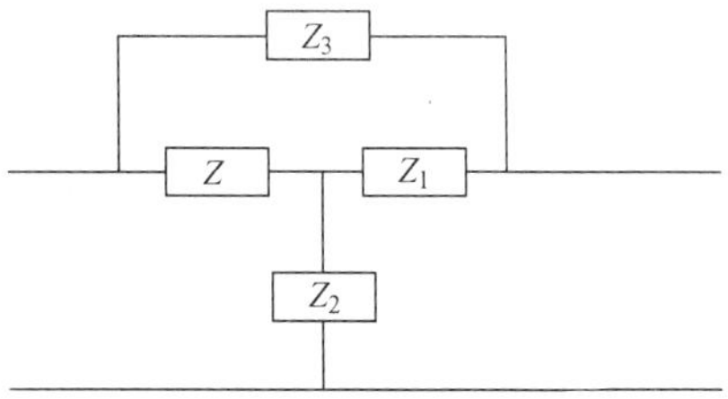

图 10-2-8 例 10-2-3 的图

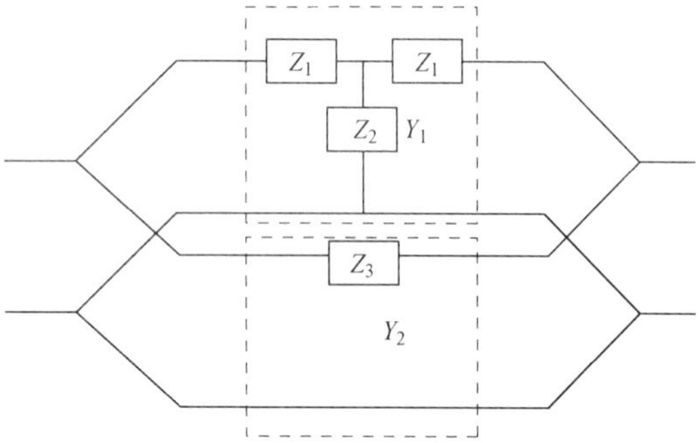

图 10-2-9 将图 10-2-8 所示二端口网络组成两个二端口网络的并联

由图 10-2-9 可见

$$Y'_{11}=Y'_{22}=\frac{Z_1+Z_2}{Z_1^2+2Z_1Z_2},\quad Y'_{12}=Y'_{21}=\frac{-Z_2}{Z_1^2+2Z_1Z_2}$$

或者写成矩阵形式

$$\boldsymbol{Y}_1=\begin{pmatrix}\dfrac{Z_1+Z_2}{Z_1^2+2Z_1Z_2} & \dfrac{-Z_2}{Z_1^2+2Z_1Z_2}\\ \dfrac{-Z_2}{Z_1^2+2Z_1Z_2} & \dfrac{Z_1+Z_2}{Z_1^2+2Z_1Z_2}\end{pmatrix},\quad \boldsymbol{Y}_2=\begin{pmatrix}\dfrac{1}{Z_3} & -\dfrac{1}{Z_3}\\ -\dfrac{1}{Z_3} & \dfrac{1}{Z_3}\end{pmatrix}$$

所以

$$\boldsymbol{Y}=\boldsymbol{Y}_1+\boldsymbol{Y}_2=\begin{pmatrix}\dfrac{Z_1+Z_2}{Z_1^2+2Z_1Z_2}+\dfrac{1}{Z_3} & \dfrac{-Z_2}{Z_1^2+2Z_1Z_2}-\dfrac{1}{Z_3}\\ \dfrac{-Z_2}{Z_1^2+2Z_1Z_2}-\dfrac{1}{Z_3} & \dfrac{Z_1+Z_2}{Z_1^2+2Z_1Z_2}+\dfrac{1}{Z_3}\end{pmatrix}$$

10.2.4　二端口网络的串并联

二端口网络的串并联是输入端口串联而输出端口并联的连接方法，而并串联则是输入端口并联与输出端口串联的方法。二端口网络的串并联如图 10-2-10 所示。

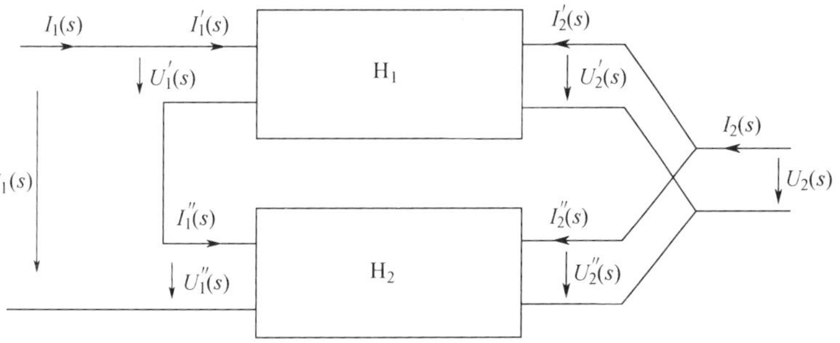

图 10-2-10　二端口网络的串并联连接

由图 10-2-10 可以看出

$$I_1(s)=I_1'(s)=I_1''(s) \tag{10-2-18}$$

$$U_2(s)=U_2'(s)=U_2''(s) \tag{10-2-19}$$

$$U_1(s)=U_1'(s)+U_1''(s)$$

$$I_2(s)=I_2'(s)+I_2''(s)$$

或者写成矩阵形式

$$\begin{pmatrix}U_1(s)\\ I_2(s)\end{pmatrix}=\begin{pmatrix}U_1'(s)+U_1''(s)\\ I_2'(s)+I_2''(s)\end{pmatrix} \tag{10-2-20}$$

由式（10-2-18）、式（10-2-19）、式（10-2-20）可见，因为有上述电压、电流相等关系，故若采用 H 参数来表示串并联连接将是极其方便的；而用 H 参数表示的两个二端口网络的参数矩阵分别设为

$$\boldsymbol{H}_1(s)=\begin{pmatrix}h'_{11}(s) & h'_{12}(s)\\ h'_{21}(s) & h'_{22}(s)\end{pmatrix},\quad \boldsymbol{H}_2(s)=\begin{pmatrix}h''_{11}(s) & h''_{12}(s)\\ h''_{21}(s) & h''_{22}(s)\end{pmatrix}$$

则对于 H 参数的二端口网络方程分别为

$$\begin{pmatrix}U_1'(s)\\I_2'(s)\end{pmatrix}=\boldsymbol{H}_1(s)\begin{pmatrix}I_1'(s)\\U_2'(s)\end{pmatrix},\quad\begin{pmatrix}U_1''(s)\\I_2''(s)\end{pmatrix}=\boldsymbol{H}_2(s)\begin{pmatrix}I_1''(s)\\U_2''(s)\end{pmatrix}$$

于是就有

$$\begin{pmatrix}U_1(s)\\I_2(s)\end{pmatrix}=\left(\boldsymbol{H}_1(s)+\boldsymbol{H}_2(s)\right)\begin{pmatrix}I_1(s)\\U_2(s)\end{pmatrix}$$

或者写成

$$\begin{pmatrix}U_1(s)\\I_2(s)\end{pmatrix}=\boldsymbol{H}(s)\begin{pmatrix}I_1(s)\\U_2(s)\end{pmatrix}$$

即

$$\boldsymbol{H}(s)=\boldsymbol{H}_1(s)+\boldsymbol{H}_2(s)$$

可见，作串并联连接的组合二端口网络的 H 参数等于两个二端口网络的 H 参数之和。

习 题 10

10-1 试求下图所示二端口网络的：（1）短路导纳矩阵 Y；（2）开路阻抗矩阵 Z。

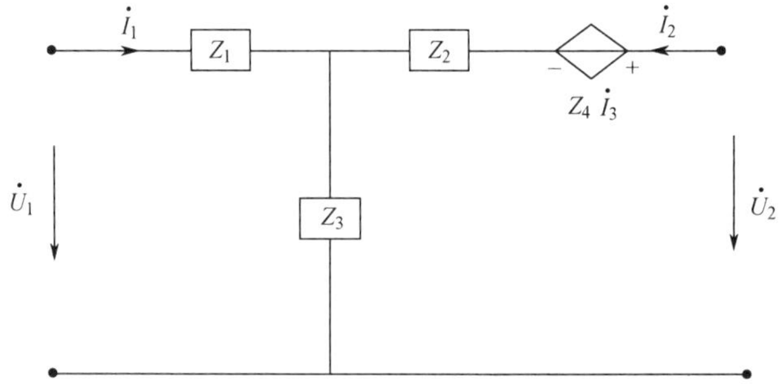

题 10-1 图

10-2 试求下图所示二端口网络的：（1）短路导纳矩阵 $\boldsymbol{Y}(s)$；（2）开路阻抗矩阵 $\boldsymbol{Z}(s)$；（3）混合参数矩阵 $\boldsymbol{H}(s)$。

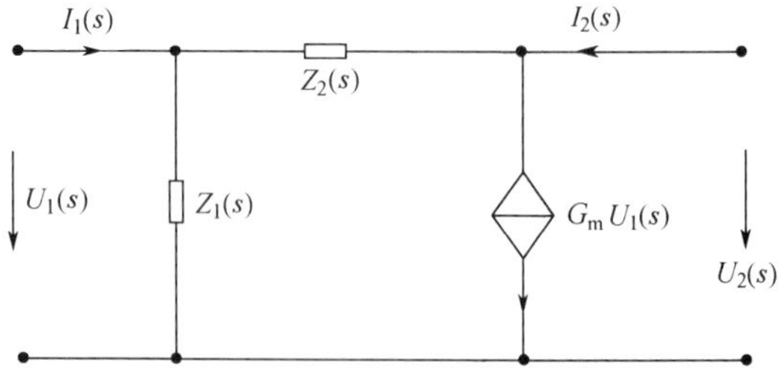

题 10-2 图

10-3 试求下图所示二端口网络的传递函数矩阵 $\boldsymbol{T}(s)$。

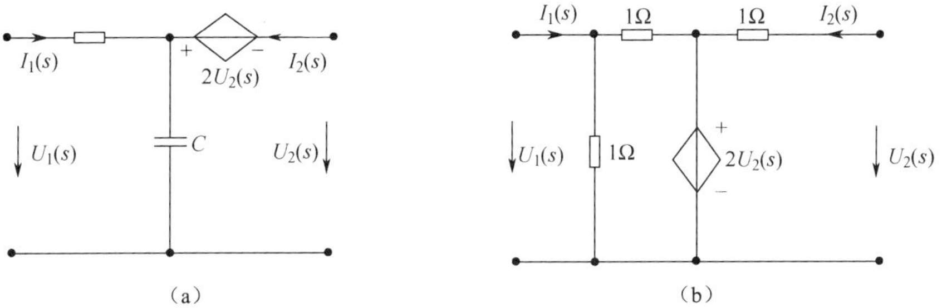

题 10-3 图

10-4　试求下图所示二端口网络 $T(s)$ 的传递参数矩阵与特性阻抗。

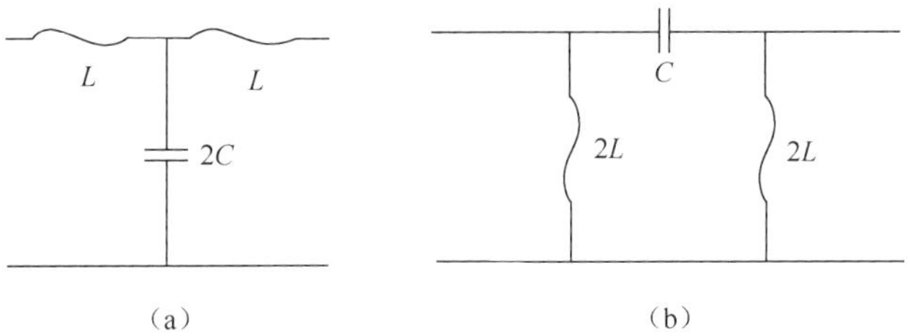

题 10-4 图

10-5　试求下图所示二端口网络的 T 参数矩阵。已知其内部二端口网络 P_1 的 T 参数矩阵为

$$\boldsymbol{T}_1=\begin{pmatrix} A & C \\ B & D \end{pmatrix}$$

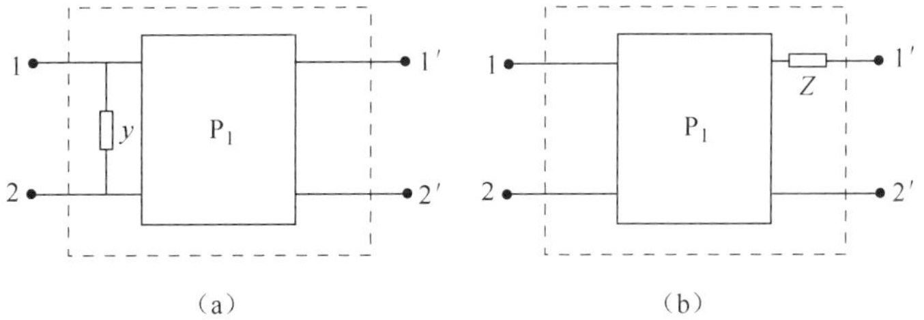

题 10-5 图

10-6　试求下图所示二端口网络的 $T(s)$ 参数矩阵。

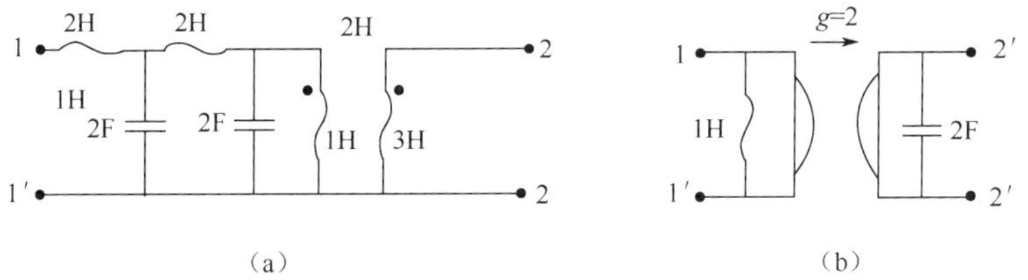

题 10-6 图

10-7　试求题图所示含理想运算放大器电路的传递函数 $T(s)=U_o(s)/U_1(s)$ 。

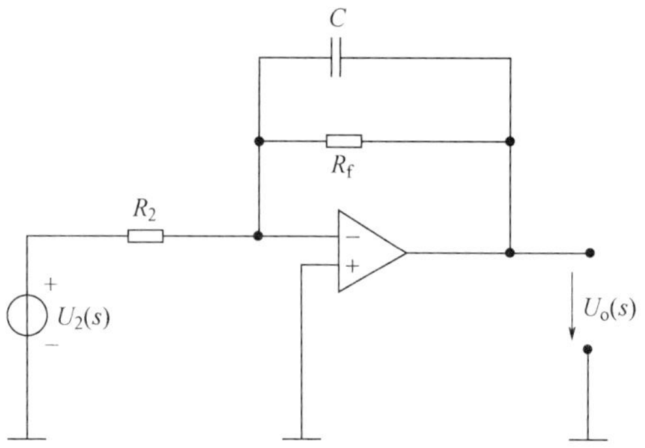

（a）图中所给是元件参数

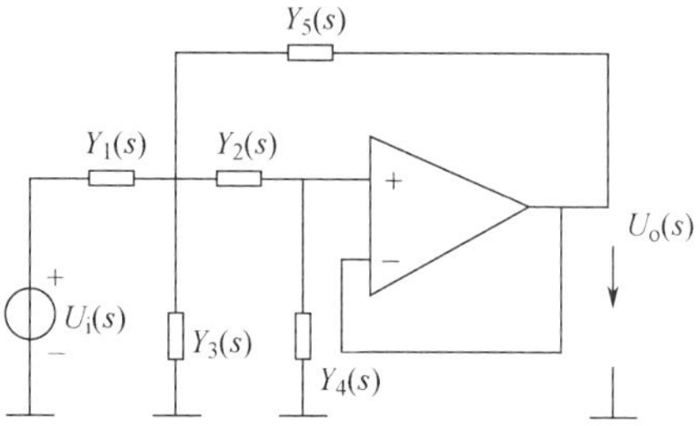

（b）图中所给为运算导纳

题 10-7 图

10-8 试求下图（a）所示二端口网络与一个理想变压器等效；图（b）所示二端口网络与一个浮地电感 L 等效，且其 $L=c/g^2$ 。

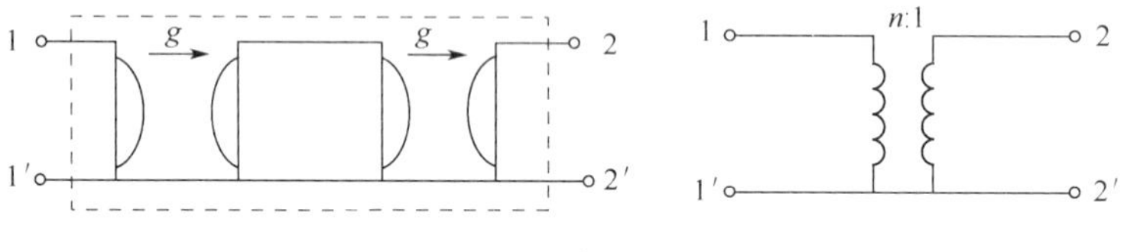

（a）

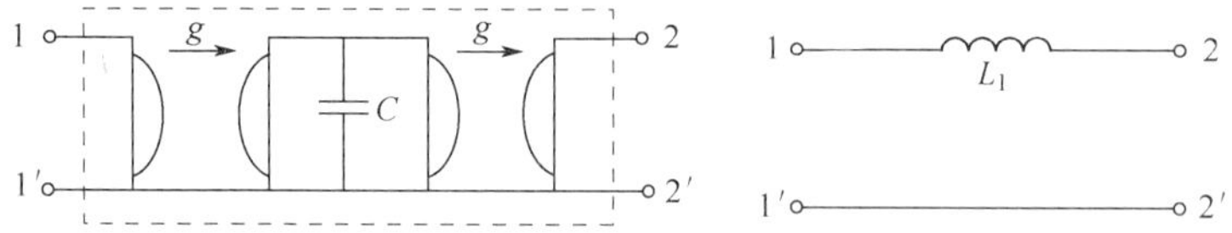

（b）

题 10-8 图

第 11 章　工厂配电与安全用电

11.1　工厂配电方式

工厂的低压配电线路有放射式、树干式和环形等基本接线方式。

11.1.1　放射式接线

图 11-1-1 是低压放射式接线。放射式接线的特点是：其引出线发生故障时互不影响，供电可靠性较高；但是一般情况下，其有色金属消耗量较多，采用的开关设备也较多，这种接线多用于用电设备容量大、或负荷性质重要、或在有潮湿及腐蚀性环境的车间供电。

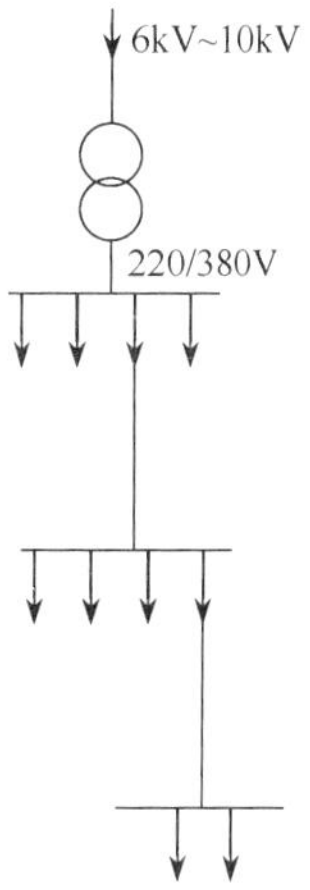

图 11-1-1　低压放射式接线

11.1.2　树干式接线

图 11-1-2 是低压树干式接线。树干式接线的特点正好与放射式相反，一般情况下，它采用的开关设备较少，有色金属消耗量也较少；但干线发生故障时，影响范围大，所以供电可靠性较差。树干式接线在机械加工车间、机修车间和工具车间中应用比较普遍，因为树干式接线很适于供电给容量较小而分布较均匀的用电设备，如机床、小型加热炉等。图 11-1-2（b）所示树干式是“变压器—干线式”接线，可省去变电所低压侧整套低压配电装置，从而使变电所结构大为简化，投资大为降低。

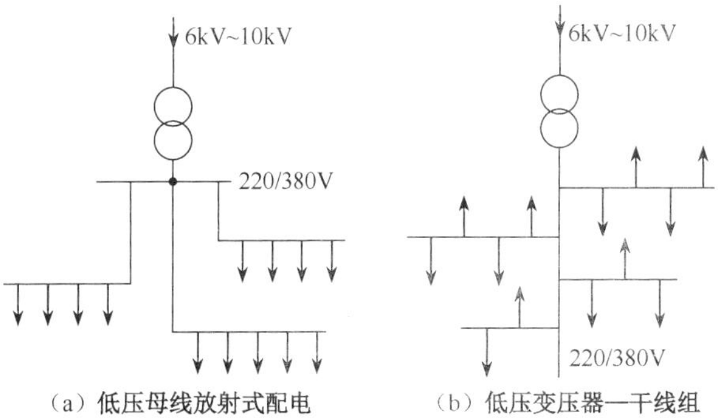

图 11-1-2　低压树干式接线

图 11-1-3 是一种变形的树干式接线即链式接线。链式接线的特点与树干式相同，适于用电设备距供电点较远而彼此相距很近、容量很小的次要用电设备。但链式相连的用电设备，一般不宜超过 5 台，或总容量不超过 10kW 。

11.1.3　环形接线

图 11-1-4 是由一台变压器供电的低压环形接线。

一个工厂内的所有车间变电所低压侧，也可以通过低压联络线相互连接成为环行。

环形接线供电可靠性较高。任一段线路发生故障或检修时，都不制造成供电中断，或只短时停电；一旦切换电源的操作完成，就能恢复供电。环形接线可使电能损耗和电压损耗减少；但是环形系统的保护装置及其整定配合比较复杂，如配合不当，容易发生误动作，反而扩大故障停电范围。实际上，低压环形线路也多采用“开口”方式运行。

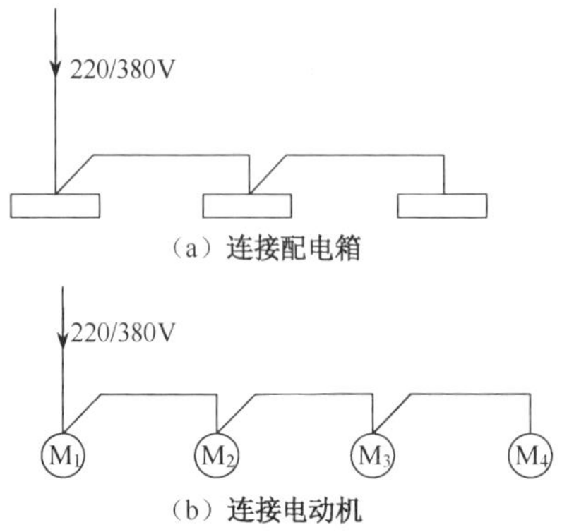

图 11-1-3　变形的树干式接线

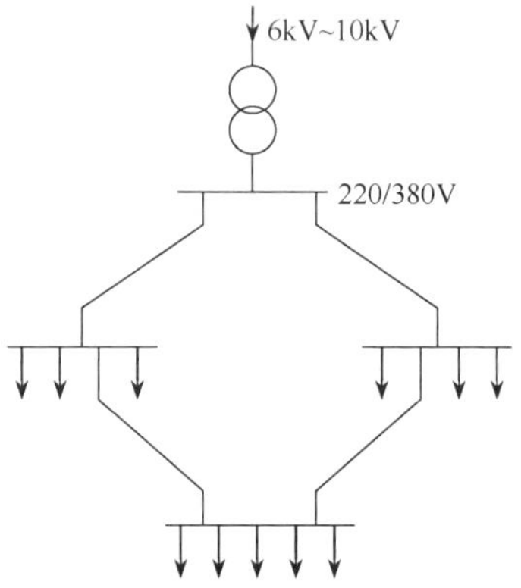

图 11-1-4　低压环形接线

在工厂的低压配电系统中，也往往是几种接线方式的组合，依具体情况而定。不过在正常环境的车间或建筑内，当大部分用电设备不很大而无特殊要求时，宜采用树干式配电，这不仅是由于树干式配电较放射式配电经济，而且由于我国各工厂的供电人员对采用树干式配电积累了相当成熟的运行经验，实践证明这种配电方式一般能满足生产要求。

11.2　安全用电知识

为了达到安全用电的目的，必须采用可靠的技术措施，防止触电事故发生。绝缘、安全间距、漏电保护、安全电压、遮栏及阻挡物等都是防止直接触电的防护措施。保护接地、保护接零是间接触电防护措施中最基本的措施。所谓间接触电防护措施是指防止人体各个部位触及正常情况下不带电、而在故障情况下才变为带电的电器金属部分的技术措施。

专业电工人员在全部停电或部分停电的电气设备上工作时，在技术措施上，必须完成停电、验电、装设接地线、悬挂标示牌和装设遮栏后，才能开始工作。

11.2.1　绝缘

（1）绝缘的作用。

绝缘是用绝缘材料把带电体隔离起来，实现带电体之间、带电体与其他物体之间的电气隔离，使设备能长期安全、正常地工作，同时可以防止人体触及带电部分，避免发生触电事故，所以绝缘在电气安全中有着十分重要的作用。良好的绝缘是设备和线路正常运行的必要条件，也是防止触电事故的重要措施。

绝缘具有很强隔电能力，被广泛地应用在许多电器、电气设备、装置及电气工程上，如胶木、塑料、橡胶、云母及矿物油等都是常用的绝缘材料。

（2）绝缘破坏。

绝缘材料经过一段时间的使用会发生绝缘破坏。绝缘材料除因在强电场作用下被击穿而破坏外，自然老化、电化学击穿、机械损伤、潮湿、腐蚀、热老化等也会降低其绝缘性能或导致绝缘破坏。

绝缘体承受的电压超过一定数值时，电流穿过绝缘体而发生放电现象称为电击穿。

气体绝缘在击穿电压消失后，绝缘性能还能恢复；液体绝缘多次击穿后，将严重降低绝缘性能；而固体绝缘击穿后，就不能再恢复绝缘性能。

在长时间存在电压的情况下，由于绝缘材料的自然老化、电化学作用、热效应作用，使其绝缘性能逐渐降低，有时电压并不是很高也会造成电击穿。所以绝缘需定期检测，保证电气绝缘的安全可靠。

（3）绝缘安全用具。

在一些情况下，手持电动工具的操作者必须戴绝缘手套、穿绝缘鞋（靴），或站在绝缘垫（台）上工作，采用这些绝缘安全用具使人与地面，或使人与工具的金属外壳，其中包括与相连的金属导体，隔离开来。这是目前简便可行的安全措施。

为了防止机械伤害，使用手电钻时不允许戴线手套。绝缘安全用具应按有关规定进行定期耐压试验和外观检查，凡是不合格的安全用具严禁使用，绝缘用具应由专人负责保管和检查。

常用的绝缘安全用具有绝缘手套、绝缘靴、绝缘鞋、绝缘垫和绝缘台等。绝缘安全用具可分为基本安全用具和辅助安全用具。基本安全用具的绝缘强度能长时间承受电气设备的工作电压，使用时，可直接接触电气设备的有电部分。辅助安全用具的绝缘强度不足以承受电气设备的工作电压，只能加强基本安全用具的保安作用，必须与基本安全用具一起使用。在低压带电设备上工作时，绝缘手套、绝缘鞋（靴）、绝缘垫可作为基本安全用具使用，在高压情况下，只能用作辅助安全用具。

11.2.2　屏护

屏护是指采用遮栏、围栏、护罩、护盖或隔离板等把带电体与外界隔绝开来，以防止人体触及或接近带电体所采取的一种安全技术措施。除防止触电的作用外，有的屏护装置还能起到防止电弧伤人、防止弧光短路或便利检修工作等作用。配电线路和电气设备的带电部分，如果不便加包绝缘或绝缘强度不足时，就可以采用屏护措施。

开关电器的可动部分一般不能加包绝缘，而需要屏护。其中防护式开关电器本身带有屏护装置，如胶盖闸刀开关的胶盖、铁壳开关的铁壳等；开启式石板闸刀开关需要另加屏护装置。起重机滑触线以及其他裸露的导线也需另加屏护装置。对于高压设备，由于全部加绝缘往往有困难，而且当人接近至一定程度时，即会发生严重的触电事故。因此，不论高压设备是否已加绝缘，都要采取屏护或其他防止接近的措施。

变配电设备，凡安装在室外地面上的变压器以及安装在车间或公共场所的变配电装置，都需要设置遮栏或栅栏作为屏护。邻近带电体的作业中，在工作人员与带电体之间及过道、入口等处应装设可移动的临时遮栏。

屏护装置不直接与带电体接触，对所用材料的电性能没有严格要求。屏护装置所用材料应当有足够的机械强度和良好的耐火性能。但是金属材料制成的屏护装置，为了防止其意外带电造成触电事故，必须将其接地或接零。

屏护装置的种类，有永久性屏护装置，如配电装置的遮栏、开关的罩盖等，临时性屏护装置，如检修工作中使用的临时屏护装置和临时设备的屏护装置，固定屏护装置，如母线的护网，移动屏护装置，如跟随天车移动的天车滑线的屏护装置等。

使用屏护装置时，还应注意以下事项。

（1）屏护装置应与带电体之间保持足够的安全距离。

（2）被屏护的带电部分应有明显标志，标明规定的符号或涂上规定的颜色。遮栏、栅栏等屏护装置上应有明显的标志，如根据被屏护对象挂上“止步，高压危险!”、“禁止攀登，高压危险!”等标示牌，必要时还应上锁。标示牌只应由担负安全责任的人员进行布置和撤除。

（3）遮栏出入口的门上应根据需要装锁，或采用信号装置、联锁装置。前者一般是用灯光或仪表指示有电；后者是采用专门装置，当人体超过屏护装置而可能接近带电体时，被屏护的带电体将会自动断电。

11.2.3 漏电保护器

漏电保护器是一种在规定条件下电路中漏（触）电流值达到或超过其规定值时能自动断开电路或发出报警的装置。

漏电是指电器绝缘损坏或其他原因造成导电部分碰壳时，如果电器的金属外壳是接地的，那么电就由电器的金属外壳经大地构成通路，从而形成电流，即漏电电流，也称为接地电流。当漏电电流超过允许值时，漏电保护器能够自动切断电源或报警，以保证人身安全。

漏电保护器动作灵敏，切断电源时间短，因此只要能够合理选用和正确安装、使用漏电保护器，除了可以保护人身安全以外，还有防止电气设备损坏及预防火灾的作用。

必须安装漏电保护器的设备和场所如下。

（1）属于I类的移动式电气设备及手持式电气工具。

（2）安装在潮湿、强腐蚀性等恶劣环境场所的电器设备。

（3）建筑施工工地的电气施工机械设备，如打桩机、搅拌机等。

（4）临时用电的电器设备。

（5）宾馆、饭店及招待所客房内及机关、学校、企业、住宅等建筑物内的插座回路。

（6）游泳池、喷水池、浴池的水中照明设备。

（7）安装在水中的供电线路和设备。

（8）医院在直接接触人体的电气医用设备。

（9）其他需要安装漏电保护器的场所。

漏电保护器的安装、检查等应由专业电工负责进行。对电工应进行有关漏电保护器知识的培训、考核。内容包括漏电保护器的原理、结构、性能、安装使用要求、检查测试方法、安全管理等。

11.2.4 安全电压

把可能加在人身上的电压限制在某一范围之内，使得在这种电压下，通过人体的电流不超过允许的范围。这种电压就称为安全电压，也称为安全特低电压。但应注意，任何情况下都不能把安全电压理解为绝对没有危险的电压。具有安全电压的设备属于III类设备。

我国确定的安全电压标准是42V、36V、24V、12V、6V。特别危险环境中使用的手持电动工具应采用42V安全电压；有电击危险环境中，使用的手持式照明灯和局部照明灯应采用36V或24V安全电压；金属容器内、特别潮湿处等特别危险环境中使用的手持式照明灯应采用12V安全电压；在水下作业等场所工作应使用6V安全电压。

当电气设备采用超过24V的安全电压时，必须采取防止直接接触带电体的保护措施。

11.2.5　安全间距

安全间距是指在带电体与地面之间，带电体与其他设施、设备之间，带电体与带电体之间保持的一定安全距离，简称间距。设置安全间距的目的是：防止人体触及或接近带电体造成触电事故；防止车辆或其他物体碰撞或过分接近带电体造成事故；防止电气短路事故、过电压放电和火灾事故；便于操作。安全间距的大小取决于电压高低、设备类型、安装方式等因素。

（1）线路间距。

架空线路导线与地面或水面的距离不应低于于表 11-2-1 所列的数值。

表 11-2-1　导线与地面或水面的最小距离　（单位：m）

线路经过地区	线路电压（kV）		
	1 以下	10	35
居民区	6	6.5	7
非居民区	5	5.5	6
交通困难地区	4	4.5	5
不能通航或浮运的河、湖冬季水面（或冰面）	5	5	5.5
不能通航或通运的河、湖最高水面（50 年一遇的洪水水面）	3	3	3

（2）导线与树木的最小距离见表 11-2-2。

表 11-2-2　导线与树木的最小距离　（单位：m）

线路电压（kV）	1 以下	10	35
水平距离	1.0	2.0	—
垂直距离	1.0	1.5	3.0

架空线路应避免跨越建筑物。架空线路不应跨越可燃材料作屋顶的建筑物。架空线路必须跨越建筑物时，应与有关部门协商并取得有关部门的同意。架空线路与建筑物的距离不应小于表 11-2-3 的数值。

表 11-2-3　导线与建筑物的最小距离　（单位：m）

线路电压（kV）	1 以下	10	35
水平距离	1.0	1.5	3.0
垂直距离	2.5	3.0	4.0

架空线路也应与有爆炸危险的厂房或有火灾危险的厂房保持必要的防火间距。架空线路与铁道、道路、索道及其他架空线路之间的距离应符合有关规定。

（3）设备间距。

配电装置的布置应考虑到设备搬运、检修、操作和试验的方便性。为了工作人员安全，配电装置以外需要保持必要的安全通道。如在配电室内，低压配电装置正面通道宽度，单列布置时应不小于 1.5m。室内变压器与四壁应留有适当距离。

（4）检修间距。

检修间距是指在维护检修中人体及所带工具与带电体之间必须保持的足够的安全距离。在低压工作中，人体及所携带的工具与带电体距离不应小于 0.1m。

起重机械在架空线路附近进行作业时，要注意其与线路导线之间应保持足够的安全距离，见表 11-2-4。

表 11-2-4　起重机械与线路导线的最小距离　　（单位：m）

电压（kV）	1 以下	10	35
距离	1.5	2	4

11.2.6　接零与接地

在工厂里，使用的电气设备很多。为了防止触电，通常可采用绝缘、隔离等技术措施以保障用电安全。但工人在生产过程中经常接触的是电气设备不带电的外壳或与其连接的金属体。这样当设备万一发生漏电故障时，平时不带电的外壳就带电，并与大地之间存在电压，就会使操作人员触电。这种意外的触电是非常危险的。为了解决这个不安全的问题，采取的主要安全措施，就是对电气设备的外壳进行保护接地或保护接零。

（1）保护接零。

将电气设备在正常情况下不带电的金属外壳与变压器中性点引出的工作零线或保护零线相连接，这种方式称为保护接零。当某相带电部分碰触电气设备的金属外壳时，通过设备外壳形成该相线对零线的单相短路回路，该短路电流较大，足以保证在最短的时间内使熔丝熔断、保护装置或自动开关跳闸，从而切断电流，保障了人身安全。保护接零的应用范围，主要是用于三相四线制中性点直接接地供电系统中的电气设备。

在中性点直接接地的低压配电系统中，为确保保护接零方式的安全可靠，防止零线断线所造成的危害，系统中除了工作接地外，还必须在整个零线的其他部位再进行必要的接地。这种接地称为重复接地。

（2）保护接地。

保护接地是指将电气设备平时不带电的金属外壳用专门设置的接地装置实行良好的金属性连接。保护接地的作用是当设备金属外壳意外带电时，将其对地电压限制在规定的安全范围内，消除或减小触电的危险。保护接地最常用于低压不接地配电网中的电气设备。

11.2.7　电工安全操作技术方面的有关规定

电工安全操作技术方面的有关规定如下。

（1）工作前必须检查工具、测量仪表和防护用具是否完好。

（2）任何电气设备内部未经验明无电时，一律应视为有电，不准用手触及。

（3）不准在运行中拆卸修理电气设备。检修时必须停车，切断电源，并验明无电后，方可取下熔丝（体），挂上“禁止合闸，有人工作”的警示牌。

（4）在总配电盘及母线上进行工作时，在验明无电后应接临时接地线，装拆接地线都必须由值班电工进行。

（5）临时工作中断后或每班开始工作前，都必须重新检查电源确已断开，并验明无电。

（6）由专门检修人员修理电气设备时，值班电工要负责进行登记，完工后要做好交待，共同检查，然后方可送电。

（7）必须在低压配电设备上进行带电工作时，要经领导批准，并要有专人监护。

（8）工作时要带安全帽，穿长袖衣服，带绝缘手套，使用绝缘的工具，并站在绝缘物上进行操作。相邻带电部分和接地金属部分应用绝缘板隔开。带电工作时，严禁使用锉刀、钢尺等金属工具进行工作。

（9）禁止带负载操作动力配电箱中的刀开关。

（10）电气设备的金属外壳必须接地（接零），接地线要符合标准，不准断开带电设备的外壳接地线。

（11）拆除电气设备或线路后，对可能继续供电的线头必须立即用绝缘布包好。

（12）安装灯头时，开关必须接在相线上，灯头（座）螺纹端必须接在零线上。

（13）对临时装设的电气设备，必须将金属外壳接地。严禁将电动工具的外壳接地线和工作零线接在一起插入插座。必须使用两线带地或三线插座时，可以将外壳接地线单独接到干线的零线上，以防接触不良引起外壳带电。

（14）动力配电盘、配电箱、开关、变压器等各种电气设备附近，不准堆放各种易燃、易爆、潮湿和其他影响操作的物件。

（15）熔断器的容量要与设备和线路安装容量相适应。

（16）使用梯子时，梯子与地面之间的角度以 60° 左右为宜，在水泥地面上使用梯子时，要有防滑措施。

（17）使用喷灯时，油量不得超过容器的 3/4，打气要适当，不得使用漏油、漏气的喷灯，不准在易燃、易爆物品的附近将喷灯点燃。

（18）使用一类电动工具时，要戴绝缘手套，并站在绝缘垫上。

（19）用橡胶软电缆接移动设备时，专供保护接零的芯线中不许有工作电流通过。

（20）当电气设备发生火灾时，要立刻切断电源，然后使用“1211”灭火器或二氧化碳灭火器灭火，严禁用水或泡沫灭火器灭火。

11.3　电气消防

11.3.1　电气火灾的主要原因

电气火灾是指由电气原因引发燃烧而造成的灾害。短路、过载、漏电等电气事故都有可能导致火灾。设备自身缺陷、施工安装不当、电气接触不良、雷击静电引起的高温、电弧和电火花是导致电气火灾的直接原因。周围存放易燃易爆物是电气火灾的环境条件。

电气火灾产生的直接原因如下。

（1）设备或线路发生短路故障。电气设备由于绝缘损坏、线路年久失修、疏忽大意、操作失误及设备安装不合格等将造成短路故障，其短路电流可达正常电流的几十倍甚至上百倍，产生的热量（正比于电流的平方）是温度上升超过自身和周围可燃物的燃点引起燃烧，从而导致火灾。

（2）过载引起电气设备过热。选用线路或设备不合理，线路的负载电流量超过了导线额定的安全载流量，电气设备长期超载（超过额定负载能力），引起线路或设备过热而导致火灾。

（3）接触不良引起过热。如接头连接不牢或不紧密、动触点压力过小等使接触电阻过大，在接触部位发生过热而引起火灾。

（4）通风散热不良。大功率设备缺少通风散热设施或通风散热设施损坏造成过热而引发火灾。

（5）电器使用不当。如电炉、电熨斗、电烙铁等未按要求使用，或用后忘记断开电源，引起过热而导致火灾。

（6）电火花和电弧。有些电气设备正常运行时就能产生电火花、电弧，如大容量开关、接触器触点的分、合操作，都会产生电弧和电火花。电火花温度可达数千度，遇可燃物便可点燃，遇可燃气体便会发生爆炸。

11.3.2 易燃易爆环境

日常生活和生产的各个场所中，广泛存在着易燃易爆物质，如石油液化气、煤气、天然气、汽油、柴油、酒精、棉、麻、化纤织物、木材、塑料等，另外一些设备本身可能会产生易燃易爆物质，如设备的绝缘油在电弧作用下分解和气化，喷出大量油雾和可燃气体；酸性电池排出氢气并形成爆炸性混合物等。一旦这些易燃易爆环境遇到电气设备和线路故障导致的火源，便会立刻着火燃烧。

11.3.3 电气火灾的防护措施

电气火灾的防护措施主要致力于消除隐患、提高用电安全，具体措施如下。

1．正确选用保护装置，防止电气火灾发生

（1）对正常运行条件下可能产生电热效应的设备采用隔热、散热、强迫冷却等结构，并注重耐热、防火材料的使用。

（2）按规定要求设置包括短路、过载、漏电保护设备的自动断电保护。对电气设备和线路正确设置接地、接零保护，为防雷电安装避雷器及接地装置。

（3）根据使用环境和条件正确设计选择电气设备。恶劣的自然环境和有导电尘埃的地方应选择有抗绝缘老化功能的产品，或增加相应的措施；对易燃易爆场所则必须使用防爆电器产品。

2．正确安装电气设备，防止电气火灾发生

（1）合理选择安装位置。

对于易爆危险场所，应该考虑把电气设备安装在易爆危险场所以外或爆炸危险性较小的部位。

开关、插座、熔断器、电热器具、电焊设备和电动机等应根据需要，尽量避开易燃物或易燃建筑构件。起重机滑触线下方，不应堆放易燃品。露天变、配电装置，不应设置在易于沉积可燃性粉尘或纤维的地方等。

（2）保持必要的防火距离。

对于在正常工作时能够产生电弧或电火花的电气设备，应使用灭弧材料将其全部隔围起来，或将其与可能被引燃的物料，用耐弧材料隔开或与可能引起火灾的物料之间保持足够的距离，以便安全灭弧。

安装和使用有局部热聚焦或热集中的电气设备时，在局部热聚焦或热集中的方向与易燃物料，必须保持足够的距离，以防引燃。

电气设备周围的防护屏障材料，必须能承受电气设备产生的高温（包括故障情况下）。应根据具体情况选择不可燃、阻燃材料或在可燃性材料表面喷涂防火涂料。

3．保持电气设备的正常运行，防止电气火灾发生

（1）正确使用电气设备，是保证电气设备正常运行的前提。因此应按设备使用说明书的规

定操作电气设备。严格执行操作规程。

（2）保持电气设备的电压、电流、温升等不超过允许值。保持各导电部分连接可靠，接地良好。

（3）保持电气设备的绝缘良好，保持电气设备的清洁，保持良好通风。

11.3.4　电气火灾的扑救

发生火灾，应立即拨打 119 火警电话报警，向公安消防部门求助。扑救电气火灾时注意触电危险，为此要及时切断电源，通知电力部门派人到现场指导和监护扑救工作。

1. 正确选择使用灭火器

在扑救尚未确定断电的电气火灾时，应选择适当的灭火器和灭火装置，否则，有可能造成触电事故和更大危害，如使用普通水枪射出的直流水柱和泡沫灭火器射出的导电泡沫会破坏绝缘。常用灭火剂的种类、用途及使用方法如表 11-3-1 所示。

使用四氯化碳灭火器灭火时，灭火人员应站在上风侧，以防中毒；灭火后空间要注意通风。使用二氧化碳灭火时，当其浓度达 85%时，人就会感到呼吸困难，要注意防止窒息。

2. 正确使用喷雾水枪

电灭火时使用喷雾水枪比较安全。原因是这种水枪通过水柱的泄漏电流较 小。用喷雾水枪灭电气火灾时水枪喷嘴与带电体的距离可参考以下数据：10kV 及以下者不小于 0.7 m。35kV 及以下者不小于 1 m。110kV 及以下者不小于 3 m。 220kV 不应小于 5 m。带电灭火必须有人监护。

3. 灭火器的保管

灭火器在不使用时，应注意对它的保管与检查，保证随时可正常使用。常用电气灭火器的主要性能见表 11-3-1。

表 11-3-1　常用电气灭火器的主要性能

种类	二氧化碳	四氯化碳	干粉	1211	泡沫
规格	<2kg 2kg～3kg、5kg～7kg	<2kg 2kg～3kg、5～8kg	8kg 50kg	1kg 2kg　3kg	10L 65～130L
药剂	液态二氧化碳	液态四氧化碳	钾盐、钠盐	二氟一氯 一溴甲烷	碳酸氢钠 硫酸铝
导电性	无	无	无	无	有
灭火范围	电气、仪器、油类、酸类	电气设备	电气设备、石油、油漆、天然气	油类、电气设备、化工、化纤原料	油类及可燃物体
不能扑救的物质	钾、钠、镁、铝等	钾、钠、镁、乙炔、二氧化碳	旋转电机火灾		忌水和带电物体
效果	距着火点 3m 距离	3kg 喷 30s，7m 内	8kg 喷 14～18s，4.5m 内 50kg 喷 50～55s，6～8m	1kg 喷 6～8s， 2～3m 内	10L 喷 60s，8m 内 65L 喷 170s，13.5m 内
使用	一手将喇叭口对准火源；另一只手打开开关	扭动开关，喷出液体	提起圈环，喷出干粉	拔下铅封或横锁，用力压压把即可	倒置摇动，拧开关喷药剂

续表

种类	二氧化碳	四氯化碳	干粉	1211	泡沫
保养和检查	置于方便处，注意防冻、防晒和使用期限	置于方便处	置于干燥通风处、防潮、防晒	置于干燥处勿摔碰	置于方便处
	每月测量一次，低于原重量 1/10 时应充气	检查压力，注意充气	每年检查一次干粉是否结块，每半年检查一次压力	每年检查一次重量	每年检查一次，泡沫发生倍数低于 1/4，应换药剂

4. 电气火灾扑救方法

电气设备发生火灾时，为了防止触电事故，一般都在切断电源后才进行扑救。电气设备发生火灾或引燃附近可燃物时，首先要切断电源。

（1）电气设备发生火灾后，要立即切断电源，如果要切断整个车间或整个建筑物的电源时，可在变电所、配电室断开主开关。在自动空气开关或油断路器等主开关没有断开前，不能随便拉隔离开关，以免产生电弧发生危险。

（2）发生火灾后，用闸刀开关切断电源时，由于闸刀开关在发生火灾时受潮或烟熏，其绝缘强度会降低，切断电源时，最好用绝缘的工具操作。

（3）切断用磁力启动器控制的电动机时，应先用按钮开关停电，然后再断开闸刀开关，防止带负荷操作产生电弧伤人。

（4）在动力配电盘上，只用作隔离电源而不用作切断负荷电流的闸刀开关或瓷插式熔断器，叫总开关或电源开关。切断电源时，应先用电动机的控制开关切断电动机回路的负荷电流，停止各个电动机的运转，然后再用总开关切断配电盘的总电源。

（5）当进入建筑物内，用各种电气开关切断电源已经比较困难，或者已经不可能时，可以在上一级变配电所切断电源。这样要影响较大范围供电时，或处于生活居住区的杆上变电台供电时，有时需要采取剪断电气线路的方法来切断电源。如需剪断对地电压在 250 伏以下的线路时，可穿戴绝缘靴和绝缘手套，用断电剪将电线剪断。切断电源的地点要选择适当，剪断的位置应在电源方面即来电方向的支持物附近，防止导线剪断后掉落在地上造成接地短路触电伤人。对三相线路的非同相电线应在不同部位剪断。在剪断扭缠在一起的合股线时，要防止两股以上合剪，否则造成短路事故。

（6）城市生活居住区的杆上变电台上的变压器和农村小型变压器的高压侧，多用跌落式熔断器保护。如果需要切断变压器的电源时，可以用电工专用的绝缘杆捅跌开式熔断器的鸭咀，熔丝管就会跌落下来，达到断电的目的。

（7）电容器和电缆在切断电源后，仍可能有残余电压，因此，即使可以确定电容器或电缆已经切断电源，但是为了安全起见，仍不能直接接触或搬动电缆和电容器，以防发生触电事故。电源切断后，扑救方法与一般火灾扑救方法相同。

5. 几种电气设备火灾扑救方法

（1）发电机和电动机的火灾扑救方法。

发电机和电动机等电气设备都属于旋转电机类，这类设备的特点是绝缘材料比较少，这是和其他电气设备比较而言的，而且有比较坚固的外壳，如果附近没有其他可燃易燃物质，且扑救及时，就可防止火灾扩大蔓延。由于可燃物质数量比较少，就可用二氧化碳、1211 等灭火器扑救。大型旋转电机燃烧猛烈时，可用水蒸汽和喷雾水扑救。实践证明，用喷雾水扑救的效果更好。对于旋转电机有一个共同的特点，就是不要用砂土扑救，以防硬性杂质落入电机内，使电机的绝缘和轴承等受到损坏而造成严重后果。

（2）变压器和油断路器火灾扑救方法。

变压器和油断路器等充油电气设备发生燃烧时，切断电源后的扑救方法与扑救可燃液体火灾相同。如果油箱没有破损，可以用干粉、1211、二氧化碳灭火器等进行扑救。如果油箱已经破裂，大量变压器的油燃烧，火势凶猛时，切断电源后可用喷雾水或泡沫扑救。流散的油火，可用喷雾水或泡沫扑救。流散的油量不多时，也可用砂土压埋。

（3）变、配电设备火灾扑救方法。

变配电设备，有许多瓷质绝缘套管，这些套管在高温状态遇急冷或不均匀冷却时，容易爆裂而损坏设备，可能造成一些不应有的状况，使火势进一步扩大蔓延。所以遇这种情况最好用喷雾水灭火，并注意均匀冷却设备。

（4）封闭式电烘干箱内被烘干物质燃烧时的扑救方法。封闭式电烘干箱内的被烘干物质燃烧时，切断电源后，由干烘于箱内的空气不足，燃烧不能继续，温度下降，燃烧会逐渐被窒息。因此，发现电烘箱冒烟时，应立即切断烘干箱的电源，并且不要打开烘干箱。不然，由于进入空气，反而会使火势扩大，如果错误地往烘干箱内泼水，会使电炉丝、隔热板等遭受损坏而造成不应有的损失。

如果是车间内的大型电烘干室内发生燃烧，应尽快切断电源。当可燃物质的数量比较多，且有蔓延扩大的危险时，应根据烘干物质的情况，采用喷雾水枪或直流水枪扑救，但在没有做好灭火准备工作时，不应把烘干室的门打开，以防火势扩大。

6. 带电灭火

有时在危急的情况下，如等待切断电源后再进行扑救，就会有使火势蔓延扩大的危险，或者断电后会严重影响生产。这时为了取得扑救的主动权，扑救就需要在带电的情况下进行，带电灭火时应注意以下几点。

（1）必须在确保安全的前提下进行，应用不导电的灭火剂如二氧化碳、1211、1301、干粉等进行灭火。不能直接用导电的灭火剂如直射水流、泡沫等进行喷射，否则会造成触电事故。

（2）使用小型二氧化碳、1211、1301、干粉灭火器灭火时由于其射程较近，要注意保持一定的安全距离。

（3）在灭火人员穿戴绝缘手套和绝缘靴、水枪喷嘴安装接地线情况下，可以采用喷雾水灭火。

（4）如遇带电导线落于地面，则要防止跨步电压触电，扑救人员需要进入灭火时，必须穿上绝缘鞋。

此外，有油的电气设备如变压器，油开关着火时，也可用干燥的黄砂盖住火焰，使火熄灭。

11.4　常见的触电方式

11.4.1　触电事故种类

按照触电事故的构成方式，触电事故可分为电击和电伤。

1．电击

电击是电流对人体内部组织的伤害，是最危险的一种伤害，绝大多数（大约 85%以上）的触电死亡事故都是由电击造成的。

电击的主要特征如下。

（1）伤害人体内部。

（2）在人体的外表没有显著的痕迹。

（3）致使电流较小。

按照发生电击时电气设备的状态，电击可分为直接接触电击和间接接触电击。

（1）直接接触电击。直接接触电击是触及设备和线路正常运行时的带电体发生的电击（如误触接线端子发生的电击），也称为正常状态下的电击。

（2）间接接触电击。间接接触电击是触及正常状态下不带电、而当设备或线路故障时意外带电的导体发生的电击（如触及漏电设备的外壳发生的），也称为故障状态下的电击。

2．电伤

电伤是由电流的热效应、化学效应、机械效应等效应对人造成的伤害。触电伤亡事故中，纯电伤性质的及带有电伤性质的约占 75%（电烧伤约占 40%）。尽管大约 85%以上的触电死亡事故是电击造成的，但其中大约 70%的含有电伤成分。对专业电工自身的安全而言，预防电伤具有更加重要的意义。

（1）电烧伤。是电流的热效应造成的伤害，分为电流灼伤和电弧烧伤。

电流灼伤是人体与带电体接触，电流通过人体由电能转换成热能造成的伤害。电流灼伤一般发生在低压设备或低压线路上。

电弧烧伤是由弧光放电造成的伤害，分为直接电弧烧伤和间接电弧烧伤。前者是带电体与人体发生电弧，有电流流过人体的烧伤；后者是电弧发生在人体附近对人体的烧伤，包含熔化了的炽热金属溅出造成的烫伤。直接电弧烧伤是与电击同时发生的。

电弧温度高达 8000℃以上，可造成大面积、大深度的烧伤，甚至烧焦、烧掉四肢及其他部位。大电流通过人体，也可能烘干、烧焦机体组织。高压电弧的烧伤较低压电弧严重，直流电弧的烧伤较工频交流电弧严重。

发生直接电弧烧伤时，电流进、出口烧伤最为严重，体内也会受到烧伤。与电击不同的是，电弧烧伤都会在人体表面留下明显痕迹，而且致使电流较大。

（2）皮肤金属化。是在电弧高温的作用下，金属熔化、汽化，金属微粒渗入皮肤，使皮肤粗糙而胀紧的伤害。皮肤金属化多与电弧烧伤同时发生。

（3）电烙伤。是在人体与带电体接触部位留下的永久性斑痕。斑痕处皮肤失去原有弹性、色泽，表皮坏死，失去知觉。

（4）机械性损伤。是电流作用于人体时，由于中枢神经反射和肌肉强烈收缩等作用导致的机体组织断裂、骨折等伤害。

（5）电光眼。是发生弧光放电时，由红外线、可见光、紫外线对眼睛的伤害。电光眼表现为角膜炎或结膜炎。

11.4.2　触电方式

按照人体触及带电体的方式和电流流过人体的途径，电击可以分为单相触电、两相触电和跨步电压触电。

1．单相触电（图 11-4-1）

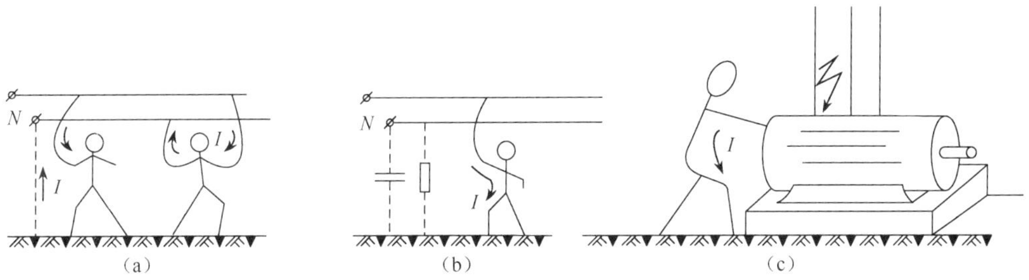

图 11-4-1　单相触电

当人体直接碰触带电体中的一相时，电流通过人体流入大地，这种触电现象称为单相触电。对于高压带电体，人体虽未直接接触，但由于超过了安全距离，高电压对人体放电，造成单相接地而引起的触电，也属于单相触电。

低压电网通常采用变压器低压侧中性点直接接地和中性点不直接接地（通过保护间隙接地）的接线方式。

在中性点直接接地的电网中，通过人体的电流为

$$I_r = U/R_r + R_o$$

式中　U——电气设备的相电压；

R_r——中性点接地电阻；

R_o——人体电阻。

因为 R_r 和 R_o 相比较，R_o 甚小，可以略去不计，因此

$$I_r = U/R_r$$

从上式可以看出，若人体电阻按 1000Ω 计算，则在 220V 中性点接地的电网中单相触电时，流过人体的电流将过 220mA，已大大超过人体的承受能力；即使在 110V 系统中触电，通过人体的电流也达 110 mA，仍可能危及生命。

在低压中性点直接接地的事故中，单相触电事故在地面潮湿时易于发生。单相触电是危险的。如高压架线断线，人体碰及断导线往往会致触电事故。此外，在高压线路周围施工，未采用安全措施，碰及高压导线的触电事故也时有发生。

2．两相触电（图 11-4-2）

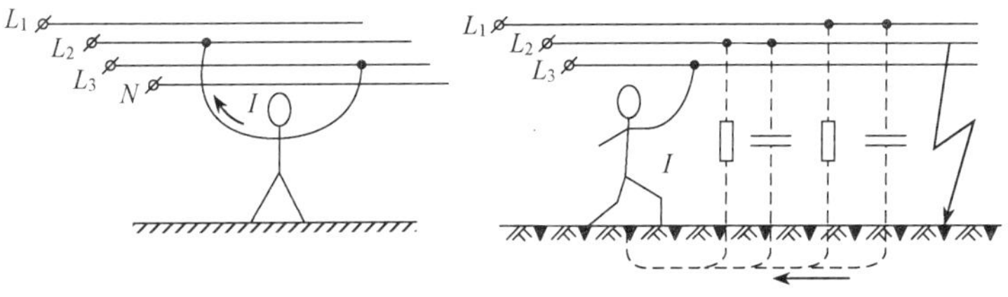

图 11-4-2　两相触电

人体同时接触带电设备或线路中的两相导体，或在高压系统中，人体同时接近不同相的两相带电导体，而发生电弧放电，电流从一相导体通过人体流入另一相导体，构成一个闭合回路，这种触电方式称为两相触电。发生两相触电时，作用于人体上的电压等于线电压，这种触电是最危险的。

3．跨步电压触电（图 11-4-3）

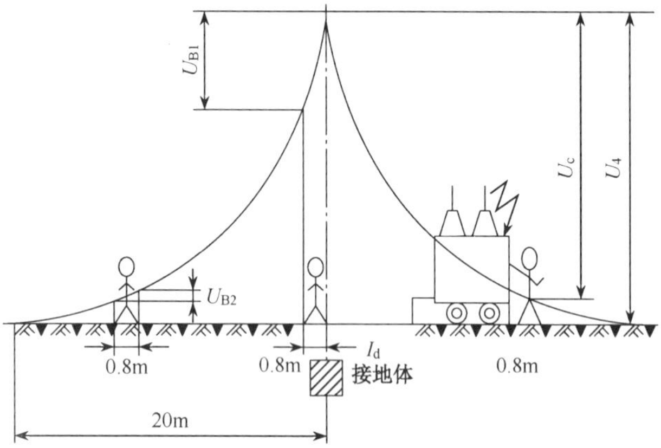

图 11-4-3　接触电压和跨步电压触电

当电气设备发生接地故障，接地电流通过接地体向大地流散，在地面上形成电位分布时，若人在接地适中点周围行走，其两脚之间的电位差，就是跨步电压。由跨步电压引起的人体触电，称为跨步电压触电。

下列情况和部位可能发生跨步电压电击。

（1）带电导体，特别是高压导体故障接地处，流散电流在地面各点产生的电位差造成跨步电压电击。

（2）接地装置流过故障电流时，流散电流在附近地面各点产生的电位差生成跨步电压电击。

（3）正常时有较大工作电流流过的接地装置附近，流散电流在地面各点产生的电位差造成跨步电压电击。

（4）防雷装置受到雷击时，极大的流散电流在其接地装置附近地面各点产生的电位差造成跨步电压电击。

（5）高大设施或高大树木遭受雷击时，极大的流散电流在附近地面点产生的电位差造成跨步电压电击。

（6）跨步电压的大小受接地电流大小、鞋和地面状况、两脚之间的跨距、两脚的方位以及离接地点的远近等很多因素的影响。人的跨距一般按 0.8m 考虑。

由于跨步电压受很多因素的影响以及由于地面电位分布的复杂性，几个人在同一地带遭到跨步电压电击完全可能出现截然不同的后果。

11.4.3　电流途径的影响及触电事故分析

人体在电流的作用下，没有绝对安全的途径。电流通过心脏会引起心室颤动及致心脏停止跳动而导致死亡；电流通过中枢神经及有关部位，会引起中枢神经强烈失调而导致死亡；电流通过头部，严重损伤大脑，也可能使人昏迷不醒而死亡，电流通过脊髓会使人截瘫；电流通过人的局部肢体也可能引起中枢神经强烈反射而导致严重后果。

流过心脏的电流越多、电流路线越短的途径是电击危险性越大的途径。通过对大量的触电现象事故原因分析，一般触电事故呈现以下特点。

（1）触电事故季节性明显。

统计资料表明，每年二、三季度事故多。特别是 6～9 月，事故最为集中，主要原因：一是这段时间天气炎热、人体衣单而多汗，触电危险性较大；二是这段时间多雨、潮湿，地面导电性增强，容易构成电流的回路，而且电气设备的绝缘电阻降低，容易漏电。第三，这段时间在大部分农村都是农忙季节，农村用电量增加，触电事故因而增多。

（2）低压设备触电事故多。

国内外资料表明，低压触电事故远远多于高压触电事故。其主要原因是低压设备远远多于高压设备，与之接触的人比与高压设备接触的人多得多，而且都比较缺乏电气安全知识。应当指出，在专业电工中，情况是相反的，即高压触电事故比低压触电事故多。

（3）携带式设备和移动式设备触电事故多。

携带式设备和移动式设备触电事故多的主要原因是这些设备是在人的紧握之下运行，不但接触电阻小，而且一旦触电就难以摆脱电源；另一方面，这些设备需要经常移动，工作条件差，设备和电源线都容易发生故障或损坏；此外，单相携带式设备的保护零线与工作零线容易接错，也会造成触电事故。

（4）电气连接触电事故多。

大量触电事故的资料表明，很多触电事故发生在接线端子、缠接接头、压接接头、焊接接头、电缆头、灯座、插销、插座、控制开关、接触器、熔断器等分支线、接户线处。主要是由于这些连接位部机械牢固性较差、接触电阻较大、绝缘强度较低以及可能发生化学反应的缘故。

（5）错误操作和违章作业造成的触电事故多。

大量触电事故的统计资料表明，有 85%以上的事故是由于错误操作和违章作业造成的。其主要原因是由于安全教育不够、安全制度不严和安全措施不完善、操作者素质不高等。

（6）不同行业触电事故不同。

冶金、矿业、建筑、机械行业触电事故多。由于这些行业的生产现场经常伴有潮湿、高温、现场混乱、移动式设备和携带式设备多以及金属设备多等不安全因素，以致触电事故多。

（7）不同年龄段的人员触电事故不同。

中青年工人、非专业电工、合同工和临时工触电事故多，其主要原因是由于这些人是主要操作者，经常接触电气设备；而且，这些人经验不足，又比较缺乏电气安全知识，其中有的责任心还不够强，以致触电事故多。

（8）不同地域触电事故不同。

部分省市统计资料表明，农村触电事故明显多于城市，发生在农村的事故约为城市的 3 倍。

从造成事故的原因上看，由于电气设备或电气线路安装不符合要求，会直接造成触电事故；由于电气设备运行管理不当，使绝缘损坏而漏电，又没有切实有效的安全措施，也会造成触电事故；由于制度不完善、或违章作业，特别是非电工擅自处理电气事务，很容易造成电气事故；接线错误，特别是插头、插座接线错误造成过很多触电事故；高压线断落地面可能造成跨步电压触电事故等。应当注意，很多触电事故都不是由单一原因，而是由两个以上的原因造成的。

触电事故的规律不是一成不变的。在一定的条件下，触电事故的规律也会发生一定的变化。

例如，低压触电事故多于高压触电事故在一般情况下是成立的，但对于专业电气工作人员来说，情况往往是相反的。因此，应当在实践中不断分析和总结触电事故的规律，为做好电气安全工作积累经验。

11.5 触电急救方法

人触电以后，会出现神经麻痹、呼吸困难、血压升高、昏迷、痉挛，直至呼吸中断、心脏停跳等现象，呈现昏迷不醒的状态。如果未见明显的致命外伤，就不能轻率地认定触电者已经死亡，而应该看作“假死”，施行急救。

有效的急救在于快而得法。即用最快的速度，施以正确的方法进行现场救护，多数触电者是可以复活的。

触电急救的第一步是使触电者迅速脱离电源，第二步是现场救护。

11.5.1 使触电者脱离电源

电流对人体的作用时间愈长，对生命的威胁愈大。所以，触电急救的关键是首先要使触电者迅速脱离电源。可根据具体情况，选用下述几种方法使触电者脱离电源。

1．脱离低压电源的方法

脱离低压电源的方法可用“拉”、“切”、“挑”、“拽”和“垫”五字来概括。

（1）“拉”。如图 11-5-1 所示，指就近拉开电源开关、拔出插销或瓷插保险。此时应注意拉线开关和板把开关是单极的，只能断开一根导线，有时由于安装不符合规程要求，把开关安装在零线上。这时虽然断开了开关，人身触及的导线可能仍然带电，这就不能认为已切断电源。

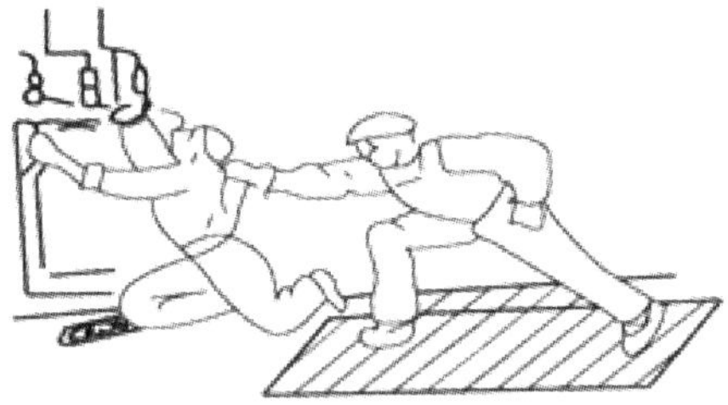

图 11-5-1　将触电者拉离电源

图 11-5-2　将触电者身上电线挑开

（2）“切”。指用带有绝缘柄的利器切断电源线。当电源开关、插座或瓷插保险距离触电现场较远时，可用带有绝缘手柄的电工钳或有干燥木柄的斧头、铁锹等利器将电源线切断。切断时应防止带电导线断落触及周围的人体。多芯绞合线应分相切断，以防短路伤人。

（3）“挑”。如果导线搭落在触电者身上或压在身下，这时可用干燥的木棒、竹竿等挑开导线或用干燥的绝缘绳套拉导线或触电者，如图 11-5-2 所示，使之脱离电源。

（4）“拽”。救护人可戴上手套或在手上包缠干燥的衣服、围巾、帽子等绝缘物品拖拽触电者，使之脱离电源。如果触电者的衣裤是干燥的，又没有紧缠在身上，救护人可直接用一只手抓住触电者不贴身的衣裤，将触电者拉脱电源。但要注意拖拽时切勿触及触电者的体肤。救护人亦可站在干燥的木板、木桌椅或橡胶垫等绝缘物品上，用一只手把触电者拉脱电源。

（5）“垫”。如果触电者由于痉挛手指紧握导线或导线缠绕在身上，救护人可先用干燥的木板塞进触电者身下使其与地绝缘来隔断电源，然后再采取其他办法把电源切断。

2. 脱离高压电源的方法

由于装置的电压等级高，一般绝缘物品不能保证救护人的安全，而且高压电源开关距离现场较远，不便拉闸。因此，使触电者脱离高压电源的方法与脱离低压电源的方法有所不同，通常的做法有如下几种。

（1）立即电话通知有关供电部门拉闸停电。

（2）如电源开关离触电现场不甚远，则可戴上绝缘手套，穿上绝缘靴，拉开高压断路器，或用绝缘棒拉开高压跌落保险以切断电源。

（3）往架空线路抛挂裸金属软导线，人为造成线路短路，迫使继电保护装置动作，从而使电源开关跳闸。抛挂前，将短路线的一端先固定在铁塔或接地引线上，另一端系重物。抛掷短路线时，应注意防止电弧伤人或断线危及人员安全，也要防止重物砸伤人。

（4）如果触电者触及断落在地上的带电高压导线，且尚未确证线路无电之前，救护人不可进入断线落地点 8～10m 的范围内，以防止跨步电压触电。进入该范围的救护人员应穿上绝缘靴或临时双脚并拢跳跃地接近触电者。触电者脱离带电导线后应迅速将其带至 8～10m 以外立即开始触电急救。只有在确定线路已经无电，才可在触电者离开触电导线后就地急救。

3. 使触电者脱离电源时应注意的事项

（1）救护人不得采用金属和其他潮湿的物品作为救护工具。

（2）未采取绝缘措施前，救护人不得直接触及触电者的皮肤和潮湿的衣服。

（3）在拉拽触电者脱离电源的过程中，救护人宜用单手操作，这样对救护人比较安全。

（4）当触电者位于高位时，应采取措施预防触电者在脱离电源后坠地摔伤或摔死。

（5）夜间发生触电事故时，应考虑切断电源后的临时照明问题，以利救护。

11.5.2　现场救护

触电者脱离电源后，应立即就地进行抢救。“立即”之意就是争分夺秒，不可贻误。“就地”之意就是不能消极地等待医生的到来，而应在现场施行正确的救护的同时，派人通知医务人员到现场，并做好将触电者送往医院的准备工作。

根据触电者受伤害的轻重程度，现场救护有以下几种抢救措施。

1. 触电者未失去知觉的救护措施

如果触电者所受的伤害不太严重，神志尚清醒，只是心悸、头晕、出冷汗、恶心、呕吐、四肢发麻、全身乏力，甚至一度昏迷，但未失去知觉，则应让触电者在通风暖和的处所静卧休息，并派人严密观察，同时请医生前来或送往医院诊治。

2. 触电者已失去知觉（心肺正常）的抢救措施

如果触电者已失去知觉，但呼吸和心跳尚正常，则应使其舒适地平卧着，解开衣服以利呼吸，四周不要围人，保持空气流通，冷天应注意保暖，同时立即请医生前来或送往医院诊断。

若发现触电者呼吸困难或心跳失常，应立即施行人工呼吸或胸外心脏挤压。

3．对“假死”者的急救措施

如果触电者呈现“假死”,（即所谓电休克）现象，则可能有三种临床症状：一是心跳停止，但尚能呼吸；二是呼吸停止，但心跳尚存（脉搏很弱）；三是呼吸和心跳均已停止。“假死”症状的判定方法是“看”、“听”、“试”。“看”是观察触电者的胸部、腹部有无起伏动作；“听”是用耳贴近触电者的口鼻处，听他有无呼气声音；“试”是用手或小纸条试测口鼻有无呼吸的气流，再用两手指轻压一侧（左或右）喉结旁凹陷处的颈动脉有无搏动感觉。如“看”、“听”、“试”的结果，既无呼吸又无颈动脉搏动，则可判定触电者呼吸停止或心跳停止或呼吸心跳均停止。“看”、“听”、“试”的操作方法如图 11-5-3 所示。

图 11-5-3　判定“假死”的看、听、试

当判定触电者呼吸和心跳停止时，应立即按心肺复苏法就地抢救。所谓心肺复苏法就是支持生命的三项基本措施，即通畅气道、口对口（鼻）人工呼吸、胸外按压（人工循环）。

（1）通畅气道。

若触电者呼吸停止，要紧的是始终确保气道通畅，其操作要领如下。

① 清除口中异物。使触电者仰面躺在平硬的地方，迅速解开其领扣、围巾、紧身衣和裤带。如发现触电者口内有食物、假牙、血块等异物，可将其身体及头部同时侧转，迅速用一个手指或两个手指交叉从口角处插入，从中取出异物，操作中要注意防止将异物推到咽喉深处。

② 采用仰头抬颌法（图 11-5-4）通畅气道。操作时，救护人用一只手放在触电者前额，另一只手的手指将其颏颌骨向上抬起，两手协同将头部推向后仰，舌根自然随之抬起、气道即可畅通。气道是否畅通见图 11-5-5 所示。为使触电者头部后仰，可于其颈部下方垫适量厚度的物品，但严禁用枕头或其他物品垫在触电者头下，因为头部抬高前倾会阻塞气道，还会使施行胸外按压时流向脑部的血量减小，甚至完全消失。

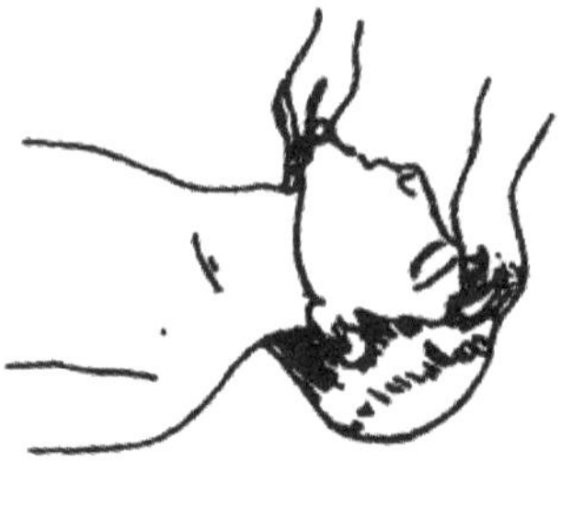

图 11-5-4　仰头抬颌法

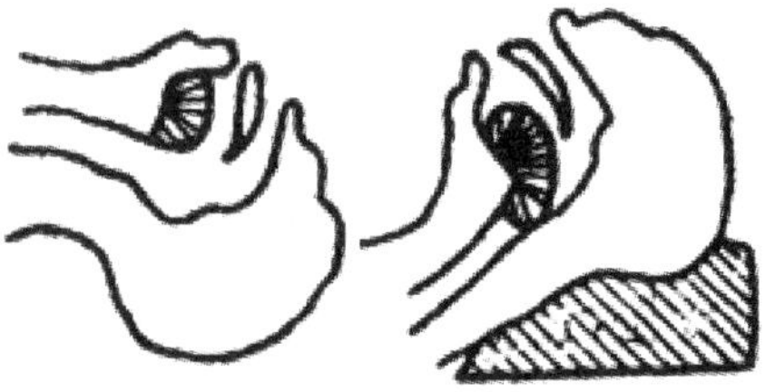

（a）气道畅通　　（b）气道阻塞

图 11-5-5　气道状况

（2）口对口（鼻）人工呼吸。

救护人在完成气道通畅的操作后，应立即对触电者施行口对口或口对鼻人工呼吸。口对鼻人工呼吸用于触电者嘴巴紧闭的情况。人工呼吸的操作要领如下（图 11-5-6）。

① 先大口吹气刺激起搏。救护人蹲跪在触电者的左侧或右侧；用放在触电者额上的手的手指捏住其鼻翼，另一只手的食指和中指轻轻托住其下巴；救护人深吸气后，与触电者口对口紧合，在不漏气的情况下，先连续大口吹气两次，每次 1～1.5s；然后用手指试测触电者颈动脉是否有搏动，如仍无搏动，可判断心跳确已停止，在施行人工呼吸的同时应进行胸外按压。

图 11-5-6　口对口人工呼吸

② 正常口对口人工呼吸。大口吹气两次试测颈动脉搏动后，立即转入正常的口对口人工呼吸阶段。正常的吹气频率是每分钟约 12 次。正常的口对口人工呼吸操作姿势如上述。但吹气量不需过大，以免引起胃膨胀，如触电者是儿童，吹气量宜小些，以免肺泡破裂。救护人换气时，应将触电者的鼻或口放松，让他借自己胸部的弹性自动吐气。吹气和放松时要注意触电者胸部有无起伏的呼吸动作。吹气时如有较大的阻力，可能是头部后仰不够，应及时纠正，使气道保持畅通。

③ 触电者如牙关紧闭，可改行口对鼻人工呼吸。吹气时要将触电者嘴唇紧闭，防止漏气。

（3）胸外按压。

胸外按压是借助人力使触电者恢复心脏跳动的急救方法。其有效性在于选择正确的按压位置和采取正确的按压姿势。

① 确定正确的按压位置的步骤如下。

a. 右手的食指和中指沿触电者的右侧肋弓下缘向上，找到肋骨和胸骨接合处的中点；

b. 右手两手指并齐，中指放在切迹中点（剑突底部），食指平放在胸骨下部，另一只手的掌根紧挨食指上缘置于胸骨上，掌根处即为正确按压位置，见图 11-5-7。

② 正确的按压姿势。

a. 使触电者仰面躺在干硬的地方，并解开其衣服，仰卧姿势与口对口（鼻）人工呼吸法相同；

b. 救护人立或跪在触电者一侧肩旁，两肩位于触电者胸骨正上方，两臂伸直，肘关节固定不屈，两手掌相叠，手指翘起，不接触触电者胸壁；

c. 以髋关节为支点，利用上身的重力，垂直将正常成人胸骨压陷 3～5cm（儿童和瘦弱者酌减）；

d. 压至要求程度后，立即全部放松，但救护人的掌根不得离开触电者的胸壁。

按压姿势与用力方法如图 11-5-8 所示。按压有效的标志是在按压过程中可以触到颈动脉搏动。

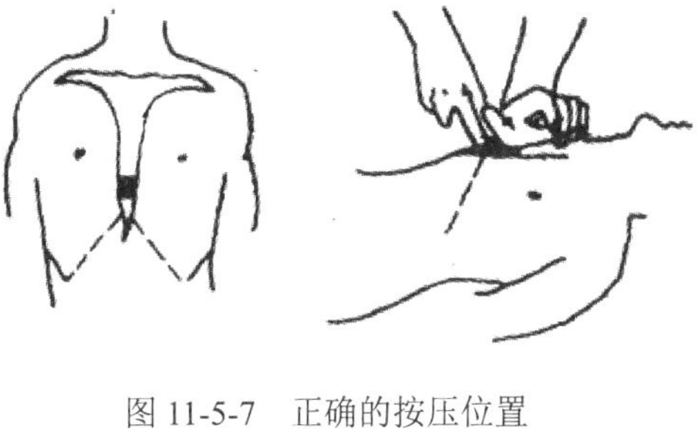

图 11-5-7　正确的按压位置

图 11-5-8　按压姿势与用力方法

③ 恰当的按压频率。

a. 胸外按压要以均匀速度进行。操作频率以每分钟 80 次为宜，每次包括按压和放松一个循环，按压和放松的时间相等；

b. 当胸外按压与口对口（鼻）人工呼吸同时进行时，操作的节奏为：单人救护时，每按压 15 次后吹气 2 次（15∶2），反复进行；双人救护时，每按压 15 次后由另一人吹气 1 次（15∶1），反复进行。

4．现场救护中的注意事项

（1）抢救过程中应适时对触电者进行再判定。

① 按压吹气 1min 后（相当于单人抢救时做了 4 个 15∶2 循环），应采用“看、听、试”方法在 5～7s 内完成对触电者是否恢复自然呼吸和心跳的再判断。

② 若判定触电者已有颈动脉搏动，但仍无呼吸，则可暂停胸外按压，而再进行 2 次口对口人工呼吸，接着每隔 5s 吹气一次（相当于每分钟 12 次）。如果脉搏和呼吸仍未能恢复，则继续坚持心肺复苏法抢救。

③ 在抢救过程中，要每隔数分钟用“看、听、试”方法再判定一次触电者的呼吸和脉搏情况，每次判定时间不得超过 5～7s。在医务人员未前来接替抢救前，现场人员不得放弃现场抢救。

（2）抢救过程中移送触电伤员时的注意事项。

① 心肺复苏应在现场就地坚持进行，不要图方便而随意移动触电伤员，如确有需要移动时，抢救中断时间不应超过 30s。

② 移动触电者或将其送往医院，应使用担架并在其背部垫以木板，不可让触电者身体蜷曲着进行搬运。移送途中应继续抢救，在医务人员未接替救治前不可中断抢救。

③ 应创造条件，用装有冰屑的塑料袋做成帽状包绕在伤员头部，露出眼睛，使脑部温度降低，争取触电者心、肺、脑能得以复苏。

（3）触电者好转后的处理。

如触电者的心跳和呼吸经抢救后均已恢复，可暂停心肺复苏法操作。但心跳呼吸恢复的早期仍有可能再次骤停，救护人应严密监护，不可麻痹，要随时准备再次抢救。触电者恢复之初，往往神志不清、精神恍惚或情绪躁动、不安，应设法使他安静下来。

（4）慎用药物。

人工呼吸和胸外按压是对触电“假死”者的主要急救措施，任何药物都不可替代。无论是兴奋呼吸中枢的可拉明、洛贝林等药物，或者是有使心脏复跳的肾上腺素等强心针剂，都不能代替人工呼吸和胸外心脏按压这两种急救办法。必须强调的是，对触电者用药或注射针剂，应由有经验的医生诊断确定，慎重使用。例如，肾上腺素有使心脏恢复跳动的作用，但也可使心脏由跳动微弱转为心室颤动，从而导致触电者心跳停止而死亡，这方面的教训是不少的。因此，现场触电抢救中，对使用肾上腺素等药物应持慎重态度。如没有必要的诊断设备条件和足够的把握，不得乱用。而在医院内抢救触电者时，则由医务人员据医疗仪器设备诊断的结果决定是否采用这类药物救治。此外，禁止采取冷水浇淋、猛烈摇晃、大声呼唤或架着触电者跑步等“土”办法刺激触电者的举措，因为人体触电后，心脏会发生颤动，脉搏微弱，血流混乱，如果在这种险象下用上述办法强烈刺激心脏，会使触电者因急性心力衰竭而死亡。

（5）触电者死亡的认定。

对于触电后失去知觉、呼吸心跳停止的触电者，在未经心肺复苏急救之前，只能视为“假死”。任何在事故现场的人员，一旦发现有人触电，都有责任及时和不间断地进行抢救。“及时”

就是要争分夺秒，即医生到来之前不等待，送往医院的途中也不可中止抢救。“不间断”就是要有耐心坚持抢救，有抢救近 5 小时终使触电者复活的实例，因此，抢救时间应持续 6 小时以上，直到救活或医生作出触电者已临床死亡的认定为止。

只有医生才有权认定触电者已死亡，宣布抢救无效，否则就应本着人道精神坚持不懈地运用人工呼吸和胸外按压对触电者进行抢救。

11.5.3　电伤的处理

电伤是触电引起的人体外部损伤（包括电击引起的摔伤）、电灼伤、电烙伤、皮肤金属化这类组织损伤，需要到医院治疗。但现场也必须作预处理，以防止细菌感染，损伤扩大。这样，可以减轻触电者的痛苦和便于转送医院。

（1）对于一般性的外伤创面，可用无菌生理食盐水或清洁的温开水冲洗后，再用消毒纱布防腐绷带或干净的布包扎，然后将触电者护送去医院。

（2）如伤口大出血，要立即设法止住。压迫止血法是最迅速的临时止血法，即用手指、手掌或止血橡皮带在出血处供血端将血管压瘪在骨骼上而止血，同时火速送医院处置。如果伤口出血不严重，可用消毒纱布或干净的布料叠几层盖在伤口处压紧止血。

（3）高压触电造成的电弧灼伤，往往深达骨骼，处理十分复杂。现场救护可用无菌生理盐水或清洁的温开水冲洗，再用酒精全面涂擦，然后用消毒被单或干净的布类包裹好送往医院处理。

（4）对于因触电摔跌而骨折的触电者，应先止血、包扎，然后用木板、竹竿、木棍等物品将骨折肢体临时固定并速送医院处理。

反侵权盗版声明